NIKOLAUS KOPERNIKUS GESAMTAUSGABE

BEGRÜNDET IM AUFTRAG
DER DEUTSCHEN FORSCHUNGSGEMEINSCHAFT
HERAUSGEGEBEN VON DER
KOPERNIKUS-KOMMISSION

BAND II

DE REVOLUTIONIBUS ORBIUM CAELESTIUM

TEXTKRITISCHE AUSGABE

MÜNCHEN 1949

VERLAG VON R. OLDENBOURG

NICOLAI COPERNICI THORUNENSIS

DE REVOLUTIONIBUS ORBIUM CAELESTIUM LIBRI SEX

Μηδεὶς ἀγεωμέτρητος εἰσίτω

HANC EDITIONEM CURAVERUNT
FRANCISCUS ZELLER
CAROLUS ZELLER

MDCCCCIL

IN AEDIBUS R. OLDENBOURG MONACHII

VIRIS EMINENTISSIMIS QUI HAC
TEMPORUM INIQUITATE PAGUM
WÜRTTEMBERG-HOHENZOLLERN
ADMINISTRANTES MAECENATUM
MORE AD SUMPTUS HUIUS EDITIONIS
LARGAM EX AERARIO PUBLICO
CONTULERUNT STIPEM, DIGNA
SIT GRATIARUM ACTIO

Druck und Buchbinderarbeiten: R. Oldenbourg, Graphische Betriebe G. m. b. H., München

DE REVOLUTIONIBUS
ORBIUM CAELESTIUM
LIBRI SEX

VIRIS EMINENTISSIMIS QUI HAC TEMPORUM INIQUITATE PAGUM WÜRTTEMBERG HOHENZOLLERN ADMINISTRANTES MAECENATUM MORE AD SUMPTUS HUIUS EDITIONIS LARGAM EX AERARIO PUBLICO CONTULERUNT STIPEM, DIGNA SIT GRATIARUM ACTIO

Druck und Buchbinderarbeiten: R. Oldenbourg, Graphische Betriebe G. m. b. H., München

DE REVOLUTIONIBUS
ORBIUM CAELESTIUM
LIBRI SEX

AD SANCTISSIMVM DOMINVM IIb

PAVLVM III. PONTIFICEM MAXIMVM

NICOLAI COPERNICI

PRAEFATIO IN LIBROS REVOLVTIONVM

† Satis equidem, Sanctissime Pater, aestimare possum, futurum esse, ut, simul atque quidam acceperint, me hisce meis libris, quos de Revolutionibus sphaerarum mundi scripsi, terrae globo tribuere quosdam motus, statim me explodendum cum tali opinione clamitent. Neque enim ita mihi mea placent, ut non perpendam, quid alii de illis iudicaturi sint. Et quamvis sciam hominis philosophi cogitationes esse remotas a iudicio vulgi, propterea quod illius studium sit, veritatem omnibus in rebus, quatenus id a Deo rationi humanae permissum est, inquirere, tamen alienas prorsus a rectitudine opiniones fugiendas censeo. Itaque cum mecum ipse cogitarem, quam absurdum ἀκρόαμα existimaturi essent illi, qui multorum saeculorum iudiciis hanc opinionem confirmatam norunt, quod terra immobilis in medio caeli tamquam centrum illius posita sit, si ego contra assererem terram moveri, diu mecum haesi, an meos commentarios in eius motus demonstrationem conscriptos in lucem darem, an vero satius esset Pythagoreorum et quorundam aliorum sequi exemplum, qui non per literas, sed per manus tradere soliti sunt mysteria philosophiae propinquis et amicis dumtaxat, sicut Lysidis ad Hipparchum epistola testatur. Ac mihi quidem videntur id fecisse non, ut quidam arbitrantur, ex quadam invidentia communicandarum doctrinarum, sed ne res pulcherrimae et multo studio magnorum virorum investigatae ab illis contemnerentur, quos aut piget ullis literis bonam operam impendere nisi quaestuosis, aut si exhortationibus et exemplo aliorum ad liberale studium philosophiae excitentur, tamen propter | stupiditatem ingenii inter philosophos tamquam fuci inter apes IIIa versantur. Cum igitur haec mecum perpenderem, contemptus, qui mihi propter novitatem et absurditatem opinionis metuendus erat, propemodum impulerat me, ut institutum opus prorsus intermitterem.

Verum amici me diu cunctantem atque etiam reluctantem retraxerunt, † inter quos primus fuit Nicolaus Schonbergius, Cardinalis Capuanus, in omni genere doctrinarum celebris. Proximus illi vir mei amantissimus Tidemannus Gisius, Episcopus Culmensis, sacrarum ut est et omnium bonarum † literarum studiosissimus. Is etenim saepenumero me adhortatus est et convitiis interdum additis efflagitavit, ut librum hunc ederem et in lucem tandem prodire sinerem, qui apud me pressus non in nonum annum solum, † sed iam in quartum novennium latitasset. Idem apud me egerunt alii non pauci viri eminentissimi et doctissimi, adhortantes, ut meam operam ad communem studiosorum mathematices utilitatem propter conceptum metum conferre non recusarem diutius. Fore ut quanto absurdior plerisque nunc haec mea doctrina de terrae motu videretur, tanto plus admirationis atque gratiae habitura esset, postquam per editionem commentariorum meorum caliginem absurditatis sublatam viderent liquidissimis demonstrationibus. His igitur persuasoribus eaque spe adductus tandem amicis permisi, ut editionem operis, quam diu a me petissent, facerent.

At non tam mirabitur fortasse Sanctitas Tua, quod has meas lucus brationes edere in lucem ausus sim, posteaquam tantum operae in illis elaborandis mihi sumpsi, ut meas cogitationes de terrae motu etiam literii committere non dubitaverim, sed, quod magis ex me audire expectat, qu- mihi in mentem venerit, ut contra receptam opinionem mathematicorum ac propemodum contra communem sensum ausus fuerim imaginari aliquem motum terrae. Itaque nolo Sanctitatem Tuam latere, me nihil aliud movisse ad cogitandum de alia ratione subducendorum motuum sphaerarum mundi, quam quod intellexi mathematicos sibi ipsis non constare in illis perquirendis. Primum enim usque adeo incerti sunt de motu Solis et Lunae, ut
IIIb nec vertentis anni perpe|tuam magnitudinem demonstrare et observare possint. Deinde in constituendis motibus, cum illarum tum aliarum quinque errantium stellarum, neque iisdem principiis et assumptionibus ac apparentium revolutionum motuumque demonstrationibus utuntur. Alii namque circulis homocentris solum, alii eccentris et epicyclis, quibus tamen quaesita

---

In hoc universae Copernici editionis secundo volumine

Ms designat Codicem Pragensem a Copernico manu propria scriptum.

Mspm designat loca in isto codice ab auctore prima manu deleta vel emendata.

ex vel *emendat. ex* designat loca et quidem maxime numeros a Copernico posteriore manu in Codice Pragensi mutata vel emendata.

N designat editionem Norimbergensem anni 1543.

K designat indicem Corrigendorum ad editionem Norimbergensem pertinentem.

B designat editionem Basileensem anni 1566.

A designat editionem Amstelodamianam anni 1617.

W designat editionem Varsaviensem anni 1854.

Th designat editionem Thorunensem anni 1873.

R designat Rhetici editionem trigonometriae Copernicanae anni 1542.

edd designat *NBAWTh* i. e. omnes editiones priores.

3. 15. ederem || aederem *NB.* — 10. editionem || aeditionem *NB et saepius* ae *pro* e. — 17. expectat || expectatur *B.* — 27. motuumque || motumque *W.*

ad plenum non assequuntur. Nam qui homocentris confisi sunt, etsi motus aliquos diversos ex eis componi posse demonstraverint, nihil tamen certi, quod nimirum phaenomenis responderet, inde statuere potuerunt. Qui vero excogitaverunt eccentrica, etsi magna ex parte apparentes motus congruentibus per ea numeris absolvisse videantur, pleraque tamen interim admiserunt, quae primis principiis de motus aequalitate videntur contravenire. Rem quoque praecipuam, hoc est mundi formam ac partium eius certam symmetriam non potuerunt invenire vel ex illis colligere; sed accidit eis perinde ac si quis e diversis locis manus, pedes, caput, aliaque membra optime quidem, sed non unius corporis comparatione depicta sumeret, nullatenus invicem sibi respondentibus, ut monstrum potius quam homo ex illis componeretur. Itaque in processu demonstrationis, quam *μέθοδον* vocant, vel praeteriisse aliquid necessariorum vel alienum quid et ad rem minime pertinens admisisse inveniuntur. Id quod illis minime accidisset, si certa principia secuti essent. Nam si assumptae illorum hypotheses non essent fallaces, omnia, quae ex illis sequuntur, verificarentur procul dubio. Obscura autem licet haec sint, quae nunc dico, tamen suo loco fient apertiora.

Hanc igitur incertitudinem mathematicarum traditionum de colligendis motibus sphaerarum orbis cum diu mecum revolverem, coepit me taedere, quod nulla certior ratio motuum machinae mundi, qui propter nos ab optimo et regularissimo omnium opifice conditus esset, philosophis constaret, qui alioqui rerum minutissimarum respectu eius orbis tam exquisite scrutarentur. Quare hanc mihi operam sumpsi, ut omnium philosophorum, quos habere possem, libros relegerem indagaturus, an ne ullus unquam opinatus esset, alios esse | [IVa] motus sphaerarum mundi, quam illi ponerent, qui in scholis mathemata profiterentur. Ac reperi quidem apud Ciceronem primum Nicetum sensisse terram moveri. Postea et apud Plutarchum inveni quosdam alios in ea fuisse opinione, cuius verba, ut sint omnibus obvia, placuit hic asscribere:

Οἱ μὲν ἄλλοι μένειν τὴν γῆν, Φιλόλαος δὲ Πυθαγόρειος κύκλῳ περιφέρεσθαι περὶ τὸ πῦρ κατακυκλοῦ λοξοῦ ὁμοιτροπῶς ἡλίῳ καὶ σελήνῃ. Ἡρακλείδης ὁ Ποντικὸς καὶ Ἔκφαντος ὁ Πυθαγόρειος κινοῦσι μὲν τὴν γῆν οὐ μήν γε μεταβατικῶς, τροχοῦ δίκην ἐνζωνισμένην ἀπὸ δυσμῶν ἐπὶ ἀνατολὰς περὶ τὸ ἴδιον αὐτῆς κέντρον.

Inde igitur occasionem nactus coepi et ego de terrae mobilitate cogitare. Et quamvis absurda opinio videbatur, tamen quia sciebam aliis ante me hanc concessam libertatem, ut quoslibet fingerent circulos ad demonstran-

---

9. e diversis || a diversis *B*. — 27. Nicetum || Nicetam *AW*. — 31. *lege:* κατὰ κύκλον λοξοῦ ὁμοιοτρόπως. — καὶ || δὲ *B*. — 33. *lege:* μεταβατικῶς, ἀλλὰ τρεπτικῶς ἐνηξονισμένην (ed. Bernardakis).

dum phaenomena astrorum, existimavi mihi quoque facile permitti, ut experirer, an posito terrae aliquo motu firmiores demonstrationes, quam illorum essent, inveniri in revolutione orbium caelestium possent.

Atque ita ego positis motibus, quos terrae infra in opere tribuo, multa et longa observatione tandem reperi, quod si reliquorum siderum errantium motus ad terrae circulationem conferantur, et supputentur pro cuiusque syderis revolutione, non modo illorum phaenomena inde sequantur, sed et syderum atque orbium omnium ordines et magnitudines et caelum ipsum ita connectatur, ut in nulla sui parte possit transponi aliquid sine reliquarum partium ac totius universitatis confusione. Proinde quoque et in progressu operis hunc secutus sum ordinem, ut in primo libro describam omnes positiones orbium cum terrae, quos ei tribuo, motibus, ut is liber contineat communem quasi constitutionem universi. In reliquis vero libris postea confero reliquorum syderum atque omnium orbium motus cum terrae mobilitate, ut inde colligi possit, quatenus reliquorum syderum atque orbium motus et apparentiae salvari possint, si ad terrae motus conferantur. Neque dubito, quin ingeniosi atque docti mathematici mihi astipulaturi sint, si, quod
IVb haec | philosophia in primis exigit, non obiter sed penitus ea, quae ad harum rerum demonstrationem a me in hoc opere adferuntur, cognoscere atque expendere voluerint. Vt vero pariter docti atque indocti viderent, me nullius omnino subterfugere iudicium, malui Tuae Sanctitati quam cuiquam alteri has meas lucubrationes dedicare; propterea quod et in hoc remotissimo angulo terrae, in quo ego ago, ordinis dignitate et literarum omnium atque mathematices etiam amore eminentissimus habearis, ut facile tua autoritate et iudicio calumniantium morsus reprimere possis, etsi in proverbio sit, non esse remedium adversus sycophantae morsum.

Si fortasse erunt ματαιολόγοι, qui, cum omnium mathematum ignari sint, tamen de illis iudicium sibi sumunt propter aliquem locum scripturae, †
male ad suum propositum detortum, ausi fuerint meum hoc institutum reprehendere ac insectari; illos nihil moror, adeo ut etiam illorum iudicium tamquam temerarium contemnam. Non enim obscurum est, Lactantium, †
celebrem alioqui scriptorem, sed mathematicum parum, admodum pueriliter de foıma terrae loqui, cum deridet eos, qui terram globi formam habere prodiderunt. Itaque non debet mirum videri studiosis, si qui tales nos etiam ridebunt. Mathemata mathematicis scribuntur, quibus et hi nostri labores, si me non fallit opinio, videbuntur etiam reipublicae ecclesiasticae conducere aliquid, cuius principatum Tua Sanctitas nunc tenet. Nam non ita multo

2. experirer || experirem *NAW*. — 8. ordines et || ordines, *NB*. — 9. connectatur || connectat *NBAW*. — 16. conferantur || conferatur *B*. — 24. eminentissimus || eminentiss. *NBA*; eminentissime *W*. — 27. ματαιόλογοι *W*. — 28. propter || et propter *Th*. — 37. ita || iam *B*.

† ante sub Leone x. cum in Concilio Lateranensi vertebatur quaestio de emendando Calendario Ecclesiastico, quae tum indecisa hanc solummodo ob causam mansit, quod annorum et mensium magnitudines atque Solis et Lunae motus nondum satis dimensi haberentur: ex quo equidem tempore his accuratius observandis animum intendi, admonitus a praeclarissimo viro † D. Paulo, Episcopo Semproniensi, qui tum isti negotio praeerat. Quid autem praestiterim ea in re, Tuae Sanctitatis praecipue atque omnium aliorum doctorum mathematicorum iudicio relinquo. Et ne plura de utilitate operis promittere Tuae Sanctitati videar, quam praestare possim, nunc ad institutum transeo.

---

1. vertebatur || vertabatur *NB*.

NICOLAI COPERNICI
REVOLVTIONVM
LIBER PRIMVS

Prooemium

Inter multa ac varia literarum artiumque studia, quibus hominum ingenia uegetantur, ea praecipue amplectanda existimo, summoque prosequenda studio, quae in rebus pulcerrimis et scitu dignissimis versantur. Qualia sunt, quae de diuinis mundi reuolutionibus cursuque syderum, magnitudinibus, distantijs, ortu et occasu caeterorumque in caelo apparentium causis pertractat, ac totam denique formam explicat. Quid autem caelo pulcrius, nempe quod continet pulcra omnia? Quod vel ipsa nomina declarant: Caelum et Mundus; hoc puritatis et ornamenti, illud caelati appellatione. Ipsum plerique philosophorum ob nimiam eius excellentiam visibilem deum vocauerunt. Proinde si artium dignitates penes suam de qua tractant materiam aestimentur, erit haec longe praestantissima, quam alij quidem Astronomiam, alij Astrologiam, multi vero priscorum mathematices consummationem vocant. Ipsa nimirum ingenuarum artium caput, dignissima homini libero, omnibus fere mathematices speciebus fulcitur. Arithmetrica, Geometrica, Optice, Geodesia, Mechanica et si quae sint aliae, omnes ad illam sese conferunt. At cum omnium bonarum artium sit, abstrahere a vicijs et hominis mentem ad meliora dirigere, haec praeter incredibilem animi voluptatem abundantius id praestare potest. Quis enim inhaerendo ijs, quae in optimo ordine constituta videat diuina dispensatione dirigi, assidua eorum contemplatione et quadam consuetudine non prouocetur ad optima, admireturque opificem omnium, in quo tota felicitas est et omne bonum? Neque enim frustra diuinus ille psaltes delectatum se diceret in factura dei et in operibus manuum eius exultabundum,

---

1—4. *Inscriptio deest in Ms. — sic et in ceteris libris.* — pag. 8—9: *Haec in librum primum Revolutionum introductio desideratur in NBA.* — 6. amplectanda || amplectenda *W.* — 10. pertractat, explicat. *Copernicus hic et saepius constructione Graeca utitur. W et Th emendant:* pertractant, explicant. — 14. deum || Deum *W.* — 15. aestimentur || aestimantur *W.* — 16. Astronomiam, Astrologiam || astronomiam, astrologiam *W Th.* — 19. Arithmetrica || Arithmethica *W.* — 23. inherendo *Ms.* — 26. ille || ipse *W.*

nisi quod hijsce medijs, quasi vehiculo quodam, ad summi boni contemplationem perducamur? Quantam vero utilitatem et ornamentum reipublicae conferat (ut priuatorum comoda innumerabilia transeamus) peroptime animaduertit Plato, qui in septimo Legum libro ideo maxime expetendam putat, vt per eam dierum ordine in menses et annos digesta tempora in solemnitates quoque et sacrificia viuam || vigilantemque redderent ciuitatem; et si quis, inquit, necessariam hanc neget homini optimarum doctrinarum quamlibet praecepturo stultissime cogitabit, et multum abesse putat, ut quisquam diuinus effici appellarique possit, qui nec Solis nec Lunae nec reliquorum syderum necessariam habeat cognitionem.

Porro diuina haec magis quam humana scientia, quae de rebus altissimis inquirit, non caret difficultatibus. Praesertim quod circa eius principia et assumptiones, quas Graeci hypotheses vocant, plerosque discordes fuisse videamus, qui ea tractaturi aggressi sunt, ac perinde non eisdem rationibus innixos. Praeterea quod syderum cursus et stellarum reuolutio non potuerit certo numero definiri et ad perfectam noticiam deducj, nisi cum tempore et multis anteactis obseruationibus, quibus, vt ita dicam, per manus traderetur posteritatj. Nam et si C. Ptolemaeus Alexandrinus, qui admiranda sollertia et diligentia caeteris longe praestat, ex quadringentorum et amplius annorum obseruatis totam hanc artem pene consummauerit, ut iam nihil deesse videretur, quod non attigisset, videmus tamen pleraque non conuenire ijs, quae traditionem eius sequi debebant, alijs etiam quibusdam motibus repertis illi nondum cognitis. Vnde et Plutarchus, vbi de anno Solis vertente disserit: Hactenus, inquit, syderum motus mathematicorum peritiam vincit. Nam ut de anno ipso exemplificem, quam diuersae semper de eo fuerint sententiae puto manifestum, adeo ut multi desperauerint posse certam eius rationem inuenirj. Ita de alijs stellis tentabo fauente deo, sine quo nihil possumus, latius de his inquirere, cum tanto plura habeamus adminicula, quae nostrae subueniant institutioni, quanto maiorj temporis interuallo huius artis auctores nos praecesserunt, quorum inuentis, quae a nobis quoque de nouo sunt reperta, comparare licebit. Multa praeterea aliter quam priores fateor me traditurum, ipsorum licet munere, utpote qui primum ipsarum rerum inquisitionis aditum patefecerunt.

---

3. comoda || commoda *edd.* — peroptime || praeoptime *W.* — 4. Plato || plato *Ms.* — 8. praecepturo || percepturo *WTh.* — 12. presertim *Ms.* — 15. potuerit || potuerunt *W.* — 18. C. Ptolemaeus Alexandrinus || C. ptolemaeus alexandrinus *Ms. Copernicus hic et saepius (vide not. ad 4.) in nominibus propriis parva utitur litera initiali.* — 19. ex || et *W.* — 21. attigisset || attingisset *W.* — 24.—25. peritiam || peritia *W.* — 27. *In autographo prima manu legitur*: Attamen ne huiusce difficultatis praetextu ignaviam videar contegisse, tentabo. *Haec verba deleta sunt et in margine legitur*: Ita de aliis stellis. *W scribit et deleta verba recipiens*: Ita de aliis stellis. Attamen ne huiusce etc. *Verbum* tentabo *ab autore falso deletum videtur.* — 28. inquirere || requirere *W.* — 30. nos praecesserunt || praecesserunt *W.*

Cap. I

1a
Qvod mvndvs sit sphaericvs

Principio aduertendum nobis est globosum esse mundum, siue quod †
ipsa forma perfectissima sit omnium, nulla indigua compagine, tota inte-
2 gritas; siue || quod ipsa capacissima sit figurarum, quae comprehensurum
omnia et conseruaturum maxime decet; siuė etiam quod absolutae quaeque
mundj partes, Solem dico, Lunam et stellas, tali forma conspiciantur; siue
quod hac vniuersa appetunt terminarj, quod in aquae guttis caeterisque †
liquidis corporibus apparet, dum per se terminarj cupiunt. Quo minus talem
formam diuinis corporibus attributam quisquam dubitauerit.

Cap. II

Qvod terra qvoqve sphaerica sit

Terram quoque globosam esse, quoniam ab omni parte centro suo †
innititur. Tametsi absolutus orbis non statim videatur in tanta montium
excelsitate descensuque vallium, quae tamen vniuersam terrae rotunditatem
minime uarient. Quod ita manifestum est. Nam ad septemtrionem vnde- †
quaque commeantibus vertex ille diurnae reuolutionis paulatim attollitur,
altero tantumdem ex aduerso subeunte, pluresque stellae circa septentriones
videntur non occidere, et in austro quaedam amplius non oriri. Ita Canopum
non cernit Italia Aegypto patentem. Et Italia postremam Fluvij stellam
videt, quam regio nostra plagae rigentioris ignorat. E contrario in austrum
transeuntibus attolluntur illa, residentibus ijs, quae nobis excelsa sunt.
Interea et ipsae polorum inclinationes ad emensa terrarum spacia eandem
1b ubique rationem habent, quod | in nulla alia quam sphaerica figura contingit.
Vnde manifestum est terram quoque verticibus includj et propter hoc
globosam esse. Adde etiam, quod defectus Solis et Lunae vespertinos †
orientis incolae non sentiunt, neque matutinos ad occasum habitantes;
medios autem, illi quidem tardius, hij vero citius vident. Eidem quoque †
formae aquas inniti a nauigantibus depraehenditur: quoniam quae e naui †
terra non cernitur, ex summitate mali spectatur. Ac vicissim si quid in
summitate mali fulgens adhibeatur, a terra promoto nauigio paulatim descen-

1.—2. Cap. I. Quod mundus sit sphaericus: *numerum capitum nos cum A et W anteponimus argumento capitum. Ms NBTh contrarium servant ordinem.* — 4. nulla || nullo *Ms.* — indigua || indigens *NBAW.* — 4.—5. integritas || integra *NBAW.* — *Post* integritas *Ms haec habet obliterata*: cui neque addj vel minui possit; neque *est emendatum ex* nequicquam. — 6. absolutae || absolutissimae *NBAW.* — 7. conspiciantur || conspiciamus *Ms.* — 8 appetunt || appetant *edd.* — 10. diuinis || coelestibus *NBAW.* — 16. uarient || variant *NBAW.* — 18. circa || circum *NBAW.* 30. mali spectatur || mali plerumque spectatur *NBAW.* — 30. Ac || At *NBAW.*

dere videtur in littore manentibus, donec postremo quasi occiduum occultetur. Constat etiam aquas sua natura fluentes inferiora semper petere eadem quae terra, nec a littore ad vlteriora niti, quam conuexitas ipsius patiatur. Quamobrem tanto excelsiorem terram esse conuenit, quaecunque ex oceano assurgit.

CAP. III

QVOMODO TERRA CVM AQVA VNVM GLOBVM PERFICIAT

Huic ergo circumfusus oceanus maria passim profundens || decliuiores 2v
eius descensus implet. Itaque minus esse aquarum quam terrae oportebat, ne totam absorbuisset aqua tellurem, ambobus in idem centrum contendentibus grauitate sua, sed ut aliquas terrae partes animantium saluti relinqueret atque tot hincinde patentes insulas. Nam et ipsa continens terrarumque orbis, quid aliud est quam insula maior caeteris? Nec audiendj sunt peripateticorum quidam, qui vniuersam aquam decies tota terra maiorem prodiderunt, quod scilicet in transmutatione elementorum ex aliqua parte terrae decem aquarum in resolutione fiant, coniecturam accipientes, aiuntque terram quadantenus sic prominere, quod non vndequaque secundum grauitatem aequilibret cauernosa existens, atque aliud esse centrum grauitatis, aliud centrum magnitudinis. Sed falluntur geometrices artis ignorantia, nescientes quod neque septies aqua potest esse maior, vt aliqua pars terrae siccaretur, nisi tota centrum grauitatis euacuaret daretque locum aquis tamquam se grauioribus. Quoniam sphaerae ad se inuicem in tripla ratione sunt suorum dimetientium: Si igitur septem partibus aquarum terra es|set octaua, diameter eius non posset esse maior, quam quae ex centro 2a
ad circumferentiam aquarum. Tantum abest, ut etiam decies maior sit aqua.

Quod etiam non sit aliquid inter centrum grauitatis terrae et magnitudinis eius, hinc accipi potest, quod conuexitas terrae ab oceano expaciata non continuo semper intumescit abscessu, alioqui arceret quam maxime aquas marinas, nec aliquo modo sineret interna maria tam vastosque sinus irrumpere. Rursum a littore oceani non cessaret aucta semper profunditas abyssi, quominus insula, vel scopulus, vel terrenum quidpiam occurreret nauigantibus longius progressis. Iam vero constat inter Aegyptium mare

7. perficiat || terficiat *W.* — 8. profundens || perfundens *AW.* — 10. absorbuisset || absorberet *NBAW.* — ambobus || ambabus *edd.* — 13. maior *in Ms superscriptum est voci* maxima. — 19. centrum *deest in edd.* — 26. non sit aliquid || nihil intersit *NBAW.* — 26.—27. et magnitudinis || et centrum magnitudinis *NBAW.* — 28. alioqui || alioque *A.* — 29. tam vastosque || tamque vastos *NBAW.* — 31. quominus insula, vel scopulus, vel terrenum quidpiam || quapropter nec insula, nec scopulus, nec terrenum quidpiam *NBAW.* — *post* quidpiam *in Ms deletum est* amplius.

Arabicumque sinum vix quindecim superesse stadia in medio fere orbis terrarum. Et vicissim Ptolemaeus in sua Cosmographia ad medium usque circulum terram habitabilem extendit, relicta insuper incognita terra, ubi recentiores Cathagiam et amplissimas regiones usque ad LX longitudinis † gradus adiecerunt, ut iam maiori longitudine terra habitetur, quam sit reliquum oceani. His etiamnum si addantur insulae aetate nostra sub Hispaniarum Lusitaniaeque principibus repertae, et praesertim America ab
3 inuentore denominata nauium praefecto, || quam ob incompertam adhuc eius magnitudinem alterum orbem terrarum putant, praeter multas alias insulas antea incognitas, quo minus etiam miremur antipodes siue antichthones esse. Ipsam enim Americam geometrica ratio ex illius situ Indiae Gangeticae e diametro oppositam credj cogit.

Ex his demum omnibus puto manifestum, terram simul et aquam vni centro grauitatis inniti, nec esse aliud magnitudinis terrae, quae cum sit grauior, dehiscentes eius partes aqua explerj, et idcirco modicam esse comparatione terrae aquam, et si superficietenus plus forsitan aquae appareat. Talem quippe figuram habere terram cum circumfluentibus aquis necesse est, qualem vmbra ipsius ostendit; absoluti enim circuli amfractibus Lunam deficientem efficit. Non igitur plana est terra, ut Empedocles et Anaximenes † opinatj sunt; neque tympanoides, ut Leucippus; neque scaphoides, ut Heracletus; nec alio modo caua, ut Democritus; neque rursus cylindroides, ut Anaximander; neque ex inferna parte infinita radicitus crassitudine submissa, ut Xenophanes, sed rotunditate absoluta, ut philosophi sentiunt.

CAP. IV

2b

QVOD MOTVS CORPORVM CAELESTIVM SIT AEQVALIS AC CIRCVLARIS, PERPETVVS, VEL EX CIRCVLARIBVS COMPOSITVS

Post haec memorabimus corporum caelestium motum esse circularem. Mobilitas enim sphaerae est in circulum voluj, ipso actu formam suam † exprimentis in simplicissimo corpore, vbi non est reperire principium et finem nec vnum ab altero secernere, dum per eadem in se ipsam mouetur. Sunt autem plures penes orbium multitudinem motus. Apertissima omnium est cotidiana reuolutio, quam Graeci *νυχθήμερον* vocant, hoc est, diurni † nocturnique temporis spacium. Hac totus mundus labi putatur ab ortu in

6. His etiamnum || Magis id erit clarum *NBAW*. — 8.—9. adhuc eius || eius adhuc *NBAW*; adhuc *deest in Th.* — 16. et si || etsi *W.* — 18. amfractibus || circumferentiis *NBAW*. — 19. Empaedocles *Ms.* — 21. Heracletus || Heraclitus *NBAW*. — 21. cilyndroides *Ms.* — 29.—30. et finem || nec finem *edd.* — 32. *νυχθημερον* *Ms.*

occasum, terra excepta. Haec mensura communis omnium motuum intelligitur, cum etiam tempus ipsum numero potissime dierum metimur.

Deinde alias reuolutiones tamquam contranitentes, hoc est ab occasu in ortum videmus, Solis inquam, Lunae et quinque errantium. Ita Sol nobis annum dispensat, Luna menses, vulgatissima tempora; sic alij quinque planetae suum quisque circuitum facit. Sunt tamen in multiplicj differentia. Primum, quod non in eisdem polis, quibus primus ille motus, obuoluuntur, per obliquitatem signiferi currentes, deinde, quod in suo ipso circuitu non videntur aequaliter ferrj. Nam Sol et Luna modo tardj, modo velociores cursu deprehenduntur. Caeteras autem quinque errantes stellas quandoque etiam repedare et hincinde stationes facere cernimus. Et cum Sol suo semper et directo itinere proficiscatur, illi varijs modis errant, || modo in 3v austrum, modo in septentrionem euagantes, vnde planetae dicti sunt. Adde etiam, quod aliquando propinquiores terrae fiunt, et perigaei vocantur, alias longiores, et dicuntur apogaei. Fateri nihilominus oportet circulares esse motus, vel ex pluribus circulis compositos, eo quod inaequalitates huiusmodj certa lege statisque obseruant restitutionibus, quod fieri non posset, si circulares non essent. Solus enim circulus est, qui potest peracta reducere, quemadmodum, verbi gratia, Sol motu circulorum composito dierum et noctium inaequalitatem et quatuor anni tempora no|bis reducit, in quo 3a plures motus intelliguntur, quoniam fieri nequit, ut caeleste corpus simplex vno orbe inaequaliter moueatur. Id enim euenire oporteret, vel propter virtutis mouentis inconstantiam, siue asciticia sit, siue intima natura, vel propter reuoluti corporis disparitatem. Cum vero ab utroque abhorreat intellectus, sitque indignum tale quiddam in illis existimari, quae in optima sunt ordinatione constituta, consentaneum est aequales illorum motus apparere nobis inaequales, vel propter diuersos illorum polos circulorum, siue etiam quod terra non sit in medio circulorum, in quibus illa voluuntur, et nobis a terra spectantibus horum transitus syderum accidat ob inaequales † distantias propinquiora se ipsis remotioribus maiora videri (ut in opticis est demonstratum); sic in circumferentijs orbis aequalibus (ob diuersam visus distantiam) apparebunt motus inaequales temporibus aequalibus. Quam ob causam ante omnia puto necessarium, ut diligenter animaduertamus, quae sit ad caelum terrae habitudo, ne, dum excelsissima scrutarj volumus, quae nobis proxima sint, ignoremus, ac eodem errore, quae telluris sunt, attribuamus caelestibus.

---

2. potissime || potissimum *edd.* — 5. *post* vulgatissima *in Ms.* quaeque *deletum est* — 15. longiores || remotiores *NBAW.* — 23. asciticia || asisticia *Ms.* — 29. *In Ms scriptum erat:* accidat visus nostros (nostros *om. Th*) non aequales servare distantias ab omni parte illorum orbium, sed ut propinquiora se ipsis remotioribus maiora videntur, *sed in formam editionum ab auctore commutatum est.* — 35. sint || sunt *edd.*

Cap. V

An terrae competat motvs circvlaris, et de loco eivs

Iam quidem demonstratum est terram quoque globi formam habere; videndum arbitror, an etiam formam eius sequatur motus, et quem locum vniuersitatis optineat, sine quibus non est inuenire certam apparentium in caelo rationem. Quamquam in medio mundi terram quiescere inter autores plerumque conuenit, ut inopinabile putent siue etiam ridiculum contrarium sentire. Si tamen attentius rem consjderemus, videbitur haec quaestio nondum absoluta et idcirco minime contemnenda. Omnis enim quae uidetur secundum locum mutatio, aut est propter spectatae rei motum, aut videntis,
4 aut certe disparem utriusque mutationem. || Nam inter mota aequaliter ad eadem non percipitur motus, inter visum dico et videns. Terra autem est, vnde caelestis ille circuitus aspicitur et visui reproducitur nostro. Si igitur
3b motus aliquis terrae | deputetur, ipse in vniuersis quae extrinsecus sunt, idem apparebit, sed ad partem oppositam, tamquam praetereuntia, qualis est reuolutio quotidiana imprimis. Haec enim totum mundum videtur rapere, praeterquam terram quaeque circa ipsam sunt, Atqui si caelum nihil de hoc motu habere concesseris, terram vero ab occasu in ortum volui, quantum ad apparentem in Sole et Luna et stellis ortum et occasum, si quis serio animaduertat, inueniet haec sic se habere. Cumque caelum sit, quod continet et caelat omnia, communis vniuersorum locus, non statim apparet, cur non magis contento quam continentj, locato quam locantj motus attribuatur. Erant sane huius sententiae Heraclides et Ecphantus Pythagorici ac Nicetus Syracusanus apud Ciceronem, in medio mundi terram voluentes, Existimabant enim stellas obiectu terrae occidere, easque cessione illius oriri.

Quo assumpto sequitur et alia nec minor de loco terrae dubitatio, quamuis iam ab omnibus fere receptum creditumque sit, medium mundi esse terram. Quoniam si quis neget medium siue centrum mundi terram obtinere, nec tamen fateatur tantam esse distantiam, quae ad non errantium stellarum sphaeram comparabilis fuerit, sed insignem ac euidentem ad Solis aliorumque syderum orbes, putetque propterea motum illorum apparere diuersum, tamquam ad aliud sint regulata centrum, quam sit centrum terrae, non ineptam forsitan poterit diuersi motus apparentis rationem afferre. Quod enim errantia sydera propinquiora terrae, et eadem remotiora cernuntur,

---

3. quidem || quia *NBAW*. — 7. siue || atque adeo *NBAW*. — 12. inter visum dico et videns || inter rem visam dico et videntem *NBAW*. — 13. reproducitur || producitur *B*. — 15. praetereuntia || praetereuntibus *NBAW*. — 19. Sole et Luna et stellis || sole, luna et stellis *edd*. — 19.—20. si quis serio animaduertat, inueniet || si serio animadvertas, invenies *NBAW*. — 24. Nicetus || Nicetas *NBAW*. — 33. forsitan || forsitam *Ms*.

necessario arguit, centrum terrae non esse illorum circulorum centrum. Quo minus etiam constet, terrane illis, an illa terrae annuant et abnuant. Nec adeo mirum fuerit, si quis praeter illam quotidianam reuolutionem alium quendam terrae motum opinaretur. Nempe terram volui, atque etiam pluribus motibus vagantem, et vnam esse ex astris Philolaus Pythagoricus sensisse fertur, mathematicus non vulgaris, utpote cuius uisendi gratia Plato non distulit Italiam petere, quemadmodum, qui vitam Platonis scripsere, tradunt. Multi vero existimauerunt geometrica ratione demonstrari posse, terram esse in medio mundi, et ad immensitatem caeli instar punctj, centri vicem obtinere, ac eam ob causam immobilem esse, quod moto vniuerso centrum|manet immotum et, quae proxima sunt centro, tardissime feruntur. 4a

Cap. VI

De immensitate caeli ad magnitvdinem terrae 4v

Quod enim haec tanta terrae moles nullam habeat aestimationem ad caeli magnitudinem, ex eo potest intelligi: quoniam finitores circulj (sic enim ὁρίζοντας apud Graecos interpretantur) totam caeli sphaeram bifariam secant, quod fieri non posset, si insignis esset terrae magnitudo ad caelum comparata uel a centro mundi distantia. Circulus enim bifariam secans sphaeram per centrum est sphaerae et maximus circumscribilium circulus. Esto namque horizon circulus ABCD, terra vero, a qua visus noster, sit E et ipsum centrum horizontis, in quo definiuntur apparentia ab non apparentibus. Aspiciatur autem per dioptram siue horoscopium vel chorobatem in E collocatum principium Cancri exorientis in C puncto, et eo momento apparet Capricorni principium occidere in A. Cum igitur AEC fuerint in linea recta per dioptram, constat ipsam esse dimetientem signiferi, eo quod sex signa semicirculum apparentia terminant, et E centrum idem E quod horizontis. Rursus commutata reuolutione, qua principium Capricorni oriatur in B, videbitur quoque tunc Cancri occasus in D, eritque BED linea recta et ipsa dimetiens signiferi. Iam vero apparuit etiam AEC dimetientem

---

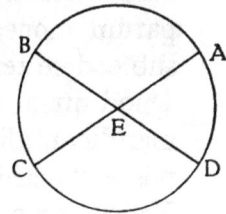

2. constet || constat *edd.* — terrane || terra ne *W.* — 11. manet || maneat *NBAW.* — feruntur || ferantur *NBAW*; *in Ms hic legis deleta*: ut Euclides in phaenomenis hoc modo. — 14. enim haec || autem *NBAW.* — 16. οριζοντας *Ms.* — 17. posset || *sic et K*; potest *NBAW.* — 20. circulus ABCD || *NAW scribunt* ABCD, *Ms B et Th scribunt* abcd. — 20.—21. a qua *est prima manu emendatum ex* ad quam. — 21. horizontis || horisontis *W.* — 24. collocatum || collocatam *Ms.* — exorientis || orientis *edd.* — 26. AEC || abc *B.* — 28. apparentia terminant || terminant *NBAW.* — 28.—29. idem E quod || idem est quod *edd.* — 30. quoque tunc || tunc quoque *NBAW.*

esse eiusdem circulj, patet in sectione communi illius esse centrum. Sic igitur horizon circulus signiferum, qui maximus est sphaerae circulus, bifariam semper dispescit. Atqui in sphaera, si circulus per medium aliquem maximorum secat, ipse quoque secans maximus est, maximorum ergo vnus est horizon, et centrum eius idem quod signiferi, prout apparet; cum tamen necesse sit aliam esse lineam, quae a superficie terrae, et quae a centro, sed propter immensitatem respectu terrae fiunt similes parallelis, quae prae nimia
4b distantia termini apparent esse linea vna, quando mutuum quod con|tinent spacium ad earum longitudinem efficitur incomparabile sensu eo modo, quo demonstratur in opticis. Hoc nimirum argumento satis apparet immensum † esse caelum comparatione terrae ac infinitae magnitudinis speciem prae se ferre, sed sensus aestimatione terram esse respectu caelj, ut punctum ad
5 corpus || et finitum ad infinitum magnitudine. Nec aliud demonstrasse videtur; neque enim sequitur in medio mundi terram quiescere oportere. Quin magis etiam miremur, si tanta mundi vastitas sub xxiiii horarum spacio reuoluatur potius, quam minimum eius, quod est terra. Nam quod aiunt centrum immobile, et proxima centro minus moueri, non arguit terram in medio mundi quiescere, nec aliter quam si dicas caelum volui, at polos quiescere, et, quae proxima sunt polis, minime moueri. Quemadmodum Cynosura multo tardius moueri cernitur quam Aquila vel Canicula, quia circulum describit minorem proxima polo, cum ea omnia vnius sunt sphaerae, cuius mobilitas ad axem suum desinens omnium suarum partium motum sibi inuicem non admittit aequalem, quas tamen paritate temporis non aequalitate spacij reuolutio totius reducat. Ad hoc ergo nititur ratio argumenti, quasi terra pars fuerit caelestis sphaerae, eiusdemque speciej et motus, ut proxima centro parum moueatur. Mouebitur ergo et ipsa corpus existens, non centrum sub eodem tempore ad similes caelestis circuli circumferentias, licet minores. Quod quam falsum sit, luce clarius est: oporteret enim in loco semper esse meridiem, alio semper mediam noctem, ut nec ortus et occasus quotidiani possent accidere, cum vnus et inseparabilis fuerit motus totius et partis. Eorum vero, quae differentia rerum absoluit, longe diuersa ratio est, vt, quae breuiori clauduntur ambitu, reuoluantur citius his, quae maiorem circulum ambiunt. Sic Saturni supremum errantium sydus trigesimo anno reuoluitur, et Luna, quae procul dubio terrae proxima est, menstruum complet circuitum, et ipsa denique terra diurni nocturni temporis

* 1. patet in || patet ergo in *edd.* — illius esse || illud e *NBAW.* — 7. fiunt similes || fiunt quodammodo similes *NBAW.* — 8. continent || continet *NBAW.* — 10. *Post* opticis *Mspm haec habet deleta*: Quod eorum quae spectantur vnumquodque longitudinem intervalli habet aliquam; qua aduentante non amplius spectatur. — 13. finitum || finiti *Ms.* — 20. Aquila vel Canicula || aquila vel canicula *Ms.* — 21. sunt || sint *edd.* — 25. ut || ut quae *Mspm.* — 28. enim in loco || *post* enim *Mspm habet* alio *deletum;* uno *NBAW*; alio *Th.* — 29. ortus et occasus || ortus nec occasus *edd.* — 32. his || iis *NBAW.* — 35. nocturni || nocturnique *edd.*

spacio circuire putabitur. Resurgit ergo eadem de quotidiana reuolutione dubitatio.

Sed et locus eius adhuc quaeritur minus etiam ex supradictis certus. Nihil enim aliud habet illa demonstratio, quam indefinitam caeli ad terram magnitudinem. At quousque se extendat haec immensitas, minime constat. (Quemadmodum ex aduerso in minimis corpusculis ac insectilibus, quae atomi vocantur, cum sensibilia non sint, duplicata vel aliquoties sumpta non statim componunt visibile corpus; at possunt adeo multiplicari, ut demum sufficiant in apparentem coalescere magnitudinem. Ita quoque de loco terrae, quamuis in centro mundi non fuerit, distantiam tamen ipsam incomparabilem adhuc esse || praesertim ad non errantium stellarum sphaeram.) 5v

Cap. VII

Cvr antiqvi arbitrati svnt terram in medio mvndi qviescere tamqvam centrvm 5a

† Quam ob rem alijs quibusdam rationibus prisci philosophi conati sunt astruere terram in medio mundi consistere, potissimam vero causam allegant grauitatis et leuitatis. Quippe grauissimum est terrae elementum, et ponderosa omnia feruntur ad ipsam, in intimum eius contendentia medium. Nam globosa existente terra, in quam grauia vndequaque rectis ad superficiem angulis suapte natura feruntur, nisi in ipsa superficie retinerentur, ad centrum eius corruerent: quandoquidem linea recta, quae se planiciei finitoris, qua sphaeram contingit, rectis accommodat angulis, ad centrum ducit. Ea vero, quae ad medium feruntur, sequi videtur, ut in medio quiescant. Tanto igitur magis tota terra conquiescet in medio, et quae cadentia omnia in se receptat, suo pondere immobilis permanebit. Itidem quoque comprobare nituntur ratione motus et ipsius natura. Vnius quippe ac simplicis corporis † simplicem esse motum ait Aristoteles, simplicium vero motuum alium rectum, alium circularem; rectorum autem alium sursum, alium deorsum. Quocirca omnem motum simplicem aut ad medium esse, qui deorsum, aut a medio, qui sursum, aut circa medium, et ipsum esse circularem. Modo conuenit terrae quidem et aquae, quae grauia existimantur, deorsum ferri, quod est medium petere; aëri vero et igni, quae leuitate praedita sunt, sursum et a medio remoueri. Consentaneum videtur, his quatuor elementis rectum concedi motum, caelestibus autem corporibus circa medium in orbem volui. Haec Aristoteles.

---

1. Resurgit || Resurget *edd.* — 6.—11. *Versus:* Quemadmodum ... adhuc esse *in Ms uncinis inclusi et linea tenui oblique ducta quasi deleti sunt. Desiderantur in NBAW usque ad* stellarum sphaeram. — 7. aliquoties || aliquotiens *Th.* — 10. ipsam || ipsa *Ms.* — 13. sunt || sint *edd.* — 27. *Post* vero *in Ms deletum est* corporum.

Si igitur, inquit Ptolemaeus Alexandrinus, terra volueretur, saltem re- †
uolutione quotidiana, oporteret accidere contraria supradictis. Etenim con-
citatissimum esse motum oportet, ac celeritatem eius insuperabilem, quae
in xxiiii horis totum terrae transmitteret ambitum. Quae vero repentina
vertigine concitantur, videntur ad collectionem prorsus inepta, magisque
vnita dispergi, nisi cohaerentia aliqua firmitate contineantur; et iamdudum,
5b inquit, dissipata terra caelum ipsum (quod admodum ridi|culum est) ex-
cidisset, et eo magis animantia atque alia quaecumque soluta onera haut-
6 quaquam inconcussa manerent. Sed neque cadentia || in directum subirent
ad destinatum sibi locum, et ad perpendiculum, tanta interim pernicitate
subductum. Nubes quoque et quaeuis alia in aëre pendentia semper in
occasum ferri videremus.

Cap. viii

Solvtio dictarvm rationvm ac earvm insvfficientia

His sane et similibus causis aiunt terram in medio mundi quiescere, et proculdubio sic se habere. Verum si quispiam volui terram opinetur, dicet † utique motum esse naturalem, non violentum. Quae vero secundum naturam sunt, contrarios operantur effectus his, quae secundum violentiam. Quibus enim vis vel impetus infertur, dissolui necesse est, et diu subsistere nequeunt; quae vero a natura fiunt, recte se habent, et conseruantur in optima sua compositione. Frustra ergo timet Ptolemaeus, ne terra dissipetur et terrestria † omnia in reuolutione facta per efficatiam naturae, quae longe alia est quam artis, vel quae adsequi possit humano ingenio. Sed cur non illud etiam magis de mundo suspicetur, cuius tanto velociorem esse motum oportet, quanto maius est caelum terra? An ideo immensum factum est caelum, quod ineffabili motus vehementia dirimitur a medio, collapsurum alioqui si staret? Certe si locum haberet haec ratio, magnitudo quoque caeli abibit in infinitum. Nam quanto magis ipso motus impetu rapiatur in sublime, tanto velocior erit motus, ob crescentem semper circumferentiam, quam necesse sit in xxiiii horarum spacio pertransire: ac vicissim crescente motu crescit immensitas caeli. Ita velocitas magnitudinem, et magnitudo velocitatem in infinitum sese promouebunt.

At iuxta illud axioma physicum: quod infinitum est, pertransirj nequit † nec vlla ratione moueri, stabit ergo necessario caelum. Sed dicunt, extra

---

3. oportet || oporteret *edd.* — 11. quaeuis || quaeque *NBAW.* — 14. ac || et *NBAW.* — 22. *lege* efficaciam. — 23. adsequi *sensu passivo adhibetur.* — 24. suspicetur || suspicatur *NBAW.* — 28. ipso || ipse *NBAW.* — rapiatur || rapietur *NBAW.* — 30. crescit || cresceret *NBAW.* — 32. promouebunt || promoverent *NBAW.* — 33. pertransirj || pertransire *AW.* — 34. stabit ergo || stabit *NBAW.*

† caelum non esse corpus, non locum, non vacuum, ac prorsus nihil, et idcirco non esse, quo possit euadere caelum; tunc sane mirum est, si a nihilo potest cohiberi aliquid. At si caelum fuerit infinitum, et interiori tantummodo finitum concauitate, magis forsitan verificabitur extra caelum esse nihil, cum vnum|quodque fuerit in ipso, quamcumque occupauerit magnitudinem, sed 6a permanebit caelum immobile. Nam potissimum, quo astruere nituntur mundum esse finitum, est motus. Siue igitur finitus sit mundus, siue infinitus, disputationi physiologorum dimittamus, hoc certum habentes, quod terra verticibus conclusa superficie globosa terminatur. || Cur ergo haesitamus 6v adhuc, mobilitatem illi formae suae a natura congruentem concedere, magis quam quod totus labatur mundus, cuius finis ignoratur scirique nequit; neque fateamur ipsius quotidianae reuolutionis in caelo apparentiam esse et in terra veritatem? Et haec perinde se habere, ac si diceret Virgilianus † Aeneas, dum ait:

Prouehimur portu, terraeque vrbesque recedunt.

Quoniam fluitante sub tranquillitate nauigio, cuncta quae extrinsecus sunt, ad motus illius imaginem moueri cernuntur a nauigantibus, ac vicissim se quiescere putant cum omnibus, quae secum sunt. Ita nimirum in motu terrae potest contingere, vt totus circuire mundus existimetur. Quid ergo diceremus de nubibus, caeterisque quomodolibet in aëre pendentibus vel subsidentibus, ac rursum tendentibus in sublimia? nisi quod non solum terra cum aqueo elemento sibi coniuncto sic moueatur, sed non modica quoque pars aëris et quaecumque eodem modo terrae cognationem habent? Siue propinquus aër terrea aqueaue materia permixtus eandem sequatur naturam quam terra, siue quod acquisititius sit motus aëris, quem a terra per contiguitatem perpetua reuolutione ac absque resistentia participat. Vicissim non dispari admiratione supremam aëris regionem motum sequi caelestem aiunt, quod repentina illa sydera, cometae inquam et pogoniae vocata a Graecis, indicant, quarum generationi ipsum deputant locum, quae instar aliorum quoque syderum oriuntur et occidunt. Nos ob magnam a terra distantiam eam aëris partem ab illo terrestri motu destitutam dicere possumus. Proinde tranquillus apparebit aër, qui terrae proximus, et in ipso suspensa, nisi vento, vel alio quouis impetu ultro citroque (ut contigit) agitentur. Quid enim est aliud ventus in aëre, quam fluctus in mari?

Cadentium vero et ascendentium duplicem esse motum fateamur oportet mundi comparatione, et omnino compositum ex recto et circulari. Quandoquidem quae pondere suo | deprimuntur, cum sint maxime terrea, 6b non dubium, quin eandem seruent partes naturam quam suum totum.

---

4. forsitan || forsan *NBAW*. — 14. Aeneas, dum ait: || Aeneas: *NBAW*. — 24. Siue || Sive quod *NBAW*. — 33. contigit || contingit *edd.* — 34. agitentur || *sic et K*; agitetur *NBAW*.

Nec alia ratione contingit in ijs, quae ignea vi rapiuntur in sublimia. Nam et terrestris hic ignis terrena potissimum materia alitur, et flammam non aliud esse definiunt quam fumum ardentem. Est autem ignis proprietas
7 extendere, quae inuaserit; quod || efficit tanta vi, ut nulla ratione, nullis machinis possit cohiberi, quin rupto carcere suum expleat opus. Motus autem extensiuus est a centro ad circumferentiam, ac perinde si quid ex terrenis partibus accensum fuerit, fertur a medio in sublime. Igitur (quod aiunt, simplicis corporis esse motum simplicem) de circulari in primis verificatur, quamdiu corpus simplex in loco suo naturali ac unitate sua permanserit. In loco siquidem non alius, quam circularis est motus, qui manet in se totus quiescenti similis. Rectus autem superuenit iis, quae a loco suo naturali peregrinantur, vel extruduntur, vel quomodolibet extra ipsum sunt. Nihil autem ordinationi totius et formae mundi tantum repugnat, quantum extra locum suum quidquam esse. Rectus ergo motus non accidit, nisi rebus non recte se habentibus, neque perfectis secundum naturam, dum separantur a suo toto et eius deserunt vnitatem. Praeterea quae sursum et deorsum aguntur, etiam absque circulari, non faciunt motum simplicem, vniformem et aequalem. Leuitate enim vel sui ponderis impetu nequeunt temperarj. Et quaecumque decidunt, a principio lentum facientia motum velocitatem augent cadendo. Vbi vicissim ignem hunc terrenum (neque enim alium videmus) raptum in sublime statim languescere cernimus, tamquam confessa causa uiolentiae terrestris materiae. Circularis autem aequaliter semper voluitur, indeficientem enim causam habet, ille vero desinere festinantem; per quem consecuta locum suum cessant esse grauia vel leuia, cessatque ille motus. Cum ergo motus circularis sit vniuersorum, partium vero etiam rectus, dicere possumus manere cum recto circularem, sicut cum aegro †
animal. Nempe et hoc, quod Aristoteles in tria genera distribuit motum †
simplicem, a medio, ad medium et circa medium, rationis solummodo actus putabitur, quemadmodum lineam, punctum et superficiem secernimus
7ª quidem, cum tamen vnum sine alio subsistere nequeat, et nullum eorum | sine corpore.

His etiam accedit, quod nobilior atque divinior conditio immobilitatis existimatur, quam mutationis et instabilitatis, quae terrae magis ob hoc quam mundo conueniat. Addo etiam, quod satis absurdum videretur, continenti siue locanti motum adscribi, et non potius contento et locato, quod est terra. Cum denique manifestum sit, errantia sydera propinquiora
7ᵛ fieri terrae ac remotiora, || erit tum etiam, qui circa medium quod volunt

8.—9. *Edd verba* de circulari ... verificatur *uncinis includunt.* — 14. quidquam *in Ms in margine adpositum est.* — quidquam *deest in NBAW.* — 20. *Post* ubi *Ms deletum habet* rursum. — 23. ille vero || illa vero *edd.* — 26.—27. aegro animal || equo animal *W ex coniectura A.* — 32. atque || ac *NBAW et sic saepius.*

esse centrum terrae a medio quoque et ad ipsum vnius corporis motus. Oportet igitur motum, qui circa medium est, generalius accipere, ac satis esse, dum vnusquisque motus sui ipsius medio incumbat. Vides ergo, quod ex his omnibus probabilior sit mobilitas terrae, quam eius quies, praesertim in quotidiana reuolutione, tamquam terrae maxime propria. Et haec ad primam quaestionis partem puto sufficere.

Cap. IX

An terrae plvres possint attribvi motvs, et de centro mvndi

Cum igitur nihil prohibeat mobilitatem terrae, videndum nunc arbitror, an etiam plures illi motus conueniant, vt possit vna errantium syderum existimarj. Quod enim omnium reuolutionum centrum non sit, motus errantium inaequalis apparens et variabiles eorum a terra distantiae declarant, quae in homocentro terrae circulo non possunt intelligi. Pluribus ergo existentibus centris, de centro quoque mundj non temere quis dubitabit, an videlicet fuerit istud grauitatis terrenae, an aliud. Equidem existimo, grauitatem non aliud esse, quam appetentiam quandam naturalem partibus inditam a diuina prouidentia opificis vniuersorum, vt in vnitatem integritatemque suam sese conferant in formam globi coëuntes. Quam affectionem credibile est etiam Soli, Lunae caeterisque errantium fulgoribus inesse, ut eius efficacia in ea, qua se repraesentant, rotunditate permaneant, quae nihilominus multis modis suos efficiunt circuitus. Si igitur et terra faciat alios, utputa secundum centrum, necesse erit eos esse, qui similiter extrinsecus in multis apparent, e quibus inuenimus annuum circuitum. Quoniam si permutatus fuerit a Solarj in terrestrem, Soli immobilitate con|cessa, ortus 7b
et occasus signorum ac stellarum fixarum, quibus matutinae vespertinaeque fiunt, eodem modo apparebunt; errantium quoque stationes, retrogradationes atque progressus non illorum sed telluris esse motus videbitur, quem illa suis mutuant apparentijs. Ipse denique Sol medium mundi putabitur possidere; quae omnia ratio ordinis, quo illa sibi inuicem succedunt, et mundi totius armonia nos docet, si modo rem ipsam ambobus (ut aiunt) oculis inspiciamus.

---

1. quoque et || quoque *NB*. — 4. mobilitas || mobilatis *W*. — 5.—6. Et haec ... sufficere *desideratur in NBAW*. — 7. Cap. IX *in Ms mutatum ex* Capitulum VIII. — 23. e quibus || in quibus *NBAW*. — 29. possidere || possideri *B*. — 30. armonia || harmonia *edd*.

Cap. x

8 De ordine caelestivm orbivm

Altissimum visibilium omnium caelum fixarum stellarum esse, neminem video dubitare, errantium vero seriem penes reuolutionum suarum magnitudinem accipere voluisse priscos philosophos (assumpta ratione) quod aequali celeritate delatorum, quae longius distant, tardius ferri videntur, ut apud Euclidem in opticis demonstratur. Ideoque Lunam breuissimo † temporis spacio circuire existimant, quod proxima terrae minimo circulo voluatur. Supremum vero Saturnum, qui plurimo tempore maximum ambitum circuit. Sub eo Iouem. Post hunc Martem. De Venere vero atque Mercurio diuersae reperiuntur sententiae, eo quod non omnifariam elongantur a Sole, ut illj. Quamobrem alij supra Solem eos collocant, ut Platonis † Timaeus, alij sub ipso, ut Ptolemaeus et bona pars recentiorum. Alpetragius † superiorem Sole Venerem facit, et inferiorem Mercurium.

Igitur qui Platonem sequuntur, quod existiment omnes stellas (obscura alioqui corpora) lumine Solarj concepto resplendere, si sub Sole essent, ob non multam ab eo diuulsionem dimidia aut certe a rotunditate deficientes cernerentur. Nam lumen sursum ferme, hoc est versus Solem referrent acceptum, ut in noua Luna vel desinente uidemus. Oportere etiam aiunt obiectu eorum quandoque Solem impediri, et pro eorum magnitudine lumen illius deficere: quod cum numquam appareat, nullatenus Solem eos subire putant.

Contra vero, qui sub Sole Venerem et Mercurium ponunt, ex amplitudine 8a spacij, quod inter Solem et Lunam comperiunt, vendicant ra|tionem. Maximam enim Lunae a terra distantiam partium sexaginta quatuor et sextantis vnius, qualium quae ex centro terrae est vna, inuenerunt decies octies fere usque ad minimum Solis interuallum contineri, et illarum esse partium MCLX, inter ipsum ergo et Lunam MIIIIC. Proinde ne tanta vastitas remaneret inanis, ex absidum interuallis, quibus crassitudinem illorum orbium ratiocinantur, comperiunt eosdem proxime compleri numeros, vt altissimae Lunae succedat infimum Mercurij, cuius summum proxima Venus sequatur, quae demum summa abside sua ad infimum Solis quasi pertingat. Etenim inter absides Mercurij praefatarum partium CLXXVII s. fere supputant, deinde reliquum Veneris interuallo partium CMX proxime compleri spacium. Non ergo fatentur in stellis opacitatem esse aliquam Lunarj similem, sed vel

---

1. Cap. x || Cap. IX *Mspm.* — 5. *Post* philosophos *edd inserunt* videmus. — 8. terrae || *sic et K;* terra *NBAW.* — 15. quod || cum *NBAW.* — 19. etiam || autem *NBAW.* — 21. deficere *habes in Ms pro deleto* impediri. — 26. *post* vna *Ms deletum habet* repertam. — 28. MIIIIC || MXCVI *NBTh;* 1096 *AW.* — 30. compleri || complere *NBAW.* — 34. CMX || DCCCCX *NBTh;* 910 *AW: sic vel similiter saepius.*

proprio lumine vel Solari totis imbuto corporibus fulgere, et idcirco || Solem *8v* non impediri, quod sit euentu rarissimum, ut aspectui Solis interponantur, latitudine plerumque cedentes. Praeterea quod parua sint corpora comparatione Solis, cum Venus etiam Mercurio maior existens vix centesimam Solis partem obtegere potest, ut vult Machometus Aratensis, qui decuplo maiorem existimat Solis dimetientem, et ideo non facile videri tantillam sub praestantissimo lumine maculam. Quamuis et Auerroës in Ptolemaica parafrasi nigricans quiddam se uidisse meminit, quando Solis et Mercurij copulam numeris inueniebat expositam. Ac ita decernunt haec duo sydera sub Solari circulo moueri.

Sed haec quoque ratio quam infirma sit et incerta, ex eo manifestum, quod cum XXXVIII sint eius, quae a centro terrae ad superficiem usque ad proximam Lunam secundum Ptolemaeum, sed secundum veriorem aestimationem plusquam IL (ut infra patebit), nihil tamen aliud in tanto spacio nouimus contineri quam aërem, et si placet etiam, quod igneum vocant elementum. Insuper quod dimetientem circuli Veneris, per quem a Sole hinc inde XLV partibus plus minusue digreditur, sextuplo maiorem esse oportet, quam quae ex centro terrae ad infimam illius absidem, ut suo demonstrabitur loco. Quid ergo dicent in toto eo spacio contineri, tanto maiori, quam quod terram, aërem, aethera, Lunam atque Mercurium caperet, et praeterea quod | ingens ille Veneris epicyclus occuparet, si circa terram quietam volueretur? 8b

Illa quoque Ptolemaei argumentatio, quod oportuerit medium ferri Solem inter omnifariam digredientes ab ipso et non digredientes, quam sit impersuasibilis, ex eo patet, quod Luna omnifariam et ipsa digrediens prodit eius falsitatem.

Quam vero causam allegabunt ij, qui sub Sole Venerem, deinde Mercurium ponunt, vel alio ordine separant, quod non itidem separatos faciunt circuitus, et a Sole diuersos, ut caeteri errantium, si modo velocitatis tarditatisque ratio non fallit ordinem? Oportebit igitur, vel terram non esse centrum, ad quod ordo syderum orbiumque referatur, aut certe rationem ordinis non esse, nec apparere, cur magis Saturno quam Ioui seu alio cuiuis superior debeatur locus. Quapropter minime contemnendum arbitror, quod Martianus Capella, qui Encyclopaidiam scripsit, et quidam alij Latinorum percalluerunt. Existimant enim, quod Venus et Mercurius circumcurrant

---

1. imbuto || imbutas *NBAW*. — 3. cedentes || caedentes *Ms*. — 5. Machometus || Albategnius *Th*; *nomen* Albategnius *in Ms deletum est*; Aratensis || Arecensis *NB*; Aractensis *AW*. — 7. Auerroës || Avervoës *W*. — 9. ac || et *NBAW et sic saepius*. — 14. IL || XLVIIII *Th*; LII *NBAW*. — 15. etiam, quod || *post* etiam *Ms deletum habet* aethera. — 17. sextuplo *in margine Ms*. — 19. *Post* contineri *Ms* quod *deletum habet*. — 20. *Post* praeterea *in Ms* totum illud per *obliterata sunt*. — 21. *Ante* occuparet *deleta habes in Ms* permeat taxare volueris. — 31. Saturno || Saturni *Ms*. — alio || alii *edd*. — 33. Capella || Capellae *Ms*. — Encyclopaidiam || Encyclopaediam *edd*. — quidam || *sic et K*; quidem *NB*.

Solem in medio existentem, et eam ob causam ab illo non vlterius digredi putant, quam suorum conuexitas orbium patiatur; quoniam terram non ambiunt ut caeteri, sed absidas conuersas habent. Quid ergo aliud volunt
9 || significare, quam circa Solem esse centrum illorum orbium? Ita profecto Mercurialis orbis intra Venereum, quem duplo et amplius maiorem esse conuenit, claudetur, obtinebitque locum in ipsa amplitudine sibi sufficientem. Hinc sumpta occasione si quis Saturnum quoque, Iouem et Martem ad illud ipsum centrum conferat, dummodo magnitudinem illorum orbium tantam intelligat, quae cum illis etiam immanentem contineat ambiatque terram, non errabit, quod canonica illorum motuum ratio declarat.

Constat enim propinquiores esse terrae semper circa vespertinum exortum, hoc est, quando Soli opponuntur, mediante inter illos et Solem terra; remotissimos autem a terra in occasu vespertino, quando circa Solem occultantur, dum videlicet inter eos atque terram Solem habemus. Quae satis indicant, centrum illorum ad Solem magis pertinere, et idem esse, ad quod etiam Venus et Mercurius suas obuolutiones conferunt. At uero omnibus his vni medio innixis necesse est id, quod inter conuexum orbem Veneris
9a et concauum Martis relinquitur spacium, orbem quoque | siue sphaeram discerni cum illis homocentrum secundum vtramque superficiem, quae terram cum pedissequa eius Luna, et quicquid sub Lunari globo continetur, recipiat. Nullatenus enim separare possumus a terra Lunam citra controuersiam illi proximam existentem, praesertim cum in eo spatio conuenientem satis et abundantem illi locum reperiamus.

Proinde non pudet nos fateri hoc totum, quod Luna praecingit, ac centrum terrae per orbem illum magnum inter caeteras errantes stellas annua reuolutione circa Solem transire, et circa ipsum esse centrum mundi; quo etiam Sole immobili permanente, quicquid de motu Solis apparet, hoc potius in mobilitate terrae verificari: tantam vero esse mundi magnitudinem, vt cum illa terrae a Sole distantia ad quoslibet alios orbes errantium syderum magnitudinem habeat pro ratione illarum amplitudinum satis euidentem, ad non errantium stellarum sphaeram collata non appareat: quod facilius concedendum puto, quam in infinitam pene orbium multitudinem distrahi intellectum, quod coacti sunt facere, qui terram in medio mundi detinuerunt. Sed naturae sagacitas magis sequenda est, quae sicut maxime cauit super- †
fluum quiddam vel inutile produxisse, ita potius vnam sepe rem multis ditauit affectibus.

Quae omnia cum difficilia sint, ac pene inopinabilia, nempe contra multorum sententiam, in processu tamen, fauente deo, ipso Sole clariora facie-

---

9. contineat ambiatque || contineant ambiantque *Ms.* — 28. tamtam *Ms.* — 30. *Ante* illarum *in Ms deletum est* suarum. — 31. non appareat || non quae appareat *edd.* — 36. affectibus || effectibus *edd.*

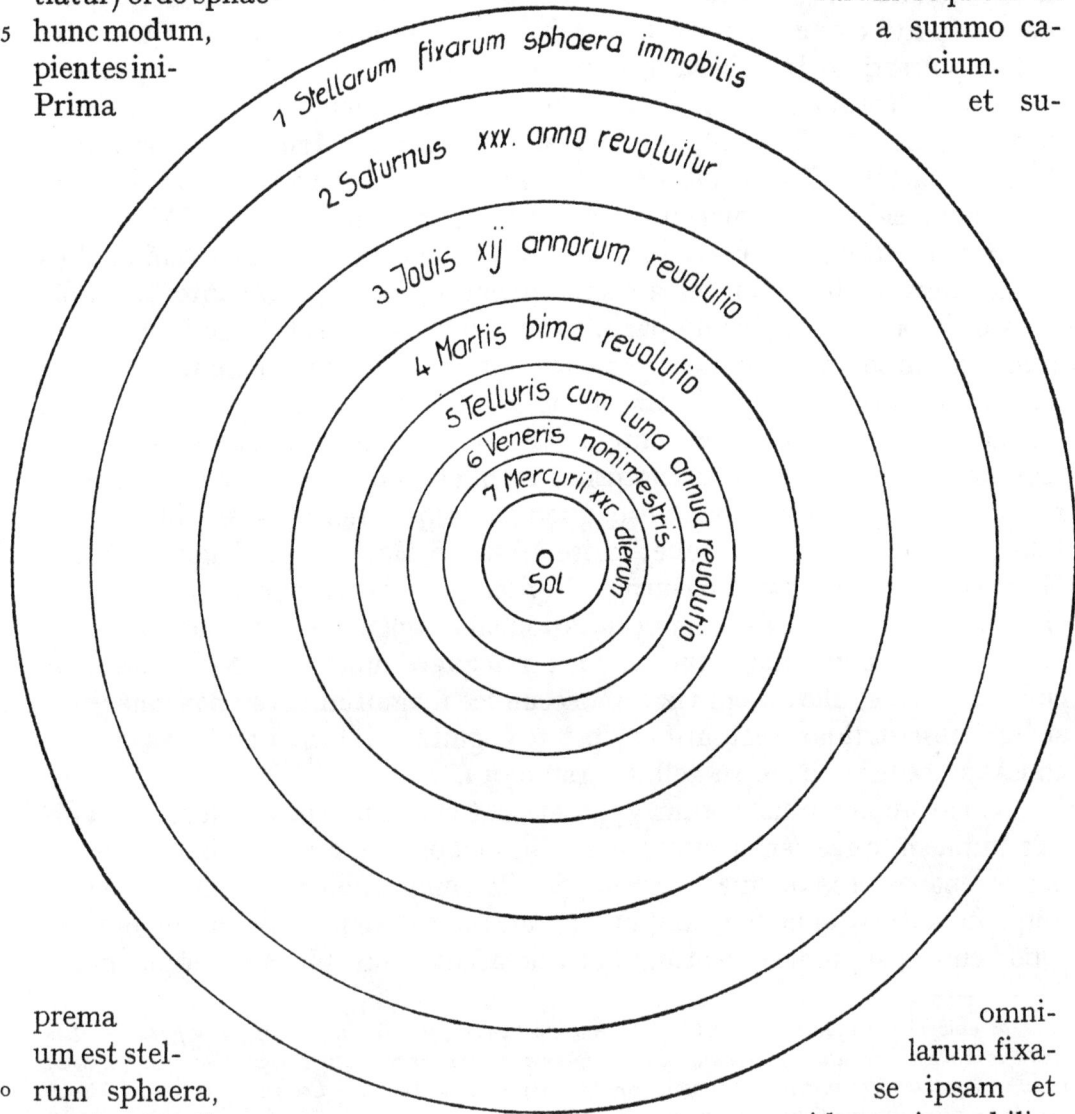

mus, mathematicam saltem artem non ignorantibus. Quapropter prima || 9v ratione salua manente (nemo enim conuenientiorem allegabit, quam ut magnitudinem orbium multitudo temporis metiatur) ordo sphaerarum sequitur in hunc modum, a summo capientes initium. Prima et suprema omnium est stellarum fixarum sphaera, se ipsam et omnia continens, ideoque immobilis; nempe vniuersi locus, ad quem motus et positio caeterorum omnium syderum conferatur. Nam quod aliquo modo illam etiam mutari existimant aliqui, nos aliam, cur ita appareat, in deductione motus terrestris assignabimus causam. Sequitur errantium primus Saturnus, qui xxx. anno suum complet circuitum. Post hunc Iupiter

2. conuenientiorem || convenientientiorem *A*. — 5.—6. capientes || capiens *edd.*

duodecennali reuolutione mobilis. Deinde Mars, qui biennio circuit. Quar-
9b tum in ordine annua reuolutio locum opti|net, in quo terram cum orbe
Lunari tamquam epicyclio contineri diximus. Quinto loco Venus nono
10 mense reducitur. || Sextum denique locum Mercurius tenet octuaginta
dierum spatio circumcurrens. In medio vero omnium residet Sol. Quis enim †
in hoc pulcerrimo templo lampadem hunc in alio vel meliori loco poneret,
quam vnde totum simul possit illuminare? Siquidem non inepte quidam
lucernam mundi, alij mentem, alij rectorem vocant. Trimegistus visibilem
deum, Sophoclis Electra intuentem omnia. Ita profecto tamquam in solio
regali Sol residens circumagentem gubernat astrorum familiam. Tellus quoque minime fraudatur Lunari ministerio, sed, ut Aristoteles de animalibus
ait, maximam Luna cum terra cognationem habet. Concipit interea a Sole
10a terra et impraegnatur annuo partu. Inuenimus igitur sub | hac ordinatione
admirandam mundi symmetriam, ac certum armoniae nexum motus et
magnitudinis orbium, qualis alio modo reperiri non potest. Hic enim licet
animaduertere non segniter contemplanti, cur maior in Ioue progressus et
regressus appareat quam in Saturno, et minor quam in Marte; ac rursus
maior in Venere quam in Mercurio, quodque frequentior appareat in Saturno
talis reciprocatio quam in Ioue; rarior adhuc in Marte et in Venere quam in
Mercurio; praeterea quod Saturnus, Iupiter et Mars acronycti propinquiores
sint terrae, quam circa eorum occultationem et apparitionem. Maxime vero
Mars pernox factus magnitudine Iouem aequare uidetur (colore dumtaxat
rutilo discretus) illic autem vix inter secundae magnitudinis stellas inuenitur,
sedula obseruatione sectantibus ipsum cognitus. Quae omnia ex eadem
causa procedunt, quae in telluris est motu.

Quod autem nihil eorum apparet in fixis, immensam illorum arguit
celsitudinem, quae faciat etiam annui motus orbem siue eius imaginem ab
oculis euanescere, quoniam omne visibile longitudinem distantiae habet
aliquam, ultra quam non amplius spectatur, ut demonstratur in opticis. †
Quod enim a supremo errantium Saturno ad fixarum sphaeram adhuc pluri-

3. epicyclio || epicyclo *NBAW*. — *Haec doctrinae Copernicanae principalis figura in editionibus hunc in modum est mutata: Cum Copernicus orbi singulorum planetarum spatium binis circulis homocentricis interiacens tribuat eique inscriptiones imponat, edd convexae superioris circuli circumferentiae inscriptiones adiungendo planetis hanc solum circumferentiam concedere volunt. Praeterea quinto Terrae orbi interponunt medium circulum homocentricum centrum circelli Lunaris ferentem, qui circellus et superiorem et inferiorem circulum orbis Terrae tangit. Huius circelli centro nomen et forman Terrae, eiusdem circumferentiae formam Lunae affigunt. Inscriptiones ipsae differunt a Copernicanis*: 5 Telluris cum orbe Lunari annua (annal. *A*, anna. *B*) revolutio; 6 Venus nonimestris. *Insuper habet A haec signa: in orbe Saturni* ♄, *Jovis* ♃, *Martis* ♂, *Veneris* ♀, *Mercurii* ☿. — 6. hunc || hanc *edd*. — 10. circumagentem || circum agentem *W*. — 13. *Post* invenimus *in Ms* autem *deletum erat*; igitur *in margine additum est*. — 18. quam in Mercurio || quam Mercurio *Ms*. — 24. sectantibus ipsum || sectantibus *NBAW*. — 28.—29. quoniam etc. *Hi versus leguntur etiam in Cap. VI. sed a Copernico ipso obliterati. Hoc loco pro* ultra quam *Mspm habebat* qua aduentante *et post* opticis *addebat* apud Euclidem.

mum intersit, scintillantia illorum lumina demonstrant. Quo indicio maxime discernuntur a planetis, quodque inter mota et non mota maximam oportebat esse differentiam. Tanta nimirum est diuina haec Optimi Maximi fabrica.

CAP. XI

DE TRIPLICI MOTV TELLVRIS DEMONSTRATIO

Cum igitur mobilitati terrenae tot tantaque errantium syderum consentiant testimonia, iam ipsum motum in summa exponemus, quatenus apparentia per ipsum tamquam hypothesim demonstrentur. Triplicem omnino oportet admittere; primum quem diximus *νυχθημερινόν* a Graecis vocari, diei noctisque circuitum proprium, circa axem telluris ab occasu in ortum vergentem, prout in diuersum mundus ferri putatur, aequinoctialem circulum describendo, quem nonnulli aequidialem dicunt imitantes significationem || Graeco|rum, apud quos *ἰσημερινός* vocatur. Secundus est 10v 10b motus centri annuus, qui circulum signorum describit circa Solem ab occasu similiter in ortum, id est in consequentia, procurrens inter Venerem et Martem, ut diximus, cum sibi incumbentibus. Quo fit, ut ipse Sol simili motu zodiacum pertransire videatur; quemadmodum, verbi gratia, Capricornum centro terrae permeante Sol Cancrum videatur pertransire, ex Aquario Leonem, et sic deinceps (ut dicebamus). Ad hunc circulum, qui per medium signorum est, et eius superficiem oportet intelligi aequinoctialem circulum et axem terrae conuertibilem habere inclinationem. Quoniam si fixa manerent, et non nisi centri motum simpliciter sequerentur, nulla appareret dierum et noctium inaequalitas, sed semper vel solstitium, vel bruma, vel aequinoctium, vel aestas, vel hiems, vel utcumque eadem temporis qualitas maneret sui similis. Sequitur ergo tertius declinationis motus annua quoque reuolutione, sed in praecedentia, hoc est contra motum centri reflectens. Sicque ambobus inuicem aequalibus fere et obuijs mutuo euenit, ut axis terrae, et in ipso maximus parallelorum aequinoctialis in eandem fere mundi partem spectent, perinde ac si immobiles permanerent. Sol interim moueri cernitur per obliquitatem signiferi, eo motu, quo centrum terrae, nec aliter quam si ipsum esset centrum mundi, dummodo memineris Solis et terrae distantiam visus nostros iam excessisse in stellarum fixarum sphaera. Quae cum talia sint, quae oculis subijci magis quam dici desyde-

---

3. Optimi Maximi || Opt. Max. *Ms NBA*. — 5. Cap. XI: *Ms scribit* Ca. Decimum; *etiam* Cap. IX *et* X *initio numeris* VIII *et* IX *a Copernico significata erant*. — 9. Triplicem || quam triplicem *NBAW*. — 10. *νυχθημερινον Ms*; *νυχθημερίνον NAW*. — 11. *Post* proprium *Ms deleta habet*: ac immediatum. — 14. *ἰσημερίνος Ms NBAW* — 15. circa || circum *NBAW*. — 20. Aquario || aquario *Ms*. — dicebamus || diximus *NBAW*. — 26. maneret || manerent *B*.

rant, describamus circulum ABCD, quem repraesentauerit annuus centri terrae circuitus in superficie signiferi, et sit E circa centrum eius Sol. Quem quidem circulum secabo quadrifariam subtensis diametris AEC et BED. Punctum A teneat Cancri principium, B Librae, C Capricorni, D Arietis. Assumamus autem centrum terrae primum in A, super quo designabo terrestrem aequinoctialem FGHI, sed non in eodem plano, nisi quod GAI dimetiens sit circulorum sectio communis, aequinoctialis inquam et signiferi. Ducta quoque diametro FAH ad rectos angulos ipsi GAI, sit F maximae declinationis limes in austrum, H vero in boream. His sane sic propositis, Solem circa E centrum videbunt terrestres sub Capricorno brumalem conuersionem facientem, quam maxima
11a | declinatio borea H ad Solem conuersa efficit. Quoniam decliuitas aequinoctialis ad AE lineam per reuolutionem diurnam detornat sibi tropicum hiemalem parallelum secundum distantiam, quam sub EAH angulus inclinationis comprehendit. Proficiscatur modo centrum terrae in consequentia, ac tantumdem F maximae declinationis terminus in praecedentia, donec utrique in B peregerint quadrantes circulorum. Manet interim EAI angulus semper aequalis ipsi AEB propter aequalitatem reuolutionum, et dimetientes semper ad inuicem FAH ad FBH et GAI
11 ad GBI || aequinoctialisque aequinoctiali parallelus. Quae propter causam iam sepe dictam apparent eadem in immensitate caeli. Igitur ex B Librae principio E sub Ariete apparebit, coincidetque sectio circulorum communis in vnam lineam GBIE, ad quam diurna reuolutio nullam admittet declinationem, sed omnis declinatio erit a lateribus. Itaque Sol in aequinoctio verno videbitur. Pergat centrum terrae cum assumptis conditionibus, et
11b per|acto in C semicirculo apparebit Sol Cancrum ingredi. At F austrina aequinoctialis circuli declinatio ad Solem conuersa faciet illum boreum videri aestiuum tropicum percurrentem pro ratione anguli ECF inclinationis. Rursus auertente se F ad tertium circuli quadrantem sectio communis GI in lineam ED cadet denuo, vnde Sol in Libra spectatus videbitur autumni aequinoctium confecisse. Ac deinceps eodem processu HF paulatim ad

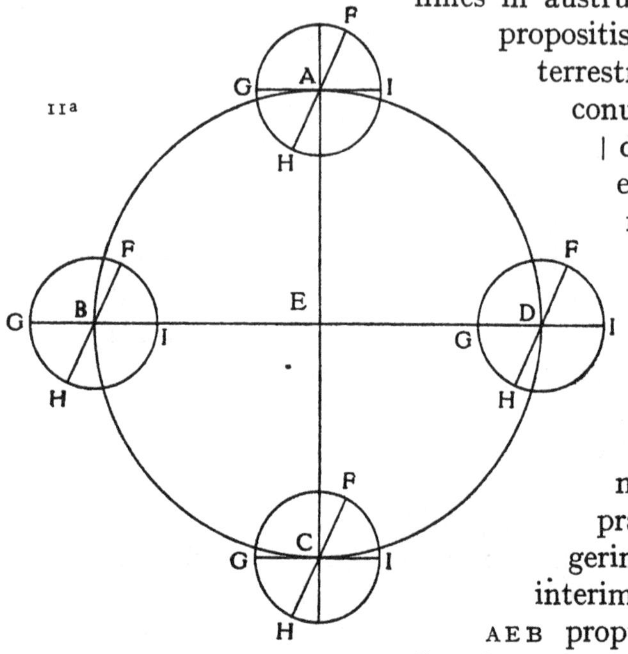

---

7. Ducta || Ducto *edd.* — 22. maximae || maxime *Ms.* — 30. coincidetque || concidetque *NBAW.*

Solem se conuertens redire faciet ea, quae in principio, vnde digredi coepimus.

Aliter. Sit itidem in subiecto plano AEC dimetiens et sectio communis circuli ABC erecti ad ipsum planum. In quo circa A et C, hoc est sub Cancro et Capricorno, designetur per vices circulus terrae per polos, qui sit DGFI, et axis terrae sit DF, boreus polus D, austrinus F, et GI dimetiens circuli aequinoctialis. Quando igitur F ad Solem se conuertit, qui sit circa E, atque aequinoctialis circuli inclinatio borea secundum angulum, qui sub IAE, tunc

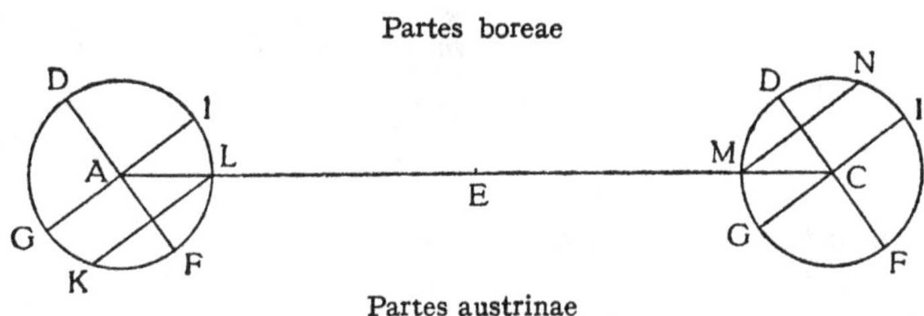

motus circa axem describet parallelum aequinoctiali austrinum secundum dimetientem KL et distantiam LI tropicum Capricorni in Sole apparentem. Siue, ut rectius dicam, motus ille circa axem ad visum AC superficiem insumit conicam, in centro terrae habentem fastigium, basim vero circulum aequinoctialj parallelum; in opposito quoque signo C omnia pari modo eueniunt, sed conuersa. Patet igitur, quomodo occurrentes inuicem bini motus, centri inquam et inclinationis, cogunt axem terrae in eodem libramento manere ac positione consimili, et apparere omnia, quasi sint Solares motus. || Dicebamus autem centri et declinationis annuas reuolutiones prope- *11v* modum esse aequales, quoniam, si ad amussim id esset, oporteret aequinoctialia solstitialiaque puncta ac totam signiferi obliquitatem sub stellarum fixarum sphaera haudquaquam permutari. Sed cum modica sit | differentia, 12a non nisi cum tempore grandescens patefacta est: a Ptolemaeo quidem ad nos usque partium prope XXI, quibus illa iam anticipant. Quam ob causam crediderunt aliqui, stellarum quoque fixarum sphaeram moueri, quibus idcirco nona sphaera superior placuit; quae dum non sufficeret, nunc recentiores decimam superaddunt, nedum tamen finem assecuti, quem speramus ex motu terrae nos consecuturos, quo tamquam principio et hypothesi vtemur in demonstrationibus aliorum.

. . . . .

1. conuertens || conuertentens *Ms.* — 3. *Post* plano AEC *in Ms deletum*: circuli ABC et. — 4. circuli ABC || circuli *NBAW.* — 10. distantiam || distantem *B.* — 11. AC superficiem || AE superficiem *NBAW.* — 27. *Hunc versum sequuntur in Ms paginae duae obliteratae atramento pernigro, quibus Copernicus primo libro finem imponere in mente habuerat. Capita XII—XIV cum Canone*

Cap. XII

13

De rectis lineis, qvae in circvlo svbtendvntvr

Quoniam angulus subtensam lineam rectam non metitur, sicut nec ipsa angulum, sed circumferentia, quocirca inuentus est modus, per quem lineae subtensae cuilibet circumferentiae cognoscantur, quarum adminiculo ipsam circumferentiam angulo respondentem, ac viceuersa per circumferentiam rectam lineam, quae angulum subtendit, licet accipere. Quapropter non

1. Cap. XII || Cap. primum *Ms.* — *Inscriptio huius capitis in NBAW est haec*: De magnitudine rectarum in circulo linearum. — 3. *De initio huius capitis vide notam in fine epistulae Lysidis additam pag.* 31.

---

subtensarum initio secundum librum effecerunt, id quod apparet etiam ex lacuna pro infigenda litera initiali reservata (Ms p. 13); *quem librum partim delendo, partim contrahendo primo libro adiunxit. Quae a Copernico deleta hic subiungere placet:*

Et si fateamur Solis Lunaeque cursum in immobilitate quoque terrae demonstrari posse, in caeteris vero errantibus minus congruit. Credibile est hisce similibusque causis Philolaum mobilitatem terrae sensisse, quod etiam nonnulli Aristarchum Samium ferunt in eadem fuisse † sententia, non illa ratione moti, quam allegat reprobatque Aristoteles. Sed cum talia sint, quae nisi acri ingenio et diligentia diuturna comprehendi non possent, latuisse tunc plerumque philosophos et fuisse admodum paucos, qui eo tempore sydereorum motuum calluerint rationem, a Platone non tacetur. At si Philolao vel cuiuis Pythagorico intellecta fuerunt (a), verisimile tamen est ad posteros non profudisse. Erat enim Pythagoreorum obseruantia (b) non tradere literis (c) nec pandere omnibus arcana philosophiae, sed amicorum dumtaxat et propinquorum fidei committere ac per manus tradere. Cuius rei monumentum exstat Lysidis ad Hipparchum epistola, † quam ob memorandas sententias, et ut appareat, quam preciosam penes se habuerint philosophiam, placuit huc inserere atque huic primo libro per ipsam inponere finem. Est ergo exemplum epistolae, quod e Graeco vertimus hoc modo:

Lysis Hipparcho Salutem. Post excessum Pythagorae numquam mihi persuasissem futurum, ut societas discipulorum eius disiungeretur. Postquam autem praeter spem, tamquam naufragio facto, alius alio delati disiectique sumus, pium tamen est diuinorum illius praeceptorum meminisse, neque communicare philosophiae bona ijs, qui neque animi purificationem somniauerunt (d). Non enim decet ea porrigere omnibus, quae tantis laboribus sumus consecuti. Quemadmodum neque Eleusiniarum dearum arcana prophanis hominibus licet patefacere; peraeque enim iniqui
12 || ac impij haberentur utrique ista facientes. Operae precium est autem recensere, quantum temporis consumserimus in abstergendis maculis, quae pectoribus nostris inhaerebant, donec quinque labentibus annis praeceptorum illius facti sumus capaces. Quemadmodum enim pictores post expurgationem astrinxerunt acrimonia quadam vestimentorum tincturam, ut inabluibilem imbibant colorem et qui postea non facile possit euanescere, ita diuinus ille vir philosophiae praeparauit amatores; quo minus spe frustraretur, quam de alicuius virtute concepisset. Non enim mercenariam vendebat doctrinam, neque laqueos, quibus multi sophistarum mentes iuuenum implicant, utilitate vacantes adnectebat, sed diuinarum humanarumque rerum erat praeceptor. Quidam vero doctrinam illius simulantes multa et magna faciunt et peruerso ordine neque ut congruit instruunt iuuentutem, quamobrem importunos ac proteruos reddunt auditores. Permiscent enim turbulentis ac impuris moribus sjncera praecepta philosophiae. Perinde enim est, ac si

a) fuerunt || fuerint *Th.* — b) obseruantia || observatio *Th.* — c) literis: *sic nota Ms legenda est;* libris *Th.* — d) *De locis in Th hac in epistula emendandis vide Prolegg. Th* p. XVIII.

alienum esse videtur, si hoc libro sequente de hisce lineis tractauerimus. De lateribus quoque et angulis tam planorum quam etiam sphaericorum triangulorum, quae Ptolemaeus sparsim ac per exempla tradidit, quatenus hoc loco semel absoluantur, ac deinde quae traditurj sumus, fiant apertiora.

Circulum communi mathematicorum consensu in ccclx partes distribuimus. Dimetientem vero cxx partibus asciscebant prisci. At posteriores, ut scrupulorum euitarent inuolutionem in multiplicationibus et diuisionibus

---

1. *Verba* hoc libro sequente *omiserunt edd. Etiam ex his verbis apparet Copernicum initio trigonometriae librum II. tribuisse, quem postea mutavit in librum I* cap. XII—XIV. — 4. *Versus:* Quae ex philosophia naturali ... fiant apertiora *initio prooemium libri II. Revolutionum erant. Ideo post* apertiora *in Ms legitur:* De rectis lineis ... subtenduntur. Cap. primum. — 5. Circulum || Circulum autem *NBAW*.

---

quis in altum puteum caeno plenum puram ac liquidam aquam infundat; nam caenum conturbat et aquam amittit. Sic accidit ijs, qui hoc modo docent atque docentur. Densae enim et opacae siluae mentem et praecordia eorum occupant, qui rite non fuerint iniciatj, omnemque animi mansuetudinem et rationem impediunt. Subeunt hanc siluam omnia viciorum genera, quae depascuntur, arcent, nec aliquo modo sinunt prodire rationem. Nominabimus autem primum ipsorum ingredientium matres incontinentiam et auariciam. Suntque ambae fecundissimae. Nam incontinentia incestus, ebrietates, stupra et contra naturam voluptates parit et vehementes quosdam impetus, qui ad mortem usque (a) et praecipicium impellunt. Iam enim libido quosdam usque adeo inflammauit, ut neque matribus neque pignoribus abstinuerint (b), quos etiam contra leges, patriam, ciuitatem et tyrannos induxit, iniecitque laqueos ut vinctos ad extremum usque supplicium coëgerit. Ex auaricia autem genitae sunt rapinae, parricidia, sacrilegia, veneficia atque aliae id genus sorores. Oportet igitur huiusce siluae latebras, in quibus affectus isti versantur, igne, ferro et omni conatu excidere. Cumque ingenuam rationem his affectibus liberatam intellexerimus, tunc optimam frugem et fructuosam illj inseremus. Haec tu quidem, Hipparche, non paruo studio didiceras. Sed parum, || o bone *12v*
vir, seruasti, Siculo luxu degustato, cuius gratia nihil postponere debuisses. Aiunt etiam plerique, te publice philosophari, quod vetuit Pythagoras, qui Damae, filiae suae, commentariolos testamento relinquens mandauit, ne cuiquam eos extra familiam traderet. Quos cum magna pecunia vendere posset, noluit, sed paupertatem et iussa patris aestimauit auro cariora. Aiunt etiam, quod Dama moriens Vitaliae, filiae suae, idem reliquerit fidei commissum. Nos autem virilis sexus inofficiosi sumus in praeceptorem, sed transgressores professionis nostrae. Si igitur te emendaueris, gratum habeo, sin minus, mortuus es mihi. — *Quae hic sequitur in NBAW inscriptio Capitis XII*: De magnitudine rectarum in circulo linearum *in Ms non legitur; eius loco in Ms p. 13, 24 titulus invenitur, quem nos capiti superscripsimus. Initium capitis, quod extat in NBAW, et quaedam praeterea sententiae ei praemissae in Ms deleta sunt. Sunt autem verba obliterata haec*: || Quae ex philosophia naturali *13*
(c) ad institutionem nostram necessaria videbantur tamquam principia et hypotheses, mundum videlicet sphaericum immensum, similem infinito; stellarum quoque fixarum sphaeram omnia continentem immobilem esse; caeterorum vero corporum caelestium motum circularem: summatim recensuimus. Assumpsimus etiam quibusdam reuolutionibus mobilem esse tellurem, quibus tamquam primario lapidi totam astrorum scientiam instruere nitimur. Quoniam vero demonstrationes, quibus in toto ferme opere utemur, in rectis lineis et circumferentijs, in planis conuexisque triangulis versantur, de quibus et si multa iam pateant in Euclideis Elementis, non tamen habent, quod hic maxime quaeritur, quomodo ex angulis latera et ex lateribus anguli possint accipi. *In NBAW caput incipit sic:* Quoniam demonstrationes, quibus...

---

a) mortem usque || mortem *Th.* — b) abstinuerint || abstinerint *Th.* — c) naturali || materiali *Th.*

numerorum circa ipsas lineas, quae ut plurimum incommensurabiles sunt longitudine, sepius etiam potentia, alij duodecies centena milia, alij vigesies, alij aliter rationalem constituerunt diametrum ab eo tempore, quo Indicae numerorum figurae sunt usu receptae. Qui quidem numerus quemcumque
12b alium, siue Graecum, siue Latinum superat singulari qua|dam promptitudine in ratiocinijs sese accommodans. Nos quoque eam ob causam accepimus diametri c̄c̄ partes tamquam sufficientes, quae possint errorem excludere patentem. Quae enim se non habent sicut numerus ad numerum, in his
13v proximum assequi satis est. || Hoc autem sex theorematis explicabimus et vno problemate, Ptolemaeum fere secuti.

Theorema primum

Data circuli diametro, latera quoque trigoni, tetragoni, hexagoni, pentagoni et decagoni dari, quae idem circulus circumscribit.

Quoniam, quae ex centro, dimidia diametri aequalis est latere hexagoni, trianguli vero latus triplum, quadrati duplum potest eo, quod ab hexagoni latere fit quadratum, prout apud Euclidem in elementis demonstrata sunt. Dantur ergo longitudine hexagoni latus partium c̄, tetragoni partium 141422, trigoni partium 173205.

Sit iam latus hexagoni AB, quod per problema I. secundi, siue decimum sexti Euclidis media et extrema ratione secetur in C signo, et maius segmentum sit CB, cui aequalis apponatur BD. Erit igitur et tota ABD extrema et media ratione dissecta: et minus segmentum, BD apposita, decagoni latus inscripti circulo, cuius AB fuerit hexagoni latus, quod ex quinto et IX. praecepto XIII. libri Euclidis fit manifestum.

A C E B D

Ipsa vero BD dabitur hoc modo: secetur AB bifariam in E, patet per III. praeceptum eiusdem libri Euclidis, quod EBD quintuplum potest eius quod ex EB. Sed EB datur longitudine partium L̄, a qua datur potentia quintuplum, et ipsa EBD longitudine partium 111803, quibus si 50000 auferantur ipsius EB, remanet BD partium 61803, latus decagoni quaesitum.

Latus quoque pentagoni, quod potest hexagoni latus simul et decagoni, datur partium 117557.

5.—6. Latinum superat ... in ratiocinijs sese accommodans || *Ms omisso verbo* superat *scribit* Latinum singulari .. accomodant; *in NBAW legitur:* Latinum singulari quadam promptitudine superat et omni generi supputationum sese accommodat. — 7. c̄c̄ || 200000 *edd.* — 12. data .. diametro || dato .. diametro *edd.* — 14. aequalis est latere || aequalis est lateri *edd.* — 17. c̄ || 100000 *edd.* — 19. iam || autem *NBAW.* — 19.—20. per problema I. secundi, sive decimum sexti || per XI. secundi, sive XXX. sexti *NBA;* per II. secundi, sive XXX. sexti *W.* — 23.—24. segmentum, BD apposita || segmentum apposita *NBAW;* segmentum BD appositum *Th.* — 24. cuius || cui *NBAW.* — 25. quod ... Euclidis || quod ex quinta et nona XIII. Euclidis libri *NBAW.* — 27. III. praeceptum || tertiam *NBAW.* — 28. L̄ || 50000 *edd.*

Data ergo circuli diametro, dantur latera trigoni, tetragoni, pentagoni, hexagoni et decagoni eidem circulo inscriptibilium, quod erat demonstrandum.

Porisma

Proinde manifestum est, quod cum alicuius circumferentiae subtensa fuerit data, illam quoque dari, quae reliquam de se|micirculo subtendit. 13a
† Quoniam in semicirculo angulus rectus est, in rectangulis autem triangulis, quod a subtensa recto angulo fit quadratum, hoc est diametri, aequale est quadratis factis a lateribus angulum rectum comprehendentibus. Quoniam igitur decagoni latus, quod XXXVI partes circumferentiae subtendit, demonstratum est partium 61803, quarum dimetiens est c̄c̄, datur etiam, quae reliquas semicirculi CXLIIII partes subtendit, illarum partium 190211. Et per latus pentagoni, quod 117557 partibus diametri LXXII partium subtendit circumferentiam, datur recta linea, quae reliquas semicirculi CVIII partes subtendit, partium 161803.

Theorema II *εἰσαγωγόν*

Si quadrilaterum circulo inscriptum fuerit, rectangulum sub diagonijs comprehensum aequale est eis, quae sub lateribus oppositis continentur. *14*

Esto enim quadrilaterum inscriptum circulo ABCD, aio, quod sub AC et DB diagonijs, esse aequale eis, quae sub AB, DC et sub AD, BC. Faciamus enim angulum ABE aequalem ei, qui sub CBD. Erit ergo totus ABD angulus toti EBC aequalis, assumpto EBD utrique communi. Anguli quoque sub ACB et BDA sibi inuicem sunt aequales in eodem circuli secmento, et idcirco bina triangula similia habebunt latera proportionalia, ut BC ad BD, sic EC ad AD, et quod sub EC et BD aequale est ei, quod sub BC et AD. Sed et triangula ABE et CBD similia sunt, eo quod anguli, qui sub ABE et CBD, facti sunt aequales, et qui sub BAC et BDC eandem circuli circumferentiam suscipientes sunt aequales. Fit rursum AB ad BD sicut AE ad CD, et quod sub AB et CD aequale ei, quod sub AE et BD. Sed iam declaratum est, quod sub AD, BC tantum esse, quantum sub BD et EC. Coniunctim igitur, quod sub BD et AC, aequale est eis, quae sub AD, BC et sub AB, CD. Quod ostendisse fuerit oportunum.

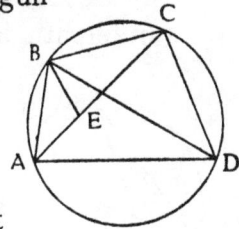

1. data ... diametro dato ... diametro *edd.* — 5. est, quod cum || est, cum *Th.* — 11. demonstratum || demonstrata *Ms.* — 11. c̄c̄ || 200 000 *edd.* — 14. circumferentiam || differentiam *NBAW.* — 16. Theorema II *εισαγογον Ms;* Theorema secundum *edd.* — 17.—18. *Verba* rectangulum sub diagoniis comprehensum *in Ms superscripta sunt deletis:* quod sub diagoniis rectangulum. — 19.—20. quod sub AC et DB diagonijs, esse aequale eis || quod sub AC et DB diagoniis continetur, aequale est eis *NBAW.* — 24. *Post* similia *edd interponunt* BCE, BDA. — 32. Coniunctim || Coniunctum *AW.*

Theorema tertium

Ex his enim, si inaequalium circumferentiarum rectae subtensae fuerint datae in semicirculo, eius etiam, quo maior minorem excedit, subtensa datur.

13b Vt in semicirculo ABCD et dimeti|ente AD datae inaequalium circumferentiarum subtensae sint AB et AC. Volentibus nobis inquirere subtendentem BC dantur ex supradictis reliquarum de semicirculo circumferentiarum subtensae BD et CD, quibus contingit in semicirculo quadrilaterum ABCD. Cuius diagonij AC et BD dantur cum tribus lateribus AB, AD et CD, in quo, sicut iam demonstratum est, quod sub AC et BD, aequale est eo, quod sub AB, CD et quod sub AD et BC. Si ergo, quod sub AB et CD, auferatur ab eo, quod sub AC et BD, reliquum erit, quod sub AD et BC. Itaque per AD diuisorem, quantum possibile est, subtensa BC numeratur quaesita.

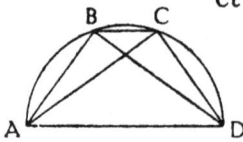

Proinde cum ex superioribus data sint verbi gratia pentagoni et hexagoni latera, datur hac ratione subtendens gradus XII, quibus illa se excedunt, estque partium illarum dimetientis 20905.

Theorema quartum

Data subtendente quamlibet circumferentiam, datur etiam subtendens dimidiam.

Describamus circulum ABC, cuius dimetiens sit AC, sitque BC circumferentia data cum sua subtensa, et ex centro E linea EF secet ad angulos rectos ipsam BC, quae idcirco per III. tertij Euclidis † secabit ipsam BC bifariam in F et circumferentiam extensa in D, subtendantur etiam AB et BD. Quoniam igitur triangula ABC et EFC rectangula sunt, et insuper 14v angulum || ECF habentes communem similia, vt ergo CF dimidium est ipsi BFC, sic EF ipsius AB dimidium; sed AB datur, quae reliquam semicirculi circumferentiam subtendit; datur ergo EF atque reliqua DF a dimidia diametro, quae compleatur et sit DEG, et coniungatur BG. In triangulo igitur BDG ab angulo B recto descendit perpendicularis ad basim ipsa BF.

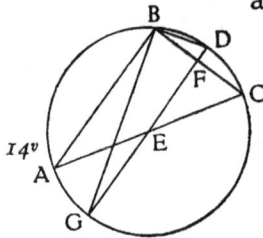

6.—7. subtendentem BC || subtendum BC *A*; subtensa BC *W*. — 8. BD || ED *B*. — 11. aequale est eo || aequale est ei *edd.* — 12. sub AB || sub AD *W*. — 14. per AD || per BD *W*. — 16. pentagoni || pentago *Ms*. — 22. circulum || sic et *K*; circum *NBAW*. — sitque || sicque *B*. — 23. *Pro verbis* ex centro E linea EF secet ad *in Ms haec verba mutata inveniuntur* ex centro E excitetur EF adsecet ad || secet an *A*. — linea EF || linea EFD *W*. — 24. III. tertij: *post* III. problema, *deinde* praeceptum *obliterata sunt in Ms*. — 27. ABC et EFC || ABC *B*. — 31. ergo EF || ergo et EF *NAW*. — dimidia || dimidio *W*. — 32. sit DEG, et || et DEG, et sit *B*.

Quod igitur sub GDF, aequale est ei, quod ex BD, datur ergo BD longitudine, quae dimidiam BDC circumferentiam subtendit.

Cumque iam data sit, quae gradus subtendit XII, datur etiam VI gradibus subtensa partium 10467, et III gradibus partium 5235, et I s. partium 2618, et dodrantis partis 1309.

Theorema quintum 14a

Rursus cum datae fuerint duarum circumferentiarum subtensae, datur etiam, quae totam ex II compositam circumferentiam subtendit.

Sint in circulo datae subtensae AB et BC, aio totius etiam ABC subtensam dari. Transmissis enim dimetientibus AFD et BFE subtendantur etiam rectae lineae BD et CE, quae ex praecedentibus dantur propter AB et BC datas, et DE aequalis est ipsi AB. Connexa CD concludatur quadrangulum BCDE, cuius diagonij BD et CE cum tribus lateribus BC, DE et BE dantur, reliquum etiam CD per secundum theorema dabitur, ac perinde CA subtensa tamquam reliqua semicirculi subtensa datur totius circumferentiae ABC, quae quaerebatur.

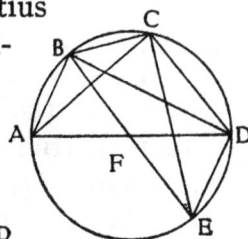

Porro cum hactenus repertae sint rectae lineae, quae tres, quae I s., quae dodrantem vnius subtendit: quibus interuallis possit aliquis canona exactissima ratione texere. Attamen si per gradus ascendere, et alium alii coniungere, vel per semisses, vel alio modo, de subtensis earum partium non immerito dubitabit, quoniam graphicae rationes, quibus demonstrarentur, nos deficiunt. Nihil tamen prohibet per alium modum citra errorem sensu notabilem et assumpto numero minime dissentientem id assequi. Quod
† et Ptolemaeus circa vnius gradus et semissis subtensas quaesiuit, admonendo nos primum.

Theorema sextum

Maiorem esse rationem circumferentiarum, quam rectarum subtensarum maioris ad minorem.

Sint in circulo binae circumferentiae inaequales coniunctae AB et BC, maior autem BC. Aio maiorem esse rationem BC ad AB quam subtensarum BC ad AB, quae comprehendant angulum B, qui bifariam dispescetur per

---

1. GDF = GD · DF; — aequale est ei, quod || aequalis est ei, quae *MsNB*. — 4. 10467 || 10453 *W*. — 5235 || 5234 *W*. — 4.—5. et I s. partium || et sesqui gradus *NBAW*. — 5. partis || partes *NBAW*; partium *Th*. — 8. ex II compositam || ex iis compositam *edd*. — 17. circumferentiae || circumferentia *Ms*. — 19.—20. quae tres, quae I s., quae dodrantem || quae grad. tres, quae I et sem., quae dodr. *AW*. — 20. quae dodrantem || quae quadrantem *Ms*. — 24. nos deficiunt || nobis deficiunt *NBAW*. — 31. binae || duae *NBAW*.

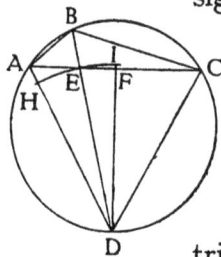

lineam BD, et coniungantur AC, quae secet BD in E signo. Similiter et AD et CD, quae aequales sunt propter aequales circumferentias, quibus sub-
15 tenduntur. Quoniam igitur trianguli ABC linea, || quae per medium secat
14b angulum, secat etiam AC | in E, erunt basis secmenta EC ad AE, sicut BC ad AB, et quoniam maior est BC quam AB, maior etiam EC quam EA. Excitetur DF perpendicularis ipsi AC, quae secabit ipsam AC bifariam in F signo, quod necessarium est in EC maiori segmento inuenirj. Et quoniam omnis trianguli maior angulus a maiore latere subtenditur, in triangulo DEF latus DE maius est ipsi DF, et adhuc AD maius ipsi DE, quapropter D centro, interuallo autem DE descripta circumferentia AD secabit et DF transibit. Secet igitur AD in H, et extendatur in rectam lineam DFI. Quoniam igitur sector EDI maior est triangulo EDF, triangulum vero DEA maius DEH sectori, triangulum igitur DEF ad DEA triangulum minorem habet rationem quam DEI sector ad DEH sectorem. Atqui sectores circumferentijs siue angulis, qui in centro, triangula vero, quae sub eodem vertice, basibus suis sunt proportionalia. Idcirco maior ratio angulorum EDF ad ADE quam basium EF ad AE. Igitur et coniunctim angulus FDA maior est ad ADE quam AF ad AE, ac eodem modo CDA ad ADE quam AC ad AE. Ac diuisim maior est etiam CDE ad EDA quam CE ad EA. Sunt autem ipsi anguli CDE ad EDA, vt CB circumferentia ad AB circumferentiam, basis autem CE ad AE, sicut BC subtensa ad AB subtensam. Est igitur ratio maior CB circumferentiae ad AB circumferentiam quam BC subtensae ad AB subtensam, quod erat demonstrandum.

Problema

At quoniam circumferentia rectae sibi subtensae semper maior existit, cum sit recta breuissima earum, quae terminos habent eosdem, ipsa tamen inaequalitas a maioribus ad minores circuli sectiones ad aequalitatem tendit, vt tandem ad extremum circuli contactum recta et ambitiosa simul exeant; oportet igitur, ut ante illud absque manifesto discrimine inuicem differant. Sit enim verbi gratia AB circumferentia gradus III, et AC gradus I S.; AB subtendens demonstrata est partium 5235, quarum dimetiens posita est c̄c̄,

1. lineam || linea *Ms.* — coniungantur || coniungatur *Th.* — 4. in E || in B *A.* — 5. quam EA || quam EB *Ms.* — 5.—6. excitetur || agatur *NBAW.* — 10. AD maius ipsi DE || AD maius est ipsi DE *NBAW.* — 14.—16. Triangulum ... sectorem || *Hi versus in ultima revisione operis scripta sunt; Mspm hoc loco habebat verba*: At sectoris EDI ad sectorem EDH maior est ratio quam trianguli EDF ad sectorem EDH, et trianguli EDF ad sectorem EDH maior etiam quam ad triangulum ADE. Multo igitur magis sectoris DEI maior ratio est ad EDH quam triangulorum EDF ad EDA (a). — 15. habet || habebit *NBAW.* — 31. I S. || I et sem. *A*; I et semissis *W.* — 31.—32. subtendens || subtendes *W.* — 32. 5235 || 5234 *W.* — c̄c̄ || 200000 *edd.*

a) ad EDA || ad EDH *Th.*

et A C earumdem partium 2618. Et cum dupla sit | A B circumferentia ad A C, 15a subtensa tamen A B minor est quam dupla ad subtensam A C, quae vnam tantummodo particulam ipsis 2617 superaddit. Si vero capiamus A B gradum vnum et semissem ac A C dodrantem vnius gradus, habebimus A B subtensam partium quidem 2618, et A C partium 1309, quae et si maior esse debet dimidio ipsius A B subtensae, nihil tamen videtur differre a dimidio, sed eandem iam apparere || rationem circumferentiarum rectarumque 15v linearum. Cum ergo eo usque nos peruenisse videmus, ubi rectae et ambitiosae differentia sensum prorsus euadit tamquam vna linea factarum, non dubitamus ipsius dodrantis vnius gradus 1309 aequa ratione ipsi gradu et reliquis partibus subtensas accommodare, vt tribus partibus adiecto quadrante constituamus vnum gradum subtendentem partibus 1745, dimidium gradum partibus 872½, atque trientis partis 582 proxime. Verum tamen satis arbitror, si semisses dumtaxat linearum duplam circumferentiam subtendentium assignemus in canone, quo compendio sub quadrante comprehendemus, quod in semicirculum oportebat diffundi. Ac eo praesertim, quod frequentiori usu veniunt in demonstrationem et calculum semisses ipsae, quam linearum asses. Exposuimus autem canonem auctum per sextantes graduum tres ordines habentem. In primo sunt gradus siue partes circumferentiae et sextantes. Secundus continet numerum dimidiae lineae subtendentis duplam circumferentiam. Tertius habet differentiam ipsorum numerorum, quae singulis gradibus interiacet, e quibus licet proportionaliter addere, quod singulis congruit scrupulis graduum. Est ergo tabula haec.

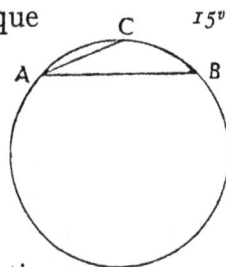

1. et AC || et BC *Ms.* — 3. 2617 || 1617 *A.* — capiamus AB || capiamus AE *A.* — 4. ac AC || ac *NBAW.* — 11. gradu || gradui *edd.* — 13. subtendentem partibus || partium *NBAW*; subtendentem partium *Th.* — 14. gradum partibus || gradum partium *edd.* — trientis partis || trientem partium *Th.* — 24. proportionaliter || proportionabiliter *NBAW.*

15b

CANON SVBTENSARVM IN CIRCVLO RECTARVM LINEARVM

Circumferentiae		Semisses subtensarum duplarum circumferentiarum	Vnius gradus partes secundum		Circumferentiae		Semisses subtensarum duplarum circumferentiarum	Vnius gradus partes secundum	
Partes	Scrup.		*Ms*	*Th*	Partes	Scrup.		*Ms*	*Th*
0	10	291	291	291	5	10	9005	290	290
0	20	582		291	5	20	9295		290
0	30	873		290	5	30	9585		289
0	40	1163		291	5	40	9874	290	290
0	50	1454		291	5	50	10164	289	289
1	0	1745		291	6	0	10453		289
1	10	2036		291	*16* ‖ 6	10	10742		289
1	20	2327		290	6	20	11031		289
1	30	2617		291	6	30	11320		289
1	40	2908		291	6	40	11609		289
1	50	3199		291	6	50	11898		289
2	0	3490		291	7	0	12187		289
2	10	3781		290	7	10	12476		288
2	20	4071		291	7	20	12764	289	289
2	30	4362		291	7	30	13053	288	288
2	40	4653	291	290	7	40	13341		288
2	50	4943	290	291	7	50	13629		288
3	0	5234		290	8	0	13917		288
3	10	5524		290	8	10	14205		288
3	20	5814		291	8	20	14493		288
3	30	6105		290	8	30	14781		288
3	40	6395		290	8	40	15069	288	287
3	50	6685		290	8	50	15356	287	287
4	0	6975		290	9	0	15643		288
4	10	7265		290	9	10	15931		287
4	20	7555		290	9	20	16218		287
4	30	7845		290	9	30	16505		287
4	40	8135		290	9	40	16792		286
4	50	8425		290	9	50	17078		287
5	0	8715	290	290	10	0	17365	287	286

Inscriptio mediae columnae est in MsNBA: Semisses duplarum circumferentiarum. 3—5. Vnius gradus partes || Differentiae *NBAW et sic semper.*

16. 2617 || 2618 *W.* — 32. 7265 || 7266 *W.* — 33. 7555 || 7566 *W.* — 34. 7845 || 7846 *W.* — 35. 8135 || 8136 *W.* — 36. 8425 || 8426 *W.* — 37. 8715 || 8716 *W.*

12. 289 || 290 *AW.* — 22. 288 || 289 *W.* — 24. 13629 || 13369 *W.* — 35. 16792 || 16762 *A.*

CANON SVBTENSARVM IN CIRCVLO RECTARVM LINEARVM

Circumferentiae		Semisses subtensarum duplarum circumferentiarum	Vnius gradus partes secundum			Circumferentiae		Semisses subtensarum duplarum circumferentiarum	Vnius gradus partes secundum		
Partes	Scrup.		*Ms*	*Th*		Partes	Scrup.		*Ms*	*Th*	
10	10	17651	286	286		15	10	26163	281	280	
10	20	17937		286		15	20	26443	280	281	
10	30	18223		286		15	30	26724		280	
10	40	18509		286		15	40	27004		280	
10	50	18795		286		15	50	27284	280	280	
11	0	19081	286	285		16	0	27564	279	279	
11	10	19366	285	286		16	10	27843		279	
11	20	19652		285		16	20	28122		279	
11	30	19937		285		16	30	28401		279	
11	40	20222		285		16	40	28680	279	279	
11	50	20507		284		16	50	28959	278	278	
12	0	20791	285	285		17	0	29237		278	
12	10	21076	284	284	16a	17	10	29515		278	
12	20	21360		284		17	20	29793	278	278	
12	30	21644		284		17	30	30071	277	277	
12	40	21928		284		17	40	30348		277	
12	50	22212	284	283		17	50	30625		277	
13	0	22495	283	283		18	0	30902	277	276	
13	10	22778		284		‖ 18	10	31178	276	276	*16v*
13	20	23062		282		18	20	31454	6	276	
13	30	23344		283		18	30	31730	6	276	
13	40	23627	283	283		18	40	32006	276	276	
13	50	23910	282	282		18	50	32282	275	275	
14	0	24192		282		19	0	32557	5	275	
14	10	24474		282		19	10	32832	5	274	
14	20	24756	282	282		19	20	33106	275	275	
14	30	25038	281	281		19	30	33381	274	274	
14	40	25319		282		19	40	33655	4	274	
14	50	25601		281		19	50	33929	4	273	
15	0	25882		281		20	0	34202	4	273	

10. 18223 ‖ 18323 *Ms.* — 21. 21360 ‖ 21350 *MsA*, 12350 *NB.* — 24. 22212 ‖ 21222 *W.* — 30. 23910 ‖ 23900 *MsNBA.* — 33. 24756 ‖ 24750 *NBA.*

11. 27004 ‖ 17004 *NB.* — 26. *Ab* 18 | 10 ‖ 31178 | 276 *Ms habet inscriptionem columellae* II *hanc*: Semisses dup. circ. subtend.

CANON SVBTENSARVM IN CIRCVLO RECTARVM LINEARVM

	Circumferentiae		Semisses subtensarum duplarum circumferentiarum	Vnius gradus partes secundum		Circumferentiae		Semisses subtensarum duplarum circumferentiarum	Vnius gradus partes secundum	
	Partes	Scrup.		*Ms*	*Th*	Partes	Scrup.		*Ms*	*Th*
	20	10	34475	273	273	25	10	42525	263	263
	20	20	34748	3	273	25	20	42788	3	263
	20	30	35021	3	272	25	30	43051	3	262
	20	40	35293	2	272	25	40	43313	2	262
	20	50	35565	2	272	25	50	43575	2	262
	21	0	35837	2	271	26	0	43837	2	261
	21	10	36108	1	271	26	10	44098	1	261
	21	20	36379	1	271	26	20	44359	1	261
	21	30	36650	1	270	26	30	44620	0	260
	21	40	36920	0	270	26	40	44880	0	260
	21	50	37190	0	270	26	50	45140	260	259
	22	0	37460	270	270	27	0	45399	259	259
	22	10	37730	269	269	27	10	45658	9	259
	22	20	37999	9	269	27	20	45917	8	258
	22	30	38268	9	269	27	30	46175	8	258
	22	40	38537	8	268	27	40	46433	8	257
	22	50	38805	8	268	27	50	46690	7	257
	23	0	39073	8	268	28	0	46947	7	257
	23	10	39341	7	267	28	10	47204	6	256
	23	20	39608	7	267	28	20	47460	6	256
	23	30	39875	7	266	28	30	47716	5	255
	23	40	40141	6	267	28	40	47971	5	255
	23	50	40408	6	266	28	50	48226	5	255
	24	0	40674	6	265	29	0	48481	4	254
16b	24	10	40939	5	265	29	10	48735	4	254
	24	20	41204	5	265	29	20	48989	3	253
	24	30	41469	5	265	29	30	49242	3	253
	24	40	41734	4	264	29	40	49495	2	253
	24	50	41998	4	264	29	50	49748	2	252
	25	0	42262	264	263	30	0	50000	252	252

8. 34475 || 34415 *NA*; 34315 *B*. — 12. 35565 || 35562 *MsNBA*. — 13. 35837 || 35832 *MsNBA*. — 17. 36920 || 36921 *W*. — 18. 37190 || 37191 *W*. — 19. 37460 || 37461 *W*. — 20. 37730 || 37739 *MsNBA*. — 23. 38537 || 38538 *MsNBA*. — 25. 39073 || 29073 *B*. — 29. 40141 || 30141 *W*. — 32. 24 | 10 || 40939 | 265. *Abhinc inscriptio Ms est haec*: Semiss. subtend. duplam circumf.

8. 42525 || 42125 *MsNBA*. — 10. 43051 || 43351 *MsNBA*. — 11. 43313 || 43393 *MsNBA*. — 12. 43575 || 43555 *MsNBA*. — 20. 45658 || 45688 *W*. — 21. 45917 || 45916 *MsNBA*.

CANON SVBTENSARVM IN CIRCVLO RECTARVM LINEARVM											
Circumferentiae		Semisses subtensarum duplarum circumferentiarum	Vnius gradus partes secundum			Circumferentiae		Semisses subtensarum duplarum circumferentiarum	Vnius gradus partes secundum		
Partes	Scrup.		*Ms*	*Th*		Partes	Scrup.		*Ms*	*Th*	
‖ 30	10	50252	251	251	*17*	35	10	57596	238	237	
30	20	50503	1	251		35	20	57833	7	237	
30	30	50754	0	250		35	30	58070	7	237	
30	40	51004	0	250		35	40	58307	6	236	
30	50	51254	250	250		35	50	58543	6	236	
31	0	51504	249	249		36	0	58779	5	235	
31	10	51753	9	249		| 36	10	59014	5	234	17[a]
31	20	52002	8	248		36	20	59248	4	234	
31	30	52250	8	248		36	30	59482	4	234	
31	40	52498	7	247		36	40	59716	3	233	
31	50	52745	7	247		36	50	59949	3	232	
32	0	52992	6	246		37	0	60181	2	232	
32	10	53238	6	246		37	10	60413	2	232	
32	20	53484	6	246		37	20	60645	1	231	
32	30	53730	5	245		37	30	60876	1	231	
32	40	53975	5	245		37	40	61107	0	230	
32	50	54220	4	244		37	50	61337	230	229	
33	0	54464	4	244		38	0	61566	229	229	
33	10	54708	3	243		38	10	61795	9	229	
33	20	54951	3	243		38	20	62024	9	227	
33	30	55194	2	242		38	30	62251	8	228	
33	40	55436	2	242		38	40	62479	8	227	
33	50	55678	1	241		38	50	62706	7	226	
34	0	55919	1	241		39	0	62932	7	226	
34	10	56160	0	240		39	10	63158	6	225	
34	20	56400	240	241		39	20	63383	6	225	
34	30	56641	239	239		39	30	63608	5	224	
34	40	56880	9	239		39	40	63832	5	224	
34	50	57119	8	239		39	50	64056	4	223	
35	0	57358	238	238		40	0	64279	223	222	

33. 56400 ‖ 56401 *W.*

9. 237 ‖ 233 *MsNBA.* — 10. 237 ‖ 230 *MsNBA.* — 11. 236 ‖ 237 *MsNBA.* — 12. 236 ‖ 233 *MsNBA.* — 13. 235 ‖ 239 *MsNBA.* — 9.—13. *Ms per errorem ultimum numerum columnae* II *posuit pro recto columnae* III *numero, quem supra habemus.* — 20. 60413 ‖ 60414 *MsNBA.* — 23. 61107 ‖ 61177 *MsNBA.* — 24. 61337 ‖ 63377 *MsNBA.* — 27. 62024 ‖ 62023 *W.* — 30. 62706 ‖ 65706 *W.* — 36. 64056 ‖ sic A *in Erratis;* 63056 *MsNB.*

CANON SVBTENSARVM IN CIRCVLO RECTARVM LINEARVM

	Circum ferentiae		Semisses subtensarum duplarum circumferentiarum	Vnius gradus partes secundum			Circumferentiae		Semisses subtensarum duplarum circumferentiarum	Vnius gradus partes secundum	
	Partes	Scrup.		*Ms*	*Th*		Partes	Scrup.		*Ms*	*Th*
	40	10	64501	222	222		45	10	70916	205	205
	40	20	64723	2	222		45	20	71121	4	204
	40	30	64945	1	221		45	30	71325	4	204
	40	40	65166	0	220		45	40	71529	3	203
	40	50	65386	220	220		45	50	71732	2	202
	41	0	65606	219	219		46	0	71934	2	202
	41	10	65825	9	219		46	10	72136	1	201
	41	20	66044	8	218		46	20	72337	0	200
	41	30	66262	8	218		46	30	72537	200	200
	41	40	66480	7	217		46	40	72737	199	199
	41	50	66697	7	216		46	50	72936	9	199
	42	0	66913	6	216		47	0	73135	8	198
17v	42	10	67129	5	215		47	10	73333	7	198
	42	20	67344	5	215		47	20	73531	7	197
	42	30	67559	4	214		47	30	73728	6	196
	42	40	67773	4	214		47	40	73924	5	195
	42	50	67987	3	213		47	50	74119	5	195
	43	0	68200	2	212		48	0	74314	4	194
	43	10	68412	2	212	17b	48	10	74508	4	194
	43	20	68624	1	211		48	20	74702	4	194
	43	30	68835	1	211		48	30	74896	4	194
	43	40	69046	0	210		48	40	75088	2	192
	43	50	69256	210	210		48	50	75280	1	191
	44	0	69466	209	209		49	0	75471	0	190
	44	10	69675	9	208		49	10	75661	190	190
	44	20	69883	8	208		49	20	75851	189	189
	44	30	70091	7	207		49	30	76040	9	189
	44	40	70298	7	207		49	40	76229	8	188
	44	50	70505	6	206		49	50	76417	7	187
	45	0	70711	205	205		50	0	76604	187	187

8. 64501 || 64201 *MsNB*; 64502 *A in Erratis*. — 9. 64723 || 64423 *MsNB*; 64723 *A in Erratis*. | 18. 72936 || 42937 *MsNBAW*. — 35. 76229 || 76299 *edd.*

CANON SVBTENSARVM IN CIRCVLO RECTARVM LINEARVM

Circumferentiae		Semisses subtensarum duplarum circumferentiarum	Vnius gradus partes secundum			Circumferentiae		Semisses subtensarum duplarum circumferentiarum	Vnius gradus partes secundum	
Partes	Scrup.		*Ms*	*Th*		Partes	Scrup.		*Ms*	*Th*
50	10	76791	186	186		55	10	82082	166	166
50	20	76977	6	185		55	20	82248	5	165
50	30	77162	5	185		55	30	82413	4	164
50	40	77347	4	184		55	40	82577	4	164
50	50	77531	4	184		55	50	82741	3	163
51	0	77715	3	182		56	0	82904	2	162
51	10	77897	2	182		56	10	83066	2	162
51	20	78079	2	182		56	20	83228	1	161
51	30	78261	1	181		56	30	83389	160	160
51	40	78442	0	180		56	40	83549	159	159
51	50	78622	180	179		56	50	83708	9	159
52	0	78801	179	179		57	0	83867	8	158
52	10	78980	8	178		57	10	84025	7	157
52	20	79158	8	177		57	20	84182	7	157
52	30	79335	7	177		57	30	84339	6	156
52	40	79512	6	176		57	40	84495	5	155
52	50	79688	6	176		57	50	84650	5	155
53	0	79864	5	174		58	0	84805	4	154
53	10	80038	4	174		58	10	84959	3	153
53	20	80212	4	174		58	20	85112	2	152
53	30	80386	3	172		58	30	85264	2	151
53	40	80558	2	172		58	40	85415	1	151
53	50	80730	2	172		58	50	85566	0	151
54	0	80902	1	170		59	0	85717	150	149
‖ 54	10	81072	170	170	*18*	59	10	85866	149	149
54	20	81242	169	169		59	20	86015	8	148
54	30	81411	9	169		59	30	86163	7	147
54	40	81580	8	168		59	40	86310	7	147
54	50	81748	7	167		59	50	86457	6	145
55	0	81915	167	167		60	0	86602	145	145

16. 78261 ‖ 78231 *W.*

9. 82248 ‖ 82247 *W.* — 12. 82741 ‖ 82471 *NBA.* — 29. 85415 ‖ 85416 *W.* — 34. 86163 ‖ 86136 *NBA.*

18a

CANON SVBTENSARVM IN CIRCULO RECTARVM LINEARVM

Circumferentiae		Semisses subtensarum duplarum circumferentiarum	Vnius gradus partes secundum		Circumferentiae		Semisses subtensarum duplarum circumferentiarum	Vnius gradus partes secundum	
Partes	Scrup.		*Ms*	*Th*	Partes	Scrup.		*Ms*	*Th*
60	10	86747	144	145	65	10	90753	122	122
60	20	86892	4	144	65	20	90875	1	121
60	30	87036	3	142	65	30	90996	1	120
60	40	87178	2	142	65	40	91116	120	119
60	50	87320	2	142	65	50	91235	119	119
61	0	87462	1	141	66	0	91354	8	118
61	10	87603	140	140	*18v* || 66	10	91472	8	118
61	20	87743	139	139	66	20	91590	7	116
61	30	87882	9	138	66	30	91706	6	116
61	40	88020	8	138	66	40	91822	5	114
61	50	88158	7	137	66	50	91936	4	114
62	0	88295	7	136	67	0	92050	3	114
62	10	88431	6	135	67	10	92164	3	112
62	20	88566	5	135	67	20	92276	2	112
62	30	88701	4	134	67	30	92388	1	111
62	40	88835	4	133	67	40	92499	110	110
62	50	88968	3	133	67	50	92609	109	109
63	0	89101	2	131	68	0	92718	9	109
63	10	89232	1	131	68	10	92827	8	108
63	20	89363	1	130	68	20	92935	7	107
63	30	89493	130	129	68	30	93042	6	106
63	40	89622	129	129	68	40	93148	5	105
63	50	89751	8	128	68	50	93253	5	105
64	0	89879	8	127	69	0	93358	4	104
64	10	90006	7	127	69	10	93462	3	103
64	20	90133	6	125	69	20	93565	2	102
64	30	90258	6	125	69	30	93667	2	102
64	40	90383	5	124	69	40	93769	1	101
64	50	90507	4	124	69	50	93870	100	99
65	0	90631	123	122	70	0	93969	99	99

28. 89493 || 89492 *A.* — 29. 89622 || 89623 *W.* — 33. 90133 || 99133 *Th.*

12. 91235 || 91236 *W.* — 36. 93870 || 93869 *W.*

CANON SVBTENSARVM IN CIRCVLO RECTARVM LINEARVM											
Circum ferentiae		Semisses subtensarum duplarum circumferentiarum	Vnius gradus partes secundum			Circumferentiae		Semisses subtensarum duplarum circumferentiarum	Vnius gradus partes secundum		
Partes	Scrup.		*Ms*	*Th*		Partes	Scrup.		*Ms*	*Th*	
70	10	94068	98	99		75	10	96667	74	75	
70	20	94167	8	97		75	20	96742	3	73	
70	30	94264	7	97		75	30	96815	2	72	
70	40	94361	6	96		75	40	96887	2	72	
70	50	94457	5	95		75	50	96959	1	71	
71	0	94552	4	94		76	0	97030	70	69	
71	10	94646	3	93		76	10	97099	69	70	
71	20	94739	3	93		76	20	97169	8	68	
71	30	94832	2	92		76	30	97237	8	67	
71	40	94924	1	91		76	40	97304	7	67	
71	50	95015	0	90		76	50	97371	6	66	
72	0	95105	90	90		77	0	97437	5	65	
| 72	10	95195	89	89	18b	77	10	97502	4	64	
72	20	95284	8	88		77	20	97566	3	64	
72	30	95372	7	87		77	30	97630	3	62	
72	40	95459	6	86		77	40	97692	2	62	
72	50	95545	5	85		77	50	97754	1	61	
73	0	95630	5	85		78	0	97815	60	60	
73	10	95715	4	84		|| 78	10	97875	59	59	*19*
73	20	95799	3	83		78	20	97934	8	58	
73	30	95882	2	82		78	30	97992	8	58	
73	40	95964	1	81		78	40	98050	7	57	
73	50	96045	1	81		78	50	98107	6	56	
74	0	96126	80	80		79	0	98163	5	55	
74	10	96206	79	79		79	10	98218	4	54	
74	20	96285	8	78		79	20	98272	4	53	
74	30	96363	7	77		79	30	98325	3	53	
74	40	96440	7	77		79	40	98378	2	52	
74	50	96517	6	75		79	50	98430	1	51	
75	0	96592	75	75		80	0	98481	50	50	

13. 94552 || 94452 *NBA*. — 16. 94832 || 94833 *W*. — 23. 95459 || 95499 *MsNBA*. — 24. 95545 || 95555 *MsNBA*. — 25. 95630 || 95600 *MsNBA*.

9. 96742 || 96741 *W*. — 14. 97099 || 97009 *MsNB*; 97109 *A*; 97199 *W*.

CANON SVBTENSARVM IN CIRCVLO RECTARVM LINEARVM

Circumferentiae		Semisses subtensarum duplarum circumferentiarum	Vnius gradus partes secundum		Circumferentiae		Semisses subtensarum duplarum circumferentiarum	Vnius gradus partes secundum	
Partes	Scrup.		*Ms*	*Th*	Partes	Scrup.		*Ms*	*Th*
80	10	98531	49	49	85	10	99644	24	24
80	20	98580	9	49	85	20	99668	3	24
80	30	98629	8	47	85	30	99692	2	22
80	40	98676	7	47	85	40	99714	2	22
80	50	98723	6	46	85	50	99736	1	20
81	0	98769	5	45	86	0	99756	20	20
81	10	98814	4	44	86	10	99776	19	19
81	20	98858	3	44	86	20	99795	8	18
81	30	98902	2	42	86	30	99813	8	17
81	40	98944	2	42	86	40	99830	7	17
81	50	98986	1	41	86	50	99847	6	16
82	0	99027	40	40	87	0	99863	5	15
82	10	99067	39	39	87	10	99878	4	14
82	20	99106	8	38	87	20	99892	3	13
82	30	99144	8	38	87	30	99905	2	12
82	40	99182	7	37	87	40	99917	2	11
82	50	99219	6	36	87	50	99928	11	11
83	0	99255	5	35	88	0	99939	10	10
83	10	99290	4	34	88	10	99949	9	9
83	20	99324	3	33	88	20	99958	8	8
83	30	99357	3	32	88	30	99966	7	7
83	40	99389	2	32	88	40	99973	6	6
83	50	99421	1	31	88	50	99979	6	6
84	0	99452	30	30	89	0	99985	5	4
19a 84	10	99482	29	29	89	10	99989	4	4
84	20	99511	8	28	89	20	99993	3	3
84	30	99539	7	28	89	30	99996	2	2
84	40	99567	7	27	89	40	99998	1	1
84	50	99594	6	26	89	50	99999	1	1
85	0	99620	25	24	90	0	100000	0	0

20. 99067 || 99047 *MsNB*; 99067 *A in Erratis*.

13. 99756 || 99755 *Ms*. — 26. 9 || 19 *Ms*. — 36. 1 || 0 *MsN*.

Cap. XIII

De lateribvs et angvlis triangvlorvm planorvm rectilineorvm 19v 19b

I

Trianguli datorum angulorum dantur latera.

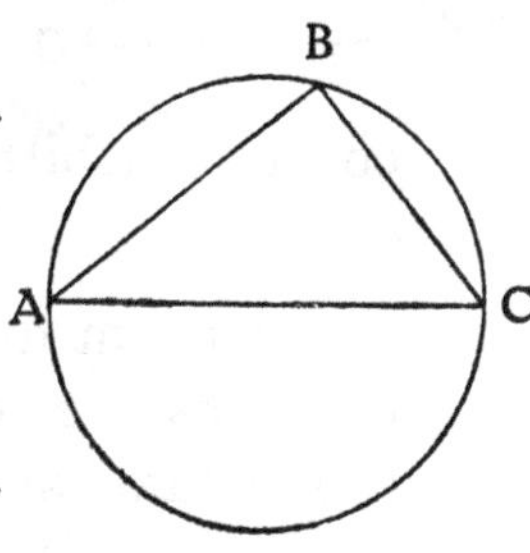

Sit, inquam, triangulum ABC, cui per quintum pro- † blema quarti Euclidis circumscribatur circulus. Erunt igitur et AB, BC, CA circumferentiae datae, eo modo, quo CCCLX partes sunt duobus rectis aequales. Datis autem circumferentijs dantur etiam latera trianguli inscripti circulo tamquam subtensae per expositum canonem in partibus, quibus dimetiens assumpta est c̄c̄.

2a

Si vero cum aliquo angulorum duo trianguli latera fuerint data, et reliquum latus cum caeteris angulis cognoscentur.

Aut enim latera data aequalia sunt; et si inaequalia, sed angulus datus aut rectus est, acutus, vel obtusus; ac rursus latera data datum angulum vel compraehendunt, vel non compraehendunt.

Sint ergo primum in triangulo ABC duo latera AB et AC data aequalia, quae angulum A datum compraehendunt. Caeteri igitur, qui ad basim BC, cum sint aequales, etiam dantur, uti dimidia residui ipsius A e duobus rectis. Et si qui circa basim angulus primitus fuerit datus, datur mox ipsi compar, atque ex his binorum rectorum reliquus. Sed datorum angulorum trianguli dantur latera, datur et ipsa BC basis ex canone in partibus, quibus AB vel AC tamquam ex centro fuerit c̄ partium siue dimetiens c̄c̄ partium.

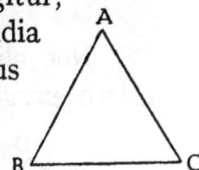

2b

Quod si angulus qui sub BAC rectus fuerit datis compraehensus lateribus, idem eueniet.

Quoniam liquidissimum est, quod, quae ex AB et AC fiunt quadrata, aequalia sunt | ei, quod a basi BC, datur ergo longitudine BC et ipsa 20a

1. Cap. XIII || Cap. II. *Ms. Editiones singulis huius capitis partibus addunt numeros* I. II. III. *etc. Nos rerum actarum ratione habita aliam praebemus numerationem nempe* 1. 2a. 2b etc. — 3. 1 || *In Ms desideratur et sic semper.* — 11. c̄c̄ || 200000 *edd.*; 2000000 *R et sic porro.* — 14. cum caeteris angulis cognoscentur || cum reliquis angulis cognoscetur *NBAWR.* — 15. et si inaequalia || aut inaequalia *edd et R.* — 16. est, acutus || est, aut acutus *edd et R.* — 18. latera AB || latera et AB *B.* — 23. binorum || duorum *NBAWR.* — 25. c̄, c̄c̄ || 100000, 200000 *edd.* — 28. datis || datus *BWR.*

latera inuicem ratione. Sed segmentum circuli, quod orthogonium suscipit triangulum, semicirculus est, cuius BC basis dimetiens fuerit. Quibus igitur BC partibus fuerit $\overline{\text{cc}}$, dabuntur AB et AC tanquam subtendentes reliquos angulos B, C, quos idcirco ratio canonis patefaciet in partibus, quibus CLXXX sunt duobus rectis aequales. Idem eueniet, si BC fuerit datum cum altero rectum angulum comprehendentium, quod iam liquidissime constare arbitror.

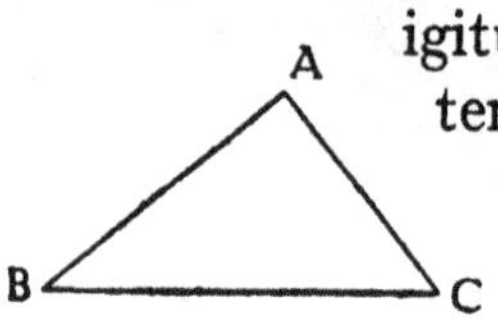

2c

Sit iam datus qui sub ABC angulus acutus, datis etiam comprehensus lateribus AB et BC, et ex A signo descendat perpendicularis ad BC productam, si oportuerit, prout intra vel extra triangulum cadat, quae sit AD, per quam discernuntur duo orthogoni ABD et ADC, et quoniam in ABD dantur anguli, nam D rectus et B per hypothesim, dantur ergo AD et BD tamquam subtendentes
20 angulos A et B in partibus, quibus AB est $\overline{\text{cc}}$ || dimetiens circuli per canonem. Et eadem ratione, qua AB dabatur longitudine, dantur AD et BD similiter, datur etiam CD, qua BC et BD se inuicem excedunt. Igitur et in triangulo rectangulo ADC datis lateribus AD et CD datur latus quaesitum AC et angulus ACD per praecedentem demonstrationem.

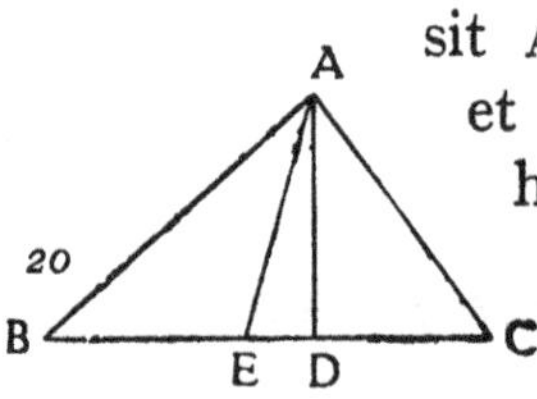

2d

Nec aliter eueniet, si B angulus fuerit obtusus, quoniam ex A signo in BC extensam rectam lineam perpendicularis acta AD efficit triangulum ABD datorum angulorum. Nam ABD angulus exterior ipsi ABC datur, et D rectus, dantur ergo BD et AD in partibus, quibus AB fuerit $\overline{\text{cc}}$. Et quoniam BA et BC rationem habent inuicem datam, datur ergo et AB earundem partium, quibus BD ac tota CBD. Idcirco et in triangulo rectangulo ADC, cum data sint duo latera AD et CD, datur etiam AC quaesitum et angulus BAC cum reliquo ACB quae quaerebantur.

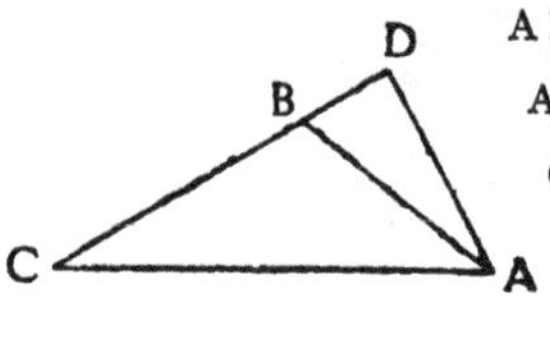

3

20b Sit iam alterutrum datorum laterum subtendens angulum B | datum, quod sit AC cum AB, datur ergo per canonem AC in partibus, quibus est

---

1. orthogonium || orthogonum *NBAWR*. — 5. quibus CLXXX || quibus circuli circumcurrens partes CCCLX *Mspm, postea haec verba deleta sunt et in margine legitur* quibus CLXXX; quibus CCCLX *NBAWR*. — 7. liquidissime || liquide *NBAWR*. — 13. orthogoni || orthogonii *edd.* — 21. *In Ms post* demonstrationem *haec verba inserta et obliterata sunt:* Quodsi non BC sed AC latus datum subtendens angulum B datum fuerit. — 31. quae quaerebantur || qui quaerebatur *NBAWR*.

dimetiens circulj circumscribentis triangulum ABC partium c̄c̄, et pro ratione data ipsius AC ad AB datur in similibus partibus AB, atque per canonem qui sub ACB angulus cum reliquo BAC angulo, per quem etiam CB subtensa datur; qua ratione data dantur quomodolibet magnitudine.

4

Datis omnibus trianguli lateribus dantur angulj.

De isopleuro notius est, quam ut indicetur, quod singuli eius anguli trientem obtineant duorum rectorum.

In isoscelibus quoque perspicuum est. Nam aequalia latera ad tertium sunt, sicut dimidia diametri ad subtensam circumferentiae, per quam datur angulus aequalibus compraehensus lateribus ex canone, quibus circa centrum CCCLX sunt quatuor rectis aequales; deinde caeteri anguli, qui ad basim, etiam dantur e duobus rectis tamquam dimidia.

Superest ergo nunc et in scalenis triangulis id demonstrarj, quae similiter in orthogonia partiemur. Sit ergo triangulum scalenum datorum laterum ABC, et ad latus, quod longissimum fuerit, utputa BC, descendat perpendicularis AD. Admonet autem † nos XIII. secundi Euclidis, quod AB, quod acutum subtendit angulum, minus sit potestate caeteris duobus lateribus, in eo, quod fit sub BC et CD bis. Nam acutum angulum C esse oportet, eueniret alioqui et AB longissimum esse latus † contra hypothesim, quod ex XVII. primi Euclidis et duabus sequentibus licet animaduertere. Dantur ergo BD et || DC, et erunt orthogonia ABD et ADC datorum laterum et angu- 20ᵛ lorum, vt iam sepius est repetitum, quibus etiam constant anguli trianguli ABC quaesiti.

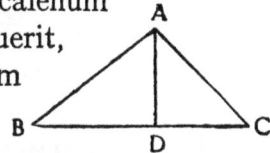

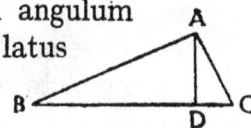

† *Aliter*. Itidem commodius forsitan penultima tertij Euclidis nobis exhibebit, si per breuius latus, quod sit BC, facto C centro, interuallo autem BC descripserimus circulum, qui ambo latera, quae supersunt, vel alterum eorum secabit. Secet modo utrumque, AB in E signo et AC in D, porrecta etiam linea ADC in F signum ad complendam diametrum DCF. His ita praestructis manifestum est ex illo Euclideo praecepto, quoniam, quod sub FAD, aequale est | ei, quod sub BAE, cum sit utrumque aequale quadrato 21ᵃ lineae, quae ex A circulum contingit. Sed tota AF data est, cum sint omnia ipsius secmenta data, nempe CF, CD aequalia ipsi BC, quae sunt ex centro

10. ad subtensam circumferentiae, per quam || ad subtendentem circumferentiam, per quam *MspmKAW*; ad subtendentem circumferentiam, per quem *NBR*. — 14.—15. quae ... orthogonia || quos ... orthogonios *edd et R*. — 18. quod AB || quod AB latus *NBAWR*. — 20. fit || sit *W*. — 21. eueniret || eveniet *edd et R*. — 27. commodius || comodius *Ms*. — 29. descripserimus || describerimus *Ms*. — 31. complendam || complendum *NBWThR*. — 33. FAD *lege* FA · AD; BAE *lege* BA · AE; FA, AD; BA, AE *AW*.

ad circumcurrentem, et AD, qua CA ipsam CD excedit. Quapropter et quod sub BAE datum est, et ipsa AE longitudine cum reliqua BE subtendente circumferentiam BE. Connexa EC habebimus triangulum BCE isosceles datorum laterum. Datur ergo angulus EBC. Hinc et in triangulo ABC reliqui anguli C et A per praecedentia cognoscentur.

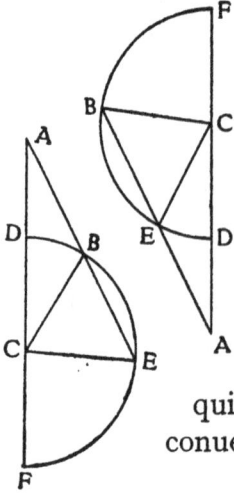

Non secet autem circulus ipsam AB, ut in sequenti figura, ubi AB in curuam circumferentiam cadit, erit nihilo minus BE data, et in triangulo BCE isoscele angulus CBE datus et exterior, qui sub ABC; ac eodem prorsus argumento demonstrationis, quo prius, dantur anguli reliqui.

Et haec de triangulis rectilineis dicta sufficiant, in quibus magis pars geodesiae consistit. Nunc ad sphaerica conuertamur.

Cap. XIV

De triangvlis sphaericis

Triangulum conuexum hoc loco accipimus eum, qui tribus maximorum circulorum circumferentijs in superficie sphaerica continetur. Angulorum vero differentiam et magnitudinem penes circumferentiam maximi circuli, qui in puncto sectionis tamquam polo describitur, quamque circumferentiam circulorum quadrantes angulum comprehendentes interceperunt. Nam qualis est circumferentia sic intercepta ad totam circumcurrentem, talis est angulus sectionis ad IIII rectos, quos diximus CCCLX partes aequales continere.

21b

I

Si fuerint tres circumferentiae maximorum circulorum sphaerae, quarum duae quaelibet simul iunctae tertia fuerint longiores, ex his triangulum componi posse sphaericum perspicuum est.

Nam quod hic de circumferentijs proponitur, XXIII. propositum undecimi ||
21 libri Euclidis praeceptum demonstrat de angulis, cum sit eadem †
ratio angulorum et circumferentiarum; et circuli maximi sunt, qui per

---

2. BAE *lege* BA · AE; BA, AE *AW.* — 7. sequenti || altera *edd.* — 8. curuam || convexam *NBAWR.* — 14. magis || magna *edd.* — 16. Cap. XIV || Cap. III *Ms.* — 22.—23. intercoeperunt, intercoepta *Ms.* — 26. I. *In Ms ordo et numeri theorematum iterum ac saepius mutati sunt, quare in margine et literis Latine et Graece ac numeris ordo significatur. Theoremata* 1—5 *non sunt mutata, sed literas et numeros acceperunt. Hoc primum theorema habet haec signa*: I. a. 1 *et in margine dextro* α. — 28. tertia || tertiae *Ms. Copernicus saepius adhibet dativum pro ablativo comparationis.* — 30.—31. XXIII. propositum ... praeceptum || XXIII. *NBAWR*; XXIII. propositio *Th.*

centrum sphaerae; patet, quod tres illi circulorum sectores, quorum sunt circumferentiae, apud centrum sphaerae angulum constituunt solidum. Manifestum est ergo, quod proponitur.

II

Quamlibet circumferentiam trianguli hemicyclio minorem esse oportet. Hemicyclium enim nullum angulum circa centrum efficit, sed in lineam rectam procumbit. At reliqui duo anguli, quorum sunt circumferentiae, solidum in centro concludere nequeunt, proinde neque triangulum sphaericum. Et hanc fuisse causam arbitror, cur Ptolemaeus in huiusce generis triangulorum explanatione, praesertim circa figuram sectoris sphaericj, protestetur, ne assumptae circumferentiae semicirculo maiores existant.

III

In triangulis sphaericis rectum habentibus angulum subtendens duplum lateris, quod recto opponitur angulo, ad subtensam duplo alterius rectum angulum comprehendentium est sicut dimetiens sphaerae ad eam, quae duplum anguli sub reliquo et primo lateribus comprehensi in maximo sphaerae circulo subtendit.

Esto namque triangulum sphaericum ABC, cuius C angulus rectus existat. Dico, quod subtensa dupli AB ad subtensam dupli BC est sicut dimetiens sphaerae ad eam, quae in maximo circulo duplum anguli BAC subtendit.

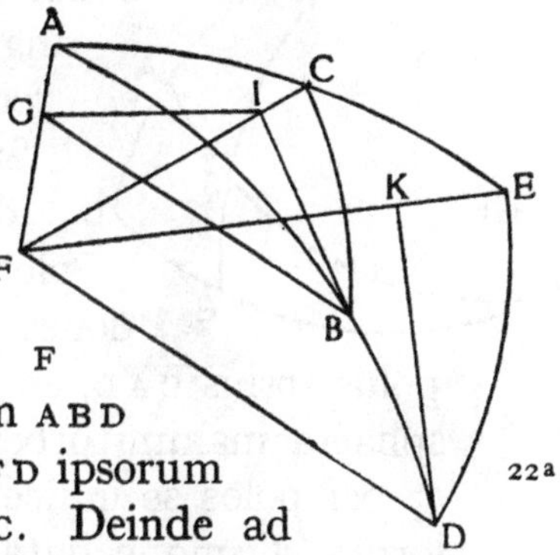

Facto in A polo describatur circumferentia maximi circuli DE, et compleantur quadrantes circulorum ABD et ACE. Et ex centro sphaerae F agantur communes circulorum sectiones: FA ipsorum ABD et ACE; ipsorum | autem ACE et DE sit FE, atque FD ipsorum 22a
ABD et DE. Insuper et FC circulorum AC et BC. Deinde ad angulos rectos agantur BG ipsi FA, BI ipsi FC et DK ipsi FE, et connectatur GI.

Quoniam igitur, si circulus circulum per polos secat, ad angulos rectos ipsum secat, erit angulus, qui sub AED comprehenditur, rectus, et ACB per hypothesim, et vtrumque planum EDF et BCF rectum ad ipsum AEF. Quapropter, si ex K signo ipsi FKE communi secmento ad rectos angulos in subiecto plano recta linea excitaretur, comprehendet quoque cum KD angulum rectum, per rectorum ad inuicem planorum definitionem.

---

4. II. *In margine Ms scriptum est* 2. b. II; *et in margine sinistro β.* — 12. III. *In margine Ms legitur* 3. c. III. *et in margine sinistro γ.* — 33. ex *K* signo || *sic et K*; ex signo *NBAR.* — 34. *Verba* recta linea *in Ms Rhetici manu addita sunt in margine.* — 35. definitionem || diffinitionem *Ms.* — *Post* definitionem *Mspm addit*: ac rectae lineae, quae ad subiectum planum recta est.

Quapropter etiam ipsa KD per quartam undecimi Euclidis ad AEF recta est. † Ac eadem ratione BI ad idem planum erigitur, et idcirco ad inuicem sunt DK et BI per VI. eiusdem. Verum etiam GB ad FD, eo quod FGB et GFD anguli sunt recti, erit per decimam vndecimi Elementorum Euclidis angulus FDK † ipsi GBI aequalis. At, qui sub FKD, rectus est, et GIB per definitionem 21v erectae lineae. Similium igitur triangulorum proportionalia sunt || latera et, ut DF ad BG, sic DK ad BI. At BI est dimidia subtendentis duplam CB circumferentiam, quoniam ad angulum rectum est, ad eam, quae ex centro, CF et eadem ratione BG dimidia subtendentis duplum latus BA, et DK semissis subtendentis duplam DE, siue angulum dupli A, atque DF dimidia diametri sphaerae. Patet igitur, quod subtensa dupli ipsius AB ad subtensam dupli BC est sicut dimetiens ad eam, quae duplum anguli A siue interceptae circumferentiae DE subtendit, quod demonstrasse fuerit oportunum.

IV

In quocumque triangulo rectum angulum habente alius insuper angulus fuerit datus cum quolibet latere, reliquus etiam angulus cum reliquis lateribus dabitur.

Sit enim triangulum ABC habens angulum A rectum et cum ipso etiam alterutrum, vtputa B, datum. De latere vero dato trifariam ponimus diuisionem. Aut enim fuerit, qui datis adiacet angulis, ut AB, aut recto tantum, ut AC, aut qui opponitur recto, ut BC.

Sit ergo primum AB latus datum, et facto C polo 22b describatur circumferen|tia maximi circuli DE, et completis quadrantibus CAD et CBE producantur AB et DE, donec se inuicem secent in F signo. Erit ergo vicissim in F polus ipsius CAD, eo quod circa A et D sunt anguli recti. Et quoniam, si in sphaera maximi orbes ad rectos sese inuicem secuerint angulos, bifariam et per polos se inuicem secant, sunt ergo et ABF et DEF quadrantes circulorum. Cumque data sit AB, datur et reliqua quadrantis BF et angulus EBF ad verticem ipsi ABC dato aequalis. Sed per praecedentem demonstrationem subtensa dupli BF ad subtendentem dupli EF est sicut dimetiens sphaerae ad subtendentem duplum anguli EBF. Sed tres earum datae sunt,

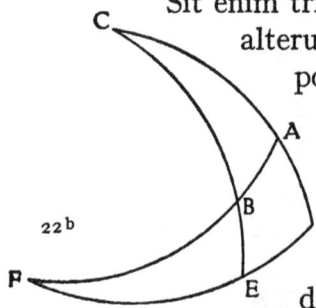

1. *Verba* quapropter, ipsa, per quartam undecimi Euclidis *in margine et in calce a Rhetico scripta sunt.* — 3. *Post* BI *verba* per VI. eiusdem *manu Rhetici in margine adscripta sunt.* — 4. Elementorum Euclidis || Euclidis *NBAWR.* — 5. GIB || GI, IB *Th.* — definitionem || diffinitionem *Ms.* — 7. duplam || *sic et K*; duplum *NBAR.* — CB || AB *Ms.*— 8.—9. centro, CF || centro AF *Ms*; centro F *edd et R.* — 9. latus BA || latus BC *Ms.* — 11.—12. ipsius AB ad subtensam dupli: *haec verba desiderantur in W.* — 13. DE subtendit || DK subtendit *Ms.* — 15. IV. *Ms in margine sinistro*: IIII. 4. D; *in marg. dextro*: δ. — 24. facto C polo || facto in C polo *NBAWR.* — 29. *post* sphaera *Mspm obliteravit*: maximus orbis orbem aliquem ad rectos secuerit angulos. — 34. sphaerae || sphaere *Ms.*

dimetiens sphaerae, duplae BF atque anguli dupli EBF, siue semisses ipsorum, † datur ergo per XV. sexti Euclidis etiam dimidia subtendentis duplam EF per canonem ipsa EF circumferentia et reliqua quadrantis DE, siue angulus C quaesitus.

Eodem modo ac vicissim sunt subtensae duplicium DE ad AB, et EBC ad CB. Sed tres iam datae sunt DE, AB et CBE quadrantis circuli, datur ergo et quarta subtendens duplum CB, et ipsum latus CB quaesitum. Et quoniam subtensae duplicium sunt ipsorum CB ad CA, ut BF ad EF, quoniam utrorumque sunt rationes sicuti dimetientis sphaerae ad subtensam duplo CBA angulo, et quae vni eaedem sunt rationes, sibi inuicem sunt eaedem; tribus iam igitur datis BF, EF et CB, datur quarta CA, et ipsum CA tertium latus trianguli ABC.

Sit iam AC latus assumptum in datis, propositumque sit inuenire AB et BC latera cum reliquo angulo C. Habebit rursus permutatim subtensa dupli CA ad subtensam dupli CB eandem rationem, quam subtendens duplum ABC angulum ad dimetientem, quibus CB latus datur, et reliqua AD et || BE ex quadrantibus circulorum. Ita rursus habebimus, 22 ut subtensam dupli AD ad subtensam dupli BE, sic subtensam dupli ABF, et est dimetiens, ad subtensam dupli BF. Datur ergo BF circumferentia, quodque superest AB latus. Simili ratiocinatione, vt in praecedentibus, ex subtendentibus dupla BC, AB et FBE datur subtensa dupli DE, siue angulus C reliquus.

Porro si BC fuerit in assumpto, dabitur rursus, ut antea, AC et reliquae AD et BE, quibus per subtensas | rectas lineas et diametro, ut sepe dictum, 23a datur BF circumferentia et reliquum AB latus, ac subinde iuxta praecedens theorema per BC, AB et CBE datas proditur ED circumferentia, angulus videlicet C reliquus, quem quaerebamus.

Sicque rursus in triangulo ABC duobus angulis A et B datis, quorum A rectus existit, cum aliquo trium laterum datus est angulus tertius cum reliquis duobus lateribus, quod erat demonstrandum.

V

Trianguli datorum angulorum, quorum aliquis rectus fuerit, dantur latera.

Manente adhuc praecedente figura, vbi propter angulum C datum datur DE circumferentia et reliqua EF ex quadrante circuli. Et quoniam BEF est angulus rectus, eo quod BE descendit a polo ipsius DEF, et qui sub

---

2. XV. sexti || XVI. sexti *NBAWR*. — 3. per || et per *Th.* — 5. et EBC || ut EBC *Th.* — 6. tres || res *B.* — CBE || EBC *edd et R.* — quadrantis || quadrantes *R.* — 8. CA, ut BF || CA et BF *NBAWR.* — 14. rursus || rursum *NBAWR.* — 16. duplum || duplam *Th.* — 17. et BE || et BC *Ms.* — *post* habebimus *in Ms haec sunt deleta*: vt AD ad BE sic ABF ad BF. — 20. ratiocinatione || ratione *R.* — 24. diametro || diametrum *Th.* — 31. V. *Ms in margine dextro adnotat*: 5. E. V: *et in margine sinistro deletum habet* ε. — 33. angulum C || angulum E *R.*

E B F angulus est ad verticem dato, triangulum igitur B E F rectum E angulum habens et insuper B datum cum latere E F datorum est angulorum et laterum per theorema praecedens. Datur ergo B F et reliqua ex quadrante A B, ac itidem in triangulo A B C reliqua latera A C et B C dari per praecedentia demonstratur.

23. 6 VI

Si in eadem sphaera bina triangula rectum angulum ac insuper alium aequalem habuerint alterum alteri, vnumque latus vni lateri aequale, siue quod aequalibus adiacet angulis, siue quod alterutro aequalium angulorum opponitur, reliqua quoque latera reliquis lateribus aequalia alterum alteri, ac angulum angulo reliquum reliquo aequalem habebunt.

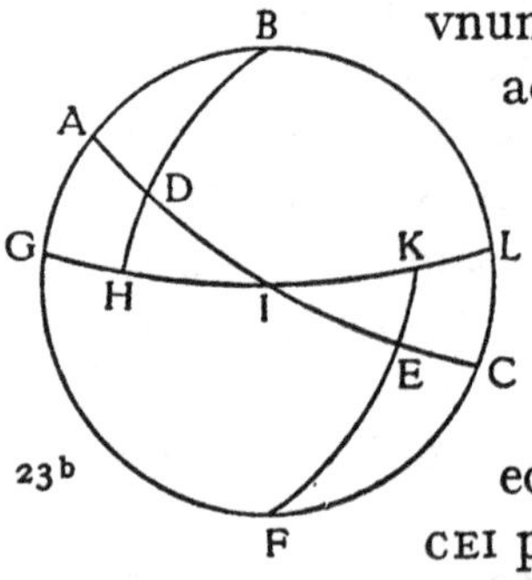

Sit hemisphaerium A B C, in quo suscipiantur bina triangula A B D et C E F, quorum anguli A et C sint recti, et praeterea angulus A D B aequalis ipsi C E F vnumque latus vni lateri (et primum) quod aequalibus ipsis adiacet angulis, hoc est A D ipsi C E. Aio latus quoque A B lateri C F, et B D ipsi E F, ac reliquum angulum A B D reliquo C F E esse aequalia. Sumptis enim in B et F polis describantur maximorum circulorum quadrantes G H I et I K L, compleanturque A D I et C E I, quos se inuicem secare necesse est in polo hemisphaerij, qui sit in I signo,
23b eo quod | anguli circa A et C sunt recti, atque quod G H I et C E I per polos ipsius A B C circuli sunt descripti. Quoniam igitur A D et C E assumuntur latera aequalia, erunt igitur reliquae D I et I E aequales circumferentiae, et anguli I D H et I E K, sunt enim ad verticem positi assumptorum aequalium, et qui circa H et K sunt recti, et quae vni sunt eaedem rationes, inter se sunt eaedem, erit par ratio subtensae dupli I D ad subtensam dupli H I atque subtensae duplicis E I ad subtensam duplicis I K, cum sit utraque per tertium praecedens sicuti dimetientis sphaerae ad subtendentem duplum angulum I D H siue aequalem dupli, qui sub I E K. Et per XIIII. quinti Elementorum Euclidis, cum sit subtendens † duplam D I circumferentiam aequalis ei, quae duplam I E subtendit, erunt quoque duplicibus subtensae I K et H I aequales, et quemadmodum in circulis aequalibus aequales rectae lineae circumferentias auferunt aequales,

---

1. rectum E angulum || *sic et K*; rectum angulum E *NBAWR*. — 6. VI. *Ms in margine dextro*: VI. *ibidem deleta sunt* iLFG; *et in margine sinistro iuxta deletum* ζ *scriptum est* ς. ς *est apud Graecos signum numeri VI. Ab hoc theoremate usque ad finem ordo propositionum semel atque iterum mutatus est. Hoc sextum theorema initio erat nonum, ut deleta litera i probatur*; *in revisione primae manus, octavo primae numerationis theoremate deleto, in locum octavum successit. vide notam* 69,*8* (Revol. II 3), *ubi in Ms hoc theorema significatur IX*. — 12. hemispherium *R, et sic porro*. — 13. CEF || CFE *Ms*. — 20. hemispherij *Ms*. — 23. IE || IK *Ms*. — 24. IEK || EKI *Ms*. — 26. eaedem || eadem *W*. — 27.—28. *In R desunt verba*: HI, atque subtensae duplicis EI ad subtensam duplicis; *pro* duplicis EI *NBA legunt* duplicis BI. EI *habet et K*. — 28. sicuti || sicut *NBAWR*. — 33. circumferentias || circumferentia *Ms*.

et partes eodem modo multiplicium in eadem sunt ratione, erunt ipsae simplices IH et IK circumferentiae aequales, ac reliquae quadrantium GH et KL, quibus constant anguli B et F aequales. Quapropter eadem quoque ratio est subtensae duplicis AD ad subtensam duplicis BD atque subtensae dupli CE ad subtensam dupli BD, quae subtensae duplicis EC ad subtensam duplicis EF. Vtraque enim est, vt subtendentis duplam HG siue aequalem ipsi KL ad subtensam duplicis BDH, hoc est dimetientis per tertium theorema conuersim, et AD est aequalis ipsi CE. Ergo per XIIII. quinti Elementorum Euclidis BD aequalis est ipsi EF per subtensas ipsis duplicibus rectas lineas.

Eodem modo per BD et EF aequales demonstrabimus || reliqua latera 23v
et angulos aequales. Ac vicissim si AB et CF assumantur aequalia latera, eadem sequentur penes rationum idemtitatem.

VII

Iam quoque, si non fuerit angulus rectus, dummodo latus, quod aequalibus adiacet angulis, alterum alteri aequale fuerit, itidem demonstrabitur.

Quemadmodum, si binorum triangulorum ABD et CEF duo anguli B et D utcumque fuerint aequales duobus angulis E et F alter alteri, latus quoque BD, quod adiacet aequali|bus angulis, lateri EF aequale, dico 24a
rursus aequilatera et aequiangula esse ipsa triangula.

Susceptis enim denuo polis in B et F describantur maximorum circulorum circumferentiae GH et KL. Et productae AD et GH se secent in N, atque EC et LK similiter productae in M. Quoniam igitur bina triangula HDN et EKM, angulos HDN et KEM habent aequales, qui sunt ad verticem assumptis aequalibus, et qui circa H et K sunt recti per polos sectione, latera etiam DH et EK aequalia. Aequiangula sunt ergo ipsa triangula et aequilatera per praecedentem demonstrationem.

Ac rursus, quia GH et KL aequales sunt circumferentiae propter angulos B et F positos aequales, tota ergo GHN toti MKL aequalis per axioma additionis aequalium. Sunt igitur et hic bina triangula AGN et MCL habentia vnum latus GN aequale vni ML, angulum quoque ANG aequalem CML, atque G et L rectos. Erunt ob id ipsa quoque triangula aequalium laterum et angulorum. Cum igitur aequalia ab aequalibus sublata fuerint, relinquentur aequalia AD ipsi CE, AB ipsi CF, atque BAD angulus reliquo ECF angulo. Quod erat demonstrandum.

---

3. B et F || B et C *Ms.* — 9. rectas lineas || rectis lineis *Ms.* — 12. eadem sequentur penes rationum idemtitatem || eandem sequentur rationis identitatem *NBAWR*; eamdem sequentur penes rationem idemtitatem *Th.* — 13. VII. *In margine sinistro iuxta deleta* G, 10 *legis* VII, H; *in dextro margine ante obliteratum* H *habes* ζ. *Hoc theorema primo* 10., *tum* 8. (H), *denique* 7. (VII, ζ, G) *locum obtinebat.* — 29. aequales sunt || sunt aequales *NBAWR.* — 36. *Post* demonstrandum *hi*

VIII

Adhuc autem, si bina triangula duo latera duobus lateribus aequalia habuerint alterum alterj et angulum angulo aequalem, siue quem latera aequalia comprehendunt, siue qui ad basim fuerit, basim quoque basi ac reliquos angulos reliquis habebunt aequales.

Vt in praecedenti figura sit latus AB aequale lateri CF et AD ipsi CE, ac primum angulus A aequalibus comprehensus lateribus angulo C. Dico basim quoque BD basi EF, et angulum B ipsi F, et reliquum BDA reliquo
CEF esse aequalia. Habebimus enim bina triangula AGN et CLM,
quorum anguli G et L svnt recti, atque GAN aequalem ipsi MCL,
qui reliqui sunt aequalium BAD et ECF. Aequiangula igitur
sunt inuicem et aequilatera ipsa triangula. Quapropter ex
aequalibus AD et CE relinquuntur etiam DN et ME aequa-
26 lia. Sed iam patuit || angulum, qui sub DNH, aequalem esse
ei, qui sub EMK, et qui circa H, K sunt recti, erunt quoque
bina triangula DHN et EMK aequalium inuicem angulorum | et
24b laterum, e quibus etiam BD relinquetur aequale ipsi EF et GH ipsi
KL, quibus sunt B et F anguli aequales, ac reliqui ADB et FEC aequales. Quod, si pro lateribus AD et EC assumantur bases BD et EF aequales, aequalibus angulis obiecti (residentibus caeteris) eodem modo demonstrabuntur, quoniam per angulos GAN et MCL aequales exteriores et G, L rectos atque AG ipsi CL, habebimus itidem bina triangula AGN et MCL, quae prius, aequalium inuicem angulorum et laterum. Illa quoque particularia DHN et MEK similiter propter H et K angulos rectos et DNH, KME aequales atque DH, EK latera aequalia, quae reliqua sunt quadrantium, e quibus eadem sequuntur, quae diximus.

IX

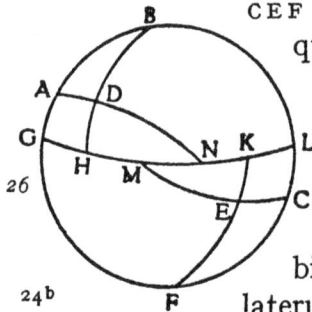

Isoscelium quoque in sphaera triangulorum qui ad basim anguli, sunt sibi inuicem aequales.

1. VIII. *Ms in margine sinistro habet*: VIII, i; *ibidem litera* H *est deleta. In margine dextro exstat* H (Graece). *Successit ergo hoc theorema a loco* 9. *in locum* 8. — 11. *Post* ECF *addendum videtur* GA aequalem LC. *vide Th in Addend.* 491. — 13. et CE || et AE *B.* — 13.—14. *Ante* aequalia *Ms deleta habet*: et angulus DNH. — 20. obiecti *Ms et edd*; *lege* obiectae. — 21. et G, L || et G, C *Ms NBAR.* — 24. H et K || H, K *BTh.* — DH, EK || DH et EK *edd et R.* — 26. IX. *In margine dextro Ms legitur* K. IX; *ibidem deletum est* II. *In margine sinistro* ι (Graece). *Hoc theorema initio obtinuerat locum* II., *in revisione prima (deleto octavo theoremate) successit in* 10., *denique in* 9. *locum.* — 27. quoque *desideratur in NBAWR.*

versus in Ms deleti sunt: Haec autem demonstratio ab altera parte non procedit, si videlicet latera assumantur aequalia, quae alterutro (a) aequalium angulorum oposita fuerint, quoniam ADN et GHN, MEC, MKL non sunt quadrantes circulorum (angulis A et C non existentibus rectis), sed possunt (b) maiores et minores esse illae circumferentiae.

a) alterutro || alterutri *Th.* — b) possunt || possint *Th.*

Esto triangulum ABC, cuius duo latera AB et AC sint aequalia, dico etiam, quod anguli, qui supra basim, ABC et ACB sunt aequalia. Ab A vertice descendat maximus orbis, qui secet basim ad angulos rectos, hoc est per polos, sitque AD. Cum igitur binorum triangulorum ABD et ADC latus BA est aequale lateri AC, et AD vtrique commune, et anguli, qui circa D, recti; patet per praecedentem demonstrationem, quod anguli, qui sub ABC et ACB, sunt aequales, quod erat demonstrandum.

Porisma

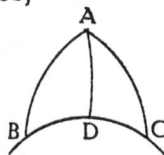

Hinc sequitur, quod, quae per verticem trianguli isoscelis circumferentia ad rectos angulos cadit in basim, basim simul et angulum aequalibus comprehensum lateribus bifariam secabit, et e conuerso, quod constat per hanc et praecedentem demonstrationem.

X

Bina quaelibet triangula aequalia latera habentia alterum alteri aequales etiam angulos habebunt alterum alteri sigillatim.

Quoniam enim trina utrobique circulorum maximorum secmenta piramides constituunt, fastigia habentes in centro sphaerae, bases autem triangula, quae sub rectis lineis circumferentias triangulorum conuexorum subtendentibus plana continentur, suntque illae piramides similes et | 25a
aequales per definitionem aequalium similiumque solidarum figurarum, ratio autem similitudinis est, vt angulos quocumque modo susceptos habeant ad inuicem aequalem alterum alterius, habebunt ergo angulos ipsa triangula aequales inuicem. Et praesertim, qui generalius definiunt similitudinem figurarum, eas esse volunt, quaecumque similes habent declinationes ac in eisdem angulos sibi inuicem aequales. E quibus manifestum esse puto, quod in sphaera triangula, quae inuicem aequilatera sunt, similia esse, ut in planis.

1.—2. *Verba* dico ... aequalia *non exstant in NBAWR.* — 9. *Totum porisma prima manu in margine dextro p. 26 Ms adscriptum est.* — 11. rectos angulos || angulos rectos *NBAWR.* — 13. hanc et || hanc *edd et R.* — 14. X. *In margine dextro Ms additum est* L, X; *ibidem* 10, *in margine sinistro* K *deletum est.* — *Hoc theorema erat ultimum, ut apparet ex nota 28 huius paginae.* — 15. *Ante* Bina *in Ms* Denique *deletum est.* — *post* triangula *verba* in eadem sphaera *adduntur in edd et R.* — 16. sigillatim || singillatim *W.* — 17. circulorum maximorum || maximorum circulorum *NBAWR.* — 19. conuexorum || connexorum *R.* — 21. 24. definitionem, definiunt || diffinitionem, diffiniunt *Ms.* — 21. similiumque || similium *NBAWR.* — 27. quod in || in *NBAW.* — similia esse || similia sunt *Th.* — 28. *Post* ut in planis *in revisione primae manus addita erant verba:* Haec obiter de triangulis sphaericis attigisse nobis sufficiat (a) ad propositum nostrum, vnde digressi sumus, festinantibus. *Quae verba Copernicus in ultima revisione ad finem XIII. sphaericorum pag. 61, 4 transposuit.*

a) attigisse nobis sufficiat || allegasse sufficiunt *Th.*

22, 26

XI

Omne triangulum, cuius duo latera fuerint data cum aliquo angulo, datorum efficitur angulorum et laterum.

Nam si latera data fuerint aequalia, erunt qui ad basim anguli aequales, et deducta a vertice ad basim circumferentia angulis rectis facile patebunt quaesita per corollarium IX.

Sin autem fuerint latera data inaequalia, ut in triangulo ABC, cuius angulus A sit datus cum binis lateribus, quae vel comprehendunt datum angulum, vel non comprehendunt, sint ergo primum comprehendentes ipsum AB et AC data latera, et facto in C polo describatur circumferentia maximi circuli DEF, et compleantur quadrantes CAD et CBE, atque AB productum secet DE in F signo. Ita quoque in triangulo ADF datur AD latus reliquum quadrantis ex AC, angulus etiam BAD ex CAB ad duos rectos. Nam eadem est ratio angulorum atque dimensio, qui rectarum linearum ac planorum sectione contingunt, et D angulus est rectus. Igitur per IIII. huius erit ipsum triangulum ADF datorum angulorum et laterum. Ac rursus trianguli BEF inuentus est angulus F, et E rectus per polum sectione, latus quoque BF, quo tota ABF excedit AB. Erit ergo per idem theorema et BEF triangulum datorum angulorum et laterum. Vnde ex BE datur BC reliquum quadrantis et latus quaesitum et ex EF reliquum totius DEF, quod DE, et est angulus C, atque per angulum, qui sub EBF, is, qui ad uerticem ABC, quaesitus.

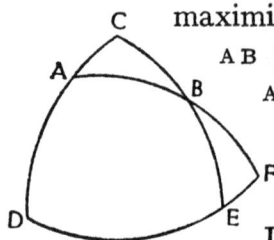

Quod si loco AB assumatur CB, quod dato opponitur angulo, idem
22v euenit. Dantur enim reliqua quadrantium AD et BE, atque eodem || argumento duo triangula ADF et BEF datorum angulorum et laterum, ut prius, e quibus triangulum ABC propositum datorum fit laterum et angulorum, quod intendebatur.

25b

XII

Adhuc autem, si duo anguli utcumque dati fuerint cum aliquo latere, eadem euenient.

Manente enim praestructione figurae prioris sint trianguli ABC duo anguli ACB et BAC dati cum latere AC, quod utrique adiacet angulo. Porro, si alter angulorum datorum rectus fuisset, poterant caetera omnia

---

1. XI. *In margine dextro adscriptum est* M. XI *deletis ibidem* 6, 7. *In margine sinistro deleta habes* ια, L, *sed in prima revisione sextum fuit theorema.* — 4.—7. *Hi versus a verbo* Nam *ad verba* ut in triangulo *addita sunt in ultima revisione; in Ms primae manus solum verba* Esto triangulum *posita erant.* — 5. angulis rectis || ad angulos rectos *NBAWR.* — 6. corollarium || Porisma *NBAWR*; *vide* IX. Porisma. — 7. latera data || data latera *NBAWR.* — 17. IIII || *infra* IIII *scriptum erat*: tertium *Ms.* — 21. datur || datus *B.* — 27. fit || sit *W et sic saepius.* — 29. XII. *In margine sinistro Ms habes* XII. N. *ibidem deleta*: M. 12; *in margine dextro minusculis Graecis scriptum est* ιβ (i. e. 12).

per quartum praecedens ratiocinando consequi. Hoc autem differre volumus, quo neuter sit rectus. Erit igitur AD reliqua quadrantis ex CAD, et qui sub BAD angulus e duobus rectis a BAC, atque D rectus. Igitur trianguli AFD per quartum huius dantur anguli cum lateribus. At per C angulum datum, datur DE circumferentia et reliqua EF, atque BEF rectus et F angulus communis vtrique triangulo. Dantur itidem per quartum huius BE et FB, quibus caetera constabunt latera AB et BC quaesita.

Caeterum, si alter angulorum datorum lateri dato oppositus fuerit, vtputa si ABC angulus detur, loco eius, qui sub ACB, remanentibus caeteris constabit eadem ac priori demonstratione totum ADF triangulum datis angulis et lateribus, ac particulare BEF triangulum similiter, quoniam propter angulum F vtrique communem et EBF, qui ad verticem est dato et E rectum cuncta etiam latera eius dari in praecedentibus demonstratur, e quibus tandem sequuntur eadem, quae diximus. Sunt enim haec omnia mutuo semper nexu colligata atque perpetuo, uti formam globi decet.

---

1. ratiocinando || rationando *Ms.* — 2. quo neuter sit rectus || quo neuter sint rectus *Ms. Cum Copernicus colon*: quominus sint recti *mutaret in*: quo neuter sit rectus, *ex priore constructione* sint *recepit*; quominus sint recti *Mspm NBAWR.* — CAD || ACD *MsR.* — 3. e duobus rectis a BAC || residuus ipsius BAC e duobus rectis *NBAWR.* — 4. per quartum || per quartam *NBAWR.* — At || ac *NBAWR.* — 6. per quartum || per quartam *NBAWR.* — 10. eadem ac priori || eadem *NBAWR.* — 14. demonstratur || demonstrantur *Ms.* — 16. *Ad finem huius theorematis in prima revisione addita erant, quae sequuntur, quaeque postea a Copernico in ultima revisione in theorema XIII. sunt mutata*: || Trianguli demum datis omnibus 22ᵛ, 25
lateribus dantur anguli. Sint utique trianguli in superficie sphaerica ABC omnia latera data, aio omnes quoque angulos inueniri. Assumpto enim D centro sphaerae agantur AD, BD et CD communes illorum circulorum sectiones. Et ipsi AD ad angulos rectos excitentur (a) BE et CF, insuper et FG ad BE (b) et coniungatur (c) C, G. His ita praestructis manifestum est, quod EB sit semissis duplae AB circumferentiae in partibus, quibus BD ponitur c̄. Similiter et FC dimidia est subtendentis duplam AC circumferentiam, datur ergo et ipsa CF in homologis partibus c̄, quibus est CD aequalis ipsi BD. Triangula vero BED et GFD aequalium angulorum sunt, quoniam FDG communis est datus vtriusque per AB circumferentiam, et qui circa E et F vtrique sunt recti. Sunt igitur proportionalium laterum, vt DE ad BE sic DF ad FG, sed dantur etiam ED et DF in eisdem partibus, quibus est BD siue CD c̄, propter angulos reliquos EBG et FCD datos. Et quod sub ED et FG aequale est ei, quod sub DF et EB, datur ergo et FG in homologis partibus, quibus dabatur CF. Idcirco et reliquum latus DG datur. Cum igitur in triangulo DCG duo latera DG et DC data sint cum angulo || CDG propter BC circumferentiam datam, 23
et tertium latus CG per quartum triangulorum planorum dabitur. Quo fit, vt etiam trianguli CGF datorum iam laterum detur angulus CFG per vltimum planorum, et est angulus sectionis ipsorum ABC (d) circulorum, quo consecuto, reliqui anguli per sextum huius invenientur (e) || *Notandum est, quod usque ad signum || in Ms versus sunt deleti, reliqui versus non sunt, quia in altera facie folii scripti lituram evitarunt. Quod in fine dicitur* per sextum huius, *debet accipi* per undecimum huius, *nam sextum theorema postea, ut iam dictum (p.* 58, 1), *in undecimum locum est transpositum.*

---

a) excitentur || excitetur *Th.* — b) ad BE || ad BD *Th.* — c) coniungatur || coniungantur *Th.* — d) ABC *lege* AB, BC. — e) invenientur || inveniuntur *Th.*

24

XIII

Trianguli demum datis omnibus lateribus dantur anguli.

Sint trianguli ABC omnia latera data, aio omnes quoque angulos inuenirj. Aut enim triangulum ipsum latera habebit aequalia, vel minime. Sint ergo primum aequalia AB, AC. Manifestum est, quod etiam semisses subtendentium dupla ipsorum aequales erunt. Sint ipsae BE, CE, quae se inuicem secabunt in E signo propter aequalem earum distantiam a centro sphaerae in sectione circulorum communj DE, quod patet per IIII. definitionem tertij Euclidis, | [26a] et eius conuersionem. Sed per tertiam eiusdem libri propositionem DEB angulus rectus est in ABD plano et DEC similiter in plano ACD. Igitur BEC est angulus inclinationis ipsorum planorum per IIII. definitionem vndecimi Euclidis, quem hoc modo inueniemus. Cum enim subtensa fuerit recta linea BC, habebimus triangulum rectilineum BEC datorum laterum per datas illorum circumferentias, fiet etiam datorum angulorum, et angulum BEC habebimus quaesitum, hoc est BAC sphaericum, et reliquos per praecedentia.

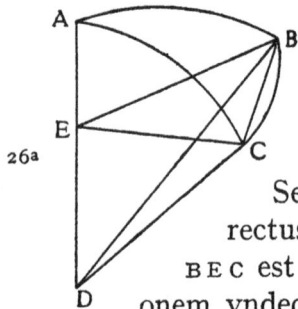

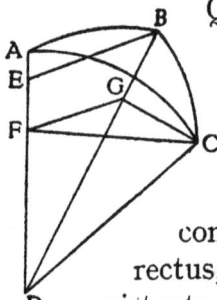

Quod si scalenon fuerit triangulum, ut in secunda figura, manifestum est, quod rectarum sub ipsis duplis semisses linearum minime se tangent. Quoniam si AC circumferentia maior fuerit ipsi AB, sub ipsa AC duplicata semissis, quae sit CF, cadet inferius. Sin minor, superior erit, prout accidit tales lineas propinquiores remotioresque fieri a centro per XV. tertij Euclidis. Tunc autem ipsi BE parallelus agatur FG, quae secet ipsam BD communem circulorum sectionem in G signo, et connectatur CG. Manifestum est igitur, quod EFG angulus est rectus, nempe aequalis ipsi AEB, atque EFC (dimidia subtensa existente CF dupli ipsius AC) etiam rectus. Erit igitur CFG angulus sectionis ipsorum AB, AC circulorum, quem idcirco etiam assequimur. Nam DF ad FG est, sicut DE ad EB, similes enim sunt DFG et DEB triangulj. Datur igitur FG in ijsdem partibus, quibus etiam FC data est. At in eadem ratione est etiam DG ad DB, dabitur etiam ipsa DG in partibus, quibus est DC 100 000. Quinetiam || [24v] qui sub GDC angulus datus

1. XIII. *In margine dextro Ms legitur* o. XIII. *Hoc theorema et duo sequentia in foliis posteriore tempore insertis scripta sunt. Ex forma scripturae potest intelligi in paen ultima revisione operis addita esse. Theoremata XIV. et XV. initio ordine inverso legebantur, ut postea clarius apparebit.* — 10. definitionem || diffinitionem *Ms et sic saepius.* — 12.—13. Igitur BEC || Igitur angulus BEC *NBAWR.* — 16. *post* circumferentias *verba* ex inde per ultimum *interposita et deleta sunt Ms.* — 25. parallellus *Ms.* — 26. sectionem || sectionum *NBAW.* — 28. ipsi || ipsa *MsNBA.* — 32. *Verba*: Datur igitur *usque ad* data est *in margine inferiore Ms posita desunt in R.* — 33. At || Ac *R.*

est per BC circumferentiam, ergo per secundam planorum datur GC latus in eisdem partibus, quibus reliqua latera trianguli GFC planj. Igitur per vltimam planorum habebimus GFC angulum, hoc est BAC sphaericum quaesitum, ac deinde reliquos per vndecimum sphaericorum percipiemus.

XIV 25, 16

Si data circumferentia circulj utcumque secetur, vt utrumque segmentorum sit minus semicirculo, et ratio dimidiae subtendentis duplum vnius segmentj, ad dimidiam subtendentis duplum alterius data fuerit, dabuntur etiam ipsorum segmentorum circumferentiae. 26b

Detur enim circumferentia ABC circa D centrum, quae utcumque secetur in B signo, ita tamen, ut segmenta sint semicirculo minora, fuerit autem ratio dimidiae sub duplo AB ad dimidiam sub duplo BC aliquo modo in longitudine data, aio etiam AB et BC dari circumferentias. Subtendatur enim AC recta, quam secet dimetiens in E signo, a terminis autem A, C perpendiculares cadant ad ipsum dimetientem, quae sint AF, CG, quas oportet esse semisses sub duplis AB et BC. Triangulorum igitur AEF et CEG rectangulorum anguli, qui ad E verticem, sunt aequales, et ipsi propterea trianguli aequianguli ac similes habent latera proportionalia aequos angulos respicientia. Vt AF ad CG, sic AE || ad EC. 25v
Quibus igitur numeris AF vel GC data fuerint, habebimus in eisdem AE et EC; dabitur ex his tota AEC in eisdem. Sed ipsa subtendens ABC circumferentiam datur in partibus, quibus quae ex centro DEB, quibus etiam ipsius AC dimidia AK et reliqua EK. Coniungantur DA et DK, quae etiam dabuntur in eisdem partibus, quibus DB, tamquam semissis subten-

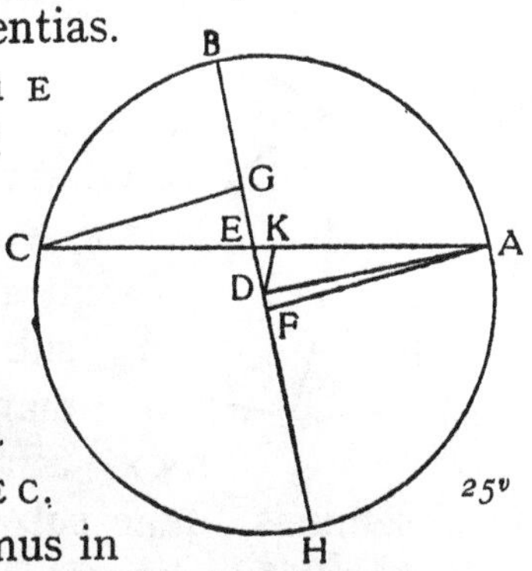

---

4. *Hoc loco in Ms additi sunt sequentes versus, quibus manifestum, Copernicum hoc theoremate trigonometriae finem imponere primum in mente habuisse*: Haec obiter de triangulis attigisse nobis sufficiant ad propositum nostrum, vnde digressi sumus, festinantibus.

Et haec quoque de triangulis sphaericis breuiori modo ac simplici ratione a nobis complexa sunt, quae alij per rationum multiplicem compositionem et diuisionem sunt prosecuti (a). Habent autem non in hac arte solum, verum etiam in cosmographia circa explicandas locorum distantias atque situs infinitas vtilitates.

5. XIV. *In margine dextro Ms legitur* XIIII; *in margine sinistro* F. *Hoc theorema principio ultimum fuit, et XV eius locum obtinuit.* — 6. utcumque secetur || secetur utcumque *NBAWR.* — 7.—8. duplum vnius || *sic et K*; unius *NBAWR.* — 8. dimidiam || dimidium *edd et R.* — 11. sint || sit *W.* — 16. ipsum || ipsam *edd*; ipsum *R.* — 21. aequos || aequales *NBAWR.* — 24. *Post* centro DEB *insertum fuit, sed postea deletum*: in his quoque (coniunctim) disiunctim AE et EC dabuntur, atque conuersim AF, EG. Quibus denique tamquam dimidiis subtendentibus dupla AB, BC habebimus ipsas AB, BC numeratas (b) circumferentias per canonem, quod erat demonstrandum.

---

a) sunt prosecuti: *prior lectio in Ms erat*: quae Ptolemaeus. ... prosecutus est; prosecutas *Th.* — b) numeratas || inventas *Th.*

dentis reliquum segmentum ipsius ABC a semicirculo comprehensum sub angulo DAK, et angulus igitur ADK datur comprehendens dimidiam ABC circumferentiam. Sed et trianguli EDK duobus lateribus datis et angulo EKD recto dabitur etiam EDK, hinc totus sub EDA angulus comprehendens AB circumferentiam, qua etiam reliqua CB constabit, quarum expetebatur demonstratio.

24v, 15

XV

Trianguli datis omnibus angulis, etiam nullo recto, dantur omnia latera.

Esto triangulum ABC, cuius omnes anguli sunt dati, nullus autem eorum rectus. Aio omnia quoque latera eius darj. Ab aliquo enim angulorum, vt A, descendat per polos ipsius BC circumferentia AD, quae secabit ipsum BC ad angulos rectos, ipsaque AD cadet in triangulum, nisi alter angulorum B vel C ad basim obtusus esset et alter acutus, quod si accideret, ab ipso obtuso deducendus esset ad basim. Completis igitur quadrantibus BAF, CAG et DAE factisque polis in B, C describantur circumferen|tiae EF, EG. Erunt igitur et circa F, G anguli recti. Triangulorum igitur rectum angulum habentium erit ratio dimidiae, quae sub duplo AE, ad dimidiam sub duplo EF, quae dimidia || diametri sphaerae ad dimidiam subtendentis duplum anguli EAF. Similiter in triangulo AEG angulum rectum habente G semissis, quae sub duplo AE, ad semissem, quae sub duplo EG, eandem habebit rationem, quam dimidia diametri sphaerae ad dimidiam, quae duplum anguli EAG subtendit. Per aequam igitur rationem dimidia sub duplo EF ad dimidiam sub duplo EG rationem habebit, quam semissis sub duplo angulo EAF ad semissem sub duplo anguli EAG. Et quoniam FE, EG circumferentiae datae sunt, sunt enim residua, quibus anguli B et C differunt a rectis, habebimus ergo ex his rationem angulorum EAF et EAG, hoc est BAD ad CAD, qui illis ad verticem sunt, datos. Totus autem BAC datus est; per praecedens igitur theorema etiam BAD et CAD

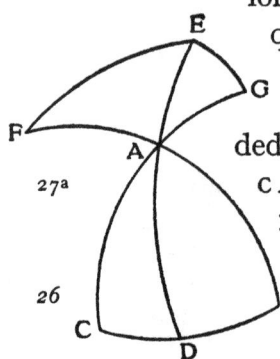

1. *Post* semicirculo *additum est in Ms*: Trianguli igitur EDK duo latera EK, KF data sunt, et EKF angulus rectus: dabitur etiam EDK angulus, quod comprehens. *suntque ea deleta.* — 3. trianguli EDK || trianguli *R.* — 5. quarum || quorum *ThR.* — 7. XV. *Ms in margine sinistro notat*: XV. g. *ibidem* F *est deletum. Litera* F *huic theorematі sextus, litera* G *septimus locus assignatus fuisse videtur. Litera* G *etiam theorematibus* VI *et* VII *adscripta et deleta erat. vide not.* 54, 6 *et* 55, 13. — 9. sunt || sint *edd.* — 13. *Post* triangulum *insertum et deletum habes in Ms*: vel extra ipsum, quod accideret (acciderit *Th*). — 13.—14. *Post* obtusus esset *Ms in contextu haec habet deleta*: Et cadet ergo primum introrsum et. *Quorum loco in margine supposita legis haec*: et alter .... ad basim. *Deinde sequuntur in margine haec, et ipsa deleta*: Quoniam igitur trianguli ABD et ACD angulos habent utrumque rectos circa D, eandem habebunt rationem semisses sub AB ad dimidium sub AD quam, quae ex centro sphaerae, ad dimidium, quae sub duplo AD. — 16. CAG et DAE || CAG, DAE *edd et R.* — 26. angulo || anguli *edd.* — 27. FE || et FE *R.* — 28. B et C || A et B *MsNBAWR.*

anguli dabuntur. Deinde per quintum latera AB, BD, AC, CD totumque BC assequemur.

Haec obiter de triangulis, prout instituto nostro fuerint necessaria, 25v,18 modo sufficiant. Quae si latius tractari debuissent, singulari opus erat volumine.

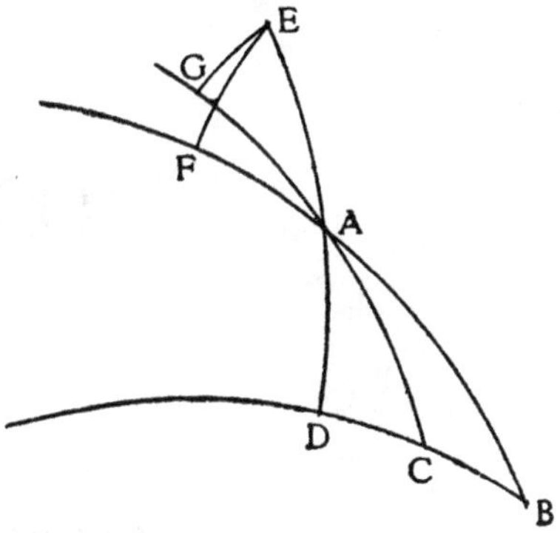

---

1. AB, BD || AB, BC *NBAR*. — 2. *Post* assequemur *in Ms inveniuntur figura, quam adscripsimus, et haec verba*: **Quod si extra triangulum ceciderit AD, ut in sequentj figura, idem procedet argumentum.** *Quae verba postea deleta in NBAW non exstant, sed figura addita est editioni Rhetici, ultima omnium, quas habet.* — 3.—5. *Hi versus in R desunt.*

NBW addunt: Finis primi libri. *A addit*: Finis libri primi.

27b

NICOLAI COPERNICI

REVOLVTIONVM

LIBER SECVNDVS

Prooemium

26v Cum tres in summa telluris motus exposuerimus, quibus polliciti sumus apparentia syderum omnia demonstrare, id deinceps per partes examinando singula et inquirendo pro posse nostro faciemus. Incipiemus autem a notissima omnium diurni nocturnique temporis reuolutione, quam a Graecis *νυχθήμερον* diximus appellari, quamque globo terrestri maxime ac sine medio appropriatam suscepimus, quoniam ab ipsa menses, anni et alia tempora multis nominibus exurgunt tanquam ab vnitate numerus. De dierum igitur et noctium inaequalitate, de ortu et occasu Solis, partium zodiaci et signorum, et id genus ipsam reuolutionem consequentibus, pauca quaedam dicemus: eo praesertim, quod multi de his abunde satis scripserint, quae tamen nostris astipulantur et consentiunt. Nihilque refert, si quod illi per quietam terram et mundi vertiginem demonstrant, hoc nos ex opposito suscipientes ad eandem concurramus metam, quoniam in his, quae ad inuicem sunt, ita contingit, vt vicissim sibi ipsis consentiunt. Nihil tamen eorum, quae necessaria fuerint, praetermittemus. Nemo vero miretur, si adhuc ortum et occasum Solis et stellarum atque his similia simpliciter nominauerimus, sed nouerit nos consueto sermone loqui, qui possit recipi ab omnibus, semper tamen in mente tenentes, quod:

Qui terra vehimur, nobis Sol Lunaque transit, †
Stellarumque vices redeunt iterumque recedunt.

---

5. Cum tres || Cum in praecedenti libro tres *NBAW*; *Ms primae manus habet:* Cum igitur in primo libro tres, *sed verba* igitur in primo libro *sunt deleta.* — 8. *νυχθημεῤ Ms*; *νυχθημεριον A.* — 11. *Post* numerus *in Ms haec verba deleta leguntur* at tempus est mensura motus. — 12. *Post* signorum *habes in Ms pronomen* quae *deletum.* — 18. consentiunt || consentiant *edd.* — 19. fuerint || erunt *NBAW.*

Cap. I

De circvlis et eorvm nominibvs

Circulum aequinoctialem diximus maximum parallelorum globi ter-
raeni circa polos reuolutionis suae cotidianae descriptorum, zodiacum vero
per medium | signorum circulum, sub quo centrum ipsius terrae annua 28a
reuolutione circuit. At quoniam zodiacus aequinoctiali obliquus existit,
pro modo inclinationis axis terrae ad illum, per quotidianam terrae reuolutionem binos orbes vtrobique se contingentes describit tamquam extremos
limites obliquitatis suae, quos vocant tropicos. Sol enim in his tropas, hoc
est conuersiones, facere videtur, hiemalem videlicet et aestiuam. Vnde
et eum, qui boreus est, solstitialem tropicum, brumalem alterum, qui ad
austrum, appellare consueuerunt, prout in summaria terrestrium reuolutionum enarratione superius est expositum. Deinde sequitur dictus horizon, quem finientem vocant Latini (definit enim nobis apparentem mundi
partem ab ea, quae occultatur), ad quem oriri videntur omnia, quae occidunt,
centrum habentem in superficie terrae, || polum ad verticem nostrum. At 27
quoniam terra ad caeli immensitatem incomparabilis existit, praesertim
quod etiam totum hoc, quod inter Solem et Lunam existit (iuxta hypothesim
nostram) ad magnitudinem caeli concerni nequit, videtur horizon circulus
caelum bifariam secare tamquam per mundi centrum, ut a principio
demonstrauimus. Quatenus autem obliquus fuerit ad aequinoctialem horizon, contingit et ipse geminos hincinde parallelos circulos, boreum quidem
semper apparentium, austrinum vero semper occultorum, ac illum arcti-
† cum, hunc antarcticum nominatos a Proclo et Graecis fere, qui pro modo
obliquitatis horizontis siue eleuationis poli aequinoctialis maiores minoresue
fiunt. Superest meridianus, qui per polos horizontis, etiam per aequinoctialis
circuli polos incedit, et idcirco erectus ad utrumque circulum, quem cum
attigerit Sol, meridiem mediamque noctem ostendit. At hij duo circuli centrum in superficie terrae habentes, finitorem dico et meridianum, sequuntur
omnino motum terrae et utcumque visus nostros. Nam oculus vbique
centrum sphaerae omnium circumquaque visibilium sibi assumit. Proinde
omnes etiam circuli in terra sumpti suas in caelo similesque circulorum ima-
† gines referunt, vt in Cosmographia et circa terrae dimensiones demonstratur. Et hij quidem sunt circuli propria nomina habentes, cum alij possint
infinitis modis designari.

---

1. Cap. I || Cap. primum *Ms.* — 7. illum || illam *edd.* — 7–8. reuolutionem || euolutionem *Ms.* — 11. eum, qui boreus est || eam, qui boreas est *NBAW.* — 15. *Putat Th Copernicum scribere voluisse:* ad quem oriri videntur omnia, quae oriuntur, et occidere, quae occidunt. *Similem emendationem proponit A in notis huic capiti affixis* p. 64. — 33. *Post* dimensiones *in Ms haec verba obliterata leguntur:* ab Eratostene et Posidonio caeterisque apertius; *post* dimensiones *edd inserunt* apertius *a Ms deletum.* — 35. modis designari || modis et nominibus designari *edd.*

Cap. II

28b **De obliqvitate signiferi et distantia tropicorvm, et qvomodo capiantur**

Signifer ergo circulus cum inter tropicon et aequinoctialem obliquus incedat, necessarium iam existimo, ut ipsorum tropicorum distantiam, ac perinde angulum sectionis aequinoctialis et signiferi circulorum, quantus ipse sit, experiamur. Id enim sensu percipere necessarium et artificio instrumentorum, quibus hoc potissimum habetur, vt praeparetur quadrum ligneum vel magis ex alia solidiori materia, lapide vel metallo, ne forte aëris alteratione inconstans lignum fallere posset operantem. Sit autem vna eius superficies exactissime complanata habeatque latitudinem, quae sectionibus admittendis sufficiat, ut esset cubitorum trium vel quatuor. Nam in vno angulorum sumpto centro quadrans circuli pro illius capacitate designatur et distinguitur in partes xc aequales, quae itidem subdiuiduntur in scrupula lx, vel quae possint accipere. Deinde ad centrum gnomon affigitur kylindroides optime tornatus, et erectus ad illam superficiem parumper emineat, quantum forsan digiti latitudine vel minus. Hoc instrumento sic praeparato lineam meridianam explicare conuenit in pauimento strato ad planiciem horizontis et quam diligenter exaequato per hydroscopium vel chorobaten, 27v ne in aliquam partem dependeat. In || hoc enim descripto circulo e centro eius gnomon erigitur, et obseruantes quandoque ante meridiem, vbi vmbrae extremitas circumferentem circuli tetigerit, signabimus. Similiter post meridiem faciemus et circumferentiam circuli inter duo signa iam notata iacentem bifariam secabimus. Hoc nempe modo a centro per sectionis punctum educta recta linea meridiem nobis et septentrionem infallibiliter indicabit. Ad hanc ergo tamquam basim erigitur planicies instrumenti et ad perpendiculum figitur (conuerso ad meridiem centro), a quo descendens linea examinatim rectis angulis lineae meridianae congruat. Euenit enim hoc modo, ut superficies instrumenti meridianum habeat circulum.

29a Hinc solsticij et brumae diebus meridianae Solis vmbrae sunt | obseruandae per indicem illum siue kylindrium e centro cadentes (adhibito quopiam circa subiectam quadrantis circumferentiam, quo locus umbrae certius teneatur) et adnotabimus quam accuratissime medium vmbrae in partibus et scrupulis. Nam, si hoc fecerimus, circumferentia, quae inter duas vmbras signata, solstitialem et brumalem, inuenta fuerit, tropicorum distantiam ac totam signiferi obliquitatem nobis ostendet, cuius accepto dimidio

---

4. tropicon || tropico *Ms*; tropicum edd. — 8. *ante* quibus *in Ms* e *deletum*. — 10. posset || possit *W*. — 12. ut esset | ut si esset *NBAW*. — 16. et erectus || ut erectus *AWTh*. — 22. circumferentem || circumcurrentem *NBAW*. — 31. adhibito quopiam || adhibita re quapiam *NBAW*. — 32. quo || ut *NBAW*. — 35. signata || signatas *Th*.

habebimus, quantum ipsi tropici ab aequinoctiali distant, et, quantus sit angulus inclinationis aequinoctialis ad eum, qui per medium signorum est, circulum, fiet manifestum.

† Ptolemaeus igitur interuallum hoc, quod inter iam dictos limites est, boreum et austrinum, deprehendit partium IIIL, scrupulorum primorum XLII, secundorum XL, quarum est circulus CCCLX, prout etiam ante se ab † Hipparcho et Eratosthene reperit obseruatum: suntque partes XI, quarum totus circulus fuerit XVIIC, et exinde dimidia differentia, quae partium est XXIII, scrupulorum primorum LI, secundorum XX, conuincebat tropicorum ab aequinoctiali circulo distantiam, quibus circulus est partium CCCLX, et angulum sectionis cum signifero. Existimauit igitur Ptolemaeus invariabiliter sic se habere et permansurum semper. Verum ab eo tempore inueniuntur hae continue decreuisse ad nos usque. Reperta est enim iam a nobis et alijs quibusdam coaetaneis nostris distantia tropicorum partium esse non amplius XLVI et scrupulorum primorum LVIII fere, et angulus sectionis partium XXIII, scrupulorum XXIX, ut satis iam pateat mobilem esse etiam signiferi obliquationem, de qua plura inferius, vbi etiam ostendemus coniectura satis probabili, numquam maiorem fuisse partibus XXIII, scrupulis LII, nec umquam minorem futuram partibus XXIII, scrupulis XXVIII.

CAP. III

DE CIRCVMFERENTIIS ET ANGVLIS SECANTIVM SESE CIRCVLORVM, AEQVINOCTIALIS, SIGNIFERI ET MERIDIANI, E QVIBVS EST DECLINATIO ET ASCENSIO RECTA, DEQVE EORVM SVPPVTATIONE

Quod igitur de finitore dicebamus, ab ipso oriri et occidere mundi || *28* partes, hoc apud circulum meridia | num caelum mediare dicimus, qui utrum- 29b que etiam XXIIII horarum spacio signiferum cum aequinoctiali transmittit dirimitque secando eorum a sectione verna vel autumnali circumferentias, dirimiturque vicissim ab illis intercepta circumferentia. Cumque sint omnes maximi, constituunt triangulum sphaericum orthogonium; rectus quippe angulus est, quo meridianus aequinoctialem per polos, ut definitum est, secta. Vocant autem circumferentiam meridiani, siue cuiuslibet per polos circuli sic interceptam declinationem zodiaci segmenti; eam vero, quae ex circulo aequinoctiali consentit, ascensionem rectam simul exeuntem cum compari sibi zodiaci circumferentia.

---

1. distant || distent *AW*. — 5. IIIL || 47 *NBAW*; XLVII *Th*. — 7. Hypparcho *N*. — 8. XVIIC || 83 *NBAW*; LXXXIII *Th*; *et similiter saepius*. — 15. LVIII || 57 *AW*. — 16. XXIX || 28 et duarum quintarum unius *NBAW*.

Quae omnia in triangulo conuexo facile demonstrantur. Sit enim ABCD circulus transiens per polos aequinoctialis simul et zodiacj, quem plerique colurum appellant, medietas signiferi AEC, medietas aequinoctialis BED, sectio verna in E signo, solstitium in A, bruma in C. Assumatur autem F polus quotidianae reuolutionis et ex signifero EG circumferentia partium verbi gratia XXX, cui superinducatur quadrans circuli FGH. Tunc manifestum est, quod in triangulo EGH datur latus EG partium XXX cum angulo GEH, cum fuerit minimus partium XXIII, scrupulorum XXVIII secundum maximam declinationem AB, quibus CCCLX sunt quatuor recti, et angulus GHE rectus est. Igitur per quartum sphaericorum ipsum EGH triangulum datorum erit angulorum et laterum. Nempe demonstratum est, quod subtensa duplicis EG ad subtensam duplicis GH est, sicut subtendentis duplam AGE siue dimetientis sphaerae ad subtensam duplicis AB, et semisses earum similiter. Quoniam dupli AGE semissis est ex centro partium c̄, et quae sub AB earundem partium 39822, at EG partium 50000; et quoniam, si quatuor numeri proportionales fuerint, quod sub medijs continetur, aequale est ei, quod sub extremis, habebimus semissem subtendentis duplam GH circumferentiam partium 19911 et per ipsam in canone eandem GH partium XI, scrupulorum XXIX, declinationem secmento EG respondentem. Quapropter et in triangulo AFG dantur latera FG partium 78, scrupulorum XXXI et AG earundem 60 tamquam reliqua quadrantium, et angulus FAG est rectus;
30a erunt eodem modo subtendentes duplicium FG, AG, FGH et BH, | siue, eorum semisses proportionales. Cum autem ex his tres sunt datae, dabitur etiam quarta BH partium 62, scrupulorum 6, ascensio recta a puncto solstitij, siue HE partium 27, scrupulorum 54 a verno aequinoctio. Similiter ex datis lateribus FG partium 78, scrupulorum XXXI et AF earumdem partium LXIIII, scrupulorum XXX et quadrante circuli habebimus angulum AGF partium LXIX scrupulorum XXIII s. proxime, cui ad uerticem positus HGE est aequalis. Hoc exemplo et in caeteris faciemus.

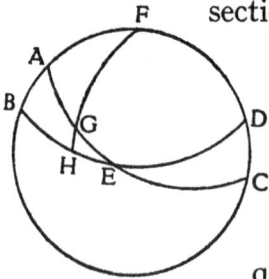

Illud autem non oportet ignorare, quod meridianus circulus signiferum in signis, quibus tropicos contingit, ad rectos secat angulos; nam per
28v polos ipsum tunc secat, ut diximus. Ad puncta vero aequinoctialia || eo minorem recto facit angulum, quo signifer a recto declinat, vt iam quidem partium sit LXVI, scrupulorum XXXII. Est etiam animaduertendum, quod ad aequales signiferi circumferentias, quae ab aequinoctialibus tropicisue

---

3. colurum || colurum solstitiorum *NBAW*. — 9. angulo GEH || angulo EGH *BWTh*. — 13. subtensa || subtensam *B*. — 15. sphaerae || sphaere *Ms*. — 17. 39822 || 3822 (*sic!*) *Ms*. — 20. 19911 || *ex* 19905 *Ms*. — 24. erunt eodem || eodem *NBAW*. — 29. LXIIII || 66 *NBAW*; XXX || 32 *NBAW*. — 30. XXIII s. || 32 s. *AW*. — 35. facit || faciat *NBAW*. — 35.—36. ut iam quidem partium || ut iuxta minimam quidem inclinationem partium *edd.*

punctis sumuntur, anguli et latera triangulorum sequuntur aequalia, quemadmodum si descripserimus aequinoctialem circumferentiam ABC et signiferum DBE sese in B signo secantes, in quo sit aequinoctium, assumpserimusque aequales circumferentias FB et BG atque per polum motus diurni, qui sit K, binos quadrantes circulorum KFL et KMG, erunt bina triangula FLB et BMG, quorum latera BF et BG sunt aequalia, et anguli, qui ad B verticem, et qui circa L et M recti; igitur per VI. sphaericorum aequalium laterum et angulorum. Ita FL et MG declinationes aequales, et ascensiones rectae LB et BM, et reliquus angulus F reliquo G.

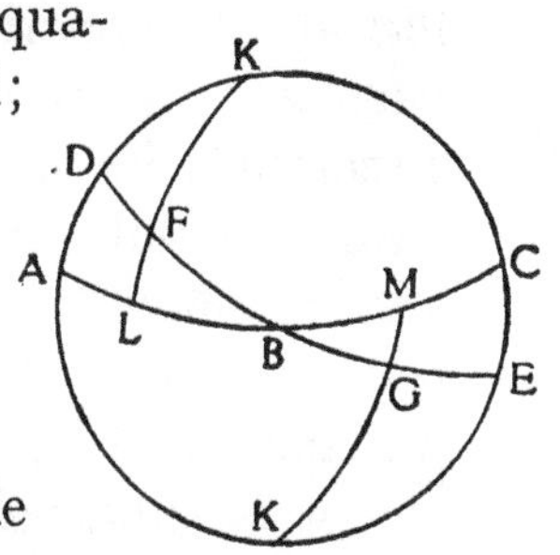

Eodem modo patebit in assumptis a puncto tropico aequalibus circumferentijs, veluti cum AB et BC hincinde aequales fuerint a tropico contactu B. Deductis enim ex D aequinoctialis circuli polo quadrantibus DA, DB erunt similiter bina triangula ABD et DBC, quorum bases AB et BC et latus BD utrique commune sunt, aequalia et anguli qui circa B recti, per VIII. sphaericorum demonstrabuntur triangula ipsa aequalium esse laterum et angulorum: quo manifestum fit, quod vnius in signifero quadrantis anguli tales et circumferentiae expositae reliquis | totius circuli quadrantibus consentient. Quorum exemplum canonica descriptione subijciemus. 30b

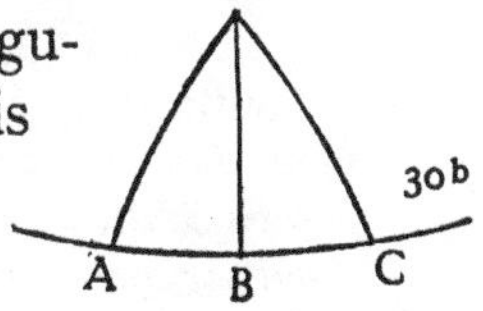

In primo quidem ordine ponentur partes signiferi, sequenti loco declinationes partibus illis respondentes, tertio loco scrupula, quibus differunt et excedunt has, quae fiunt sub maxima signiferi obliquitate, particulares declinationes, quarum summa est scrupulorum XXIIII. Simili modo et in angulorum tabella faciemus. Necesse est enim ad mutationem obliquitatis signiferi omnia mutari, quae ipsam sequuntur. Porro in ascensione recta perquam modica reperitur ipsa differentia, utpote quae decimam vnius temporis partem non excedat, quaeque in horario spacio centesimam solummodo et quinquagesimam efficit. Tempora siquidem vocant prisci circuli aequinoctialis partes, quae signiferi partibus cooriuntur, quarum utrarumque circulus est, ut sepe diximus, CCCLX, sed pro earumdem discretione signiferi partes gradus, aequinoctialis vero tempora plerique nominauerunt, quod et nos de caetero imitabimur. Cum igitur tantula sit

---

2. aequinoctialem || aequinoctialis *NBAW*. — 4. polum || polos *NBAW*. — 5. qui sit K *desideratur in edd.* — KMG || HGM *edd. In Ms litera* K *uterque polus signatur.* K *jubet signum* K *in polo antarctico deleri eiusque loco* H *poni.* — 8. per VI. || per IX. *Ms nulla commutationis theorematum in sphaericis habita ratione; vide notam* 54, 6. — 17. per VIII. || per XI. *Ms eodem modo ac prius.* — 21. Quor || um Quoniam *NBAW*. — 26.–27. modo et in angulorum || modo in ascensionum et angulorum *NBAW*; modo in ascensionum et in angulorum *Th. Post* faciemus *Ms deleta habet*: sed ascensionum rectarum differentia.

haec differentia, quae merito possit contemni, non piguit et hanc apponere. E quibus tum etiam in quauis alia signiferi obliquatione eadem patebunt, *30v* si pro ratione excessus a minima ad maximam ob || liquitatem signiferi similes partes singulis concernantur. Vt exempli gratia in obliquitate partium XXIII, scrupulorum XXXIIII si velim cognoscere, quanta XXX gradibus signiferi ab aequinoctio sumptis declinatio debeatur, inuenio quidem in canone partes XI, scrupula XXIX ac in differentia scrupula XI, quae in solidum adderentur in maxima signiferi obliquitate, quae erat, ut diximus, partium XXIII, scrupulorum LII. At iam ponitur esse partium XXIII, scrupulorum XXXIIII, maior inquam VI scrupulis, quam sit minima, quae sunt quarta pars ex XXIIII scrupulis, quibus maxima excedit obliquitas. Similis autem rationis partes e scrupulis XI sunt fere III, quae cum adiecero partibus XI scrupulis XXIX, habebo XI, XXXII quibus tunc declinabunt gradus XXX signiferi ab aequinoctio sumpti. Eodem modo et in angulis et ascensionibus rectis licebit facere, nisi quod hic adijcere semper oportet, illis semper auferre, vt omnia pro tempore prodeant examinatiora.

---

1. *Post* apponere *in Ms habes haec verba deleta*: Haec quidem circa minimam signiferi obliquitatem, quae iam appetere videtur nobisque praetenuis est, exposita sunt. — 2. *Post* patebunt *in margine Ms haec leguntur deleta*; ut inferius apparebit. *Sequentia usque ad finem capitis obliterata sunt, sed in calce additum est*: Haec deleri non debent usque ad proximum C(aput). — 7. scrupula XXIX || scrupti (sic!) 29 *W*. — 10. XXXIIII || XXXII *Ms*. — 11. Similis || Eiusdem *edd.* — 13. XXIX || 19 *NBAW*; 29 *K*. — XI, XXXII || partes XI, scrupula XXXII *AWTh*; *W hoc loco scribit* scrupulos. *Hic et saepius Copernicus numeros tantum partium, graduum, scrupulorum scribit, cum editiones numeris etiam significationem*: partes, gradus, scrupula *addant*. — 15.—16. hic adijcere ... illis auferre || his auferre ... illis addere *NBAW*; illic ... auferre *Th*.

CANON DECLINATIONVM PARTIVM SIGNIFERI 29 31a.

Zodiaci	Declinationis		Differentiae	Zodiaci	Declinationis		Differentiae	Zodiaci	Declinationis		Differentiae
Part.	Part.	Scrup.	Scrup.	Part.	Part.	Scrup.	Scrup.	Part.	Part.	Scrup.	Scrup.
1	0	24	0	31	11	50	11	61	20	23	20
2	0	48	1	32	12	11	12	62	20	35	21
3	1	12	1	33	12	32	12	63	20	47	21
4	1	36	2	34	12	52	13	64	20	58	21
5	2	0	2	35	13	12	13	65	21	9	21
6	2	23	2	36	13	32	14	66	21	20	22
7	2	47	3	37	13	52	14	67	21	30	22
8	3	11	3	38	14	12	14	68	21	40	22
9	3	35	4	39	14	31	14	69	21	49	22
10	3	58	4	40	14	50	14	70	21	58	22
11	4	22	4	41	15	9	15	71	22	7	22
12	4	45	4	42	15	27	15	72	22	15	23
13	5	9	5	43	15	46	16	73	22	23	23
14	5	32	5	44	16	4	16	74	22	30	23
15	5	55	5	45	16	22	16	75	22	37	23
16	6	19	6	46	16	39	17	76	22	44	23
17	6	41	6	47	16	56	17	77	22	50	23
18	7	4	7	48	17	13	17	78	22	55	23
19	7	27	7	49	17	30	18	79	23	1	24
20	7	49	8	50	17	46	18	80	23	5	24
21	8	12	8	51	18	1	18	81	23	10	24
22	8	34	8	52	18	17	18	82	23	13	24
23	8	57	9	53	18	32	19	83	23	17	24
24	9	19	9	54	18	47	19	84	23	20	24
25	9	41	9	55	19	2	19	85	23	22	24
26	10	3	10	56	19	16	19	86	23	24	24
27	10	25	10	57	19	30	20	87	23	26	24
28	10	46	10	58	19	44	20	88	23	27	24
29	11	8	10	59	19	57	20	89	23	28	24
30	11	29	11	60	20	10	20	90	23	28	24

1. PARTIVM SIGNIFERI *in Ms desideratur.*

20. 55 || 25 *B.*

10. 35 | 13 || 35 | 12 *NBA.*
11. 36 | 13 || 36 | 12 *NBA.*
13. 38 | 14 || 38 | 13 *NBA.*

7. 35 || 25 *NBA.*
11. 20 || 29 *NBAW.*

29v
31b

CANON ASCENSIONVM RECTARVM											
Zodiaci	Temporum		Differentiae	Zodiaci	Temporum		Differentiae	Zodiaci	Temporum		Differentiae
Part.	Part.	Scrup.	Scrup.	Part.	Part.	Scrup.	Scrup.	Part.	Part.	Scrup.	Scrup.
1	0	55	0	31	28	54	4	61	58	51	4
2	1	50	0	32	29	51	4	62	59	54	4
3	2	45	0	33	30	50	4	63	60	57	4
4	3	40	0	34	31	46	4	64	62	0	4
5	4	35	0	35	32	45	4	65	63	3	4
6	5	30	0	36	33	43	5	66	64	6	3
7	6	25	1	37	34	41	5	67	65	9	3
8	7	20	1	38	35	40	5	68	66	13	3
9	8	15	1	39	36	38	5	69	67	17	3
10	9	11	1	40	37	37	5	70	68	21	3
11	10	6	1	41	38	36	5	71	69	25	3
12	11	0	2	42	39	35	5	72	70	29	3
13	11	57	2	43	40	34	5	73	71	33	3
14	12	52	2	44	41	33	6	74	72	38	2
15	13	48	2	45	42	32	6	75	73	43	2
16	14	43	2	46	43	31	6	76	74	47	2
17	15	39	2	47	44	32	5	77	75	52	2
18	16	34	3	48	45	32	5	78	76	57	2
19	17	31	3	49	46	32	5	79	78	2	2
20	18	27	3	50	47	33	5	80	79	7	2
21	19	23	3	51	48	34	5	81	80	12	1
22	20	19	3	52	49	35	5	82	81	17	1
23	21	15	3	53	50	36	5	83	82	22	1
24	22	10	4	54	51	37	5	84	83	27	1
25	23	9	4	55	52	38	4	85	84	33	1
26	24	6	4	56	53	41	4	86	85	38	0
27	25	3	4	57	54	43	4	87	86	43	0
28	26	0	4	58	55	45	4	88	87	48	0
29	26	57	4	59	56	46	4	89	88	54	0
30	27	54	4	60	57	48	4	90	90	0	0

3. temporum || tempora *MsBW*

6—11. *Pro zero in ultima columna Ms numeros praecedentis columnae:* 55, 50, 45, 40, 35, 31 *habet deletos; quos a NBAW receptos K et A in „Errata" emendari volunt.*

22. 39 || 49 *Ms.*

6. 51 || 54 *B.* — 7. 54 || 51 *B.* — 8. 57 || 50 *B.* — 27. 17 || 12 *NBAW.* — 35. 90|90 || 90|89 *W.*

30
32a

CANON ANGVLORVM MERIDIANORVM

Zodiaci	Anguli		Differentiae	Zodiaci	Anguli		Differentiae	Zodiaci	Anguli		Differentiae
Part.	Part.	Scrup.	Scrup.	Part.	Part.	Scrup.	Scrup.	Part.	Part.	Scrup.	Scrup.
1	66	32	24	31	69	35	21	61	78	7	12
2	66	33	24	32	69	48	21	62	78	29	12
3	66	34	24	33	70	0	20	63	78	51	11
4	66	35	24	34	70	13	20	64	79	14	11
5	66	37	24	35	70	26	20	65	79	36	11
6	66	39	24	36	70	39	20	66	79	59	10
7	66	42	24	37	70	53	20	67	80	22	10
8	66	44	24	38	71	7	19	68	80	45	10
9	66	47	24	39	71	22	19	69	81	9	9
10	66	51	24	40	71	36	19	70	81	33	9
11	66	55	24	41	71	52	19	71	81	58	8
12	66	59	24	42	72	8	18	72	82	22	8
13	67	4	23	43	72	24	18	73	82	46	7
14	67	10	23	44	72	39	18	74	83	11	7
15	67	15	23	45	72	55	17	75	83	35	6
16	67	21	23	46	73	11	17	76	84	0	6
17	67	27	23	47	73	28	17	77	84	25	6
18	67	34	23	48	73	47	17	78	84	50	5
19	67	41	23	49	74	6	16	79	85	15	5
20	67	49	23	50	74	24	16	80	85	40	4
21	67	56	23	51	74	42	16	81	86	5	4
22	68	4	22	52	75	1	15	82	86	30	3
23	68	13	22	53	75	21	15	83	86	55	3
24	68	22	22	54	75	40	15	84	87	19	3
25	68	32	22	55	76	1	14	85	87	53	2
26	68	41	22	56	76	21	14	86	88	17	2
27	68	51	22	57	76	42	14	87	88	41	1
28	69	2	21	58	77	3	13	88	89	6	1
29	69	13	21	59	77	24	13	89	89	33	0
30	69	24	21	60	77	45	13	90	90	0	0

3. Anguli || angulus *MsNBAW*.

10. 37 || 36 *NBAW*.
28. 13 || 3 *NBA*.

26. 16 || 17 *W*.
32. 42 || 41 *NBAW*.

23. 50 || 30 *NB*.
31. 17 || 19 *NB*; 16 *AW*.
32. 1 || 2 *B*.

Cap. IV

31 32b Qvomodo etiam cvivslibet sideris extra circvlum, qvi per medivm signorvm est, positi, cvivs tamen latitvdo cvm longitvdine constiterit, declinatio et ascensio recta pateat, et cum qvo gradv signiferi caelum mediat

Haec de signifero et aequinoctiali circulo ac eorum mutuis sectionibus exposita sunt. Verum ad quotidianam reuolutionem non solum interest scire, quae per ipsum signiferum apparent, quibus Solaris tantummodo apparentiae aperiuntur causae, sed etiam, ut eorum, quae extra ipsum sunt, stellarum fixarum errantiumque, quorum tamen longitudo et latitudo datae fuerint, declinatio ab aequinoctiali circulo et ascensio recta similiter demonstrentur.

Describatur ergo circulus per polos aequinoctialis et signiferi ABCD, hemicyclus aequinoctialis sit AEC super polum F, et signiferi BED super polum G, sectio aequinoctialis in E signo. A polo autem G per stellam deducatur circumferentia GHKL, sitque stellae locus datus in H signo, per quam a polo diurni motus descendat circuli quadrans FHMN. Tunc manifestum est, quod stella, quae in H existit, meridianum incidit cum duobus M et N signis, et ipsa HMN circumferentia est declinatio stellae ab aequinoctiali circulo, et EN ascensio in sphaera recta, quae quaerimus.

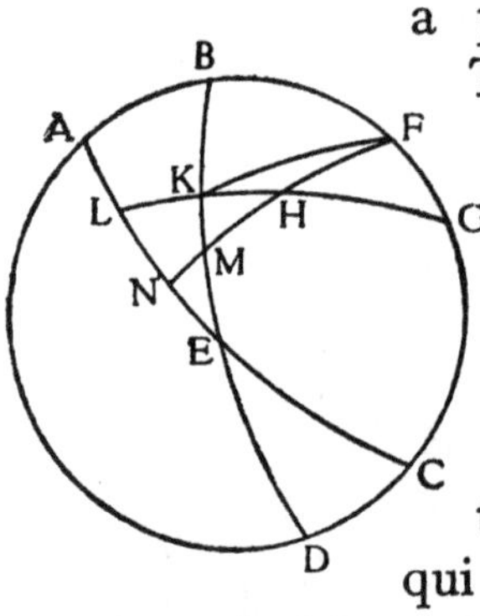

Quoniam igitur in triangulo KEL latus KE datur et angulus KEL, et EKL rectus, datur ergo per quartum sphaericorum latera KL et EL cum reliquo angulo, qui sub KLE; tota ergo HKL datur circumferentia. Et propterea in triangulo HLN duo anguli dati sunt HLN et LNH rectus cum latere HL: dantur ergo per idem quartum sphaericorum reliqua latera HN, declinatio stellae, et LN, quaeque superest NE, ascensio recta, qua ab aequinoctio sphaera ad stellam permutatur. Vel alio modo. Si ex praecedentibus KE circumferentiam signiferi assumas tamquam ascensionem rectam ipsius LE, dabitur ipsa LE viceuersa ex canone ascensionum rectarum, et LK, vt declinatio

33ª congruens ipsi LE, | atque angulus, qui sub KLE, per canonem angulorum meridianorum, e quibus reliqua, vt iam demonstrata sunt, cognoscentur.

1. *Ante Cap. IV. scriptum erat in Ms primo Cap. V., sed hoc loco obliteratum et postea denuo scriptum est.* — 5. mediat || mediet *A.* — 6. Haec de signifero et aequinoctiali circulo || Haec de signifero aequinoctiali et meridiano circulo *NBAW.* — 9.—10. eorum — quorum || eorum — quarum *NB*; earum — quarum *AWTh.* — 19. cum duobus || cum cum duobus *Ms.* — 21.—22. quae quaerimus || quam quaerimus *AW*; quas quaerimus *Th.* — 24.—25. datur ergo ... latera *Ms*; dantur ergo ... latera *edd.*

Deinde propter EN ascensionem rectam dantur partes signiferi EM, quibus stella cum M signo caelum mediat.

Cap. V

De finitoris sectionibvs

Horizon autem circulus alius est rectae sphaerae, alius obliquae. Nam rectae sphaerae horizon dicitur, ad quem aequinoctialis erigitur, siue qui per polos est aequinoctialis circuli. Obliquae vero sphaerae vocamus eum, ad quem circulus aequinoctialis inclinatur. Igitur in horizonte recto omnia oriuntur et occidunt, fiuntque dies || noctibus semper aequales. Omnes *31v* enim parallelos motu diurno descriptos per medium secat horizon, nempe per polos, et accidunt ibi, quae iam circa meridianum explicauimus. Diem vero hic accipimus ab ortu Solis ad occasum, non utcumque a luce ad tenebras, uti vulgus intelligit, quod est a diliculo ad primam facem, de quo tamen circa ortum et occasum signorum plura dicemus.

E contrario, vbi axis terrae erigitur horizonti, nihil oritur et occidit, sed in girum omnia versata semper in aperto sunt vel in occulto, nisi quod alius motus produxerit, qualis est annus circa Solem, quo sequitur per semestre spacium diem ibi durare perpetuum, reliquo tempore noctem: nec alio quam hiemis et aestatis discrimine, quoniam aequinoctialis circulus ibi conuenit in horizonte.

Porro in sphaera obliqua quaedam oriuntur et occidunt, quaedam in aperto sunt semper aut in occulto: fiunt interim dies et noctes inaequales, vbi horizon obliquus existens contingit duos circulos parallelos iuxta modum inclinationis, quorum is, qui ad apparentem polum est, definit semper patentia, et ex aduerso, qui ad latentem est polum, latentia. Inter hos ergo limites per totam latitudinem incedens horizon omnes in medio parallelos in circumferentias secat inaequales, excepto aequinoctiali, qui maximus est parallelorum: et maximi circuli bifariam se inuicem secant. Ipse igitur

---

3. Cap. v. *Hoc capitulum V Copernicus bis scripsit: exemplum prius, cuius titulus est* cap. IV., *postea deletum, has habet lectiones varias:* — 6. ad quem || ad quam *Mspm.* — siue qui || sive *NBAW.* — 8. horizonte recto || horizonte rectae sphaerae *Mspm.* — 10. per medium || bifariam *Mspm.* — 11. accidunt || contingunt *Mspm.* — 13. quod est a diliculo || a diliculo *Mspm.* — 16. versata || versa *Mspm.* — 17. produxerit || effecerit *Mspm.* — annus || annuus *edd.* — circa Solem, quo || quo *Mspm.* — 19.—20. aequinoctialis circulus ibi conuenit || aequinoctialis convenit *Mspm.* — 22. aut || alia *Mspm.* — 22.—23. *Post* inaequales ... iuxta *Mspm hunc in modum scribit*: Talis enim horizon contingit duos parallelos iuxta. — 25. latentem est polum || latentem polum *Mspm*; latentia || latentia semper *Mspm.* — 26. omnes in medio parallelos || omnes qui sunt inter eos paralleli *Mspm.* — 27. *Hi versus in Mspm sic leguntur*: aequinoctiali. Maximus enim circulus, qualis est horizon, minorem in sphaera bifariam secare nequit ni per polos, alioqui et sectus erit maximus, ut circulus aequinoctialis. Obliquus ergo finiens. — 28. bifariam *Ms bis scribit.*

finiens obliquus dirimit in hemisphaerio superiori versus apparentem
polum maiores parallelorum circumferentias eis, quae ad austrinum laten-
33b temque | polum, et e conuerso in occulto hemisphaerio, in quibus Sol motu
diurno apparens efficit dierum et noctium disparitatem.

Cap. VI

Qvae sint vmbrarvm meridianarvm differentiae

Sunt et vmbrarum meridianarum differentiae, quibus alij periscij, alij
amphiscij, alij heteroscij vocantur. Periscij quidem sunt, quos circum-
vmbratiles dicere possumus, circumquaque Solis vmbram sortientes. Et
sunt ij, quorum vertex siue polus horizontis minus vel non amplius abest
a polo terrae quam tropicus ab aequinoctiali. Ibi enim parallelj, quos
attingit horizon, limites existentes semper apparentium vel occultorum
tropicis sunt maiores vel aequales. Ac proinde Sol aestiuus in semper
apparentibus eminens eo tempore gnomonum vmbras quoquouersum
proijcit. At ubi horizon tropicos circulos tangit, fiunt et ipsi semper apparentium et semper occultorum limites. Quapropter Sol in solsticio pro
media nocte terram radere cernitur, quo momento totus signifer circulus
32 conuenit || in horizonte, et confestim sex signa simul oriuntur, et totidem
ex aduerso simul occidunt, et polus signiferi cum polo horizontis coincidit.

Amphiscij, qui meridianas vmbras ad utramque partem mittunt, sunt
inter utrumque tropicum habitantes, quod spacium prisci mediam zonam
vocant, et quoniam per omnem illum tractum signifer circulus bis rectus
insistit, ut in secundo Phaenomenon theoremate apud Euclidem demon- †
stratur, bis ibidem absumuntur vmbrae gnomonum, et Sole hinc inde
transmigrante gnomones modo in austrum, modo in boream vmbram
transmittunt.

Caeteri, qui inter hos et illos habitamus, heteroscij sumus, eo quod in alteram solummodo partem, hoc est septemtrionem, mittimus vmbras meridianas.

Consueuerunt autem prisci mathematicj orbem terrarum in septem
climata secare, vtputa per Meroën, per Sienam, per Alexandriam, per †
Rhodon, per Hellespontum, per medium Pontum, per Boristhenem, per †
Bizantium, et caetera per singulos parallelos ad differentiam et excessum
maximorum dierum; vmbrarum quoque longitudinem, quas in meridie sub
aequinoctijs ac utrisque Solis conuersionibus per gnomones obseruarunt,

---

1.—3. versus ... in quibus || ad apparentem polum maiore parallelorum circumferentia: eis quae ad occultum: ac vicissim, in quibus *Mspm.* — 8. Poriscij *Ms.* — 23. Phaenomenon theoremate || theoremate Phaenomenon *NBAW.* — 32. Rodon *Ms.*

et pe|nes eleuationem poli siue latitudinem cuiusque secmenti. Haec cum 34a tempore partim mutata non prorsus eadem sunt, quae olim, propter mutabilem (ut diximus) signiferi obliquitatem, quae latuit priores: siue, ut rectius dicam, propter aequinoctialis circuli ad signiferi planum variantem inclinationem, a qua illa pendent. Sed eleuationes poli siue latitudines locorum et vmbrae aequinoctiales consentiunt ijs, quae antiquitus inueniuntur adnotata: quod oportebat accidere, quoniam circulus aequinoctialis sequitur polum globi terrae. Quocirca et illa secmenta non satis exacte per quaecumque vmbrarum et dierum accidentia designantur et definiuntur, sed rectius per ipsorum ab aequinoctiali circulo distantias, quae manent perpetuo. Illa vero tropicorum mutatio, quamquam permodica existens modicam circa loca austrina dierum et vmbrarum diuersitatem admittit, ad septemtrionem tendentibus fit euidentior. Quod igitur gnomonum vmbras concernit manifestum est, quod ad quamlibet altitudinem Solis datam percipiatur vmbrae longitudo et e conuerso. Quemadmodum si fuerit gnomon AB, qui iaciat vmbram BC, cumque index ipse rectus existat ad planum horizontis, necesse est, ut ABC angulum semper rectum efficiat, per definitionem rectarum ad planum linearum. Quapropter si connectatur AC, habebimus ABC triangulum rectangulum, et ad datam Solis altitudinem datum etiam habebimus eum qui sub ACB angulum. Et per primum triangulorum planorum praeceptum AB gnomonis ad vmbram suam BC ratio dabitur et ipsa BC longitudine. Vicissim quoque, cum AB et BC fuerint data, constabit etiam per tertium planorum angulus ACB et Solis eleuatio vmbram illam pro tempore efficientis. || Hoc modo prisci in descriptione 32v illorum secmentorum globi terrae cum in aequinoctijs, tum in utraque trope suas cuiusque vmbrarum meridianarum longitudines adsignarunt.

Cap. VII

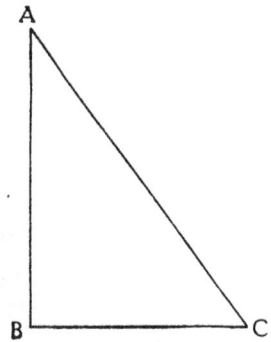

Maximus dies, latitvdo ortvs et inclinatio sphaerae, qvomodo invicem demonstrentur, et de reliqvis dierum differentiis

Ita quoque ad quamlibet obliquitatem sphaerae siue inclinationem 34b horizontis maximum minimumque diem cum latitudine ortus ac reliquam dierum differentiam simul demonstrabimus. Est autem latitudo ortus circumferentia circuli horizontis ab ortu solsticiali ad brumalem intercepta siue vtriusque ab exortu aequinoctiali distantia.

---

20. definitionem || diffinitionem *Ms.* — 22.—23. triangulorum planorum || triangulorum *NBAW.* — 33.—34. ac reliquam dierum || ac dierum *W.* — 35. intercepta || intercaepta *Ms.*

Sit igitur meridianus orbis ABCD, et in hemisphaerio orientali semicirculus horizontis BED, aequinoctialis circuli AEC, cuius polus boreus sit F. Assumpto Solis exortu sub aestiua conuersione in G signo describatur FGH circumferentia maximi circuli. Quoniam igitur mobilitas sphaerae terrestris in F polo circuli aequinoctialis peragitur, necesse est G, H signa in meridiano ABCD congruere, quoniam paralleli circa eosdem sunt polos, per quos maximi quique circuli similes auferunt ex illis circumferentias. Quapropter idem tempus, quod est ab ortu ipsius G ad meridiem, metitur etiam AEH circumferentiam et reliquam semicirculi subterraneam partem CH a media nocte ad ortum. Est autem semicirculus AEC, et quadrantes sunt circulorum AE et EC, cum sint a polo ipsius ABCD; erit propterea EH dimidia differentia maximi diei ad aequinoctialem, et EG inter aequinoctialem et solstitialem exortum latitudo. Cum igitur in triangulo EGH constiterit angulus, qui sub GEH, obliquitatis sphaerae iuxta AB circumferentiam, et qui sub GHE rectus, cum latere GH per distantiam tropici aestiui ab aequinoctiali, reliqua etiam latera per quartum sphaericorum, EH dimidia differentia diei aequinoctialis et maximi, et GE latitudo ortus dantur. Idcirco etiam, si cum latere GH latus EH, maximi diei et aequinoctialis differentia, vel EG datum fuerit, datur qui circa E angulus inclinationis sphaerae, ac perinde FD eleuatio poli supra horizonta.

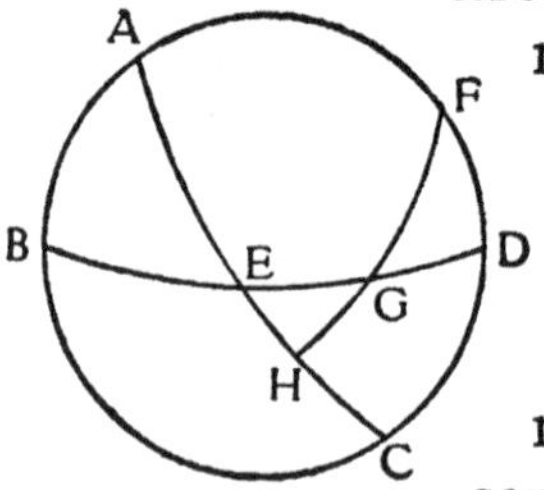

Quin etiam si non tropicum, sed aliud quodcumque in signifero G punctum sumatur, vtraque nihilominus EG et EH circumferentia patebit. Quoniam per canonem declinationum superius expositum nota fit GH circumferentia declinationis, quae partem ipsam signiferi concernit, fiuntque caetera eodem modo demonstrationis aperta. Vnde etiam sequitur, quod partes signiferi, quae aequaliter a tropico distant, easdem auferunt
35a horizontis circumferen|tias ab aequinoctiali exortu et ad easdem partes, faciuntque dierum et noctium magnitudines inuicem aequales, quod est,
33 || quoniam idem parallelus utrumque habet signiferi gradum, cum sit aequalis ad eandemque partem ipsorum declinatio. Ad vtramque vero partem ab aequinoctiali sectione aequalibus sumptis circumferentijs accidunt rursus latitudines ortus aequales, sed in diuersas partes, ac permutatim dierum et noctium magnitudines, eo quod aequales utrobique describunt circumferentias parallelorum, prout ipsa signa aequaliter ab aequinoctio distantia declinationes ab orbe aequinoctiali habent aequales.

Describantur enim in eadem figura parallelorum circumferentiae, et sint GM et KN, quae secent finientem BED in G, K signis, accomodato etiam

---

2. boreus || Boreas *B*. — 25. superius || supra *NBAW*. — 35. et noctium || ac noctium *NW*. — 35.—36. circumferentias || circumferentiam *Ms*. — 39. accomodato *Ms*.

ab austrino polo L quadrante maximi circuli LKO. Quoniam igitur HG declinatio aequalis est ipsi KO, erunt bina triangula DFG et BLK, quorum duo latera alterum alteri FG aequale est ipsi LK, et FD eleuatio poli ipsi LB, et anguli qui circa B, D sunt recti. Tertium igitur latus DG tertio BK aequale, e quibus etiam relinquuntur GE, EK latitudines ortus aequales. Quapropter, cum hic quoque duo latera EG, GH, sint aequalia duobus EK, KO, et anguli, qui sunt ad E verticem, aequales, reliqua EH, EO ob id latera aequalia, quibus additis aequalibus colligitur tota OEC circumferentia toti AEH aequalis. Atqui maximi per polos circuli parallelorum orbium similes auferunt circumferentias, erunt et ipsae GM, KN similes inuicem et aequales, quod erat demonstrandum.

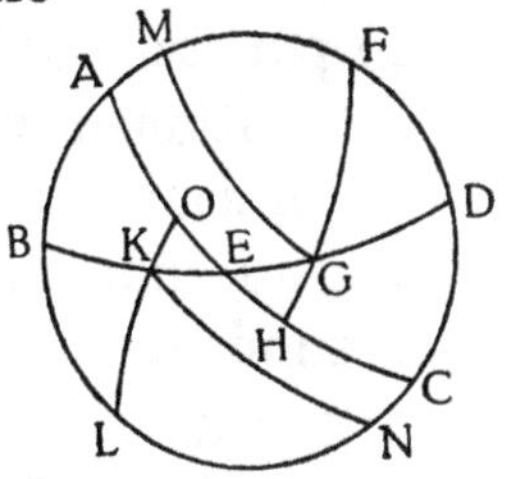

At haec omnia possunt alio quoque modo demonstrarj. Descripto itidem meridiano circulo ABCD, cuius centrum sit E, dimetiens aequinoctialis et communis ipsorum orbium sectio sit AEC, dimetiens horizontis ac linea meridiana BED, axis sphaerae LEM, polus apparens L, occultus M. Assumpta distantia conuersionis aestiuae vel quaelibet alia declinatio sit AF, ad quam agatur FG dimetiens paralleli, in sectione quoque communi cum meridiano, quae secabit axem in K, lineam meridianam in N. Quoni|am [35b] igitur parallela secundum Posydonij definitionem sunt, quae nec annuunt nec abnuunt, sed lineas perpendiculares inter se sortiuntur vbique aequales, erit ipsa KE recta linea aequalis dimidiae subtendentis duplam AF circumferentiam. Similiter KN erit dimidia subtendentis circumferentiam paralleli, cuius quae ex centro est FK, per quam quidem differentiam dies aequinoctialis differt a diuerso. Idque propterea, quod omnes semicirculi, quorum illae communes sectiones existunt, hoc est, quorum sunt dimetientes, utputa BED horizontis obliqui, LEM horizontis recti, AEC aequinoctialis et FKG paralleli, recti sunt ad planum orbis ABCD. Et quas inter se faciunt sectiones per XIX. vndecimi libri elementorum Euclidis sunt eidem plano perpendiculares in E, K, N signis, et per || [33v] sextam eiusdem paralleli, et K est centrum paralleli, E centrum sphaerae. Quapropter et EN semissis est subtendentis duplam circumferentiam horizontis, qua oriens paralleli differt ab ortu aequinoctiali. Cum igitur AF declinatio fuerit data cum reliqua quadrantis FL, constabunt semisses subtendentium dupla KE ipsius AF et FK ipsius FL in partibus, quibus AE est C̄. In triangulo vero EKN rectangulo qui sub KEN angulus datur penes DL eleuationem poli, et reliquus KNE aequalis ipsi AEB,

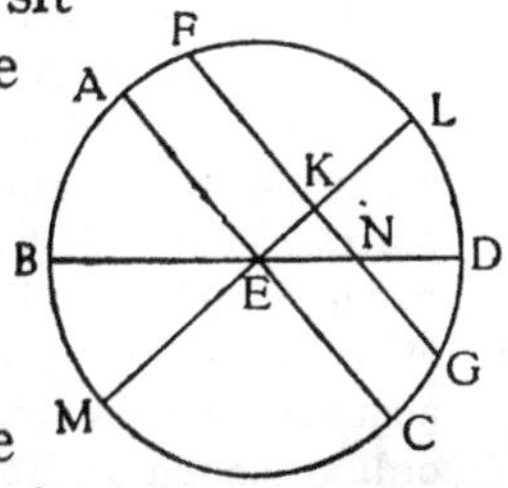

20.—21. secundum Posydonij definitionem sunt || sunt secundum Posydonij definitionem *NBAW*; Posidonii *AWTh*; sunt *omisit Th*; diffinitionem *Ms*. — 24.—25. KN erit dimidia || KN erit dimidiae *NBAW*. — 31. perpendiculares || ad angulos rectos *K*. — 36. constabunt || constabit *NB*; dupla KE || dupla KF *B*.

quod in obliqua sphaera paralleli pariter inclinantur ad horizontem, dantur in eisdem partibus latera, quarum quae ex centro sphaerae est C. Quibus igitur quae ex centro FK paralleli fuerint C, dabitur etiam ipsa KN tamquam dimidia subtendentis totam differentiam diei aequinoctialis et parallelj in partibus, quibus similiter orbis parallelus est CCCLX. Ex his manifestum est, rationem FK ad KN constare e duabus rationibus, videlicet subtensae dupli FL ad subtensam dupli AF, id est FK ad KE, atque subtensae dupli AB ad subtensam dupli DL, estque sicut EK ad KN, nempe inter FK et KN assumitur EK. Similiter quoque BE ad EN rationem componunt BE ad EK atque KE ad EN. Sic equidem existimo non solum dierum et noctium inaequalitatem, verum etiam Lunae et stellarum, quarumcumque declinatio data fuerit parallelorum per eos motu diurno descriptorum, secmenta discerni, quae supra terram sunt, ab ijs, quae subtus, quibus ortus et occasus illorum facile poterit intelligi.

---

6. e duabus || duabus *edd.* — 10. *Post* ad EN *in Th recepta sunt*: prout latius apud Ptolemaeum per sphaerica secmenta. *Quae verba in Ms praeter* prout *deleta sunt.* — 14. *Hic inveniuntur* 33v,25 *in Ms nonnulli versus postea deleti, qui hoc loco addantur*: || de quibus iam quoque dicemus.

De ortu et (a) signorum ac partium signiferi atque stellarum.

Si quidem dierum magnitudinibus et differentijs expositis opportuno ordine succedit ratio ascensionum obliquarum, quibus inquam temporibus dodecatemoria, hoc est zodiaci duodenae partes, vel quaelibet aliae ipsius circumferentiae attolluntur (b). Cum (c) non sit alia ascensionum rectae et obliquae differentia, quam diei aequinoctialis et diuersi, quasque (d) iam exposuimus. Porro dodecatemoria mutuatis (e) animantium, quae stellarum sunt immobilium, nominibus ab aequinoctio verno initium capientes. Arietem, Taurum, Geminos, Cancrum et reliqua, ut ex ordine sequuntur, appellarunt. Sit rursus maioris euidentiae causa meridianus orbis ABCD cum semicirculo AEC aequinoctiali et horizonte BED, qui se secent in E puncto. Assumatur autem in H aequinoctium, per quod signifer circulus FHI secet, finientem in L, per quam sectionem a polo K descendat quadrans circuli magni KLM. Ita sane apparet, quod cum circumferentia zodiaci HL attollitur.

Ex his versibus postea dimidium cap. IX. mutato titulo a Copernico constitutum est.

---

a) *post* et *Th addit coniecturam* (occasu). — b) attolluntur || appellantur *Th.* — c) Cum ... exposuimus: *Eundem fere versum autor iam in antecedente comprehensione post* obliquarum *interpositum obliteravit.* — d) quasque | quamque *Th.* — e) mutuatis || mutatis *Th.*

CANON DIFFERENTIAE ASCENSIONVM OBLIQVAE SPHAERAE *34* 36a

Declinatio	Elevatio Poli: 31		32		33		34		35		36	
Grad.	Part.	Scrup.	Part.	Scrup.	Part.	Scrup.	Part.	Scrup.	Part.	Scrup.	Part.	Scrup.
1	0	36	0	37	0	39	0	40	0	42	0	44
2	1	12	1	15	1	18	1	21	1	24	1	27
3	1	48	1	53	1	57	2	2	2	6	2	11
4	2	24	2	30	2	36	2	42	2	48	2	55
5	3	1	3	8	3	15	3	23	3	31	3	39
6	3	37	3	46	3	55	4	4	4	13	4	23
7	4	14	4	24	4	34	4	45	4	56	5	7
8	4	51	5	2	5	14	5	26	5	39	5	52
9	5	28	5	41	5	54	6	8	6	22	6	36
10	6	5	6	20	6	35	6	50	7	6	7	22
11	6	42	6	59	7	15	7	32	7	49	8	7
12	7	20	7	38	7	56	8	15	8	34	8	53
13	7	58	8	18	8	37	8	58	9	18	9	39
14	8	37	8	58	9	19	9	41	10	3	10	26
15	9	16	9	38	10	1	10	25	10	49	11	14
16	9	55	10	19	10	44	11	9	11	25	12	2
17	10	35	11	1	11	27	11	54	12	22	12	50
18	11	16	11	43	12	11	12	40	13	9	13	39
19	11	56	12	25	12	55	13	26	13	57	14	29
20	12	38	13	9	13	40	14	13	14	46	15	20
21	13	20	13	53	14	26	15	0	15	36	16	12
22	14	3	14	37	15	13	15	49	16	27	17	5
23	14	47	15	23	16	0	16	38	17	17	17	58
24	15	31	16	9	16	48	17	29	18	10	18	52
25	16	16	16	56	17	38	18	20	19	3	19	48
26	17	2	17	45	18	28	19	12	19	58	20	45
27	17	50	18	34	19	19	20	6	20	54	21	44
28	18	38	19	24	20	12	21	1	21	51	22	43
29	19	27	20	16	21	6	21	57	22	50	23	45
30	20	18	21	9	22	1	22	55	23	51	24	48
31	21	10	22	3	22	58	23	55	24	53	25	53
32	22	3	22	59	23	56	24	56	25	57	27	0
33	22	57	23	54	24	19	25	59	27	3	28	9
34	23	55	24	56	25	59	27	4	28	10	29	21
35	24	53	25	57	27	3	28	10	29	21	30	35
36	25	53	27	0	28	9	29	21	30	35	31	52

1. *Verbum* CANON *in Ms desideratur.*

33°. — 10. 3 | 55 || 4 | 55 *W.*
35°. — 11. 4 | 56 || 4 | 36 *NBAW.*

A in margine dextra: Canonis huius subsidio cognoscitur dierum longitudo et stellarum mora supra Horizontem.

34v 36b

CANON DIFFERENTIAE ASCENSIONVM OBLIQVAE SPHAERAE

Declinatio	Elevatio Poli 37		38		39		40		41		42	
Grad.	Part.	Scrup.	Part.	Scrup.	Part.	Scrup.	Part.	Scrup.	Part.	Scrup.	Part.	Scrup.
1	0	45	0	47	0	49	0	50	0	52	0	54
2	1	31	1	34	1	37	1	41	1	44	1	48
3	2	16	2	21	2	26	2	31	2	37	2	42
4	3	1	3	8	3	15	3	22	3	29	3	37
5	3	47	3	55	4	4	4	13	4	22	4	31
6	4	33	4	43	4	53	5	4	5	15	5	26
7	5	19	5	30	5	42	5	55	6	8	6	21
8	6	5	6	18	6	32	6	46	7	1	7	16
9	6	51	7	6	7	22	7	38	7	55	8	12
10	7	38	7	55	8	13	8	30	8	49	9	8
11	8	25	8	44	9	3	9	23	9	44	10	5
12	9	13	9	34	9	55	10	16	10	39	11	2
13	10	1	10	24	10	46	11	10	11	35	12	0
14	10	50	11	14	11	39	12	5	12	31	12	58
15	11	39	12	5	12	32	13	0	13	28	13	58
16	12	29	12	57	13	26	13	55	14	26	14	58
17	13	19	13	49	14	20	14	52	15	25	15	59
18	14	10	14	42	15	15	15	49	16	24	17	1
19	15	2	15	36	16	11	16	48	17	25	18	4
20	15	55	16	31	17	8	17	47	18	27	19	8
21	16	49	17	27	18	7	18	47	19	30	20	13
22	17	44	18	24	19	6	19	49	20	34	21	20
23	18	39	19	22	20	6	20	52	21	39	22	28
24	19	36	20	21	21	8	21	56	22	46	23	38
25	20	34	21	21	22	11	23	2	23	55	24	50
26	21	34	22	24	23	16	24	10	25	5	26	3
27	22	35	23	28	24	22	25	19	26	17	27	18
28	23	37	24	33	25	30	26	30	27	31	28	36
29	24	41	25	40	26	40	27	43	28	48	29	57
30	25	47	26	49	27	52	28	59	30	7	31	19
31	26	55	28	0	29	7	30	17	31	29	32	45
32	28	5	29	13	30	54	31	31	32	54	34	14
33	29	18	30	29	31	44	33	1	34	22	35	47
34	30	32	31	48	33	6	34	27	35	54	37	24
35	31	51	33	10	34	33	35	59	37	30	39	5
36	33	12	34	35	36	2	37	34	39	10	40	51

40°. — 34. 28 | 59 || 28 | 29 *W.* — 40. 37 | 34 || 37 | 54 *W.*
42°. — 39. 39 | 5 || 29 | 5 *B.*

CANON DIFFERENTIAE ASCENSIONVM OBLIQVAE SPHAERAE *35* 37[a]

Declinatio	Elevatio Poli											
	43		44		45		46		47		48	
Grad.	Part.	Scrup.	Part.	Scrup.	Part.	Scrup.	Part.	Scrup.	Part.	Scrup.	Part.	Scrup.
1	0	56	0	58	1	0	1	2	1	4	1	7
2	1	52	1	56	2	0	2	4	2	9	2	13
3	2	48	2	54	3	0	3	7	3	13	3	20
4	3	44	3	52	4	1	4	9	4	18	4	27
5	4	41	4	51	5	1	5	12	5	23	5	35
6	5	37	5	50	6	2	6	15	6	28	6	42
7	6	34	6	49	7	3	7	18	7	34	7	50
8	7	32	7	48	8	5	8	22	8	40	8	59
9	8	30	8	48	9	7	9	26	9	47	10	8
10	9	28	9	48	10	9	10	31	10	54	11	18
11	10	27	10	49	11	13	11	37	12	2	12	28
12	11	26	11	51	12	16	12	43	13	11	13	39
13	12	26	12	53	13	21	13	50	14	20	14	51
14	13	27	13	56	14	26	14	58	15	30	16	5
15	14	28	15	0	15	32	16	7	16	42	17	19
16	15	31	16	5	16	40	17	16	17	54	18	34
17	16	34	17	10	17	48	18	27	19	8	19	51
18	17	38	18	17	18	58	19	40	20	23	21	9
19	18	44	19	25	20	9	20	53	21	40	22	29
20	19	50	20	35	21	21	22	8	22	58	23	51
21	20	59	21	46	22	34	23	25	24	18	25	14
22	22	8	22	58	23	50	24	44	25	40	26	40
23	23	19	24	12	25	7	26	5	27	5	28	8
24	24	32	25	28	26	26	27	27	28	31	29	38
25	25	47	26	46	27	48	28	52	30	0	31	12
26	27	3	28	6	29	11	30	20	31	32	32	48
27	28	22	29	29	30	38	31	51	33	7	34	28
28	29	44	30	54	32	7	33	25	34	46	36	12
29	31	8	32	22	33	40	35	2	36	28	38	0
30	32	35	33	53	35	16	36	43	38	15	39	53
31	34	5	35	28	36	56	38	29	40	7	41	52
32	35	38	37	7	38	40	40	19	42	4	43	57
33	37	16	38	50	40	30	42	15	44	8	46	9
34	38	58	40	39	42	25	44	18	46	20	48	31
35	40	46	42	33	44	27	46	23	48	36	51	3
36	42	39	44	33	46	36	48	47	51	11	53	47

1. Canon *desideratur in Ms hic et in seqq. tabellis.*

43°. — 40. 42 | 39 || 42 | 44 *NBAW.*
44°. — 39. 42 | 33 || 42 | 32 *NBAW.*
46°. — 7. 3 | 7 || 3 | 5 *NBAW.*

35v
37b

CANON DIFFERENTIAE ASCENSIONVM OBLIQVAE SPHAERAE

Declinatio	Elevatio Poli											
	49		50		51		52		53		54	
Grad.	Part.	Scrup.	Part.	Scrup.	Part.	Scrup.	Part.	Scrup.	Part.	Scrup.	Part.	Scrup.
1	1	9	1	12	1	14	1	17	1	20	1	23
2	2	18	2	23	2	28	2	34	2	39	2	45
3	3	27	3	35	3	43	3	51	3	59	4	8
4	4	37	4	47	4	57	5	8	5	19	5	31
5	5	47	5	50	6	12	6	26	6	40	6	55
6	6	57	7	12	7	27	7	44	8	1	8	19
7	8	7	8	25	8	43	9	2	9	23	9	44
8	9	18	9	38	10	0	10	22	10	45	11	9
9	10	30	10	53	11	17	11	42	12	8	12	35
10	11	42	12	8	12	35	13	3	13	32	14	3
11	12	55	13	24	13	53	14	24	14	57	15	31
12	14	9	14	40	15	13	15	47	16	23	17	0
13	15	24	15	58	16	34	17	11	17	50	18	32
14	16	40	17	17	17	56	18	37	19	19	20	4
15	17	57	18	39	19	19	20	4	20	50	21	38
16	19	16	19	59	20	44	21	32	22	22	23	15
17	20	36	21	22	22	11	23	2	23	56	24	53
18	21	57	22	47	23	39	24	34	25	33	26	34
19	23	20	24	14	25	10	26	9	27	11	28	17
20	24	45	25	42	26	43	27	46	28	53	30	4
21	26	12	27	14	28	18	29	26	30	37	31	54
22	27	42	28	47	29	56	31	8	32	25	33	47
23	29	14	30	23	31	37	32	54	34	17	35	45
24	31	4	32	3	33	21	34	44	36	13	37	48
25	32	26	33	46	35	10	36	39	38	14	39	59
26	34	8	35	32	37	2	38	38	40	20	42	10
27	35	53	37	23	39	0	40	42	42	33	44	32
28	37	43	39	19	41	2	42	53	44	53	47	2
29	39	37	41	21	43	12	45	12	47	21	49	44
30	41	37	43	29	45	29	47	39	50	1	52	37
31	43	44	45	44	47	54	50	16	52	53	55	48
32	45	57	48	8	50	30	53	7	56	1	59	19
33	48	19	50	44	53	20	56	13	59	28	63	21
34	50	54	53	30	56	20	59	42	63	31	68	11
35	53	40	56	34	59	58	63	40	68	18	74	32
36	56	42	59	59	63	47	68	26	74	36	90	0

49°. — 32. 37 | 43 || 37 | 44 *NBAW*. — 35. 43 | 44 || 42 | 44 *W*.
51°. — 6. 2 | 28 || 2 | 18 *NBAW*.
52°. — 8. 5 | 8 || 4 | 8 *NBAW*. — 9. 6 | 26 || 6 | 24 *NBAW*. — 36. 53 | 7 || 53 | 1 *NBAW*. — 40. 68 | 26 || 68 | 27 *NBAW*.
54°. — 30. 42 | 10 || 40 | 10 *B*.

CANON DIFFERENTIAE ASCENSIONVM OBLIQVAE SPHAERAE 36 38a

Declinatio	Elevatio Poli 55		56		57		58		59		60	
Grad.	Part.	Scrup.	Part.	Scrup.	Part.	Scrup.	Part.	Scrup.	Part.	Scrup.	Part.	Scrup.
1	1	26	1	29	1	32	1	36	1	40	1	44
2	2	52	2	58	3	5	3	12	3	20	3	28
3	4	17	4	27	4	38	4	49	5	0	5	12
4	5	44	5	57	6	11	6	25	6	41	6	57
5	7	11	7	27	7	44	8	3	8	22	8	43
6	8	38	8	58	9	19	9	41	10	4	10	29
7	10	6	10	29	10	54	11	20	11	47	12	17
8	11	35	12	1	12	30	13	0	13	32	14	5
9	13	4	13	35	14	7	14	41	15	17	15	55
10	14	35	15	9	15	45	16	23	17	4	17	47
11	16	7	16	45	17	25	18	8	18	53	19	41
12	17	40	18	22	19	6	19	53	20	43	21	36
13	19	15	20	1	20	50	21	41	22	36	23	34
14	20	52	21	42	22	35	23	31	24	31	25	35
15	22	30	23	24	24	22	25	23	26	29	27	39
16	24	10	25	9	26	12	27	19	28	30	29	47
17	25	53	26	57	28	5	29	18	30	35	31	59
18	27	39	28	48	30	1	31	20	32	44	34	19
19	29	27	30	41	32	1	33	26	34	58	36	37
20	31	19	32	39	34	5	35	37	37	17	39	5
21	33	15	34	41	36	14	37	54	39	42	41	40
22	35	14	36	48	38	28	40	17	42	15	44	25
23	37	19	39	0	40	49	42	47	44	57	47	20
24	39	29	41	18	43	17	45	26	47	49	50	27
25	41	45	43	44	45	54	48	16	50	54	53	52
26	44	9	46	18	48	41	51	19	54	16	57	39
27	46	41	49	4	51	41	54	38	58	0	61	57
28	49	24	52	1	54	58	58	19	62	14	67	4
29	52	20	55	16	58	36	62	31	67	18	73	46
30	55	32	58	52	62	45	67	31	73	55	90	0
31	59	6	62	58	67	42	74	4	90	0		
32	63	10	67	53	74	12	90	0				
33	68	1	74	19	90	0						
34	74	33	90	0								
35	90	0										
36												

Quod hic vacat, eis est, quae nec oriuntur nec occidunt.

55°. — 37. 68 | 1 || 68 | 4 *W*.
58°. — 28. 45 | 26 || 46 | 26 *NBAW*.

Cap. VIII

36v 38b

De horis et partibvs diei et noctis

Ex his igitur manifestum est, quod, si cum declinatione Solis in canone sumptam differentiam dierum sub proposita poli eleuatione adiecerimus quadranti circuli in declinatione borea, vel subtraxerimus in austrina, quodque exinde prodierit duplicemus, habebimus illius diei magnitudinem, et quod reliquum est circuli, noctis spacium, quorum utrumlibet diuisum per xv partes temporales ostendet, quod horarum aequalium fuerit. Duodecima vero parte sumpta habebimus horae temporalis continentiam. Quae quidem horae diei sui, cuius semper duodecimae partes sunt, adsumunt nomenclaturam. Proinde horae solstitiales, aequinoctiales et brumales denominatae a priscis inueniuntur. Neque vero aliae in usu primitus erant, quam istae a luce ad tenebras xii, sed noctem in quatuor vigilias siue custodias diuidebant: durauitque talis horarum usus omnium tacito gentium consensu longo tempore, cuius gratia clepsydrae inuentae sunt, quibus per subtractionem adijcionemque aquarum distillantium diuersitate dierum horas concinnabant, ne etiam sub nubilo lateret discretio temporis. Postea vero quam horae pariles et diurno nocturnoque tempori communes vulgo sunt receptae, utpote quae obseruatu faciliores existunt, temporales illae in eam deuenerunt antiquationem, vt, si quempiam ex vulgo, quae sit prima diei, vel tertia, vel sexta, vel nona, vel vndecima, roges, non habet, quod respondeat, vel certe id, quod ad rem minime pertinet. Iam ipsum quoque horarum aequalium numerum alij a meridie, alij ab occasu, alij a media nocte, nonnulli ab ortu Solis accipiunt, prout cuique ciuitati fuerit constitutum.

---

5. in declinatione || in declinationem *A*. — *Ante* subtraxerimus *interponit W* sub. — 8. quod || quot *AWTh*. — 11. nomenclaturam || nomenculaturam *Ms*. — 13. a luce ad tenebras || ab ortu ad occasum *NBAW*. — 16. subtraxtionem *Ms*. — adijcionemque || addijcionemque *Ms*; additionemque *edd*. — 17. diuersitate || pro diversitate *AW*. — 22. habet || habeat *Th*. — 25. *Huic versui in Ms additi sunt primi versus capitis X. usque ad verbum* differentias *p.* 88, 5—9 *hunc in modum*: De angulis inclinationis signiferi ad horizonta Cap. IX. Signifer autem circulus obliquus existens ad axem sphaerae varios etiam efficit angulos cum horizonte. Quod enim bis erigatur ad eum, qui inter duos polos sortitus est poli verticem, iam diximus inter vmbrarum differentias.

Cap. IX

De ascensione obliqva partivm signiferi. Et qvemadmodvm ad qvemlibet gradum orientem detvr et is, qvi celvm mediat

Ita quidem dierum et noctium magnitudine et differentia expositis 39a
opportuno ordine sequitur expositio ascensionum obliquarum, quibus inquam temporibus dodecatemoria, hoc est zodiaci duodenae partes, vel quaelibet aliae ipsius circumferentiae attolluntur: || cum non sint aliae 37
ascensionum rectae et obliquae differentiae, quam diei aequinoctialis et diuersi, quales exposuimus. Porro dodecatemoria mutuatis animantium quae stellarum sunt immobilium nominibus, ab aequinoctio verno initium capientes, Arietem, Taurum, Geminos, Cancrum et reliqua, ut ex ordine sequuntur, appellarunt.

Repetito igitur maioris euidentiae causa meridiano orbe ABCD cum semicirculo AEC aequinoctiali et horizonte BED, qui se secent in E signo, assumatur autem in H aequinoctium, per quod signifer FHI circulus secet finientem in L, per quam sectionem a polo K aequinoctialis descendat quadrans circuli magni KLM. Ita sane apparet, quod cum circumferentia zodiaci HL attollitur, HE aequinoctialis: sed in sphaera recta ascendebat cum HEM; harum differentia est ipsa EM, quam antea demonstrauimus esse dimidiam diei aequinoctialis et diuersi: sed quae illic adijciebatur in declinatione borea, hic aufertur, ac vicissim additur in austrina ascensioni rectae, vt obliqua prodeat, et proinde quantisper totum signum aliaue signiferi circumferentia emergat, fiet manifestum per numeratas ascensiones a principio usque ad finem. Ex his sequitur, quod cum datus fuerit gradus aliquis signiferi, qui oritur, ab aequinoctio sumptus, datur etiam is, qui caelum mediat. Quoniam cum data fuerit L orientis declinatio penes HL distantiam ab aequinoctio, et HEM ascensio recta ac tota AHEM semidiurna circumferentia, reliqua igitur AH datur, quae est ascensio recta ipsius FH, quae etiam datur per tabulam, siue quod AFH angulus sectionis AHF datur cum latere AH, et qui sub FAH rectus. Itaque tota signiferi FHL circumferentia inter orientem celumque mediantem gradum datur. Viceuersa, si, qui caelum mediat prius fuerit datus, vtputa FH circumferentia, sciemus

1. Cap. IX || Cap. VIII. *In Ms Copernicus eundem numerum duobus capitibus adscripsit et sequentia capita semper habent numeros unitate minores iis, quos editiones praebent.* — 4. differentia || differentiis *NBAW*. — 17. circuli magni || magni circuli *NBAW*. — 19. attollitur, HE || attollitur in HE *NBAW*. — 21.—22. et diuersi || et diversi differentiam *NBAW* (*recte*). — 22. quae || quod *AW*. — 28. Quoniam cum data fuerit L orientis declinatio penes HL || Quoniam cum datum fuerit L punctum, eius, qui est per medium signorum, orientis, et declinatio penes HL *NBAW*. — 31. quod AFH angulus || quod angulus *NBAW*.

39b etiam eum, qui | oritur, noscetur enim AF declinatio et propter angulum obliquitatis sphaerae AFB et FB reliqua. In triangulo autem BFL angulus BFL ex superioribus datur et FBL rectus cum latere FB; datur ergo latus FHL quaesitum, vel aliter ut inferius.

CAP. X

DE ANGVLO SECTIONIS SIGNIFERI CVM HORIZONTE

Signifer praeterea circulus obliquus existens ad axem sphaerae varios efficit angulos cum horizonte. Quod enim bis erigatur ad ipsum ijs, qui inter tropicos habitant, iam diximus circa vmbrarum differentias. Nobis autem sufficere arbitror, eos dumtaxat angulos demonstrasse, qui hetero-
37v scijs habitatoribus, || id est nobis seruiunt, e quibus vniuersalis eorum ratio facile intelligetur. Quod igitur in obliqua sphaera oriente aequinoctio siue principio Arietis signifer circulus tanto inclinatior sit vergatque ad horizonta, quantum addit maxima declinatio austrina, quae in principio Capricorni existit medium tunc caelum tenente; ac vicissim eleuatior maiorem efficiens angulum orientalem, quando principium Librae emergit, et Cancri initium medium caeli tenet, satis puto manifestum; quoniam tres hij circuli, aequinoctialis, signifer et horizon, per eandem sectionem communem congruunt in polis meridiani circuli, cuius intercaeptae per illos circumferentiae angulum illum orientalem patefaciunt, quantus ipse censeatur.

Vt autem ad caeteras quoque signiferi partes via pateat dimensionis, sit rursus meridianus circulus ABCD, medietas horizontis BED, medietas autem signiferi AEC, cuius utcumque gradus oriatur in E. Propositum est nobis inuenire angulum AEB, quantus ipse secundum quod quatuor recti sunt CCCLX. Cum ergo datur oriens E, datur etiam ex praecedentibus, quod celum mediat, atque AE circumferentia. Et quoniam angulus ABE rectus est, datur ratio subtensae dupli AE, ad subtensam dupli AB, sicut dimetientis sphaerae ad subtensam
40a dupli eius, quae angulum AEB metitur; | datur ergo et ipse AEB angulus.

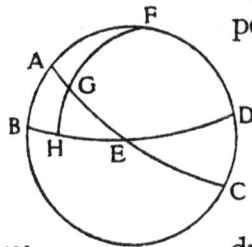

Quod si non orientis, sed medij caeli gradus fuerit datus, qui sit A, nihilominus angulus ille orientis mensus erit. Facto enim in E polo describatur quadrans circuli maximi FGH, et compleantur quadrantes EAG, EBH. Quoniam igitur AB meridiana altitudo datur et reliqua quadrantis AF,

4. inferius || infra *edd.* — 5. Cap. X || Cap. IX *Ms.* — 28. *Post* circumferentia *NBAW addunt verba*: cum AB altitudine meridiana. — 32. ipse || ipsa *Ms.*

angulus quoque FAG ex praecedentibus et FGA rectus, datur ergo FG circumferentia et reliqua GH, quae angulum orientem metitur quaesitum. Proinde etiam hic manifestum est, quomodo ad gradum, qui caelum mediat, detur ille, qui oritur, eo quod subtensa dupli GH ad subtensam dupli AB sit sicut dimetiens ad eam, quae AE duplam subtendit, ut in triangulis sphaericis.

Harum quoque rerum subiecimus trina tabularum exempla. Prima erit ascensionum in sphaera recta ab Ariete sumpto principio et incremento senum partium zodiaci. Secunda ascensionum in sphaera obliqua, similiter per senos gradus a parallelo, cui polus eleuatur XXXIX partium, usque ad eum, qui LVII habet partes, media incrementa per trinos gradus constituentes. Reliqua angulorum horizontalium et ipsa per senos gradus sub eisdem secmentis VII. Et ea omnia secundum minimam signiferi obliquitatem partium XXIII, scrupulorum XXVIII, quae nostro fere seculo congruit.

---

1. et FGA rectus || et FAG rectus *Ms.* — 2. quae || que *Ms.* — 7. principio || initio *NBAW.* — 8. senum || senarum *Th.* — 10. qui *desideratur in Ms.*

38 40b

CANON ASCENSIONVM SIGNORVM IN OBVOLVTIONE RECTAE SPHAERAE

Zodiaci		Ascensionum		Vnius gradus		Zodiaci		Ascensionum		Vnius gradus	
Sign.	Grad.	Part.	Scrup.	Part.	Scrup.	Sign.	Grad.	Part.	Scrup.	Part.	Scrup.
♈	6	5	30	0	55	♎	6	185	30	0	55
	12	11	0	0	55		12	191	0	0	55
	18	16	34	0	56		18	196	34	0	56
	24	22	10	0	56		24	202	10	0	56
	30	27	54	0	57		30	207	54	0	57
♉	6	33	43	0	58	♏	6	213	43	0	58
	12	39	35	0	59		12	219	35	0	59
	18	45	32	1	0		18	225	32	1	0
	24	51	37	1	1		24	231	37	1	1
	30	57	48	1	2		30	237	48	1	2
♊	6	64	6	1	3	♐	6	244	6	1	3
	12	70	29	1	4		12	250	29	1	4
	18	76	57	1	5		18	256	57	1	5
	24	83	27	1	5		24	263	27	1	5
	30	90	0	1	5		30	270	0	1	5
♋	6	96	33	1	5	♑	6	276	33	1	5
	12	103	3	1	5		12	283	3	1	5
	18	109	31	1	5		18	289	31	1	5
	24	115	54	1	4		24	295	54	1	4
	30	122	12	1	3		30	302	12	1	3
♌	6	128	23	1	2	♒	6	308	23	1	2
	12	134	28	1	1		12	314	28	1	1
	18	140	25	1	0		18	320	25	1	0
	24	146	17	0	59		24	326	17	0	59
	30	152	6	0	58		30	332	6	0	58
♍	6	157	50	0	57	♓	6	337	50	0	57
	12	163	26	0	56		12	343	26	0	56
	18	169	0	0	56		18	349	0	0	56
	24	174	30	0	55		24	354	30	0	55
	30	180	0	0	55		30	360	0	0	55

5. 6 | 5 | 30 || 3 | 5 | 30 *Ms.*
6. 12 | 11 | 0 || 6 | 11 | 0 *Ms.*
9. 30 | 27 || 31 | 27 *W.*
14. 237 || 232 *NBAW.*

Hanc tabulam sequitur in Ms alia tabula deleta, nec prorsus absoluta, quae est eadem ac sequens tabula in alium ordinem mutata.

30
41a

TABVLA ASCENSIONVM OBLIQVAE SPHAERAE															
		Elevatio Poli													
		39		42		45		48		51		54		57	
Zodiaci		Ascensio		Ascensio		Ascensio		Ascensio		Ascensio		Ascensio		Ascensio	
Sig.	Grad.	Part.	Scrup.	Part.	Scrup.	Part.	Scrup.	Part.	Scrup.	Part.	Scrup.	Part.	Scrup.	Part.	Scrup.
♈	6	3	34	3	20	3	6	2	50	2	32	2	12	1	49
	12	7	10	6	44	6	15	5	44	5	8	4	27	3	40
	18	10	50	10	10	9	27	8	39	7	47	6	44	5	34
	24	14	32	13	39	12	43	11	40	10	28	9	7	7	32
	30	18	26	17	21	16	11	14	51	13	26	11	40	9	40
♉	6	22	30	21	12	19	46	18	14	16	25	14	22	11	57
	12	26	39	25	10	23	32	21	42	19	38	17	13	14	23
	18	31	0	29	20	27	29	25	24	23	2	20	17	17	2
	24	35	38	33	47	31	43	29	25	26	47	23	42	20	2
	30	40	30	38	30	36	15	33	41	30	49	27	26	23	22
♊	6	45	39	43	31	41	7	38	23	35	15	31	34	27	7
	12	51	8	48	52	46	20	43	27	40	8	36	13	31	26
	18	56	56	54	35	51	56	48	56	45	28	41	22	36	20
	24	63	0	60	36	57	54	54	49	51	15	47	1	41	49
	30	69	25	66	59	64	16	61	10	57	34	53	28	48	2
♋	6	76	6	73	42	71	0	67	55	64	21	60	7	54	55
	12	83	2	80	41	78	2	75	2	71	34	67	28	62	26
	18	90	10	87	54	85	22	82	29	79	10	75	15	70	28
	24	97	27	95	19	92	55	90	11	87	3	83	22	78	55
	30	104	54	102	54	100	39	98	5	95	13	91	50	87	46
♌	6	112	24	110	33	108	30	106	11	103	33	100	28	96	48
	12	119	56	118	16	116	25	114	20	111	58	109	13	105	58
	18	127	29	126	0	124	23	122	32	120	28	118	3	115	13
	24	135	4	133	46	132	21	130	48	128	59	126	56	124	31
	30	142	38	141	33	140	23	139	3	137	38	135	52	133	52
♍	6	150	11	149	19	148	23	147	20	146	8	144	47	143	12
	12	157	41	157	1	156	19	155	29	154	38	153	36	153	24
	18	165	7	164	40	164	12	163	41	163	5	162	24	162	47
	24	172	34	172	21	172	6	171	51	171	33	171	12	170	49
	30	180	0	180	0	180	0	180	0	180	0	180	0	180	0

39°. — 6. 34 ‖ 24 *NBAW*.
48°. — 16. 38 | 23 ‖ 32 | 28 *B*.
51°. — 10. 26 ‖ 29 *W*. — 12. 38 ‖ 39 *NBAW*.

39v
41b

TABVLA ASCENSIONVM OBLIQVAE SPHAERAE

Zodiaci		Elevatio Poli													
		39		42		45		48		51		54		57	
		Ascensio		Ascensio		Ascensio		Ascensio		Ascensio		Ascensio		Ascensio	
Sig.	Grad.	Part.	Scrup.	Part.	Scrup.	Part.	Scrup.	Part.	Scrup.	Part.	Scrup.	Part.	Scrup.	Part.	Scrup.
♎	6	187	26	187	39	187	54	188	9	188	27	188	48	189	11
	12	194	53	195	19	195	48	196	19	196	55	197	36	198	23
	18	202	21	203	0	203	41	204	30	205	24	206	25	207	36
	24	209	49	210	41	211	37	212	40	213	52	215	13	216	48
	30	217	49	218	27	219	37	220	57	222	22	224	8	226	8
♏	6	224	56	226	14	227	38	229	12	231	1	233	4	235	29
	12	232	56	234	0	235	37	237	28	239	32	241	57	244	47
	18	240	31	241	44	243	35	245	40	248	2	250	47	254	2
	24	247	36	249	27	251	30	253	49	256	27	259	32	263	12
	30	255	36	257	6	259	21	261	52	264	47	268	10	272	14
♐	6	262	8	264	41	267	5	269	49	272	57	276	38	281	5
	12	269	50	272	6	274	38	277	31	280	50	284	45	289	32
	18	276	58	279	19	281	58	284	58	288	26	292	32	297	34
	24	283	54	286	18	289	0	292	5	295	39	299	53	305	5
	30	290	35	293	1	295	45	298	50	302	26	306	42	311	58
♑	6	297	0	299	24	302	6	305	11	308	45	312	59	318	11
	12	303	4	305	25	308	4	311	4	314	32	318	38	323	40
	18	308	52	311	8	313	40	316	33	319	52	323	47	328	34
	24	314	21	316	29	318	53	321	37	324	45	328	26	332	53
	30	319	30	321	30	323	45	326	19	329	11	332	34	336	38
♒	6	324	21	326	13	328	16	330	35	333	13	336	18	339	58
	12	329	0	330	40	332	31	334	36	336	58	339	43	342	58
	18	333	21	334	50	336	27	338	18	340	22	342	47	345	37
	24	337	30	338	48	340	3	341	46	343	35	345	38	348	3
	30	341	34	342	39	343	49	345	9	346	34	348	20	350	20
♓	6	345	29	346	21	347	17	348	20	349	32	350	53	352	28
	12	349	11	349	51	350	33	351	21	352	14	353	16	354	26
	18	352	50	353	16	353	45	354	16	354	52	355	33	356	20
	24	356	26	356	40	356	23	357	10	357	53	357	48	358	11
	30	360	0	360	0	360	0	360	0	360	0	360	0	360	0

39°. — 10. 49 || 22 *edd.* — 12. 56 || 31 *NBAW.* — 13. 31 || 4 *NBAW.* — 15. 36 || 6 *NBAW.* — 16. 8 || 33 *NBAW.* — 26. 21 || 22 *NBAW.* — 27. 329 || 339 *Ms*; 330 *edd.*
45°. — 20. 295 || 195 *B.* — 29. 340 || 140 *B.*
48°. — 14. 253 || 353 *W.* — 18. 284 || 248 *edd.*

40
42a

TABULA ANGULORVM SIGNIFERI CVM HORIZONTE FACTORVM

Zodiaci		Elevatio Poli 39 Angulus		42 Angulus		45 Angulus		48 Angulus		51 Angulus		54 Angulus		57 Angulus		Zodiaci	
Sig.	Grad.	Part.	Scrup.	Part.	Scrup.	Part.	Scrup.	Part.	Scrup.	Part.	Scrup.	Part.	Scrup.	Part.	Scrup.	Grad.	Sig.
♈	0	27	32	24	32	21	32	18	32	15	32	12	32	9	32	30	
	6	27	37	24	36	21	36	18	36	15	35	12	35	9	35	24	
	12	27	49	24	49	21	48	18	47	15	45	12	43	9	41	18	
	18	28	13	25	9	22	6	19	3	15	59	12	56	9	53	12	
	24	28	45	25	40	22	34	19	29	16	23	13	18	10	13	6	♓
	30	29	27	26	15	23	11	20	5	16	56	13	45	10	31	30	
♉	6	30	19	27	9	23	59	20	48	17	35	14	20	11	2	24	
	12	31	21	28	9	24	56	21	41	18	23	15	3	11	40	18	
	18	32	35	29	20	26	3	22	43	19	21	15	56	12	26	12	
	24	34	5	30	43	27	23	24	2	20	41	16	59	13	20	6	♒
	30	35	40	32	17	28	52	25	26	21	52	18	14	14	26	30	
♊	6	37	29	34	1	30	37	27	5	23	11	19	42	15	48	24	
	12	39	32	36	4	32	32	28	56	25	15	21	25	17	23	18	
	18	41	44	38	14	34	41	31	3	27	18	23	25	19	16	12	
	24	44	8	40	32	37	2	33	22	29	35	25	37	21	26	6	♑
	30	46	41	43	11	39	33	35	53	32	5	28	6	23	52	30	
♋	6	49	18	45	51	42	15	38	35	34	44	30	50	26	36	24	
	12	52	3	48	34	45	0	41	8	37	55	33	43	29	34	18	
	18	54	44	51	20	47	48	44	13	40	31	36	40	32	39	12	
	24	57	30	54	5	50	38	47	6	43	33	39	43	35	50	6	♐
	30	60	4	56	42	53	22	49	54	46	21	42	43	38	56	30	
♌	6	62	40	59	27	56	0	52	34	49	9	45	37	41	57	24	
	12	64	59	61	44	58	26	55	7	51	46	48	19	44	48	18	
	18	67	7	63	56	60	20	57	26	54	6	50	47	47	24	12	
	24	68	59	65	52	62	42	59	30	56	17	53	7	49	47	6	♏
	30	70	38	67	27	64	18	61	17	58	9	54	58	52	38	30	
♍	6	72	0	68	53	65	51	62	46	59	37	56	27	53	16	24	
	12	73	4	70	2	66	59	63	56	60	53	57	50	54	46	18	
	18	73	51	70	50	67	49	64	48	61	46	58	45	55	44	12	
	24	74	19	71	20	68	20	65	19	62	18	59	17	56	16	6	
	30	74	28	71	28	68	28	65	28	62	28	59	28	56	28	0	♎

4. Angulus || Anguli *Th*; Angul. *NBA*.

6. *Versus* 6. *cum versu* 36. *in Ms est mutatus, sed adscriptis literis* a, b *ordo editionum constitutus est.*

39°. — 9. 28 || 18 *B*.
42°. — 8. 49 || 46 *W*.
45°. — 17. 37 || 97 *B*.

51°. — [illegible]. 35 || 34 *edd.* — 36. 62 || 52 *NBA*.
57°. — 11. 31 || 13 *NBAW*.

Cap. xi

40v 42b
De vsv harum tabvlarum

Vsus autem tabularum iam patet ex demonstratis, quoniam si cum gradu Solis cognito acceperimus ascensionem rectam, eique pro qualibet hora aequali quindena tempora adiecerimus reiectis integri circuli cccLx partibus, si excreuerint, quod reliquum fuerit ascensionis rectae, gradum signiferi in medio caelo se concernentem ostendet ad horam a meridie propositam. Similiter, si circa ascensionem obliquam regionis tuae idem feceris, gradum signiferi orientem habebis ad horam ab ortu Solis assumptam. In stellis etiam quibuscumque, quae extra circulum signorum sunt, quarum ascensio recta constiterit (ut supra docuimus), dantur per canones hos gradus signiferj, qui cum ipsis per eandem ascensionem rectam a principio Arietis caelum mediant, atque per ascensionem obliquam ipsorum, qui gradus signiferi oriatur cum ipsis, prout ascensiones et partes signiferi sese proferunt e regione tabularum. Pari modo, sed per locum semper oppositum, operabere circa occasum. Praeterea si ascensioni rectae, quae caelum mediat, addatur quadrans circuli, quod inde colligitur, est ascensio obliqua orientis. Quapropter per gradum medij caeli datur etiam is, qui oritur, et e conuerso. Sequitur tabula angulorum signiferi cum horizonte, qui sumuntur per gradum signiferi orientem, quibus etiam intelligitur, quantum nonagesimus gradus signiferi ab horizonte eleuetur, quod in ecclypsibus Solaribus maxime est scitu necessarium.

Cap. xii

De angvlis et circvmferentiis eorvm, qvi per polos horizontis fivnt ad evndem circvlvm signorvm

Sequitur, vt angulorum et circumferentiarum, quae in sectionibus signiferi, cum ijs, qui per verticem sunt horizontis, exponamus rationem, in quibus est altitudo supra horizonta. Atqui de meridiana Solis altitudine, siue cuiuslibet gradus signiferi caelum mediantis, et angulo sectionis cum
43a meridiano superius expositum est, cum et ipse | meridianus circulus eorum, qui per verticem sunt horizontis, vnus existat. De angulo quoque orientis
41 iam sermo praecessit, || cuius qui reliquus est a recto, ipse est, quem per verticem horizontis quadrans circuli cum signifero oriente suscipit.

Superest ergo de medijs videre sectionibus, repetita superiori figura, circuli inquam meridiani cum semicirculis signiferi et horizontis, et assu-

1. Cap. xi. || Cap. vii. *Ms.* — 23. Cap. xii || *in Ms numerus* xii *desideratur.* — 30. superius || supra *NBAW.*

matur quodlibet signum signiferj inter meridiem et ortum vel occasum, sitque G, per quod a polo horizontis F descendat quadrans circuli FGH. Quoniam ea hora tota AGE datur circumferentia signiferi inter meridianum et horizontem, et AG per hypothesim; similiter et AF propter altitudinem meridianam AB datam cum angulo ipso meridiano FAG, datur etiam FG per demonstrata sphaericorum, et reliqua GH, altitudo ipsius G, cum angulo FGA, quae quaerebamus. Haec de angulis † et sectionibus circa signiferum in transcursu a Ptolemaeo decerpsimus ad generalem nos referentes triangulorum sphaericorum traditionem. In qua si quis sese exercere voluerit, plures quam quas modo exemplificando tractauimus vtilitates per seipsum poterit inuenire.

Cap. XIII

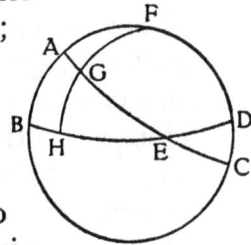

De ortv et occasv sydervm

Ad cotidianam quoque reuolutionem pertinere videntur ortus et occasus syderum, non solum illi simplices, de quibus modo diximus, sed quibus modis matutina vespertinaque fiunt, quod, quamuis annuae reuolutionis concursu ea contingunt, aptius tamen hoc loco dicetur. Prisci mathematici separant veros ab apparentibus. Verorum quidem matutinus est ortus syderis, quando cum Sole simul emergit, occasus autem matutinus, quando oriente Sole sydus occidit, quod medio toto tempore matutinum dicebatur. At vespertinus ortus, quando Sole occumbente sydus emergit, occasus autem vespertinus, cum Sole occidente sydus pariter

---

1. signiferj *Ms in margine.* — *A verbis* inter meridiem *usque ad finem capitis in Ms p. 46 quaedam sententiae appositae sunt, quibus eadem alio modo exponuntur, quae e Graeco conversae videntur*: || inter ortum atque meridiem, sitque η cum quadrante $\zeta\eta\vartheta$. Et quoniam ea hora datur *46*
$\alpha\eta\varepsilon$ circumferentia atque $\alpha\eta$ similiter et $\alpha\zeta$ cum angulo meridiano $\zeta\alpha\eta$, ergo per quintum (a) sphaericorum datur $\zeta\eta$ circumferentia et $\zeta\eta\alpha$ angulus, quae quaerebamus. Vt autem quae duplam $\varepsilon\eta$ ad eam quae duplam $\eta\vartheta$ subtendit, et subtendentium duplas (b) $\varepsilon\alpha$ et $\alpha\beta$ circumferentias, sunt enim utrique ut semidiametri ad schoenum anguli $\eta\varepsilon\vartheta$, datur ergo $\eta\vartheta$ altitudo punctj recepti η. Atqui in triangulo $\eta\vartheta\varepsilon$ latera $\eta\varepsilon$, $\eta\vartheta$ data (c) sunt cum ε angulo et ϑ rectus est; exhibebimus (d) etiam ex eis reliquum $\varepsilon\eta\vartheta$ angulum metitum. Et haec de angulis et circulorum secmentis in transcursu a Ptolemaeo et alijs decerpsimus, ad generalem nos referentes triangulorum traditionem. In qua siquis sese exercere voluerit, multo plures, quam quas modo exemplificando tractauimus, utilitates per se poterit inuenire. *Sequitur inscriptio sequentis capituli haec*: De ortu et occasu signorum. — 13. *In Ms verba* Cap. XIII. *omissa sunt.* — 15. ortus || ortum *Ms.*

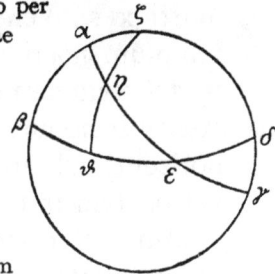

a) quintum || *lege* octavum. — b) duplas ... circumferentias || duplae ... circumferentiae *Th.* — c) $\eta\vartheta$ data || $\varepsilon\vartheta$ data *Th.* — d) exhibebimus || exhibemus *Th.*

occidit, quod medio quoque tempore vespertinum dicitur, utpote quod |
43b interdiu praestruitur, et illud, quod nocte successit.

Apparentium vero matutinus sideris ortus est, cum diliculo et ante Solis ortum primo se profert in emersum ac incipit apparere, occasus autem matutinus, quo Sole orituro sydus occumbere nouissime videtur. Vespertinus ortus est, cum in crepusculo sydus apparuerit primum oriri, occasus autem vespertinus, cum post Solis occasum iam amplius apparere desinit, et de caetero Solis aduentu sydus occultatur, donec in exortu matutino in
41v priorem || se proferant ordinem. Haec in stellis haerentibus, solutis quoque Saturno, Ioue et Marte, eodem modo se habent. Venus autem et Mercurius aliter ortus et occasus faciunt; non enim accessu Solis praeoccupantur, vt illi, nec eius deteguntur abscessu. Sed praeuenientes Solis fulgori sese miscent eripiuntque. Illi ortum vespertinum matutinumque facientes occasum non utcumque latent, quin suis fere pernoctant luminibus, at hij sine discrimine ab occasu in ortum delitescunt nec vsquam conspici possunt. Est et alia differentia, quod in illis ortus et occasus matutini veri sunt apparentibus priores, vespertini posteriores, prout illic Solis ortum praecedunt, hic eius occasum sequuntur. In inferioribus autem matutini ac vespertini exortus apparentes posteriores sunt veris, occasus autem priores.

Modus autem, quo decernantur, ex supradictis potest intelligi, ubi ascensionem obliquam stellae cuiuslibet locum habentis cognitum exposuimus, et cum quo gradu signiferi oriatur vel occidat, in quo gradu vel ei opposito si tunc Sol apparuerit, verum ortum vel occasum matutinum vespertinumue sydus efficiet. Ab his differunt apparentes penes cuiusque sideris claritatem et magnitudinem, vt, quae maiori lumine pollent, breuiores habent latebras Solarium radiorum eis, quae obscuriores sunt. Et limites occultationis et apparentiae subterraneis circumferentijs circulorum, qui per polos sunt horizontis, inter ipsum finientem atque Solem capiuntur. Suntque stellis adhaerentibus primarijs partes fere XII, Saturno XI, Ioui X, Marti XI s., Veneri quinque, Mercurio X. In toto vero, quo diurnae lucis reliquum nocti cedit, quod crepusculum vel diliculum complectitur, sunt partes XVIII iam dicti circulj, quibus partibus Sole submoto minores quoque
44a stellae incipiunt apparere; qua quidem distantia ca|piunt aliqui subiectum horizontj subterraneum parallelum, quem dum Sol attingit, aiunt diescere, vel noctem impleri. Cum ergo sciuerimus, cum quo gradu signiferi sydus oriatur vel occidat, nouerimusque angulum sectionis ipsius signiferi in eadem parte cum horizonte, si tunc quoque inter orientem gradum et Solem tot partes signiferi inuenerimus, quot sufficiant concernantque Solis profunditatem ab horizonte iuxta terminos praescriptos propositi syderis,

---

2. successit — *Th proponit* cessat. — 29. Solem || solem *Ms.* — 32. caedit *Ms.*

pronunciabimus primum ipsius emersum vel occultationem fieri. Quae vero de altitudine Solis supra terram in praecedenti demonstratione || ex- 42
posuimus, per omnia conueniunt eius etiam descensu sub terra, neque enim alio quam positione differunt, quemadmodum, quae occidunt apparenti hemisphaerio, latenti oriuntur, suntque omnia vicissim ac intellectu facilia. Quocirca de ortu et occasu syderum adeoque de globi terrestris reuolutione quotidiana dicta sufficiant.

Cap. XIV

De exqvirendis stellarvm locis ac fixarvm canonica descriptione

Post expositam a nobis quotidianam reuolutionem globi terrae, et quae eam sequuntur, iam annui circuitus sequi debebant demonstra-

---

3. descensu || descensui *AW. Copernicus saepius habet dativum-u in nominibus masculinis u-declinationis; eum et hoc loco dativum in mente habere inde apparet, quod* descensu *posuit pro dativo* profundationi. — 8. Cap. XIV *deest in Ms.* — 10. *Hic in prima operis forma novus liber initium cepit. Nam ut in principio priorum et posteriorum librorum lacuna literae initiali inscribendae reservata est, neque inscriptio capitis eodem ductu scripta est, quo caput ipsum. Primo in plures partes distributum erat, quarum inscriptiones nunc deletas suis locis adnotabimus. Exstat etiam in codice Pragensi folio* 46v *et* 47 *altera huius capitis forma manuscripta, mutila in fine, quae non paucis locis a textu editionum adeo differt, ut praestet totum fragmentum hoc loco addere, quam varias lectiones adscribere. Hoc fragmentum priorem, ut videtur, praebet formam capitis, nec tamen in Ms est deletum.*

Post expositam a nobis cotidianam terrae reuolutionem et quae eam sequuntur, de diebus 46v
et noctibus et eorum partibus atque differentijs, iam annuj circuitus sequi debebant demonstrationes. At quoniam non paucorum mathematicorum consensu phaenomena stellarum fixarum praecedere consueuerunt tamquam huius artis primordia, quam sententiam nobis maxime sequendam putauimus, qui inter principia et hypotheses assumpsimus non errantium stellarum sphaeram omnino immobilem esse, ad quam reliquorum syderum circuitionem ex aequalj conferantur. Nam motus exigit quiddam, quod quiescat. Sed ne quis miretur, cur hunc susceperimus (a) ordinem, cum Ptolemeus in sua Magna Constructione existimauerit stellarum fixarum explanationem fieri non posse, nisi prius de Sole et Luna praecesserint cognitiones, et propterea, quae in stellis fixis sunt, apparentia censuit eousque deferenda, fatebor equidem neque stellarum loca (b) absque Lunarj, nec rursus Lunarem (c) absque loco Solis accipi posse, sed haec esse talia, quae adminiculo instrumentorum sunt exigenda; neque aliter id existimauj intelligj oportere. Qui vero canonicam motuum reuolutionumque rationem scrutarj voluerit, nihil, inquam, efficiet, si ad stellas fixas nullum habuerit respectum. Hinc est, quod Ptolemaeus et alij, qui ante et post ipsum, qui anni Solaris magnitudinem solummodo ab aequinoctijs vel solsticijs sumentes principia nobis praefinire adnixi sunt, numquam de ea conuenire potuerunt, adeo ut in nulla parte fuerit discordia maior, quae plerosque sic perturbauit (d), vt de adipiscenda syderum scientia pene desperarent faterenturque in caelestibus esse motus humano ingenio incomprehensibiles. Animaduerterat (e) hoc Ptolemeus, et cum annum Solarem suo tempore expendisset non sine suspicione erroris, qui cum tempore posset apparere, admonuit posteritatem, vt vlteriorem posthac scrutaretur eius rei certitudinem. Operae precium igitur nobis visum, vt hoc libro primum ostendamus, quatenus artificio instrumentorum Solis, || Lunae et stellarum loca capiantur, quantum videlicet ab aequi- 47

---

a) susceperimus || suscepimus *Th.* — b) loca || locum *Th.* — c) Lunarem || Lunaris *Ms.* — d) perturbauit || conturbavit *Th.* — e) animaduerterat || animadvertit *Th.*

tiones. At quoniam priscorum aliqui mathematicorum stellarum non
errantium phaenomena praecedere censuerunt tamquam huius artis pri-
mordia, quam idcirco sententiam nobis sequendam putauimus, quod inter
principia et hypotheses assumserimus non errantium stellarum sphaeram
omnino immobilem esse, ad quam vagantium omnium syderum errores ex
aequo conferuntur. Sed ne quis miretur, cur hunc susceperimus ordinem,
cum Ptolemaeus in sua Magna Constructione existimauerit stellarum †
fixarum explanationem fieri non posse, nisi prius de Sole et Luna praecesserint
cognitiones, et propterea, quae stellas fixas attinent, censuit eousque
deferenda. Huic sententiae occurrendum putamus. Quod si de numeris
intelligas, quibus Lunae Solisque motus apparens supputatur, stabit fortasse
sententia. Nam et Menelaus geometres plerasque stellas earumque loca †
44b Lunaribus coniunctionibus per numeros est assecu | tus.

Multo vero melius efficiemus, si adminiculo instrumentorum per
Solis et Lunae diligenter examinata loca stellam quamlibet capiamus, ut
mox docebimus. Nos etiam admonet irritus illorum conatus, qui simpliciter,
ab aequinoctijs vel solstitijs, nec etiam a stellis fixis anni Solaris magnitudinem definiendam existimarunt, in quo numquam ad nos usque potuerunt
conuenire, adeo ut nulla in parte fuerit discordia maior. Animaduerterat
hoc Ptolemaeus, qui cum annum Solarem suo tempore expendisset non
sine suspitione erroris, qui cum tempore posset emergere, admonuit posteri-
tatem, vt vlteriorem post hac scrutaretur eius rei certitudinem. Operae
pretium igitur nobis visum est, vt hoc libro ostendamus, quomodo artificio
42v instrumentorum Solis et Lunae loca capiantur, || quantum videlicet ab
aequinoctio verno alijsue mundi cardinibus distent, quae deinde ad alia
sidera perscrutanda praebebunt nobis comoditates, quibus etiam stellarum
fixarum sphaeram asterismis intextam eiusque imaginem oculis exponamus.

Quibus autem instrumentis tropicorum distantia, signiferi obliquitas
et inclinatio sphaerae siue poli aequinoctialis altitudo caperetur, superius

---

1. *Post* At quoniam *Ms addit* Solensis Aratus ac, *quae verba postea obliterata sunt.* — † 8.—9. nisi prius de Sole et Luna praecesserint cognitiones || nisi prius Solis et Lunae praecesserint locorum cognitiones *NBAW.* — 9. quae stellas || quae ad stellas *NBAW.* — 10. deferenda || differenda *edd.* — *Verba* Huic sententiae occurrendum putamus in *NBAW desiderantur.* — 12. geometres || geometra *NBAW.* — 18. existimarunt || existimaverunt *NBAW.* — 21. posset || possit *NBAW.* — 23. vt hoc libro ostendamus || ut ostendamus *edd.* — 25.—26. ad ... perscrutanda || aliorum syderum *Mspm.* — 26. comoditates *Ms in margine habet pro deleto in contextu verbo* aditum. — etiam || tandem *Mspm.* — 28. *Ante hunc versum in Ms primo inveniebatur inscriptio capitis postea deleta*: De loco Solis obseruando instrumentorum usu. — autem *in Mspm desideratur.* — 29. altitudo || sublimitas *Mspm.* — superius || *sic et Mspm*: supra *NBAW.*

---

noctiali puncto vel solstitio distent, ac deinde stellarum fixarum sphaeram asterismis intextam exponamus.

Quae hic sequuntur, cum melius cum editionibus conveniant, iis suis locis varias lectiones adscribere satis erit.

est expositum. Eodem modo quamlibet aliam Solis meridiani altitudinem possumus accipere. Quae altitudo secundum differentiam eius ad inclinationem sphaerae, quantum Sol declinet a circulo aequinoctiali, nobis exhibebit, per quam deinde declinationem locus eius ab aequinoctio vel solstitio sumptus fiet etiam manifestus in ipso meridie. Videtur autem Sol XXIIII horarum spacio vnum fere gradum pertransire; veniunt pro horaria portione scrupula II s. Vnde ad quamlibet aliam horam constitutam facile coniectabitur locus eius.

Pro Lunari vero et stellarum locis obseruandis aliud construitur in- † strumentum, quod astrolabum vocat Ptolemaeus. Fabricantur enim bini orbes siue orbium margines quadrilateri, vt videlicet planis lateribus siue maxillis superficies, concauam et conuexam, ad angulos rectos excipiant, aequales per omnia et similes magnitudine conuenientes, ne scilicet magnitudine nimia minus fiant tractabiles, cum alioqui amplitudo plus tribuat exilitate partibus diuidendis. Latitudo autem eorum et crassitudo | sint 45ᵃ ad minimum trigesimae partis diametri. Conserentur ergo et connectentur rectis inuicem angulis, congruentibus inuicem cauis et conuexis, veluti in vnius globi rotunditate. Eorum vero alter circuli signorum, alter eius, qui per utrosque polos (aequinoctialis inquam et signiferi) transit, vicem obtineat. Ille ergo signorum circulus partibus aequalibus, quibus solet CCCLX, est distribuendus a lateribus, quae rursum subdiuidantur pro instrumenti capacitate. In altero quoque circulo (emensis a zodiaco quadrantibus) poli ipsius signiferi assignentur, a quibus sumpta distantia, pro modulo obliquitatis signiferj, notentur etiam poli aequinoctialis circuli.

His sic expeditis || parantur alij bini orbes, per eosdem zodiaci fabre- 43 facti polus, in quibus mouebuntur, exterior et interior. Qui crassitudines

2. possumus accipere || accipere possumus *Mspm.* — Quae altitudo || Quae nobis *Mspm.* — 3.—4. sphaerae ... locus eius || sphaerae, declinationem ipsius Solis ab aequinoctialj circulo exhibebit, ac deinde locus eius *Mspm.* — 5. manifestus in ipso meridie || manifestus *Mspm*; manifestius in ipso meridie *NB*; manifestior in ipso meridie *AW*. — 6. vnum fere gradum || unam fere partem *Mspm.* — veniunt || veniunt itaque *NBAW* — 7. scrupula || scrupuli *W.* — scrupula II s. || scrup. $2^1/_2$ *Mspm.* — aliam horam || aliam a meridie horam *Mspm.* — 9. *Ante hunc versum in Ms inscriptio novi capituli, postea deleta, legitur haec*: De Luna et stellis eodem modo capiendis. — 11. orbium || orbum *W.* — 11.—12. vt videlicet ... excipiant || hoc est planis lateribus siue maxillis conuexam et concauam superficies ad angulos rectos excipientibus *Mspm.* — 17. inuicem angulis || angulis per diametrum *Mspm.* — congruentibus inuicem cauis et conuexis || cavis et convexis congruentibus invicem *W.* — 19. signiferi || zodiaci *Mspm.* — 21. CCCLX || 360 *Mspm.* — 23. ipsius signiferi || ipsius *Mspm.* — modulo || modo *Mspm.* — 24. aequinoctialis circuli || aequinoctiales *Mspm.* — 25. parantur || parentur *NBAW.* — 26. polus *Ms more Graeco* || polos *edd.* — 99, 25.—101, 13 *leguntur in Mspm* 47, 33 *hoc modo*: His sic expeditis parantur alij duo orbes inaequales secundum diametros, || crassitudine vero et latitudine 47ᵛ instar illorum. Hij ambo in polis illis (a) zodiacj appensi innexique sint exterior et interior, facta cum solertia perforatione et axibus impactis, in quibus voluantur. Ipsi vero sic concinnati existant, ut exterior conuexa, interior caua illorum attingat absque tamen offendiculo, quod circum-

a) illius *Th.*

inter duo plana aequales, latitudines vero maxillarum similes illis habeant, ita concinnati, ut maioris caua superficies conuexam, ac minoris conuexitas concauam zodiaci vbique contingat; ne tamen eorum circumductio impediatur, sed zodiacum ipsum cum suo meridiano faciliter ac se inuicem libere sinant pertransire. Hos igitur orbes in polis illis zodiaci secundum diametrum cum sollertia perforabimus impingemusque axonia, quibus connectantur feranturque. Interior quoque orbis in CCCLX partes aequales diuidatur, vt in singulis quadrantibus ad polos exeant nonaginta. In cuius insuper cauitate alius orbis et ipse quintus collocandus est ac sub eodem plano conuertibilis, cui ad maxillas infixa sint systematia e diametro meatus habentia atque diaugia siue specilla, vnde lux sideris irrumpere exireque possit, ut in dioptra solet, in ipso diametro orbis, cui etiam hincinde coaptentur offendicula quaedam, indices numerorum orbis continentis latitudinum gratia obseruandarum. Tandem orbis adhibendus est sextus, qui totum capiat sustineatque astrolabium in polorum aequinoctialium fixuris appensum, et columellae cuipiam impositus, ac ea subfultus erectusque plano horizontis: polis etiam ad inclinationem sphaerae collatis meridianum naturali similem positione teneat, ab eoque minime vacillet.

47v Sic igitur praeparato instrumento quando alicuius stellae locum accipere voluerimus, ad vesperam vel Sole iam obituro, et eo tempore, quando Lunam quoque habuerimus in prospectu, exteriorem orbem con-

6.—7. connectantur || connectentur *Ms.* — 15. fixuris || figuris *B.* — 16. columellae || columnellae *Th.* — 20. obituro || occasuro *Mspm.* — 21. conferemus *emendat. ex* convertemus *Ms.*

ductionem eorum posset impedire. Interioris quoque orbis quadrantes partibus secentur similibus, quibus zodiacus diuidebatur. In cuius insuper cauitate alius orbis collocandus est in eodem plano et in ipso sine impedimento conuertibilis et ei cognatus, cui infixa sint systemacia e diametro meatus habentia, ut in dioptra solet latitudinum gratia obseruandarum. Demum orbis adhibendus est sextus, qui totum valeat sustinere Astrolabum in, ut diximus, aequinoctialibus librantem et appensum. Et columnellae siue alij cuipiam eminentiorj loco impositus et eo fulcitus erectusque ad planiciem horizontis, polis etiam ad inclinationem sphaerae collatis meridianum natura (a) similem positione teneat, ab eoque minime vacillet.

Sic igitur praeparato instrumento, quando alicuius stellae locum accipi volumus, ad vesperam vel Sole iam occasuro, et eo tempore, quando Luna quoque videri potest, conferimus exteriorem orbem ad gradum zodiacj instrumentj, in quo tunc Sol putabitur apparere, conuertimusque ad ipsum Solem orbium sectionem, quousque uterque, zodiacus et exterior ille qui per polos, se ipsos pariter et per medium obumbrent. Tunc quoque interiorem orbem ad Lunam conuertimus, et oculo ad latus posito, vbi Lunam ex opposito latere veluti eodem plano dissectam videbimus, signamus locum in signifero instrumentj; ipse enim tunc erit Lunae locus secundum longitudinem. Nam sine ipsa non erat modus perueniendi ad loca stellarum, quae mediatricem agit sola inter lucem et tenebras. Deinde nocte superueniente, quando stella, cuius locum optamus, iam spectabilis facta est, exteriorem orbem super locum Lunae ponimus, per quem ad Lunam ipsam, sicut in Sole faciebamus, conferimus positionem astrolabj. Tunc quoque interiorem circulum vertimus ad stellam, donec.

a) naturae *Th.*

feremus ad gradum zodiaci, in quo | tunc Solem per praecedentia cognitum [45b] acceperimus, conuertemusque ad ipsum Solem orbium sectionem, quousque uterque eorum, zodiacus inquam et exterior ille qui per polos est orbis, se ipsum pariter obumbret. Tunc quoque interiorem orbem Lunae aduertimus, et oculo ad planum eius posito, vbi Lunam ex aduerso, veluti eodem plano dissectam videbimus, notabimus locum in instrumenti signifero; ipse enim tunc erit Lunae locus secundum longitudinem visus. Etenim sine ipsa non erat modus locis stellarum comprehendendis, utpote quae ex omnibus sola || [43v] diei et noctis sit particeps. Deinde nocte superueniente, quando stella, cuius locum inquirimus, iam conspici potest, exteriorem orbem loco Lunae coaptamus per quem ad Lunam ipsam, sicut in Sole faciebamus, conferimus positionem astrolabij. Tunc quoque interiorem circulum vertimus ad stellam, donec videbitur adhaerere planiciei orbis, atque per specilla, quae in contento sunt orbiculo, conspiciatur. Ita enim et longitudinem cum latitudine stellae compertam habebimus. Haec dum aguntur, quis gradus zodiaci caelum mediat, oculis subijcietur, et idcirco, quibus horis res ipsa gesta fuerit, liquido constabit.

† Exemplo Ptolemaeus, qui Antonini Pij imperatoris anno secundo, nona die Pharmuthi, mensis octaui Aegyptiorum, in Alexandria circa Solis occasum volens obseruare locum stellae, quae in pectore Leonis Basiliscus siue Regulus vocatur, astrolabio ad Solem iam occumbentem comparato, quinque horis aequinoctialibus a meridie transactis, dum Sol in III partibus et semuncia vnius Piscium inueniretur, reperit Lunam a Sole sequentem partibus XCII et octaua vnius per admotum interiorem circulum, quapropter visus est tunc Lunae locus in v partibus et sextante Geminorum. Et post horae dimidium, quo sexta a meridie implebatur, et stella iam apparere coepisset, quarto gradu Geminorum caelum mediante, conuertit exteriorem orbem instrumenti ad iam deprehensum Lunae locum. Pergens cum orbe interiorj accepit a Luna stellae distantiam in consequentia signorum partibus LVII et decima vnius. Quoniam igitur Luna reperiebatur ab occidente Sole in partibus, ut dictum est, XCII et octaua, quae terminabant Lunam in v partibus et sextante Geminorum; at conueniebat sub dimidio horae spacio Lunam fuisse motam per quadrantem vnius gradus, quandoquidem horaria portio in motu Lunarj dimidium gradum plus minusue excipit, sed propter commutationem tunc ablatiuam Lunae oportebat fuisse paulo minus quadrante, | quod circiter vnciam definiuit: quocirca Lunam fuisse in v gradibus [46a] et triente Geminorum. Sed vbi de Lunaribus commutationibus pertracta-

---

13. donec. *Hoc est ultimum verbum fragmenti prioris manus.* — 15. compertam || *sic et K*; compertem *NB*. — 16. mediat || mediet *AW*. — 18. Ptolemaeus || Pto. *Ms*; Ptole. *N*; Ptol. *B*; Ptolemaei *A*. — 23. inueniretur, reperit || inveniret, reperitque *W*. — 27. coepisset || caepisset *Ms*. — 29. accaepit *Ms*. — 31. terminabant || terminabat *W*. — 35.—36. oportebat fuisse ... quadrante || oportebat esse ... quadrante fuisse *Ms*. — fuisse || esse *NBAW*.

uerimus, apparebit non tantam fuisse differentiam, vt satis liquere possit, locum Lunae visum plus triente vixque minus duabus quintis excessisse quinque gradus Geminorum, quibus additi gradus LVII cum decima vnius parte colligunt locum stellae in II s. partibus Leonis fere distantem a Solis
44 aestiua conuersione partibus XXXII s. cum latitudine || borea sextantis gradus. Hic erat Basilisci locus, per quem et caeterarum non errantium stellarum patuit accessus. Facta est autem haec Ptolemaei obseruatio anno Christi secundum Romanos CXXXIX die XXIIII. Februarij, olympiade CCXXIX anno eius primo.

Ita vir ille mathematicorum eminentissimus, quantum eo tempore quaeque stellarum ab aequinoctio verno locum obtinuisset, adnotauit, animantiumque caelestium exposuit asterismos. Quibus haut parum studio huic nostro subuenit, nosque labore satis arduo releuauit, vt, qui stellarum loca non ad aequinoctia, quae cum tempore mutantur, sed aequinoctia ad stellarum fixarum sphaeram referenda putauimus, facile possimus ab alio quopiam immutabili principio deducere syderum descriptionem, quam ab Ariete, tamquam primo signo, et a prima eius stella, quae in capite eius est, assumi placuit, vt sic eadem semper et absoluta facies maneat ijs, quae veluti infixa ac cohaerentia perpetua semel capta sede collucent. Sunt autem cura et sollertia mirabili antiquorum in XLVIII formas digesta, exceptis ijs, quae a quarto fere per Rhodon climate semper latentium circulus dirimebat, sicque informes stellae, vt illis incognitae, remanserunt. Neque enim aliam ob causam simulacris formatae sunt stellae secundum Theonis iunioris in expositione Arataea sententiam, nisi ut tanta earum multitudo per partes discerneretur, et denominationibus quibusdam sigillatim possint designari, antiquo satis instituto, cum etiam apud Hesiodum et Homerum nominatas fuisse Pleides, Hyadas, Arcturam, Oriona legamus. In earum igitur secundum longitudinem descriptione non utemur dodecatemorijs, quae ab aequinoctijs conuersionibusque deducuntur, sed simplici et consueto graduum numero, in caeteris Ptolemaeum sequemur, paucis exceptis, quae vel deprauata, vel utcumque aliter se habere comperimus. Quatenus autem ipsarum distantia ab illis cardinibus pateat, sequente libro docebimus.

---

8. XXIIII. || 23. *A*. — 15. possimus || possumus *NBAW*. — 21. Rodon *Ms*. — 26.—27. cum etiam apud Hesiodum et Homerum nominatas fuisse Pleides, Hyadas, Arcturam, Oriona legamus || cum etiam apud Hiobum quasdam iam nominatas fuisse constet, et Pleiades, Hyadas, Arcturum, Oriona apud Hesiodum et Homerum etiam nominatim legamus *NBAW*; *in Mspm loco* Hesiodi et Homeri *scriptum erat* Iobum (a), *sed postea hoc verbum est deletum et in margine vera nomina adscripta sunt*. — 26. Haesiodum *Ms*. — 27. nominatas || nominatos *Th*. — Pleides || Pleiades *edd*. — Arcturam || Arcturum *edd*. — 29. conuersionibusque || et conversionibus *NBAW*.

---

a) Iobium *Th*.

SIGNORVM STELLARVMQVE DESCRIPTIO CANONICA 52 46b

ET PRIMO QVAE SVNT SEPTEMTRIONALIS PLAGAE

FORMAE STELLARVM	LONGITVDINIS Partes	LONGITVDINIS Scrup.		LATITVDINIS Partes	LATITVDINIS Scrup.	MAGNITVDO
VRSAE MINORIS SIVE CYNOSVRAE						
In extremo caudae	53	30	SEPTEMTR.	66	0	3
Sequens in cauda	55	50		70	0	4
In eductione caudae	69	20		74	0	4
In latere quadranguli praecedente australior	83	0		75	20	4
Eiusdem lateris borea	87	0		77	40	4
Earum quae in latere sequente australior	100	30		72	40	2
Eiusdem lateris borea	109	30		74	50	2
Stellae septem, quarum secundae magnitudinis 2, tertiae 1, quartae 4						
Et quae circa Cynosuram informis in latere sequente ad rectam lineam maxime australis	103	20	SEPT	71	10	4
VRSAE MAIORIS QVAM ELICEN VOCANT						
Quae in rostro	78	40	SEPTEMTRIONALES	39	50	4
In binis oculis praecedens	79	10		43	0	5
Sequens hanc	79	40		43	0	5
In fronte duarum praecedens	79	30		47	10	5
Sequens in fronte	81	0		47	0	5
Quae in extra auricula praecedente . . .	81	30		50	30	5
Duarum in collo antecedens	85	50		43	50	4
Sequens	92	50		44	20	4
In pectore duarum borea	94	20		44	0	4
Australior	93	20		42	0	4
In genu sinistro anteriorj	89	0		35	0	3
Duarum in pede sinistro priorj borea . .	89	50		29	0	3
Quae magis ad austrum	88	40		28	30	3
In genu dextro priorj	89	0		36	0	4
Quae sub ipso genu	101	10		33	30	4

In Ms hanc stellarum descriptionem octo folia praecedunt, quorum duo priora et quattuor ultima schemata ad similem descriptionem stellarum pertinentia exhibent, reliqua autem duo fragmenta iam supra data capitum XII. et XIV. — 8. sequens cauda *B.* — 17. australis || austrina *Th*; australior *W.* — 24. quae in extra auricula praecedente || quae in dextra auricula praecedente *NBAW*; ... dextra ... praecedens *Th.* — 25. 43 | 50 | 4 || 43 | 30 | 4 *B.* — *Quod inter columnas longitudinis et latitudinis interposuimus verbum* SEPTEMTRIONALES *in Ms exstat tantum in prima descriptionis stellarum pagina.* — 32. 89 | 86 *A.* — *In toto indice stellarum ed. Norimb. scrupula prima non scribit, sed eorum loco numeris fractis utitur cum numeratore 1, ut exempli gratia loco scrup. 40 scribat* $^1/_2\,^1/_6 = {}^1/_2 + {}^1/_6$. *W in propria columella addit stellarum denominationes, quas vocant Bayeri, velut* α, β, γ, δ *etc.*

FORMAE STELLARVM	LONGITVDINIS Partes	LONGITVDINIS Scrup.		LATITVDINIS Partes	LATITVDINIS Scrup.	MAGNITVDO	
BOREAE PLAGAE							
VRSAE MAIORIS QVAM ELICEN VOCANT							
Quae in humero	104	0	SEPTEMTRIONALES	49	0	2	
Quae in ilibus.	105	30		44	30	2	
Quae in eductione caudae	116	30		51	0	3	
52ᵛ In sinistro crure posteriore	117	20		46	30	2	
Duarum praecedens in pede sinistro posteriore	106	0		29	38	3	
Sequens hanc	107	30		28	15	3	
47ᵃ Quae in sinistra cauitate	115	0		35	15	4	
Duarum, quae in pede dextro posteriore, borea	123	10		25	50	3	
Quae magis ad austrum	123	40		25	0	3	
Prima trium in cauda post eductionem .	125	30		53	30	2	
Media earum	131	20		55	40	2	
Vltima et in extrema cauda	143	10		54	0	2	
Stellae 27, quarum secundae magnitudinis 6, tertiae 8, quartae 8, quintae 5							
QVAE CIRCA ELICEN INFORMES							
Quae a cauda in austrum	141	10	SEPTEMTRION.	39	45	3	
Antecedens hanc obscurior	133	30		41	20	5	
Inter Vrsae pedes priores et caput Leonis	98	20		17	15	4	
Quae magis ab hac in boream	96	40		19	10	4	
Vltima trium obscurarum	99	30		20	0		obscura
Antecedens hanc.	95	30		22	45		obscura
Quae magis antecedit	94	30		23	15		obscura
Quae intra priores pedes et Geminos . .	100	20		22	15		obscura
Informium 8, quarum magnitudinis tertiae 1, quartae 2, quintae 1, obscurae 4							
DRACONIS							
Quae in lingua	200	0	SEPTEMTR.	76	30	4	
In ore	215	10		78	30	4	maior
Supra oculum	216	30		75	40	3	
In gena.	229	40		75	20	4	
Supra caput	233	30		75	30	3	
In prima colli inflexione borea	258	40		82	20	4	

1. Boreae plagae || Borea signa *Th et sic porro usque ad* 107. — 3. Partes Scrup. *deest in Ms.* — 4. Vrsae maioris ... vocant *deest in Ms, ubi nomina signorum in novis paginis non repetuntur.* — 10. posteriore || posterior *W.* — 29 | 38 | 3 || 29 | 30 | 3 *NBAW.* — 29. quarum || et quarum *B.*

BOREAE PLAGAE								
FORMAE STELLARVM	LONGITVDINIS Partes	Scrup.		LATITVDINIS Partes	Scrup.	MAGNITVDO		
DRACONIS								
Australis ipsarum	295	50	SEPTENTRIONALES	78	15	4		
Media earumdem	262	10		80	20	4		
Quae sequitur has ab ortu in conuersione secunda	282	50		81	10	4		
Austrina lateris praecedentis quadrilaterj.	331	20		81	40	4		
Borea eiusdem lateris	343	50		83	0	4		
Borea lateris sequentis	1	0		78	50	4		
Australis eiusdem lateris	346	10		77	50	4		53
In inflexione tertia australis triangulj	4	0		80	30	4		
Reliquarum trianguli praecedens	15	0		81	40	5		
Quae sequitur	19	30		80	15	5		
In triangulo antecedente trium	66	20		83	30	4		
Reliquarum eiusdem trianguli australis	43	40		83	30	4		
Quae borealior superioribus duabus	35	10		84	50	4		47b
Duarum paruarum a triangulo sequens	200	0		87	30	6		
Antecedens earum	195	0		86	50	6		
Trium, quae in rectum sequuntur, australis	152	30		81	15	5		
Media trium	152	50		83	0	5		
Quae magis in boream ipsarum	151	0		84	50	3		
Post haec ad occasum duarum, quae magis in boream	153	20		78	0	3		
Magis in austrum	156	30		74	40	4	maior	
Hinc ad occasum in conuersione caudae	156	0		70	0	3		
Duarum plurimum distantium praecedens	120	40		64	40	4		
Quae sequitur ipsam	124	30		65	30	3		
Sequens in cauda	192	30		61	15	3		
In extrema cauda	186	30		56	15	3		
Stellarum ergo 31 tertiae magnitudinis 8, quartae 16, quintae 5, sextae 2								
CEPHEI								
In pede dextro	28	40	SEPT.	75	40	4		
In sinistro pede	26	20		64	15	4		
In latere dextro sub cingulo	0	40		71	10	4		
Quae supra dextrum humerum attingit	340	0		69	0	3		

5. 295 | 50 || 265 | 50 *AW*. — 7.–8. conuersione secunda || conversione se: *NBA*; conversionese sequente *W*. — 16. 83 | 30 | 4 || 84 | 30 | 4 *NBAW*. — 25. *W in ultima columna scribit* maior *et omittit hoc verbum sequenti versu*. — 29. 65 | 30 | 3 || 65 | 34 | 3 *W*. — 30. 192 | 30 || 112 | 30 *A*; *recte* 102 | 30. — 31. 186 | 30 || 106 | 30 *A*; *recte* 96 | 30.

BOREAE PLAGAE							
FORMAE STELLARVM	LONGITVDINIS Partes	Scrup.		LATITVDINIS Partes	Scrup.	MAGNITVDO	
CEPHEI							
Quae dextram vertebram coxae contingit	332	40	SEPTEMTRION.	72	0	4	
Quae sequitur eandem coxam attingens	333	20		74	0	4	
Quae in pectore	352	0		65	30	5	
In brachio sinistro	1	0		62	30	4	maior
Trium in tiara australis	339	40		60	15	5	
Media ipsarum	340	40		61	15	4	
Borea trium	342	20		61	30	5	
Stellae 11 magnitudinis tertiae 1, quartae 7, quintae 3							
53v Informium duarum, quae praecedit tiaram	337	0	SPT.	64	0	5	
Quae sequitur ipsam	344	40		59	30	4	
BOOTIS SIVE ARCTOPHYLACIS							
In manu sinistra trium praecedens	145	40	SEPTEMTRIONALES	58	40	5	
Media trium australior	147	30		58	20	5	
Sequens trium	149	0		60	10	5	
Quae in vertebra sinistra coxae	143	0		54	40	5	
In sinistro humero	163	0		49	0	3	
In capite	170	0		53	50	4	maior
In dextro humero	179	0		48	40	4	
48a In colorobo duarum australior	179	0		53	15	4	
Quae magis in boream in extremo colorobj	178	20		57	30	4	
Duarum sub humero in venabulo borea	181	0		46	10	4	maior
Australior ipsarum	181	50		45	30	5	
In dextrae manus extremo	181	35		41	20	5	
Duarum in vola praecedens	180	0		41	40	5	
Quae sequitur ipsam	180	20		42	30	5	
In extremo colorobi manubrio	181	0		40	20	5	
In dextro crure	173	20		40	15	3	
Duarum in cingulo, quae sequitur	169	0		41	40	4	
Quae antecedit	168	20		42	10	4	maior
In calcaneo dextro	178	40		28	0	3	
In sinistro crure borea trium	164	40		28	0	3	
Media trium	163	50		26	30	4	
Australior ipsarum	164	50		25	0	4	
Stellae 22, quarum in magnitudine tertia 4, in quarta 9, in quinta 9							
Informis inter crura, quam Arcturum vocant	170	20	SPT.	31	30	1	

5. coxae ‖ coxe *Ms.* — 12. quartae 7 ‖ quartae 1 *B.* — 14. 59 | 30 | 4 ‖ 59 | 39 | 4 *W.* — 22. 48 | 40 | 4 ‖ 48 | 40 | 3 *B.*

BOREAE PLAGAE								
FORMAE STELLARVM	LONGITVDINIS Partes	Scrup.		LATITVDINIS Partes	Scrup.	MAGNITVDO		
CORONAE BOREAE								
Lucens in corona	188	0	SEPTEMTRIONALIS	44	30	2	maior	
Praecedens omnium	185	0		46	10	4	maior	
Sequens in boream	185	10		48	0	5		
Sequens magis in boream	193	0		50	30	6		
Quae sequitur lucentem ab austro	191	30		44	45	4		
Quae proxime sequitur	190	30		44	50	4		54
Post has longius sequens	194	40		46	10	4		
Quae sequitur omnes in corona	195	0		49	20	4		
Stellae 8, quarum magnitudinis secundae 1, quartae 5, quintae 1, sextae 1								
ENGONASI								
In capite	221	0	SEPEPTEMTRIONALES	37	30	3		
In axilla dextra	207	0		43	0	3		
In dextro brachio	205	0		40	10	3		
In dextris ilibus	201	20		37	10	4		
In sinistro humero	220	0		48	0	3		
In sinistro brachio	225	20		49	30	4	maior	
In sinistris ilibus	231	0		42	0	4		48b
Trium in sinistra uola	238	50		52	50	4	maior	
Borea duarum reliquarum	235	0		54	0	4	maior	
Australior	234	50		53	0	4		
In dextro latere	207	10		56	10	3		
In sinistro latere	213	30		53	30	4		
In clune sinistro	213	20		56	10	5		
In eductione eiusdem cruris	214	30		58	30	5		
In crure sinistro trium praecedens	217	20		59	50	3		
Sequens hanc	218	40		60	20	4		
Tertia sequens	219	40		61	15	4		
In sinistro genu	237	10		61	0	4		
In sinistra nate	225	30		69	20	4		
In pede sinistro trium praecedens	188	40		70	15	6		
Media earum	220	10		71	15	6		

6. 46 | 10 | 4 || 46 | 20 | 4 *NBA*. — 7. 185 | 10 || 185 | 20 *NBAW*. — 8. 193 | 0 || 187 | 0 *A*. — 10. 190 | 30 || 193 | 0 *A*; 192 | 30 *W*. — 21. 42 | 0 | 4 || 52 | 0 | 4 *W*. — 22. 52 | 50 | 4 || 52 | 0 | 4 *A*. — 27—29. *Hi versus in A. desiderantur.* — 33. nate || sura *A*. — 34. 188 | 40 || 218 | 40 *AW*. — 35. 220 | 10 || 218 | 10 *W*.

BOREA SIGNA

FORMAE STELLARVM	Longitvdinis Partes	Longitvdinis Scrup.		Latitvdinis Partes	Latitvdinis Scrup.	Magnitvdo	
ENGONASI							
Sequens trium	223	0	SEPTEMTRIONALES	72	0	6	
In eductione dextrj cruris	207	0		60	15	4	maior
Eiusdem cruris borealior	198	50		63	0	4	
In dextro genu	189	0		65	30	4	maior
Sub eodem genu duarum australior	186	40		63	40	4	
Quae magis in boream	183	30		64	15	4	
54ᵛ In tibia dextra	184	30		60	0	4	
In extremo dextri pedis eadem quae in extremo colorobo Bootis	178	20		57	30	4	
Praeter hanc stellae 28 magnitudinis tertiae 6, quartae 17, quintae 2, sextae 3							
Informis a dextro brachio australior	206	0		38	10	5	
LYRAE							
Lucida, quae Lyra siue Fidicula uocatur	250	40	SEPTEMTRIONALES	62	0	1	
Duarum adiacentium borea	253	40		62	40	4	maior
Quae magis in austrum	253	40		61	0	4	maior
In medio eductionis cornuum	262	0		60	0	4	
Duarum continuarum ad ortum in boream	265	20		61	20	4	
Quae magis in austrum	265	0		60	20	4	
Praecedentium in iunctura duarum borea	254	20		56	10	3	
Australior	254	10		55	0	4	minor
Sequentium duarum in eodem iugo borea	257	30		55	20	3	
Quae magis in austrum	258	20		54	45	4	minor
Stellarum 10 magnitudinis primae 1, tertiae 2, quartae 7.							
49ᵃ **OLORIS SEV AVIS**							
In ore	267	50	SEPTEMTRIONALES	49	20	3	
In capite	272	20		50	30	5	
In medio collo	279	20		54	30	4	maior
In pectore	291	50		56	20	3	
In cauda lucens	302	30		60	0	2	
In ancone dextrae alae	282	40		64	40	3	
Trium in dextra uola australior	285	50		69	40	4	
Media	284	30		71	30	4	maior
Vltima trium et in extrema ala	310	0		74	0	4	maior

6. dextrj || sexti *B*. — 8. 189 | 0 || 389 | 0 *B*. — 24. 55 | 0 | 4 | minor || 55 | 10 | 4 | maior *W*. — 26. minor || maior *W*. — 27. Stellarum 10 || Stellae 10, quarum *AW*. — 33. 302 | 30 || 202 | 30 *B*. — 37. 310 | 0 || 280 | 0 *A*; 210 | 0 *B*.

BOREA SIGNA							
FORMAE STELLARVM	LONGITVDINIS Partes	Scrup.		LATITVDINIS Partes	Scrup.	MAGNITVDO	
OLORIS SEV AVIS							
In ancone sinistrae alae	294	10	SEPTEMTRIONAL.	49	30	3	
In medio ipsius alae	298	10		52	10	4	maior
In eiusdem extremo	300	0		74	0	3	
In pede sinistro	303	20		55	10	4	maior
In sinistro genu	307	50		57	0	4	
In dextro pede duarum praecedens	294	30		64	0	4	
Quae sequitur	296	0		64	30	4	55
In dextro genu nebulosa	305	30		63	45	5	
Stellae 17, quarum magnitudinis secundae 1, tertiae 5, quartae 9, quintae 2							
ET DVAE CIRCA OLOREM INFORMES							
Sub sinistra ala duarum australior	306	0	SPT.	49	40	4	
Quae magis in boream	307	10		51	40	4	
CASSIOPEAE							
In capite	1	10	SEPTEMTRIONALES	45	20	4	
In pectore	4	10		46	45	3	maior
In cingulo	6	20		47	50	4	
Super cathedra ad coxas	10	0		49	0	3	maior
Ad genua	13	40		45	30	3	
In crure	20	20		47	45	4	
In extremo pedis	355	0		48	20	4	
In sinistro brachio	8	0		44	20	4	
In sinistro cubito	7	40		45	0	5	
In dextro cubito	357	40		50	0	6	
In sedis pede	8	20		52	40	4	
In ascensu medio	1	10		51	40	3	minor
In extremo	27	10		51	40	6	
Stellae 13, quarum magnitudinis tertiae 4, quartae 6, quintae 1, sextae 2							
PERSEI							
In extrema dextrae manus obuolutione nebulosa	21	0	SEPT.	40	30		nebulosa 49b
In dextro cubito	24	30		37	30	4	
In humero dextro	26	0		34	30	4	minor

5. sinistrae alae || sinistra alae *NB*. — 7. 74 | 0 | 3 || 44 | 0 | 3 *AW*. — 16. 307 | 10 || 307 | 40 *B*. — 23. 47 | 45 | 4 || 45 | 30 | 3 *NBAW*. — 24. 355 | 0 || 25 | 0 *A*. — 25. 44 | 20 | 4 || 44 | 30 | 3 *AW*. — 29. minor || maior *W*. — 33. extrema || extremo *NB*. — 34. nebulosa || 4 | neb. *A*; 4 | maior *W*. — 36. minor || maior *W*.

BOREA SIGNA

FORMAE STELLARVM	LONGITVDINIS Partes	Scrup.		LATITVDINIS Partes	Scrup.	MAGNITVDO	
PERSEI							
In sinistro humero	20	50	SEPTEMTRIONALES	32	20	4	
In capite siue nebula	24	0		34	30	4	
In scapulis	24	50		31	10	4	
In dextro latere fulgens	28	10		30	0	2	
In eodem latere trium praecedens. . . .	28	40		27	30	4	
Media	30	20		27	40	4	
Reliqua trium	31	0		27	30	3	
In cubito sinistro	24	0		27	0	4	
55v In sinistra manu et capite Medusae lucens	23	0		23	0	2	
Eiusdem capitis sequens	22	30		21	0	4	
Quae praeit in eodem capite	21	0		21	0	4	
Praecedens etiam hanc	20	10		22	15	4	
In dextro genu	38	10		28	15	4	
Praecedens hanc in genu	37	10		28	10	4	
In ventre duarum praecedens.	35	40		25	10	4	
Sequens	37	20		26	15	4	
In dextra coxendice	37	30		24	30	5	
In dextra sura	39	40		28	45	5	
In sinistra coxa	30	10		21	40	4	maior
In sinistro genu	32	0		19	50	3	
In sinistro crure.	31	40		14	45	3	maior
In sinistro calcaneo	24	30		12	0	3	minor
In summo pedis sinistra parte	29	40		11	0	3	maior
Stellae 26, quarum magnitudinis secundae 2, tertiae 5, quartae 16, quintae 2, nebulosa 1							
CIRCA PERSEA INFORMES							
Quae ad ortum a sinistro genu	34	10	SEPT.	31	0	5	
In boream a dextro genu	38	20		31	0	5	
Antecedens a capite Medusae	18	0		20	40		obscura
Stellarum trium magnitudinis quintae 2, obscura vna							
50a **HENIOCHI SIVE AVRIGAE**							
Duarum in capite australior	55	50	SEPT.	30	0	4	
Quae magis in boream.	55	40		30	50	4	
In sinistro humero fulgens, quam vocant Capellam	78	20		22	30	1	

6. 24 \| 0 \|\| 24 \| 50 *W.* — 13. sinistro manu *B.* — 21. dextra coxendice \|\| dextro coxendice *NB.* — 22. 28 \| 45 \| 5 \|\| 18 \| 45 \| 5 *AW.* — 26. 24 \| 30 \|\| 27 \| 30 *AW.* — minor \|\| maior *W.* — 27. In summo pedis sinistra parte \|\| In summa pedis sinistri parte *AWTh.* — maior *in W deest.* — 34. Aurigae \|\| Aurige *Ms.* — 38. 78 \| 20 \|\| 48 \| 20 *AWTh.*

BOREA SIGNA							
FORMAE STELLARVM	LONGITVDINIS Partes	LONGITVDINIS Scrup.		LATITVDINIS Partes	LATITVDINIS Scrup.	MAGNITVDO	
HENIOCHI SIVE AVRIGAE							
In dextro humero	56	10	SEPTEMTRIONALES	20	0	2	
In dextro cubito	54	30		15	15	4	
In dextra uola	56	10		13	30	4	maior
In sinistro cubito	45	20		20	40	4	maior
Antecedens haedorum	45	30		18	0	4	minor
In sinistra uola, quae haedorum sequens.	46	30		18	0	4	maior
In sinistra sura	53	10		10	10	3	minor
In dextra sura et extremo cornu Tauri boreo	49	0		5	0	3	maior
In talo	49	20		8	30	5	
In clune	49	40		12	20	5	
In sinistro pede exigua.	24	0		10	20	6	
Stellae 14, quarum primae magnitudinis 1, secundae 1, tertiae 2, quartae 7, quintae 2, sextae 1							

56

OPHIVCHI SIVE SERPENTARII							
In capite	228	10	SEPTEMTRIONALES	36	0	3	
In dextro humero duarum praecedens . .	231	20		27	15	4	maior
Sequens.	232	20		26	45	4	
In sinistro humero duarum praecedens. .	216	40		33	0	4	
Quae sequitur.	218	0		31	50	4	
In ancone sinistro	211	40		34	30	4	
In sinistra manu duarum praecedens . .	208	20		17	0	4	
Sequens.	209	20		12	30	3	
In dextro ancone	220	0		15	0	4	
In dextra manu praecedens.	205	40		18	40	4	minor
Sequens	207	40		14	20	4	
In genu dextro	224	30		4	30	3	
In dextra tibia	227	0	Bor.	2	15	3	maior
In pede dextro ex quatuor praecedens. .	226	20	Aust.	2	15	4	maior
Sequens.	227	40	Aust.	1	30	4	maior

6. 15 | 15 | 4 || 12 | 15 | 4 *W*. — 9. minor || maior *W*. — 10. uola, quae || vola *A*. — 46 | 30 || 46 | 0 *edd.* — 11. 53 | 10 || 43 | 10 *AW*. — 12. In dextra sura || In dextro pede *A*. — *W in ultima columna scribit* minor. — 13. 5 || 3 maior *W*. — 16. piimae magnitudinis || magnitudinis primae *NBAW*. — 24. 34 | 30 | 4 || 24 | 30 | 4 *AW*. — 25. praecaedens *Ms.* — 17 | 0 | 4 || 17 | 0 | 3 *AW*. — 26. 12 | 30 | 3 || 15 | 30 | 4 *AW*. — minor *addit K*. — 27. 220 | 0 || 230 | 0 *A*. — 15 | 0 | 4 || 15 | 30 | 4 *AW*. — 28. 205 | 40 || 235 | 40 *AW*. — 18 | 40 | 4 minor || 18 | 40 | 4 maior *NB*; 13 | 40 | 4 maior *AW*. — 29. 207 | 40 || 237 | 40 *AW*. — 30. 4 | 30 | 3 || 7 | 30 | 3 *AW*. — 31. 227 | 0 || 223 | 0 *B*.

BOREA SIGNA							
FORMAE STELLARVM	LONGITVDINIS Partes	Scrup.		LATITVDINIS Partes	Scrup.	MAGNITVDO	
OPHIVCHI SIVE SERPENTARII							
Tertia sequens	228	20	Aust.	0	20	4	maior
Reliqua sequens	229	10	Aust.	0	45	5	maior
Quae calcaneum contingit	229	30	Aust.	1	0	5	
50b In sinistro genu	215	30	Bor.	11	50	3	
In crure sinistro ad rectam lineam borea trium	215	0	Bor.	5	20	5	maior
Media earum	214	0	Bor.	3	10	5	
Australior trium	213	10	Bor.	1	40	5	maior
In sinistro calcaneo	215	40	Bor.	0	40	5	
Domesticam sinistri pedis attingens	214	0	Aust.	0	45	4	
Stellae 24, quarum magnitudinis tertiae 5, quartae 13, quintae 6							
CIRCA OPHIVCHVM INFORMES							
Ab ortu in dextrum humerum maxime borea trium	235	20	SEPTEMTR.	28	10	4	
Media trium	236	0		26	20	4	
56v Australis trium	233	40		25	0	4	
Adhuc sequens tres	237	0		27	0	4	
Separata a quatuor in septemtriones	238	0		33	0	4	
Informium ergo 5 magnitudinis quartae omnes							
SERPENTIS OPHIVCHI							
In quadrilatero, quae in gena	192	10	SEPTEMTRIONALES	38	0	4	
Quae nares attingit	201	0		40	0	4	
In tempore	197	40		35	0	3	
In eductione collj	195	20		34	15	3	
Media quadrilaterj et in ore	194	40		37	15	4	
A capite in septemtriones	201	30		42	30	4	
In prima colli conuersione	195	0		29	15	3	
Sequentium trium borea	198	10		26	30	4	
Media earum	197	40		25	20	3	
Australior trium	199	40		24	0	3	
Duarum praecedens in sinistra Serpentarij	202	0		16	30	4	
Quae sequitur hanc in eadem manu	211	30		16	15	5	
Quae post coxam dextram	227	0		10	30	4	
Sequentium duarum austrina	230	20		8	30	4	maior
Quae borea	231	10		10	30	4	

6. 0|45 || 1|45 *NBATh.* — 8. *In W deest* Bor. — 26. 201|0 || 195|0 *A.* — 30. 201 | 30 || 197 | 30 *A.* — 35. 4 || 5 *W.* — 36. 5 || 4 *W.*

FORMAE STELLARVM	LONGITVDINIS Partes	LONGITVDINIS Scrup.		LATITVDINIS Partes	LATITVDINIS Scrup.	MAGNITVDO	
BOREA SIGNA							
SERPENTIS OPHIVCHI							
Post dextram manum in inflexione caudae	237	0	SEPT.	20	0	4	
Sequens in cauda	242	0	SEPT.	21	10	4	maior
In extrema cauda	251	40	SEPT.	27	0	4	
Stellae 18, quarum magnitudinis tertiae 5, quartae 12, quintae vna							
SAGITTAE (51a)							
In cuspide	273	30	SEPTEMTR.	39	20	4	
In harundine trium sequens	270	0	SEPTEMTR.	39	10	6	
Media ipsarum	269	10	SEPTEMTR.	39	50	5	
Antecedens trium	268	0	SEPTEMTR.	39	0	5	
In glyphide	266	40	SEPTEMTR.	38	45	5	
Stellae 5, quarum magnitudinis quartae 1, quintae 3, sextae 1							
AQVILAE							
In medio capite	270	30	SEPTEMTRIONALES	26	50	4	
In collo (57)	268	10	SEPTEMTRIONALES	27	10	3	
In scapulis lucidam quam vocant Aquilam	267	10	SEPTEMTRIONALES	29	10	2	maior
Proxima huic magis in boream	268	0	SEPTEMTRIONALES	30	0	3	minor
In sinistro humero praecedens	266	30	SEPTEMTRIONALES	31	30	3	
Quae sequitur	269	20	SEPTEMTRIONALES	31	30	5	
In dextro humero antecedens	263	0	SEPTEMTRIONALES	28	40	5	
Quae sequitur	264	30	SEPTEMTRIONALES	26	40	5	maior
In cauda lacteum circulum attingens	255	30	SEPTEMTRIONALES	26	30	3	
Stellae novem, quarum magnitudinis secundae 1, tertiae 4, quartae 1, quintae 3							
CIRCA AQVILAM INFORMES							
A capite in austrum praecedens	272	0	SEPTEMTR.	21	40	3	
Quae sequitur	272	10	SEPTEMTR.	29	10	3	
Ab humero dextro versus Africum	259	20	SEPTEMTR.	25	0	4	maior
Ad austrum	261	30	SEPTEMTR.	20	0	3	
Magis ad austrum	263	0	SEPTEMTR.	15	30	5	
Quae praecedit omnes	254	30	SEPTEMTR.	18	10	3	
Informium 6, quarum magnitudinis tertiae 4, quartae 1 et quintae una							

5. in inflexione ‖ in flexione *A*. — 20. lucidam ‖ lucida *AWTh*. — 24. 28 | 40 | 5 ‖ 28 | 40 | 3 *K*. — 26. 26 | 30 | 3 ‖ 26 | 30 | 5 *NB*; 36 | 30 | 3 *AW*. — 30. 272 | 10 ‖ 272 | 20 *edd.* — 31. Affricum *Ms*. — 34. 18 | 10 ‖ 18 | 20 *NBAW*. — 35. Informium 6, quarum ‖ Informium 6 *Th*.

BOREA SIGNA							
FORMAE STELLARVM	LONGITVDINIS Partes	LONGITVDINIS Scrup.		LATITVDINIS Partes	LATITVDINIS Scrup.	MAGNITVDO	
DELPHINI							
In cauda trium praecedens	281	0	SEPTEMTRIONALES	29	10	3	minor
Reliquarum duarum magis borea	282	0		29	0	4	minor
Australior	282	0		26	40	4	
In rhomboide praecedentis lateris australior	281	50		32	0	3	minor
Eiusdem lateris borea	283	30		33	50	3	minor
Sequentis lateris austrina	284	40		32	0	3	minor
Eiusdem lateris borea	286	50		33	10	3	minor
Inter caudam et rhombum trium australior	280	50		34	15	6	
Caeterarum duarum in boream praecedens	280	50		31	50	6	
Quae sequitur	282	20		31	30	6	
Stellae 10, utputa magnitudinis tertiae 5, quartae 2, sextae 3							
51b **EQVI SECTIONIS**							
In capite duarum praecedens	289	40	SEPT.	20	30		obscura
Sequens	292	20		20	40		obscura
In ore duarum praecedens	289	40		25	30		obscura
57v Quae sequitur	291	0		25	0		obscura
Stellae quatuor, obscurae omnes							
EQVI ALATI SEV PEGASI							
In rictu	298	40	SEPTEMTRIONALES	21	30	3	maior
In capite duarum propinquarum borea	302	40		16	50	3	
Quae magis in austrum	301	20		16	0	4	
In iuba duarum australior	314	40		15	0	5	
Quae magis in boream	313	50		16	0	5	
In ceruice duarum praecedens	312	10		18	0	3	
Sequens	313	50		19	0	4	
In sinistra subfragine	305	40		36	30	4	maior
In sinistro genu	311	0		34	15	4	maior
In dextra suffragine	317	0		41	10	4	maior
In pectore duarum propinquarum praecedens	319	30		29	0	4	
Sequens	320	20		29	30	4	

18. 292 | 20 || 291 | 20 *A.* — 20. 291 | 0 || 291 | 21 *Th. Ms in praecedentibus versibus scrupula longitudinis primae manus emendavit et delevit in altera columella rectos numeros addens. In hoc versu numerum 21 primae manus delere oblitus iuxta 21 recte* 0 *apposuit.* — 25 | 0 || 15 | 0 *B.* — 22. Alati || Palati *B.* — 35. 29 | 30 || *sic et K*; 20 | 30 *N.*

BOREA SIGNA

FORMAE STELLARVM	LONGITVDINIS Partes	Scrup.		LATITVDINIS Partes	Scrup.	MAGNITVDO	
EQVI ALATI SEV PEGASI							
In dextro genu duarum borea	322	20	SEPTEMTRIONALES	35	0	3	
In austrum magis	321	50		24	30	5	
In corpore duarum sub ala, quae borea	327	50		25	40	4	
Quae australior	328	20		25	0	4	
In scapulis et armo alae	350	0		19	40	2	minor
In dextro humero et cruris eductione	325	30		31	0	2	minor
In extrema ala	335	30		12	30	2	minor
In vmbilico, quae et capiti Andromadae communis	341	10		26	0	2	minor
Stellae 20, nempe magnitudinis secundae 4, tertiae 4, quartae 9, quintae 3							
ANDROMEDAE 52a							
Quae in scapulis	348	40	SEPTEMTRIONALES	24	30	3	
In dextro humero	349	40		27	0	4	
In sinistro humero	347	40		23	0	4	
In dextro brachio trium australior	347	0		32	0	4	
Quae magis in boream	348	0		33	30	4	
Media trium	348	20		32	20	5	
In summa manu dextra trium australior	343	0		41	0	4	
Media earum	344	0		42	0	4	
Borea trium	345	30		44	0	4	58
In sinistro brachio	347	30		17	30	4	
In sinistro cubito	349	0		15	50	3	
In cingulo trium australis	357	10		25	20	3	
Media	355	10		30	0	3	
Septemtrionalis trium	355	20		32	30	3	
In pede sinistro	10	10		23	0	3	
In dextro pede	10	30		37	20	4	maior
Australior ab his	8	30		35	20	4	maior
Sub poplite duarum borea	5	40		29	0	4	
Austrina	5	20		28	0	4	
In dextro genu	5	30		35	30	5	
In syrmate siue tractu duarum borea	6	0		34	30	5	
Austrina	7	30		32	30	5	
A dextra manu excedens et informis	5	0		44	0	3	
Stellae 23, etenim magnitudinis tertiae 7, quartae 12, quintae 4							

9. 350|0 || 320|0 *A.* — 15. Andromedae || Andromadae *Th.* — 22. 41|0|4 || 41|0 *Th.* — 30. 23|0|3 || 25|0|3 *A.* — 31. 37|20 || 37|10 *BTh.*

BOREA SIGNA						
FORMAE STELLARVM	LONGITVDINIS Partes	Scrup.		LATITVDINIS Partes	Scrup.	MAGNITVDO
TRIANGVLI						
In apice triangulj	4	20	SEPTEM.	16	30	3
In basi praecedens trium.	9	20		20	40	3
Media	9	30		20	20	4
Sequens trium.	10	10		19	0	3
Stellae 4, earum magnitudinis tertiae 3, quartae vna						
Igitur in ipsa septemtrionali plaga stellae omnes 360: Magnitudinis primae 3, secundae 18, tertiae 81, quartae 177, quintae 58, sextae 13, nebulosa 1, obscurae nouem.						

7. 20 | 20 | 4 || 19 | 20 | 4 *A.* — 9. stellae 4 || 4 *W.* — 11. tertiae 81, quartae 177: *Copern. praebet hos numeros secundum Ptolemaeum; revera summa efficit* tertiae 84, quartae 174.

EORVM QVAE MEDIA
ET CIRCA SIGNIFERVM SVNT CIRCVLVM

FORMAE STELLARVM	LONGITVDINIS Partes	LONGITVDINIS Scrup.		LATITVDINIS Partes	LATITVDINIS Scrup.	MAGNITVDO	
ARIETIS							
In cornu duarum praecedens et prima omnium	0	0	Bor.	7	20	3	minor
Sequens in cornu	1	0	Bor.	8	20	3	
In rictu duarum borea	4	20	Bor.	7	40	5	
Quae magis in austrum	4	50	Bor.	6	0	5	58v
In ceruice	9	50	Bor.	5	30	5	
In renibus	10	50	Bor.	6	0	6	
Quae in eductione caudae	14	40	Bor.	4	50	5	
In cauda trium praecedens	17	10	Bor.	1	40	4	
Media	18	40	Bor.	2	30	4	
Sequens trium	20	20	Bor.	1	50	4	52b
In coxendice	13	0	Bor.	1	10	5	
In poplite	11	20	Aust.	1	30	5	
In extremo pede posteriore	8	10	Aust.	5	15	4	maior
Stellae 13, quarum magnitudinis tertiae 2, quartae 4, quintae 6, sextae vna							
CIRCA ARIETEM INFORMES							
Lucida supra caput	3	50	Bor.	10	0	3	maior
Supra dorsum maxime septemtrionaria	15	0	Bor.	10	10	4	
Reliquarum trium paruarum borea	14	40	Bor.	12	40	5	
Media	13	0	Bor.	10	40	5	
Australis earum	12	30	Bor.	10	40	5	
Stellae 5, quarum magnitudinis tertiae 1, quartae 1, quintae 3							
TAVRI							
In sectione ex quatuor maxime borea	19	40	Aust.	6	0	4	
Altera post ipsam	19	20	Aust.	7	15	4	
Tertia	18	0	Aust.	8	30	4	
Quarta maxime austrina	17	50	Aust.	9	15	4	

7. minor || deficiens *NBAW*. — 9. 7 | 40 | 5 || 7 | 40 | 3 *NBAW*. — 19. 8 | 10 || 8 | 15 *BAW*. — 22. Lucida || Quae *NBAW*. — 3 | 50 || 3 | 45 *NBAW*. — 0 | 3 || 0 | 5 *NBAW*. — 23. septemtrionaria || septentrionalis *W*.

MEDIA QVAE CIRCA SIGNIFERVM							
FORMAE STELLARVM	LONGITVDINIS			LATITVDINIS		MAGNITVDO	
	Partes	Scrup.		Partes	Scrup.		
TAVRI							
In dextro armo	23	0	Aust.	9	30	5	
In pectore	27	0	Aust.	8	0	3	
In dextro genu	30	0	Aust.	12	40	4	
In suffragine dextra	26	20	Aust.	14	50	4	
In sinistro genu	35	30	Aust.	10	0	4	
In sinistra subfragine	36	20	Aust.	13	30	4	
In facie quinque, quae Succulae (Hyades) vocantur, quae in naribus	32	0	Aust.	5	45	3	minor
Inter hanc et boreum oculum	33	40	Aust.	4	15	3	minor
Inter eamdem et oculum australem	34	10	Aust.	0	50	3	minor
In ipso oculo lucens Palilicium dicta Romanis	36	0	Aust.	5	10	1	
59 In oculo boreo	35	10	Aust.	3	0	3	minor
Quae inter originem australis cornu et aurem	40	30	Aust.	4	0	4	
In eodem cornu duarum australior	43	40	Aust	5	0	4	
Quae magis in boream	43	20	Aust.	3	30	5	
In extremo eiusdem	50	30	Aust.	2	30	3	
In origine cornu septemtrionalis	49	0	Aust.	4	0	4	Venus apogea 48. 20
In extremo eiusdem quaeque in dextro pede Heniuchi	49	0	Bor.	5	0	3	
In aure borea duarum borea	35	20	Bor.	4	30	5	
Australis earum	35	0	Bor.	4	0	5	
53ª In ceruice duarum exiguarum praecedens	30	20	Bor.	0	40	5	
Quae sequitur	32	20	Bor.	1	0	6	
In collo quadrilateri praecedentium austrina	31	20	Bor.	5	0	5	
Eiusdem lateris borea	32	10	Bor.	7	10	5	
Sequentis lateris australis	35	20	Bor.	3	0	5	
Huius lateris borea	35	0	Bor.	5	0	5	
Pleadum praecedentis lateris boreus terminus, Vergiliae	25	30	Bor.	4	30	5	
Eiusdem lateris australis terminus	25	50	Bor.	4	40	5	

5. 9 | 30 | 5 || 9 | 21 | 5 *B.* — 11. quae Succulae (Hyades) vocantur, quae || quae Succulae vocantur, Hyades, quae *Th.* — Hyades *omiserunt NBAW.* — Hyades *in margine Ms additur sine loci significatione.* — 14. 0 | 50 | 3 || 8 | 50 | 3 *BTh;* 5 | 50 | 3 *AW.* — 15. dicta Romanis || dicta Ro *NBA*; dicta rorem *W.* — 16. minor *ultimae columnae in NBAW editionibus deest.* — 19. 5 | 0 | 4 || 6 | 0 | 4 *A.* — 22. 49 | 0 | |39 | 0 *AW.* — Venus apogea 48 · 20 *in Th falso versui 26 apponitur; in ceteris edd. deest.* — 26. 4 | 0 | 5 || 4 | 30 | 5 *BTh.* — 33. Pleadum || Pleiadum *edd.* — 34. Vergiliae *in NBAW deest.* — 35. 4 | 40 | 5 || 3 | 40 | 5 *W.*

MEDIA QVAE CIRCA SIGNIFERVM						
FORMAE STELLARVM	LONGITVDINIS Partes	LONGITVDINIS Scrup.		LATITVDINIS Partes	LATITVDINIS Scrup.	MAGNITVDO
TAVRI						
Pleadum sequens angustissimus terminus	27	0	Bor.	5	20	5
Exigua Pleadum et ab extremis secta . .	26	0	Bor.	3	0	5
Stellarum 32, absque ea quae in extremo cornu septemtrionali, magnitudinis primae est 1, tertiae 6, quartae 11, quintae 13, sextae vna						
QVAE CIRCA TAVRVM INFORMES						
Inter pedem et armum deorsum	18	20	Aust.	17	30	4
Circa austrinum cornu praecedens trium .	43	20	Aust.	2	0	5
Media trium	47	20	Aust.	1	45	5
Sequens trium.	49	20	Aust.	2	0	5
Sub extremo eiusdem cornu duarum borea	52	20	Aust.	6	20	5
Austrina	52	20	Aust.	7	40	5
Sub boreo cornu quinque praecedens . .	50	20	Bor.	2	40	5
Altera sequens	52	20	Bor.	1	0	5
Tertia sequens.	54	20	Bor.	1	20	5
Reliquarum duarum, quae borea	55	40	Bor.	3	20	5
Quae australis.	56	40	Bor.	1	15	5
Stellarum 11 informium magnitudinis quartae 1, quintae decem 59v						
GEMINORVM						
In capite Gemini praecedentis, Castoris .	76	40	Bor.	9	30	2
In capite Gemini sequentis subflaua, Pollucis	79	50	Bor.	6	15	2
In sinistro cubito Gemini praecedentis. .	70	0	Bor.	10	0	4
In eodem brachio	72	0	Bor.	7	20	4
In scapulis eiusdem Geminj	75	20	Bor.	5	30	4
In dextro humero eiusdem	77	20	Bor.	4	50	4
In sinistro humero sequentis Gemini . .	80	0	Bor.	2	40	4
In dextro latere antecedentis Gemini . .	75	0	Bor.	2	40	5
In sinistro latere sequentis Gemini . . .	76	30	Bor.	3	0	5
In sinistro genu praecedentis Gemini . .	66	30	Bor.	1	30	3
In sinistro genu sequentis	71	35	Aust.	2	30	3
In sinistro bubone eiusdem	75	0	Aust.	0	30	3

5.—6. Pleadum || Pleiadum *edd.* — 5. Pleadum sequens || Pleiadum sequentis *Th.* — 6. 3 | 0 | 5 || 5 | 0 | 5 *W.* — 7. quae in || quae est in *Th.* — 7.—8. primae est || primae *edd.* — 23. 9 | 30 | 2 || 9 | 20 | 2 *AW.* — 31. 3 | 0 | 5 || 3 | 0 | 3 *NBAW.* — 32. *NBAW in ultima columna addunt* maior. — 33. 71 | 35 || 71 | 40 *NBAW.*

53b

MEDIA QVAE CIRCA SIGNIFERVM							
FORMAE STELLARVM	LONGITVDINIS Partes	Scrup.		LATITVDINIS Partes	Scrup.	MAGNITVDO	
GEMINORVM							
In cauitate dextra eiusdem	74	40	Aust.	0	40	3	
In pede praecedentis Gemini praecedens .	60	0	Aust.	1	30	4	maior
In eodem pede sequens	61	30	Aust.	1	15	4	
In extremo pede praecedentis Gemini . .	63	30	Aust.	3	30	4	
In summo pede sequentis	65	20	Aust.	7	30	3	
In infimo eiusdem pedis	68	0	Aust.	10	30	4	
Stellae 18, quarum magnitudinis secundae 2, tertiae 5, quartae 9, quintae 2							
CIRCA GEMINOS INFORMES							
Praecedens ad summum pedem Gemini praecedentis	57	30	Aust.	0	40	4	
Quae ante genu eiusdem lucet	59	50	Bor.	5	50	4	maior
Antecedens genu sinistrum sequentis Gemini	68	30	Aust.	2	15	5	
Sequentium dextram manum Gemini sequentis trium borea	81	40	Aust.	1	20	5	
Media	79	40	Aust.	3	20	5	
Australis trium, quae circa brachium dextrum	79	20	Aust.	4	30	5	
Lucida sequens tres	84	0	Aust.	2	40	4	
Stellae 7 informium magnitudinis quartae 3, quintae 4							
CANCRI							
In pectore nebulosi media, quae Praesepe uocatur	93	40	Bor.	0	40		nebulosa
60 Quadrilaterj duarum praecedentium borea	91	0	Bor.	1	15	4	minor
Austrina	91	20	Aust.	1	10	4	minor
Sequentium duarum, quae uocantur Asini, borea	93	40	Bor.	2	40	4	maior
Australis Asinus	94	40	Aust.	0	10	4	maior
In Chele seu brachio austrino.	99	50	Aust.	5	30	4	

5. 0 | 40 | 3 || 4 | 40 | 3 *AW*. — 6.—7. Aust. *deest in Ms*. — 8. pede *desideratur in edd*. — 63 | 30: *in margine Ms addit*. 63 | 20. — 10. eiusdem || sinistri *AW*. — 14. 0 | 40 | 4 || 0 | 50 | 4 *AW*. — 18.—19. sequentis trium || sequentium trium *NB*. — 23. lucida || lucidens *Ms*. — 24. stellae || stellarum *edd*. — 26. nebulosi media, quae || neb. media *NBAW*; nebulosa, quae *Th*. — 32. Aust. || Bor. *B*. — 0 | 10 | 4 || 0 | 40 | 4 *B*.

MEDIA QVAE CIRCA SIGNIFERVM								
FORMAE STELLARVM	LONGITVDINIS Partes	Scrup.		LATITVDINIS Partes	Scrup.	MAGNITVDO		
CANCRI								
In brachio septemtrionalj	91	40	Bor.	11	50	4		
In extremo pedis borei	86	0	Bor.	1	0	5		
In extremo pedis austrinj	90	30	Aust.	7	30	4	maior	
Stellarum nouem magnitudinis quartae 7, quintae 1, nebulosa vna								
CIRCA CANCRVM INFORMES								
Supra cubitum australis Cheles	103	0	Aust.	2	40	4	minor	
Sequens ab extremo eiusdem Cheles	105	0	Aust.	5	40	4	minor	
Supra nubeculam duarum praecedens	97	20	Bor.	4	50	5		54[a]
Sequens hanc	100	20	Bor.	7	15	5		
Quatuor informium magnitudinis quartae 2, quintae 2								
LEONIS								
In naribus	101	40	Bor.	10	0	4		
In hiatu	104	30	Bor.	7	30	4		
In capite duarum borea	107	40	Bor.	12	0	3		
Australis	107	30	Bor.	9	30	3	maior	
In ceruice trium borea	113	30	Bor.	11	0	3	Martis apogeon 109. 50.	
Media	115	30	Bor.	8	30	2		
Australis trium	114	0	Bor.	4	30	3		
In corde, quam Basiliscum siue Regulum vocant	115	50	A.	0	10	1		
In pectore duarum austrina	116	50	Aust.	1	50	4		
Antecedens parum eam, quae in corde	113	20	Aust.	0	15	5		
In genu dextro priorj	110	40	0	0	0	5		
In drace dextra	117	30	Aust.	3	40	6		
In genu sinistro anteriorj	122	30	Aust.	4	10	4		
In drace sinistra	115	50	Aust.	4	15	4		
In sinistra axilla	122	30	Aust.	0	10	4		
In ventre trium antecedens	120	20	Bor.	4	0	6		
Sequentium duarum borea	126	20	Bor.	5	20	6		
Quae australis	125	40	Bor.	2	20	6		60[v]
In lumbis duarum, quae praeit	124	40	Bor.	12	15	5		

6. 1 | 0 | 5 || 1 | 0 | 3 *NBAW*. — 7. Aust. || Bor. *W*. — 10. Chelaes *Ms*. — minor || maior *NBAW*. — 12. 4 | 50 | 5 || 4 | 30 | 5 *B*. — 20. *Verba* Martis apogeon 109. 50 *in NBAW desunt*. — 23. in corde || in pectore *Mspm*. — quam || quem *W*. — 24. A. *desideratur in edd. Litera* A *in margine Ms scripta* Australis *legenda et in columella tertia ponenda esse videtur*. — 29. 122 | 30 || 110 | 30 *A*.

MEDIA QVAE CIRCA SIGNIFERVM							
FORMAE STELLARVM	LONGITVDINIS Partes	LONGITVDINIS Scrup.		LATITVDINIS Partes	LATITVDINIS Scrup.	MAGNITVDO	
LEONIS							
Quae sequitur.	127	30	Bor.	13	40	2	
In clune duarum borea	127	40	Bor.	11	30	5	
Austrina	129	40	Bor.	9	40	3	
In posteriorj coxa	133	40	Bor.	5	50	3	
In cauitate	135	0	Bor.	1	15	4	
In posteriorj cubito	135	0	Aust.	0	50	4	
In pede posteriorj	134	0	Aust.	3	0	5	
In extremo caudae	137	50	Bor.	11	50	1	minor
Stellarum 27 magnitudinis primae 2, secundae 2, tertiae 6, quartae 8, quintae 5, sextae 4							
CIRCA LEONEM INFORMES							
Supra dorsum duarum praecedens. . . .	119	20	Bor.	13	20	5	
Quae sequitur.	121	30	Bor.	15	30	5	
Sub ventre trium borea	129	50	Bor.	1	10	4	minor
54b Media	130	30	Aust.	0	30	5	
Australis trium	132	20	Aust.	2	40	5	
Inter extrema Leonis et Vrsae nebulosae inuolutionis quam vocant Beronices crines, quae maxime in boream	138	10	Bor.	30	0		luminosa
Australium duarum praecedens	133	50	Bor.	25	0		obscura
Quae sequitur in figura folij haederae. . .	141	50	Bor.	25	30		obscura
Informium 8 magnitudinis quartae 1, quintae 4, luminosa 1, obscurae 2							
VIRGINIS							
In summo capite duarum praecedens austrina	139	40	Bor.	4	15	5	
Sequens septemtrionalior	140	20	Bor.	5	40	5	
In vultu duarum borea	144	0	Bor.	8	0	5	
Australis	143	30	Bor.	5	30	5	
In extremo alae sinistrae et austrinae . .	142	20	Bor.	6	0	3	
Earum, quae in sinistra ala, quatuor praecedens	151	35	Bor.	1	10	3	
Altera sequens	156	30	Bor.	2	50	3	
Tertia	160	30	Bor.	2	50	5	
Vltima quatuor sequens	164	20	Bor.	1	40	4	

17. 1 | 10 | 4 || 1 | 50 | 4 *A.* — 31. austrinae || austrina *W.* — 6 | 0 || 1 | 10 *A.* — 33. 151 | 35 || 151 | 30 *NBAW.*

MEDIA QVAE CIRCA SIGNIFERVM								
FORMAE STELLARVM	LONGITVDINIS Partes	Scrup.		LATITVDINIS Partes	Scrup.	MAGNITVDO		
VIRGINIS								
In dextro latere sub cingulo	157	40	Bor.	8	30	3		
In dextra et borea ala trium praecedens	151	30	Bor.	13	50	5		61
Reliquarum duarum austrina	153	30	Bor.	11	40	6	Jovis apogeon 154. 20	
Ipsarum borea vocata Vindemiator . . .	155	30	Bor.	15	10	3	maior	
In sinistra manu, quae Spica vocatur . .	170	0	Aust.	2	0	1		
Sub perizomate et in clune dextra . . .	168	10	Bor.	8	40	3		
In sinistra coxa quadrilaterj praecedentium borea	169	40	Bor.	2	20	5		
Australis	170	20	Bor.	0	10	6		
Sequentium duarum borea	173	20	Bor.	1	30	4		
Austrina	171	20	Bor.	0	20	5		
In genu sinistro	175	0	Bor.	1	30	5		
In postremo coxae dextrae	171	20	Bor.	8	30	5		
In syrmate, quae media	180	0	Bor.	7	30	4		
Quae austrina	180	40	Bor.	2	40	4		
Quae borea	181	40	Bor.	11	40	4		
In sinistro et austrino pede	183	20	Bor.	0	30	4	Mercur. apogeon 183. 20	
In dextro et boreo pede	186	0	Bor.	9	50	3		
Stellarum 26 magnitudinis primae 1, tertiae 6, quartae 6, quintae 11, sextae 2								
CIRCA VIRGINEM INFORMES								
Sub brachio sinistro in directum trium praecedens	158	0	Aust.	3	30	5		55a
Media	162	20	Aust.	3	30	5		
Sequens	165	35	Aust.	3	20	5		
Sub Spica in rectam lineam trium praecedens	170	30	Aust.	7	20	6		
Media earum, quae et dupla	171	30	Aust.	8	20	5		
Sequens ex tribus	173	20	Aust.	7	50	6		
Informium 6 magnitudinis quintae 4, sextae 2								

7. Iovis apogeon 154. 20 *deest in NBAW.* — 8. maior || *sic Ms et K; in NBAW desideratur.* — 12. 169 | 40 || *sic et K;* 269 | 40 *NBAW.* — 21. Mercurii apogeon 183. 20 *non leguntur in NBAW; Th hanc notam falso ad versum 20 applicat.* — 23. tertiae 6 || tertiae 7 *Th; summa stellarum magnitudinis tertiae est quidem 7; Copernicus 6 tantum numerans videtur sequi Ptolemaeum, qui ultimam:* in dextro et boreo pede *stellam magnitudini quartae tribuit.* — quintae 11 || quintae 10 *Th.* — 28. 165 | 35 || *sic et K;* 165 | 50 *NBAW.* — 3 | 20 | 5 || 3 | 30 | 5 *NBAW.* — 29. Spica in rectam || Spicam rectam *NBAW.*

MEDIA QVAE CIRCA SIGNIFERVM							
FORMAE STELLARVM	LONGITVDINIS Partes	Scrup.		LATITVDINIS Partes	Scrup.	MAGNITVDO	
CHELARVM							
In extrema austrina Chele duarum lucens	191	20	Bor.	0	40	2	maior
Obscurior in boream	190	20	Bor.	2	30	5	
In extrema borea Chele duarum lucens .	195	30	Bor.	8	30	2	
Obscurior praecedens hanc	191	0	Bor.	8	30	5	
In medio Cheles austrinae	197	20	Bor.	1	40	4	
In eadem, quae praeit	194	40	Bor.	1	15	4	
61v In media Chele borea	200	50	Bor.	3	45	4	
In eadem, quae sequitur	206	20	Bor.	4	30	4	
Stellae octo, quarum magnitudinis secundae 2, quartae 4, quintae duae							
CIRCA CHELAS INFORMES							
In boream a Chele borea trium praecedens	199	30	Bor.	9	0	5	
Sequentium duarum australis	207	0	Bor.	6	40	4	
Borea ipsarum	207	40	Bor.	9	15	4	
Inter Chelas ex tribus, quae sequitur . .	205	50	Bor.	5	30	6	
Reliquarum duarum praecedentium borea	203	40	Bor.	2	0	4	
Quae australis.	204	30	Bor.	1	30	5	
Sub austrina Chele trium praecedens . .	196	20	Aust.	7	30	3	
Reliquarum sequentium duarum borea. .	204	30	Aust.	8	10	4	
Australis	205	20	Aust.	9	40	4	
Informium 9 magnitudinis tertiae 1, quartae 5, quintae 2, sextae vna							
SCORPII							
In fronte lucentium trium borea	209	40	Bor.	1	20	3	maior
Media	209	0	Aust.	1	40	3	
Australis trium	209	0	Aust.	5	0	3	
Quae magis ad austrum et in pede . . .	209	20	Aust.	7	50	3	
Duarum coniunctarum fulgens borea . .	210	20	Bor.	1	40	4	
Australis	210	40	Bor.	0	30	4	
In corpore trium lucidarum praecedens .	214	0	Aust.	3	45	3	
Media rutilans Antares vocata	216	0	Aust.	4	0	2	maior
Sequens trium.	217	50	Aust.	5	30	3	

6. 2 | 30 | 5 || 2 | 20 | 5 *NBAW*. — 7. 8 | 30 | 2 || 8 | 30 | 5 *W*. — 33. 0 | 2 || 0 | 4 *B*.

MEDIA QVAE CIRCA SIGNIFERVM

FORMAE STELLARVM	LONGITVDINIS Partes	LONGITVDINIS Scrup.		LATITVDINIS Partes	LATITVDINIS Scrup.	MAGNITVDO		
SCORPII								
In ultimo acetabulo duarum praecedens .	212	40	Aust.	6	10	5		55[b]
Sequens.	213	50	Aust.	6	40	5		
In primo corporis spondylo.	221	50	Aust.	11	0	3		
In secundo spondylo	222	10	Aust.	15	0	4		
In tertio duplicis borea	223	20	Aust.	18	40	4	Saturni apogeon 226. 30.	
Austrina duplicis	223	30	Aust.	18	0	3		
In quarto spondylo	226	30	Aust.	19	30	3		
In quinto	231	30	Aust.	18	50	3		
In sexto spondylo	233	50	Aust.	16	40	3		62
In septimo, quae proxima aculeo	232	20	Aust.	15	10	3		
In ipso aculeo duarum sequens	230	50	Aust.	13	20	3		
Antecedens	230	20	Aust.	13	30	4		
Stellae 21, quarum secundae magnitudinis 1, tertiae 13, quartae 5, quintae 2								
CIRCA SCORPIVM INFORMES								
Nebulosa sequens aculeum	234	30	Aust.	13	15		nebulosa	
Ab aculeo in boream duarum praecedens	228	50	Aust.	6	10	5		
Quae sequitur	232	50	Aust.	4	10	5		
Informium trium magnitudinis quintae 2, nebulosa vna								
SAGITTARII								
In cuspide sagittae	237	50	Aust.	6	30	3		
In manubrio sinistrae manus	241	0	Aust.	6	30	3		
In australi parte arcus	241	20	Aust.	10	50	3		
In septemtrionali duarum australior . . .	242	20	Aust.	1	30	3		
Magis in boream in extremitate arcus . .	240	0	Bor.	2	50	4		
In humero sinistro	248	40	Aust.	3	10	3		
Antecedens hanc in iaculo	246	20	Aust.	3	50	4		
In oculo nebulosa duplex	248	30	Bor.	0	45		nebulosa	
In capite trium, quae anteit	249	0	Bor.	2	10	4		
Media	251	0	Bor.	1	30	4	maior	
Sequens	252	30	Bor.	2	0	4		
In boreo contactu trium australior . . .	254	40	Bor.	2	50	4		

10. 18 | 0 | 3 || 20 | 45 | 3 *A.* — Saturni apogeon 226. 30 *in NBAW desunt.* — 13. 233 | 50 || 233 | 20 *W.* — 19. 13 | 15 || 12 | 15 *NBATh. K*: pro $12^1/_4$ lege $327^1/_2$ $^1/_6$ (sic!). — 20. praecedens || sequens *NBAW.* — Aust. *deest in NBAW.* — 25. 241 | 0 || 141 | 0 *W.* — 30. 3 | 50 | 4 || 3 | 30 | 4 *A.* — 35. *In W* trium *deest.*

MEDIA QVAE CIRCA SIGNIFERVM							
FORMAE STELLARVM	LONGITVDINIS Partes	Scrup.		LATITVDINIS Partes	Scrup.	MAGNITVDO	
SAGITTARII							
Media	255	40	Bor.	4	30	4	
Borea trium	256	10	Bor.	6	30	4	
Sequens tres obscura	259	0	Bor.	5	30	6	
In australi contactu duarum borea	262	50	Bor.	5	50	5	
Australis	261	0	Bor.	2	0	6	
In humero dextro	255	40	Aust.	1	50	5	
56a In dextro cubito	258	10	Aust.	2	50	5	
In scapulis	253	20	Aust.	2	30	5	
In armo	251	0	Aust.	4	30	4	maior
Sub axilla	249	40	Aust.	6	45	3	
62v In subfragine sinistra priore	251	0	Aust.	23	0	2	
In genu eiusdem cruris	250	20	Aust.	18	0	2	
In priori dextra suffragine	240	0	Aust.	13	0	3	
In sinistra scapula	260	40	Aust.	13	30	3	
In anteriori dextro genu	260	0	Aust.	20	10	3	
In eductione caudae quatuor borei lateris praecedens	261	0	Aust.	4	50	5	
Sequens eiusdem lateris	261	10	Aust.	4	50	5	
Austrini lateris praecedens	261	50	Aust.	5	50	5	
Sequens eiusdem lateris	263	0	Aust.	6	30	5	
Stellae 31, quarum magnitudinis secundae 2, tertiae 9, quartae 9, quintae 8, sextae 2, nebulosa vna							
CAPRICORNI							
In praecedente cornu trium borea	270	40	Bor.	7	30	3	
Media	271	0	Bor.	6	40	6	
Australis trium	270	40	Bor.	5	0	3	
In extremo sequentis cornu	272	20	Bor.	8	0	6	
In rictu trium australis	272	20	Bor.	0	45	6	
Reliquarum duarum praecedens	272	0	Bor.	1	45	6	
Sequens	272	10	Bor.	1	30	6	
Sub oculo dextro	270	30	Bor.	0	40	5	
In ceruice duarum borea	275	0	Bor.	4	50	6	

8. 5 | 50 || 5 | 0 *edd.* — 11. 258 | 10 || 250 | 10 *B;* 258 | 30 *NAW.* — *N scribit* 258 $^3/_6$ *pro* 258 $^1/_6$; *ceteris in locis semper utitur numeratore* 1. — 14. 249 | 40 || 248 | 40 *B.* — 21. 261 | 0 *in Ms ex* 261 | 10. — 24. 263 | 0 || 263 | 50 *B.* — 6 | 30 || 6 | 50 *Th.* — 28. praecedente || sequente *A.* — 31. sequentis || praecedentis *A.*

MEDIA QVAE CIRCA SIGNIFERVM						
FORMAE STELLARVM	LONGITVDINIS Partes	Scrup.		LATITVDINIS Partes	Scrup.	MAGNITVDO
CAPRICORNI						
Australis	275	10	Aust.	0	50	5
In dextro genu	274	10	Aust.	6	30	4
In sinistro genu subfracto	275	0	Aust.	8	40	4
In sinistro humero	280	0	Aust.	7	40	4
Sub aluo duarum contiguarum praecedens	283	30	Aust.	6	50	4
Sequens	283	40	Aust.	6	0	5
In medio corpore trium sequens	282	0	Aust.	4	15	5
Reliquarum praecedentium australis	280	0	Aust.	4	0	5
Septemtrionalis earum	280	0	Aust.	2	50	5
In dorso duarum, quae anteit	280	0	Aust.	0	0	4
Sequens	284	20	Aust.	0	50	4
In australj spina antecedens duarum	286	40	Aust.	4	45	4
Sequens	288	20	Aust.	4	30	4 56b
In eductione caudae duarum praecedens	288	40	Aust.	2	10	3 63
Sequens	289	40	Aust.	2	0	3
In borea parte caudae quatuor praecedens	290	10	Aust.	2	20	4
Reliquarum trium australis	292	0	Aust.	5	0	5
Media	291	0	Aust.	2	50	5
Borea, quae in extremo caudae	292	0	Bor.	4	20	5
Stellae 28, quarum magnitudinis tertiae 4, quartae 9, quintae 9, sextae 6						
AQVARII						
In capite	293	40	Bor.	15	45	5
In humero dextro, quae clarior	299	40	Bor.	11	0	3
Quae obscurior	298	30	Bor.	9	40	5
In humero sinistro	290	0	Bor.	8	50	3
Sub axilla	290	40	Bor.	6	15	5
Sub sinistra manu in ueste sequens trium	280	0	Bor.	5	30	3
Media	279	30	Bor.	8	0	4
Antecedens trium	278	0	Bor.	8	30	3
In cubito dextro	302	50	Bor.	8	45	3

6. 6 | 30 | 4 || 6 | 30 | 5 *B.* — 14. 280 | 0 || 28 | 0 *W.* — 18. 2 | 10 | 3 || 2 | 40 | 3 *A.* — 20. 290 | 10 | Aust. | 2 | 20 | 4 || 287 | 20 | B | 4 | 50 | 4 *A.* — Aust. 2 || B 2 *W.* — 21. 292 | 0 | Aust. | 5 | 0 | 5 || 290 | 0 | B | 3 | 0 | 5 *A.* — Aust. 5 || B 5 *W.* — 22. Aust. || B. *AW.* — 23. 4 | 20 | 5 || 5 | 20 | 5 *A.* — 24. quintae 9 || quintae 6 *NBA.* — 26. 293 | 40 || 293 | 45 *A.* — 15 | 45 | 5 || 15 | 40 | 5 *A.* — 27. 299 | 40 || 299 | 44 *Ms.* — 299 | 40 | Bor. | 11 | 0 | 3 || 299 | 0 | Bor. | 11 | 40 | 3 *A.* — 28. 298 | 30 || 289 | 30 *NW*; 189 | 30 *B.*

MEDIA QVAE CIRCA SIGNIFERVM						
FORMAE STELLARVM	LONGITVDINIS Partes	Scrup.		LATITVDINIS Partes	Scrup.	MAGNITVDO
AQVARII						
In dextra manu, quae borea	303	0	Bor.	10	45	3
Reliquarum duarum australium praecedens	305	20	Bor.	9	0	3
Quae sequitur	306	40	Bor.	8	30	3
In dextra coxa duarum propinquarum praecedens	299	30	Bor.	3	0	4
Sequens	300	20	Bor.	2	10	5
In dextro clune	302	0	Aust.	0	50	4
In sinistro clune duarum australis. . . .	295	0	Aust.	1	40	4
Septemtrionalior	295	30	Bor.	4	0	6
In dextra tibia australis	305	0	Aust.	7	30	3
Borea.	304	40	Aust.	5	0	4
In sinistra coxa	301	0	Aust.	5	40	5
In sinistra tibia duarum australis	300	40	Aust.	10	0	5
Septemtrionalis sub genu	302	10	Aust.	9	0	5
In profusione aquae a manu prima . . .	303	20	Bor.	2	0	4
Sequens australior	308	10	Bor.	0	10	4
63v Quae sequitur in primo flexu aquae . .	311	0	Aust.	1	10	4
Sequens hanc	313	20	Aust.	0	30	4
In altero flexu australi	313	50	Aust.	1	40	4
Sequentium duarum borea	312	30	Aust.	3	30	4
Australis	312	50	Aust.	4	10	4
In austrum auulsa.	314	10	Aust.	8	15	5
57a Post hanc duarum coniunctarum praecedens	316	0	Aust.	11	0	5
Sequens	316	30	Aust.	10	50	5
In tertio aquae flexu borea trium . . .	315	0	Aust.	14	0	5
Media	316	0	Aust.	14	45	5
Sequens trium.	316	30	Aust.	15	40	5
Sequentium exemplo simili trium borea .	310	20	Aust.	14	10	4
Media	310	50	Aust.	15	0	4
Australis trium	311	40	Aust.	15	45	4
In ultima inflectione trium praecedens. .	305	10	Aust.	14	50	4
Sequentium duarum australis	306	0	Aust.	15	20	4
Borea.	306	30	Aust.	14	0	4
Vltima aquae et in ore piscis austrini . .	300	20	Aust.	23	0	1
Stellarum 42 magnitudinis primae 1, tertiae 9, quartae 18, quintae 13, sextae 1						

5. 303 | 0 || 305 | 0 *A*. — 10. 2 | 10 | 5 || 2 | 30 | 5 *B*. — 19. 303 | 20 || 307 | 20 A. — 23. 313 | 50 | Aust. | 1 | 40 | 4 || 313 | 40 | A | 1 | 50 | 4 *A*; 313 | 30 | A | 1 | 50 | 4 *W*. — 31. Sequens || Sequentium *B*.

MEDIA QVAE CIRCA SIGNIFERVM								
FORMAE STELLARVM	LONGITVDINIS Partes	Scrup.		LATITVDINIS Partes	Scrup.	MAGNITVDO		
CIRCA AQVARIVM INFORMES								
Sequentium flexum aquae trium praecedens	320	0	Aust.	15	30	4		
Reliquarum duarum borea	323	0	Aust.	14	20	4		
Australis earum	322	20	Aust.	18	15	4		
Stellae tres magnitudine quarta maiores								
PISCIVM								
In ore Piscis antecedentis	315	0	Bor.	9	15	4		
In occipite duarum australis	317	30	Bor.	7	30	4	maior	
Borea	321	30	Bor.	9	30	4		
In dorso duarum, quae praeit	319	20	Bor.	9	20	4		
Quae sequitur	324	0	Bor.	7	30	4		
In aluo praecedens	319	20	Bor.	4	30	4		
Sequens	323	0	Bor.	2	30	4		
In cauda eiusdem Piscis	329	20	Bor.	6	20	4		64
In lino eius prima a cauda	334	20	Bor.	5	45	6		
Quae sequitur	336	20	Bor.	2	45	6		
Post has trium lucidarum praecedens . .	340	30	Bor.	2	15	4		
Media	343	50	Bor.	1	10	4		
Sequens	346	20	Aust.	1	20	4		
In flexura duarum exiguarum borea. . .	345	40	Aust.	2	0	6		
Australis	346	20	Aust.	5	0	6		
Post inflexionem trium praecedens . . .	350	20	Aust.	2	20	4		
Media	352	0	Aust.	4	40	4		
Sequens	354	0	Aust.	7	45	4		
In nexu amborum linorum	356	0	Aust.	8	30	3		57[b]
In boreo lino a connexu praecedens . .	354	0	Aust.	4	20	4		
Post hanc trium australis	353	30	Bor.	1	30	5		
Media	353	40	Bor.	5	20	3		
Borea trium et ultima in lino	353	50	Bor.	9	0	4		
PISCIS SEQVENTIS								
In ore duarum borea	355	20	Bor.	21	45	5		
Australis	355	0	Bor.	21	30	5		
In capite trium paruarum, quae sequitur .	352	0	Bor.	20	0	6		

6. 323 | 0 || 223 | 0 *B.* — 11. maior *in W deest.* — 12. *W in ultima columna addit* maior. — 15. aluo || aliud *NB.* — 20. Post has || Post hac *NBAW*; Post hanc *Th.* — 28. 356 | 0 || 354 | 0 *B.* — 29. connexu || connexo *W.* — 32. 353 | 50 || 343 | 50 *A.*

MEDIA QVAE CIRCA SIGNIFERVM						
FORMAE STELLARVM	LONGITVDINIS Partes	Scrup.		LATITVDINIS Partes	Scrup.	MAGNITVDO
PISCIS SEQVENTIS						
Media	351	0	Bor.	19	50	6
Quae praeit ex tribus	350	20	Bor.	23	0	6
In australi spina trium praecedens prope cubitum Andromades sinistrum	349	0	Bor.	14	20	4
Media	349	40	Bor.	13	0	4
Sequens trium	351	0	Bor.	12	0	4
In aluo duarum, quae borea	355	30	Bor.	17	0	4
Quae magis in austrum	352	40	Bor.	15	20	4
In spina sequente prope caudam	353	20	Bor.	11	45	4
Stellarum 34 magnitudinis tertiae 2, quartae 22, quintae 3, sextae 7						
QVAE CIRCA PISCES INFORMES						
In quadrilatero sub pisce praecedente borei lateris, quae praeit	324	30	Aust.	2	40	4
Quae sequitur	325	35	Aust.	2	30	4
Australis lateris antecedens	324	0	Aust.	5	50	4
Sequens	325	40	Aust.	5	30	4
Informes 4 magnitudinis quartae omnes						

Omnes ergo quae in signifero sunt stellae 346. Nempe magnitudinis primae 5, secundae 9, tertiae 64, quartae 133, quintae 105, sextae viginti septem, nebulosae 3. Et Coma, quam superius Beronices crines diximus appellari a Conone mathematico, extra numerum.

18. 325 | 35 || 325 | 45 *NBAW*. — 2 | 30 | 4 || 2 | 40 | 4 *AW*. — 20. 5 | 30 | 4 || 5 | 20 | 4 *NBAW*. — 22. 346 || 348 *Th*. — 23. tertiae 64, quartae 133 || tertiae 65 | quartae 132 *Th*. *Post* nebulosae 3 *Th inserit* obscurae 2. — 24. *Berenices crines constant ex tribus stellis, una luminosa, duabus obscuris, quae tres extra numerum sunt.* — Conone || Canone *W*.

EORVM QVAE AVSTRALIS SVNT PLAGAE 64v

FORMAE STELLARVM	LONGITVDINIS Partes	LONGITVDINIS Scrup.		LATITVDINIS Partes	LATITVDINIS Scrup.	MAGNITVDO	
CETI							
In extremitate naris	11	0	AVSTRALES	7	45	4	
In mandibula sequens trium	11	0		11	20	3	
Media in ore medio	6	0		11	30	3	
Praecedens trium in gena	3	50		14	0	3	
In oculo	4	0		8	10	4	
In capillamento borea	5	30		6	20	4	
In iuba praecedens	1	0		4	10	4	58a
In pectore quatuor praecedentium borea	355	20		24	30	4	
Australis	356	40		28	0	4	
Sequentium borea	0	0		25	10	4	
Australis	0	20		27	30	3	
In corpore trium, quae media	345	20		25	20	3	
Australis	346	20		30	30	4	
Borea trium	348	20		20	0	3	
Ad caudam duarum sequens	343	0		15	20	3	
Praecedens	338	20		15	40	3	
In cauda quadrilateris sequentium borea	335	0		11	40	5	
Australis	334	0		13	40	5	
Antecedentium reliquarum borea	332	40		13	0	5	
Australis	332	20		14	0	5	
In extremitate septemtrionali caudae	327	40		9	30	3	
In extremitate australj caudae	329	0		20	20	3	
Stellae 22, quarum magnitudinis tertiae 10, quartae 8, quintae 4							
ORIONIS							
In capite nebulosa	50	20	AVSTRALES	16	30		nebulosa
In humero dextro lucida rubescens	55	20		17	0	1	
In humero sinistro	43	40		17	30	2	maior
Quae sequitur hanc	48	20		18	0	4	minor
In dextro cubito	57	40		14	30	4	
In ulna dextra	59	40		11	50	6	
In manu dextra quatuor australium sequens	59	50		10	40	4	

5. 7 | 45 || 7 | 35 *N.* — 18. 20 | 0 | 3 || 20 | 0 | 5 *B.* — 35. 10 | 40 | 4 || 10 | 30 | 4 *AW.*

	AVSTRALIA SIGNA							
	FORMAE STELLARVM	LONGITVDINIS Partes	Scrup.		LATITVDINIS Partes	Scrup.	MAGNITVDO	
	ORIONIS							
	Praecedens	59	20	AVSTRALES	9	45	4	
65	Borei lateris sequens	60	40		8	15	6	
	Praecedens eiusdem lateris	59	0		8	15	6	
	In colorobo duarum praecedens	55	0		3	45	5	
	Sequens.	57	40		3	15	5	
	In dorso 4 ad lineam rectam, quae sequitur	50	50		19	40	4	
	Secundo praecedens	49	40		20	0	6	
	Tertio praecedens	48	40		20	20	6	
	Quarto loco praecedens	47	30		20	30	5	
	In clypeo maxime borea ex nouem . . .	43	50		8	0	4	
	Secunda	42	40		8	10	4	
	Tertia	41	20		10	15	4	
	Quarta	39	40		12	50	4	
	Quinta	38	30		14	15	4	
	Sexta.	37	50		15	50	3	
58b	Septima	38	10		17	10	3	
	Octaua	38	40		20	20	3	
	Reliqua ex his maxime australis	39	40		21	30	3	
	In balteo fulgentium trium praecedens. .	48	40		24	10	2	
	Media	50	40		24	50	2	
	Sequens trium ad rectam lineam	52	40		25	30	2	
	In manubrio ensis	47	10		25	50	3	
	In ense trium borea	50	10		28	40	4	
	Media	50	0		29	30	3	
	Australis	50	20		29	50	3	minor
	In extremo ensis duarum sequens . . .	51	0		30	30	4	
	Praecedens	49	30		30	50	4	
	In sinistro pede clara et Fluuio communis.	42	30		31	30	1	
	In tibia sinistra	44	20		30	15	4	maior
	In sinistro calcaneo	46	40		31	10	4	
	In dextro genu	53	30		33	30	3	
	Stellarum 38 magnitudinis primae 2, secundae 4, tertiae 8, quartae 15, quintae 3, sextae 5 et nebulosa vna							

5. 59 | 20 || 57 | 20 *AW*. — 12. 20 | 20 | 6 || 20 | 10 | 6 *W*. — 15. 42 | 40 || 42 | 50 *NAW*; 24 | 50 *B*. — 18. 14 | 15 | 4 || 14 | 30 | 4 *AW*. — 33. In tibia sinistra || In sinistro calcaneo *AW*. — 34. In sinistro calcaneo || In tibia sinistra *A W*.

FORMAE STELLARVM	LONGITVDINIS Partes	LONGITVDINIS Scrup.		LATITVDINIS Partes	LATITVDINIS Scrup.	MAGNITVDO
FLUUII						
Quae a sinistro pede Orionis in principio Fluuij	41	40	AVSTRALES	31	50	4
In flexura ad crus Orionis maxime borea .	42	10		28	15	4
Post hanc duarum sequens	41	20		29	50	4
Quae praeit.	38	0		28	15	4
Deinde duarum, quae sequitur	36	30		25	15	4
Quae praecedit	33	30		25	20	4
Post haec sequens trium	29	40		26	0	4
Media	29	0		27	0	4
Antecedens trium	26	10		27	50	4
Post interuallum sequens ex quatuor . .	20	20		32	50	3
Quae praeit hanc	18	0		31	0	4
Tertio praecedens	17	30		28	50	3
Antecedens omnes quatuor	15	30		28	0	3
Rursus simili modo, quae sequitur ex quatuor.	10	30		25	30	3
Antecedens hanc	8	10		23	50	4
Praecedens hanc etiam	5	30		23	10	3
Quae antecedit has quatuor	3	50		23	15	4
Quae in conuersione Fluuij pectus Ceti contingit	358	30		32	10	4
Quae sequitur hanc	359	10		34	50	4
Sequentium trium praecedens.	2	10		38	30	4
Media	7	10		38	10	4
Sequens trium.	10	50		39	0	5
In quadrilatero praecedentium duarum borea.	14	40		41	30	4
Austrina	14	50		42	30	4
Sequentis lateris antecedens	15	30		43	20	4
Sequens earum quatuor	18	0		43	20	4
Versus ortum coniunctarum duarum borea .	27	30		50	20	4
Magis in austrum	28	20		51	45	4

65v (beside "Quae a sinistro pede Orionis"); 59a (beside second "Media")

5. a sinistro ‖ sinistro *W*. — 6. 31 | 50 | 4 ‖ 31 | 40 | 4 *W*. — 7. 28 | 15 | 4 ‖ 28 | 10 | 4 *W*. — 8. 29 | 50 | 4 ‖ 29 | 45 | 4 *W*. — 12. haec ‖ has *Th*. — 14. 26 | 10 ‖ 26 | 18 *Th*. — 23. has ‖ ex *Th*. — 25. 32 | 10 | 4 ‖ 32 | 10 | 3 *W*. — 26. 359 | 10 ‖ 359 | 20 *NBAW*. — 29. 39 | 0 | 5 ‖ 39 | 0 | 4 *W*. — 32. 30 | 4 ‖ 30 | 5 *W*.

AVSTRALIA SIGNA

FORMAE STELLARVM	LONGITVDINIS Partes	Scrup.		LATITVDINIS Partes	Scrup.	MAGNITVDO	
FLUUII							
In reflexione duarum sequens.	21	30	AVSTRALES	53	50	4	
Praecedens	19	10		53	10	4	
In reliqua distantia trium sequens . . .	11	10		53	0	4	
Media	8	10		53	30	4	
Praecedens trium	5	10		52	0	4	
66 In extremo Fluminis fulgens	353	30		53	30	1	
Stellae 34 magnitudine prima 1, tertia 5, quarta 27, quinta vna							
LEPORIS							
In auribus quadrilateri praecedentium borea	43	0	AVSTRALES	35	0	5	
Australis	43	10		36	30	5	
Sequentis lateris borea	44	40		35	30	5	
Australis	44	40		36	40	5	
In mento	42	30		39	40	4	maior
In extremo pedis sinistri prioris.	39	30		45	15	4	maior
In medio corpore	48	50		41	30	3	
Sub aluo	48	10		44	20	3	
In posterioribus pedibus duarum borea .	54	20		44	0	4	
Quae magis in austrum	52	20		45	50	4	
In lumbo	53	20		38	20	4	
In extrema cauda	56	0		38	10	4	
Stellae 12 magnitudine tertia 2, quarta 6, quinta 4							
CANIS							
In ore splendidissima uocata Canis . . .	71	0	AVSTRALES	39	10	1	maxima
In auribus	73	0		35	0	4	
In capite	74	40		36	30	5	
In collo duarum borea	76	40		37	45	4	
Australis	78	40		40	0	4	
In pectore	73	50		42	30	5	
In genu dextro duarum borea	69	30		41	15	5	
Australis	69	20		42	30	5	
In extremo priori pede	64	20		41	20	3	

11. magnitudine prima etc. || magnitudinis primae etc. *AW et sic saepius.* — 16. 36 | 40 | 5 || 36 | 40 | 4 | maior *W.* — 17. maior || minor *W.* — 18. prioris || priori *Ms.* — 45 | 15 | 4 maior || 45 | 14 | 4 minor *NBA*; 45 | 15 | 3 *W.* — 20. 44 | 20 | 3 || 44 | 20 | 4 *W.* — 22. 52 | 20 || 62 | 20 *A.* — 27. splendidissima || splendissima *W.* — maxima || maior *W.* — 35. priori pede || prioris pedis *NBAW.*

FORMAE STELLARVM	LONGITVDINIS Partes	LONGITVDINIS Scrup.		LATITVDINIS Partes	LATITVDINIS Scrup.	MAGNITVDO		
AVSTRALIA SIGNA								
CANIS								
In genu sinistro duarum praecedens . .	68	0	AVSTRALES	46	30	5		59ᵇ
Sequens	69	30		45	50	5		
In humero sinistro duarum sequens . . .	78	0		46	0	4		
Quae praeit.	75	0		47	0	5		
In coxa sinistra	80	0		48	45	3	minor	
Sub aluo inter femora	77	0		51	30	3		
In cauitate pedis dextri	76	20		55	10	4		66ᵛ
In extremo ipsius pedis	77	0		55	40	3		
In extrema cauda	85	30		50	30	3	minor	
Stellae 18 magnitudine prima 1, tertia 5, quarta 5, quinta 7								
CIRCA CANEM INFORMES								
A septemtrione ad verticem Canis. . . .	72	50	AVSTRALES	25	15	4		
Sub posterioribus pedibus ad rectam lineam australis	63	20		60	30	4		
Quae magis in boream.	64	40		58	45	4		
Quae etiam hac septemtrionalior	66	20		57	0	4		
Residua ipsarum quatuor maxime borea .	67	30		56	0	4		
Ad occasum quasi ad rectam lineam trium praecedens	50	20		55	30	4		
Media	53	40		57	40	4		
Sequens trium.	55	40		59	30	4		
Sub his duarum lucidarum praecedens. .	52	20		59	40	2		
Antecedens	49	20		57	40	2		
Reliqua australior supradictis	45	30		59	30	4		
Stellae 11 magnitudine secunda 2, quarta 9								
CANICVLAE SEU PROCYNIS								
In ceruice.	78	20	AVSTR.	14	0	4		
In femore fulgens ipsa *προκύων* seu Canicula	82	30		16	10	1		
Duarum magnitudine prima 1, quarta 1								

11. In cauitate pedis dextri || In flexura pedis dextri *AW*. — 55 | 10 | 4 || 55 | 10 | 3 *W*. — 12. 77 | 0 || 63 | 0 *A*. — 55 | 40 | 3 || 53 | 45 | 3 *A*; 55 | 40 | 4 *BW*. — 18. australis || australior *A*; linea australior *W*. — 20. hac || hanc *NB*. — 30. Procynis || Procyonis *WTh*. — 32. *προκύων* || *προκυον Ms*; *προκυνον N*; *in B lacuna est.*

AVSTRALIA SIGNA							
FORMAE STELLARVM	LONGITVDINIS Partes	Scrup.		LATITVDINIS Partes	Scrup.	MAGNITVDO	
ARGVS SIUE NAUIS							
In extrema Naue duarum praecedens . .	93	40	AVSTRALES	42	40	5	
Sequens	97	40		43	20	3	
In puppi duarum, quae borea	92	10		45	0	4	
Quae magis in austrum	92	10		46	0	4	
Praecedens duas	88	40		45	30	4	
In medio scuto fulgens.	89	40		47	15	4	
Sub scuto praecedens trium	88	40		49	45	4	
Sequens.	92	40		49	50	4	
Media trium.	91	50		49	15	4	
In extremo gubernaculo	97	20		49	50	4	
In carina puppis duarum borea	87	20		53	0	4	
67 Australis	87	20		58	30	3	
60a In solio puppis borea	93	30		55	30	5	
In eodem solio trium praecedens	95	30		58	30	5	
Media	96	40		57	15	4	
Sequens.	99	50		57	45	4	
Lucida sequens in transtro	104	30		58	20	2	
Sub hac duarum obscurarum praecedens.	101	30		60	0	5	
Sequens	104	20		59	20	5	
Supra dictam fulgentem duarum praecedens	106	30		56	40	5	
Sequens.	107	40		57	0	5	
In scutulis et statione mali borea trium . .	119	0		51	30	4	maior
Media	119	30		55	30	4	maior
Australis trium	117	20		57	10	4	
Sub his duarum coniunctarum borea . .	122	30		60	0	4	
Australior.	122	20		61	15	4	
In medio mali duarum australis	113	30		51	30	4	
Borea.	112	40		49	0	4	
In summo veli duarum antecedens . . .	111	20		43	20	4	
Sequens.	112	20		43	30	4	
Sub tertia, quae sequitur scutum	98	30		54	30	2	minor
In sectione instrati	100	50		51	15	2	
Inter remos in carina	95	0		63	0	4	
Quae sequitur hanc obscura	102	20		64	30	6	
Lucida, quae sequitur hanc in stratione .	113	20		63	50	2	

11. 88 \| 40 \|\| 88 \| 50 *NBAW.* — 13. 91 \| 50 \|\| 91 \| 40 *edd.* — 24. *Post* duarum *inseritur* sequentium *in Th.*

AVSTRALIA SIGNA

FORMAE STELLARVM	LONGITVDINIS Partes	LONGITVDINIS Scrup.		LATITVDINIS Partes	LATITVDINIS Scrup.	MAGNITVDO		
ARGVS SIUE NAUIS								
Ad austrum magis infra carinam fulgens	121	50	AVSTRALES	69	40	2		
Sequentium hanc trium antecedens	128	30		65	40	3		
Media	134	40		65	50	3		
Sequens	139	20		65	50	2		
Sequentium duarum ad sectionem praecedens	144	20		62	50	3		
Sequens	151	20		62	15	3		
In temone boreo et antecedente, quae praeit	57	20		65	50	4	maior	
Quae sequitur	73	30		65	40	3	maior	
Quae in temone reliquo praecedit, Canobus	70	30		75	0	1		
Reliqua sequens hanc	82	20		71	50	3	maior	67v
Stellae 45 magnitudine prima 1, secunda 6, tertia 8, quarta 22, quinta 7, sexta vna								
HYDRAE								
In capite quinque praecedentium duarum in naribus australis	97	20	AVSTRALES	15	0	4		
Borea duarum et in oculo	98	40		13	40	4		
Sequentium duarum borea et in occipite	99	0		11	30	4		
Australis earum et in hiatu	98	50		14	45	4		60b
Quae sequitur has omnes in gena	100	50		12	15	4		
In productione ceruicis duarum praecedens	103	40		11	50	5		
Quae sequitur	106	40		13	30	4		
In flexu colli trium media	111	40		15	20	4		
Sequens hanc	114	0		14	50	4		
Quae maxime australis	111	40		17	10	4		
Ab austro duarum contiguarum obscura et borea	112	30		19	45	6		
Lucida earum sequens et australis	113	20		20	30	2		
Post flexum colli trium antecedens	119	20		26	30	4		
Sequens	124	30		23	15	4		
Media earum	122	0		26	0	4		
Quae in rectam lineam trium praecedit	131	20		24	30	3		
Media	133	20		23	0	4		
Sequens	136	20		22	10	3		

10. 62 | 50 | 3 || 62 | 50 | 4 *W*. — 11. 62 | 15 | 3 || 62 | 45 | 3 *W*. — 12. praeit || preit *Ms*. — 14. Canobus || Canob. *NB*; Canop. *A*; Canopum *W*; Canopus *Th*. — 15. maior *in NBAW desideratur*. — 20. 98 | 40 || 96 | 30 *A*; 98 | 30 *W*. — 13 | 40 || 113 | 40 *Ms*; 13 | 30 *AW*. — 30. et borea *in W deest*. — 31. et australis *in NBAW deest*. — 33. 23 | 15 | 4 || 26 | 15 | 4 *AW*. — 34. 26 | 0 | 4 || 24 | 0 | 4 *BTh*. — 37. 22 | 10 | 3 || 23 | 10 | 3 *BTh*.

FORMAE STELLARVM	LONGITVDINIS Partes	LONGITVDINIS Scrup.		LATITVDINIS Partes	LATITVDINIS Scrup.	MAGNITVDO	
AVSTRALIA SIGNA							
HYDRAE							
Sub basi Crateris duarum borea	144	50	AVSTRALES	25	45	4	
Australis	145	40		30	10	4	
Post has in triquetro praecedens	155	30		31	20	4	
Earum australis	157	50		34	10	4	
Sequens earumdem trium.	159	30		31	40	3	
Post Coruum proxima caudae.	173	20		13	30	4	
In extrema cauda	186	50		17	30	4	
Stellae 25 magnitudine secunda 1, tertia 3, quarta 19, quinta 1, sexta 1							
CIRCA HYDRAM INFORMES							
68 A capite ad austrum	96	0		23	15	3	
Sequens eas, quae sunt in collo.	124	20		26	0	3	
Informes 2 magnitudinis tertiae							
CRATERIS							
In basi Crateris, quae et Hydrae communis	139	40	AVSTRALES	23	0	4	
In medio Cratere australis duarum . . .	146	0		19	30	4	
Borea ipsarum	143	30		18	0	4	
In australi circumferentia orificij	150	20		18	30	4	maior
In boreo ambitu.	142	40		13	40	4	
In australi ansa	152	30		16	30	4	minor
In ansa borea	145	0		11	50	4	
Stellae septem magnitudine quarta							
61a **CORUI**							
In rostro et Hydrae communis	158	40	AVSTRALES	21	30	3	
In ceruice	157	40		19	40	3	
In pectore	160	0		18	10	5	
In ala dextra et praecedente	160	50		14	50	3	
In ala sequente duarum antecedens . . .	160	0		12	30	3	
Sequens	161	20		11	45	4	
In extremo pede communis Hydrae . . .	163	50		18	10	3	
Stellarum 7 magnitudinis tertiae 5, quartae 1, quintae vna							

5. basi \|\| base *NAW*. — 9. 31 \| 40 \| 3 \|\| 31 \| 40 \| 4 *W*. — 30. et *deest in BTh*. — 160 \| 50 \|\| 156 \| 50 *A*; 160 \| 20 *W*. — 14 \| 50 \| 3 \|\| 14 \| 50 \| 4 *W*. — 34. Stellarum 7 \|\| Stellae 7 *NBAW*.

AVSTRALIA SIGNA

FORMAE STELLARVM	Longitvdinis Partes	Longitvdinis Scrup.		Latitvdinis Partes	Latitvdinis Scrup.	Magnitvdo	
CENTAVRI							
In capite 4 maxime australis	183	50	AVSTRALES	21	20	5	
Quae magis in boream	183	20		13	50	5	
Mediantium duarum praecedens	182	30		20	30	5	
Sequens et reliqua ex quatuor	183	20		20	0	5	
In humero sinistro et praecedente	179	30		25	30	3	
In humero dextro	189	0		22	30	3	
In armo sinistro	182	30		17	30	4	
In scuto 4 praecedentium duarum borea	191	30		22	30	4	
Australis	192	30		23	45	4	
Reliquarum duarum, quae in summitate scuti	195	20		18	15	4	
Quae magis in austrum	196	50		20	50	4	
In latere dextro trium praecedens	186	40		28	20	4	*68v*
Media	187	20		29	20	4	
Sequens	188	30		28	0	4	
In brachio dextro	189	40		26	30	4	
In dextro cubito	196	10		25	15	3	
In extrema manu dextra	200	50		24	0	4	
In eductione corporis humani lucens	191	20		33	30	3	
Duarum obscurarum sequens	191	0		31	0	5	
Praecedens	189	50		30	20	5	
In ductu dorsi	185	30		33	50	5	
Antecedens hanc in dorso equi	182	20		37	30	5	
In lumbis trium sequens	179	10		40	0	3	
Media	178	20		40	20	4	
Antecedens trium	176	0		41	0	5	
In dextra coxa duarum contiguarum praecedens	176	0		46	10	2	
Sequens	176	40		46	45	4	
In pectore sub ala equi	191	40		40	45	4	
Sub aluo duarum praecedens	179	50		43	0	2	61b
Sequens	181	0		43	45	3	
In cauo pedis dextri	183	20		51	10	2	

6. magis in || magis eorum in *W*. — 13 | 50 | 5 || 19 | 50 | 5 *W*. — 7. 20 | 30 | 5 || 19 | 0 | 5 *A*. — 11. 17 | 30 | 4 || 27 | 30 | 4 *AW*. — 16. 20 | 50 | 4 || 20 | 0 | 4 *NBAW*. — 17. 186 | 40 || *sic et K*; 196 | 40 *NB*. — 20. 26 | 30 | 4 || 26 | 30 | 1 *B*. — 29. 40 | 20 | 4 || *sic et K*; 41 | 20 | 4 *NBA*. — 32. *In ultima columella pro significatione magnitudinis W habet lacunam.* — 35. 179 | 50 || 189 | 45 *AW*. — 36. 181 | 0 || 191 | 0 *AW*. — 37. dextri || dextri posterioris *AWTh*.

AVSTRALIA SIGNA						
FORMAE STELLARVM	LONGITVDINIS Partes	LONGITVDINIS Scrup.		LATITVDINIS Partes	LATITVDINIS Scrup.	MAGNITVDO
CENTAVRI						
In sura eiusdem	188	40	AVSTRALES	51	40	2
In cauo pedis sinistri	188	40		55	10	4
Sub musculo eiusdem	184	30		55	40	4
In summo pede dextro priore	181	40		41	10	1
In genu sinistro	197	30		45	20	2
De foris sub femore dextro	188	0		49	10	3
Stellae 37 magnitudine prima 1, secunda 5, tertia 7, quarta 15, quinta 9						
BESTIAE QVAM TENET CENTAVRVS						
In summo pede posteriore ad manum Centaurj	201	20	AVSTRALES	24	50	3
In cauo eiusdem pedis	199	10		20	10	3
In armo duarum praecedens	204	20		21	15	4
Sequens	207	30		21	0	4
In medio corpore	206	20		25	10	4
69 In aluo	203	30		27	0	5
In coxa	204	10		29	0	5
In ductu coxae duarum borea	208	0		28	30	5
Australis	207	0		30	0	5
In summo lumbo	208	40		33	10	5
In extrema cauda trium australis	195	20		31	20	5
Media	195	10		30	0	4
Septemtrionalis trium	196	20		29	20	4
In iugulo duarum australis	12	10		17	0	4
Borea	212	40		15	20	4
In rictu duarum praecedens	209	0		13	30	4
Sequens	210	0		12	50	4
In priore pede duarum australior	240	40		11	30	4
Quae magis in boream	239	50		10	0	4
Stellae 19 magnitudine tertia 2, quarta 11, quinta 6						

7. 184 | 30 || 184 | 10 *AW*. — 8. 181 | 40 || 211 | 45 *A*; 181 | 45 *W*. — 10. De foris || Deformis *Th*. — 11. *edd hic et saepius scribunt* magnitudinis primae, secundae etc., *cum Ms praebeat ablativum qualitatis* magnitudine prima, secunda etc. — 15. 20 | 10 | 3 || 29 | 10 | 3 *A*. — 16. 21 | 15 | 4 || 31 | 15 | 4 *A*. — 17. 21 | 0 | 4 || 31 | 0 | 4 *A*. — 23. 33 | 10 | 5 || 33 | 40 | 5 *B*. — 30. 12 | 50 | 4 || 21 | 50 | 4 *B*; 12 | 30 | 4 *AW*. — 31. 240 | 40 || 200 | 40 *A*. — 32. 239 | 50 || 293 | 50 *B*; 199 | 50 *A*.

AVSTRALIA SIGNA

FORMAE STELLARVM	Longitvdinis Partes	Longitvdinis Scrup.		Latitvdinis Partes	Latitvdinis Scrup.	Magnitvdo	
LARIS SEU THVRIBVLI							
In basi duarum borea	231	0	AVSTRALES	22	40	5	
Australis	233	40		25	45	4	
In media arula	229	30		26	30	4	
In foculo trium borea	224	0		30	20	5	62a
Reliquarum duarum contiguarum australis	228	30		34	10	4	
Borea	228	20		33	20	4	
In media flamma	224	10		34	10	4	
Stellae 7 magnitudine quarta 5, quinta 2							
CORONAE AVSTRINAE							
Quae ad ambitum australem foris praecedit	242	30	AVSTRALES	21	30	4	
Quae hanc sequitur in corona	245	0		21	0	5	
Sequens hanc	246	30		20	20	5	
Quae etiam hanc sequitur	248	10		20	0	4	
Post hanc ante genu Sagittarij	249	30		18	30	5	
Borea in genu lucens	250	40		17	10	4	
Magis borea	250	10		16	0	4	
Adhuc magis in boream	249	50		15	20	4	69v
In ambitu boreo duarum sequens	248	30		15	50	6	
Praecedens	248	0		14	50	6	
Ex interuallo praecedens has	245	10		14	40	5	
Quae etiam hanc antecedit	243	0		15	50	5	
Reliqua magis in austrum	242	30		18	30	5	
Stellae 13 magnitudine quarta 5, quinta 6, sexta 2							
PISCIS AVSTRINI							
In ore atque eadem quae in extrema aqua	300	20	AVSTRALES	23	0	1	
In capite trium praecedens	294	0		21	20	4	
Media	297	30		22	15	4	
Sequens	299	0		22	30	4	
Quae ad branchiam	297	40		16	15	4	
In spina australi atque dorso	288	30		19	30	5	

5. 22 | 40 | 5 || 22 | 40 | 3 *W.* — 11. 34 | 10 | 4 || 34 | 10 | 3 *NBA.* — 17. 248 | 10 || 248 | 20 *W.* — 18. 249 | 30 || 149 | 30 *B.* — 29. quae in extrema aqua || quae in extrema aquae *NB*; quae extrema Aquae *WTh.* — 34. 288 | 30 || 289 | 30 *NBAW.*

AVSTRALIA SIGNA						
FORMAE STELLARVM	LONGITVDINIS Partes	Scrup.		LATITVDINIS Partes	Scrup.	MAGNITVDO
PISCIS AVSTRINI						
In aluo duarum sequens	294	30	AVSTRALES	15	10	5
Antecedens	292	10		14	30	4
In spina septemtrionalj sequens trium .	288	30		15	15	4
Media	285	10		16	30	4
Praecedens trium	284	20		18	10	4
In extrema cauda	289	20		22	15	4
Stellae praeter primam 11, quarum magnitudinis quartae 9, quintae 2						
62b **CIRCA PISCEM AVSTRINVM INFORMES**						
Praecedentium Piscem lucidarum, quae anteit	271	20	AVSTRALES	22	20	3
Media	274	30		22	10	3
Sequens trium. . . . . . , ...	277	20		21	0	3
Quae hanc praecedit obscura	275	20		20	50	5
Caeterarum ad septemtrionem australior .	277	10		16	0	4
Quae magis in boream.	277	10		14	50	4
Stellae 6, quarum magnitudinis tertiae 3, quartae 2, quintae vna						

In ipsa australi parte stellae 316, quarum primae magnitudinis septem, secundae 18, tertiae 60, quartae 167, quintae 54, sextae 9, nebulosa 1. Itaque omnes insimul stellae 1022, quarum primae magnitudinis 15, secundae 45, tertiae 208, quartae 474, quintae 216, sextae 50, obscurae 9, nebulosae quinque.

16. 277 | 20 || 227 | 20 *B.* — 17. Quae hanc praecedit || Quae posthanc praecedit *B.* — 23. 1022 || 1024 *Th.* — 23—24. tertiae 208 ... quinque || tertiae 206, quartae 476, quintae 217, sextae 49, obscurae 11, nebulosae 5 *Th.* — *Quo modo Copernicus hos finales omnium stellarum numeros collegerit, non liquet. Nam summa trium sectionum efficeret* tertiae 205, quartae 477, quintae 217, sextae 49, obscurae 9, nebulosae 5. *Summa singulorum signorum efficeret* tertiae 208, quartae 473, quintae 218, sextae 49, obscurae 9, nebulosae 5. — *Ptolemaeus praebet hos numeros*: 208, 474, 217, 49, 9, 5. — *Ante sequentem librum in Ms adsunt duae tabulae postea deletae cum inscriptionibus*: Canon motus anomaliae aequinoctiorum in annis et sexagenis annorum *et* Canon motus anomaliae aequinoctiorum in diebus et sexagenis dierum. *Hae tabulae eaedem sunt, quae postea in libro III. similibus inscriptionibus inveniuntur.*

NICOLAI COPERNICI 63a

REVOLVTIONVM

LIBER TERTIVS

Cap. I

De aeqvinoctiorvm solstitiorvmqve anticipatione 71

Stellarum fixarum facie depicta ad ea, quae annuae reuolutionis sunt, transeundum nobis est, et eam ob causam de mutatione aequinoctiorum, propter quam stellae quoque fixae moueri creduntur, primo tractabimus.

Inuenimus autem priscos mathematicos annum vertentem siue naturalem, qui ab aequinoctio vel solstitio est, non distinxisse ab eo, qui ad aliquam stellarum fixarum conficitur. Hinc est, quod annos olympiacos, quos ab exortu Caniculae auspicabantur, eosdem esse putarent, qui sunt ab solstitio (nondum cognita differentia alterius ab altero).

Hipparchus autem Rodius, vir mirae sagacitatis, primus animaduertit haec inuicem distare, qui, dum anni magnitudinem attentius obseruaret, maiorem inuenit eum ad stellas fixas comparatum quam ad aequinoctia siue solsticia. Vnde existimauit stellis quoque fixis aliquem inesse motum in consequentia, sed lentulum adeo nec statim perceptibilem. At iam tractu temporis factus est evidentissimus, quo longe iam alium ortum et occasum signorum et stellarum cernimus ab antiquorum praescripto, ac dodecatemoria signorum circuli a stellarum haerentium signis magno satis interuallo a se inuicem recessisse, quae primitus nominibus simul ac positione congruebant.

---

5. *Hic tertius liber prooemio caret.* — 9. *Post* tractabimus *in Ms signum* * *invenitur et sub eodem signo in margine legebantur haec, quae postea deleta sunt:* semper memoria (a) tenentes, quod, qui fiunt per motum terrae circuli et poli, similes et eodem modo in caelo apparent (b), vt sepe dictum est, atque de his hic agimus. — 11.—12. ad aliquam || ab aliqua *NBAW*. — 12. *pro* conficitur *a Rhetico in margine* sumitur *substitutum est;* sumitur *edd.* — 14. ab solstitio || a solstitio *edd.* — 15. Rodius || Rhodius *edd.* — 23. recessisse || recesserunt *NBAW*.

---

a) memoria || in memoria *Th.* — b) apparent || appareant *Th.*

Ipse praeterea motus inaequalis reperitur, cuius diuersitatis causam reddere volentes diuersas attulerunt sententias. Alij libramentum esse quoddam mundi pendentis, qualem et in planetis motum inuenimus circa latitudines eorum, atque hinc inde a certis limitibus, quantum processerit, rediturum aliquando censuerunt, et esse expatiationem eius utrobique a medio suo non maiorem VIII gradibus. Sed haec opinio iam antiquata residere non
63b potuit, eo maxime quod | iam satis liquidum sit, vltra quam ter octo gradibus dissidere caput Arietis stellati ab aequinoctio verno; et aliae stellae similiter, nullo interim tot saeculis regressionis vestigio percepto. Alij progredi quidem stellarum fixarum sphaeram opinati sunt, sed passibus inaequalibus, nullum tamen certum modum definierunt. Accessit insuper aliud naturae miraculum, quod obliquitas signiferi non tanta nobis appareat, quae ante
71v || Ptolemaeum, ut supra diximus.

Quorum causa alij nonam sphaeram, alij decimam excogitauerunt, quibus illa sic fieri arbitrati sunt, nec tamen poterant praestare, quod pollicebantur. Iam quoque vndecima sphaera in lucem prodire coeperat, quem circulorum numerum uti superfluum facile refutabimus in motu terrae. Nam, ut in primo libro iam partim est a nobis expositum, binae reuolutiones, annuae declinationis inquam et centri telluris, non omnino pares existunt, dum videlicet restitutio declinationis in modico praeoccupat centri periodum. Vnde sequi necesse est, ut aequinoctia et conuersiones videantur anticipare, non quod stellarum fixarum sphaera in consequentia feratur, sed magis circulus aequinoctialis in praecedentia, obliquus existens plano signiferi iuxta modum deflectionis axis globi terrestris. Magis enim ad rem esset aequinoctialem circulum obliquum dici signifero quam signiferum aequinoctiali (minoris ad maiorem comparatione). Multo enim maior est signifer, qui Solis et terrae distantia describitur annuo circuitu, quam aequinoctialis, qui cotidiano (ut dictum est) motu circa axem terrae designatur. Et per hunc modum aequinoctiales illae sectiones cum tota signiferi obliquitate successu temporis praeuenire cernuntur, stellae vero postponi. Huius autem motus mensura et ratio diuersitatis ideo latuit priores, quod reuolutio eius, quanta sit, adhuc ignoretur, ob inexpectabilem eius tarditatem, utpote quae a tot saeculis, quibus primum innotuit mortalibus, vix quintamdecimam partem circuli peregerit. Nihilominus tamen, quantum in nobis est, per ea, quae ex historia obseruationum ad nostram usque memoriam de his accepimus, efficiemus certiora.

2. vollentes *N.* — quoddam || quodam *Ms.* — 8. aliae stellae || alias stellas *Th.* — 11. nullum || nullam *W.* — 12.—13. quae ante Ptolemaeum || quanta Ptolemaeo *NBAW.* — 13. supra *deest in NBAW.* — 15. praestare || prestare *Ms.* — 16. *Post* coeperat *in Ms leguntur haec verba obliterata:* quasi non satis esset in tanto numero circulorum. — 17. *Post* terrae *in Ms legebatur:* ostensuri nihil eos ad fixum stellarum orbem pertinere. — 21. ut aequinoctia || quod aequinoctia *NBAW.* — 27. terrae *in Ms emendatum ex* Lunae. — 29. tota || toto *A.* — 35. historia obseruationum *invertuntur in NBAW.*

Cap. II

Historia obseruationvm comprobantivm inaeqvalem aeqvinoctiorvm conuersionvmqve praecessionem 64a

Prima igitur LXXVI annorum secundum Calippum periodo, anno eius XXXVI., qui erat ab excessu Alexandrj Magni annus XXX., Timochares Alexandrinus, cui primo fixarum loca stellarum curae fuerunt, Spicam, quam tenet Virgo, prodidit a solstitiali puncto elongatam partibus LXXXII et triente cum latitudine austrina duarum partium; et eam, quae in fronte Scorpij, e tribus maxime boream atque primam in ordine formationis ipsius signi, habuisse latitudinem partis I et trientis, longitudinem vero XXXII partes ab autumni aequinoctio. Ac rursus eiusdem periodi anno IIL. Spicam Virginis || longitudine LXXXII s. partium ab aestiua conuersione reperit manente 72 eadem latitudine. Hipparchus autem anno L. tertiae Calippi periodi, Alexandri vero anno CIIIIC. eam, quae in Leonis pectore Regulus vocatur, inuenit ab aestiua conuersione sequentem partibus XXIX s. et triente vnius partis. Deinde Menelaus, geometres Romanus, anno primo Traiani principis, qui fuit a natiuitate Christi IC., a morte Alexandri CCCCXXII., Spicam Virginis LXXXVI partibus et quadrante partis a solsticio distantem longitudine prodidit, illam vero, quae in fronte Scorpij, partibus XXXVI minus vnica vnius ab aequinoctio autumnj. Hos secutus Ptolemaeus secundo, ut dictum est, anno Antonini Pij, a morte Alexandri CCCCLXII., Regulum Leonis XXXII s. partes a solstitio, Spicam partibus LXXXVI s., et dictam vero in fronte Scorpij ab aequinoctio autumnj XXXVI cum triente longitudinis partes obtinuisse cognouit latitudine nullatenus mutata, quemadmodum superius in expositione canonica est expressum. Et haec, sicuti ab illis prodita sunt, recensuimus.

Post multum vero temporis, nempe anno Alexandrini occubitus MCCII., Albategnii Aratensis obseruatio successit, cui potissimum fidem licet adhibere. Quo anno Regulus siue Basiliscus Leonis ad XLIIII gradus et V scrupula a solstitio, atque illa in fronte Scorpij ad IIIL partes et L scrupula ab autumni aequinoctio visa sunt peruenisse, in quibus omnibus latitudo 64b cuiusque sua semper mansit eadem, vt non amplius in hac parte habeant aliquid dubitationis.

---

4. Callipum *A Th.* — 11. partes || partium *Th. vide* notam 156, 9. — 16. geometres || geometra *NBAW.* — 18. a solsticio || ab aequinoctio autumni *scripserat Copernicus*; a solsticio *manu Rhetici.* — 20. ab aequinoctio autumnj *a Rhetico addita sunt.* — 21. a morte Alexandri CCCCLXII *manu Rhetici apposita sunt*; *eorum loco NBAW scribunt*: qui fuit a morte Alexandri annus. — 22. Spicam *manu Rhetici superscriptum est verbis deletis*: ab aequinoctio vero autumni Spicam *Ms.* — et dictam || dictam *edd.* — vero *manu Rhetici.* — 23. ab aequinoctio autumnj *manu Rhetici in margine addita sunt.* — 25. superius || supra *NBAW.* — 27. MCCII || *ex* MCCXII *Ms.* — 28. Albategnii || Albategnius *Ms*; Albategni *Th*; Machometi *NBAW*; Aratensis || Aracensis *edd.*

Quapropter nos etiam anno Christi MDXXV., primo post intercalarem secundum Romanos, qui ab Alexandri morte Aegyptiorum annorum est MDCCCIL., obseruauimus sepe nominatam Spicam in Frueburgo Prussiae, et videbatur maxima eius altitudo in circulo meridiano partium proxime XXVII. Latitudinem vero loci inuenimus esse partium LIIII, scrupulorum primorum XIX s. Quapropter constabat eius declinatio ab aequinoctialj partium VIII, scrupulorum XL, unde patefactus est locus eius, vt sequitur.

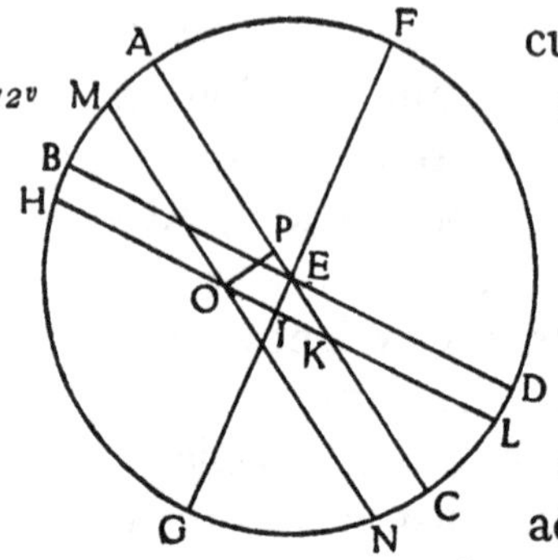

Descripsimus enim meridianum circulum per polos vtriusque signiferi et aequinoctialis, qui sit ABCD, in quibus sectiones communes atque dimetientes fuerint AEC aequinoctialis et BED zodiacj, cuius polus boreus sit F, axis FEG, sitque B Capricorni,
72v D Cancri principium. || Assumatur autem BH circumferentia, quae sit aequalis austrinae latitudini stellae, duarum partium, et ab H signo ad BD parallelus agatur HL, quae secet axem zodiacj in I, aequinoctialem in K. Capiatur etiam secundum declinationem stellae austrinam circumferentia partium VIII, scrupulorum XL MA, et a signo M agatur MN parallelus ad AC, quae secabit parallelum zodiaci HIL: secet ergo in O signo, et OP recta linea ad angulos rectos aequalis erit semissi subtendentis duplam ipsius AM declinationis. At uero circuli, quorum sunt dimetientes FG, HL et MN, recti sunt ad planum ABCD, et communes eorum sectiones per XIX. vndecimi Elementorum Euclidis ad †
angulos rectos eidem plano in O, I signis; ipsae per sextam eiusdem sunt †
inuicem parallelj. Et quoniam I est centrum, cuius dimetiens est HL; erit igitur ipsa OI aequalis dimidiae subtendentis duplam circumferentiam in circulo dimetientis HL eique similem, qua stella distat a principio Librae secundum longitudinem, quam quaerimus.

Inuenitur autem hoc modo. Nam anguli, qui sub OKP et AEB, sunt aequales, exterior interiorj et opposito, et OPK rectus. Quocirca eiusdem
65a sunt rationis OP ad OK, dimidia subtensae dupli AB | ad BE, et dimidia subtensae dupli AH ad HIK: comprehendunt enim triangulos similes ipsi OPK. Sed AB partium est XXIII, scrupulorum XXVIII s.; et eius semissis subtendentis duplam est partium 39832, quarum BE est 100000, et ABH partium XXV, scrupulorum XXVIII s., cuius semissis subtensae dupli partium 43010, ac MA est semissis subtendentis duplum declinationis partium 15069; sequitur ex

2. Romanos *in NBAW non legitur.* — annorum est || annorum *Th.* — 3. Frueburgo || Frueburgio *NBA*; Frauenburgio *W et sic semper*; *in Ms* Frueburgo *pro deleto nomine* Hermia. — 5. loci || Hermianij *Mspm*; Frueburgi *NBA*; Frauenburgi *W.* — 6. constabat || constabit *NBAW.* — 7. est locus || et locus *W.* — 9. qui sit *deest in NBAW.* — 10. BED zodiacj || zodiaci BED *NBAW.* — 32. comprehendunt ... OPK *posteriore manu Copernici in Ms addita sunt in marg.* — 33. et eius || eius *BTh.* — 34. 100000 || 10000 *W.* — 36. duplum || duplam *edd.*

his tota HIK partium 107978 et OK partium 37831 et reliqua HO 70147. Sed dupla HOI subtendit segmentum circulj HGL partium CLXXVI; erit ipsa HOI partium 99939, quarum BE erant 100000, et reliqua igitur OI partium 29892. Quatenus autem HOI est dimidia diametri partium 100000, erit OI partium 29810, cui competit circumferentia partium XVII, scrupulorum XXI proxime, qua distabat Spica Virginis a principio Librae, et hic erat ipsius stellae locus.

Ante decennium quoque, anno videlicet MDXVII., nos inuenimus ipsam declinari partibus VIII, scrupulis 36, et locum eius in partibus XVII, scrupulis 14 Librae. Hanc autem Ptolemaeus prodidit declinatam semisse dumtaxat vnius partis; fuisset ergo locus eius in XXVI partibus, XL scrupulis Virginis, quod verius esse videtur praecedentium obseruationum comparatione.

Hinc satis liquidum esse videtur, quod toto fere tempore a Timocharj || 73
ad Ptolemeum in annis CCCCXXXII permutata fuerint aequinoctia et conuersiones praecedendo in centenis plerumque annis per gradum vnum, habita semper ratione temporis ad longitudinem transitus illorum, quae tota erat partium IIII cum triente vnius. Nam et aestiuam tropen ad Basiliscum Leonis concernendo ab Hipparcho ad Ptolemaeum in annis CCLXVI transierunt gradus II cum duabus tertijs, ut hic quoque comparatione temporis in centenis annis vnum gradum anticipasse reperiatur. Porro quae in prima fronte Scorpi ipsius Albategni ad eam, quae Menelai, in medijs annis DCCLXXXII cum praeterierint gradus XI, scrupula LV, neutiquam vni gradui centum annj, sed LXVI videbuntur attribuendi, a Ptolemaeo autem in annis DCCXLI vni gradui LXV anni solummodo. Si denique reliquum annorum spacium DCXLV ad differentiam graduum IX, scrupulorum XI obseruationis nostrae conferatur, obtinebit annos LXXI gradus vnus. E quibus patet, tardiorem fuisse prae|cessionem aequinoctiorum ante Ptolemaeum in illis 65b
CCCC annis quam a Ptolemaeo ad Albategnium, et hanc quoque velociorem ab Albategnio ad nostra tempora.

In motu quoque obliquitatis inuenitur differentia, quoniam Aristarchus Samius inuenit ipsam zodiaci et aequinoctialis obliquitatem partium XXIII, scrupulorum primorum LI, secundorum XX, eamdem quam Ptolemeus;
† Albategnius partium XXIII, scrupulorum XXXVI, Arzachel Hispanus post illum annis CXC partium XXIII, scrupulorum XXXIIII; atque itidem post annos CCXXX

1. 37831 *ex* 37801 *Ms.* — 2. *Verba* subtendit ... ipsa HOI *desiderantur in B.* — 3. erant || erat *Th.* — 29892 *ex* 29792 *Ms.* — 7. MDXVII *ex* MDXV *Ms*; MDXV *edd.* — nos inuenimus || invenimus *edd.* — 8. scrupulis 36 *ex* scrup. XXXV s. *Ms.* — 8.—9. scrupulis 14 *ex* scrup. X *Ms.* — declinatiam *W.* — 12. Timocharj || Timochare *NBAW.* — 18. duabus tertijs || dodrante *Mspm.* — 20. *Ante* ipsius *excidisse videtur* ab observatione *adnotat Th recte.* — Albategni || *K addit*: semper per Albategnium intellige Machometum Aracensem. — 21. praeterierint || praeterierit *Ms.* — 23. *Verba* anni solummodo *invertuntur in NBAW.* — 29. *Hic in margine Ms deleta habes*: Quanta sit maxima minimaque declinatio, distantia tropicorum. — 30. inuenit *desideratur in NBAW.* — 31. scrupuli primorum *W.* — 32. scrupulorum XXXVI || scrup. XXVI *NBAW*; *A in margine adnotavit*: lego 36; *Th in textu* XXVI, *in Addend.* XXXV.

Prophatius Iudeus duobus fere scrupulis minorem; nostris autem temporibus † non inuenitur maior partibus XXIII, scrupulis XXVIII s., vt hinc quoque manifestum sit, ab Aristarcho ad Ptolemaeum fuisse minimum motum, maximum vero ab ipso Ptolemaeo ad Albategnium.

Cap. III

Hypotheses, qvibvs aeqvinoctiorvm obliqvitatisqve signiferi et aeqvinoctialis mvtatio demonstretvr

Quod igitur aequinoctia et solstitia permutantur inaequali motu, ex his videtur esse manifestum. Cuius causam nemo forsitan meliorem afferet quam axis terrae et polorum circuli aequinoctialis deflexum quendam. Id enim ex hypothesi motus terrae sequi videtur, cum manifestum sit circulum, qui per medium signorum est, immutabilem perpetuo manere (attestantibus id certis stellarum haerentium latitudinibus), aequinoctialem vero mutari. 73v Quoniam, si motus axis terrae simpliciter et exacte conueniret || cum motu centri, nulla penitus (ut diximus) appareret aequinoctiorum conuersionumque praeuentio; at cum inter se differant, sed differentia inaequali, necesse fuit etiam solstitia et aequinoctia inaequali motu praecedere loca stellarum. Eodem modo circa motum declinationis contingit, qui etiam inaequaliter permutat obliquitatem signiferi, quae tamen obliquitas rectius aequinoctiali concederetur. Quam ob causam binos omnino polorum motus reciprocos pendentibus similes librationibus oportet intelligi, quoniam poli et circuli in sphaera sibi inuicem cohaerent et consentiunt. Alius igitur motus erit, qui 66a inclinationem permutat illorum circulorum | polis ita delatis sursum deorsumque circa angulum sectionis, alius, qui solstitiales aequinoctialesque praecessiones auget et minuit hincinde per transuersum facta commotione. Hos autem motus librationes vocamus, eo quod pendentium instar sub binis limitibus per eandem viam in medio concitatiores fiunt, circa extrema tardissimi, quales plerumque circa latitudines planetarum contingunt (vt suo loco videbimus). Differunt etiam suis reuolutionibus, quod inaequalitas aequinoctiorum bis restituitur sub vna obliquitatis restitutione. Sicut autem in omni motu inaequali apparente medium quiddam oportet intelligi, per quod inaequalitatis ratio possit accipi, ita sane et hic medios polos mediumque circulum aequinoctialem, sectiones quoque aequinoctiales et puncta conuersionum media necesse erat cogitare, sub quibus poli circulusque aequinoctialis terrestris hincinde deflectentes, statis tamen limitibus, motus illos

---

2. *Post* XXVIII s. *Ms addit haec verba deleta* vel XXIX secundum aliquos. — 7. demonstretur || demonstratur *edd.* — 35. deflectentes || deflectens *Th*; *Ms super* deflectens *scribit* (te), *ut cum NBAW* deflectentes *legendum sit.*

aequales faciant apparere diuersos. Itaque binae illae librationes concurrentes inuicem efficiunt, ut poli terrae cum tempore lineas quasdam describant corollae intortae similes.

At quoniam haec verbis sufficienter explicasse facile non est, ac eo minus, vti vereor, auditu percipientur, nisi etiam conspiciantur oculis, describamus igitur signorum in sphaera circulum A B C D; polus eius boreus sit E, principium Capricorni A, Cancri C, Arietis B, ♎ D, et per A, C signa atque E polum circulus A E C; maxima distantia polorum zodiaci et aequinoctialis borealium sit E F, minima E G, ac perinde medio loco sit I polus, in quo describatur B H D circulus aequinoctialis, qui medius vocetur || et B, D aequinoctia 74
media. Quae omnia circa E polum aequali semper motu in praecedentia ferantur, id est contra signorum ordinem sub fixarum stellarum sphaera, lento, ut dictum est, motu. Iam intelligantur bini motus polorum terrestrium reciprocantes pendentibus similes, vnus inter F, G limites, qui motus anomaliae, hoc est inaequalitatis, declinationis vocabitur; alter in transuersum a praecedentibus in consequentia et a consequentibus in antecedentia, quem aequinoctiorum vocabimus anomaliam, duplo velociorem priori. Hij ambo motus in polis terrae congruentes mirabili modo deflectunt eos.

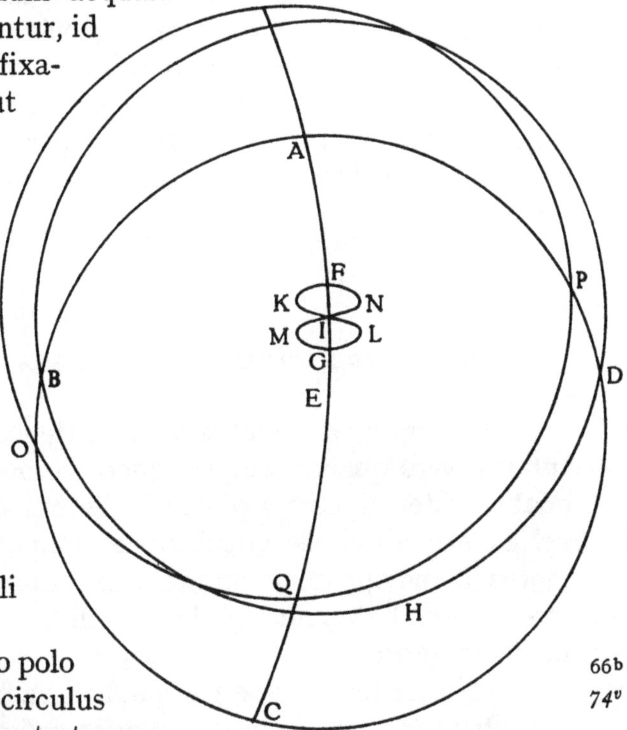

Primum enim sub F constituto polo 66b
terrae boreo | descriptus in eo || circulus 74v
aequinoctialis per eadem B, D secmenta transibit, nempe per polos A F E C circuli; sed angulos obliquitatis faciet maiores pro ratione F I circumferentiae. Ab hoc sumpto principio transiturum terrae polum ad mediam obliquitatem in I alter superueniens motus non sinit recta incedere per F I, sed per ambitum ac extremam in consequentia latitudinem, quae sit in K, deducit ipsum. In quo loco descripti aequinoctialis apparentis O Q P sectio non erit in B, sed post ipsam in O, et pro tanto minuitur prae-

8. *Post* AEC *NBAW addunt* describatur. — 10. aequinoctiales *Ms.* — 19.—20. anomaliae, hoc est inaequalitatis, declinationis || anomaliae, hoc est, inaequalitatis declinationis *NBAW*; anomaliae, hoc est inaequalitatis declinationis *Th.* — 23.—24. antecaedentia *Ms.* — 35. sed per || ED per *B.* — 37. OQP || OPQ *NBAW.*

cessio aequinoctiorum, quantum fuerit B O. Hinc conuersus polus et in praecedentia tendens excipitur a concurrentibus simul vtrisque motibus in I medio, et aequinoctialis apparens per omnia vnitur aequali siue medio, ac eo pertransiens polus terrae transmigrat in praecedentes partes et separat aequinoctialem apparentem a medio augetque praecessionem aequinoctiorum usque in alterum L limitem. Inde reuertens aufert, quod modo adiecerat aequinoctijs, donec in G puncto constitutus minimam efficiat obliquitatem in eadem B sectione, vbi rursus aequinoctiorum solstitiorumque motus tardissimus apparebit eo fere modo, quo in F. Quo tempore constat inaequalitatem eorum reuolutionem suam peregisse, quando a medio vtrumque pertransierit extremorum, motus vero obliquitatis a maxima declinatione ad minimam dimidium dumtaxat circuitum. Exinde pergens polus consequentia repetit ad extremum usque limitem in M ac denuo reuersus vnitur I medio rursumque vergens
67ª in praecedentia N limitem emensus con|cludit tandem, quam diximus, intortam lineam FKILGMINF. Itaque manifestum est, quod in vna reuersione obliquitatis bis praecedentium bisque sequentium limitem terrae polus attingit.

CAP. IV

QVOMODO MOTVS RECIPROCVS SIUE LIBRATIONIS EX CIRCULARIBUS CONSTET

Quod igitur iste motus apparentijs consentiat, ammodo declarabimus. Interim vero quaeret aliquis, quonam modo possit illarum librationum aequalitas intelligi, cum a principio dictum sit motum caelestem aequalem esse vel ex aequalibus ac circularibus compositum. Hic autem vtrobique duo motus in vno apparent sub utrisque terminis, quibus necesse est cessationem
75 interuenire. Fatebimur quidem geminatos || esse, at ex aequalibus hoc modo demonstrantur.

Sit recta linea A B, quae quadrifariam secetur in C, D, E signis, et in D describantur circuli homocentri ac in eodem plano A D B et C D E et in circumferentia interioris circulj assumatur utcumque F signum, et ipso F centro, interuallo vero F D circulus describatur G H D, qui secet A B rectam lineam in H signo, et agatur dimetiens D F G. Ostendendum est, quod geminis motibus circulorum G H D et C F E concurrentibus inuicem H mobile per eandem rectam lineam A B hincinde reciprocando repat. Quod erit, si intelligatur H moueri in diuersam partem et duplo magis ipso F, quoniam idem angulus, qui sub C D F, in centro circuli C F E et circumferentia ipsius G H D consistens compre-

12. consequentia || in consequentia *Th.* — 13. vnitur I medio || *sic et K*; unitur in medio *NBA*; unitur in I medio *W.* — 27. *Post* in D *habes lituratum* centro *in Ms.* — 29. et ipso || et in ipso *edd.* 31. *Post* signo *Ms addit*: in quo iam intelligatur aequinoctialis ille mobilis polus, *quae nota marginalis postea est deleta.*

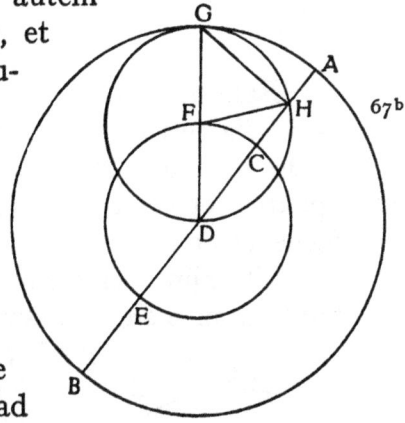

hendit vtramque circumferentiam circulorum aequalium GH duplam ipsi FC. Posito, quod aliquando in coniunctione rectarum linearum ACD et DFG mobile H fuerit in G congruente cum A, et F in C. Nunc autem in dextras partes per FC motum est centrum F, et ipsum H per GH circumferentiam in sinistras duplo maiores ipsi CF | vel e contra H igitur in lineam 67b AB reclinabitur: alioqui accideret partem esse maiorem suo toto, quod facile puto intelligi. Recessit autem A priori loco secundum longitudinem AH retractum per infractam lineam DFH, aequalem ipsi AD, eo interuallo, quo dimetiens DFG excedit subtensam DH. Et hoc modo perducetur H ad D centrum, quod erit in contingente DHG circulo AB rectam lineam, dum videlicet GD ad rectos angulos ipsi AB steterit, ac deinde in B alterum limitem perueniet, a quo rursus simili ratione reuertetur. || Patet igitur e 75v duobus motibus circularibus et hoc modo sibi inuicem occurrentibus in rectam lineam motum componi, et ex aequalibus reciprocum et inaequalem, quod erat demonstrandum.

E quibus etiam sequitur, quod GH recta linea semper erit ad angulos rectos ipsi AB; rectum enim angulum in semicirculo DHG lineae comprehendent. Et idcirco GH semissis erit subtendentis duplam AG circumferentiam, et DH altera semissis subtendentis duplum eius, quod superest ex AG quadrantis circuli, eo quod AGB circulus duplus existat ipsi HGD secundum diametrum.

---

6. e contra || e converso *NBAW*; a contrario *Th.* — 9. autem A priori || autem a priori *edd.* — 10. retractum || retractam *edd.* — 16. *Post* revertetur *in Ms exstant haec verba postea deleta*: Vocant autem aliqui motum hunc in latitudinem circuli, hoc est dimetientem, cuius tamen periodum et dimensionem a circumcurrente ipsius (a) deducunt, ut paulo inferius ostendemus. Estque hic obiter animaduertendum, quod, si circuli HG et CF fuerint inaequales manentibus caeteris conditionibus, non rectam lineam, sed conicam siue cylindricam sectionem describent, quam ellypsim vocant (b) mathematici; sed de his alias. Inaequalitatis Anticipantium Aequinoctiorum et Obliquitatis Demonstratio Cap. V. Ex his igitur nunc demonstrabimus qua ratione motus. — 21. DHG lineae *Ms NBAW*; *lege* DH, HG lineae *Th.*

---

a) ipsius || eius *Th.* — b) vocant || vocat *Ms.*

Cap. V

Inaeqvalitatis anticipantivm aeqvinoctiorvm et obliqvitatis demonstratio

Eam ob causam vocant aliqui motum hunc circuli in latitudinem, hoc est in diametrum, cuius tamen periodum et aequalitatem in circumcurrente, at dimensionem in subtensis lineis accipiunt. Ipsum propterea inaequalem
68a apparere et velociorem circa centrum ac tar|diorem apud circumferentiam facile demonstratur.

Sit enim semicirculus ABC, centrum eius D, dimetiens ADC, et secetur bifariam in B signo; assumantur autem circumferentiae AE et BF aequales, et ab F, E signis in ipsam ADC perpendiculares agantur EG, FK. Quoniam igitur dupla DK subtendit duplum BF, et dupla EG duplum ipsius AE, aequales igitur sunt DK et EG. Sed AG per septimam tertij Elementorum Euclidis minor est ipsi GE, minor etiam erit ipsi DK. Aequali vero tempore pertransierunt GA et KD propter AE et BF circumferentias aequales; tardior ergo motus est circa A circumferentiam quam circa D centrum.

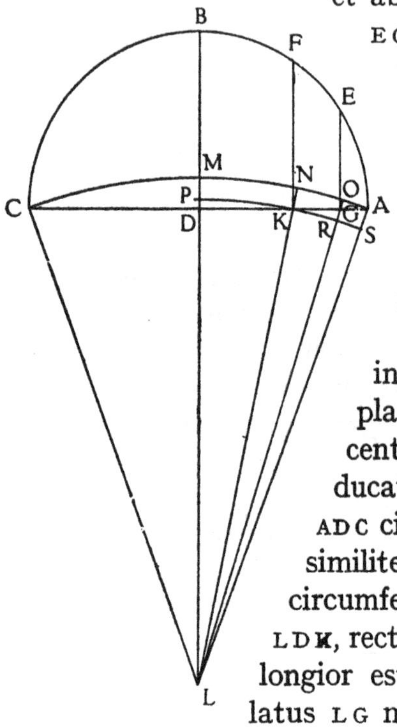

Hoc demonstrato suscipiatur iam centrum terrae in L, ita ut LD recta linea sit ad angulos rectos ipsi ABC plano hemicyclij, et per A, C signa describatur in L centro circumferentia circuli AMC, et in rectam lineam ducatur LDM. Erit idcirco in M polus hemicyclij ABC et ADC circulorum sectio communis, et coniungantur LA, LC, similiter et LK, LG, quae extensae in rectum secent AMC circumferentiam in N, O. Quoniam igitur angulus, qui sub LDK, rectus est, acutus igitur qui sub LKD. Quare et LK linea longior est quam LD, tanto magis in ambligonijs triangulis latus LG maius est latere LK et LA ipso LG.

Centro igitur L, interuallo LK descriptus circulus extra ipsam LD cadet,
78 reliquas autem LG et LA secabit; describatur et sit || PKRS. Et quoniam triangulum LDK minus est sectore LPK, triangulum vero LGA maius sectore LRS, et propterea minor ratio trianguli LDK ad sectorem LPK quam trianguli LGA ad sectorem LRS, vicissim quoque erit LDK triangulum ad LGA triangulum in minori ratione quam sector LPK ad sectorem LRS, ac per primam

4. vocant aliqui motum || vocare possumus motum *NBAW*. — 5.—6. In *W desunt verba*: in circumcurrente, at dimensionem in subtensis. — 6. accipiunt || accipimus *NBAW*. — 17. *In W desiderantur verba*: KD propter AE et. — 20. Hoc demonstra *Ms*. — 32. reliquas || reliquis *B*. — 36. ac || a *Ms*.

† sexti Elementorum Euclidis, sicut LDK triangulum ad LGA triangulum, sic est basis DK ad basim AG. Sectoris autem ad sectorem est ratio sicut DLK angulus ad RLS angulum, siue MN circumferentiae ad OA circumferentiam. In minorj igitur ratione est DK ad GA quam MN ad OA. Iam vero demonstrauimus maiorem esse DK quam GA, tanto fortius igitur maior erit | MN 68b
quam OA, quae sub aequalibus temporum interuallis descriptae intelliguntur per polos terrae secundum AE et BF anomaliae circumferentias aequales, quod erat demonstrandum.

Verumtamen cum adeo modica sit differentia inter maximam minimamque obliquitatem, quae non excedit duas quintas vnius gradus, erit quoque inter AMC curuam et ADC rectam differentia insensibilis, vt nihil erroris emerget, si simpliciter per ADC lineam et semicirculum ABC operati fuerimus.

Idem fere accidit circa alterum motum polorum, qui aequinoctia respicjt, quoniam nec ipse ad medium gradum ascendit, ut apparebit inferius. || Sit 76
denuo circulus ABCD per polos signiferi et aequinoctialis medij, quem colurum Cancri medium possumus appellare; medietas zodiaci sit DBE, aequinoctialis medius AEC, secantes se inuicem in E signo, in quo erit aequinoctium medium. Polus autem aequinoctialis sit F, per quem describatur circulus magnus FET; erit propterea et ipse colurus aequinoctiorum mediorum siue aequalium. Separemus iam facilioris ergo demonstrationis librationem aequinoctiorum ab obliquitate signiferi sumpta in EF coluro circumferentia FG, per quam auulsus intelligatur G polus apparens aequinoctialis ab F polo medio, et super G polum describatur ALKC semicirculus aequinoctialis apparentis, qui secabit zodiacum in L. Erit igitur ipsum L signum aequinoctium apparens, distans a medio per LE circumferentiam, quam efficit EK aequalis ipsi FG. Quod si in K facto polo descripserimus circulum AGC, et intelligatur, quod polus aequinoctialis in tempore, quo FG libratio fieret, verus interim polus non manserit in G signo, sed alterius impulsu librationis abierit in obliquitatem signiferj per GO circumferentiam: manentj igitur BED zodiaco permutabitur aequinoctialis verus apparens penes O poli transpositionem. Et erit similiter ipsius sectionis L apparentis aequinoctij motus concitatior circa E medium, lentissimus in extremis, proportionalis fere libramento polorum iam demonstrato, quod operae pretium erat animaduertisse.

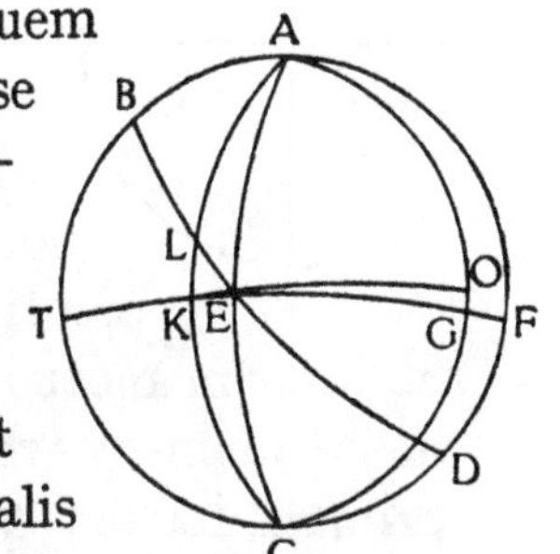

12. emerget || emergat *edd.* — 15. *Sequentes versus usque ad finem capitis cursim a Copernico scripta sunt in folio postea inserto hac inscriptione*: additio ad finem quinti Ca. *Eodem folio etiam Cap.* X. *scriptum invenitur.* — 17. DBE || DEB *edd.* — 20. FET || FEI in *AWTh, quae* I *pro* T *etiam in figura habent.* — 22. *Post* demonstrationis *adde* causa. — 31. 33. verus || versus *W.* — 33. manentj || manente *edd;* BED zodiaco || BFD zodiaco *W.*

CAP. VI

78, 24 69ᵃ
DE AEQVALIBVS MOTIBVS PRAECESSIONIS AEQVINOCTIORVM ET INCLINATIONIS ZODIACI

Omnis autem circularis motus diuersus apparens in quatuor terminis versatur; est vbi tardus apparet, ubi velox, tamquam in extremis, et vbi mediocris ut in medijs, quoniam a fine diminutionis et augmenti principio transit ad mediocrem, a mediocri grandescit in uelocitatem, rursus a veloci in mediocrem tendit, inde quod reliquum est ab aequalitate in priorem reuertitur tarditatem. Quibus datur intelligi, in qua parte circuli diuersitatis siue anomaliae locus pro tempore fuerit, quibus etiam indicijs ipsa anomaliae restitutio percipitur.

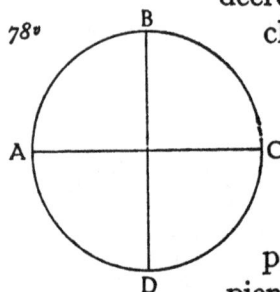

Vt in quadripartito circulo sit A summae tarditatis locus, B crescens mediocritas, C finis augmenti atque principium diminutionis, D mediocritas decrescens. Quoniam igitur, ut superius recitatum est, a Timo-
78ᵛ chari ad Ptolemaeum || prae caeteris temporibus tardior motus praecessionis aequinoctiorum apparens repertus est, et quia aequalis aliquamdiu et vniformis apparebat, vt Aristylli, † Hipparchi, Agrippae et Menelai medio tempore obser- † uata ostendunt: arguit motum ipsum aequinoctiorum apparentem simpliciter fuisse tardissimum et medio tempore in augmenti principio, quando cessans diminutio incipienti augmento coniuncta mutua compensatione efficiebat, ut interim motus vniformis videretur. Quapropter Timochareos obseruatio in vltimam partem circuli sub DA reponenda est, Ptolemaeica vero primum incidet quadrantem sub AB. Rursus, quia in secundo interuallo a Ptolemaeo ad Albategnium Aratensem velocior motus reperitur quam in tertio, declarat summam velocitatem, hoc est C signum, in secundo temporis interuallo praeterijsse, et anomaliam ad tertium iam peruenisse quadrantem circuli sub CD, et interuallo tertio ad nos usque anomaliae restitutionem propemodum compleri et reuerti ad principium Timochareos. Nam si MDCCCXIX annis a Timochari ad nos totum circuitum in partibus, quibus solet, CCCLX comprehendamus, habebimus pro ratione annorum CCCCXXXII circumferentiam partium XVC S., annorum vero DCCXLII partes CXLVI, scrupula LI, atque in reliquis annis DCVL reliquam circumferentiam partium CXXVII, scrupu-
69ᵇ lorum XXXIX. Haec obuiam ac simplici con|iectura accepimus, sed examinatiorj calculo reuoluentes, quatenus obseruatis exactius consentirent, in-

9.—10. diuersitatis siue anomaliae locus || locus diversitatis sive anomaliae *NBAW*. — 13. mediocritas *deest in AW*. — 17. Aristylli *pro deleto* Aristarchi *Ms*. — 19. arguit || arguet *B*. — 24. Ptolemaeica || Ptolemeaica *Ms*; Ptolemaica *edd*. — 25. incidet || indicet *B*. — 30. MDCCCXIX || MCCCCCCCCXIX *B. et sic saepius*. — 34. DCVL || DCXLX *B*. — 35. obuiam || obvia *Th*. — 35.—36. examinatiorj || exactiori *W*.

uenimus anomaliae motum in MDCCCXIX annis Aegyptijs XXI gradibus et XXIIII scrupulis suam reuolutionem completam iam excessisse, et tempus periodi annos MDCCXVII solummodo Aegyptios continere, qua ratione proditum est primum circulj segmentum partium XC, scrupulorum XXXV; alterum partium CLV, scrupulorum XXXIIII; tertium vero sub annis DXLIII reliquas circuli partes CXIII, scrupula LI, continebit.

His ita constitutis praecessionis quoque aequinoctiorum medius motus patuit, et ipsum esse graduum XXIII, scrupulorum LVII sub eisdem annis MDCCXVII, quibus omnis diuersitas in pristinum statum restituta est, quoniam in annis MDCCCXIX habuimus motum apparentem graduum XXV, scrupuli I fere. || Verum a Timochari in annis CII, quibus anni MDCCXVII distant a 79 MDCCCXIX, oportebat motum apparentem fuisse circiter gradum I, scrupula IIII, eo quod maiusculum tunc fuisse verisimile sit, quam ut in centenis annis vnum exegisset gradum, quando decrescebat adhuc finem decrementi nondum consecutus. Proinde si gradum vnum et decimam quintam auferamus ex partibus XXV, scrupulo I remanebit, quem diximus, in annis MDCCXVII Aegyptijs medius aequalisque motus diuerso ac apparenti tunc coaequatus graduum XXIII, scrupulorum LVII, quibus integra praecessionis aequinoctiorum ac aequalis reuolutio consurgit in annis $\overline{\text{XXV}}$DCCCXVI, in quo tempore fiunt circuitiones anomaliae XV cum XXVIII. parte fere.

Huic quoque rationi sese accommodat obliquitatis motus, cuius reditionem duplo tardiorem quam aequinoctiorum praecessionem dicebamus. Namque quod Ptolemaeus prodidit obliquitatem partium XXIII, scrupulorum primorum LI, secundorum XX ante se in annis CCCC ab Aristarcho Samio minime mutatam fuisse, indicat ipsam tunc circa maximae obliquitatis limitem pene constitisse, quando videlicet et praecessio aequinoctiorum erat in motu tardissimo. At nunc quoque, dum eadem tarditatis appetit restitutio, inclinatio axis non item in maximam, sed in minimam transit, quam medio tempore Albategnius, ut dictum, reperit partium XXIII, scrupulorum XXXV, Arzachel Hispanus post illum annis CXC partium XXIII, scrupulorum XXXIIII, ac itidem post annos CCXXX Prophatius Iudeus duobus proxime scrupulis minorem; quod denique nostra concernit tempora, nos ab annis XXX frequenti obseruatione XXIII partes, scrupula XXVIII et duas fere quintas

---

6. reliquas || reliquis *BTh.* — 8. graduum || gradum *W.* — 13. quod || quoque *W.* — tunc fuisse || fuisse *W.* — 14. quando || quin *AW*; qñ *NB et saepius sic*; quoniam *Th.* — 19. $\overline{\text{XXV}}$DCCCXVI || 25809 *W.* — 26. constetisse *Ms.* — 29. Albategnius || Albategnius Aratensis *BATh.* — 30. XXXV || *Ms primo scripserat* XXVII, *quem numerum dealbato* II *in* XXV *mutaverat, tum in* XXXV *emendavit nigerrimo atramento addens* X; XXV *edd, sed A in margine et Th in Addendis* XXXV. — 32. *Post* tempora *Ms in margine posteriore manu scripta habet*: Ioannes Regiomontanus part. 23, scrup. 28 et dimidij *et in textu legis obliterata haec*: Georgius Purbachius anno Christi MCCCCLX partium, ut illi, XXIII, scrupulorum vero XXVIII adnotauit, Dominicus Maria Novariensis anno Christi MCCCCXCI. ultra partes integras scrupula XXIX et amplius quiddam. — 33. *Post* obseruatione *AW inserunt* invenimus. — fere quintas *invertuntur in NBAW.*

70a vnius scrupulj, a quibus Georgius Purbachius et Iohannes a Montere|gio, qui proxime nos praecesserunt, parum differunt. Vbi rursus liquidissime patet obliquitatis permutationem a Ptolemaeo ad cm annos accidisse maiorem, quam in alio quouis interuallo temporis. Cum ergo iam habeamus anomaliae circuitum praecessionis in annis mdccxvii, habebimus etiam sub eo tempore obliquitatis dimidium periodum, ac in annis mmmccccxxxiiii integram eius
79v restitutionem. Quapropter, si ccclx gradus || per eundem $\overline{\text{iii}}$ccccxxxiiii annorum numerum partiti fuerimus, vel gradus clxxx perm dccxvii, exibit annuus motus simplicis anomaliae scrupula prima vi, secunda xvii, tertia xxiiii, quarta ix. Haec rursus per ccclxv dies distributa reddunt diarium motum scrupulorum secundorum i, tertiorum ii, quartorum ii. Similiter praecessionis aequinoctiorum medius cum fuerit distributus per annos mdccxvii, et erant gradus xxiii, scrupula prima lvii, exibit annuus motus scrupula secunda l, tertia xii, quarta v, atque hunc per dies ccclxv diarius motus scrupula tertia viii, quarta xv.

Vt autem motus ipsi fiant apertiores, et in promptu habeantur, quando fuerit opportunum, tabulas siue canonas eorum exponemus per continuam aequalemque annui motus adiectionem, reiectis semper lx in priora scrupula vel in gradus, si excreuerint, easque aggregauimus usque ad ordinem lx annorum (comoditatis gratia), quoniam in annorum sexagenis eadem sese offert facies numerorum (denominationibus partium et scrupulorum solummodo transpositis), vt quae prius secunda erant, prima fiant, et sic de caeteris, quo compendio per has breues tabellas infra annos iiidc saltem duplici introitu licebit accipere et colligere in annis propositis motus aequales. Ita quoque in dierum numero se habet. Vtemur autem in supputatione motuum caelestium annis ubique Aegyptijs, qui soli inter ciuiles reperiuntur aequales. Oportebat enim mensuram congruere cum mensurato, quod in annis Romanorum, Graecorum et Persarum non adeo conuenit, quibus non vno modo, sed, prout cuique placuit gentium, intercalatur. Annus autem Aegyptius nihil affert ambiguitatis sub certo dierum numero ccclxv, in quibus sub duodenis mensibus aequalibus, quos ex ordine appellant ipsi suis nominibus: Thoth, Phaophi, Athyr, Chiach, Tybi, Mechyr, Phamenoth, Pharmuthi, Pachon, Pauni, Epiphi, Mesori, — in quibus ex aequo comprehenduntur vi sexagenae dierum, et quinque residui dies intercalares nominantur. Suntque ob id in motibus aequalibus dinumerandis anni Aegyptiorum accomodatissimi, in quos alij quilibet annj resolutione dierum facile reducuntur.

1. a Monteregio || de Monteregio *NBAW*. — 3. cm || dcccc *NBTh*. — 5. circuitum praecessionis *invertuntur in NBAW*. — 6. dimidium || dimidiam *A*. — 9. annuus || annus *W*. — scrupula prima || scrupulorum primorum *Th*; *quae saepius alio casu utitur ac Copernicus*; *NBAW scribere solent* part. scrup. grad. — 13. lvii || 37 *W*. — 17. canonas: *Ms hic et saepius Graeca utitur declinatione*; canones *edd*. — 19. aggregauimus || aggreuimus *Ms*. — 34. residui dies intercalares nominantur || dies residui, quos intercalares nominant *NBAW*; dies residui, dies intercalares nominant *Th*.

80
70b

AEQVALIS MOTVS PRAECESSIONIS AEQVINOCTIORVM IN ANNIS ET SEXAGENIS ANNORVM												
Anni	LONGITVDINIS						Anni	LONGITVDINIS				
Aegypt.	Sex.	Part.	Scr. 1ª	Scr. 2ª	Scr. 3ª		Aegypt.	Sex.	Part.	Scr. 1ª	Scr. 2ª	Scr. 3ª
1	0	0	0	50	12		31	0	0	25	56	14
2	0	0	1	40	24		32	0	0	26	46	26
3	0	0	2	30	36		33	0	0	27	36	38
4	0	0	3	20	48		34	0	0	28	26	50
5	0	0	4	11	0		35	0	0	29	17	2
6	0	0	5	1	12	Christi locus 5. 32.	36	0	0	30	7	15
7	0	0	5	51	24		37	0	0	30	57	27
8	0	0	6	41	36		38	0	0	31	47	39
9	0	0	7	31	48		39	0	0	32	37	51
10	0	0	8	22	0		40	0	0	33	28	3
11	0	0	9	12	12		41	0	0	34	18	15
12	0	0	10	2	25		42	0	0	35	8	27
13	0	0	10	52	37		43	0	0	35	58	39
14	0	0	11	42	49		44	0	0	36	48	51
15	0	0	12	33	1		45	0	0	37	39	3
16	0	0	13	23	13		46	0	0	38	29	15
17	0	0	14	13	25		47	0	0	39	19	27
18	0	0	15	3	37		48	0	0	40	9	40
19	0	0	15	53	49		49	0	0	40	59	52
20	0	0	16	44	1		50	0	0	41	50	4
21	0	0	17	34	13		51	0	0	42	40	16
22	0	0	18	24	25		52	0	0	43	30	28
23	0	0	19	14	37		53	0	0	44	20	40
24	0	0	20	4	50		54	0	0	45	10	52
25	0	0	20	55	2		55	0	0	46	1	4
26	0	0	21	45	14		56	0	0	46	51	16
27	0	0	22	35	26		57	0	0	47	41	28
28	0	0	23	25	38		58	0	0	48	31	40
29	0	0	24	15	50		59	0	0	49	21	52
30	0	0	25	6	2		60	0	0	50	12	5

2. annorum *deest in MsNBAW*. — 3. LONGITVDINIS || MOTVS *Mspm NBAW*. — 3.—4. *Verba* Longitudinis partes et scrupula, *quae leguntur in Ms, a BAWTh subdividuntur in* Sex. Part. Scr. 1ª, Scr. 2ª, Scr. 3ª; *sic et in seqq. tabellis.* — 4. Aegyptii *desideratur in MsNBAW, sic saepius.* — 10. Christi locus *omittitur in NBW*; — *A in calce*: Radix Christi Sex. 0, grad. 5, min. 32. — Col. I. 28. 4 | 50 || 4 | 49 *W*.

80v 71a

AEQVALIS MOTVS PRAECESSIONIS AEQVINOCTIORVM IN DIEBVS ET SEXAGENIS DIERVM

Dies	MOTVS					Dies	MOTVS				
	Sex.	Part.	Scr. 1a	Scr. 2a	Scr. 3a		Sex.	Part.	Scr. 1a	Scr. 2a	Scr. 3a
1	0	0	0	0	8	31	0	0	0	4	15
2	0	0	0	0	16	32	0	0	0	4	24
3	0	0	0	0	24	33	0	0	0	4	32
4	0	0	0	0	33	34	0	0	0	4	40
5	0	0	0	0	41	35	0	0	0	4	48
6	0	0	0	0	49	36	0	0	0	4	57
7	0	0	0	0	57	37	0	0	0	5	5
8	0	0	0	1	6	38	0	0	0	5	13
9	0	0	0	1	14	39	0	0	0	5	21
10	0	0	0	1	22	40	0	0	0	5	30
11	0	0	0	1	30	41	0	0	0	5	38
12	0	0	0	1	39	42	0	0	0	5	46
13	0	0	0	1	47	43	0	0	0	5	54
14	0	0	0	1	55	44	0	0	0	6	3
15	0	0	0	2	3	45	0	0	0	6	11
16	0	0	0	2	12	46	0	0	0	6	19
17	0	0	0	2	20	47	0	0	0	6	27
18	0	0	0	2	28	48	0	0	0	6	36
19	0	0	0	2	36	49	0	0	0	6	44
20	0	0	0	2	45	50	0	0	0	6	52
21	0	0	0	2	53	51	0	0	0	7	0
22	0	0	0	3	1	52	0	0	0	7	9
23	0	0	0	3	9	53	0	0	0	7	17
24	0	0	0	3	18	54	0	0	0	7	25
25	0	0	0	3	26	55	0	0	0	7	33
26	0	0	0	3	34	56	0	0	0	7	42
27	0	0	0	3	42	57	0	0	0	7	50
28	0	0	0	3	51	58	0	0	0	7	58
29	0	0	0	3	59	59	0	0	0	8	6
30	0	0	0	4	7	60	0	0	0	8	15

2. Dierum *desideratur in MsNBA.* — 3, Motvs || Longitvdinis *Th.* — Col. II. 20. 6 | 19 || 6 | 11 *NB.*

ANOMALIAE AEQVINOCTIORVM MOTVS IN ANNIS ET SEXAGENIS ANNORVM 81 71b

Anni Aegypt.	MOTVS Sex.	Part.	Scr. 1a	Scr. 2a	Scr. 3a		Anni Aegypt.	MOTVS Sex.	Part.	Scr. 1a	Scr. 2a	Scr. 3a
1	0	0	6	17	24	Christi locus 6. 45.	31	0	3	14	59	28
2	0	0	12	34	48		32	0	3	21	16	52
3	0	0	18	52	12		33	0	3	27	34	16
4	0	0	25	9	36		34	0	3	33	51	41
5	0	0	31	27	0		35	0	3	40	9	5
6	0	0	37	44	24		36	0	3	46	26	29
7	0	0	44	1	49		37	0	3	52	43	53
8	0	0	50	19	13		38	0	3	59	1	17
9	0	0	56	36	36		39	0	4	5	18	42
10	0	1	2	54	1		40	0	4	11	36	6
11	0	1	9	11	25		41	0	4	17	53	30
12	0	1	15	28	49		42	0	4	24	10	54
13	0	1	21	46	13		43	0	4	30	28	18
14	0	1	28	3	38		44	0	4	36	45	42
15	0	1	34	21	2		45	0	4	43	3	6
16	0	1	40	38	26		46	0	4	49	20	31
17	0	1	46	55	50		47	0	4	55	37	55
18	0	1	53	13	14		48	0	5	1	55	19
19	0	1	59	30	38		49	0	5	8	12	43
20	0	2	5	48	3		50	0	5	14	30	7
21	0	2	12	5	27		51	0	5	20	47	31
22	0	2	18	22	51		52	0	5	27	4	55
23	0	2	24	40	15		53	0	5	33	22	20
24	0	2	30	57	39		54	0	5	39	39	44
25	0	2	37	15	3		55	0	5	45	57	8
26	0	2	43	32	27		56	0	5	52	14	32
27	0	2	49	49	52		57	0	5	58	31	56
28	0	2	56	7	16		58	0	6	4	49	20
29	0	3	2	24	40		59	0	6	11	6	45
30	0	3	8	42	4		60	0	6	17	24	9

3. MOTVS | LONGITVDINIS *Th.* — 5. *Verba* Christi locus 6. 45. *in NBW desunt A in calce* Radix Christi Sex. 0, grad. 6, min. 45. — Col. I 13. 36 | 36 || 36 | 37 *A*

81v
72a

ANOMALIAE AEQVINOCTIORVM MOTVS IN DIEBVS ET SEXAGENIS DIERVM

Dies	MOTVS					Dies	MOTVS				
	Sex.	Part.	Scr. 1a	Scr. 2a	Scr. 3a		Sex.	Part.	Scr. 1a	Scr. 2a	Scr. 3a
1	0	0	0	1	2	31	0	0	0	32	3
2	0	0	0	2	4	32	0	0	0	33	5
3	0	0	0	3	6	33	0	0	0	34	7
4	0	0	0	4	8	34	0	0	0	35	9
5	0	0	0	5	10	35	0	0	0	36	11
6	0	0	0	6	12	36	0	0	0	37	13
7	0	0	0	7	14	37	0	0	0	38	15
8	0	0	0	8	16	38	0	0	0	39	17
9	0	0	0	9	18	39	0	0	0	40	19
10	0	0	0	10	20	40	0	0	0	41	21
11	0	0	0	11	22	41	0	0	0	42	23
12	0	0	0	12	24	42	0	0	0	43	25
13	0	0	0	13	26	43	0	0	0	44	27
14	0	0	0	14	28	44	0	0	0	45	29
15	0	0	0	15	30	45	0	0	0	46	31
16	0	0	0	16	32	46	0	0	0	47	33
17	0	0	0	17	34	47	0	0	0	48	35
18	0	0	0	18	36	48	0	0	0	49	37
19	0	0	0	19	38	49	0	0	0	50	39
20	0	0	0	20	40	50	0	0	0	51	41
21	0	0	0	21	42	51	0	0	0	52	43
22	0	0	0	22	44	52	0	0	0	53	45
23	0	0	0	23	46	53	0	0	0	54	47
24	0	0	0	24	48	54	0	0	0	55	49
25	0	0	0	25	50	55	0	0	0	56	51
26	0	0	0	26	52	56	0	0	0	57	53
27	0	0	0	27	54	57	0	0	0	58	55
28	0	0	0	28	56	58	0	0	0	59	57
29	0	0	0	29	58	59	0	0	1	0	59
30	0	0	0	31	1	60	0	0	1	2	2

3. Motvs || Longitvdinis *Th.*
19—21. *Ms in ultimo ordine falso numeros praebet* 4, 6, 8.

33. 1 | 0 | 59 || 0 | 0 | 59 *B.*

Cap. VII 82

Qvae sit maxima differentia inter aeqvalem apparentemqve praecessionem aeqvinoctiorvm 72[b]

Medijs motibus sic expositis inquirendum iam est, quanta sit inter aequalem aequinoctiorum apparentemque motum maxima differentia siue dimetiens parui circulj, per quem circuit anomaliae motus. Hoc enim cognito facile erit quascumque alias ipsorum motuum differentias discernere. Quoniam igitur, ut superius recitatum est, inter primam Timocharis et Ptolemaei sub secundo Antoninj anno fuerunt cdxxxii annj, in quo tempore medius motus est partium vi, apparens autem erat partium iiii, scrupulorum xx, horum differentia pars vna, scrupuli xl, anomaliae quoque duplicis motus partium xc, scrupulorum xxxv: visum est etiam in medio huius temporis vel circiter apparentem motum scopum maximae tarditatis attigisse, in quo necesse est ipsum cum medio congruere motu, atque in eadem circulorum sectione fuisse verum ac medium aequinoctium. Quapropter facta motus et temporis bifariam distributione erunt utrobique diuersi et aequalis motus differentiae dextantes vnius gradus, quas hincinde anomalaris circuli circumferentiae sub partibus xlv, scrupulis xvii s. comprehendunt. || Sed quoniam haec omnia circa minima versantur, utpote quae 82[v], 22
zodiacj sesquigradum non attingunt, in quibus subtensae rectae lineae suis 73[a], 13
circumferentijs propemodum coaequantur, vixque in tertijs aliqua diuersitas reperitur: nos autem, qui in primis scrupulis contenti sumus, nihil erroris committemus, si pro circumferentijs rectis utamur lineis.

Sit ipsa portio circulj signorum abc, in quo aequinoctium medium sit b, quo sumpto polo describatur semicirculus adc, || qui secet circulum si- 83

---

4. *Initium huius capitis in Ms erat hoc, et quidem deletum est.* Cum igitur aequalem mediumque motum praeuentionis aequinoctiorum pro posse nostro exposuerimus, inquirendum nobis est, quanta sit eius et apparentis motus maxima differentia. Per quam facile etiam particulares capiemus. Iam quidem patet anomaliae duplicis motum id est aequinoctiorum in annis ccccxxxii a Timocharj ad Ptolemaeum partium fuisse xc, scrupulorum xxxv. Medium vero motum praecessionis partium vi, apparentem (a) partium iiii, scrupulorum xx. Horum differentie pars vna, scrupula xl. At quoniam in medio illius temporis summum tardidatis terminum et principium augmenti posuimus, in quo necesse erat medium motum cum apparente conuenisse ac apparentia aequinoctia cum medijs, sequitur quod hincinde semisses aequalesque distantiae ab illo termino fuerint, partes inquam xlv, scrupula xvii s. et differentiae similiter aequinoctiorum apparentium a medijs scrupulorum primorum l. — 9. cdxxxii || ccccxxxii *edd.* — 11. scrupuli || scrupula *edd.* — 12. motus || motum *W.* — 13. maxime *Ms.* — 17. quas || quod *NBAW*; quos *Th.* — 19. *vide* 162, not. 12. — 22. nos autem ... contenti sumus: *Ea verba in Ms deleta NBAW non receperunt.* — *Th omisit* autem. — 23. *Post* lineis *Ms habet deleta*: Quapropter describamus abc semicirculum super d centro, dimetiens eius sit adc seceturque bifariam in b signo, vbi summae tarditatis limes et principium augmenti intelligatur. — 25. *Post* adc *Ms habet deleta:* qui bifariam secetur in d signo, sub quo signo summus tarditatis limes intelligatur. — circulum signorum || circulum *Th.*

---

a) apparens *Ms.*

gnorum in A, C signis; deducatur etiam a polo zodiaci DB, qui bifariam secabit descriptum semicirculum in D, sub quo summus tarditatis limes intelligatur et augmenti principium. In AD quadrante capiatur DE circumferentia partium XLV, scrupulorum XVII S., et per E signum a polo zodiaci descendat EF, sitque BF scrupulorum L: propositum est ex his inuenire totam BFA. Manifestum est igitur, quod dupla BF subtendit duplum DE segmentum; sicut autem BF partium 7107 ad AFB partes 10000, ita 50 ipsius BF scrupula ad AFB 70: datur ergo AB gradus vnus, scrupula X, et tanta est medij apparentisque motus aequinoctiorum maxima differentia, quam quaerebamus, quamque sequitur
72b, 24 82, 36 maxima polorum deflexio scrupulorum XXVIII.

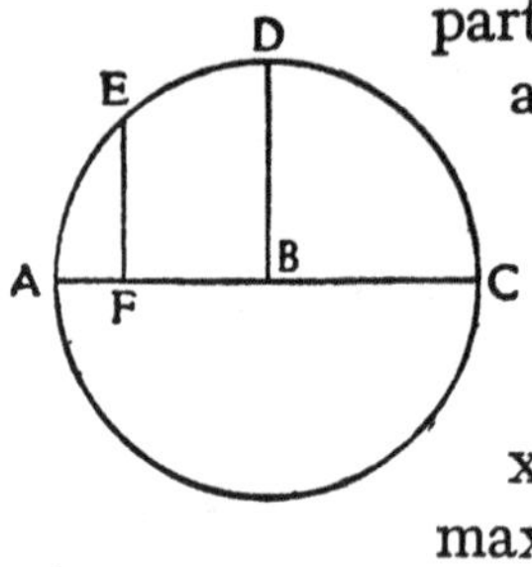

82v Quibus sic constitutis esto zodiaci circumferentia || ABC, aequinoctialis medius DBE, et B sectio sit media aequinoctiorum apparentium, siue Arietis siue Librae, et per polos ipsius DBE descendat FB. Assumantur autem in ABC circumferentiae utrobique BI, BK per dextantes graduum, ut sit tota IBK vnius partis et scrupulorum XL. Inducantur etiam duae circumferentiae circulorum aequinoctialium apparentium IG et HK ad angulos rectos ipsi FB extensae in FBH. Dico autem ad angulos rectos,
73a cum | tamen ipsorum IG et HK poli sepius existant extra BF circulum immiscente se motu declinationis, vti visum est in ypothesi, sed ob modicam valde distantiam, quae, cum maxima fuerit, CCCCL. partem recti non excedit, vtimur illis tamquam rectis ad sensum angulis; nullus enim propterea error apparebit. Quoniam igitur in triangulo IBG angulus IBG datur LXVI, scrupulorum XX, quoniam reliquus a recto DBA partium erat XXIII, scrupulorum XL, mediae obliquitatis signiferj, et BGI rectus, atque etiam, qui sub BIG, fere aequalis ipsi IBD alterno, et latus IB

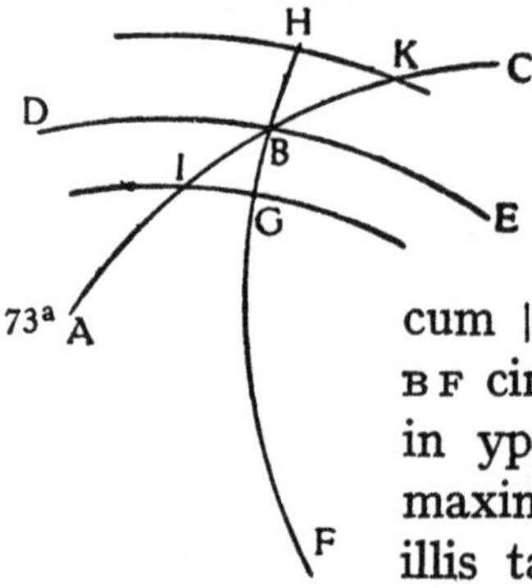

---

1. qui bifariam || qui etiam bifariam *edd.* — 7. duplum || duplam *W.* — 9.—10. *Post* scrup. X *Ms in margine deleta habet* vel scrup. XI uti inferius. — 12. scrupulorum XXVIII *ex* XXVIII, XXIIII *Ms.* — *Post* XXVIII *Ms in margine deleta habet*: quae apud sectiones aequinoctiales scrupulis LXX respondent in anomalia aequinoctiorum, quam appellamus duplam, alteram vero simplicem. — *Quae abhinc sequuntur usque ad finem capitis huc transponenda iubet K. Idem sensus postulat et in Ms ea pars linea infra versum ultimum paginae 82 et in margine sinistra paginae 82v ducta conspicua facta est, licet signum translationis faciendae absit. In NBAW haec pars legitur ante verba* Sed quoniam (161, 19), *uti in Ms invenitur.* — 13. Quibus || nam his *KTh.* — 14. et B sectio || et in B sectione *Mspm.* — siue Arietis || Arietis *W.* — 16. utrobique BI, BK || *post* utrobique *in Ms deletum est* aequales, *quod verbum receperunt edd.* — per dextantes graduum || per I gradum et sextantem *KTh.* — 17. vnius partis et scrupulorum XL || II partium et scrupulorum *KTh.* — 20. extensae in FBH *in NBAW desunt*; extense *Ms.* — 21. IG et || LG et *Ms.* — 23. hypothesi *edd.* — 24. CCCCL || CCCL *Th.* — 26. angulus IBG || angulus DBG *Ms.* — 28. *Ante* mediae *edd inserunt* angulus. — 29. *Verba* fere aequalis ipsi IBD *in W bis exstant.* — IBD alterno || IBD *NBAW.*

scrupulorum L datur ergo et BG circumferentia distantiae polorum medij et apparentis aequalis scrupulis XX. Similiter in triangulo BHK duo anguli BHK et HBK duobus IBG et IGB sunt aequales, et latus BK lateri BI: aequalis etiam erit BH ipsi BG scrupulorum XX. || Erunt enim GB et BH *82v,28*
ipsis IB et BK proportionales, eruntque similis rationis motus in utrisque tam polis quam sectionibus.

Cap. VIII

De particularibus ipsorum motuum differentiis, et earum canonica expositio *83,14* *73b*

Cum igitur data sit AB scrupulorum LXX, quae circumferentia nihil distare videtur a recta subtensa secundum longitudinem, non erit difficile quascumque alias particulares differentias medijs apparentibusque motibus exhibere, quas Graeci prosthaphaereses vocant, iuniores aequationes, quarum ablatione vel adiectione apparentiae concinnantur. Nos Graeco potius vocabulo tamquam magis apposito utemur.

Si igitur ED fuerit trium graduum, penes rationem AB ad subtensam BF habebimus BF prosthaphaeresim scrupulorum IIII; si sex graduum, erunt scrupula VII, pro nouem gradibus II, et sic de caeteris. Circa obliquitatis quoque mutationem simili ratione faciendum putamus, vbi inter maximam minimamque inuenta sunt, ut diximus, scrupula XXIIII, quae sub semicirculo anomaliae simplicis conficiuntur in annis MDCCXVII, et media consistentia sub quadrante circuli erit scrupulorum XII, ubi erit polus parui circuli huius anomaliae sub obliquitate partium XXIII, scrupulorum XL. Atque in hunc modum, sicut diximus, reliquas differentiae partes extrahemus proportionales ferme praedictis, prout in canone subiecto continetur.

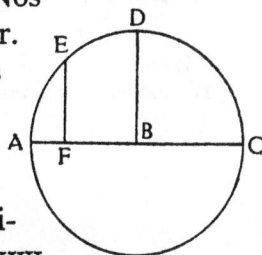

Et si varijs modis per hasce demonstrationes componi possunt motus apparentes, ille tamen modus magis placuit, per quem particulares quaeque prosthaphaereses separatim capiantur, quo fiat calculus ipsorum motuum intellectu facilior, magisque congruat explicationibus demonstratorum. Conscripsimus igitur || tabulam LX versuum auctam per triadas partium *83v*
circuli. Ita enim neque diffusam amplitudinem occupabit, neque coactam nimis breuitatem habere videbitur, prout in caeteris consimilibus faciemus. Haec modo quatuor ordines habebit, quorum primi duo vtriusque semi-

1. scrupulorum L || scrupula LXX *KTh.* — distantiae || distantia *Th.* — 2., 4. scrupulis XX || scrupulis XXVIII *KTh.* — 4. ipsi BG || ipsi AG *W.* — 4.—6. *Verba* Erunt enim ... sectionibus *in NBAW desunt.* — 8. EARVM || EORVM *edd.* — 10. scrupulorum LXX *ex* scrupul. LXXI *Ms.* — 20. putamus || putavimus *B.* — 33. coactam || coarctatam *NBATh*; coarctam *W.*

circuli gradus continent, quos numerum communem appellamus, eo quod per simplicem numerum obliquitas signorum circuli sumitur, duplicatus prosthaphaeresi aequinoctiorum seruiet, cuius exordium a principio aug-
74a menti su|mitur. Tertio loco prosthaphaereses aequinoctiorum collocabuntur singulis tripertijs congruentes addendae vel detrahendae medio motui, quem a prima stella capitis Arietis auspicamur in aequinoctium vernum; ablatiuae prosthaphaereses in anomalia semicirculo minore siue primo ordine, adiectiuae in secundo ac semicirculo sequente. Vltimo denique loco scrupula sunt, differentiae obliquitatis proportionum vocata, ascendentia ad summam sexagenariam, quoniam pro maximo minimoque obliquitatis excessu scrupulorum XXIIII ponimus LX, quibus pro ratione reliquorum excessuum similis rationis partes concinnamus, et propterea in principio et fine anomaliae ponimus LX; vbi vero excessus ad XXII scrupula peruenerit, ut in anomalia XXXIII graduum, eius loco ponimus LV. Sic pro XX scrupulis L, ut in anomalia XLVIII graduum, et per hunc modum in caeteris, prout in subiecta formula.

---

5. tripertijs || tripartiis *edd.* — congruentes || congruentis *NBAW*. — 9. differentiae || differentia *AW*. — 12. et propterea || propterea *W*. — 15. XLVIII || *sic et K*; XXVIII *NB*. — 16. formula || formula patet *NBAW*.

TABVLA PROSTHAPHAERESEON AEQVINOCTIALIS ET OBLIQVITATIS SIGNIFERI 84 74b

Numeri communes		Aequinoctialis prosthaphaereseon		Obliquitatis scrupula proportionum	Numeri communes		Aequinoctialis prosthaphaereseon		Obliquitatis scrupula proportionum
Grad.	Grad.	Grad.	Scrup.		Grad.	Grad.	Grad.	Scrup.	
3	357	0	4	60	93	267	1	10	28
6	354	0	7	60	96	264	1	10	27
9	351	0	11	60	99	261	1	9	25
12	348	0	14	59	102	258	1	9	24
15	345	0	18	59	105	255	1	8	22
18	342	0	21	59	108	252	1	7	21
21	339	0	25	58	111	249	1	5	19
24	336	0	28	57	114	246	1	4	18
27	333	0	32	56	117	243	1	2	16
30	330	0	35	56	120	240	1	1	15
33	327	0	38	55	123	237	0	59	14
36	324	0	41	54	126	234	0	56	12
39	321	0	44	53	129	231	0	54	11
42	318	0	47	52	132	228	0	52	10
45	315	0	49	51	135	225	0	49	9
48	312	0	52	50	138	222	0	47	8
51	309	0	54	49	141	219	0	44	7
54	306	0	56	48	144	216	0	41	6
57	303	0	59	46	147	213	0	38	5
60	300	1	1	45	150	210	0	35	4
63	297	1	2	44	153	207	0	32	3
66	294	1	4	42	156	204	0	28	3
69	291	1	5	41	159	201	0	25	2
72	288	1	7	39	162	198	0	21	1
75	285	1	8	38	165	195	0	18	1
78	282	1	9	36	168	192	0	14	1
81	279	1	9	35	171	189	0	11	0
84	276	1	10	33	174	186	0	7	0
87	273	1	10	32	177	183	0	4	0
90	270	1	10	30	180	180	0	0	0

5.—6. prosthaphereseon || prosthapheres *W.* — 6.—7. proportionum || proportionalia *Th.* — *In A invenitur nota marginalis haec, quae neque in ulla alia editione neque in Ms exstat:* Ut 5 ad 2 ita scrupula proportionum ad incrementum obliquitatis supra gra. 23 mn. 28.' *Et in margine sinistro haec:* Hanc tabulam ingressus cum anomalia aequinoct. simplici invenias in ultimo ordine scrupula proportionalia obliquitatis zodiaci: at eadem anomalia duplicata dabit prosthapheresim aequinoctiorum. *Et in calce:* in priore semicirculo anomaliae prosthaphereses subtrahendae sunt, in altero addendae.

| 30. 0 | 25 || 0 | 27 *NBAW.*

CAP. IX

84v 75a DE EORVM, QVAE CIRCA PRAECESSIONEM AEQVINOCTIORVM EXPOSITA SVNT, EXAMINATIONE AC EMENDATIONE

At quoniam per coniecturam sumpsimus augmenti principium in motu differente medio tempore fuisse ab anno XXXVI. primae secundum Calippum periodi ad secundum Antonini, a quo principio anomaliae motum ordimur: quod an recte fecerimus, et obseruatis consentiat, oportet adhuc nos experiri. Repetamus illa tria obseruata sjdera Timocharidis, Ptolemaei et Albategni Arataei, et manifestum est, quod in primo interuallo fuerunt annj Aegyptij CCCCXXXII, in secundo anni DCCXLII. Motus aequalis in primo temporis spacio erat partium VI, differens partium IIII, scrupulorum XX, anomaliae duplicis partium XC, scrupulorum XXXV, auferentis motui aequali partem I, scrupula XL; in secundo motus aequalis partium X, scrupulorum XXI, diuersi partium XI s., anomaliae duplicis partium CLV, scrupulorum 34, adijcientis aequali motui partem I, scrupula IX.

Sit modo zodiaci circumferentia uti prius ABC, et in B, quod sit aequinoctium medium vernum, sumpto polo, circumferentia autem AB partis vnius et scrupulorum X, describatur orbiculus ADCE, motus autem aequalis ipsius B intelligatur in partes A, hoc est in praecedentia, atque A sit limes occidentalis, in quo aequinoctium diuersum maxime praeit, et C orientalis, in quo maxime sequitur. A polo quoque zodiaci per B signum descendat DBE, qui cum circulo signorum quadrifariam secabit ADCE circulum paruum, quoniam rectis angulis se inuicem per polos secant. Cum autem fuerit motus in hemicyclio ADC ad consequentia, et reliquum CEA ad praecedentia, erit medium tarditatis aequinoctij apparentis in D propter renitentiam ad ipsius B progressum, in E vero maxima velocitas promouentibus se inuicem motibus in easdem partes. Suscipiantur etiamnum ante et pone D circumferentiae FD, DG, utraque partium XLV, scrupulorum XVII s. Sit F primus terminus anomaliae, qui Timocharis, G secundus, qui Ptolemei, et tertius P, qui Albategni, per quae signa descendant maximi circuli per polos signiferi FN, GM et OP, qui omnes in par|uulo circulo rectis lineis persimiles existunt.
75b
Erit igitur FDG circumferentia partium 90, scrupulorum XXXV, quarum circuli ADCE sunt CCCLX, auferens a motu medio partem MN vnam, scrupula

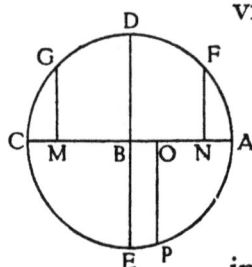

9. fuerunt || fuerint *edd.* — 14. scrupulorum 34, adijcientis || scrup. 34. Adjicientis *W*; scrupulorum 34 *ex* scrup. XXX *Ms.* — 21.—22. quo maxime sequitur || quo aequinoctium diversum maxime sequitur *NBAW.* — 26. reliquum CEA || reliquus in CEA *Th.* — 31. Timocharis || Timochareos *Th.* — 33. existunt || *sic et K*; existant *NBA.* — 35. CCCLX || 370 *W.* — motu medio || medio motu *edd.* — partem MN || MN partem *NBAW.*

XL, quarum ABC est partium II, scrupulorum XX, et GCEP partium CLV, scrupulorum XXXIIII, adijciens MO partem I, scrupula IX; quo circa et reliqua partium CXIII, scrupulorum LI PAF reliquam ON addet scrupulorum XXXI, quarum similiter est AB scrupulorum LXX. Cum vero tota DGCEP circumferentia fuerit partium CC, scrupulorum LI s., et EP excessus semicirculi partium XX, scrupulorum LI s.: erit igitur BO tamquam recta per canonem subtensarum || in circulo linearum partium 356, quarum est AB 1000; sed 85
quarum AB scrupulorum est LXX, erit BO scrupulorum XXIIII fere, et BM posita est scrupulorum L. Tota igitur MBO scrupulorum est LXXIIII, et reliqua NO scrupulorum XXVI. Sed in praestructis erat MBO pars I, scrupula IX, et reliqua NO scrupula XXXI. Desunt hinc scrupula V, quae illinc abundant. Reuoluendus est igitur ADCE circulus, quousque partis vtriusque fiat compensatio. Hoc autem factum erit, si DG circumferentiam capiamus partium XLII s., vt in reliqua DF sint partes XLVIII, scrupula V. Per hoc enim utrique errori videbitur esse satisfactum ac caeteris omnibus, quoniam a summo limite tarditatis D sumpto principio erit anomaliae motus in primo termino tota DGCEPAF circumferentia partium CCCXI, scrupulorum LV, in secundo DG partium XLII s., in tertio DGCEP partium CIIC, scrupulorum IIII. Et quibus AB fuerit scrupulis LXX, erit in primo termino BN prosthaphaeresis adiecticia iuxta praehabitas demonstrationes scrupulorum LII, in secundo MB scrupulorum IIIL s. ablatiua, atque in tertio termino rursus adiectiua BO scrupulorum fere XXI. Tota igitur MN colligit in primo interuallo partem vnam, scrupula XL, tota quoque MBO in secundo interuallo partem vnam, scrupula IX, quae satis exacte conueniunt obseruatis. Quibus etiam patet anomalia simplex in primo termino partium CLV, scrupulorum LVII s., in secundo partium XXI, scrupulorum XV, in tertio partium IC, scrupulorum II, quod erat declarandum.

Cap. X 76v

Qvae sit maxima differentia sectionvm aeqvinoctialis et zodiaci 76a

Simili modo, quae de mutatione obliquitatis signiferi et aequinoctialis exposita sunt, comprobabimus inueniemusque recte se habere. Habuimus enim ad annum secundum Antoninj apud Ptolemaeum anomaliam simplicem examinatam partium XXI et quartae, sub qua reperta est obliquitas

1. partium II || pars II *Ms.* — GCEP || GEP *NBA.* — 11. Hinc—illinc || hic—illic *edd.* — 15. a summo || e summo *B.* — 17. DGCEPAF || DGCEPAE *B*; DGCEPA *Th.* — 18. scrup. IIII *ex* scrup. XIX *Ms.* — 19. scrup. LXX *ex* scrup. LXXI *vide* 163, 10. — 22. fere XXI *ex* fere XXXII *Ms.* — 25. partium CLV *ex* CLVI *Ms.* — LVII S. *ex* XXVIII, XII *Ms.* — 26. scrup. XV *ex* scrup. XL *Ms.* — scrup. II *ex* scrup. duobus XLVII *Ms*; scrup. II *AW.* — 28. Cap. X *ex* VIII *Ms*; *Cap.* X *invenitur in folio 76 Ms postea inserto et alio, sed Copernici, ductu manus cursim conscripto.* — 31. inueniemusque *deest in NBAW.*

maxima partium XXIII, scrupulorum LI, secundorum XX. Ab hoc loco ad nostrum obseruatum sunt anni circiter MCCCLXXXVII, in quibus anomaliae simplicis locus numeratur partibus CXLIIII, scrupulis IIII; ac eo tempore reperitur obliquitas partium XXIII, scrupulorum XXVIII cum duabus fere quintis vnius scrupuli.

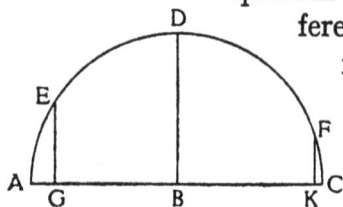

Super quibus repetatur ABC circumferentia zodiaci, vel pro ea recta propter eius exiguitatem, et super ipsam anomaliae simplicis hemicyclium in B polo, vt prius. Sitque A maximus declinationis limes, C minimus, quorum scrutamur differentiam. Assumatur ergo AE circumferentia parui circuli partium XXI, scrupulorum XV, et reliqua quadrantis ED partium erit LXVIII, scrupulorum XLV, tota autem EDF secundum numerationem partium CXLIIII, scrupulorum IIII, et reliqua DF partium LXXV, scrupulorum XIX. Demittantur EG et FK perpendiculares diametro ABC. Erit autem GK circumferentia maximi circuli propter differentiam obliquationum a Ptolemaeo ad nos cognita scrupulorum primorum XXII, secundorum LVI. Sed GB rectae similis dimidia est subtendentis duplum ED siue ei aequalis partium 932, quarum fuerit AC instar dimetientis partium 2000, quarum esset etiam KB semissis subtendentis duplum DF partium 967; datur tota GK partium earum 1899, quarum est AC 2000, sed quarum GK fuerit scrupulorum primorum XXII, secundorum LVI, erit AC scrupulorum XXIIII proxime inter maximam minimamque obliquitatem differentia, quam perscrutati sumus. Qua constat maximam fuisse obliquitatem inter Timocharim et Ptolemaeum partium XXIII, scrupulorum LII completorum, atque nunc minimam
76b appetere partium XXIII, | scrupulorum XXVIII. Hinc etiam quaecumque mediae contingunt inclinationes horum circulorum, eadem ratione, quemadmodum circa praecessionem exposuimus, inueniuntur.

CAP. XI

83, 20 DE LOCIS AEQVALIVM MOTVVM AEQVINOCTIORVM ET ANOMALIAE CONSTITVENDIS

His omnibus sic expeditis superest, ut ipsorum motuum aequinoctij verni loca constituamus, quae ab aliquibus radices vocantur, a quibus pro tempore quocumque proposito deducuntur supputationes. Huius rei su-

3. CXLIIII, scrup. IIII || CXLV, scrup. XXIIII *NBAW*. — 9.—10. circumferentiam *W*. — 13. CXLIIII, scrup. IIII || CXLV scrup. XXIIII *NBAW*. — reliqua DE *B*. — 14. LXXV, scrup. XIX || LXXVI, scrup. XXIX *NB*; 76 scrup. 39 *AW*. — 19. fuerit AC || fuerit ac *NW*. — 20. 967 || 973 *NBAW*. — 21. 1899 || 1905 *NBAW*. — GK fuerit || FK fuerit *W*. — 23. differentia || differentiam *Ms*. — 33. a quibus pro || a pro *Ms*.

premum scopum constituit Ptolemaeus principium regni Nabonassarij Caldeorum (,quem plerique nominis affinitate decepti Nabuchodonassar esse putarunt, quem longe posteriorem fuisse ratio temporum ac supputatio Ptolemaei declarat), quod apud historiographos in Salmanassar Caldeorum regem cadit. Nos autem notiora tempora secuti satis esse putauimus, si a prima olympiade exorsi fuerimus, quae xxviii annis Nabonassar praecessisse reperitur ab aestiua conuersione sumpto auspicio, quo tempore Canicula Graecis exortum faciebat, et Agon caelebrabatur Olympicus, vt Censorinus ac alij probati autores prodiderunt. Vnde secundum exactiorem supputationem temporum, quae in motibus caelestibus calculandis est necessaria, a prima olympiade a meridie primae diei mensis Hecatombaeonos Graecorum ad Nabonassar ac meridiem primae diei mensis Thoth secundum Aegyptios sunt anni xxvii et dies ccxlvii; hinc ad Alexandri decessum anni Aegyptij ccccxxiiii, a morte autem Alexandri || ad initium annorum Iulij 85v Caesaris anni Aegyptij cclxxviii, dies cxviii s. ad mediam noctem ante Kalendas Ianuarij, vnde Iulius Caesar anni a se constituti fecit principium; qui Pontifex Maximus suo tertio et M. Emilij Lepidi consulatu annum ipsum instituit. Ex hoc anno ita a Iulio Caesare ordinato caeteri deinceps Iulianj sunt appellati, eique ex quarto Caesaris consulatu ad Octauianum Augustum Romanis quidem anni xviii perinde Kalendas Ianuarij, quamuis ante diem xvi. Kalendas Februarij Iulij Caesaris diui filius Imperator Augustus sententia Numatij Plancj a senatu caeterisque ciuibus appellatus fuerit, se septimo et M. Vipsano Conss. Sed Egyptij, quod biennio ante in potestatem venerint Romanorum post Antonij | et Cleopatrae occasum, 77a habent annos xv, dies ccxlvi s. in meridie primae diei mensis Thoth, qui Romanis erat tertius ante Kalendas Septembris. Quamobrem ab Augusto ad annos Christi, a Ianuario similiter incipientes, sunt annj secundum Romanos xxvii, secundum Egyptios autem anni eorum xxviiii, dies cxxx s. Hinc ad secundum Antonini annum, quo C. Ptolemaeus stellarum loca a se obseruata descripsit, sunt anni Romanj cxxxviii, dies lv, qui annj addunt Aegyptijs dies xxxiiii. Colliguntur a prima olympiade usque huc annj cmxiii dies ci, sub quo quidem tempore aequinoctiorum antecessio aequalis est gradus xii, scrupula prima xliiii, anomaliae simplicis gradus xcv, scrupula xliiii. Atqui anno secundo Antoninj, ut proditum est, aequinoctium vernum primam stellarum, quae in capite Arietis sunt, praecedebat vi gradus et xl scrupula, et cum esset anomalia duplicata partium xlii s.,

2.—5. *Verba* quem plerique *usque ad* regem cadit *in NBAW in hunc modum sunt mutata:* quod apud historiographos in Salmanassar Chaldeorum regem cadit. — 4. quod || quae *MsTh.* — 6. Nabonassar | Nabonassarios *edd.* — 15. cclxxviii || clxxviii *Th.* — 20. perinde || perinde ad *Th.* — 22. *lege* Munatii. — 23. Vipsano || Vipsanio *AW.* — quod || *q NB*; quoad *Th.* — 28. cxxx s. || cxxx *B.* — 32. ci || ci s. *K.* — 33. xliiii || xliii *B.* — 36. duplicata || duplex *NBAW.* — xlii s. || lii *B.*

fuit aequalis apparentisque motus differentia ablatiua scrupulorum XLVIII, quae dum reddita fuerit apparenti motui partium VI, scrupulorum XL, colligit ipsum medium aequinoctij verni locum gradibus VII, scrupulis XXVIII. Quibus si CCCLX vnius circuli gradus addiderimus, et a summa auferamus gradus XII, scrupula XLIIII, habebimus ad primam olympiadem, quae coepit a meridie primae diei mensis Ecatombaeonos apud Athenienses, medium aequinoctij verni locum gradus CCCLIIII, scrupula XLIIII, nempe quod tunc sequebatur primam stellam Arietis gradibus V, scrupulis XVI. Simili modo si gradibus XXI, scrupulis XV anomaliae simplicis demantur
86 gradus VC, scrupula XLV, remanebunt ad idem olympiadum || principium anomaliae simplicis locus gradus CCXVC, scrupula XXX. Ac rursus per adiectionem motuum factam penes distantiam temporum reiectis semper CCCLX gradibus, quocies abundauerint, habebimus loca siue radices Alexandri motus aequalis gradum vnum, scrupula II, anomaliae simplicis gradus CCCXXXII, scrupula LII, Caesaris medium motum gradus IIII, scrupula LV, anomaliae gradus II, scrupula II, Christi locum medium gradus V, scrupula XXXII, anomaliae gradus VI, scrupula XLV; ac sic de caeteris ad quaelibet temporis sumpta principia radices motuum capiemus.

Cap. XII

77[b] De praecessionis aeqvinoctii verni et obliqvitatis svppvtatione

Quandocumque igitur locum aequinoctij verni capere voluerimus, si ab assumpto principio ad datum tempus anni fuerint inaequales, quales Romanorum sunt, quibus vulgo utimur, eos in annos aequales siue Aegyptios digeremus. Neque enim alijs in calculatione motuum aequalium vtemur quam Aegyptijs annis propter causam, quam diximus. Ipsum vero numerum annorum, quatenus sexagenario maior fuerit, in sexagenas distribuemus, quibus sexagenis dum tabulas motuum ingressi fuerimus, primum locum in motibus occurrentem tamquam supernumerarium tunc praeteribimus, et a secundo incipientes loco graduum sexagenas, si quae fuerint, cum caeteris gradibus et scrupulis, quae sequuntur, accipiemus. Deinde cum

---

4. Quibus si || Quibus *W.* — 6. Hecatombaeonos *edd.* — 9. gradibus XXI, scrupulis XV *ex* gradibus XLII, scrupulis XXX *Ms*; a gradibus *edd.* — demantur || dematur *W.* — 10. scrupula XLV *ex* scrup. XLIIII *Ms.* — 11. scrup. XXX *ex* XLVIII *Ms.* — 12. distantiam || distantia *W.* — 15. gradus CCCXXXII *ex* grad. CCCXXXIII; scrup. LII *ex* scrup. XLIX, XXXII, XXXVII *Ms.* — 15.—16. scrupula LV *ex* scrup. LIIII, V, LIIII, LV *Ms*; LV *K*; V *NBAW.* — anomaliae || anomaliae simplicis *NBAW.* — gradus II, scrupula II *ex* grad. vnum, scrup. XLVI *Ms.* — 17. scrupula XXXII || scrupula 31 *W.* — scrupula XLV *ex* XLVI, XXXI *Ms.* — 19. *In Ms abhinc pro numeratione* Cap. XII, XIII *invenitur* Cap. XI, XII. *Autor videtur oblitus esse se post cap.* IX *aliud novum inseruisse, aut novum hoc* X. *caput insertum est, postquam reliqua pars libri III confecta est*; *nam* cap. XI *Ms pag.* 85 *ex* cap. X *videtur emendatum.* — 24. motuum || motui *W.*

reliquis annis secundo introitu, et a primo loco, ut iacent, capiemus sexagenas, gradus et scrupula occurrentia. Similiter in diebus faciemus et in sexagenis dierum, quibus cum aequales motus per tabulas dierum et scrupulorum adiungere voluerimus, quamuis hoc loco scrupula dierum non iniuria contemnerentur, siue etiam dies ipsi ob istorum motuum tarditatem, cum in diario motu non nisi de tertijs secundisue scrupulis agatur. Haec igitur omnia cum aggregauerimus cum sua radice, addendo singula singulis iuxta species suas reiectisque sex graduum sexagenis, si excreuerint, habebimus ad tempus propositum locum medium aequinoctij verni, quo primam stellam Arietis antecedit, siue ipsius stellae aequinoctium sequentis.

Eodem modo et anomaliam capiemus. Cum ipsa autem anomalia simplici in tabula diuersitatis vltimo loco posita scrupula proportionum inueniemus, quae seruabimus ad partem. || Deinde cum anomalia duplicata *86v*
in tertio ordine eiusdem tabulae inueniemus prosthaphaeresim, id est gradus et scrupula, quibus verus motus differt a medio, ipsamque prosthaphaeresin, si anomalia duplex fuerit minor semicirculo, subtrahemus a medio motu; sin autem semicirculum excesserit, plus habens cxxc gradibus, addemus ipsam medio motui, et quod ita collectum residuumue fuerit, veram 78a
apparentemque praecessionem aequinoctij verni continebit, siue quantum vicissim prima stella Arietis ab ipso verno aequinoctio fuerit tunc elongata. Quod si cuiusuis alius stellae locum quaesieris, numerum eius in descriptione stellarum adsignatum addito.

Quoniam vero, quae opere consistunt, exemplis apertiora fieri consueuerunt, propositum nobis sit ad xvi. Kalendas Maij anno Christi mdxxv. locum verum aequinoctij verni inuenire vna cum obliquitate zodiaci, et quantum Spica Virginis ab eodem aequinoctio destiterit. Patet igitur, quod in annis Romanis mdxxiiii, diebus cvi a principio annorum Christi ad hoc tempus intercalati sunt dies ccclxxxi, hoc est annus i, dies xvi, qui in annis parilibus faciunt mdxxv et dies cxxii, suntque annorum sexagenae xxv et anni xxv, duae quoque sexagenae dierum cum duobus diebus. Annorum autem sexagenis xxv in tabula medij motus respondent gradus xx, scrupula prima lv, secunda ii; annis xxv scrupula prima xx, secunda lv; dierum sexagenis duabus scrupula secunda xvi, reliquorum duorum sunt in tertijs. Haec omnia cum radice, quae erat gradus v, scrupula prima xxxii, colligunt gradus xxvi, scrupula xlviii, mediam praecessionem verni aequinoctij. Similiter anomaliae simplicis motus habet in sexagenis annorum xxv duas sexagenas graduum et gradus xxxvii, scrupula prima xv, secunda iii;

1.—2. sexagagenas *Ms.* — 6. diario || piario *B.* — 11. *Verba* Eodem *usque ad* capiemus *in W. desunt.* — 15. prosthapheresim *edd.* — 19. praecessionem || praecessionis *B.* — 21. alius || alterius *edd.* — 24. xvi. Kal. Maij || 15 Kal. Maii *AW.* — 26. destiterit || distet *NBAW.* — 28. *Verba* hoc est annus i, dies xvi *in NBAW omissa sunt.*

in annis quoque xxv gradus II, scrupula prima XXXVII, secunda XV; in duabus sexagenis dierum scrupula prima II, secunda IIII, ac in totidem diebus secunda II. Haec quoque cum radice, quae est gradus VI, scrupula prima XLV, faciunt sexagenas II, gradus XLVI, scrupula XL, anomaliam simplicem, per quam in tabula diuersitatis vltimo loco scrupula proportionum occurrentia in vsum perquirendae obliquitatis seruabo, et reperitur hoc loco vnum solum. Deinde cum anomalia duplicata, quae habet sexagenas v, gradus
87 XXXIII, scrupula XX, inuenio prosthaphaeresim || scrupulorum XXXII adiectiuam, eo quod anomalia duplex maior est semicirculo, quae cum addatur medio motui, prouenit vera apparensque praecessio aequinoctij verni graduum XXVII, scrupulorum XXI, cui si denique addam CLXX gradus, quibus Spica Virginis distat a prima stella Arietis, habebo locum eius ab aequi-
78b noctio verno in consequentia in XVII gradibus | et XXI scrupulis ♎, vbi fere tempore obseruationis nostrae reperiebatur.

Obliquitas autem zodiaci et declinationes eam habent raciocinationem, quod, cum scrupula proportionum fuerint LX, excessus in canone declinationum sunt appositi, differentiae inquam sub maxima minimaque obliquitate, in solidum adduntur suis partibus declinationum. Hoc autem loco vnitas illorum scrupulorum addit obliquitati tantummodo secunda XXIIII. Quare declinationes partium signiferi in canone positae, ut sunt, durant hoc tempore propter minimam obliquitatem iam nobis appetentem, mutabilis alias euidentius.

Quemadmodum verbi gratia, si anomalia simplex fuerit IC partium, qualis erat in annis Christi DCCCXXC Aegyptijs, dantur per ipsam scrupula proportionum XXV. At sicut LX scrupula ad XXIIII, differentiae maximae et minimae obliquitatis, ita XXV ad X, quae addita XXVIII colligit obliquitatem pro eo tempore existentem partium XXIII, scrupulorum XXXVIII. Si tunc quoque alicuius partis zodiaci, vtpote tertij gradus Taurj, qui sunt ab aequinoctio gradus XXXIII, declinationem nosse velim, inuenio in canone partes XII, scrupula XXXII cum excessu scrupulorum XII. Sicut autem LX ad XXV, ita XII ad V, quae addita partibus declinationis faciunt partes XII, scrupula XXXVII pro XXXIII gradibus zodiaci. Eodem modo circa angulos sectionis zodiaci et aequinoctialis ac ascensiones rectas facere possumus, si non magis placeat per rationes triangulorum sphaericorum, nisi quod addere illis semper oportet, his adimere, ut omnia pro tempore prodeant examinatiora.

3.—4. prima XLV *ex* prima XLIII, XXXI *Ms.* — 4. scrupula XL *habet Ms in margine deletis in contextu* XXXVII, XXV; XV *Th.* — 5. diuersitatis || diuersitas *Ms.* — 8. scrupula XX *ex* LVIII, XIIIII, XXI, LI, XXI *Ms.* — 9. anomalia duplex || anomalia *NBAW.* — 11. scrup. XXI *ex* XXII, XIX *Ms.* — addam CLXX *ex* CLXXVII *Ms.* — 13. gradibus || gradus *W.* — 15. rationem *NBAW.* — 17. sunt appositi || appositi *Th.* — 19. secunda XXIIII *ex* XXX *Ms.* — 21.—22. mutabilis || mutabiles *Th.*

Cap. XIII

De anni solaris magnitvdine et differentia

Quod autem praecessio aequinoctiorum conuersionumque sic se habeat, quae ab inflexione axis terrae, vti diximus, motus quoque annuus centri terrae, qualis circa Solem apparet (de quo iam disserendum nobis est) confirmabit. Sequi nimirum oportet, vt cum annua magnitudo ad alterum aequinoctiorum vel solstitiorum fuerit collata, fiat inaequalis propter inaequalem ipsorum terminorum permutationem; || sunt enim haec cohaerentia 87v inuicem. Quamobrem separandus est nobis ac de|finiendus temporalis annus 79a a sydereo. Naturalem quippe vocamus annum, qui nobis quaternas vicissitudines temperat annuas, sjdereum vero eum, qui ad aliquam stellarum non errantium reuoluitur. Quod autem annus naturalis, quem etiam vertentem vocant, inaequalis existit, priscorum obseruata multipliciter declarant. Nam † Calippus, Aristarchus Samius et Archimedes Syracusanus vltra dies integros CCCLXV quartam diei partem continere definiunt, ab aestiua conuersione † principium anni sumentes more Atheniensium. Verum C. Ptolemaeus animaduertens difficilem esse et scrupulosam solstitiorum apprehensionem haut satis confisus est illorum obseruatis, contulitque se potius ad Hypparchum, qui non tam Solares conuersiones, quam etiam aequinoctia in Rhodo notata post se reliquit et prodidit aliquantulum deesse quartae diei, quod postea Ptolemaeus decreuit esse trecentesimam partem diei hoc modo:

Assumit enim autumni aequinoctium quam accuratissime ab illo obseruatum Alexandriae post excessum Alexandri Magni anno CLXXVII., tertio intercalarium die secundum Aegyptios in media nocte, quam sequebatur quartus intercalarium. Deinde subiungit Ptolemaeus idem aequinoctium a se obseruatum Alexandriae anno tertio Antonini, qui erat a morte Alexandrj annus CCCCLXIII., nona die mensis Athyr Aegyptiorum tertij vna hora fere post ortum Solis. Fuerunt inter hanc ergo et Hipparchi considerationem anni Aegyptij CCLXXXV, dies LXX, horae VII et quinta pars vnius horae, cum debuissent esse LXXI dies et VI horae, si annus vertens fuisset vltra dies integros quadrans diei. Defecit igitur in annis CCLXXXV dies vnus minus vigesima parte diei, vnde sequitur, ut in annis CCC intercidat dies totus.

Similem quoque ab aequinoctio verno sumit coniecturam. Nam quod ab Hipparcho adnotatum meminit Alexandrj anno CLXXVIII., die XXVII. Mechir, sexti mensis Aegyptiorum, in ortu Solis, ipse in anno eiusdem

---

3. conuersionumque || conversionum *NBAW*. — 10. *Post* quippe *NBAW addunt* seu temporalem. — 23. Alexandriae || in Rhodo *Mspm*. — 27. nona die || nona dies *NBAW*. — 29. quinta pars || quadrans *Mspm*. — 31. quadrans || *sic et K*; quadrante *edd*. — 34. quoque || quo *Ms*. — 36. Mechir || Mechyr *Th in Addendis ad 192*.

CCCCLXIII. reperit septimo die mensis Pachon, noni secundum Aegyptios, post meridiem vna hora et paulo plus, atque itidem in annis CCLXXXV diem
88 vnum || deesse minus vigesima parte diei. Hisce Ptolemaeus adiutus indicijs † definiuit annum vertentem esse dierum CCCLXV, scrupulorum primorum XIIII, secundorum XLVIII.

79b Post haec Albategnius in Arata Syriae | non minorj solertia post obitum Alexandrj anno MCCVI. aequinoctium autumni considerauit, inuenitque ipsum fuisse post septimum diem mensis Pachon in nocte sequente horis VII et duabus quintis fere, hoc est ante lucem diei octaui per horas IIII et tres quintas. Hanc igitur considerationem suam ad illam Ptolemaei concernendo factam anno tertio Antonini vna hora post ortum Solis Alexandriae, quae decem partibus ad occasum distat ab Arata, eam ipsam ad meridianum suum Aratensem coaequauit, ad quem oportebat fuisse vna hora et duabus tertijs ab ortu Solis. Igitur in interuallo aequalium annorum DCCXLIII erant dies superflui CLXXVIII, horae XVII et III quintae pro aggregato quartarum in dies CXVC et dodrantem. Deficientibus ergo diebus VII et duabus quintis vnius horae visum est centesimam et sextam partem deesse quartae. Sumptam ergo e septem diebus et duabus quintis horae secundum annorum numerum septingentesimam et quadragesimam tertiam partem, et sunt scrupulj horarij XIII, secunda XXXVI, reiecit a quadrante, et prodidit annum naturalem continere dies CCCLXV, horas V, scrupula prima XLVI, secunda XXIIII.

Obseruauimus et nos autumni aequinoctium in Frueburgo, quam Gynopolim dicere possumus, anno Christi nati MDXV, decimo octauo ante Calendas Octobris: erat autem post Alexandri mortem anno Aegyptiorum MDCCCXL. sexto die mensis Phaophi hora s. post ortum Solis. At quoniam Arata magis ad orientem est hac nostra regione quasi XXV gradibus, qui faciunt horas II minus triente, fuerunt ergo in medio tempore inter hoc nostrum et Albategni aequinoctium vltra annos Aegyptios DCXXXIII dies CLIII, horae VI et dodrans horae loco dierum CLVIII et VI horarum. Ab illa vero Alexandrina Ptolemaei obseruatione ad eumdem locum et tempus nostrae obseruationis sunt anni Aegyptij MCCCLXXVI, dies CCCXXXII et hora s.: differimus enim ab Alexandria quasi per horam vnam. Excidissent ergo a tempore quidem Albategni nobis in DCXXXIII annis dies V minus vna hora et quadrante, ac per annos CXXVIII dies vnus, a Ptolemaeo autem in annis MCCCLXXVI dies XII fere, et sub annis CXV dies vnus, estque rursus vtrobique factus annus inaequalis.

---

6. Albategnius in Arata || Machometus in Areta *BA*; Mahometus in Areta *W*; Machometus in Areca *N*. — 19.—20. scrupulj horarij || scrupula horaria *Th*. — 22. Frueburgo, quam Gynopolim dicere possumus || Frueburgo *NBA*; Frauenburgo *W*; *in Mspm legebatur* Varmia, *quod est deletum et in margine invenitur, quod in textum recepimus. Pro* Gynopolim *autem initio fuit scriptum* Gynautia. — 25. hora s. || hora dimidia *edd. sic et in versu* 31. — Arata || Areta *NBAW*. — 28. Albategni || Machometi Aratensis *NBAW et saepius.*

Accepimus etiam vernum aequinoctium, quod factum est anno sequente 88v 80a a Christo nato MDXVI. IIII horis et triente post medium noctis ad diem quintum ante Idus Martij; suntque ab illo verno Ptolemaei aequinoctio (habita meridiani Alexandrini ad nostrum comparatione) anni Aegyptij MCCCLXXVI, dies CCCXXXII, horae XVI cum triente, vbi etiam apparet impares esse aequinoctiorum verni et autumnj distantias. Adeo multum interest, vt annus Solaris hoc modo sumptus aequalis existat.

Quod enim in autumnalibus aequinoctijs inter Ptolemaeum et nos (prout ostensum est) iuxta aequalem annorum distributionem centesima et quintadecima pars defuerit quadranti diei, non congruit Albategnino aequinoctio ad dimidium diem. Neque, quod est ab Albategno ad nos (vbi centesimam vigesimam octauam partem diei oportebat deesse quartae), consonat Ptolemaeo, sed praecedit numerus obseruatum illius aequinoctium vltra diem totum, ad Hipparchum supra biduum. Similiter et Albategni ratio a Ptolemaeo sumpta per biduum transcendit Hipparchium aequinoctium.

Rectius igitur anni Solaris aequalitas a non errantium stellarum sphaera † sumitur, quod primus inuenit Thebites Chorae filius, et eius magnitudinem esse dierum CCCLXV, scrupulorum primorum XV, secundorum XXIII, quae sunt horae VI, scrupula prima IX, secunda XII proxime sumpto verisimiliter argumento, quod in aequinoctiorum conuersionumque occursu tardiori longior annus videretur, quam in uelociori, idque certa proportione, quod fieri non potuit, nisi aequalitas esset in comparatione ad fixarum stellarum † sphaeram. Quapropter non est audiendus Ptolemaeus in hac parte, qui absurdum et impertinens existimauit, annuam Solis aequalitatem metiri per ad aliquam stellarum fixarum restitutionem, nec magis congruere, quam si a Ioue vel Saturno hoc faceret aliquis. Itaque in promptu causa est, cur ante Ptolemeum longior fuerit annus ipse temporarius, qui post ipsum multiplicj differentia factus est breuior.

Sed circa annum quoque asteroterida siue sidereum potest error accidere, in modico tamen, || ac longe minor eo, quem iam explicauimus, idque 89 propterea, quod idem motus centri terrae circa Solem apparens etiam inaequalis existit alia duplici diuersitate. | Quarum differentiarum prima 80b atque simplex anniuersariam habet restitutionem, altera, quae primam permutando variat, non statim, sed longo temporum tractu percepta est, quocirca neque simplex neque facilis est cognitu ratio annuae aequalitatis. Nam si quis simpliciter ad certam alicuius stellae locum habentis cognitum distantiam voluerit ipsam accipere (quod fieri potest usu astrolabi mediante

2. IIII horis et triente post medium noctis || ante ortum Solis tribus horis et quadrante *Mspm.* — 15. Hipparchium || Hipparchicum *NBAW.* — 24. metiri per || metiri *NBAW.* — 27. annus ipse temporarius || annus temporarius *Th.* — 34. *Verba* non statim, sed *in NBAW desiderantur.* — 36. cognitum || cognitam *NBAW.* — 37. astrolabi || astrolabii *edd.*

Luna, quemadmodum circa Basiliscum Leonis exemplificauimus) non penitus vitabit errorem, nisi tunc Sol propter motum terrae vel nullam tunc prosthaphaeresim habuerit, vel similem et aequalem in utroque termino sortiatur. Quod nisi euenerit, et aliqua penes inaequalitatem eorum fuerit differentia, non utique in temporibus aequalibus aequalis circuitus videbitur accidisse. Sed si in utroque termino tota diuersitas deducta vel pro ratione adhibita fuerit, perfectum opus erit.

Porro ipsius quoque diuersitatis apprehensio praecedentem medij motus, quem propterea quaerimus, exigit cognitionem. Verumtamen ut ad resolutionem huius nodi aliquando veniamus, quatuor omnino causas inuenimus inaequalis apparentiae. Prima est inaequalitas praeuentionis aequinoctiorum, quam exposuimus; altera est, qua Sol signiferi circumferentias inaequales intercipere uidetur, quae fere anniuersaria est; tertia, quae etiam hanc variat, quamque secundam diuersitatem vocabimus; quarta superest, quae mutat absides centri terrae summam et infimam, ut inferius apparebit. Ex his omnibus secunda solummodo nota Ptolemaeo, quae sola non potuisset inaequalitatem annalem producere, sed caeteris implicata magis id facit. Ad demonstrandam vero aequalitatis et apparentiae Solaris differentiam exactissima anni ratio non videtur necessaria, sed satis esse, si pro anni magnitudine CCCLXV dies cum quadrante caperemus in demonstrationem, in quibus ille motus primae diuersitatis completur, quandoque quod a toto circulo tam parum distat, in minori
89v subsumptum || magnitudine penitus euanescit. Sed propter ordinis bonitatem ac facilitatem doctrinae motus aequales annuae reuolutionis centri terrae hic praeponimus, quos deinde cum aequalitatis et apparentiae differentijs per demonstrationes necessarias astruemus.

Cap. XIV

81a De aeqvalibvs mediisqve motibvs revolvtionvm centri terrae

Anni magnitudinem et eius aequalitatem, quam Thebith ben Chorae prodidit, vno dumtaxat secundo scrupulo inuenimus esse maiorem et tertijs x, vt sit dierum CCCLXV, scrupulorum primorum XV, secundorum XXIIII, tertiorum X, quae sunt horae aequales VI, scrupula prima IX, secunda XXXX, pateatque certa ipsius aequalitas ad non errantium stellarum sphaeram.

1. exemplificauimus || explicavimus *NBAW*. — 2.—3. nullam tunc || nullam *AW*. — 9. *Post* cognitionem *verba*: in quibus tamquam in Archimedea circuli quadratura versamur, *deleta in Ms, inseruit Th.* — 17. sola || per se *Mspm.* — producere || prodicere *Ms.* — 21.—22. *Post* completur *Ms deleta habet*: nullum errorem committeremus. — 22. quod a || quod e *edd.* — 32.—33. *In W desunt verba* VI, scrupula ... aequalitas. — 32. *Post* secunda XXXX *Ms deleta habet* tertia XXIIII.

Cum ergo CCCLX vnius circuli gradus multiplicauerimus per CCCLXV dies et collectum diuiserimus per dies CCCLXV, scrupula prima XV, secunda XXIIII, tertia X, habebimus vnius anni Aegyptij motum in sexagenis V, gradibus LIX, scrupulis primis XLIIII, secundis IL, tertijs VII, quartis IIII, et sexaginta annorum similium motum, reiectis integris circulis, graduum sexagenas V, gradus XLIIII, scrupula prima IL, secunda VII, tertia IIII. Rursum si annuum motum partiamur per dies CCCLXV, habebimus diarium motum scrupulorum primorum LIX, secundorum VIII, tertiorum II, quartorum XXII. Quod si mediam aequalemque aequinoctiorum praecessionem his adiecerimus, componemus aequalem quoque motum in annis temporarijs annuum sexagenorum V, graduum LIX, primorum XLV, secundorum XXXIX, tertiorum XIX, quartorum VIIII, et diarium scrupulorum primorum LIX, secundorum VIII, tertiorum XIX, quartorum XXXVII. Et ea ratione illum quidem motum Solis, ut vulgari verbo utar, simplicem aequalem possumus appellare, hunc vero aequalem compositum, quos etiam in tabulis exponemus eo modo, prout circa praecessionem aequinoctiorum fecimus. Quibus additur motus anomaliae Solis aequalis, de qua postea.

---

3. in sexagenis V || in sexagenis graduum quinque *NBAW*. — 4. tertijs VII, quartis IIII *ex* tertiis XVII, quartis LII *Ms*. — 6. Secunda VII *ex* XVII, tertia IIII *ex* LII *Ms*. — 7. partiamur || pertiamur *Ms*. — 10. annuum || annum *B*. — 11. primorum || scrupulorum primorum *AWTh*. — 11.—12. tertiorum XIX *ex* XXIX, quartorum VIIII *ex* LVII *Ms*. — 12.—13. *Verba* et diarium ... quartorum XXXVII *in W desiderantur*. — 15. in tabulis || tabulis *W*. — 16. *Post* fecimus *Ms deleta habet*: et sunt tabulae hae.

90 81b

TABVLA MOTVS ⊙ AEQVALIS SIMPLICIS IN ANNIS ET SEXAGENIS ANNORVM

Anni Aegypt.	MOTVS Sex.	Grad.	Scr. 1a	Scr. 2a	Scr. 3a		Anni Aegypt.	MOTVS Sex.	Grad.	Scr. 1a	Scr. 2a	Scr. 3a
1	5	59	44	49	7		31	5	52	9	22	39
2	5	59	29	38	14		32	5	51	54	11	46
3	5	59	14	27	21		33	5	51	39	0	53
4	5	58	59	16	28	Christi	34	5	51	23	50	0
5	5	58	44	5	35	locus 4.	35	5	51	8	39	7
6	5	58	28	54	42	32. 31.	36	5	50	53	28	14
7	5	58	13	43	49		37	5	50	38	17	21
8	5	57	58	32	56		38	5	50	23	6	28
9	5	57	43	22	3		39	5	50	7	55	35
10	5	57	28	11	10		40	5	49	52	44	42
11	5	57	13	0	17		41	5	49	37	33	49
12	5	56	57	49	24		42	5	49	22	22	56
13	5	56	42	38	31		43	5	49	7	12	3
14	5	56	27	27	38		44	5	48	52	1	10
15	5	56	12	16	46		45	5	48	36	50	18
16	5	55	57	5	53		46	5	48	21	39	25
17	5	55	41	55	0		47	5	48	6	28	32
18	5	55	26	44	7		48	5	47	51	17	39
19	5	55	11	33	14		49	5	47	36	6	46
20	5	54	56	22	21		50	5	47	20	55	53
21	5	54	41	11	28		51	5	47	5	45	0
22	5	54	26	0	35		52	5	46	50	34	7
23	5	54	10	49	42		53	5	46	35	23	14
24	5	53	55	38	49		54	5	46	20	12	21
25	5	53	40	27	56		55	5	46	5	1	28
26	5	53	25	17	3		56	5	45	49	50	35
27	5	53	10	6	10		57	5	45	34	39	42
28	5	52	54	55	17		58	5	45	19	28	49
29	5	52	39	44	24		59	5	45	4	17	56
30	5	52	24	33	32		60	5	44	49	7	4

1. SIMPLICIS || SIMPLICI *W.* — 4. Aegypt. *non legitur in MsNBAW.* — Sex. Grad. Scr. 1a, Scr. 2a, Scr. 3a *desunt in MsNB. Numeri scrup. secundorum et tertiorum in utraque tabellae parte ab autore pro deletis aliis numeris substituti sunt.* — 8. *Verba* Christi locus 4. 32. 31 *desunt in NBAW. A habet in calce*: Radix Christi Sex. 4, grad. 32, min. 30.

16. 49 | 24 || 49 | 34 *Ms.*
20. 5 | 55 || 5 | 54 *Ms.*
30. 53 | 25 || 53 | 23 *B.*

5. 22 | 39 || 22 | 36 *B.*
6. 11 | 46 || 11 | 40 *B.*
33. 17 | 56 || 17 | 54 *B.*

90v
82a

TABVLA MOTVS ⊙ AEQVALIS SIMPLICIS IN DIEBVS ET SEXAGENIS ET SCRVPVLIS DIERVM

Dies	MOTVS					Dies	MOTVS				
	Sex.	Grad.	Scr. 1a	Scr. 2a	Scr. 3a		Sex.	Grad.	Scr. 1a	Scr. 2a	Scr. 3a
1	0	0	59	8	11	31	0	30	33	13	52
2	0	1	58	16	22	32	0	31	32	22	3
3	0	2	57	24	34	33	0	32	31	30	15
4	0	3	56	32	45	34	0	33	30	38	26
5	0	4	55	40	56	35	0	34	29	46	37
6	0	5	54	49	8	36	0	35	28	54	49
7	0	6	53	57	19	37	0	36	28	3	0
8	0	7	53	5	30	38	0	37	27	11	11
9	0	8	52	13	42	39	0	38	26	19	23
10	0	9	51	21	53	40	0	39	25	27	34
11	0	10	50	30	5	41	0	40	24	35	45
12	0	11	49	38	16	42	0	41	23	43	57
13	0	12	48	46	27	43	0	42	22	52	8
14	0	13	47	54	39	44	0	43	22	0	20
15	0	14	47	2	50	45	0	44	21	8	31
16	0	15	46	11	1	46	0	45	20	16	42
17	0	16	45	19	13	47	0	46	19	24	54
18	0	17	44	27	24	48	0	47	18	33	5
19	0	18	43	35	35	49	0	48	17	41	16
20	0	19	42	43	47	50	0	49	16	49	28
21	0	20	41	51	58	51	0	50	15	57	39
22	0	21	41	0	9	52	0	51	15	5	50
23	0	22	40	8	21	53	0	52	14	14	2
24	0	23	39	16	32	54	0	53	13	22	13
25	0	24	38	24	44	55	0	54	12	30	25
26	0	25	37	32	55	56	0	55	11	38	36
27	0	26	36	41	6	57	0	56	10	46	47
28	0	27	35	49	18	58	0	57	9	54	59
29	0	28	34	57	29	59	0	58	9	3	10
30	0	29	34	5	41	60	0	59	8	11	22

1. Tabula, aequalis *desunt in Ms*; aequalis *deest in NBAW*; simplicis || simplici *W*. — 4. *Infra* dies *Th falso subiungit* Aegypt.

6. 16 | 22 || 19 | 22 *W*. — 20. 46 | 11 | 1 || 43 | 11 | 1 *W*.

18. 0 | 20 || 0 | 19 *NBAW*. — 24. 49 | 28 || 49 | 24 *NBAW*. — 26. 5 | 50 || 57 | 50 *B*.

93 82b

TABVLA MOTVS ⊙ AEQVALIS COMPOSITI IN ANNIS ET SEXAGENIS ANNORVM

Anni	MOTVS					Anni	MOTVS				
Aegypt.	Sex.	Grad.	Scr. 1a	Scr. 2a	Scr. 3a	Aegypt.	Sex.	Grad.	Scr. 1a	Scr. 2a	Scr. 3a
1	5	59	45	39	19	31	5	52	35	18	53
2	5	59	31	18	38	32	5	52	21	58	12
3	5	59	16	57	57	33	5	52	6	37	31
4	5	59	2	37	16	34	5	51	52	16	51
5	5	58	48	16	35	35	5	51	38	56	10
6	5	58	33	55	54	36	5	51	23	35	29
7	5	58	19	35	14	37	5	51	9	14	48
8	5	58	5	14	33	38	5	50	55	54	7
9	5	57	50	53	52	39	5	50	40	33	26
10	5	57	36	33	11	40	5	50	26	12	46
11	5	57	22	12	30	41	5	50	11	52	5
12	5	57	7	51	49	42	5	49	57	31	24
13	5	56	53	31	8	43	5	49	43	10	43
14	5	56	39	10	28	44	5	49	28	50	2
15	5	56	24	49	47	45	5	49	14	29	21
16	5	56	10	29	6	46	5	49	0	8	40
17	5	55	56	8	25	47	5	48	45	48	0
18	5	55	41	47	44	48	5	48	31	27	19
19	5	55	27	27	3	49	5	48	17	6	38
20	5	55	13	6	23	50	5	48	2	45	57
21	5	54	58	45	42	51	5	47	48	25	16
22	5	54	44	25	1	52	5	47	34	4	35
23	5	54	30	4	20	53	5	47	19	43	54
24	5	54	15	43	39	54	5	47	5	23	14
25	5	54	1	22	58	55	5	46	51	2	33
26	5	53	47	2	17	56	5	46	36	41	52
27	5	53	32	41	37	57	5	46	22	21	11
28	5	53	18	20	56	58	5	46	8	0	30
29	5	53	4	0	15	59	5	45	53	39	49
30	5	52	48	39	34	60	5	45	39	19	9

Haec tabula in Ms non est tertia, sed quinta. — 1. Compositi || compositus *MsNBAW*; *primo in Ms legebatur* motus ... compositus; *postea* tabula *addita quidem est, sed constructio prior non est mutata. A in fine tabulae adicit*: Radix Christi Sex. 4, grad. 38, min. 2.

5. 45 | 39 || 44 | 39 *B.* — 8. 59 | 2 || 58 | 22 *B.* — 12. 58 | 5 || 57 | 5 *B.* — 14. 33 | 11 || 33 | 13 *NBW.* — 16. 57 | 7 || 56 | 7 *B.* — 18. 10 | 28 || 10 | 23 *W.* — 19. 56 | 24 || 36 | 24 *W.* — 20. 56 | 10 || 55 | 10 *B.* — 24. 55 | 13 || 54 | 13 *B*; 6 | 23 || 6 | 22 *NBAW.* — 28. 54 | 15 || 53 | 15 *B.* — 29. 54 | 1 || 53 | 1 *B.* — 31. 53 | 32 || 52 | 32 *B*; 41 | 37 || 41 | 36 *NBAW.* — 32. 53 | 18 || 52 | 18 *B.* — 33. 53 | 4 || 52 | 4 *B.* — 34. 52 | 48 || 52 | 49 *NBAW.* — *Numeri ultimarum duarum columellarum primo alio modo legebantur, sed a Copernico in numeros editionum mutati, deleti tamen non sunt.*

6. 52 | 21 || 52 | 20 *NBAW.* — 9. 51 | 38 || 51 | 37 *NBAW.* — 12. 50 | 55 || 50 | 54 *NBAW.* — *Vltimae duae columellae in Ms alio modo leguntur quam in editionibus. Cum autem ultimi numeri* (29 | 57) *a Copernico ipso in* 19 | 9 *mutati sint (cumque hi numeris prioris columnae mutatis non congruant), numeros editionum recepimus emendatos.*

TABVLA MOTVS ☉ AEQVALIS COMPOSITI IN DIEBVS SEXAGENIS ET SCRVPVLIS DIERVM [93v, 83a]

Dies	MOTVS					Dies	MOTVS				
	Sex.	Grad.	Scr. 1a	Scr. 2a	Scr. 3a		Sex.	Grad.	Scr. 1a	Scr. 2a	Scr. 3a
1	0	0	59	8	19	31	0	30	33	18	8
2	0	1	58	16	39	32	0	31	32	26	27
3	0	2	57	24	58	33	0	32	31	34	47
4	0	3	56	33	18	34	0	33	30	43	6
5	0	4	55	41	38	35	0	34	29	51	26
6	0	5	54	49	57	36	0	35	28	59	46
7	0	6	53	58	17	37	0	36	28	8	5
8	0	7	53	6	36	38	0	37	27	16	25
9	0	8	52	14	56	39	0	38	26	24	45
10	0	9	51	23	16	40	0	39	25	33	4
11	0	10	50	31	35	41	0	40	24	41	24
12	0	11	49	39	55	42	0	41	23	49	43
13	0	12	48	48	15	43	0	42	22	58	3
14	0	13	47	56	34	44	0	43	22	6	23
15	0	14	47	4	54	45	0	44	21	14	42
16	0	15	46	13	13	46	0	45	20	23	2
17	0	16	45	21	33	47	0	46	19	31	21
18	0	17	44	29	53	48	0	47	18	39	41
19	0	18	43	38	12	49	0	48	17	48	1
20	0	19	42	46	32	50	0	49	16	56	20
21	0	20	41	54	51	51	0	50	16	4	40
22	0	21	41	3	11	52	0	51	15	13	0
23	0	22	40	11	31	53	0	52	14	21	19
24	0	23	39	19	50	54	0	53	13	29	39
25	0	24	38	28	10	55	0	54	12	37	58
26	0	25	37	36	30	56	0	55	11	46	18
27	0	26	36	44	49	57	0	56	10	54	38
28	0	27	35	53	9	58	0	57	10	2	57
29	0	28	35	1	28	59	0	58	9	11	17
30	0	29	34	9	48	60	0	59	8	19	37

Haec tabula in Ms sextum locum occupat.

1. *Vocabula*: TABVLA, aequalis *desunt in Ms.* — compositi || compositus *Ms.* — Tabula motus solis compositus *NBAW*.

| 17. 58 | 3 || 58 | 5 *NB*.

91 83b

TABVLA ANOMALIAE MOTVS SOLIS AEQVALIS IN ANNIS ET SEXAGENIS ANNORVM												
Anni	MOTVS						Anni	MOTVS				
Aegypt.	Sex.	Grad.	Scr. 1a	Scr. 2a	Scr. 3a		Aegypt.	Sex.	Grad.	Scr. 1a	Scr. 2a	Scr. 3a
1	5	59	44	24	46		31	5	51	56	48	11
2	5	59	28	49	33		32	5	51	41	12	58
3	5	59	13	14	20		33	5	51	25	37	45
4	5	58	57	39	7	Christi	34	5	51	10	2	32
5	5	58	42	3	54	locus	35	5	50	54	27	19
6	5	58	26	28	41	211. 19.	36	5	50	38	52	6
7	5	58	10	53	27		37	5	50	23	16	52
8	5	57	55	18	14		38	5	50	7	41	39
9	5	57	39	43	1		39	5	49	52	6	26
10	5	57	24	7	48		40	5	49	36	31	13
11	5	57	8	32	35		41	5	49	20	56	0
12	5	56	52	57	22		42	5	49	5	20	47
13	5	56	37	22	8		43	5	48	49	45	33
14	5	56	21	46	55		44	5	48	34	10	20
15	5	56	6	11	42		45	5	48	18	35	7
16	5	55	50	36	29		46	5	48	2	59	54
17	5	55	35	1	16		47	5	47	47	24	41
18	5	55	19	26	3		48	5	47	31	49	28
19	5	55	3	50	49		49	5	47	16	14	14
20	5	54	48	15	36		50	5	47	0	39	1
21	5	54	32	40	23		51	5	46	45	3	48
22	5	54	17	5	10		52	5	46	29	28	35
23	5	54	1	29	57		53	5	46	13	53	22
24	5	53	45	54	44		54	5	45	58	18	9
25	5	53	30	19	30		55	5	45	42	42	55
26	5	53	14	44	17		56	5	45	27	7	42
27	5	52	59	9	4		57	5	45	11	32	29
28	5	52	43	33	51		58	5	44	55	57	16
29	5	52	27	58	38		59	5	44	40	22	3
30	5	52	12	23	25		60	5	44	24	46	50

Haec tabula in Ms est tertia.

1—2. tabula, annorum *desunt in Ms.* — 1. MOTUS SOLIS AEQVALIS || solaris *NBAW*.

6. 28 | 49 || 28 | 48 *NB.* — 14. 7 | 48 || 7 | 47 *W.* 18. 10 | 20 || 10 | 30 *Ms.* — 28. 45 | 58 || 45 | 28 *B.* — 30. 45 | 27 || 45 | 26 *NBTh.*

Verba Christi locus 211. 19. *in NBAW desunt. A notat*: Radix Christi Sex. 3, grad. 31, min. 14. *Eadem fere tabula invenitur Ms fol. 94, sed columellae scrup. 2a et 3a hos habent numeros 1*: 24 | 34; 49 | 8; 13 | 43 etc. *In calce huius folii deleti 94 legitur*: diurnus 0; 59; 8; 7; 22 *i. e. motus diurnus anomaliae Solis aequalis.*

TABVLA MOTVS ANOMALIAE ⊙ IN DIEBVS ET SEXAGENIS DIERVM 91v 84a

Dies	MOTVS					Dies	MOTVS				
	Sex.	Grad.	Scr. 1a	Scr. 2a	Scr. 3a		Sex.	Grad.	Scr. 1a	Scr. 2a	Scr. 3a
1	0	0	59	8	7	31	0	30	33	11	48
2	0	1	58	16	14	32	0	31	32	19	55
3	0	2	57	24	22	33	0	32	31	28	3
4	0	3	56	32	29	34	0	33	30	36	10
5	0	4	55	40	36	35	0	34	29	44	17
6	0	5	54	48	44	36	0	35	28	52	25
7	0	6	53	56	51	37	0	36	28	0	32
8	0	7	53	4	58	38	0	37	27	8	39
9	0	8	52	13	6	39	0	38	26	16	47
10	0	9	51	21	13	40	0	39	25	24	54
11	0	10	50	29	21	41	0	40	24	33	2
12	0	11	49	37	28	42	0	41	23	41	8
13	0	12	48	45	35	43	0	42	22	49	16
14	0	13	47	53	43	44	0	43	21	57	24
15	0	14	47	1	50	45	0	44	21	5	31
16	0	15	46	9	57	46	0	45	20	13	38
17	0	16	45	18	5	47	0	46	19	21	46
18	0	17	44	26	12	48	0	47	18	29	53
19	0	18	43	34	19	49	0	48	17	38	0
20	0	19	42	42	27	50	0	49	16	46	8
21	0	20	41	50	34	51	0	50	15	54	15
22	0	21	40	58	42	52	0	51	15	2	23
23	0	22	40	6	49	53	0	52	14	10	30
24	0	23	39	14	56	54	0	53	13	18	37
25	0	24	38	23	4	55	0	54	12	26	45
26	0	25	37	31	11	56	0	55	11	34	52
27	0	26	36	39	18	57	0	56	10	42	59
28	0	27	35	47	26	58	0	57	9	51	7
29	0	28	34	55	33	59	0	58	8	59	14
30	0	29	34	3	41	60	0	59	8	7	22

1. Tabula Motus *desunt in Ms*, tabula *deest in edd.* — ⊙ || solaris *NBAW*.

8. 56 | 32 || 56 | 31 *B.* — 12. 53 | 4 || 53 | 5 *W.* — 27. 0 | 22 || 0 | 21 *B.* — 32. 0 | 27 || 0 | 21 *B.*

10. 0 | 35 || 0 | 36 *W.* — 16. 41 | 8 || 41 | 9 *NBAW.* — 22. 18 | 29 || 18 | 19 *B.* — 17.—25. *Pro diebus* 43—51 *in Ms scrup.* 1 a *leguntur numeri*: 20. 29. 29. 28. 17. 16. 15. 14. 15. — 29. 26 | 45 || 26 | 44 *NBAW.*

Cap. xv

84b 94v **Protheoremata ad inaeqvalitatem motus solaris apparentis demonstrandam**

Ad inaequalitatem vero Solis apparentem magis capessendam demonstrabimus adhuc apertius, quod Sole medium mundi tenente, circa quem tamquam centrum terra voluatur, si fuerit, ut diximus, inter Solem et terram distantia, quae ad immensitatem stellarum fixarum sphaerae non possit existimarj, videbitur Sol ad quodcumque susceptum signum vel stellam eiusdem sphaerae aequaliter moueri. Sit enim maximus in mundo circulus AB in plano signiferi, centrum eius C, in quo Sol consistat, et secundum distantiam Solis et terrae CD, ad quam immensa fuerit altitudo mundi, circulus describatur DE in eadem superficie signiferi, in quo ponitur reuolutio annua centri terrae: dico, quod ad quodcumque signum susceptum vel stellam in AB circulo Sol aequaliter moueri videbitur. Suscipiatur et sit A, ad quod visus Solis a terra, quae sit in D, porrigatur ACD. Moueatur etiam terra utcumque per DE circumferentiam, et ex E termino terrae agantur AE et BE; videbitur ergo Sol modo ex E in B signo, et quoniam AC immensa est ipsi CD vel huic aequali CE, erit etiam AE immensa eidem CE. Capiatur enim in AC quodcumque signum F, et connectatur EF. Quoniam igitur a terminis CE basis duae rectae lineae cadunt extra triangulum EFC in A signum, per conuersionem XXI. primi libri Elementorum Euclidis angulus FAE minor erit angulo EFC. † Quapropter lineae rectae in immensitatem extensae comprehendent tandem CAE angulum acutum, adeo ut amplius discerni nequeat, et ipse est, quo BCA angulus maior est angulo AEC, qui etiam ob tam modicam differentiam videntur aequales, et lineae AC, AE paralleli, atque Sol ad
85a quodcumque signum stellarum sphaerae | aequaliter moueri, ac si circa E centrum volueretur, quod erat demonstrandum.

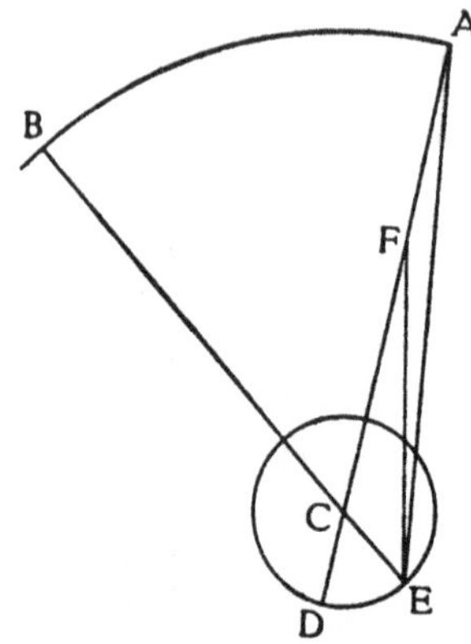

Eius autem inaequalitas demonstratur, quod motus centri ac annuae reuolutionis terrae non sit omnino circa Solis centrum. Quod sane duobus modis intelligi potest, vel per eccentrum circulum, id est, cuius centrum non sit Solis, vel per epicyclium in homocentro. Nam per eccentrum declaratur hoc modo:

---

13. DE || DB *N.* — 19. AE et BE || CE et BE *B.* — 19.—20. B signo, et quoniam || C signo quoniam *B.* — 22. a terminis || A terminis *N.* — 28. paralleli *ex* parallelae *Ms* — parallelae *AW.* — 29. stellarum sphaerae || sphaerae stellarum *NBAW.* — 29.—30. ac si circa E centrum volueretur *in NBAW desunt.* — 30. Eius autem inaequalitas duobus modis demonstratur, siue quod orbis centri terrae non sit Soli siue mundo homocentrus: *Hi versus post* demonstrandum *in Ms sunt obliterati.* — 32. sit || fit *Th.*

Sit enim eccentrus in plano signiferi orbis ABCD, cuius centrum E sit
extra Solis mundiue centrum || non valde modica distantia, quod sit F, 95
dimetiens eius per vtrumque centrum AEFD, sitque apogeon in A, quod a
Latinis summa absis vocatur, remotissimus a centro mundi locus, D vero
perigeon, quod est proximum et infima absis. Dum ergo terra in
orbe suo ABCD aequaliter in E centro feratur (ut iam dictum
est) apparebit in F motus diuersus. Sumptis enim aequalibus
circumferentijs AB et CD ductisque lineis rectis BE, CE, BF,
CF erunt quidem AEB et CED anguli aequales, quibus circa E
centrum circumferentiae subducuntur aequales. Angulus autem,
qui videtur, CFD maior est angulo CED, exterior interiori; idcirco
etiam maior angulo AEB, aequali ipsi CED. Sed et AEB angulus
exterior est interiori AFB angulo maior, tanto magis angulus CFD maior est
ipsi AFB. Vtrumque vero tempus aequale produxit propter AB et CD circumferentias aequales; aequalis ergo motus circa E, inaequalis circa F apparebit.

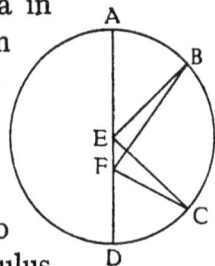

Idem quoque licet videre ac simplicius, quod remotior sit AB circumferentia ab ipso F, quam CD. Nam per septimam tertij Elementorum
† Euclidis lineae quibus excipiuntur AF, BF longiores sunt quam CF, DF,
atque, ut in opticis demonstratur, aequales magnitudines, quae propinquiores sunt, maiores apparent remotioribus. Itaque manifestum est, quod
de eccentro proponitur.

Idem quoque per epicyclium in homocentro declarabitur. Esto enim
homocentri ABCD centrum mundi E, in quo etiam Sol, sitque in eodem
plano A centrum epicyclij FG, et per ambo centra linea recta CEAF,
apogeon epicycli F, perigeum I. Patet igitur aequalitatem | esse in 85b
A, inaequalitatem vero apparentiae in FG epicyclio, quoniam,
si A moueatur ad partes B, hoc est in consequentia, centrum
vero terrae ex F apogeo in praecedentia, magis apparebit
moueri E in perigeo, quod est I, eo quod bini motus ipsorum
A et I fuerint in easdem partes; in apogeo vero, quod est F,
videbitur esse tardius ipsum E, utpote quod a vincente motu
solummodo e duobus contrarijs mouetur, atque in G constituta
terra praecedet motum aequalem, in K vero sequetur, et utrobique secundum AG et AK circumferentiam, quibus idcirco etiam Sol diuersimode moueri
videbitur.

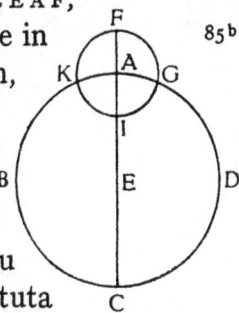

5. Dum || Cum *NBAW*. — 7. apparebit || apperebit *Ms*. — 9. et CED || CED *W*. — 18. lineae || linee *Ms*. — 19. quae *deest in W*. — 19.—20. propinquiores || propiores *NBAW*. — 21. *vide infra not.* 35. — 23. homocentri ABCD || homocentricus ABC *K*; homocentrica BCD *NBA*; homocentrica ABCD *W*. — 24. recta CEAF || recta CEAF ducatur *NBAW*. — 25. epicycli F || epicyclii sit F *NBAW*. — 26. in FG || in F *W*. — 34. diuersimode || diversimodo *W*. — 35. *Post* videbitur *haec verba, postea deleta, a Copernico adduntur in margine*: Estque prorsus eadem demonstratio, si terra in F quiesceret, atque Sol in ABC circumcurrente moveretur, ut apud Ptolemaeum et alios. *Hos versus NBAW respectu figurarum supra post* proponitur *inserunt, Th ibidem in calce adnotat p.* 204, 30.

Quaecumque vero per epicyclium fiunt, possunt eodem modo per
95v excentrum accidere, || quem transitus sideris in epicyclio describit aequalem homocentro ac in eodem plano, cuius eccentri centrum distat ab homocentri centro magnitudine semidimetientis epicycli, quod etiam tribus modis contingit, quoniam, si epicyclium in homocentro et sydus in epicyclio pares faciant reuolutiones, sed motibus inuicem obuiantibus, fixum designabit eccentrum motus syderis, utputa cuius apogeum et perigeum immutabiles sedes obtineant. Quemadmodum si fuerit ABC homocentrus, centrum mundi D, dimetiens ADC, ponamusque, quod, cum epicyclium esset in A, sydus fuerit in apogio epicyclij, quod sit in G, et dimidia diametri ipsius in rectam lineam DAG; capiatur autem AB circumferentia homocentri, et centro B, distantia autem aequali AG epicyclium describatur EF, et extendantur DB et EB in rectam lineam, sumaturque circumferentia EF in contrarias partes, atque similis ipsi AB, fueritque in F sydus vel terra, et coniungatur BF, capiatur etiam in AD linea segmentum DK aequale ipsi BF. Quoniam igitur anguli, qui sub EBF et BDA, sunt aequales, et propterea BF et DK paralleli atque aequales, aequalibus autem et parallelis rectis lineis si rectae lineae coniungantur, sunt etiam paralleli et aequales per XXXIII. Euclidis; et quoniam DK, AG
86a po|nuntur aequales, communis apponatur AK, erit GAK aequalis ipsi AKD, aequalis igitur etiam ipsi KF: centro igitur K, distantia autem KAG descriptus circulus transibit per F, quem quidem ipsum F motu composito ipsorum AB et EF descripsit eccentrum homocentro aequalem, et idcirco etiam fixum. Dum enim epicyclium pares cum homocentro fecerit reuolutiones, necesse est absides eccentri sic descripti eodem loco manere.

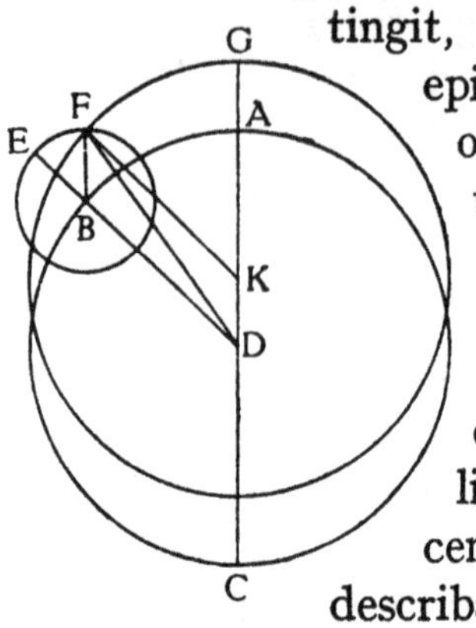

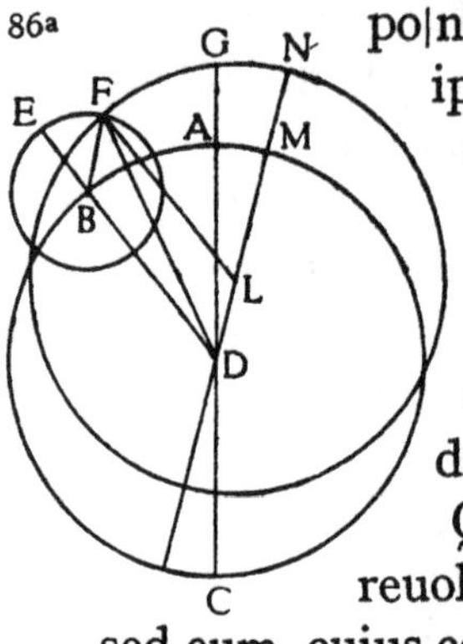

Quod si dispares epicyclij centrum et circumferentia fecerint reuolutiones, iam non fixum designabit eccentrum motus syderis, sed eum, cuius centrum et absides in praecedentia vel consequentia ferantur, prout syderis motus celerior tardiorue fuerit centro epicycli sui. Quemadmodum si EBF maior fuerit angulo BDA, aequalis autem illi constituatur,
96 qui sub BDM, || demonstrabitur itidem, quod si in DM linea capiatur DL

4. epicycli || epicyclii *NBAW*. — 8. utputa || utpote *NBAW*. — 11. apogio || apogeo *edd.* — 14. et centro || ex centro *NBAW*. — autem || vero *NBAW*. — 15. extendantur DB || extendantur DE *B*. — 17. fueritque || sitque *NBAW*. — coniungatur || coniungantur *B*. — capiatur etiam || etiam capiatur *W*. — 21. paralleli || parallelae *W*. — XXXIII. Euclidis || XXXIII. primi Euclidis *edd.* — 22. aequalis *Ms*. — 27. Dum || Cum *NBAW*. — 29. *Post* manere *Ms habet haec deleta*: Quoniam BF et AD semper parallelis propter aequales EBF et BDK angulos aequales. — 30. epicyclij centrum || centrum epicyclii *NBA*; centrum epicycli *W*. — 32. absides || abside *W*.

aequalis ipsi BF, atque L centro, distantia autem LMN aequalj AD descriptus circulus transibit per F sydus, quo fit manifestum NF circumferentiam motu syderis composito describi eccentri circulj, cuius apogeum a signo G migrauit interim in praecedentia per GN circumferentiam. Contra vero, si lentior fuerit sideris in epicyclio motus, tunc enim eccentri centrum in consequentia succedet, atque eo, quo epicyclij centrum feretur, vtputa si EBF angulus minor fuerit ipso BDA, aequalis autem ei, qui sub BDM, manifestum est euenire, quae diximus.

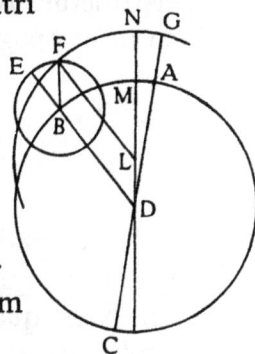

E quibus omnibus patet eamdem semper apparentiae inaequalitatem produci, siue per epicyclium in homocentro, siue per eccentrum circulum aequalem homocentro, nullatenusque inuicem differre, dummodo distantia centrorum aequalis fuerit ei, quae ex centro epicycli.

Vtrum igitur eorum existat in caelo, non est facile discernere. Ptolemaeus quidem, vbi simplicem intellexit inaequalitatem ac certas immutabilesque sedes absidum (ut in Sole putabat), eccentrotetis rationem arbitrabatur sufficere. Lunae vero caeterisque quinque planetis duplici siue pluri differentia | vagantibus excentrepicyclos accommodauit. Ex his etiamnum facile 86b
demonstratur, maximam differentiam aequalitatis et apparentiae tunc videri, quando sidus apparuerit in medio loco inter summam infimamque absidem secundum eccentri modum, secundum vero epicyclium in eius con-
† tactu, vt apud Ptolemaeum.

Per eccentrum hoc modo. Sit enim ipse ABCD in centro E, dimetiens AEC per F Solem extra centrum. Agatur autem rectis angulis per F linea BFD et connectantur BE, ED; apogeum sit A, perigeum C, a quibus B, D sint media apparentia. Manifestum est, quod angulus AEB exterior motum comprehendit aequalem, interior autem EFB apparentem, estque ipsorum differentia EBF angulus: aio, quod neutro ipsorum B, D angulorum maior in circumcurrente supra lineam EF constitui potest. Sumptis enim ante et pone B signis G, H coniungantur GD, GE, GF, item HE, HF, HD. Cum igitur FG, quae propior centro, longior sit quam DF, erit angulus GDF ipsi DGF maior. Sed aequales sunt, qui sub EDG et EGD (descendentibus ad basim aequalibus EG et ED lateribus). Igitur et angulus EDF, aequalis ipsi EBF, maior est

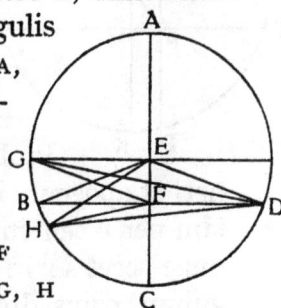

1. atque || aeque *Th.* — 2. quo fit || quo sit *W.* — 4. praecaedentia *Ms.* — 5. tunc enim || tunc *edd.* — 7. EBF || EFB *omnes* — 10. E quibus || Ex quibus *NBAW.* — 12.—13. nullatenusque || nihilque *NBAW.* — 18.—19. pluri differentia || pluribus differentiis *edd.* — 19. etiamnum || etiam *NBAW.* — 24. Sit enim || Sit *NBAW.* — 27. B, D || BD *Ms et edd.* — 32. pone || post *NBAW.* — G, H || GH *NB.* — 33. coniungantur || coniungatur *W.* — 34. DGF || DGK *B.* — 36. angulus EDF || *sic et K*; angulus EDB *NBAW.*

96v angulo EGF. Similiter quoque DF longior || est quam FH, et angulus FHD maior quam FDH, totus autem EHD toti EDH aequalis, aequales enim sunt EH, ED; reliquus ergo EDF, aequalis ipsi EBF, reliquo etiam EHF maior est. Nusquam igitur quam in B et D signis supra EF lineam maior angulus constituetur. Itaque maxima differentia aequalitatis et apparentiae medio loco inter apogeum et perigeum apparente consistit.

Cap. XVI

De apparente solis inaeqvalitate

Haec quidem in genere demonstrata sunt, quae non tam Solaribus apparentijs, quam etiam aliorum syderum inaequalitatj possunt accommodari. Nunc quae Solis sunt et terrae percunctabimus, in ijs primum quae a Ptolemaeo et alijs antiquioribus accepimus, deinde quae recentior aetas et
87a experientia nos docuit. Ptolemaeus inue|nit ab aequinoctio verno ad solstitium dies comprehendi XCIIII s., a solstitio ad aequinoctium autumnale dies XCII s. Erat igitur pro ratione temporis in primo interuallo medius aequalisque motus partium XCIII, scrupulorum IX, in secundo partium XCI, scrupulorum XI. Hoc modo partitus anni circulus, qui sit ABCD in E centro, capiatur AB pro primo temporis spacio partium XCIII, scrupulorum IX, BC pro secundo partium XCI, scrupulorum X, et ex A vernum spectetur aequinoctium, ex B aestiua conuersio, ex C autumnale aequinoctium, et, quod reliquum est, ex D bruma. Connectantur AC, BD, quae se inuicem secent ad rectos angulos in F, vbi Solem constituimus. Quoniam igitur ABC circumferentia est semicirculo maior, maior quoque AB quam BC, intellexit Ptolemaeus ex his E centrum circuli inter BF et FA lineas contineri et apogeum inter aequinoctium vernum et tropen Solis aestiuam. Agatur iam per E centrum IEG ad AFC, quae secabit BFD in L, atque HEK ad BFD, quae secet AF in M. Constituetur hoc modo LEMF parallelogrammum rectangulum, cuius dimetiens FE in rectam extensa lineam FEN indicabit maximam a Sole terrae longitudinem et apogei locum in N. Cum igitur ABC circumferentia partium sit CLXXXIIII, scrupulorum XIX, dimidium eius AH partium XCII, scrupulorum IX s. si eleuetur ex AGB, relinquit excessum HB

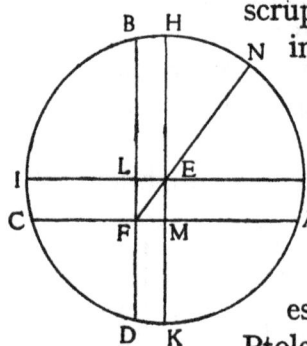

1. quam FH || FH *edd.* — 6. perigeum apparente || perigaeum *edd.* — 11. quae Solis sunt et terrae percunctabimus, in ijs primum || quae Solis et terrae sunt, tractabimus, ac primum *NBAW*. — primum quae || primum ea, quae *edd.* — 17. *Post* scrup. XI *in margine Ms haec habes deleta*: secundum examinatiorem supputationem; *Th in Addend*: scrup. X. — partitus || divisus *NBAW*. — 20. scrupulorum X *ex* XI *Ms*; scrup. XI *NBAW*. — 21. aestiua || aetiva *W*. — 31. a Sole terrae || terrae a Sole *edd.* — 32. scrupulorum XIX || scrup. XX *NBAW*. — 33. scrupulorum IX s. || scrup. X *NBAW*. — ex AGB || ex GB *NBAW*.

scrupulorum LIX. Rursus HG quadrantis circuli partes demptae ex AH relinquunt AG partes II, scrupula X. Semissis autem subtendentis duplum AG partes habet 377, quarum quae ex centro est 10000, et est aequalis ipsi || LF, 97
dimidium vero subtendentis duplam BH, estque LE partium earumdem 172. Duobus ergo ELF trianguli lateribus datis erit subtensa EF similium partium 414, quarum quae ex centro sunt 10000, vigesima quarta fere pars eius quae ex centro NE. Vt autem EF ad EL, sic NE quae ex centro, ad semissim subtendentis duplum NH. Igitur ipsa NH datur partium XXIIII s., et secundum istas partes NEH angulus, cui etiam aequalis est LFE angulus apparentiae. Tanto igitur spacio summa absis ante Ptolemaeum praecedebat aestiuam Solis conuersionem. At quoniam IK est quadrans circuli, a | quo si ele- 87b
uentur IC, DK, aequales ipsis AG, HB, remanet CD partium LXXXVI, scrupulorum LI, et quod reliquum est ex CDA, ipsa DA, partium LXXXVIII, scrupulorum IL. Sed partibus LXXXVI, scrupulis LI respondent dies LXXXVIII et octaua pars diei, et partibus LXXXVIII, scrupulis IL dies XC et octaua pars diei, quae sunt horae III, in quibus sub aequali motu telluris Sol videbatur pertransire ab autumnali aequinoctio in brumam, et quod reliquum est annj a bruma in aequinoctium vernum reuerti. Haec quidem Ptolemaeus non aliter, quam ante se ab Hipparcho prodita sunt, etiam se inuenisse testatur. Quam ob rem censuit et in reliquum tempus summam absidem XXIIII gradus et s. ante tropen aestiuam, et eccentroteta XXIIII (vt dictum est) partem eius quae ex centro perpetuo permansuram. Vtrumque iam inuenitur mutatum differentia manifesta.

Albategnius ab aequinoctio verno ad aestiuam conuersionem dies XCIII, scrupula XXXV adnotauit, ad autumnale aequinoctium dies CLXXXVI, scrupula XXXVII, e quibus iuxta Ptolemaei praescriptum elicuit eccentroteta partium non amplius 346, quarum quae ex centro est 10000. Consentit huic Arzachel Hispanus in eccentrotetis ratione, sed apogeum prodidit ante solstitium partes XII, scrupula X, quod Albategno videbatur partibus VII, scrupulis XLIII ante idem solstitium. Quibus sane indicijs deprehensum est aliam adhuc superesse differentiam in motu centri terrae, quod etiam nostrae aetatis obseruationibus comprobatur. Nam a decem et pluribus annis, quibus earum rerum perscrutandarum adiecimus animum, ac praesertim anno Christi MDXV., inuenimus ab aequinoctio verno in autumnale dies

---

3. 377 *ex* 378 (379) *Ms*; 378 *NBAW*. — 4. estque LE || estque *NBAW*. — 5. ergo trianguli lateribus ELF *edd.* — 6. 414 *ex* 415, 417 *Ms*; 415 *NBAW*. — *Verba* quarum quae ex centro sunt 10000 *desiderantur in NBAW*; *ea verba a Th ponuntur post*: ex centro NE. — 10000 || 100000 *Ms*. — 7. *Post* NE *Ms habet deleta*: et angulus LFE partium XXIIII s. — 12. ipsis || ipsi *NBAW*. — 13. ipsa || ipsum *NBAW*. — 15. pars diei || partibus diei *K*. — et partibus || partibus *NBAW*. — 22. ex centro || ex centro est *edd.* — permansuram || permansurum *Ms NBAW*. — 25. CLXXXVI || CLXXXII *NBAW*; CLXXXVI *ex* CLXXXII *Ms*. — 26. scrupula XXXVII || scrupula XXVVII (sic!) *B*; XXXVII *ex* XXXVIII *Ms*. — 27. 346 || 347 *NBAW*.

compleri CLXXXVI, scrupula V s.; et quo minus in capiendis solstitijs falleremur, quod prioribus interdum contigisse nonnullj suspicantur, alia quae- 97v dam Solis loca in hoc negocio nobis || adsciuimus, quae etiam praeter equinoctia fuerint obseruatu neutiquam difficilia, qualia sunt media signorum Tauri, Virginis, Leonis, Scorpij et Aquarij. Inuenimus igitur ab autumni aequinoctio ad medium Scorpium dies XLV, scrupula XVI, ad vernum aequinoctium dies CLXXVIII, scrupula LIII s. Aequalis autem motus in primo interuallo partium est XLIIII, scrupulorum XXXVII; in secundo partium 88a CLXXVI, scrupulorum | XIX. Quibus sic praestructis repetatur ACBD circulus, sitque A signum, a quo Sol apparuerit vernus aequinoctialis, B vnde autumnale aequinoctium conspiciebatur, C medium Scorpij; coniungantur AB, CD secantes sese in F centro Solis, et subtendatur AC. Quoniam igitur cognita est CB circumferentia, partium enim XLIIII, scrupulorum XXXVII, et propterea angulus, qui sub BAC datur, secundum quod CCCLX sunt duo recti, et qui sub BFC angulus motus apparentis est partium XLV, quibus CCCLX sunt quatuor recti, sed quatenus fuerint duo recti, erit ipse BFC partium XC: hinc reliquus ACD, qui in AD circumferentia, partium XLV, scrupulorum XXIII. Sed totum ACB segmentum partium est CLXXVI, scrupulorum XIX; dempta BC remanet AC partium CXXXI, scrupulorum XLII, quae cum ipsa AD colligit CAD circumferentiam partium CLXXVII, scrupulorum V s. Cum igitur utrumque segmentum ACB et CAD semicirculo minus existat, perspicuum est in reliquo BD circuli centrum contineri; sitque ipsum E, atque per F dimetiens agatur LEFG, et sit L apogeum, G perigeum; excitetur EK perpendicularis ipsi CFD. Atqui datarum circumferentiarum sunt etiam subtensae datae per canonem, AC partium 182494 atque CFD partium 199934, quarum dimetiens ponitur 200000. Triangulj igitur ACF datorum angulorum erit quoque per primum planorum praeceptum data ratio laterum et CF partium 97967, quibus erat AC partium 182494, ob idque dimidius excessus super FD, et est FK, partium earundem 2000. Et quoniam CAD segmentum deficit a semicirculo partibus II, scrupulis LIIII, quarum subtensae dimidia aequalis ipsi EK partium est 2534, proinde in triangulo EFK duobus lateribus datis FK, KE rectum angulum comprehendentibus datorum erit laterum

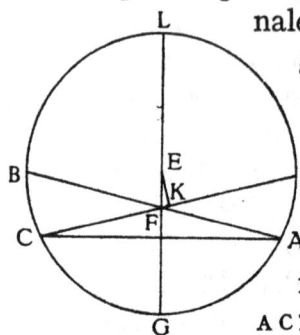

1. scrupula V s. || *A in margine dicit legendum esse scrupula* 21, *quod W in textum recepit.* — 4. fuerint || fuerunt *NBAW.* — 4.—5. *Post* signorum *in Ms* Arietis, Virginis *deleta habes.* — 5. Tauri, Virginis, Leonis || Tauri, Leonis *edd.* — 6. medium Scorpium || medium Scorpii *NBAW* (*W*: Scropii). — scrupula XVI *ex* scr. XVII *Ms.* — 9. scrupulorum XIX *ex* scr. XXIII *Ms.* — 14. scrupulorum XXXVII *ex* scr. XXXVIII *Ms.* — 16. apparentis || apparentius *W.* — 22. V s. *ex* VI *Ms*; V *Th.* — 27.—31. *Ms habebat antea hos numeros*: 18249, 19994, 20000, 9796, 18249, 197. — 27. CFD || CD *AW.* — 28. igitur || quoque *NBAW.* — 29. erit quoque || erit *NBAW.* — praeceptum *non exstat in NBAW.* — et CF || et CE *W.* — 32. LIIII || LIIII s. *NBAW*; *Th in Addend.* LV.

et angulorum EF partium 323, qualium est EL 10 000, et angulus EFK partium LI$\frac{2}{3}$, quibus CCCLX sunt quatuor recti. Totus ergo AFL partium est XCVI$\frac{2}{3}$, et reliquus BFL partium LXXXIII et tertiae partis; qualium autem EL fuerit || partium LX, erit EF pars vna, scrupula LVI proxime. Haec erat Solis a 98
centro orbis distantia, vix trigesimaprima iam facta, | quae Ptolemaeo 88b
vigesimaquarta pars videbatur. Et apogeum, quod tunc aestiuam conuersionem partibus XXIIII s. praecedebat, nunc sequitur ipsam partibus VI et duabus tertijs.

Cap. XVII

Primae ac annvae solaris inaeqvalitatis demonstratio cvm particvlaribvs ipsivs differentiis

Cum ergo plures Solaris inaequalitatis differentiae reperiantur, eam prius, quae annua est ac notior caeteris, deducendam censemus; ob idque repetatur ABC circulus in E centro cum dimetiente AEC, apogeum A, perigeum C, et Sol in D. Demonstratum est autem maximam esse differentiam aequalitatis et apparentiae medio loco secundum apparentiam inter utramque absidem, et eam ob causam perpendicularis excitetur BD ipsi AEC, quae secet circumferentiam in B signo, et coniungatur B, E. Quoniam igitur in triangulo rectangulo BDE duo latera data sunt, videlicet BE, quae ex centro circuli ad circumferentiam, et DE distantia Solis a centro: erit ergo datorum angulorum et DBE angulus datus, quo BEA aequalitatis differt a recto EDB apparenti. Quatenus autem DE maior minorque facta est, tota trianguli species est
† mutata. Sic ante Ptolemaeum B angulus partium erat II, scrupulorum XXIII, sub Albategno et Arzachele partis I, scrupulorum ILX, nunc autem pars vna, scrupula LI; et Ptolemaeus habebat AB circumferentiam, quam AEB angulus accipit, partium XCII, scrupulorum XXIII, BC partium LXXXVII, scrupulorum XXXVII, Albategnus AB partes XCI, scrupula LIX, BC partes XIIC, scrupulum I, nunc AB partes XCI, scrupula LI, BC partes LXXXIIX, scrupula VIIII. Exinde etiam reliquae differentiae patent.

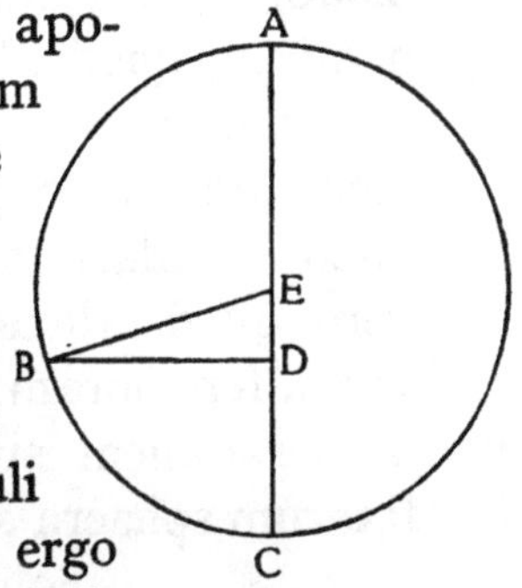

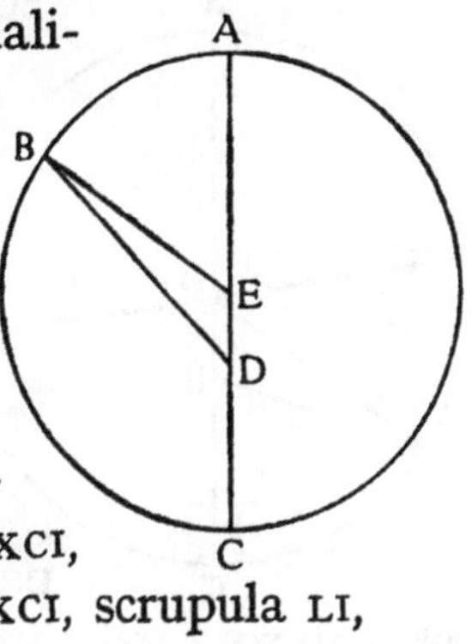

---

1. 323. *In Ms* 323 *ex* 322; 323 fere *NBAW*. — 2. LI$\frac{2}{3}$ *ex* LII scrup. XVIII *Ms*. — XCVI$\frac{2}{3}$ *ex* XCVI scrup. XL *Ms*. — 4. scrupula LVI || LVI scrupula *NBAW*; LVI *ex* LVII *Ms*. — 7. praecaedebat *Ms*. — ipsam || ipsum *W*. — 9. Cap. XVII et XVIII: *In B figurae horum capitum, una excepta falso descriptae sunt.* — 11. particularibus ipsius: *haec nomina invertuntur in NBAW*. — 13. prius || primum *NBAW*. — 14.—15. apogeum A || apogeum sit A *NBAW*. — 17. utramque || utrumque *W*. — 21. quae ex || quae est ex *edd*. — 22. erit ergo || erit *NBAW*. — 25. tota || eatenus tota *NBAW*. — 28. ILX = LVIIII *edd*. — 32. XIIC = LXXXVIII *edd*. — 33. LXXXIIX = LXXXVIII *edd*. — Exinde || Hinc *NBAW*.

Assumpta enim utcumque alia circumferentia AB, ut in sequenti figura, vt sit angulus, qui sub AEB, datus, ac interior BED, ac duo latera BE, ED:
89ª dabitur per doctrinam planorum angulus EBD | prosthaphaeresis, ac differentia aequalitatis et apparentiae, quas etiam differentias mutarj necesse est propter ED lateris mutationem, vt iam dictum est.

Cap. XVIII

De examinatione motvs aeqvalis secvndvm longitvdinem

Haec de annua Solis inaequalitate sunt exposita, at non per simplicem (ut apparuit) differentiam, sed mixtam adhuc illi, quam patefecit temporis
98ᵛ longitudo. Eas quidem posthac || discernemus ab inuicem. Interea medius aequalisque motus centri terrae eo certioribus reddetur numeris, quo magis fuerit ab inaequalitatis differentijs separatus, ac longiori temporis interuallo distans. Id autem constabit hoc modo. Accepimus illud autumni aequinoctium, quod ab Hipparcho obseruatum erat Alexandriae, tertio Calippi periodo, anno eius XXXII., qui erat a morte Alexandrj annus, uti superius recitatum est, centesimus septuagesimus septimus, post diem tertium quinque intercalarium in media nocte, quam sequebatur dies quartus; secundum vero quod Alexandria longitudine Cracouiam ad orientem sequitur per vnam fere horam, erat vna hora fere ante medium noctis. Igitur secundum numerationem superius traditam erat autumnalis aequinoctij locus sub fixarum sphaera a capite Arietis in partibus CLXXVI, scrupulis X, et ipse erat Solis apparens locus; distabat autem a summa abside partibus CXIIII s. Ad hoc exemplum designetur, quem descripserit centrum terrae, circulus ABC super centro D; dimetiens sit ADC, et in eo Sol capiatur, qui sit E, apogeum in A, perigeum in C. At B sit, vnde Sol autumnalis apparuerit in aequinoctio, et connectantur rectae lineae BD, BE. Cum igitur angulus DEB, secundum quem Sol ab apogeo distare videtur, partium sit CXIIII s., fueritque tunc DE partium 416, quarum BD est 10000, triangulum igitur BDE per quartum planorum datorum fit angulorum, et angulus, qui
89ᵇ sub DBE, partium II, scrupulorum X, quibus angulus BED | ab eo differt, qui sub BDA, sed angulus BED partium est CXIIII, scrupulorum XXX; erit ipse BDA partium CXVI, scrupulorum XL, et per hoc locus Solis medius siue

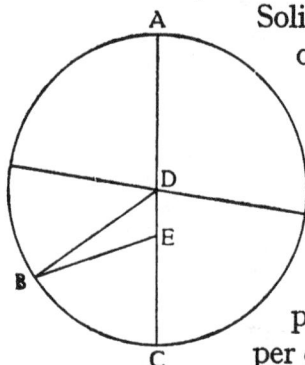

---

1. sequenti || altera *NBAW*. — 2. vt sit || et sit *NBAW*; et sic *Th.* — 4. etiam differentias || differentias etiam *NBAW*. — 10. discernemus ab || discernemus a se *edd.* — 14. tertio || tertia *edd.* — 15. uti || ut *NBAW*. — 23. designetur || designetur circulus *NBAW*. — descripserit || descripsit *edd.* — 24. circulus ABC || ABC *NBAW*. — 25. in eo || in ea *Th.* — 30. 416 || *in Ms ex 417;* 415 *NBAW*; 414 *Th. Haec figura non est perfecta in Ms.* — 31. fit || sit *W*. — 33. erit ipse || erit *NBAW*.

aequalis a capite Arietis fixarum sphaerae partium CLXXVIII, scrupulorum XX. Huic comparauimus autumni aequinoctium a nobis obseruatum in Frueburgo sub eodem meridiano Cracouiensj anno Christi nati MDXV., decimooctauo Calendas Octobris, ab Alexandri morte anno Aegyptiorum MDCCCXL., sexta die Phaophi mensis secundi apud Aegyptios, dimidia hora post ortum Solis. In quo tempore autumnalis aequinoctij locus secundum numerationem ac obseruata erat in adhaerentium stellarum sphaera partium CLII, scrupulorum XLV, distans a summa abside iuxta praecedentem demonstrationem LXXXIII partibus et scrupulis XX. || Constituatur 99
iam angulus, qui sub BEA, partium LXXXIII, scrupulorum XX, quarum CLXXX sunt duo recti, et duo trianguli latera data sunt BD partium 10000, DE partium 323; erit per quartum demonstratum triangulorum planorum DBE angulus partis vnius, scrupulorum L quasi. Quoniam si circumscripserit triangulum BDE circulus, erit BED angulus in circumferentia partium CLXVI, scrupulorum XL, quarum CCCLX sunt duo recti, et BD subtensa partium 19864, quarum dimetiens fuerit 20000, et secundum rationem ipsius BD ad DE datam dabitur ipsa DE longitudine earumdem partium 640 fere, quae subtendit angulum DBE ad circumferentiam partium III, scrupulorum XL, ad centrum vero partis vnius, scrupulorum L. Et haec erat prosthaphaeresis ac differentia aequalitatis et apparentiae, quae cum fuerit addita BED angulo, qui partium erat LXXXIII, scrupulorum XX, habebimus angulum BDA ac AB circumferentiam partium LXXXV, scrupulorum X, distantiam ab apogeo aequalem, ac perinde medium Solis locum in adhaerentium stellarum sphaera partium CLIIII, scrupulorum XXXV. Sunt igitur in medio ambarum obseruationum anni Aegyptij MDCLXII, dies XXXVII, scrupula prima XVIII, secunda XLV, et medius aequalisque motus praeter integras reuolutiones, quae sunt MDCLX, gradus CCCXXXVI, scrupula fere XV, consentaneus numero, quem exposuimus in tabulis aequalium motuum.

CAP. XIX 90a

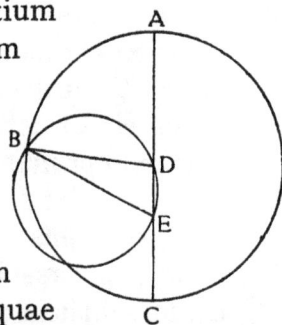

DE LOCIS ET PRINCIPIIS AEQVALI MOTVI ⊙ PRAEFIGENDIS

† In effluxo igitur ab Alexandri Magni decessu ad Hipparchi obseruationem tempore sunt anni CLXXVI, dies CCCLXII, scrupula XXVII S., in

1.—2. scrup. XX *ex* LXX *Ms.* — 3. Frueburgio *B.* — 5. sexta die || sextae diei *Ms.* — 6. In quo tempore || In quo *NBAW.* — 12. 323 *ex* 322 *Ms.* — quartum demonstratum || quartam demonstrationem *NBAW.* — 14.—15. triangulum BDE || triangulum EDE *B.* — 15. BED || BDE *edd. Haec figura deest in Ms.* — 19. 640 || 642 *NBAW.* — 23. LXXXIII || LXXXIIII *B.* — 25. ac perinde || et sic *NBAW.* — 32. ⊙ *: pro signo siderum edd praebent nomen signorum. vide* 207, 1. — 34. anni CLXXVI *ex* CLXVI *Ms.*

quibus medius motus est secundum numerationem partium CCCXII, scrupulorum XLIII. Quae cum reiecta fuerint a gradibus CLXXVIII, scrupulis XX Hipparchiae obseruationis accommodatis CCCLX circuli gradibus, remanebit ad principium annorum Alexandri Magni defuncti locus in meridie primae diei mensis Thoth, primi Aegyptiorum, partibus CCXXV, scrupulis XXXVII, idque sub meridiano Cracouiensi atque Gynaetiae, nostrae obseruationis loco. Hinc ad principium annorum Romanorum Iulij Caesaris in annis CCLXXVIII, diebus CXVIII s. medius motus est post completas reuolutiones partium XLVI, scrupulorum XXVIII, quae Alexandrini loci numeris apposita colligunt Caesaris locum in media nocte ad Calendas Ianuarij, vnde Romani
99v annos et dies auspicari solent, partibus CCLXXII, scrupulis IIII. Deinde || in annis XLV, diebus XII, siue ab Alexandro Magno in annis CCCXXIII, diebus CXXX s., consurgit locus Christi in partibus CCLXXII, scrupulis XXXI. Cumque natus sit Christus olympiade CXCIIII., anno eius tertio, quae colligunt a principio primae olympiadis annos DCCLXXV, dies XII s. ad mediam noctem ante Calendas Ianuarij, referunt similiter primae olympiadis locum partibus XCVI, scrupulis XVI in meridie primi diei mensis Hecatombaeonos, cuius diei nunc anniuersarius est in Calendis Iulij secundum annos Romanos. Hoc modo simplicis motus Solaris principia sunt constituta ad non errantium stellarum sphaeram. Composita quoque loca aequinoctialium praecessionum adiectione fiunt ac instar illorum, olympiadicus locus partibus XC, scrupulis LIX, Alexandri partibus CCXXVI, scrupulis XXXVIII; Caesaris partibus CCLXXVI, scrupulis LIX; Christi partibus CCLXXVIII, scrupulis II; omnia haec ad meridianum (ut diximus) relata Cracouiensem.

90b

CAP. XX

DE SECVNDA AC DVPLICI DIFFERENTIA, QVAE CIRCA SOLEM PROPTER ABSIDVM MVTATIONEM CONTINGIT

Instat iam maior difficultas circa absidis Solaris inconstantiam, quoniam, quam Ptolemaeus ratus est esse fixam, alij motum stellatae sphaerae sequi, secundum quod stellas quoque fixas moueri censuerunt. Arzachel opinatus est hunc quoque motum inaequalem, utpote quem etiam retrocedere contingat, sumpto indicio, quod cum Albategnus (ut dictum est), inuenisset apogeum ante solstitium septem gradibus, XXXXIII scrupulis, quod

---

3. Hipparchiae || Hipparchicae *NBAW*. — 6. Gynaetiae || Fruenburgensi *NBA*; Frauenburgensi *W*; *vide notam* 174, 22. — 7. loco || loci *NBAW*. — 9. XLVI || LXVI *B*. — XXVIII || 27 *NBAW*. — 13. XXXI || XXX *B*. — 14. quae colligunt || qui colligunt *AW*. — 20. loca aequinoctialium || loca, aequinoctialium *K*. — 23. LIX || 50 *W*. — 26. AC || et *edd.* — 29. stellatae || stellate *Ms*; octavae *Mspm NBAW*. — 31. quoque motum || quoque *NBAW*. — inaequalem || inaequalem esse *NBAW*. — 32. sumpto || hinc sumpto *NBAW*. — 33. inuenisset || inuesset *Ms*. — XXXXIII || XLIIII *Th*.

antea a Ptolemaeo in DCCXL annis per gradus prope XVII processerat, illj post annos CC minus VII ad gradus IIII s. fere retrocessisse videretur, ob idque alium quendam putabat esse motum centri orbis annui in paruo quodam circulo, secundum quem apogeum ante et pone deflecteret, ac centrum illius orbis a centro mundi distantias efficiet inaequales. Pulcro satis inuentu, sed ideo non recepto, quod in vniuersum collatione caeteris non cohaeret, quemadmodum, si ex ordine ipsius motus successio consideretur, quod videlicet aliquamdiu ante Ptolemaeum constiterit, quod in annis DCXL vel circiter per gradus XVII transierit, deinde quod in annis CC repetitis IIII vel V gradibus in reliquum || tempus ad nos usque progrederetur, nulla alia in toto tempore 100
regressione percepta, neque pluribus stationibus, quas motibus contrarijs hincinde necesse est interuenire: quae nullatenus possunt intelligi in motu canonico et circularj. Quapropter creditur a multis illorum obseruationibus error aliquis incidisse. Ambo quidem mathematicj studio et diligentia pares, ut in ambiguo sit, quem potius sequamur.

Equidem fateor in nulla parte maiorem esse difficultatem quam in apprehendendo Solis apogeo, vbi per minima quaedam et vix apprehensibilia magna ratiocinamur, quoniam circa perigaeum et apogaeum totus gradus duo solummodo plus minusue scrupula permutat in prosthaphaeresi, circa vero medias absides sub vno scrupulo V vel VI gradus praetereunt, adeoque modicus error potest sese in plurimum | propagare. Proinde etiam quod 91a
apogaeum in VI gradibus, medietate et tertia Cancri posuerimus, non fuimus contentj, vt instrumentis horoscopis confideremus, nisi etiam Solis et Lunae defectus nos redderent certiores, quoniam, si in ipsis error latuerit aliquis, detegunt ipsum procul dubio. Quod igitur vero fuerit simillimum, ex ipso in vniuersum motus conceptu possumus animaduertere, quod in consequentia sit, inaequalis tamen, quoniam post illam stationem ab Hipparcho ad Ptolemaeum apparuit apogaeum in continuo, ordinato atque aucto progressu usque in praesens, excepto eo, qui inter Albategnum et Arzachelem errore (vt creditur) inciderat, cum caetera consentire videantur. Nam quod etiam Solis prosthaphaeresis simili modo nondum cessat diminui, videtur eandem circuitionis sequi rationem, atque vtramque inaequalitatem sub illa prima simplicique anomalia obliquitatis signiferi vel simili coaequarj.

Quod ut apertius fiat, sit in plano signiferi AB circulus in C centro, dimetiens ACB, in quo sit D Solis globus tamquam in centro mundj, et in C centro alius parvulus circulus describatur EF, qui non comprehendat Solem, secundum quem paruum circulum intelligatur centrum reuolutionis

---

5. efficiet || efficeret *edd.* — 5.—6. Pulcro ... inventu ... recepto || Pulcrum ... inventum ... receptum *edd.* — 5. satis || sane *NBAW*. — 6. cohaeret || cohaereat *NBAW*. — 16. maiorem esse || esse maiorem *NBAW*. — 21. plurimum || immensum *NBAW*. — 22. tertia || sexta *NBAW*. — 24. nos redderent || redderent nos *NBAW*. — latuerit aliquis || latuerit *NBAW*. — 35. in quo || in qua *Th*.

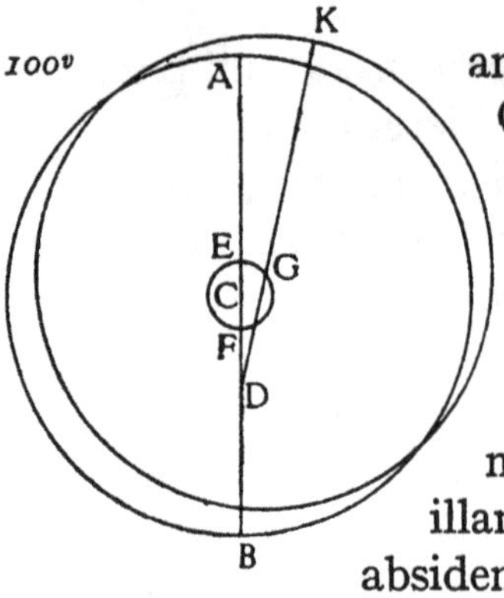

100v annuae centri terrae || moueri lentulo quodam progressu. Cumque fuerit EF orbiculus vna cum AD linea in consequentia, centrum vero reuolutionis annuae per EF circulum in praecedentia, utrumque vero motu admodum tardo, inuenietur aliquando ipsum centrum orbis annuj in maxima distantia, quae est DE, aliquando in minima, quae DF, et illic in tardiorj motu, hic in velociorj, ac in medijs orbiculus curuaturis accrescere et decrescere faciet illam distantiam centrorum cum tempore, summamque absidem praecedere, ac alternatim sequi eam absidem, siue apogeum, quod sub ACD linea, tamquam medium contingit. Quemadmodum si sumatur EG circumferentia, et facto G centro circulus aequalis ipsi AB describatur, erit enim summa tunc absis in DGK linea, et DG distantia minor ipsi DE per VIII. tertij Euclidis. † Et haec quidem per eccentri eccentrum sic demonstrantur, per epicycli
91b | quoque epicyclium hoc modo. Sit enim mundo ac Soli homocentrus AB et ACB diameter, in qua summa absis contingat, et facto in A centro epicyclus describatur DE, ac rursus in D centro epicyclium FG, in quo terra versetur, omniaque in eodem plano zodiaci. Sitque epicycli primi motus in succedentia, ac annuus fere, secundi quoque, hoc est D, similiter annuus, sed in praecedentia, amborumque ad AC lineam pares sint reuolutiones. Rursus centrum terrae ex F in praecedentia addat parumper ipsi D. Ex hoc manifestum est, quod, cum terra fuerit in F, maximum efficiet Solis apogaeum, in G minimum, in medijs autem circumferentijs ipsius FG epicyclij faciet ipsum apogaeum praecedere vel sequi, auctum diminutumue, maius ac minus, ac perinde motum apparere

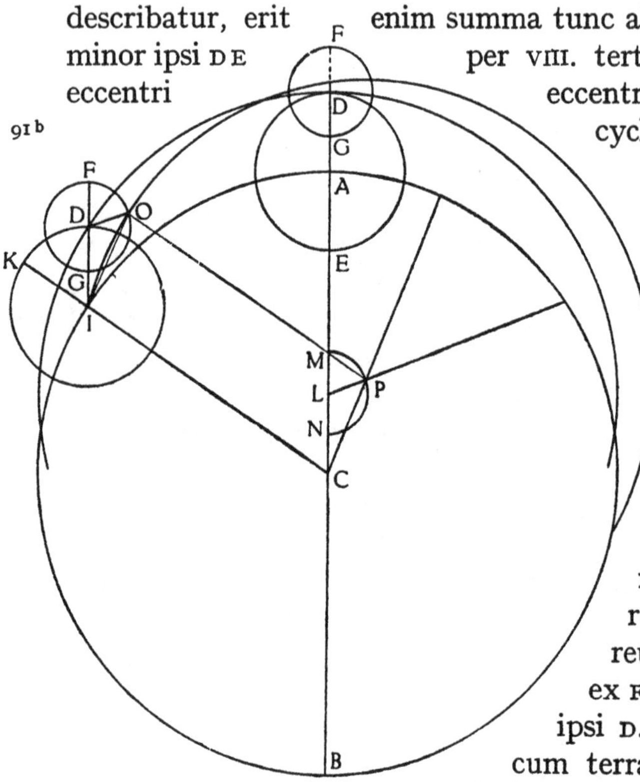

7. quae DF || quae est DF *NBAW*. — tardiorj || tardiore *NBAW*. — 8. orbiculus || orbiculi *NBAW*. — faciet || facit *NBAW*. — 11. quod sub || quod est sub *edd*. — 13. erit enim || erit *edd*. — 14. *Post* Euclidis *Ms inseruit ac delevit*: Quoniam semper minor erit angulus qui sub DEG ei qui sub EGD. — 15.—16. epicycli || epicyclii *NBAW*. — epicyclium || epicyclum *NBAW*. — 17. Sit enim || Sit *NBAW*. — 18. *Th in Addend.*: diametrus. — 19. *Post* contingat *in Ms* media *in margine delet. est*. — 36. maius ac || maius aut *edd*. — ac perinde || et sic *NBAW*.

diuersum, vt antea de epicyclo et eccentro demonstratum est. Capiatur iam
AI circumferentia, et in I centro resumatur epicyclepicyclus et connexa
CI extendatur in rectam lineam CIK, eritque KID angulus aequalis ipsi
ACI, propter reuolutionum paritatem. Igitur, vt superius demonstrauimus,
D signum describet eccentrum circulum homocentro AB coaequalem in L
centro ac distantia CL, || quae ipsi DI fuerit aequalis, F quoque suum *101*
eccentrum secundum distantiam CLM, aequalem ipsi IDF, et G similiter
secundum IG et CN distantias aequales. Interea si centrum terrae iam
emensum fuerit | utcumque FO circumferentiam secundi ac sui epicyclij, 92a
iam ipsum O non describet eccentrum, cui centrum in AC linea contingat,
sed in ea, quae ipsi DO parallelus fuerit, qualis est LP. Quod si etiam
coniungantur OI et CP, erunt et ipsae aequales, minores autem ipsis IF
† et CM, et angulus DIO angulo LCP aequalis per VIII. primi Euclidis, et pro
tanto videbitur Solis apogeum in CP linea praecedere ipsam A. Hinc etiam
manifestum est, per eccentrepicyclum idem contingere, quoniam in prae-
existente eccentro solo, quem descripserit D epicyclium circa L centrum,
centrum terrae voluatur in FO circumferentia praedictis conditionibus, hoc
est, plus modico quam fuerit annua reuolutio. Superinducet enim, quem
antea, alterum eccentrum priori circa P centrum, accidentque prorsus eadem.
Cumque tot modi ad eumdem numerum sese conferunt, quis locum habeat,
haut facile dixerim, nisi quod illa numerorum ac apparentium perpetua
consonantia credere cogit eorum esse aliquem.

Cap. XXI

Qvanta sit secvnda solaris inaeqvalitatis differentia

Cum igitur iam visum fuerit, quod ista secunda inaequalitas primam
ac simplicem illam anomaliam obliquitatis signiferi vel eius similitudinem
sequeretur, certas habebimus eius differentias, si non obstiterit error aliquis
obseruatorum praeteritorum. Habemus enim ipsam simplicem anomaliam
anno Christi MDXV. secundum numerationem graduum CLXV, scrupulorum
XXXIX fere, et eius principium facta retrorsum supputatione LXIV fere annis
ante Christum natum, a quo tempore ad nos usque colliguntur annj MDLXXX;
illius autem principij inuenta est a nobis eccentrotes maxima partium 417
quarum quae ex centro orbis essent 10000; nostra vero, ut || ostensum est, 323. *101v*

1. iam || autem *NBAW*. — 2. epicyclepicyclus || epicyclus *NBAW*. — 8. IG et CN || IG, CN *W*. — 13. aequalis || aequales *Ms*. — 14. praecaedere *Ms*. — 15. manifestum || manifestu *B*. — 16. eccentro solo *invertuntur in NBAW*. — 18.—19. quem antea || ut antea *Th*; *haec verba non leguntur in NBAW*. — 20. conferunt || conferant *edd*. — 27. sequeretur || sequatur *NBAW*. — 28. Habemus || Habebimus *NBAW*. — 30. XXXIX *ex* V, XXVI *Ms*. — LXIV *ex* sexaginta *Ms*. — 32. 417 *ex* 416 *Ms*; 414 *Th*. — 33. essent || esset *edd*.

Sit iam AB linea recta, in qua B fuerit Sol et mundi centrum, eccentrotes maxima AB, minima DB, descriptique parui circuli, cuius dimetiens fuerit AD, capiatur AC circumferentia pro modo primae simplicis anomaliae, quae erat partium CLXV, scrupulorum XXXIX. Quoniam igitur data est AB
92b partium 417, quae in principio simpli|cis anomaliae, hoc est in A, reperta est, nunc vero BC partium 323, habebimus triangulum ABC datorum AB, BC laterum atque anguli vnius CAD propter reliquam CD circumferentiam a semicirculo partium XIIII, scrupulorum XXI. Dabitur ergo per demonstrata planorum triangulorum reliquum latus AC et angulus ABC, differentia inter medium diuersumque apogaei motum, et quatenus AC subtendit datam circumferentiam, dabitur etiam AD dimetiens circulj ACD. Namque per angulum CAD partium XIIII, scrupulorum 21 habebimus CB partium 2496, quarum dimetiens circuli circumscribentis triangulum fuerit 100000, et pro ratione BC ad AB datur ipsa AB earundem partium 3225, quae subtendit ACB angulum partium CCCXLI, scrupulorum XXVI. Inde et reliquus, prout CCCLX sunt duo recti, angulus CBD partium IIII, scrupulorum XIII, cui subtenditur AC partium 735. Igitur, quarum AB partium est 417, inuenta est AC partium 95 fere, quae secundum quod datam subtendit circumferentiam, habebit rationem ad AD tamquam ad dimetientem. Datur igitur AD partium 96, qualium est ADB partium 417, et reliqua DB partium 321, minima eccentrotetis distantia, angulus autem CBD, qui inuentus est partium IIII, scrupulorum XXIII vt in circumferentia, sed ut in centro partium II, scrupulorum VI s., prosthaphaeresis ablatiua ex aequali motu ipsius AB circa B centrum. Excitetur iam recta linea BE contingens circulum in E signo, et a sumto F centro coniungatur EF. Quoniam igitur trianguli BEF orthogonij datum est latus EF partium 48 et BDF partium 369: quibus igitur FDB tamquam ex centro fuerit 10000, erit EF partium 1300, quae semissis est subtendentis duplum anguli EBF, estque partium VII, scrupulorum XXVIII, quarum CCCLX sunt quatuor recti,
102 maxima prosthaphaeresis inter aequalem F motum || et E apparentem.

---

3. fuerit || fueris *B*. — 5. 18. 21. 417 || 416 *Ms*; 414 *Th*. *Punctum infra vel supra cifram addit cifrae numerum unum in Ms.* — 8. partium XIIII, scrup. XXI *in Ms emendat. ex* part. XIIII, scrup. LV; part. XXXIIII, scrup. XXIV. — 13. scrup. 21 *ex* LV, XXIV *Ms*; 2496 : 2486 *ex* 2596 *Ms*; 2498 *NBAW*. — 14. 100000 || 20000 *NBAW*; *in Ms* 100000 *ex* 200000. — 15. 3225 *ex* 3354 *Ms*. — quae || et quae *NBAW*. — 16. scrup. XXVI *ex* XLI *Ms*. — 17. scrupulorum XIII *ex* XXIIII *Ms*; XXIII *Th*. — 18. 735 *ex* 768 *Ms*. — 19. 95 *ex* 94 *Ms*. — 21. partium 96 *vel* 95: *non liquet ex Ms*. — 22. 321 || *Th in Addend.* 318. — 23. XXIII *lege* XIII. *Ms* XXIII *ex* XXIIII. XIII *NBA*. *In W versus*: XXIII ut ... partium II *desideratur. Autor emendationem in versu* 17 *adhibitam hoc loco omisit.* — 24. VI s. *ex* XII *Ms*. *Ante* prosthaphaeresis *Mspm habebat* et haec erat; *in NBAW legitur*: et haec est. — 26. BE || DE *Ms*. — et a sumto || et sumto *edd*. — F centro || centro F *NBAW*. — 27. 48 *ex* 47½, 47 *Ms*. — 28. 369 || 368 *Ms ex* 368½ *Ms*: *Th in Addendis* 366. — igitur FDB || igitur FBD *N*. — 29. 1300 *ex* 1289 *Ms*. — 30. XXVIII *ex* XXVII *Ms*.

Hinc caeterae ac particulares differentiae constare poterunt, quemadmodum si assumpserimus angulum AFE VI partium. Habebimus enim triangulum datorum laterum EF, FB cum angulo, qui sub EFB, ex quibus prodibit EBF prosthaphaeresis scrupulorum XLI. | Si vero AFE angulus fuerit 93a XII, habebimus prosthaphaeresim partem vnam, scrupula XXIII; pro XVIII partes duas, scrupula III, et sic de reliquis ac eo modo, ut circa annuas prosthaphaereses superius dictum est.

CAP. XXII

QVOMODO AEQVALIS APOGAEI SOLARIS MOTVS VNA CVM DIFFERENTE EXPLICETVR

Quoniam igitur tempus, in quo maxima eccentrotes principio primae ac simplicis anomaliae congruebat, erat olympiadis CLXXVIII. anno III., Alexandri vero Magni secundum Aegyptios anno CCLIX, et propterea locus apogaei verus simul et medius in V s. gradibus Geminorum, hoc est ab aequinoctio verno gradus LXV s.; ipsius autem aequinoctij praecessio, vera tum etiam cum media congruente, erat partium IIII, scrupulorum XXXVIII, quibus reiectis ex LXV s. gradibus remanserunt a capite Arietis fixarum sphaerae gradus LX, scrupula LII apogaei loco; rursus olympiadis DLXXIII. anno secundo, Christi vero MDXV inuentus est apogaei locus VI gradibus et duabus tertijs Cancri; sed quoniam praecessio aequinoctij verni secundum numerationem erat partium XXVII cum quadrante vnius, quae si deducantur a XCVI gradibus, medietate et tertia, relinquunt LXIX, scrupula XXV; ostensum est autem, quod anomalia prima tunc existente partium CLXV, scrupulorum XXXVIIII fuerit prosthaphaeresis partium II, scrupulorum VII, quibus verus locus medium praecedebat; patuit igitur ipse medius apogaei Solaris locus partium LXXI, scrupulorum XXXII: erat igitur in medijs annis MDLXXX Aegyptijs medius et aequalis apogaei motus partium X, scrupulorum XLI, quae cum diuisa fuerint per ipsorum annorum numerum, habebimus annuam portionem scrupula secunda XXIIII, tertia XX, quarta XIIII.

---

2. Habebimus enim || habebimus *NBAW*. — 3. prodibit || prodidit *B*. — 5. pro || si *NBAW*. — 6. scrupula III || scrupula IIII *NBAW*. — 12. olympiadis CLXXVIII anno III. || Olymp. CLXXVIIII anno eius tertio *Mspm*; Olympiade 178. anno eius tertio *NBAW*. — 13. CCLIX *in sinistro margine pro* CCLXIIII, CCLXI. *In margine dextero* dies LXXXVIII fere: *et haec verba deleta sunt Ms.* — 16. XXXVIII *ex* XXXVIII S.; *ex* XLII, XXXI; XXXVIII S. *NBAW*. — 18. gradus LX *ex* LXI; scrup. LII *ex* XLV, XLVIII *Ms.* — olympiadis || olympiade *AW*. — 24. scrup. XXXVIIII *ex* scrup. V. — scrup. VII *ex* scrup. XII *Ms.* — 26. scrup. XXXII *ex* scrup. XIII *Ms.* — 28. scrup. XLI *ex* XLVIII *Ms.* — 29.—30. tertia XX *ex* XLIII, quarta XIIII *ex* XXVI *Ms.*

93b

Cap. xxiii

De anomaliae ⊙ emendatione et locis eivs praefigendis

Haec si subtraxerimus ab annuo motu simplici, qui erat graduum
102v ccclix, scrupulorum primorum xliiii, secundorum xlix, tertiorum || vii, quartorum iiii, remanebit annuus anomaliae motus aequalis ccclix, scrupula prima xliiii, secunda xxiiii, tertia 46, quarta l. Haec rursum distributa per ccclxv diariam portionem exhibebunt scrupula prima lix, secunda viii, tertia vii, quarta xxii, consentanea eis, quae in tabulis iam exposita sunt. Hinc etiam habebimus loca principiorum constitutorum, a prima olympiade incipientes. Ostensum est enim, quod xviii. Calendas Octobris olympiadis dlxxiii. anno ii., dimidia hora post ortum Solis fuerit apogaeum ⊙ medium gradus lxxi, scrupula xxxvii, unde media Solis distantia partium lxxxiii, lviii. Suntque a prima olympiade anni Aegyptij mmccxc, dies cclxxxi, scrupula xlvi, in quibus anomaliae motus est (reiectis integris circulis) gradus xlii, scrupula xxxiii, quae ex 82 gradibus et 58 scrupulis ablata relinquunt gradus xl, scrupula xxv ad primam olympiadem anomaliae locum; ac eodem modo, uti superius, annorum Alexandri locus gradibus clxvi, scrupulis xxxviii, Caesaris gradibus 211, 11, Christi gradibus ccxi, scrupulis xix.

Cap. xxiv

Expositio canonica differentiarum aeqvalitatis et apparentiae

Vt autem ea, quae de differentijs motuum ⊙ aequalitatis et apparentiae demonstrata sunt, usui magis accomodentur, eorum quoque tabellam exponemus, sexaginta versus habentem, ordines autem siue columellas sex. Nam bini primi ordines utriusque hemicyclij, ascendentis inquam et descendentis, numeros continebunt coagmentati per triadas graduum, uti superius circa aequinoctiorum motus faciebamus. Tertio ordine scri-
94a bentur partes differentiae motus apogaei | Solaris siue anomaliae, quae

2. et locis || et de locis *NBAW*. — 6. tertia 46 *ex* xxiii *Ms*. — quarta l *ex* xxxviii *Ms*. — rursum || rursus *NBAW*. — 7. diariam || diurnam *edd*. — 8. quarta xxii *ex* xviii *Ms*. — eis || illis *edd*. — iam || supra *edd*. — 9. loca || loco *NBAW*. — 12. scrupula xxxvii || scrup. xxxii *edd*. — unde media || unde *edd*. — distantia || distantia aequalis *NBAW*. — partium lxxxiii || *Th in Addend*. lxxxii. — 13. lviii || iii *NBAW*. — 15. xxxiii || xlix *NBAW*. — 82 || lxxxiii *NBAW*. — 58 || iii *NBAW*. — 82 *ex* lxxi *Ms*; 58 *ex* xxxvii *Ms*. — 16. scrup. xxv *ex* iiii *Ms*; xxv || xiiii *NBAW*. — 18. xxxviii || xxxi *NBAW*. — Caesaris gradibus || Caesaris *edd*. — Caesaris gradibus 211, 11: 211 *ex* clxxxx, cic; 11 *ex scrup*. l *Ms*. — 11 || iiii *NBAW*. — 18.—19. Christi gradibus ccxi, scrup. xix *ex* grad. cic scrup. lviii. *Ms*. — 19. xix || xiiii *NBAW*. — 20. Cap. xxiv || Cap. xxii *Ms*; *eundem numerum* xxii *praebet Ms in capite praecedente*. — 23. tabellam || tabulam *NBAW*. — 24. columnellas *Th*. — 26. coagmentati || coagmentatos *KTh*. — 27. faciebamus || fecimus *NBAW*.

differentia ascendit ad summam graduum VII et s. quasi, prout vnicuique tripertio graduum congruit. Quartus locus scrupulis proportionum deputabitur, quae sunt ad summam LX, et ipsa penes excessum maiorum prosthaphaereseon annuae anomaliae aestimantur. Cum enim maximus earum excessus sit scrupula XXXII, erit sexagesima pars secunda XXXII. Secundum ergo multitudinem excessus (quem per eccentroteta eliciemus per modum superius traditum) apponemus numerum sexagesimarum singulis suis e regione tripertijs. Quinto singulae quoque prosthaphaereses annuae ac primae differentiae secundum minimam Solis a centro distantiam constituentur. Sexto ac vltimo excessus earum, quae in maxima excentrotete contingunt. Estque tabula haec.

---

1. VII et s. quasi || VII et dimidii quasi *edd*; dimidii, quasi *W*; *in Mspm scribebatur* duas quintas *pro* s. — 10. quae || qui *edd.*

103 94b

TABVLA PROSTHAPHAERESEON SOLIS

Numeri communes		Prosthaphaereses centri		Scrupula proportionum	Prosthaphaereses orbis		Excessus
Part.	Part.	Part.	Scrup.		Part.	Scrup.	Scrup.
3	357	0	21	60	0	6	1
6	354	0	41	60	0	11	3
9	351	1	2	60	0	17	4
12	348	1	23	60	0	22	6
15	345	1	44	60	0	27	7
18	342	2	3	59	0	33	9
21	339	2	24	59	0	38	11
24	336	2	44	59	0	43	13
27	333	3	4	58	0	48	14
30	330	3	23	57	0	53	16
33	327	3	41	57	0	58	17
36	324	4	0	56	1	3	18
39	321	4	18	55	1	7	20
42	318	4	35	54	1	12	21
45	315	4	51	53	1	16	22
48	312	5	6	51	1	20	23
51	309	5	20	50	1	24	24
54	306	5	34	49	1	28	25
57	303	5	47	47	1	31	27
60	300	6	0	46	1	34	28
63	297	6	12	44	1	37	29
66	294	6	23	42	1	39	29
69	291	6	33	41	1	42	30
72	288	6	42	40	1	44	30
75	285	6	51	39	1	46	30
78	282	6	58	38	1	48	31
81	279	7	5	36	1	49	31
84	276	7	11	35	1	49	31
87	273	7	16	33	1	50	31
90	270	7	21	32	1	50	32

Columna prosthaphaereseon centri: 10.—34. *NBAW in ordine scrupulorum habent numeros;* 5; 25, 46, 5; 24, 43, 2; 20, 37, 53; 8, 23, 36; 50, 3, 15; 27, 37, 46; 53, 1, 8; 14, 20, 25; *praeterea in ordine partium versu* 30 *legunt* 7 *pro* 6; 6 *ex* 7 *Ms.* — 13. 3 | 4 || 5 | 3 *B.* — 24. 6 | 0 || 6 | 3 *Th.* — 26. 6 | 23 || 6 | 27 *Th.*

Columna prosthaphaereseon orbis: 32. 1 | 49 || 1 | 50 *NBAW.* — 34. 1 | 50 | 32 || 1 | 51 | 32 *edd.*

Th hanc et sequentem tabellam in unam contraxit. Ad hanc tabellam A adnotat in margine sinistro: Anomalia simplex aequinoctiorum dabit prosthapheresim centri et scrupula proportionalia; *in margine dextro:* Anomalia Solis annua per prosthapheresin centri coaequata dabit prosthapheresin orbis aequando medio motui Solis; *in calce:* prosthaphereses centri in priore semicirculo adduntur, in altero subtrahuntur. Prosthaphereses orbis in priore semicirculo subtrahuntur, in altero adduntur.

RELIQVVM TABVLAE PROSTHAPHAERESEON ☉ 103v 95a

Numeri communes		Prosthaphaereses centri		Scrupula proportionum	Prosthaphaereses orbis		Excessus
Part.	Part.	Part.	Scrup.		Part.	Scrup.	Scrup.
93	267	7	24	30	1	50	32
96	264	7	24	29	1	50	33
99	261	7	24	27	1	50	32
102	258	7	23	26	1	49	32
105	255	7	21	24	1	48	31
108	252	7	18	23	1	47	31
111	249	7	13	21	1	45	31
114	246	7	6	20	1	43	30
117	243	6	58	18	1	40	30
120	240	6	49	16	1	38	29
123	237	6	37	15	1	35	28
126	234	6	25	14	1	32	27
129	231	6	14	12	1	29	25
132	228	6	10	11	1	25	24
135	225	5	44	10	1	21	23
138	222	5	28	9	1	17	22
141	219	5	19	7	1	12	21
144	216	4	51	6	1	7	20
147	213	4	30	5	1	3	18
150	210	4	9	4	0	58	17
153	207	3	46	3	0	53	14
156	204	3	23	3	0	47	13
159	201	3	1	2	0	42	12
162	198	2	37	1	0	36	10
165	195	2	12	1	0	30	9
168	192	1	47	1	0	24	7
171	189	1	21	0	0	18	5
174	186	0	54	0	0	12	4
177	183	0	27	0	0	6	2
180	180	0	0	0	0	0	0

Columna prosthaphaereseon centri: 5—32. *NBAW in ordine scrupulorum habent numeros:* 28, 28, 28; 27, 25, 22; 17, 10, 2; 52, 42, 32; 17, 5, 45; 30, 13, 54; 32, 12, 48; 25, 2, 39; 13, 48, 21; 53. *Praeterea in ordine partium versu* 13 *legunt* 7 *pro* 6. — 18. 6 | 10 | 11 || 6 | 50 | 11 *Th.*

Columna prosthaphaereseon orbis: 5. 1 | 50 || 1 | 51 *NBAW.* — 23. 5 | 1 | 3 || — | 1 | 3 *W habet lacunam pro* 5.

104 95b

Cap. xxv

De solaris apparentiae svppvtatione

Ex his iam satis constare censeo, quomodo ad quodcumque tempus propositum locus Solis apparens numeretur. Quaerendus est enim ad ipsum tempus verus aequinoctij verni locus siue eius antecessio cum anomalia simplici sua prima, uti superius exposuimus, deinde medius motus centri terrae simplex, siue Solis motum nominare velis, ac annua anomalia per tabulas aequalium motuum, quae addantur suis constitutis principijs. Cum anomalia igitur prima ac simplici atque eius numero in primo vel secundo ordine tabulae praecedentis reperto vel propinquiori inuenies sibi occurrentem in ordine tertio anomaliae annuae prosthaphaeresim et sequentia scrupula proportionum, et haec serua. Prosthaphaeresim autem addito anomaliae annuae, si prima minor fuerit semicirculo, siue numerus eius sub primo ordine comprehensus, alioqui subtrahe. Quod enim reliquum aggregatumue fuerit, erit anomalia Solis coaequata, per quam rursus sumito prosthaphaeresim orbis annui, quae quintum tenet ordinem, cum sequenti excessu. Qui quidem excessus per scrupula proportionum prius seruata fecerit aliquid, semper addatur huic prosthaphaeresi, fietque ipsa prosthaphaeresis aequata, quae auferatur a medio loco Solis, si numerus anomaliae annuae in primo loco repertus fuerit siue minor semicirculo, addatur autem, si maior vel alterum numerorum ordinem tenuerit. Quod enim hoc modo residuum collectumue fuerit, verum Solis locum determinabit a capite Arietis stellati sumptum; cui si demum adijciatur vera aequinoctij verni praecessio, confestim etiam ab aequinoctio ipso Solis locum ostendet in signis dodecatemorijs et gradibus signorum circulj.

Quod si alio modo id efficere volueris, loco motus simplicis compositum sumito aequalem, et caetera, quae dicta sunt, facias, nisi quod pro antecessione aequinoctij eius tantummodo prosthaphaeresim addas vel minuas, prout res postulauerit. Ita se habet ratio Solaris apparentiae per mobilitatem terrae consentiens antiquis ac recentioribus adnotationibus, quo
96a magis etiam | de futuris praesumitur iam esse praeuisum. Verumtamen id
104v quoque non ignoramus, || quod, si quis existimaret centrum annuae reuolutionis esse fixum tamquam centrum mundi, Solem vero mobilem duobus motibus similibus et aequalibus eis, quae de centro eccentrj demonstrauimus, apparebunt quidem omnia, quae prius, ijdem numeri eademque demonstratio, quando nihil aliud permutaretur in eis, quam ipsa positio, praesertim

1. Cap. xxv || Cap. xxIII *Ms.* — 7. anomaliae *Ms.* — 12. et haec serua || serva *NBAW.* — 13. siue || seu *NBAW.* — 17. excessus per || excessus, si per *edd.* — 19. auferatur || feratur *B.* — 20.—21. si maior || si maior fuerit *NBAW.* — 25. dedecatemorijs *Ms.* — 27. facias || facito *NBAW.* — 34. eis quae || eis quos *edd.*

quae ad Solem pertinent. Absolutus enim tunc esset motus centri terrae ac simplex circa mundi centrum (reliquis duobus ipsi Soli concessis) manebitque propterea adhuc dubitatio de centro mundi, utrum illorum sit, vt a principio dicebamus ἀμφιβολικῶς in Sole vel circa ipsum esse centrum mundi. Sed de hac quaestione plura dicemus in quinque stellarum erraticarum explanatione, qua pro posse nostro etiam decidemus, satis esse putantes, si iam certos numeros minimeque fallaces asciuerimus apparentiae Solari.

CAP. XXVI

DE νυχθημέρῳ, HOC EST DIEI NATVRALIS DIFFERENTIA

Restat adhuc circa Solem de diei naturalis inaequalitate aliquid dicere, quod tempus XXIIII horarum aequalium spacio comprehenditur, quo quidem hactenus tamquam communi ac certa caelestium motuum mensura usi † sumus. Talem vero diem alij, quod est inter duos Solis exortus tempus, definiunt, vt Chaldaei et antiquitas Iudaica; alij inter duos occasus, vt Athenienses; vel a media nocte ad mediam, ut Romani; a meridie ad meridiem Aegyptij.

Manifestum est autem sub eo tempore reuolutionem propriam globi terrae compleri cum eo, quod interea ex annuo progressu superadditur penes Solis apparentem motum. Hanc autem adiectionem fieri inaequalem ipsius imprimis Solis apparens cursus inaequalis ostendit, et praeterea, quod dies ille naturalis in polis circuli aequinoctialis contingit, annuus vero sub signorum circulo. Quas ob res tempus illud apparens communis et certa mensura motus esse non potest, cum dies diei ac sibi inuicem ab omni parte non constent, et idcirco medium quendam et aequalem in his eligere diem
|| opportunum fuit, quo sine scrupulo | motus aequalitatem metiri liceret. *105*

Quoniam igitur sub totius anni circulo fiunt CCCLXV reuolutiones in 96b
polis terrae, quibus adiectione quotidiana per apparentem Solis progressum accrescit illis tota ferme reuolutio supernumeraria, consequens est, ut illius CCCLXV. pars ea sit, quae ex aequali supplet diem naturalem. Quapropter definiendus nobis est atque separandus dies aequalis ab apparente diuerso. Diem igitur aequalem dicimus eum, qui totam circuli aequinoctialis reuo-

---

1. quae ad Solem pertinent || quod ad Solem pertinet *NBAW*. — 2. ipsi Soli || Soli *NBAW*. — 4. dicebamus || diximus *edd.* — αμφιβολικῶς *Ms.* — 6. qua pro || quas pro *NBAW*; quam pro *Th.* — 8. *Post* Solari *in A tabula praecessionis aequinoctiorum inserta est.* — 9. Cap. XXVI || Cap. XXIIII *Ms.* — 10. νυχθημέρῳ || νυχθήμερω *Ms*; νυχθήμερῳ *NB.* — 15. et antiquitas Iudaica *ab A ponitur post* Athenienses. — 16. vel || alii *NBAW*. — 16.—17. a meridie ad meridiem Aegyptij || alii a meridie ad meridiem, ut Aegyptii *NBA*; alii a meridie, ut Aegyptii *W*. — 19. ex annuo || annuo *edd.* — 21. imprimis || in primis *edd.* — 22. annuus || annuas *B*. — 26. opportunum fuit || coëgit necessitas *Mspm*. — 27. fiunt || *sic et K*; sunt *NBAW*; sint *Th.* — 29. illis *omisit Th.*

lutionem continet, et tantam insuper portionem, quantam sub eo tempore Sol aequali motu pertransire videtur; inaequalem vero apparentemque diem, qui vnius reuolutionis CCCLX tempora aequinoctialis comprehendit, et praeterea id, quod cum progressu Solis apparente in horizonte vel meridiano coascendit. Horum differentia dierum, quamuis permodica sit nec statim sentiatur, multiplicatis tamen diebus aliquot in euidentiam coalescit.

(Cuius duae sunt causae, cum inaequalitas apparentiae Solaris, tum etiam obliquitatis signiferi dispar ascensio.) Prima, quae propter inaequalem Solis apparentemque motum existit, iam patuit, quaeque in semicirculo, in quo summa absis mediat, deficiebant ad partes zodiacj secundum Ptolemaeum tempora IIII cum dodrante vnius, ac in altero semicirculo, in quo infima absis erat, abundabant totidem. Totus propterea excessus semicirculorum vnius ad alterum erat IX temporum et dimidij.

In altera vero causa, quae penes ortum et occasum, maxima contingit differentia inter semicirculos utriusque conuersionis, quae inter minimum ac maximum diem existit, diuersa plurimum, nempe vnicuique regioni peculiaris. Quae vero a meridie vel media nocte accidit, sub quatuor terminis ubique continetur, quoniam a XVI. gradu Tauri ad XIIII. Leonis LXXXVIII gradus temporibus XCIII fere pertranseunt meridianum, et a quartodecimo Leonis ad XVI. Scorpij partes XCII, tempora LXXXVII praetereunt, vt hic quinque deficiant tempora, illic totidem abundent. Ita quidem in primo
105v segmento || dies collecti excedunt eos, qui in secundo, decem temporibus, quae faciunt vnius horae partes duas, quod similiter in altero semicirculo alternis vicibus sub reliquis terminis e diametro oppositis contingit. Placuit
97a autem | diei naturalis principium mathematicis non ab ortu vel occasu, sed a meridie vel media nocte accipi. Nam quae ab horizonte sumitur differentia, multiplicior existit, utpote quae ad aliquot horas sese extendit, et praeterea, quod ubique non sit eadem, sed secundum obliquitatem sphaerae multipliciter variatur. Quae vero ad meridianum pertinet, eadem ubique est atque simplicior.

Tota ergo differentia, quae ex ambabus iam dictis causis, cum propter Solis apparentem progressum inaequalem, tum etiam ob inaequalem circa meridianum transitum, constituitur, ante Ptolemaeum quidem a medietate Aquarij diminutionis sumens principium et a principio Scorpij accrescendo tempora VIII et trientem vnius colligebat, quae nunc a vigesimo gradu

---

2. motu || motu composito *K.* — 4. id, quod || quae *Mspm.* — 5. coascendit || conscendit *edd.* — 6. *Post* coalescit *Ms deletum habet:* Duabus enim existentibus causis. — 7. Cuius duae || Cuius quae *B*; cause *Ms.* — 8. dispar || dispari *NB.* — 9. quaeque || quoniam *edd.* — *Post* semicirculo *Ms haec delevit*: a media abside ad mediam summa inter utramque mediante. — 10. absis || absidis *B.* — 16. diem existit || existit diem *NBAW.* — 22. excaedunt *Ms.* — 25. diei naturalis principium mathematicis || mathematicis diei naturalis principium *NBAW.* — 28. non sit || non est *NBAW.* — 34. accrescendo || decrescendo *B.*

Aquarij vel prope ad x. Scorpij diminuendo, a decimo vero Scorpij ad xx. ♒ crescendo contracta est in tempora septem, scrupula XLVIII. Mutantur enim et haec propter perigaei et eccentrotetis instabilitatem cum tempore.

Quibus demum si maxima quoque differentia praecessionis aequinoctiorum comparata fuerit, poterit tota dierum naturalium differentia supra x tempora se extendere sub aliquo annorum numero. In quo tertia causa inaequalitatis dierum latuit hactenus, eo quod aequinoctialis circuli reuolutio ad medium aequaleque aequinoctium aequalis inuenta est, non ad apparentia aequinoctia, quae (ut satis patuit) non sunt admodum aequalia. Decem igitur tempora duplicata efficiunt horam vnam cum triente, quibus aliquando dies maiores excedere possunt minores. Haec circa annuum Solis progressum caeterarumque stellarum tardiorem motum citra errorem manifestum poterant forsitan contemni; sed propter Lunae celeritatem, || ob *106* quam in dimidio gradu et tertia possit error committi, nullatenus sunt contemnenda. Modus igitur concernendi tempus aequale cum diuerso apparente, in quo omnes differentiae congruunt, est iste. Proposito quouis tempore quaerendus est in utroque termino ipsius temporis, principio inquam et fine, locus Solis medius ab aequinoctio medio per motum eius aequalem, quem diximus compositum, atque etiam verus apparens ab aequinoctio vero, considerandumque, quot partes temporales pertransierint ex rectis ascensionibus | circa meridiem noctemue mediam, vel interfuerint 97b eis, quae a primo loco vero ad secundum verum. Nam si aequales fuerint illis, qui utrique loco medio intersunt gradibus, erit tunc tempus assumptum apparens aequale mediocrj. Quod si partes temporales excesserint, excessus ipse apponatur tempori dato, si vero defecerint, ipse defectus temporj apparentj subtrahatur. Hoc enim facientes ex ijs, quae collecta reliquaue fuerint, habebimus tempus in aequalitatem commutatum, capiendo pro qualibet parte temporali quatuor scrupula horae vel x scrupula secunda vnius sexagesimae diei. Atqui si tempus aequale datum fuerit, nosseque velis, quantum tempus apparens illi suppetat, e contrario faciendum erit. Habuimus autem ad primam olympiadem locum Solis medium ab aequinoctio verno medio in meridie primae diei mensis primi secundum Athenienses Hecatombaeonos gradus XC, LVIIII, et ab aequinoctio apparente gradus 0,36 Cancrj; ad annos autem Christi medium Solis motum VIII gradus, II scrupula Capricornj,

---

1. *Pro signo* ♒ *edd praebent nomen Aquarii: et similiter aliis occasionibus datis.* — 5. naturalium || *sic et K*; naturalem *NB*. — 8. aequaleque *non legitur in W*. — 15. Modus || Modis *Ms*. — 16. congruunt || congruant *NBAW*. — 18. medio per motum eius || per medium eius motum *NBAW*. — 19. *Vocabula* diximus compositum *invertuntur in NBAW*. — 23. utrique || utroque *NBAW*. — 25. si vero || sive vero *W*. — 26. reliquaue || relictaque *NBAW*. — 30. erit || est *NBAW*. — 33. *Vocabula* gradus, partes, scrupula *saepius in edd. inseruntur, cum Copernicus scribat* gradus XC, LVIIII; gradus 0,36; ad VIII, 48; tempora CLXXIIX, LIIII. — gradus 0,36 Cancri: *emendat. ex* gradus XXIX, scrup. LVII Cancri; *pro* Cancri *deinde erat substitutum signum* ♊ (*Geminorum*); *quibus deletis in margine scriptum habes*: gradus 0,36 Cancri *in Ms.*

verum VIII gradus, 48 scrupula eiusdem. Ascendunt igitur in recta sphaera a 0,36 Cancri ad VIII, 48 Capricorni tempora CLXXIIX, LIIII, excedentia mediorum locorum distantiam in tempore I, LI, quae faciunt vnius horae scrupula VII. Et sic de caeteris, quibus exactissime possit examinarj cursus Lunae, de qua sequenti libro dicetur.

---

1. verum VIII || verum motum VIII *NBAW*; VIII gradus *ex* IX grad. *Ms.* — 2. a 0,36 Cancri || a XXIX, LVII Geminorum *Ms, quia autor emendationem* pag. 207, 33 *factam huc transferre oblitus est.* — ad VIII, 48 || ad VIIII, IIII *Mspm*; VIIIX, LVIII *B* (sic! X *falso positum*); CLXXIIX || CLXXXVIII *NB*, 188 *AW*: CLXXIIX *in Ms ex* CLXXXIX. — LIIII *ex* LV *Ms.* — 3. tempore I, LI || temporibus II, IL *Mspm*; I, LIII *NBAW*. — fatiunt *Ms.* — 4. scrupula VII || scrup. VII s. *NBAW*; VII *ex* XI *Ms.*

NICOLAI COPERNICI 98a

REVOLVTIONVM

LIBER QVARTVS

Prooemium

Cvm in praecedenti libro, quantum nostra mediocritas potuit, ex- 106v
posuerimus, quae propter motum terrae circa Solem viderentur, sitque propositum nostrum per eandem occasionem stellarum errantium omnium motus discernere, nunc interpellat cursus Lunae; idque necessario, quod per eam, quae diei noctisque particeps est, loca quaecumque stellarum praecipue capiuntur et examinantur, deinde quod ex omnibus sola reuolutiones suas quamuis etiam diuersas ad centrum terrae summatim conferat, sitque terrae cognata maxime, et propterea, quantum in se est, non indicat aliquid de mobilitate terrestri, nisi forsitan de quotidiana, quin potius crediderint eam ob causam, quod terra sit centrum mundi, commune reuolutionum omnium. Nos quidem in explicatione cursus Lunaris non differimus a priscorum opinionibus in eo, quod circa terram fiat. Sed et alia quaedam adducemus, quam quae a maioribus nostris accepimus, magisque consona, quibus Lunarem quoque motum, quantum possibile est, certiorem constituamus.

---

11. sumatim *Ms.* — 12. in se || in ipsa *NBAW.* — indicat || indicet *BTh.* — 13. mobilitate || motibilitate *B.* — 14. crediderint || crediderunt *NBAW.* — quod terra sit centrum mundi || terram esse centrum mundi *NBAW.* — 15. reuolutionum omnium || omnium revolutionum *NBAW.* — 16. fiat || fit *NBA*; sit *W.* — Sed et || Attamen *NBAW.* — 19. constituamus || constituemus *NBAW.* *Post hoc verbum Mspm addebat*: vt eius arcana clarius intelligantur.

Cap. I

Hypotheses circvlorvm lvnarivm opinione priscorvm

Lunaris igitur cursus hoc habet, quod medium signorum circulum non sectatur, sed proprium inclinem, qui bifariam secat illum, vicissimque secatur, a quo transmigrat in utramque latitudinem. Quae ferme se habent ut in annuo motu Solis conuersiones. Et nimirum, quod Solis annus est, hoc Lunae mensis. Media vero loca sectionum ecclyptica dicuntur, apud alios nodi, et coniunctiones oppositionesque Solis et Lunae in his contin-
98b 107 gentes ecclypticae | vocantur. Neque enim sunt || alia signa utrisque communia circulis praeter haec, in quibus Solis Lunaeque defectus possint accidere. In alijs enim locis digressio Lunae facit, ut minime sibi inuicem obsint luminibus; sed praetereuntes non impediunt sese. Fertur etiam hic orbis Lunae obliquus cum quatuor illis cardinibus suis circa centrum terrae aequaliter, quotidie tribus fere scrupulis primis vnius gradus, decimonono anno suam complens reuolutionem. Sub hoc igitur orbe et ipsius plano Luna semper in consequentia moueri cernitur, sed quandoque minimum, alias plurimum; tardior enim, quanto sublimior, velocior autem, quo terrae propinquior; quod in ea facilius, quam in alio quouis sidere ob eius vicinitatem discerni potuit. Intellexerunt id igitur per epicyclum fieri, quem Luna circumcurrens in superna circumferentia detraheret aequalitati, in inferna autem promoueret eandem. Porro quae per epicyclum fiunt, etiam per eccentrum fieri posse demonstratum est. Sed elegerunt epicyclum, eo quod duplicem videretur Luna diuersitatem admittere. Cum enim in summa vel infima abside epicyclij existeret, nulla quidem apparuit ab aequali motu differentia, circa vero epicyclij contactum non vno modo, sed longe maior in diuidua crescente et decrescente, quam si plena vel sitiens esset, et hoc certa et ordinaria successione. Quam ob rem arbitrati sunt orbem, in quo epicyclium mouetur, non esse homocentrum cum terra, sed eccentrepicyclum, in quo Luna feratur ea lege, vt in omnibus oppositionibus coniunctionibusque medijs Solis et Lunae epicyclium in apogeo sit eccentri, in medijs vero circuli quadrantibus in perigeo eiusdem. Binos ergo motus inuicem contrarios imaginati sunt in centro terrae aequales,

---

2. Hipotheses *Ms.* — 5. *Post* latitudinem *Ms addit haec verba postea deleta*: Et boraeum quidem limitem catabibazonta vocauere Graeci, a quo Luna descendere et austrum petere incipit; alterum ac infimum austrinum limitem anabibazonta, vnde ascendit repetitque boraeam. — habent || habens *B.* — 6. Et nimirum, quod Solis annus est || nec mirum: quoniam quod Soli annus *NBAW.* — 7. mensis || est mensis *NBAW.* — 10. possint || posint *Ms.* — 16.—17. sed quandoque minimum, alias plurimum || sed aliquando minimum, aliquando plurimum *NBAW.* — 17. tardior enim || Tanto enim tardior *NBAW.* — 19.—20. quem Luna circumcurrens || quum luna illum circumcurrens *NBAW.* — 22. posse *in W omissum est.* — 25. vno *in W desideratur.*

nempe epicyclum in consequentia, et eccentri centrum et absides eius in praecedentia, linea medij loci Solaris inter utrumque semper mediante. Atque per hunc modum bis in mense epicyclus excentrum percurrit.

Quae ut oculis subijciantur, sit homocentrus terrae circulus obliquus Lunae ABCD quadrifariam dissectus dimetientibus AEC et BED, centrum terrae E; fuerit autem in AC linea coniunctio media Solis et Lunae, atque in eodem loco et tempore apogaeum eccentri, cuius centrum sit F || centrumque | epicycli MN simul. Moueatur iam eccentri *107v* 99a apogaeum in praecedentia, quantum epicyclus in consequentia, ambo aequaliter circa E reuolutionibus aequalibus et menstruis ad medias Solis coniunctiones vel oppositiones, AEC linea medij loci Solis inter illa semper media sit, et Luna rursus in praecedentia ex apogeo epicycli. His enim sic constitutis congruere putant apparentia. Cum enim epicyclus in semestri tempore a Sole quidem semicirculum, ab apogeo autem eccentri totam compleat reuolutionem, consequens est, ut in medio huius temporis, quod est circa Lunam diuiduam, e diametro BD inuicem opponantur, et epicyclus in eccentro fiat perigaeus, vt in G signo, vbi propinquior terrae
† factus maiores efficit inaequalitatis differentias. Aequales enim magnitudines inaequalibus expositae interuallis, quae oculo propinquior, maior apparet. Erunt igitur minimae, quando epicyclus in A fuerit, maximae vero in G, quoniam minimam habebit rationem MN dimetiens epicycli ad AE lineam, maiorem vero ad GE caeteris omnibus, quae in alijs locis reperiuntur, cum ipsa GE breuissima sit omnium, et AE siue aequalis ei DE longissima eorum, quae a centro terrae in eccentrum circulum possunt extendi.

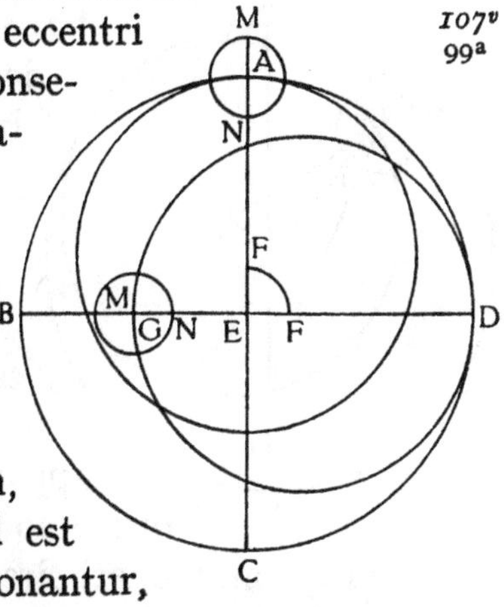

Cap. II

De earvm assvmptionvm defectv

Talem sane circulorum compositionem tamquam consentientem Lunaribus apparentijs assumpserunt priores. Verum si rem ipsam diligentius expenderimus, non aptam satis nec sufficientem hanc inueniemus hypothesim,

---

1. et eccentri centrum || et eccentrum *W.* — 2. in praecedentia || in praecedentia moveri *NBAW.* — 3. bis in mense || bis mense *W.* — 9. praecaedentia *Ms.* — 12. AEC linea|| et AEC linea *NBAW.* — 13. et Luna || lunaque *NBAW.* — praecaedentia *Ms.* — 14. epicycli || epicyclii *B.* — 19. e diametro || a diametro *B.* — oponantur *Ms.* — 23. Erunt || Erant *NB.* — maximae || maxime *W.* — 26. longissima eorum || eorum longissima *NBAW*; longissima *in margine eadem manu posteriore scriptum est qua* congruere *pag.* 214, 6; *vide notam* 214, 6. — 32. hypothesym *Ms.*

quod ratione et sensu possumus comprobare. Dum enim fatentur motum centri epicycli aequalem esse circa centrum terrae, fateri etiam oportet inaequalem esse in orbe proprio (quem describit) eccentro. Quoniam si AEB, verbi gratia, angulus sumatur partium XLV, hoc est dimidius recti, et aequalis ipsi AED, ut totus BED rectus fiat, capiaturque centrum epicycli
99b in G, | et connectatur GF, manifestum est, quod angulus GFD maior est ipsi GEF, exterior interiori et opposito. Quapropter et circumferentiae ADB et DG dissimiles sub vno tempore ambae 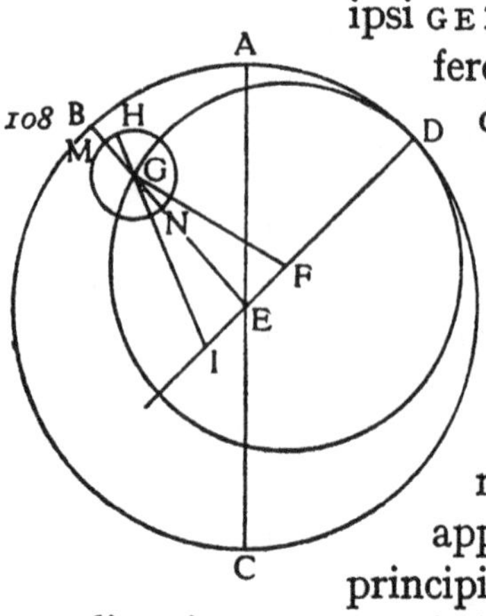
108 descriptae, || vt, cum ADB quadrans fuerit, DG, quem interim centrum epicycli descripsit, maior fit quadrante circuli. Patuit autem in Luna diuidua vtramque DAB et DG semicirculum fuisse; inaequalis est ergo epicycli in eccentro suo motus, quem ipse describit. Quod si sic fuerit, quid respondebimus ad axioma: Motum caelestium corporum aequalem esse, et nisi ad apparentiam inaequalem videri, si motus epicycli aequalis apparens fuerit re ipsa inaequalis, accidetque constituto principio et assumpto penitus contrarium? At si dicas aequaliter ipsum moueri circa terrae centrum, atque id esse satis ad aequalitatem tuendam, qualis igitur erit illa aequalitas in circulo alieno, in quo motus eius non existit, sed in suo eccentro? Ita sane miramur et illud, quod Lunae ipsius quoque in epicyclo aequalitatem volunt intelligi non comparatione centri terrae, per lineam videlicet EGM, ad quam merito debebat referri aequalitas ipso centro epicycli consentiens, sed ad punctum quoddam diuersum, atque inter ipsum et eccentri centrum mediam esse terram, et lineam IGH tamquam indicem aequalitatis Lunae in epicyclio, quod etiam re ipsa inaequalem satis demonstrat hunc motum. Hoc enim apparentiae, quae hypothesim hanc partim sequuntur, cogunt fateri. Ita quoque Luna epicyclium suum inaequaliter percurrente, si iam ex inaequalibus inaequalitatem apparentiae comprobare voluerimus, qualis futura sit argumentatio, licet animaduertere. Quid enim aliud faciemus, nisi quod ansam praebebimus his, qui huic arti detrahunt?

Deinde experientia et sensus ipse nos docet, quod parallaxes Lunae non consentiunt ijs, quas ratio ipsorum circulorum promittit. Fiunt enim parallaxes, quas commutationes vocant, ob euidentem terrae magnitudinem ad Lunae vicinitatem. Cum enim, quae a superficie terrae et

1. possumus || possimus *Th.* — 3.—4. AEB, verbi gratia || verbi gratia, AEB *edd.* — 8. ADB || DAB *edd* (recte). — 10. fit || sit *edd;* fit *in Ms substituitur verbo* factus est. — 13. in eccentro suo motus || motus in eccentro suo *edd.* — 15. *Pro* et nisi *Th proponit*: nec nisi *vel* et non nisi. — 21.—22. Lunae ipsius || ipsius Lunae *NBAW.* — 22. *Post* quoque *Mspm addit* motus. — 24. *Post* aequalitas *Ms deletum habet*: ad quam ipsum centrum epicycli. — ipso || ipsi *Th.* — 25. esse || fuerit *Mspm.* — 26. epicyclio || epicyclo *W.* — 28. hypothesym *Ms.*

centro eius ad Lunam extenduntur rectae lineae, iam non apparuerint
paralleli, sed | inclinatione manifesta sese secuerint in Lunare corpore, 100a
necesse habent efficere Lunaris apparentiae diuersitatem, vt in alio loco
videatur || a conuexitate terrae per obliquum contuentibus ipsam, quam 108v
ijs, qui a centro vel vertice suo Lunam conspexerint. Tales igitur commutationes pro ratione Lunaris a terra distantiae variantur. Maxima enim mathematicorum omnium consensu est partium LXIIII et sextantis, quarum quae a centro terrae ad superficiem est vna, sed minima secundum illorum symmetriam debuit esse partium XXXIII totidemque scrupulorum, vt Luna ad dimidium fere spatium nobis accederet, et per consequentem rationem oportebat parallaxas in minima et maxima distantia in duplo quasi inuicem differre. Nos autem eas, quae in diuidua Luna crescente et decrescente fiunt, etiam in perigaeo epicycli parum admodum vel nihil differre videmus ab eis, quae in defectibus Solis et Lunaę contingunt, ut suo loco affatim docebimus. Maxime vero declarat errorem ipsum Lunae corpus, quod simili ratione duplo maius et minus videri contingeret secundum diametrum. Sicut autem circuli in dupla sunt ratione suorum dimetientium, quadruplo plerumque maior videretur in quadraturis proxima terrae quam opposita Soli, si plena luceret; sed quoniam diuisa lucet, duplici nihilominus lumine luceret, quam illic plena existens. Cuius oppositum quamuis per se manifestum sit, si quis tamen visu simplici non contentus per dioptram Hipparchiam vel alia quaeuis instrumenta, quibus Lunae dimetiens capiatur, experiri voluerit, inueniet ipsum non differre, nisi quantum epicyclus sine eccentro illo postulauerit. Eam ob causam Menelaus et Timochares circa stellarum fixarum inquisitionem per locum Lunae non dubitauerunt eadem semper uti Lunarj diametro pro semisse vnius gradus, quantum Luna plerumque occupare videretur.

Cap. III

Alia de motv lvnae sententia

Ita sane apparet neque eccentrum esse, per quem epicyclus maior
ac minor appareat, sed alium modum circulorum. || Sit enim epicyclus 109 100b
A B, quem primum maioremque nuncupabimus; centrum eius sit C, et ex centro terrae, quod sit D, recta linea D C extendatur in summam absidem epicycli, et in ipso A centro aliud quoque parvum epicyclium describatur E F,

2. Lunare || lunari *edd.* — 6. distantiae || distantia *MsNB.* — 8. minima || minime *Ms.* — 9. debuit esse || debuit est *Ms.* — 12. in diuidua || individua *A.* — 16. contingeret || contigeret *W.* — 18. quadruplo || quadrupla *Ms.* — 19. diuisa || dividua *NBAW.* — 22. Hipparchiam || Hipparchicam *NBAW.* — vel || vel per *NBAW.* — 26. eadem || eodem *edd.*

et haec omnia in eodem plano orbis obliqui Lunae. Moueatur autem C in consequentia, A vero in praecedentia, ac rursus Luna ab F superiori parte ipsius EF in consequentia, eo seruato ordine, vt, dum linea DC fuerit vna cum loco Solis medio, Luna semper proxima sit centro C, hoc est in E signo, sub quadraturis autem atque in F remotissima. Quibus sic constitutis aio Lunares apparentias congruere. Sequitur enim, quod Luna bis in mense circumcurret epicyclium EF, quo tempore C semel redierit ad Solem, videbiturque noua et plena minimum agere circulum, nempe cuius quae ex centro fuerit CE, in quadraturis autem maximum secundum distantiam a centro CF, sicque rursus illic minores, hic maiores aequalitatis et apparentiae differentias efficiet sub similibus, sed inaequalibus circa C centrum circumferentijs. Cumque C centrum epicycli in homocentro terrae circulo semper fuerit, non adeo diuersas parallaxas exhibebit, sed ipso epicyclo solum conformes, et in promptu causa erit, cur etiam corpus Lunare sibi simile quodammodo videatur, atque caetera omnia, quae circa Lunarem cursum cernuntur, sic euenient.

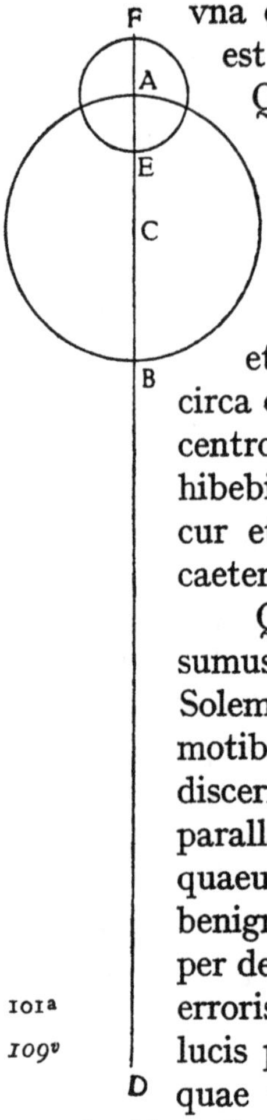

Quae deinceps per hanc nostram hypothesim demonstraturi sumus, quamquam eadem rursus per eccentros fieri possunt, ut circa Solem fecimus, debita proportione seruata. Incipiemus autem a motibus aequalibus, uti superius faciebamus, sine quibus inaequalis discerni non potest. Verum hic non parua difficultas existit propter parallaxas, quas diximus, quam ob rem per astrolabia atque alia quaeuis instrumenta non est obseruabilis locus eius. Sed naturae benignitas humano desiderio etiam in hac parte prouidit, quo certius per defectus suos quam usu instrumentorum deprehendatur, ac absque
101a erroris suspicione. | Nam cum caetera mundi pura sint et diurnae
109v lucis plena, noctem non aliud esse constat, || quam terrae vmbram, †
quae in conicam figuram nititur desinitque in mucronem: quam incidens Luna hebetatur, atque in medijs constituta tenebris intelligitur ad Solis oppositum locum indubie peruenisse. Neque vero Solares defectus, qui Lunae obiectu fiunt, certum praebent loci Lunaris argumentum. Tunc enim accidit a nobis quidem Solis et Lunae coniunctionem videri, quae tamen comparatione centri terrae vel iam praeterijt, vel nondum facta est, propter dictam commutationis causam. Et idcirco eumdem Solis defectum non in omnibus terris aequalem magnitudine et duratione, neque

4. sit centro || si centro *NB*. — 5. atque in F || in F *K*. — 6. *Verbum* congruere *in margine manuscripti additum est a Christmanno; vide* vol. I p. XII. XIII. — 10. maximum || maximam *W*. — 14. 23. parallaxas || parallaxes *Th*. — 15. ipso || ipsi *edd*. — 26. defectus suos || defectus eius *NBAW*. — deprehendatur || deprehendantur *W*. — 28. constat || constant *W*. — 29. quam || in quam *NBAW*. — 31. indubie *omissum est in NBAW*. — *Post* peruenisse *Ms haec deleta habet*: vbi nunquam melior oportunitas in ipsis cum stellis coniunctionibus datur.

suis partibus similem cernimus. In Lunaribus vero deliquiis nullum tale contingit impedimentum, sed vbique sui similes sunt, quoniam vmbrae illius hebetatricis axem terra per centrum suum a Sole transmittit, suntque propterea Lunares ipsi defectus accomodatissimi, quibus certissima ratione cursus Lunae deprehendatur.

CAP. IV

DE REVOLVTIONIBVS LVNAE ET MOTIBVS EIVS PARTICVLARIBVS

Ex antiquissimis igitur, quibus haec res cura fuit ut posteritati numeris traderetur, repertus est Meton Atheniensis, qui floruit olympiade circiter octogesima septima. Hic prodidit in XIX annis Solaribus CCXXXV menses compleri, unde annus ille magnus ἐννεαδεκαετηρίς, hoc est decemnouenalis, † Metonticus est appellatus. Qui numerus adeo placuit, uti Athenis alijsque insignioribus urbibus in foro praefigeretur, qui etiam usque in praesens vulgo receptus est, quod per ipsum existiment certo ordine constare principia et fines mensium, annum quoque Solarem dierum CCCLXV cum quadrante commensurabilem ipsis mensibus. Hinc illa periodus Calippica LXXVI annorum, quibus decies et nonies dies vnus intercalatur, et ipsum annum Calippicum nominauerunt. At Hipparchi solertia reperit || in *110* CCCIIII annis totum diem excrescere, et tunc solum verificari, quando annus Solaris fuerit CCC. parte diei minor. Ita quoque ab aliquibus annus iste magnus Hipparchi denomi|natus est, in quo complerentur menses 101b $\overline{\text{III}}$DCCLX. Haec simplicius et crassiori, ut aiunt, Minerua dicta sunt, quando etiam anomaliae et latitudinis restitutiones quaeruntur, quapropter idem Hipparchus vlterius ista perquisiuit. Nempe collatis adnotationibus, quas in ecclypsibus Lunaribus diligentissime obseruauit, ad eas, quas a Chaldaeis accepit, tempus, in quo reuolutiones mensium et anomaliae simul reuerterentur, definiuit esse CCCXLV annos Aegyptios, LXXXII dies et vnam horam, et sub eo tempore menses IIIICCLXVII, anomaliae vero IIIIDLXXIII circuitus compleri. Cum ergo per numerum mensium distributa fuerit proposita dierum multitudo, suntque centena vigintisex milia et VII dies atque vna hora, inuenitur vnus mensis aequalis dierum XXIX, scrupulorum primorum XXXI, secundorum L, tertiorum VIII, quartorum IX, quintorum XX. Qua ratione patuit etiam cuiuslibet temporis motus. Nam diuisis CCCLX vnius menstruae reuolutionis gradibus per tempus menstruum prodijt diarius

---

4. ipsi defectus || defectus *NBAW*. — 8. cura || curae *edd.* — 9. circiter *deest in NBAW*. — 10. octogesima || trigesima *Ms NBATh*. — 11. εννεαδεκατερις *Ms*; ἐννεαδεκαέτηρις *AW*; ἐννεαδεκάτερις *NBTh*. — 12. Metonicus *AW*. — 16. ipsis || *sic et K*; ipsi *NBAW*. — 17. nonies || novies *NW*. — 22. $\overline{\text{III}}$DCCLX || DCCLX *MsNB*; 1760 *A*. — Minerua || minerva *N*. — 27. CCCXLV || CCCLXV *B*. — 30. VII dies || XII dies *B*.

Lunae cursus a Sole gradus xii, scrupula prima xi, secunda xxvi, tertia xli, quarta xx, quinta xviii. Haec trecenties sexagesies quinquies colligunt vltra duodecim reuolutiones annuum motum gradus cxxix, scrupula prima xxxvii, secunda xxi, tertia xxviii, quarta xxviiii. Porro menses iiiccLxvii ad $\overline{\mathrm{IIII}}$dlxxiii circuitus anomaliae cum sint in numeris inuicem compositis, utpote quos numerant xvii communi mensura, erunt in minimis numeris vt ccli ad cclxix in qua ratione per theorema quintumdecimum quinti † Euclidis habebimus Lunarem cursum ad anomaliae motum, vt, cum multiplicaverimus motum Lunae per cclxix et confectum diuiserimus per ccli, exibit anomaliae motus annuus quidem post integras reuolutiones *110v* xiii gradus lxxxviii, scrupula prima xliii, secunda viii, tertia xl, || quarta xx, ac perinde diarius gradus xiii, scrupula prima iii, secunda liii, tertia lvi, quarta xxix.

Latitudinis autem reuolutio aliam rationem habet. Non enim conuenit sub praefinito tempore, quo anomalia restituitur, sed tunc solummodo latitudinem Lunae redijsse intelligimus, quando posterior Lunae defectus per omnia similis et aequalis fuerit priorj, vt videlicet ab eadem parte aequales utriusque fuerint obscurationes, magnitudine inquam et duratione, quod accidit, quando aequales fuerint a summa vel infima abside Lunae distantiae. Tunc enim intelligitur aequales vmbras aequali tempore Lunam pertrans- 102a isse. | Talis autem reuersio secundum Hipparchum in mensibus $\overline{\mathrm{V}}$ccccLviii contingit, quibus respondeant latitudinis $\overline{\mathrm{V}}$cmxxiii reuolutiones. Qua etiam ratione constabant particulares latitudinis motus in annis et diebus ut caeteri. Cum enim multiplicauerimus Lunae motum a Sole per menses $\overline{\mathrm{V}}$cmxxiii et collectum diuiserimus per $\overline{\mathrm{V}}$ccccLviii, habebimus latitudinis Lunae motum in annis quidem post reuolutiones xiii gradus cxLviii, scrupula prima xlii, secunda xlvi, tertia xix, quarta iii, in diebus autem gradus xiii, scrupula prima xiii, secunda xlv, tertia xxxix, quarta xl. Hoc modo Lunae motus aequales taxauit Hipparchus, quibus nemo ante ipsum accessit propinquius; attamen non omnibus adhuc numeris absolutos fuisse succedentia secula manifestarunt. Nam Ptolemaeus medium quidem a Sole motum eumdem inuenit, quem Hyparchus, anomaliae vero motum ab illo deficere annuum in scrupulis tertijs xi, quartis xxxix, latitudinis vero annuum abundare in scrupulis tertijs liii, quartis xli. Nos autem pluribus iam transactis temporibus Hypparchj medium quoque motum annuum in-

---

1. gradus xii || gradus vii *B.* — 4. xxi || xxxi *NB.* — 16. quando || quin *AW*; quoniam *B.* — 17. vt videlicet || cum videlicet *NBAW.* — 19. quando || quoniam *B.* — 22. respondeant || respondeat *B.* — 22. 25. $\overline{\mathrm{V}}$cmxxiii || $\overline{\mathrm{V}}$dccccxxiii *Th.* — 26. gradus || grados *Ms.* — cxlviii || *sic et K*; clxviii *NB.* — 27. xix || xx *NBAW*; xlviiii *Th.* — 30. non omnibus || *sic et K*; in omnibus *NBA.* — 31. seccedentia *Ms.* — 32. *lege* Hipparchus. — 33. in scrupulis tertijs xi || in scrup. sec. i tertiis xi *edd.* — 34. liii || lii *NBAW.* — 35. *lege* Hipparchi.

uenimus deficere in scrupulo secundo vno, tertijs duobus, quartis xlix, anomaliae vero tertia solummodo xxiiii, quarta xlix desunt. Latitudinis quoque motui scrupulum secundum i, tertium i, quarta xlii abundant. Itaque motus Lunae aequalis, quo differt a motu terrestri, erit annuus partium ii, ix, xxxvii, xxii, xxxii, xl, anomaliae partium i, xxviii, xliii, ix, v, ix, latitudinis ii, xxviii, xlii, xlv, xvii, xxi.

---

1. tertijs duobus || tertiis vii *NBAW*. — xlix || lvi *NBAW*. — 2. xxiiii || xxvi *NBAW*. — xlix || lv *NBAW*. — 3. tertium i || tertia i *Ms*; tertia ii *NBAW*. — xlii abundant || *sic et K*; xlii abundat *NBAW*; xliiii abundant *Th*; xlii *ex* xlvii, xliiii *Ms*. — 5.—6. part. cxxix, xxxvii, xxii, xxxvi, xxv. Anomaliae partium lxxxviii, xliii, ix, vii, xv, Latitudinis cxlviii, xlii, xlv, xvii, xxi *NBAW*. — partium cxxviiii, xxxvii, xxii, xxxii, xl, anomaliae partium lxxxviii, xliii, viiii, v, viiii, latitudinis cxlviii, xlvii, xlv, xvii, xxi *Th*.

III 102b

MOTVS LVNAE IN ANNIS ET SEXAGENIS ANNORVM

Anni Aegyptii	MOTVS								Anni Aegyptii	MOTVS						
	Sexag.	Part.	Scrup. Ia	Scrup. IIa	Scrup. IIIa	Ms Scrup. IIa	Ms Scrup. IIIa			Sexag.	Part.	Scrup. Ia	Scrup. IIa	Scrup. IIIa	Ms Scrup. IIa	Ms Scrup. IIIa
1	2	9	37	22	36	22	32		31	0	58	18	40	48	38	52
2	4	19	14	45	12	45	5		32	3	7	56	3	25	1	25
3	0	28	52	7	49	7	38		33	5	17	33	26	1	23	58
4	2	38	29	30	25	30	10		34	1	27	10	48	38	46	30
5	4	48	6	53	2	52	43		35	3	36	48	11	14	9	3
6	0	57	44	15	38	15	16	Christi locus 3. 29. 58.	36	5	46	25	33	51	31	36
7	3	7	21	38	14	37	48		37	1	56	2	56	27	54	8
8	5	16	59	0	51	0	21		38	4	5	40	19	3	16	41
9	1	26	36	23	27	22	54		39	0	15	17	41	40	39	14
10	3	36	13	46	4	45	26		40	2	24	55	4	16	1	46
11	5	45	51	8	40	7	59		41	4	34	32	26	53	24	19
12	1	55	28	31	17	30	32		42	0	44	9	49	29	46	52
13	4	5	5	53	53	53	4		43	2	53	47	12	5	9	24
14	0	14	43	16	29	15	37		44	5	3	24	34	42	31	57
15	2	24	20	39	6	38	10		45	1	13	1	57	18	54	30
16	4	33	58	1	42	0	42		46	3	22	39	19	55	17	2
17	0	43	35	24	19	23	15		47	5	32	16	42	31	39	35
18	2	53	12	46	55	45	48		48	1	41	54	5	8	2	8
19	5	2	50	9	31	8	20		49	3	51	31	27	44	24	40
20	1	12	27	32	8	30	53		50	0	1	8	50	20	47	13
21	3	22	4	54	44	53	26		51	2	10	46	12	57	9	46
22	5	31	42	17	21	15	58		52	4	20	23	35	33	32	18
23	1	41	19	39	57	38	31		53	0	30	0	58	10	54	51
24	3	50	57	2	34	1	4		54	2	39	38	20	46	17	24
25	0	0	34	25	10	23	36		55	4	49	15	43	22	39	56
26	2	10	11	47	46	46	9		56	0	58	53	5	59	2	29
27	4	19	49	10	23	8	42		57	3	8	30	28	35	25	2
28	0	29	26	32	59	31	14		58	5	18	7	51	12	47	34
29	2	39	3	55	36	53	47		59	1	27	45	13	48	0	7
30	4	48	41	18	12	16	20		60	3	37	22	36	25	32	40

1—4. Aegyptii *deest in Ms NBAW.* Sexag. Part. Scrup. 1a—11a *etc. non exstant in Ms NB; sic et in seqq. tabellis.*

In Ms. duo ultimi ordines columnarum penitus aliis numeris scripti sunt; quia autem a Copernico ultimo loco etiam numeri editionum (36 | 25) *adscripti sunt, hos numeros textui inserimus. Sed ut varietas clarius appareret, numeros manuscripti minoribus cifris duabus novis columellis addidimus.*

8. 52 | 43 || 53 | 43 *Th.* — 15. 30 | 32 || 31 | 32 *Th.*

24. 10 | 46 || 10 | 68 *B.* — 26. 58 | 10 || 58 | 18 *B.* — 31. 7 | 51 || 17 | 51 *NB.*—33. *Ad annos* 60 *Copernicus rectos numeros:* 60 | 3 | 37 | 22 | 36 | 25 *ipse subnotavit.*

Verba Christi locus 3. 29. 58 *in NBW sunt omissa.* — *A habet in calce*: Radix Christi Sex. 3, grad. 29, min. 58 (Cap. 7). — *A in margine dextro*: Hic est motus a Sole.

IIIv 103a

MOTVS LVNAE IN DIEBVS ET SEXAGENIS DIERVM ET SCRVPVLIS											
Dies	MOTVS					Dies	MOTVS				
	Sexag.	Part.	Scrup. Ia	Scrup. IIa	Scrup. IIIa		Sexag.	Part.	Scrup. Ia	Scrup. IIa	Scrup. IIIa
1	0	12	11	26	41	31	6	17	54	47	26
2	0	24	22	53	23	32	6	30	6	14	8
3	0	36	34	20	4	33	6	42	17	40	49
4	0	48	45	46	46	34	6	54	29	7	31
5	1	0	57	13	27	35	7	6	40	34	12
6	1	13	8	40	9	36	7	18	52	0	54
7	1	25	20	6	50	37	7	31	3	27	35
8	1	37	31	33	32	38	7	43	14	54	17
9	1	49	43	0	13	39	7	55	26	20	58
10	2	1	54	26	55	40	8	7	37	47	40
11	2	14	5	53	36	41	8	19	49	14	21
12	2	26	17	20	18	42	8	32	0	41	3
13	2	38	28	47	0	43	8	44	12	7	44
14	2	50	40	13	41	44	8	56	23	34	26
15	3	2	51	40	22	45	9	8	35	1	7
16	3	15	3	7	4	46	9	20	46	27	49
17	3	27	14	33	45	47	9	32	57	54	30
18	3	39	26	0	27	48	9	45	9	21	12
19	3	51	37	27	8	49	9	57	20	47	53
20	4	3	48	53	50	50	10	9	32	14	35
21	4	16	0	20	31	51	10	21	43	41	16
22	4	28	11	47	13	52	10	33	55	7	58
23	4	40	23	13	54	53	10	46	6	34	40
24	4	52	34	40	36	54	10	58	18	1	21
25	5	4	46	7	17	55	11	10	29	28	2
26	5	16	57	33	59	56	11	22	40	54	43
27	5	29	9	0	40	57	11	34	52	21	25
28	5	41	20	27	22	58	11	47	3	48	7
29	5	53	31	54	3	59	11	59	15	14	48
30	6	5	43	20	45	60	12	11	26	41	31

1. scrupulis || scrupulis dierum *W*

112 103b

MOTVS ANOMALIAE LVNARIS IN ANNIS ET SEXAGENIS ANNORVM

Anni Aegyptii	MOTVS Sexag.	Part.	Scrup. Ia	Scrup. IIa	Scrup. IIIa	Ms Scrup. IIa	Ms Scrup. IIIa	Anni Aegyptii	MOTVS Sexag.	Part.	Scrup. Ia	Scrup. IIa	Scrup. IIIa	Ms Scrup. IIa	Ms Scrup. IIIa
1	1	28	43	9	7	9	5	31	3	50	17	42	44	41	39
2	2	57	26	18	14	18	10	32	5	19	0	51	52	50	44
3	4	26	9	27	21	27	15	33	0	47	43	0	59	59	49
4	5	54	52	36	29	36	20	34	2	16	27	10	6	8	55
5	1	23	35	45	36	45	25	35	3	45	10	19	13	18	0
6	2	52	18	54	43	54	30	36	5	13	53	28	21	27	5
7	4	21	2	3	59	3	36	37	0	42	36	37	28	36	10
8	5	49	45	12	58	12	41	38	2	11	19	46	35	45	15
9	1	18	28	22	5	21	46	39	3	40	2	55	42	54	20
10	2	47	11	31	12	30	51	40	5	8	46	4	50	3	26
11	4	15	54	40	19	39	56	41	0	37	29	13	57	12	31
12	5	44	37	49	27	49	1	42	2	6	12	23	4	21	36
13	1	13	20	58	34	58	6	43	3	34	55	32	11	30	41
14	2	42	4	7	41	7	12	44	5	3	38	41	19	39	46
15	4	10	47	16	48	16	17	45	0	32	21	50	26	48	51
16	5	39	30	25	56	25	22	46	2	1	4	59	33	57	56
17	1	8	13	35	3	34	27	47	3	29	48	8	40	7	2
18	2	36	56	44	10	43	32	48	4	58	31	17	48	16	7
19	4	5	39	53	17	52	37	49	0	27	14	26	55	25	12
20	5	34	23	2	25	1	43	50	1	55	57	36	2	34	17
21	1	3	6	11	32	10	48	51	3	24	40	45	9	43	22
22	2	31	49	20	39	19	53	52	4	53	23	54	17	52	27
23	4	0	32	29	46	28	58	53	0	22	7	3	24	1	32
24	5	29	15	38	54	38	3	54	1	50	50	12	31	10	38
25	0	57	58	48	1	47	8	55	3	19	33	21	38	19	43
26	2	26	41	57	8	56	13	56	4	48	16	30	46	28	48
27	3	55	25	6	15	5	19	57	0	16	59	39	53	37	53
28	5	24	8	15	23	14	24	58	1	45	42	49	0	46	58
29	0	52	51	24	30	23	29	59	3	14	25	58	7	56	3
30	2	21	34	33	37	32	34	60	4	43	9	7	15	5	9

Hic quoque ex Ms ultimos ordines duarum columnarum excerpsimus, qui ibi partim sunt deleti et cum numeris editionum mutati.

7. 36 | 29 || 36 | 28 *Ms.* — 10. 3 | 59 || 3 | 50 *NAW*; 3 | 58 *B.* — 11. 12 | 58 || 12 | 12 *B.* — 12. 28 | 22 | 5 || 28 | 21 | 5 *Ms.* — 13. 11 | 31 | 12 || 11 | 30 | 12 *Ms.* — 14. 54 | 40 | 19 || 54 | 39 | 19 *Ms.*

6. 47 | 43 || 47 | 44 *NBAW.* — 33. 60. *Ad annos* 60 *Copernicus rectos numeros*: 4 | 43 | 9 | 7 | 15 *ipse subnotavit.*

Ms in calce: 3, 27, VII. *A in calce addit*: Radix Christi sex. 3, grad. 27, min. 7.

MOTVS ANOMALIAE LVNARIS IN DIEBVS SEXAGENIS ET SCRVPVLIS *112v.* 104a

Dies	MOTVS					Dies	MOTVS				
	Sexag.	Part.	Scrup. Ia	Scrup. IIa	Scrup. IIIa		Sexag.	Part.	Scrup. Ia	Scrup. IIa	Scrup. IIIa
1	0	13	3	53	56	31	6	45	0	52	11
2	0	26	7	47	53	32	6	58	4	46	8
3	0	39	11	41	49	33	7	11	8	40	4
4	0	52	15	35	46	34	7	24	12	34	1
5	1	5	19	29	42	35	7	37	16	27	57
6	1	18	23	23	39	36	7	50	20	21	54
7	1	31	27	17	35	37	8	3	24	15	50
8	1	44	31	11	32	38	8	16	28	9	47
9	1	57	35	5	28	39	8	29	32	3	43
10	2	10	38	59	25	40	8	42	35	57	40
11	2	23	42	53	21	41	8	55	39	51	36
12	2	36	46	47	18	42	9	8	43	45	33
13	2	49	50	41	14	43	9	21	47	39	29
14	3	2	54	35	11	44	9	34	51	33	26
15	3	15	58	29	7	45	9	47	55	27	22
16	3	29	2	23	4	46	10	0	59	21	19
17	3	42	6	17	0	47	10	14	3	15	15
18	3	55	10	10	57	48	10	27	7	9	12
19	4	8	14	4	53	49	10	40	11	3	8
20	4	21	17	58	50	50	10	53	14	57	5
21	4	34	21	52	46	51	11	6	18	51	1
22	4	47	25	46	43	52	11	19	22	44	58
23	5	0	29	40	39	53	11	32	26	38	54
24	5	13	33	34	36	54	11	45	30	32	51
25	5	26	37	28	32	55	11	58	34	26	47
26	5	39	41	22	29	56	12	11	38	20	44
27	5	52	45	16	25	57	12	24	42	14	40
28	6	5	49	10	22	58	12	37	46	8	37
29	6	18	53	4	18	59	12	50	50	2	33
30	6	31	56	58	15	60	13	3	53	56	30

1. scrupulis || scrupulis dierum *W.*

17. 3 | 2 | 54: *in Ms erat* 3 | 52 | 54, *postea cifra* 5 *in* 52 *est erasa.* — 26. 5 | 0 || 8 | 0 *W.* — 28. 26 | 37 || 26 | 35 *NB.*

33. 3 | 53 || 53 | 3 *NBW.*

113
104b

MOTVS LATITVDINIS LVNAE IN ANNIS ET SEXAGENIS ANNORVM

Anni Aegyptii	MOTVS							Anni Aegyptii	MOTVS						
	Sexag.	Part.	Scrup. Ia	Scrup. IIa	Scrup. IIIa	Mspm Scrup. IIa	Mspm Scrup. IIIa		Sexag.	Part.	Scrup. Ia	Scrup. IIa	Scrup. IIIa	Mspm Scrup. IIa	Mspm Scrup. IIIa
1	2	28	42	45	17	44	31	31	4	50	5	23	57	0	4
2	4	57	25	30	34	29	2	32	1	18	48	9	14	44	35
3	1	26	8	15	52	13	33	33	3	47	30	54	32	29	6
4	3	54	51	1	9	58	4	34	0	16	13	39	48	13	37
5	0	23	33	46	26	42	35	35	2	44	56	25	6	58	8
6	2	52	16	31	44	27	6	36	5	13	39	10	24	42	39
7	5	20	59	17	1	11	37	37	1	42	21	55	41	27	10
8	1	49	42	2	18	56	8	38	4	11	4	40	58	11	41
9	4	18	24	47	36	40	39	39	0	39	47	26	16	56	12
10	0	47	7	32	53	25	11	40	3	8	30	11	33	40	44
11	3	15	50	18	10	9	42	41	5	37	12	56	50	25	15
12	5	44	33	3	28	51	13	42	2	5	55	42	8	9	46
13	2	13	15	48	45	38	44	43	4	34	38	27	25	54	17
14	4	41	58	34	2	23	15	44	1	3	21	12	42	38	48
15	1	10	41	19	20	7	46	45	3	32	3	58	0	23	19
16	3	39	24	4	37	52	17	46	0	0	46	43	17	7	50
17	0	8	6	49	54	36	48	47	2	29	29	28	34	57	21
18	2	36	49	35	12	21	19	48	4	58	12	13	52	36	52
19	5	5	32	20	29	5	50	49	1	26	54	59	8	21	23
20	1	34	15	5	46	50	22	50	3	55	37	44	26	5	55
21	4	2	57	51	4	34	53	51	0	24	20	29	44	50	26
22	0	31	40	36	21	19	24	52	2	53	3	15	1	34	57
23	3	0	23	21	38	3	55	53	5	21	46	0	18	19	28
24	5	29	6	6	56	48	26	54	1	50	28	45	36	3	59
25	1	57	48	52	13	32	57	55	4	19	11	30	53	18	30
26	4	26	31	37	30	17	28	56	0	47	54	16	10	33	1
27	0	55	14	22	48	1	59	57	3	16	37	1	28	17	32
28	3	23	57	8	5	46	30	58	5	45	19	46	45	2	3
29	5	52	39	53	22	31	1	59	2	14	2	32	2	46	34
30	2	21	12	38	40	15	33	60	4	42	45	17	21	31	6

Et in hac tabula adiecimus in utraque columna duos ordines, quibus Mspm numeri continentur.

7. 51 || 50 *Mspm.* — 8. 23 | 33 || 23 | 53 *W.* — 11. 42 || 41 *Mspm.* — 15. 33 || 32 *Mspm.* — 18. 10 | 41 || 10 | 51 *NB.* — 19. 24 || 23 *Mspm.* — 20. 6 | 49 || 6 | 47 *NB.* — 23. 15 || 14 *Mspm.* — 31. 57 || 56 *Mspm.* — 33. 21 | 12 || 21 | 22 *Mspm NBAW.*

Ad scrup. Ia: 5. 48 || 47 *Mspm.* — 8. 56 || 55 *Mspm.* — 9. 39 || 38 *Mspm.* — 12. 47 || 46 *Mspm.* — 13. 30 || 29 *Mspm.* — 16. 38 || 37 *Mspm.* — 17. 21 || 20 *Mspm.* — 20. 29 || 28 *Mspm.* — 21. 12 || 11 *Mspm.* — 24. 24 | 20 || 24 | 19 *Mspm*; 24 | 28 *NB*; 24 | 29 *Th.* — 25. 3 || 2 *Mspm.* — 29. 54 || 53 *Mspm.* — 30. 37 || 36 *Mspm.* — 32. 14 | 2 || 14 | 1 *Mspm.* — 33. 45 || 44 *Mspm.*

MOTVS LATITVDINIS LVNAE IN DIEBVS, SEXAGENIS ET SCRVPVLIS DIERVM *113v* 105a

Dies	MOTVS						Dies	MOTVS				
	Sexag.	Part.	Scrup. Ia	Scrup. IIa	Scrup. IIIa			Sexag.	Part.	Scrup. Ia	Scrup. IIa	Scrup. IIIa
1	0	13	13	45	39	Christi	31	6	50	6	35	20
2	0	26	27	31	18	CXX. 9. 45	32	7	3	20	20	59
3	0	39	41	16	58		33	7	16	34	6	39
4	0	52	55	2	37		34	7	29	47	52	18
5	1	6	8	48	16		35	7	43	1	37	58
6	1	19	22	33	56		36	7	56	15	23	37
7	1	32	36	19	35		37	8	9	29	9	16
8	1	45	50	5	14		38	8	22	42	54	56
9	1	59	3	50	54		39	8	35	56	40	35
10	2	12	17	36	33		40	8	49	10	26	14
11	2	25	31	22	13		41	9	2	24	11	54
12	2	38	45	7	52		42	9	15	37	57	33
13	2	51	58	53	31		43	9	28	51	43	13
14	3	5	12	39	11		44	9	42	5	28	52
15	3	18	26	24	50		45	9	55	19	14	31
16	3	31	40	10	29		46	10	8	33	0	11
17	3	44	53	56	9		47	10	21	46	45	50
18	3	58	7	41	48		48	10	35	0	31	29
19	4	11	21	27	28		49	10	48	14	17	9
20	4	24	35	13	7		50	11	1	28	2	48
21	4	37	48	58	46		51	11	14	41	48	28
22	4	51	2	44	26		52	11	27	55	34	7
23	5	4	16	30	5		53	11	41	9	19	46
24	5	17	30	15	44		54	11	54	23	5	26
25	5	30	44	1	24		55	12	7	36	51	5
26	5	43	57	47	3		56	12	20	50	36	44
27	5	57	11	32	43		57	12	34	4	22	24
28	6	10	25	18	22		58	12	47	18	8	3
29	6	23	39	4	1		59	13	0	31	53	43
30	6	36	52	49	41		60	13	13	45	39	22

1. diebus || diebus et *AW*.

11. *In Ms leguntur verba*: Christi cxx, 9, 45; *in NBW deest haec nota. Th in Addend. jubet eam transponi in antecedentem tabellam et quidem his numeris* 2, 9, 45. *A in calce*: Radix Christi a boreo limite Sex. 2, grad. 9, min. 45; a nodo Sex. 3, grad. 39, min. 45 (Cap. 14). *A in margine dextro*: Hic motus Eclipsium gratia inventus est.

27. 17 | 30 || 10 | 30 *W*.

33. 36 | 52 || 36 | 25 *Th*.

114
105b

Cap. v

Primae inaeqvalitatis lvnae, qvae in noua plenaqve contingit, demonstratio

Motus Lunae aequales, prout usque in praesens potuerunt nobis innotescere, exposuimus. Nunc inaequalitatis ratio est aggredienda, quam per modum epicycli demonstrabimus, et primum eam, quae in coniunctionibus et oppositionibus Solis contingit, circa quam prisci mathematicj ingenio mirabili vsi sunt per triadas deliquiorum Lunarium. Quam etiam viam ab illis sic nobis praeparatam sequemur capiemusque tres ecclypses a Ptolemaeo diligenter obseruatas, quibus alias quoque tres non minori diligentia notatas comparabimus, vt motus aequales iam expositj, si recte se habeant, examinentur. Vtemur autem in eorum explicatione medijs motibus Solis et Lunae ab aequinoctii verni loco tamquam aequalibus imitatione priscorum, quoniam diuersitas, quae propter inaequalem aequinoctiorum praecessionem contingit, in tam breui tempore, quamuis etiam decem annorum, non percipitur.

Primam igitur ecclypsim assumit Ptolemeus factam anno xvii. Adriani † principis, vigesimo die transacto mensis Pauni secundum Aegyptios, annorum vero Christi erat centesimus trigesimus tertius, sexta die mensis Maij, siue pridie Nonas. Defecitque tota, cuius medium tempus erat per dodrantem horae aequalis ante mediam noctem Alexandriae, sed Fruenburgi siue Cracouiae fuisset hora vna cum dodrante ante medium noctis, quam sequebatur dies septimus, Sole xiii partes et quadrantem partis Tauri tenente, sed secundum medium motum xii, xxi Tauri. Alteram fuisse ait anno xix. Adriani, peractis duobus diebus mensis Chiach, quarti Aegyptiorum. Erat autem anno Christi cxxxiiii., xiii. Calendas Nouembris, et defecit a septemtrione per dextantem diametri sui, cuius medium erat vna hora aequinoctiali Alexandriae, Cracouiae autem duabus horis ante medium noctis, Sole existente in xxv. gradu et sextante signi Librae, sed medio motu in xxvi, xliii eiusdem. Tertia quoque ecclypsis erat anno xx. Adriani, transactis xix diebus Pharmuthi, mensis octavi Aegyptijs, annorum Christi
106a | cxxxv., vi. Martij transacto, deficiente rursus a septemtrione Luna ex semisse diametri, cuius medium erat Alexandriae quatuor horis aequinoctialibus, sed Cracouiae tribus horis post mediam noctem, cuius mane erat in Nonis Martij. Erat quoque tunc Sol in xiiii. gradu et xii. parte Piscium, medio motu in xi., xliiii. Piscium. Patet autem, quod in medio

---

8. vsi || vsu *Ms.* — 12. autem in || autem *W.* — 21. Fruenburgi || Frueburgi *Th*; Frauenburgi *W.* — 23. xiii partes || xii partes *Th*; quadrantem partis || quadrantis partis *Ms.* — 31. Aegyptijs || Aegyptiorum *NBAW.* — 32. *A addit in margine*: scribe 136, Martii 5. — 35. xii. parte: *A adnotat in margine*: lego 5.

spacio temporis, quod erat inter primam et secundam ecclypsim, || Luna *114v* tantum pertransiuit, quantum Sol in motu apparente (abiectis inquam integris circulis), CLXI partes et LV scrupula, et a secunda ad tertiam partes CXXXVII, scrupula LV. Erat autem in priori interuallo annus vnus, dies CLXVI, horae aequales XXIII cum dodrante vnius secundum apparentiam, sed examinatim horae XXIII cum quinque octauis; in secunda vero distantia annus vnus, dies CXXXVII, horae quinque simpliciter, exacte vero horae V S. Et erat Solis et Lunae motus aequalis coniunctim in primo interuallo reiectis circulis gradus CLXIX, scrupula XXXVII et anomaliae gradus CX, scrupula XXI; in secundo interuallo Solis et Lunae motus similiter aequalis partes CXXXVII, scrupula XXXIIII, anomaliae vero partes LXXXI, scrupula XXXVI. Patet igitur, quod in prima distantia partes CX, scrupula XXI epicycli subtrahunt medio motu Lunae partes VII, scrupula XLII; in secunda partes LXXXI, scrupula XXXVI addunt partem vnam, scrupula XXI.

His sic propositis describatur Lunaris epicyclus ABC, in quo prima ecclypsis fuerit in A, altera in B ac reliqua in C, quo etiam ordine superius in praecedentia Lunae transitus intelligatur. Et sit AB circumferentia partium CX, scrupulorum XXI ablatiua (ut diximus) partium VII, scrupulorum XLII; BC vero partium LXXXI, scrupulorum XXXVI, quae addat partem vnam, scrupula XXI; erit reliqua circuli CA partium CLXVIII, scrupulorum III adiectiua, quae restant, partes VI, scrupula XXI. Quoniam vero summa absis epicycli in BC et CA circumferentijs non est, cum adiectiuae sint et semicirculo minores, necessarium est illam in AB reperirj. Accipiamus igitur D centrum terrae, circa quod epicyclus aequaliter feratur, vnde agantur lineae ad signa ecclypsium DA, DB, DC, et connectantur BC, BE, CE. Cum igitur AB circumferentia partes VII, XLII Signiferi subtendit, erit angulus ADB partium VII, XLII, qualium CLXXX sunt duo rectj; sed qualium CCCLX duo recti fuerint, erit angulus ipse partium XV, scrupulorum XXIIII, | et angulus AEB ad circumferentiam est similium partium CX, XXI exterior 106b existens trianguli BDE. || Datur ergo EBD angulus partium XCIIII, scrupu- *115* lorum LVII. Atqui trianguli datorum angulorum dantur latera, estque DE partium 147396, BE partium 26798, quarum dimetiens circuli triangulum circumscribentis fuerit ducentorum milium. Rursus, quoniam AEC circumferentia comprehendit in signifero partes VI, scrupula XXI, erit angulus, qui sub EDC, partium VI, scrupulorum XXI, qualium CLXXX sunt duo rectj; qualium vero CCCLX duo sunt recti, erit ipse partium XII, scrupulorum XLII, qualium etiam qui sub AEC angulus est CXCI, LVII; et ipse exterior existens

7. CXXXVII || CXXXVIII *W*; CXXXIVII (sic!) *Th*; *A in margine*: lego 138. — *Th. in Add. ad hunc versum notam habet obscuram* CCCXVIII *pro* CXXXVIII *ponens.* — 11. XXXIIII || *sic et K*; XXXIII *NBAW*. — 11.—12. *Verba* anomaliae vero partes LXXXI, scrupula XXXVI *in NBAW desunt.* — 13. motu || motui *Th.* — 23. illam || illa *B.* — 26. *Post* Signiferi *Ms habet deletum* circumferentiam. — 29. partium CX, XXI || partium CXXXI *B.* — 35. CLXXX || CCXXX *B.*

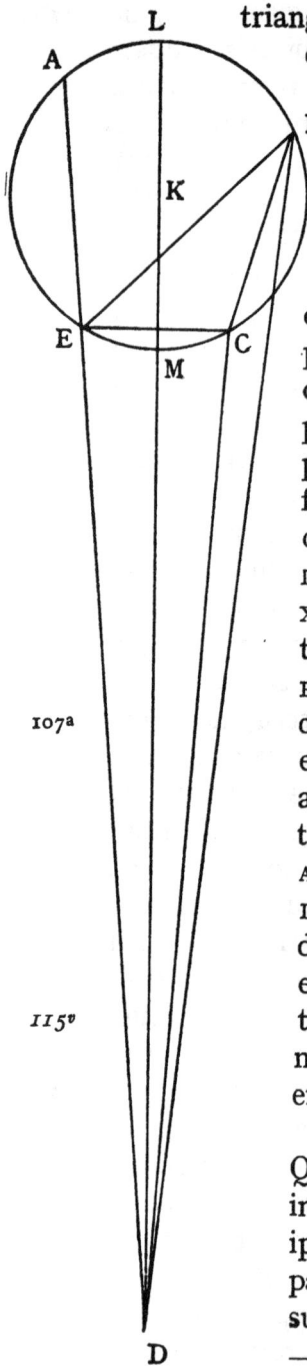

trianguli CDE ex ipso D angulo tertium ECD relinquit partium earumdem CLXXIX, scrupulorum XV; dantur ergo latera DE partium 199996, CE partium 22120, qualium sunt 200000 dimetiens circuli circumscribentis. Sed qualium erat DE partium 147396, talium est CE 16302, qualium etiam BE 26798. Cum ergo rursus in triangulo BEC duo latera BE, EC data sint, et angulus E partium LXXXI, XXXVI, uti circumferentia BC, habebimus etiam tertium BC latus ex demonstratis triangulorum planorum earumdem illarum partium 17960. Sed cum fuerit dimetiens epicycli partium ducentorum milium, ipsa BC subtendens LXXXI, XXXVI erit partium 130684, atque caeterae ad datam rationem talium partium ED 1072684 et CE 118637, et ipsius CE circumferentia partes LXXII, scrupula prima XLVI, secunda X. Sed CEA circumferentia ex praestructione partium erat CLXVIII, III; reliqua ergo EA partium est XCV, scrupulorum primorum XVI, secundorum L, et eius subtensa partium 147786. Hinc tota AED linea earumdem partium 1220460. Quoniam vero EA segmentum minus est semicirculo, non erit in ipso
107a centrum epicycli, sed in reliquo ABCE. Sit ergo | ipsum K, et agatur per utrasque absidas DMKL, sitque L suprema absis, infima M. Manifestum est autem per trigesimum theorema tertij Euclidis, quod rectangulum contentum sub † ADE aequale est ei, quod sub LDM continetur. Cum autem LM dimetiens circuli diuidue secetur in K, cui addatur in directum DM, erit quod sub LDM rectangulum cum eo quod ex KM quadrato aequale ei, quod ex DK. Datur ergo longi-
115v tudine DK || partium 1148556, qualium est LK centenum milium; et propterea, qualium DK fuerit centenum milium, erit LK partium 8706, quae ex centro est epicycli.

His ita peractis agatur KNO perpendicularis ipsi AD. Quoniam igitur KD, DE, EA rationem habent ad inuicem datam in partibus, quibus LK est centenum milium, et NE, dimidia ipsius AE, partium est earumdem 73893: tota ergo DEN partium est 1146577. At in triangulo DKN duo latera DK, ND sunt data, et angulus N rectus. Erit propterea NKD angulus

---

3. 199996 || 299996 *B.* — 22120 || 22320 *B.* — 6.—7. BE, EC || *sic et K*; BC, CD *Ms NBA.* — 8. BC latus || *sic et K*; EC latus *NBAW.* — 10. 17960 || 17860 *W.* — 15.—16. CLXVIII, III || CLXVIII *B.* — 18. AED linea *bis legitur in Ms.* — 1220460 || 1220470 *AW*; *Th in Addend.* 1220470. — 20. sed in || sed *B.* — 23.—24. sub ADE *lege* sub AD. DE; sub AD, DE *WTh.* — 24. 26. LDM *lege* LD. DM. — LD, DM *WTh.* — 24. *Post* quod *B inserit* sub eo quod. — 28. est LK || est K *B.* — 29. qualium DK || qualium DLK *B*; qualium DKL *Th.*

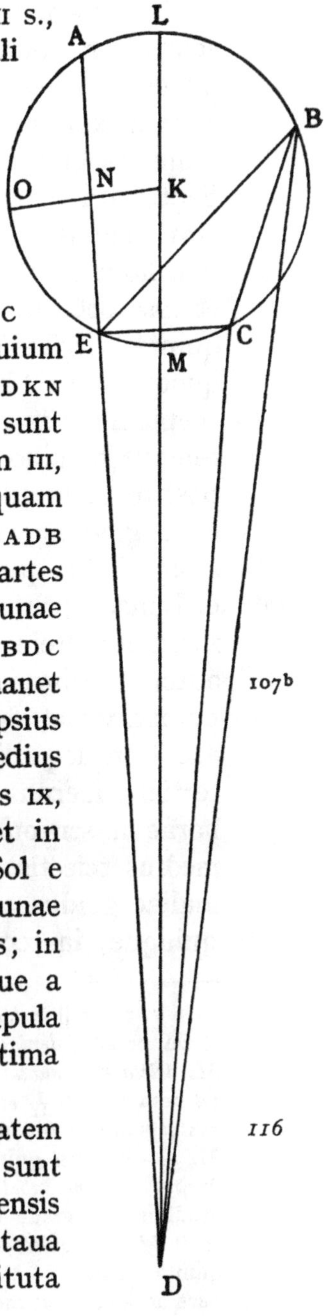

in centro partium LXXXVI, scrupulorum primorum XXXVIII S., totidemque MEO circumferentia, et LAO reliqua semicirculi partium XCIII, scrupulorum XXI S., a qua sublata OA, dimidia ipsius AOE, partium XLVII, scrupulorum XXXVIII S., manet residua LA partium VL, scrupulorum XLIII, quae est distantia Lunae a summa abside epicycli in primo deliquio siue anomalia. Sed tota AB partium erat CX, scrupulorum XXI; reliqua igitur LB anomalia in altero deliquio partium est LXIIII, scrupulorum XXXVIII, et tota LBC partium CIIIIL, scrupulorum XIIII, ad quam tertium deliquium incidebat. Iam quoque perspicuum erit, quod, cum angulus DKN sit partium LXXXVI, scrupulorum XXXVIII, quarum CCCLX sunt quatuor recti, relinquitur angulus, qui sub KDN, partium III, scrupulorum XXII a recto, quae est prosthaphaeresis, quam addit anomalia in prima ecclypsi. Totus autem angulus ADB erat partium VII, scrupulorum XLII; reliquus ergo LDB partes habet IIII, scrupula XX, quae minuuntur ab aequali motu Lunae in secunda ecclypsi ad LB circumferentiam. Et quoniam BDC angulus erat | partis I, XXI, et reliquus ergo CDM remanet 107b
partium II, scrupulorum IL, ablatiua prosthaphaeresis ipsius LBC circumferentiae in tertia ecclypsi. Erat ergo medius Lunae locus, hoc est K centri, in prima ecclypsi partibus IX, scrupulis LIII Scorpij, eo quod apparens eius locus esset in partibus XIII, scrupulis XV Scorpij, tot inquam, quot Sol e diametro in Tauro possidebat; ac eodem modo medius Lunae motus in secunda ecclypsi habebat partes XXIX S. Arietis; in tertia partes XVII, scrupula IIII Virginis; Lunares quoque a Sole aequales distantiae in prima partes CLXXVII, scrupula XXXIII, in altera partes CLXXXII, scrupula IIIL, in vltima partes CLXXXV, scrupula XX. Hoc modo Ptolemaeus.

Quo exemplo secuti pergamus iam || ad aliam trinitatem 116
Lunarium deliquiorum, quae etiam a nobis diligentissime sunt obseruata. Primum erat anno Christi MDXI., sex diebus mensis Octobris transactis, coepitque Luna deficere vna hora et octaua parte horae ante medium noctis ex horis aequalibus, et restituta

---

2. totidemque MEO || totidemque in MEO *Th.* — 4. XLVII || CVII *B.* — 5. VL || XLV *Th.* — 6. Lunae a || Lunae e *BTh.* — 9. LXIIII || CXIIII *B.* — 10. CIIIIL || CXLVI *edd.* — 12. XXXVIII || XXXVIII S. *Th.* — CCCLX || CCCCLX *B.* — 14. XXII || XXI S. *Th.* — 16. VII || LII *B.* — 17. XX || XX S. *Th* — 18.—19. BDC angulus || BCD angulus *W.* — 20. IL || XLVIIII *NBAW*; XLVIIII S. *Th.* — 26. secunda || secundo *Ms B.* — 29. IIIL || XLVII *edd.* — 34. octaua || *in textu Ms* octaua *delevit et in margine hoc ordine mutavit* octaua, tertia; *quibus deletis* octaua *restituit Ms.*

est in integrum duabus horis et tertia post medium noctis, sicque medium eclipsis erat hora s. cum duodecima parte horae post medium noctis, cuius mane erat dies septimus in Nonis Octobris, defecitque Luna tota, dum Sol esset in XXII gradibus, XXV scrupulis Librae, sed secundum aequalitatem in XXIIII, 13 Librae. Secundam eclipsim notauimus anno Christi MDXXII. mense Septembri, elapsis quinque diebus, totam quoque deficientem, cuius initium erat duabus quintis horae aequalis ante medium noctis, sed eius medium vna hora cum triente post mediam noctem, quam sequebatur dies sextus, et ipse octauus ante Idus Septembris; erat autem Sol in XXII gradibus et quinta Virginis, sed aequaliter in XXIII, scrupulis LIX Virginis. Tertiam quoque anno Christi MDXXIII., XXV diebus Augusti mensis praeteritis, quae coepit horis III minus quinta parte horae post mediam noctem, et medium tempus omnino etiam deficientis erant IIII horae medietas minus $\frac{1}{12}$ horae post mediam noctem imminente iam die septimo Calendas Septembris, Sole in XI gradibus, XXI scrupulis Virginis, medio motu in XIII, scrupulis II Virginis. Et hic quoque manifestum est, quod distantia verorum locorum Solis 108a et Lunae a prima eclipsi ad secundam fuerit partium CCCXXIX, scrupulorum XLVII, ab altera vero ad tertiam partium CCCXLIX, scrupulorum IX. Tempus autem a prima eclipsi ad secundam est annorum aequalium decem, dierum CCCXXXVII et dodrantis vnius horae secundum apparens tempus, sed ad exactam aequalitatem erat hora vna minus quinta parte; a secunda ad tertiam fuerunt dies CCCLIIII, horae III, scrupula V, sed tempore aequali horae III, scrupula IX. In primo interuallo motus Solis et Lunae coniunctim medius reiectis circulis colligit partes CCCXXXIIII, scrupula XLVII, et anomaliae gradus CCL, scrupula XXXVI auferentis ab aequali motu partes fere *116v* quinque; in secundo interuallo || motus Solis et Lunae medius partium

---

1. tertia || *in textu initio scriptum erat* tertia; *deleto hoc nomine in margine delebantur* octaua, tertia, octaua; *denique* tertia *receptum est. Ms.* — 2. hora s. cum duodecima parte horae || *in textu Ms deleta haec habet*: una hora et duode; hora dimidia et tertia. *pro his verbis in margine scriptum est* hora s. cum $\frac{1}{12}$ *et in textu verba* cum duodecima parte horae *leguntur, quamquam in margine exstat numerus fractus* $\frac{1}{12}$. — 4. XXV scrup. *ex* XXXII scrup. *Ms.* — 5. 13 Librae *ex* XVII Librae *Ms.* — 7. *Post* quintis *Mspm in margine addidit et delevit*: et vigesima parte. — 8. triente *Mspm deletum habet; substituit* quadrante et trigesima; *denique* triente *restituit.* — 9. XXII gradibus || 22 gradu *W.* — 10. quinta || *Mspm* quadrante. — LIX || XLIX *NBAW.* — 12. coepit || cepit *Ms.* — quinta || *Mspm hoc ordine emendavit:* quinta; octaua; quarta et vigesima, *denique* quinta *restituit.* — 13. horae || horae et *Th.* — medietas minus $\frac{1}{12}$ horae || medietas et duodecima pars horae *Mspm*; medietas minus duodecima parte horae *edd.* — 15. XXI scrup. *ex* XXVII scrup. *Ms.* — XIII, scrupulis II || XIII gradibus, II scrupulis *NBATh*; 13 gradu *W*; scrup. II *ex* scrup. VII *Ms.* — 18. scrup. IX *ex* XV *Ms.* — 20. dodrantis: *in margine Ms erat substitutum* octauae; *deinde* dodrantis *est restitutum.* — 21. quinta || decimaquinta *NBAW*; decima, *deinde* sexta *Mspm.* — 22. scrupula V || cum uncia *NBAW*; *Mspm habebat*: cum quadrante, quod tum etiam aequalitati temporis ad amussim congruebat. — *Voces* sed tempore aequali *in Ms per errorem deletae sunt.* — 23. horae III, scrupula IX *emendata ex* horae III, scrupula XVIII. — 24. CCCXXXIIII *ex* CCCXXIX *Ms.* — scrupula XLVII || scrupula XLVI *B.* — 25. scrupula XXXVI: *in margine cifra* 36 *iterum scripta est.* — auferentis || et auferentis *B.*

CCCXLVI, scrupulorum X, anomaliae partium CCCVI, scrupulorum XLIII adijcientis medio motui partes II, scrupula LIX. Sit iam epicyclus ABC, et sit A locus Lunae in medio primi deliquij, B in secundo, C in tertio, et motus epicycli intelligatur ex C in B, et B in A, hoc est superne in praecedentia, inferne ad consequentia, et ACB circumferentia partium CCL, scrupulorum XXXVI, quae auferat medio motui Lunae (ut diximus) partes quinque in prima temporis distantia. Circumferentia vero BAC sit partium CCCVI, scrupulorum XLIII, adijciens medio motui Lunae partes II, scrupula LIX, et reliqua igitur AC partium CXCVII, scrupulorum XIX reliquas auferet partes II, scrupulum I. Quoniam vero ipsa AC maior est semicirculo et est ablatiua, necesse est in ipsa summam absida comprehendi, neque enim in BA vel CBA potest esse, quae adiectiuae sunt et vtraque semicirculo minor, sed circa apogaeum minor ponitur motus. Capiatur ergo ex aduerso D centrum terrae, et connectantur AD, DB, DEC, AB, AE, EB. Quoniam igitur trianguli DBE angulus exterior CEB datur partium LIII, scrupulorum XVII iuxta CB circumferentiam, quae reliqua est circuli ex BAC, et angulus BDE ad centrum quidem partium II, scrupulorum LIX, sed ad circumferentiam partium V, scrupulorum LVIII, et reliquus ergo EBD partium XLVII, scrupulorum XVIII Quapropter erit latus BE partium 1042 et latus DE partium earumdem 8024, quarum quae | ex centro circumscribentis triangulum fuerit 10000. Pari 108b
modo AEC angulus partium est CXCVII, scrupulorum XIX in circumferentia AC constitutus, et qui sub ADC partium est II, scrupuli I ut ad centrum, sed ut ad circumferentiam partium IIII, scrupulorum II reliquus ergo qui sub DAE angulus trianguli partium est CXCIII, scrupulorum XVII, quarum CCCLX sunt duo recti Sunt ergo latera quoque data in partibus, quibus quae ex centro circumscribentis triangulum ADE est 10000, AE partium 702, DE partium 19865, sed quarum DE partium est 8024, earum est AE partium 283, quarum etiam erat EB partium 1042.

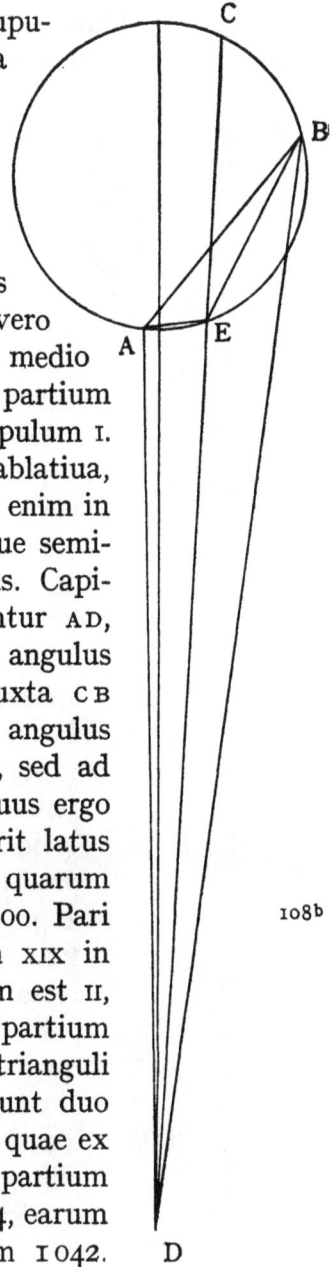

---

1 CCCXLVI || CCCLXVI *NBAW* — scrup. X *deinde* XII, *et tum* X *Ms.* — 1—2 scrup XLIII *ex* XLVIII *Ms.* — 2.—3. XLIII adijcientis scrupula LIX *non legitur in B* — 7 XXXVI *ex* XXXII *Ms.* — 10. XLIII *ex* XLV *Ms.* — 11 igitur *in NBAW deest.* — 12 XIX *ex* XXI *Ms.* — 14. absida || absidem *NBAW* — 14.—16. *Versus* neque enim motus *non leguntur in NBAW* — 16. circa || circum *Th.* — 19. XVII *ex* XII *Ms.* — 21 sed ad || ad *Th.* — 23. scrup. XVIII || scrup. XXIII *B* scrup. XVIIII *WTh in Addend Th* XXI. — 24 1042 *ex* 1085 *Ms.* — 8024 *ex* 8089 *Ms.* — 26.—27 in circumferentia AC || in circumferentia ACB *Mspm*, circumferentia ACB *NBAW* — 28. scrupuli I || *sic et K* scrup. II *NBAW* — 29. angulus *deest in NBAW* — 30. scrup. XVII *Ms suprascripsit cifram* 17 XVII *ex* XVIII *Ms.*

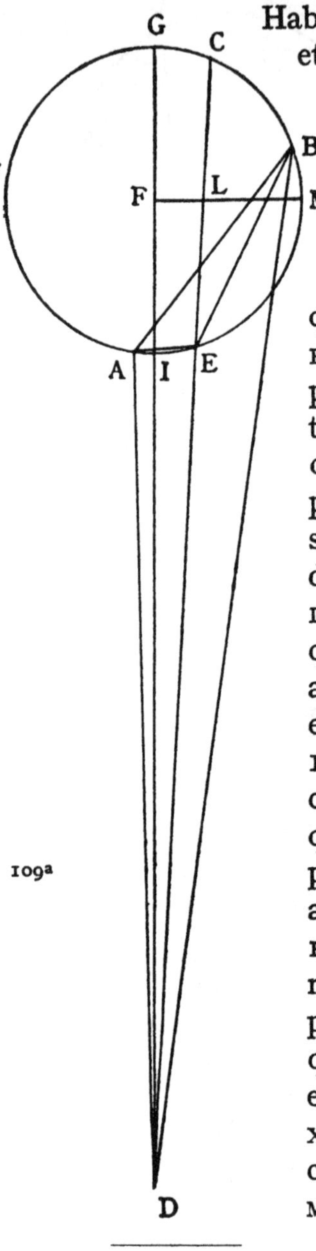

Habemus ergo rursus triangulum ABE, in quo duo latera AE et EB data sunt, et angulus totus, qui sub AEB, partium CCL, scrupulorum XXXVI, quibus CCCLX sunt duo recti. Idcirco per demonstrata triangulorum planorum erit
117 etiam || AB earundem partium 1227, quarum EB partium 1042. Sic igitur harum trium linearum AB, EB et ED lucrati sumus rationem, per quam etiam constabunt in partibus, quibus quae ex centro est epicycli decemmilium, quarum etiam AB, data circumferentia, subtendit 16323, ED 106751, EB 13853, vnde etiam EB circumferentia datur partium LXXXVII, scrupulorum XLI, quae cum BC colligit totam EBC partium CXL, scrupulorum LVIII, cuius subtensa CE partium est 18851 et tota CED partium 125602. Exponatur iam centrum epicycli, quod necessario cadet in EAC segmentum tamquam maius semicirculo, sitque F, et extendatur DIFG in rectam lineam per utrasque absides, infimam I et summam G. Manifestum est iterum, quod rectangulum, quod sub CDE continetur, aequale est ei, quod sub GDI, quod autem sub GDI vna cum eo, quod ex FI, aequale est ei quod ex DF fit quadrato. Datur ergo longitudine DIF partium 116226, quarum FG est 10000; quarum igitur partium DF est centenum milium, erit FG partium 8604, consentaneum ei, quod a plerisque alijs, qui a Ptolemaeo nos praecesserunt, |
109a proditum inuenimus. Excitetur iam ex centro F ipsi EC ad angulos rectos, quae sit FL, et extendatur in rectam lineam FLM, secabitque bifariam CE in L signo. Quoniam igitur ED recta linea partium est 106751 et dimidia CE, hoc est LE, partium 9426, erit tota DEL 116177, quarum FG est 10000, quarum etiam DF est 116226. Trianguli ergo DFL duo latera DF et DL data sunt; datur quoque DFL angulus partium LXXXVIII, XXI, et reliquus FDL partis vnius, scrupulorum XXXIX, et IEM circumferentia similiter partium LXXXVIII, scrupulorum XXI, et MC dimidia ipsius EBC partium LXX, scrupulorum 29: erit tota

---

1. habemus || habebimus *NBAW*. — 2. angulus totus || angulus *NBAW*. — 5. 1227 *ex* 1226, 1229 *Ms*. — 6. 1042 *ex* 1041 *Ms*. — AB, EB et ED || AB te B et ED *B*. — 9. data circumferentia, subtendit || capit *Mspm NBAW*. — 16323 *ex* 16328 *Ms*. — 10. 106751 *ex* 106618 *Ms*. — 12. LVIII *ex* LII *Ms*. — 13. 18851 *ex* 18845 *Ms*. — 125602 *ex* 125663 *Ms*. — 18. CDE *lege* CD. DE; *sic et Th*. — 19. GDI *lege* GD. DI; *sic et Th*. — quod ex FI || quod FI *NBAW*; quod sub FI *K*. — 21. 116226 *ex* 116089 *Ms*. — 22. 8604 *ex* 8614 *Ms*. — 27. partium est || partium *edd*. — 106751 *ex* 106618 *Ms*. — 28. tota DEL || *sic et K*; tota DFL *NBA*. — 116177 *ex* 116040 *Ms*. — 29. 116226 *ex* 116089 *Ms*. — 30. DFL || DEL *N*; angulus *desideratur in edd*. — 30.—31. LXXXVIII, XXI *ex* LXXXI, XXVIII; IIC scr. XXI *Mspm*. — 33. 29 *ex* XXVI *Ms*; 29 *Ms scripsit super deletum* XXVI.

IMC partium CLVIII, scrupulorum L, et reliqua semicirculi GC partium XXI, scrupulorum X. Et haec erat distantia Lunae ab apogeo epicycli siue anomaliae locus in tertia eclipsi, et GCB in secunda partium LXXIIII, scrupulorum XXVII, ac tota GBA in prima colligit partes CLXXXIII, scrupula LI. Rursus in tertia eclipsi IDE angulus ut in centro partis vnius, scrupulorum XIL, quae prosthaphaeresis est ablatiua, et totus IDB angulus || in secunda eclipsi *117v* partium IIII, scrupulorum XXXVIII, etiam ablatiua prosthaphaeresis; ipsa enim ex GDC partibus I, XXXIX et ipsius CDB partibus II, scrupulis LIX constituitur, et reliquus igitur angulus a toto ADB partium V, et est ADI qui remanebit, scrupulorum primorum XXII, quae adijciuntur aequalitatj in prima eclipsi. Quapropter locus aequalis Lunae in prima eclipsi erat in XXII, III partibus Arietis, apparentiae vero XXII, scrupulis XXV, ac tot partes, quot Sol ex opposito Librae obtinebat. Ita quoque in altera eclipsi medius Lunae motus erat in partibus XXVI, L Piscium, in tertia vero XIII Piscium, ac Lunaris medius motus, per quem separatur ab annuo terrae, in prima eclipsi partes CLXXVII, scrupula LI; in secunda partes 182, scrupula LI; in tertia partes CLXXIX, scrupula LVIII.

Cap. VI

Eorvm, qvae de aeqvalibvs lvnae motibvs longitvdinis et anomaliae exposita sunt, comprobatio

Ex his etiam, quae in Lunaribus deliquijs exposita sunt, licebit experiri, an Lunae motus aequales, quos iam exposuimus, recte se habeant. Ostensum est enim, quod in secunda primarum eclipsium erat Lunaris a Sole distantia partium CLXXXII, scrupulorum XLVII, anomalia partes LXIIII, | scrupula 109b XXXVIII, in secunda vero sequentium nostri temporis eclipsi Lunae motus a Sole partium CLXXXII, scrupulorum LI, anomalia partium LXXIIII, scrupulorum XXVII. Patet, quod in medio tempore completi sunt menses $\overline{\text{XVII}}$CLXVI, scrupula prima quasi IIII, anomaliae quoque motus reiectis

---

1. CLVIII: *in margine iteratur* 158. — L *ex* XLVII *Ms.* — 2. scr. X *ex* scr. XIII *Ms.* — 3. et GCB || *sic et K*; et GBC *NBAW.* — 4. partes || partium *W.* — scr. LI *ex* scr. LII *Ms.*; scrupula || scrupulorum *W.* — 5. eclypsi *Mspm.* — XIL || XXXVIIII *edd.* — 7. ipsa || ipse *Th.* — 8. partibus || parte *Th.* — 10. quae || qua *Ms.* — 11.—12. XXII, III partibus || III *ex* XIII *Ms*; XXII part., III scrup. *edd*; partium-scrupulorum *W.* — 12. scr. XXV *ex* scr. XXVI *Ms.* — 13. obtinebat || continebat *edd.* — 14. motus || locus *KWTh.* — L Piscium *ex* LIII Piscium *Ms.* — vero XIII *ex* vero XIII, VI *Ms.* — 16. partes CLXXVII: *initio in Ms* partes CLXX (VII *postea additum*). CLXXVII *KW.* — CLXX *NBA.* — scrup. LI || scrup. L *edd.* — partes 182, scrupula LI: *in Ms* LI *super* XLIII *scriptum.* — 17. LVIII *ex* LIX *Ms.* — 19. Longitudinis et || *sic et K*; Longitudinis *NBA.* — 24. LXIIII || CXIIII *B.* — 26. scrup. LI || scrup. L *NBAW*; LI *ex* XLVII *Ms.* — anomalia || anomaliae *edd.* — 28. prima quasi IIII: *haec verba exstant in margine pro deletis in textu his versibus*: ac insuper horae III cum dodrante, scrupula prima quasi tria vnius gradus *Ms*; ac insuper scrupula prima quasi quatuor gradus *NBA*; prima quasi quatuor unius gradus *KWTh.*

circulis integris partes nouem, scrupula quadraginta nouem. Tempus autem, quod intercessit ab anno decimonono Adriani, mense Chiach Aegyptio, die secunda et duabus horis ante medium noctis, quam dies mensis secutus est tertius, vsque ad annum Christi millesimum quingentesimum vigesimum secundum ac quintum diem Septembris vna hora et triente vnius, sunt anni Aegyptij MCCCXIIC, dies CCCII, horae tres $\frac{1}{8}$ tempore apparenti, quod, cum aequatum fuerit, sunt horae tres post medium noctis,
118 scrupula XXXIIII, in quo tempore post completas reuolutiones || mensium decemseptem milium centum et LXV aequalium secundum Hipparchum et Ptolemaeum fuissent partes CCCLVIIII, scrupula XXVIII; anomaliae vero secundum Hipparchum partes IX, scrupula XXXVII, sed secundum Ptolemaeum partes IX, scrupula VIIII. Deficiunt igitur ab illis utrisque motui Lunae scrupula prima XXVI, anomaliae scrupula prima XXXVIII Ptolemaei, †
Hipparchi X, quae nostris accrescunt consentiuntque numeris, quos exposuimus.

Cap. VII

De locis longitvdinis et anomaliae lvnaris

Iam quoque eorum, uti superius, et hic loca sunt praefigenda ad annorum constituta principia: Olympiadum, Alexandri, Caesaris, Christi, et si quae praeterea cuique placuerint. Si igitur illam trium eclipsium priscarum secundam consyderemus, factam decimonono anno Adriani, duobus diebus mensis Chiach Aegyptiorum, vna hora aequinoctiali ante medium noctis Alexandriae, nobis autem sub meridiano Cracouiensi duabus horis ante medium noctis, inueniemus a principio annorum Christi ad hoc momentum annos Aegyptios CXXXIII, dies CCCXXV, horas XXII simpliciter, exacte vero horas XXI, scrupula XXXVII. In quo tempore Lunaris motus est secundum numerationem nostram partes CCCXXXII, scrupula XLIX,
110a anomaliae partes CCXVII, scrupula XXXII. Quae | cum ablata fuerint ab

---

1. *Supra* quadraginta nouem *legis in Ms* 49. novem *ibidem exstat super* sex, tres *Ms.* — 5. triente || triente; quadranti et vigesima *Mspm.* — 6. *post* tres $\frac{1}{8}$ *signo commemorativo interponenda Ms habet deleta in calce haec*: quadrans horae et vigesima pars tempore apparentj, examinatim vero horae III s. fere. — *Et in extrema eadem calce* (*sine signo commemorativo*) *legis non deletas has voces*: cum quibus scrup. horae 14 a. — tres et tertia pars *Th.* — 5.—8. triente unius ... scrupula XXXIIII || triente unius tempore apparenti, quod cum aequatum fuerit, sunt anni Aegyptij MCCCLXXXVIII, dies CCCII, horae tres, scrup. XXXIIII *NBAW*. *Verba* post medium noctis *desunt in NBAW*; post mediam noctem *Th.* — 10. XXVIII || XXXVIII *NBAW*. *Mspm habebat*: XXXI, XXVII, XXIX. — 11. XXXVII *ex* XXXIX *Ms*; 39 *NBAW*. — 12. scrup. VIIII || scrup. XI *NBAW*. — scrup. XI *Mspm.* — illis utrisque || illis *NBAW*. — 13. prima XXVI *ex* prima XXXVI *Ms.* — 13.—14. Ptolemaei, Hipparchi X *desunt in NBAW*; Hipparchi X *Ms*; *lege* XII; Hipparchi etc. *Th.* — 18.—19. ad annorum || annorum *B.* — 25. XXII || XXI *B.* — 26. scrupula XXXVII: *Ms suprascripsit* 37. — 28. CCXVII || CCXXII *B.*

illis, quae in eclipsi reperta fuerunt, utrumque a specie sua, relinquitur locus Lunaris a Sole medius partium CCIX, scrupulorum LVIII; anomaliae CCVII, scrupulorum VII ad principium annorum Christi in media nocte ante Calendas Ianuarij. Rursus ad hoc Christi principium sunt olympiades centumnonagintatres, anni duo, dies CVIC s., quae faciunt annos Aegyptiacos DCCLXXV, dies XII s., examinatim vero horas XII, scrupula XI. Similiter a morte Alexandri ad natiuitatem Christi supputant annos Aegyptios CCCXXIII, dies CXXX s. tempore apparente, exquisite vero horas XII, scrupula XVI. Et a Caesare ad Christum sunt anni Aegyptij XLV, dies XII, in quo consentit vtriusque temporis ratio aequalis et apparentis. Cum igitur motus, || qui *118v* has differentias temporum concernunt, subduxerimus a locis Christi, subtrahendo singula singulis, habebimus ad meridiem primi diei mensis Hecatombaeonis primae olympiadis aequalem Lunae a Sole distantiam partium XXXIX, scrupulorum XXXXIII, anomaliae partium LXVI, scrupulorum XX; annorum Alexandrj ad meridiem primi diei mensis Thoth Lunam a Sole partium CCCX, scrupulorum XLIIII, anomaliae partium LXXXV, scrupulorum XLI; ac Iulij Caesaris ad mediam noctem ante Calendas Ianuarij Lunam a Sole partium CCCL, scrupulorum XXXIX, anomaliae partium XVII, scrupulorum LVIII. Omnia haec ad meridianum Cracouiensem, quoniam Gynopolis, quae vulgo Frueburgum dicitur, vbi plerumque nostras habuimus obseruationes ad ostia Istolae fluuij posita, huic subest meridiano, vt nos Lunae Solisque defectus utrobique simul obseruatj docent, in quo etiam Dirrhachium Macedoniae, quae antiquitus Epidamnum vocata est, continetur.

CAP. VIII

DE SECVNDA LVNAE DIFFERENTIA, ET QVAM HABEAT RATIONEM EPICYCLVS PRIMVS AD SECVNDVM

Sic igitur Lunae motus aequales cum prima eius differentia demonstratj sunt. Inquirendum nobis iam est, in qua sint ratione epicyclus primus ad secundum, ac uterque ad distantiam centri terrae. Inuenitur autem maxima, ut diximus, in medijs quadraturis differentia, quando Luna diuidua est crescens vel decrescens, quae ad septem gradus | et duas tertias se effert, 110b vt etiam habent priscorum adnotationes. Obseruabant enim tempus, in

3.—4. ante Calendas || Calendis *W.* — 5. CVIC *Ms* || CXCIIII *edd.* — 6. scrupula XI || scrup. VII s. *NBAW.* — 8. scrupula XVI || scrupula XIV *NAW*; scrup. XIII *B.* — 9. *Verba* Et a Caesare *usque ad* Aegyptii XLV *in W desunt.* — 14. XXXIX *ex* XLIIII *Ms.* — scrup. XXXXIII || scrup. XLIIII *NBAW.* — XX *ex* XXII *Ms.* — 18. XXXIX || XXXVIII *K.* — 19.—20. quoniam Gynopolis, quae vulgo Frueburgum dicitur || quoniam Frueburgum *NBA*; quoniam Frauenburgum *W.* — Gynopolis *in Ms non scribitur; loco huius vocis est lacuna in autographo* 118v, 11. — 21. Istolae || Vistulae *W.* — 25. Epicyclus || Epicyclius *Ms.*

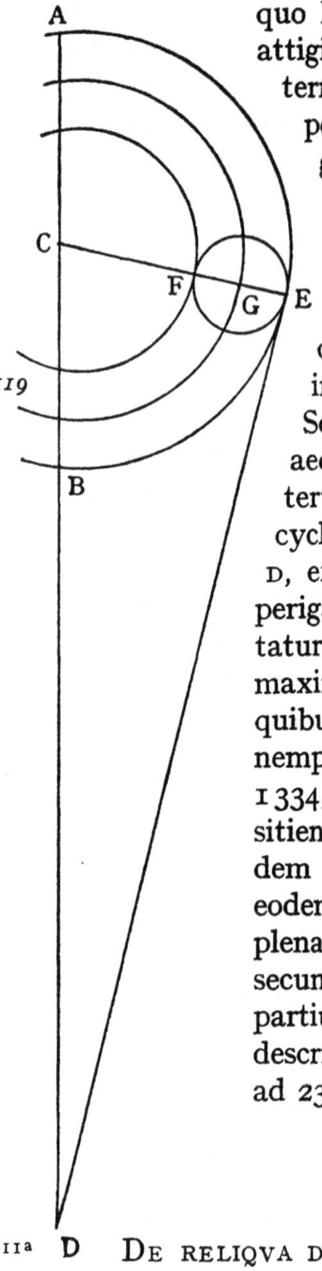

quo Luna diuidua ad mediam distantiam epicycli proxime attigisset, idque circa contactum lineae egredientis a centro terrae, quod per numerationem superius expositam facile percipi potuit. Et ipsa Luna tunc existente circa nonagesimum gradum signiferi ab ortu vel occasu sumptum cauebant errorem, quem parallaxis posset ingerere motui longitudinis. Tunc enim qui per verticem horizontis est circulus ad angulos rectos zodiacum dispescit, nec admittit aliquam longitudinis commutationem, sed tota in latitudinem cadit. Proinde artificio
119 instrumentj || astrolabici acceperunt locum Lunae ad Solem. Facta collatione inuenta est Luna differens ab aequalitate septem (ut diximus) gradibus, et duabus tertijs vnius loco quinque graduum. Describatur iam epicyclus AB, centrum eius sit C, et a centro terrae, quod sit D, extendatur recta linea DBCA; apogaeum epicycli sit A, perigaeum B, et agatur tangens epicyclum DE, et connectatur CE. Quoniam igitur in tangente est prosthaphaeresis maxima, quae sit in proposito partium VII, scrupulorum XL, quibus etiam est angulus BDE, et qui sub CED rectus est, nempe in contactu circuli AB: quapropter erit CE partium 1334, quarum quae ex centro CD est 10000. At in plena sitienteque Luna erat longe minor, partium siquidem earumdem 861 fere. Resecetur CE, et sit CF partium 860: erit in eodem centro F circumcurrens, quam Luna noua agebat atque plena, et reliqua FE igitur partium 474 erit dimetiens epicycli secundi, et bifariam sectione in G centrum ipsius, et tota CFG partium 1097 ex centro circuli, quem epicycli secundj centrum descripsit. Itaque constat ratio ipsorum CG ad GE vti 1097 ad 237, qualium partium erat CD decemmilium.

Cap. IX

111a

De reliqva differentia, qva lvna a svmma abside epicycli inaeqvaliter videtvr moveri

Per hanc quoque epagogen datur intelligi, quomodo Luna in ipso epicyclo suo primo inaequaliter moueatur, cuius maxima differentia contingit, quando curuatur in cornua vel gibbosa ac semiplena orbe existit. Sit rursus epicyclus ille primus, quem epicycli secundi centrum medio

14. graduum || gradum *W.* — 24. 861 || 860 *Th.* — 28. 1097 || 1997 *Ms.*

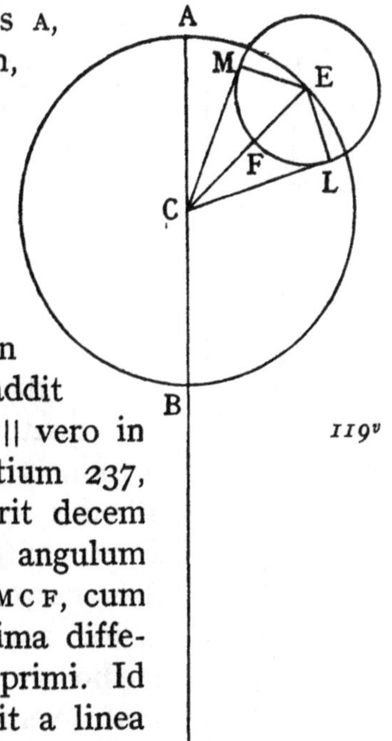

modo descripserit, AB, centrum eius C, summa absis A, infima B. Capiatur ubilibet in circumferentia E signum, et coniungantur C, E; fiat autem CE ad EF ut 1097 ad 237, et in E centro, distantia autem EF describatur epicyclium secundum, et agantur utrobique tangentes ipsum rectae lineae CL, CM, sitque motus epicyclij parui ex A in E, hoc est superne in praecedentia, Luna vero ab F in L, etiam in praecedentia. Patet igitur, quod, cum aequalis fuerit motus AE, ipsi tamen aequalitati epicyclium secundum per FL cursum suum addit EL circumferentiam atque per MF minuit. Quoniam || vero in triangulo CEL ad L angulus rectus est, et EL partium 237, quarum erat CE 1097: quarum igitur ipsa CE fuerit decem milium, erit EL 2160, quae per canonem subtendit angulum ECL partium XII, scrupulorum XXVIII aequalem ipsi MCF, cum sint trianguli similes et aequales. Et tanta est maxima differentia, qua Luna variat a summa abside epicycli primi. Id autem contingit, quando Luna motu medio destiterit a linea medij motus terrae ante et pone partibus XXXVIII, scrupulis XLVI. Ita sane manifestum est, quod sub media Solis et Lunae distantia graduum XXXVIII, scrupulorum XLVI, ac totidem a media hincinde oppositione contingunt hae maximae prosthaphaereses. *119v*

Cap. X 111b

Qvomodo lvnaris motvs apparens ex datis aeqvalibus demonstretvr

His omnibus ita prouisis, volumus iam ostendere, quomodo ex aequalibus illis Lunae motibus apparens propositis aequalisque motus discutiatur graphica ratione, exemplum sumentes ex obseruatis Hipparchi, quo simul doctrina per experimentum comprobetur. Anno igitur a morte Alexandri centesimononagesimoseptimo, decimaseptima die mensis Paunj, qui decimus est Aegyptiorum, horis diei nouem et triente transactis in Rodo Hipparchus per instrumentum astrolabicum Solis et Lunae obseruatione inuenit a se inuicem distare gradibus XLVIII et decima parte, quibus Luna Solem sequebatur. Cumque arbitraretur Solis locum esse in XI partibus minus

1. modo || motu *AWTh.* — 8. Luna || Lunae *Th.* — 10. per FL || per EL *B.* — 13. 1097 || 1997 *Ms.* — 15. MCF || MEF *Ms NBAW.* — 21. graduum, scrupulorum || gradus, scrupula *Th.*

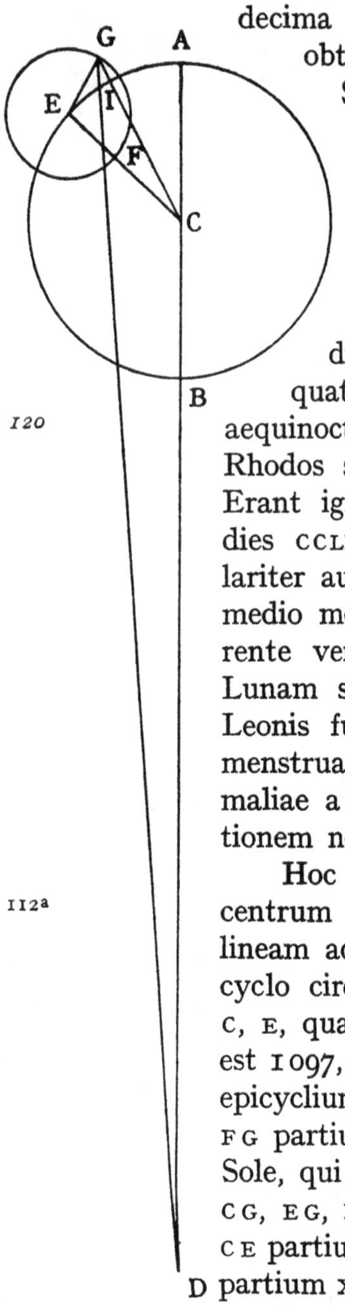

decima Cancrj, consequens erat Lunam XXIX. gradum Leonis obtinere. Quo etiam tempore vigesimus nonus gradus Scorpij oriebatur, decimo gradu Virginis caelum mediante in Rodo, cui polus boraeus XXXVI gradibus eleuatur. Quo argumento constabat Lunam circa nonagesimum gradum signiferi a finiente constitutam nullam tunc vel certe insensibilem in longitudine visus commutationem admisisse. Quoniam vero haec consideratio facta est a meridie illius decimi septimi diei tribus horis et triente, quae in Rhodo respondent quatuor horis aequinoctialibus, fuissent Cracouiae horae
120 aequinoctiales III et sexta pars horae || iuxta distantiam, qua Rhodos sextante horario propior nobis est quam Alexandria. Erant igitur ab Alexandrj decessu anni centumnonagintasex, dies CCLXXXVI, horae tres cum sexta parte simpliciter, regulariter autem horae III cum triente quasi. In quo tempore Sol medio motu ad gradus XII, scrupula III Cancri peruenit, apparente vero ad X gradus, XL scrupula Cancrj, vnde apparet Lunam secundum veritatem in XXVIII gradibus, 37 scrupulis Leonis fuisse. Erat autem aequalis Lunae motus secundum menstruam reuolutionem in partibus XLV, scrupulis V, anomaliae a summa abside partium CCCXXXIII secundum numerationem nostram.

Hoc exemplo proposito describamus epicyclum primum AB;
112a centrum | eius C, dimetiens ACB, quae extendatur in rectam lineam ad centrum terrae, sitque ABD; capiatur etiam in epicyclo circumferentia ABE partium CCCXXXIII, et coniungantur C, E, quae resecetur in F, vt sit EF partium 237, quarum EC est 1097, et facto in E centro distantia EF describatur epicycli epicyclium FG; sitque Luna in G signo, circumferentia autem FG partium XC, scrupulorum X ratione dupli motus aequalis a Sole, qui erat partium XLV, scrupulorum IX; et connectantur CG, EG, DG. Quoniam igitur triangulj CEG dantur duo latera CE partium 1097 et EG 237, aequalis ipsi EF, cum angulo GEC partium XC, scrupulorum XV: dantur ergo per demonstrata triangulorum planorum reliquum latus CG partium earumdem 1123

---

12. sexta pars || duodecima pars *Mspm.* — 13. sextante || uncia *Mspm.* — 15. sexta parte || duodecima parte *Mspm.* — 16. triente || quadrante *Mspm.* — 17. scrup. III *ex* scrup. VI *Ms.* — 18. XL *ex* LIII *Ms.* — 19. 37 *ex* LII *Ms.* — 21. scrup. V *ex* IX *Ms.* — 28.—29. vt sit EF partium 237, quarum EC est 1097 || pro ratione ipsius CE ad EF 1097 ad 237, vt sit CE partium 1097 et FE partium earumdem 237 *Mspm.* — 31. scrup. X || X *in Ms ex* XVIII; XVIII *Th.* — 32. scrup. IX || scrup. V *NBAW* (*recte*!). — 35. scrup. XV || XV *in Ms ex* XVIII; X *NBAW* (*recte*!); XVIII *Th.*

et angulus, qui sub ECG, partium XII, scrupulorum XI, quibus constat etiam circumferentia EI ac prosthaphaeresis adiectiua anomaliae, fitque tota ABEI partium CCCXLV, scrupulorum XI, et reliquus GCA angulus partium XIIII, scrupulorum XLVIIII verae distantiae Lunaris a summa abside epicycli AB, et angulus BCG partium CLXV, XI. Quapropter et triangulj GDC duo quoque latera data sunt, GC partium 1123, quarum CD sunt decem milium, et GCD angulus partium CLXV, XI. Habebimus etiam ex his angulum CDG partis vnius, scrupulorum primorum XXVIIII, || et prosthaphaeresim, quae *120v* medio motui Lunae addebatur, vt esset vera Lunae distantia a medio motu Solis partium XLVI, scrupulorum XXXIIII, et locus eius apparens in XXVIII, XXXVII Leonis distans a vero loco Solis partibus XLVII, scrupulis LVII, deficientibus ab Hipparchi consideratione scrupulis primis nouem.

Verum ne quis propterea vel illius inquisitionem vel nostrum fefellisse numerum suspicetur, quamuis id modicum sit, ostendemus tamen nec illum neque nos errorem commisisse, sed hoc modo recte se habere. Si enim meminerimus Lunarem obliquum esse circulum, quem ipsa sequitur, fatebimur etiam in signifero aliquid longitudini diuersitatis efficere, maxime circa media loca, quae inter utrosque limites boreum et austrinum et utrasque ecclipticas sunt sectiones, eo fere modo, ut inter obliquitatem | signiferi 112b et aequinoctialem circulum, quemadmodum circa diei naturalis inaequalitatem exposuimus. Ita quoque, si ad orbem Lunae, quem Ptolemaeus prodidit inclinari signifero, transtulerimus rationes, inueniemus in illis locis ad signiferum septem scrupulorum primorum facere longitudinis differentiam, quae duplicata efficiet XIIII; idque similiter adcrescendo et diminuendo contingit, quoniam Sole et Luna per quadrantem circuli distantibus, si in medio eorum fuerit boreus austrinusue latitudinis limes, tunc zodiaci intercepta circumferentia maior existit quadrante Lunaris circuli XIIII scrupulis; ac vicissim in caeteris quadrantibus, quibus ecclipticae sectiones mediant, circuli per polos zodiaci tantumdem minus intercipiunt quadrante; ita et in praesenti. Quoniam Luna circa medium, quod erat inter austrinum limitem et eclipticam sectionem ascendentem (quam neoterici vocant caput Draconis) versabatur, et Sol alteram sectionem descendentem (quam illi caudam vocant) iam praeterierat, nihil mirum est, si Lunaris illa distantia partium XLVII, scrupulorum LVII in suo orbe obliquo ad signiferum collata augebat ad minus scrupula VII, absque eo, quod etiam Sol in occasum vergens ablatiuam aliquam || adhibuerit visus commutationem, de quibus *121* in explicatione parallaxium apertius dicetur. Sicque illa secundum Hipp-

---

2. fitque || sitque *W.* — 3. ABEI || ABEG *Ms NBAW.* — 3.—4. partium XIIII || partium XIII *B.* — 11. XXXVII || XLIII *Mspm.* — 15. neque || nec *NBAW.* — 20.—21. inaequalitate *Ms.* — 22. inueniemus || invenimus *edd.* — 26. boreus austrinusue latitudinis limes || catabibazon vel anabibazon *Mspm.* — 30.—31. austrinum limitem *mutat. ex* anabibazonta, *deinde ex* boreum limitem *Ms.* — 33. iam praeterierat *in margine pro deletis in textu verbis* nondum fuerat assecutus *Ms.*

archum distantia Luminarium, quam per instrumentum acceperat partium XLVIII, VI, consensu mirabili et quasi ex condicto supputationi nostrae conuenit.

CAP. XI

EXPOSITIO CANONICA PROSTHAPHAERESIVM SIVE AEQVATIONVM LVNARIVM

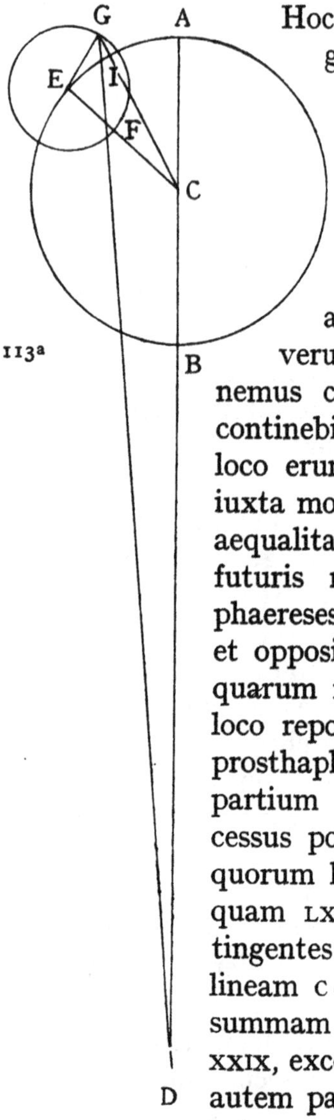

Hoc igitur exemplo modum discernendi cursus Lunares generaliter intelligi arbitror, quoniam trianguli CEG duo latera GE et CE semper manent eadem, sed penes angulum GEC, qui continue mutatur, attamen datum, discernimus reliquum GC latus cum angulo ECG, qui anomaliae aequandae prosthaphaeresis existit. Deinde et in triangulo CDG, cum duo latera DC, CG cum angulo DCE numerata fuerint, fit eodem modo et D angulus circa centrum terrae manifestus inter aequalem
113ᵃ verumque motum. Quae ut etiam prom|ptiora sint, exponemus canonem ipsarum prosthaphaereseon, qui sex ordines continebit. Nam post binos numeros circuli communes tertio loco erunt prosthaphaereses, quae a paruo epicyclio profectae iuxta motum in mensibus duplicatum anomaliae prioris variant aequalitatem. Deinde sequenti loco interim vacuo numeris futuris relicto quintum praeoccupabimus, in quo prosthaphaereses primi ac maioris epicycli, quae in coniunctionibus et oppositionibus medijs Solis et Lunae contingunt, scribemus, quarum maxima est partium IIII, scrupulorum LVI. Penultimo loco reponuntur numerj, quibus, quae fiunt in diuidua Luna prosthaphaereses, illas priores excedunt, quorum maximus est partium II, scrupulorum XLIIII. Vt autem caeterj quoque excessus possent taxarj, excogitata sunt scrupula proportionum, quorum haec est ratio. Acceperunt enim partes II, XLIIII tamquam LX ad quosuis alios excessus in contactu epicycli contingentes. Quemadmodum in eodem exemplo, vbi habuimus lineam CG partium 1123, quarum CD est decem milium, quae summam efficit in contactu epicycli prosthaphaeresim partium VI, XXIX, excedentem illam primam in parte vna, scrupulis XXXIII. Vt autem partes II, XLIIII ad I, XXXIII, ita LX ad XXXIIII, ac perinde habemus rationem excessus, qui in semicirculo parui epicyclij

9. angulum GEC || angulum GCE *B*. — 13. fuerint, fit || fuerit, fit *NBA*, fuerint, sit *W*. — 14.—15. inter aequalem verumque motum || in anomaliae aequandae prosthapheresis existit *Mspm* — 18. profectae || profecti *Ms*. — 30. excessus || excessos *Ms*.

contingit, ad eum, qui sub data circumferentia, partium xc, scrupulorum xviii. Scribemus ergo e regione partium xc in tabula scrupula xxxiiii. Hoc modo ad singulas eiusdem circulj circumferentias in canone praesignatas reperiemus scrupula proportionum, quarto loco vacante exponenda. Vltimo denique loco latitudinis partes adiunximus boreas et austrinas, de quibus inferius dicemus. Nam comoditas et vsus operationis commonuit nos, vt ista hoc ordine poneremus.

121v
113b

TABVLA PROSTHAPHAERESIVM LVNARIVM											
Numeri communes		Epicyclii B prostha-phaeresis		Scrupula pro-portionalia	Epicyclii A prostha-phaeresis		Excessus		Latitudinis partes boreae		
Grad.	Grad.	Grad.	Scrup.		Grad.	Scrup.	Grad.	Scrup.	Grad.	Scrup.
3	357	0	51	0	0	14	0	7	4	59
6	354	1	40	0	0	28	0	14	4	58
9	351	2	28	1	0	43	0	21	4	56
12	348	3	15	1	0	57	0	28	4	53
15	345	4	1	2	1	11	0	35	4	50
18	342	4	47	3	1	24	0	43	4	45
21	339	5	31	3	1	38	0	50	4	40
24	336	6	13	4	1	51	0	56	4	34
27	333	6	54	5	2	5	1	4	4	27
30	330	7	34	5	2	17	1	12	4	20
33	327	8	10	6	2	30	1	18	4	12
36	324	8	44	7	2	42	1	25	4	3
39	321	9	16	8	2	54	1	30	3	53
42	318	9	47	10	3	6	1	37	3	43
45	315	10	14	11	3	17	1	42	3	32
48	312	10	30	12	3	27	1	48	3	20
51	309	11	0	13	3	38	1	52	3	8
54	306	11	21	15	3	47	1	57	2	56
57	303	11	38	16	3	56	2	2	2	44
60	300	11	50	18	4	5	2	6	2	30
63	297	12	2	19	4	13	2	10	2	16
66	294	12	12	21	4	20	2	15	2	2
69	291	12	18	22	4	27	2	18	1	47
72	288	12	23	24	4	33	2	21	1	33
75	285	12	27	25	4	39	2	25	1	18
78	282	12	28	27	4	43	2	28	1	2
81	279	12	26	28	4	47	2	30	0	47
84	276	12	23	30	4	51	2	34	0	31
87	273	12	17	32	4	53	2	37	0	16
90	270	12	12	34	4	55	2	40	0	0

1. Tabula *deest in Ms in hac et in sequenti pagina.* — 20. 3 | 32 || 1 | 32 *B.*

A adnotat in calce: Prosthapheresis epicycli B ante gradus 180 addantur anomaliae lunari, postea subtrahuntur.

Prosthaph. epicycli A in priore semicirculo subtrahuntur, in altero adduntur.

TABVLA PROSTHAPHAERESIVM LVNARIVM 122 · 114a

Numeri communes		Epicyclii B prosthaphaeresis		Scrupula proportionalia	Epicyclii A prosthaphaeresis		Excessus		Latitudinis partes austrinae	
Grad.	Grad.	Grad.	Scrup.		Grad.	Scrup.	Grad.	Scrup.	Grad.	Scrup.
93	267	12	3	35	4	56	2	42	0	16
96	264	11	53	37	4	56	2	42	0	31
99	261	11	41	38	4	55	2	43	0	47
102	258	11	27	39	4	54	2	43	1	2
105	255	11	10	41	4	51	2	44	1	18
108	252	10	52	42	4	48	2	44	1	33
111	249	10	35	43	4	44	2	43	1	47
114	246	10	17	45	4	39	2	41	2	2
117	243	9	57	46	4	34	2	38	2	16
120	240	9	35	47	4	27	2	35	2	30
123	237	9	13	48	4	20	2	31	2	44
126	234	8	50	49	4	11	2	27	2	56
129	231	8	25	50	4	2	2	22	3	9
132	228	7	59	51	3	53	2	18	3	21
135	225	7	33	52	3	42	2	13	3	32
138	222	7	7	53	3	31	2	8	3	43
141	219	6	38	54	3	19	2	1	3	53
144	216	6	9	55	3	7	1	53	4	3
147	213	5	40	56	2	53	1	46	4	12
150	210	5	11	57	2	40	1	37	4	20
153	207	4	42	57	2	25	1	28	4	27
156	204	4	11	58	2	10	1	20	4	34
159	201	3	41	58	1	55	1	12	4	40
162	198	3	10	59	1	39	1	4	4	45
165	195	2	39	59	1	23	0	53	4	50
168	192	2	7	59	1	7	0	43	4	53
171	189	1	36	60	0	51	0	33	4	56
174	186	1	4	60	0	34	0	22	4	58
177	183	0	32	60	0	17	0	11	4	59
180	180	0	0	60	0	0	0	0	5	0

4. austrinae || boreae *BTh*. — 14. 2 | 16 || 2 | 10 *B*. — 22. 3 | 53 || 3 | 33 *B*.

122v 114b

Cap. XII

De lvnaris cvrsvs dinvmeratione

Modus igitur numerationis apparentiae Lunaris patet ex praedemonstratis et est iste. Tempus, ad quod Lunae locum quaerimus propositum, reducemus ad aequalitatem; per hoc medios motus longitudinis, anomaliae et latitudinis, quem mox etiam definiemus, eo modo ut in Sole fecimus, a dato principio Christi vel alio deducemus et loca singulorum ad ipsum tempus propositum firmabimus. Deinde longitudinem Lunae aequalem siue distantiam a Sole duplicatam quaeremus in tabula, occurrentemque in tertio ordine prosthaphaeresim et quae sequuntur scrupula proportionum notabimus. Si igitur numerus ille, quo intrauimus, in primo loco repertus fuerit siue minor CLXXX gradibus, addemus prosthaphaeresim anomaliae Lunarj; si vero maior quam CLXXX vel secundo loco fuerit, auferatur ab illa, et habebimus anomaliam Lunae aequatam atque veram eius a summa abside distantiam, per quam rursus canonem ingressi capiemus ipsi respondentem in quinto ordine prosthaphaeresim et eum qui sexto ordine sequitur excessum, quem epicyclus secundus auget super primum, cuius pars proportionalis sumpta iuxta rationem scrupulorum inuentorum ad sexaginta semper additur huic prosthaphaeresi. Quodque collectum fuerit, subtrahitur medio motui longitudinis et latitudinis, dummodo anomalia aequata minor fuerit partibus CLXXX siue semicirculo, et additur, si anomalia ipsa maior fuerit, et hoc modo habebimus veram Lunae a medio loco Solis distantiam ac motum latitudinis aequatum. Quapropter neque verus locus Lunae ignorabitur, siue a prima stella Arietis motu Solis simplici siue ab aequinoctio verno in composito vel praecessionis eius adiectione. Per motum denique latitudinis aequatum septimo ac vltimo loco canonis habebimus latitudinis partes, quibus Luna destiterit a medio signorum circulo. Quae quidem latitudo boraea tunc erit, quando latitudinis motus in priori
115a parte tabu|lae reperitur, id est, si minor XC maiorue CCLXX gradibus fuerit; alias austrinam sequetur latitudinem. Et idcirco erit Luna a septemtrione descendens usque ad CLXXX gradus, et exinde ab austrino limite
123 scandens, donec || reliquas circuli partes compleuerit. Adeoque Lunaris cursus apparens tot quodammodo circa centrum terrae habet negotia, quot centrum terrae circa Solem.

3.—4. praedemonstratis || demonstratis *edd.* — 23. *Post* distantiam *in textu haec habes deleta*: proinde et locum eius in signis, in quem a loco Solis medio adicere aequinoctio ad vernum et verum aequinoctium comparato, terminauerit. — 24. siue || seu *NBAW*. — 26.—27. *Post* habebimus *in Ms iterum exstant verba* septimo et ultimo loco; *et ante* habebimus *deleta sunt*: per quem denique canonem ingressi: *quorum loco in margine exstant*: Quapropter ... canonis (23—26). — 27. destiterit || distiterit *AW*. — 30. Luna || Lunae *Ms*.

Cap. XIII

Qvomodo motvs latitvdinis lvnaris examinetvr et demonstretvr

Nunc etiam de Lunaris latitudinis motu ratio reddenda est, qui idcirco videtur inuentu difficilior, quod pluribus sit circumstantijs impeditus. Nam (ut antea diximus), si bini Lunae defectus omniquaque similes et aequales fuerint, hoc est partibus deficientibus in eandem positionem boraeam vel austrinam ac circa eandem eclypticam sectionem scandentem vel descendentem: fueritque aequalis eius a terra distantia siue a summa abside, quoniam his ita consentientibus intelligitur Luna integros latitudinis suae circulos vero motu consummasse. Quoniam enim conica est vmbra terrae, et si conus rectus plano secetur ad basim parallelo, sectio circulus est minor in maiori, ac maior in minori a basi distantia, ac perinde aequalis in aequali: ita quidem Luna in aequalibus a terra distantijs aequales vmbrae circulos pertransit et aequales suae ipsius discos obtutibus nostris repraesentat. Hinc est, quod aequalibus ipsa partibus eminens ad eandem partem iuxta aequalem a centro vmbrae distantiam de aequalibus latitudinibus nos certos efficiat, e quibus sequi necesse sit, aequalibus tum etiam interuallis ab eodem eclyptico nexu distare ipsam reuersam in priorem latitudinis locum, maxime vero, si locus quoque utrobique consentiat. Mutat enim ipsius siue terrae accessus et recessus totam vmbrae magnitudinem, in | modico 115b tamen, quod vix assequi licet. Quanto igitur maius inter vtrumque tempus mediauerit, tanto definitiorem habere poterimus latitudinis Lunae motum, vt circa Solem dictum est. Sed quoniam rarum est binos defectus hisce conditionibus concordes inuenire (nobis certe non obuenerunt ad praesens): animaduertimus tamen alium quoque esse modum, per quem id effici possit, quoniam manentibus caeteris conditionibus, si etiam in diuersas partes || luna defecerit ac circa sectiones oppositas, significabit enim tunc *123v* Lunam in secundo defectu ad locum prioris e diametro oppositum peruenisse, ac praeter integros circulos descripsisse semicirculum, quod satisfacere videbitur ad huius rei inquisitionem. Inuenimus igitur binas eclypses his fere modis affines.

Primam anno septimo Ptolemaei Philometoris, qui erat annus centesi-
† mus quinquagesimus Alexandri, transactis diebus, ut ait Claudius, XXVII mensis Phamenot, Aegyptiorum septimi, in nocte, quam sequebatur dies XXVIII; defecitque Luna a principio horae octauae usque ad finem horae decimae in horis temporalibus nocturnis Alexandriae ad summum digitis septem diametri Lunaris a septentrione circa sectionem descendentem. Erat

---

11. circulus || circuli *NBAW*. — 17. tum || tunc *NBAW*. — 27. enim tunc || tunc *edd.* — 36. digitis || digiti *Ms NBAW*.

ergo medium deliquij tempus duabus horis temporalibus (inquit) a media nocte, quae faciunt horas aequinoctiales duas cum triente, quoniam Sol erat in sexto gradu Taurj; sed Cracouiae fuisset hora vna cum triente.

Secundam occupauimus sub eodem meridiano Cracouiensi anno Christi MDIX. quarto Nonas Iunij Sole in XXI gradibus Geminorum, cuius medium erat post meridiem illius diei horis aequinoctialibus XI et tribus quintis vnius horae, in qua defecerunt digiti proxime octo Lunaris diametri a parte austrina circa scandentem sectionem. Sunt igitur a principio annorum Alexandrj anni Aegyptij centumquadragintanouem, dies CCVI, horae XIII⅓ Alexandriae, sed Cracouiae horae XIII cum triente secundum apparentiam, examinatim vero horae XIII s. In quo tempore anomaliae locus erat secundum numerationem nostram congruentem fere cum Ptolemaeo partium 163, scrupulorum XXXIII aequalis et prosthaphaeresis partis I, 23, quibus verus
116a Lunae locus minor erat aequali. Ad secundam vero eclipsim ab | eodem Alexandri constituto principio sunt annj Aegyptij mille octingentitriginta
124 duo, dies CCVC, horae || vndecim, scrupula XLV tempore apparenti, aequato vero horae XI, scrupula LV, vnde aequalis Lunae motus erat partium CLXXXII, scrupulorum XVIII; anomaliae locus partium CLIX, scrupulorum LV, aequatus vero partium 161, scrupulorum XIII; prosthaphaeresis, qua motus aequalis minor erat apparente, partis vnius, scrupulorum XLIIII. Patet igitur in utraque eclipsi aequalem fuisse Lunae a terra distantiam, et Solem utrobique apogeum fere, sed differentia erat in deliquijs digitus vnus. Quoniam vero Lunae dimetiens dimidium fere gradum occupare consuevit, ut postea ostendemus, erit eius duodecima pars pro digito vno scrupula II s., quibus orbi obliquo Lunae circa sectiones eclipticas congruit gradus fere dimidius, quo in secunda eclipsi remotior fuerit Luna a sectione ascendente quam in prima a descendente sectione, quo liquidissimum est latitudinis Lunae verum motum fuisse post completas reuolutiones partes CLXXIX s. Sed anomalia Lunaris inter primam et secundam ecclipsim addit aequalitati scrupula 21, quibus prosthaphaereses se inuicem excedunt. Habebimus igitur aequalem latitudinis Lunae motum post integros circulos partium CLXXIX, scrupulorum LI. Tempus autem inter utrumque deliquium erat anni mille sexcenti octuaginta tres, dies octuaginta octo, horae XXII, scrupula XXXV tempore apparente, quod aequali consentiebat. In quo tempore completis reuolutionibus aequalibus vigesies bis mille quingentis septua-

4. occupauimus || observavimus *NBAW*. — 5. gradibus || gradu *W*. — 11. locus erat || locus aequalis erat *NBAW*. — 12. 163 *exstat super deleto* CXLIII. *Ms*. — 13. aequalis et || et *NBAW*. — partis I, 23 || *Ms habebat* partis I s.; *deinde deleto* s. *superscripsit* 23. — parti I, scrupulis XXIII *Th*. — 18. aequatus || aequatum *Ms NBAW*. — 19. partium 161 *ex* partium CXLI *Ms*. — 23. postea || posteo *Ms*. — 25. orbi ... circa sectiones || circa orbi ... circa sectiones *Ms*. — 29. anomalia || anomaliae *NBAW*. — 30. scrupula 21 || *Ms super deletum* XIIII *scripsit* 21. — 32. scrupulorum LI *ex* scrup. XLIIII. — erat || erant *NBAW*. — 34. apparente || apparenti *Th*. — consentiebat || consentiebant *B*.

ginta septem sunt partes CLXXIX, scrupula LI, quae congruunt nostris numeris, quos iam exposuimus.

CAP. XIV

DE LOCIS ANOMALIAE LATITVDINIS LVNAE

Vt autem huius quoque cursus loca firmemus ad praeassumpta principia, assumpsimus hic quoque binos defectus Lunares, non ad eandem sectionem, neque e diametro et oppositas partes, ut in praecedentibus, sed ad easdem, boream vel austrum (ceteris vero | omnibus condicionibus 116b seruatis, ut diximus) iuxta Ptolemaicum praescriptum, quibus absque errore obtinebimus propositum nostrum. Prima igitur eclipsis, qua etiam circa alios Lunae motus inquirendos usi || sumus, ea erat, quam diximus *124v* † obseruatam a C. Ptolemaeo anno decimonono Adriani, duobus diebus mensis Chiach transactis, ante medium noctis vna hora aequinoctialj Alexandriae, Cracouiae vero duabus horis ante medium noctis, quam sequebatur dies tertius; defecitque Luna in ipso medio eclipsis in dextante diametri, id est decem digitis a septentrione, dum Sol esset in XXV, X Librae, et erat anomaliae Lunaris locus partibus LXIIII, scrupulis XXXVIII, et eius prosthaphaeresis ablatiua partium IIII, scrupulorum XX circa sectionem descendentem. Alteram quoque magna diligentia obseruauimus Romae, anno Christi millesimoquingentesimo post Nonas Novembris, duabus horis a media nocte, quae lucescebat in VIII. diem ante Idus Nouembris. Sed Cracouiae, quae v gradibus sequitur orientem, erat duabus horis et tertia horae post medium noctis, dum Sol esset in XXIII, XVI Scorpij, defeceruntque rursus a borea digitj decem. Colliguntur ergo a morte Alexandri anni Aegyptij mille octingenti viginti quatuor, dies octoginta quatuor, horae quatuordecim, scrupula XX tempore apparenti, sed aequalj horae XIIII, scrupula XVI. Erat igitur motus Lunae medius in partibus CLXXIIII, scrupulis XIIII, anomalia Lunaris partium CCXCIIII, scrupulorum XLIIII, aequata partium CCXCI, scrupulorum 35, prosthaphaeresis adiectiua partium IIII, scrupulorum XXVIII. Manifestum est igitur, quod Luna etiam in his utrisque

---

1. scrupula LI *ex* scrup. XLIIII. — 2. numeris *deest in NBAW.* — 4. LUNAE *desideratur in AW.* — 6. hic || hoc *B.* — 7. et oppositas || ad oppositas *Th. Post* et *recipiendum est* ad *ex praecedente* ad eandem sectionem *et sic legendum*: et ad oppositas. — 18. scrup. XX *ex* XXII, XIII *Ms.* — 20. post Nonas Novembris || quinto die Novembris *Mspm.* — 21. VIII. *est scriptum super deletam vocem* sextum *Ms.* — 22. v gradibus || sex gradibus *Mspm.* — tertia horae || duabus quintis horae *Mspm Th.* — 23.—24. dum ... decem: *totum colon exstat in margine Ms.* — 23. XXIII, XVI *ex* XXIIII, XIIII *Ms.* — XVI Scorpij || *sic et K*; XI Scorpii *NBA.* — 26. XX *ex* XXIIII, XIII *Ms.* — 26.—27. *pro* tempore ... scrupula XVI *legebatur in Mspm*: quae tunc aequali tempori fere consentiebant. — horae || horis *Ms N.* — 27. Lunae || Lune *Ms.* — 28. XIIII || XVI *Mspm NBAW.* — scrupulorum XLIIII || scrup. XL *NBAW.* — 29. CCXCI *ex* CCXCII *Ms.* — scrupulorum 35 || scrup. III *Mspm.* — 30. XXVIII *ex* XXVII *Ms*; XXVII *Th.*

defectibus distantiam habebat a summa abside sua prope aequalem, ac Sol erat utrobique circa mediam suam absidem, et magnitudo tenebrarum aequalis, quae declarant Lunae latitudinem austrinam aequalemque fuisse, et exinde Lunam ipsam a sectionibus distantias habuisse aequales, sed hic scandentem, illic subeuntem. Sunt igitur in medio ambarum eclipsium anni Aegyptij mille trecenti sexagintasex, dies CCCLVIII, horae IIII, scrupula
125 XX tempore apparenti, aequaliter || autem horae IIII, scrupula XXIIII, in quibus latitudinis motus est partium CLIX, scrupulorum LV.

Sit iam obliquus Lunae circulus, cuius dimetiens sit AB sectio com-
117[a] munis signifero, sitque C boreus limes, austrinus D, | sectio ecliptica descendens A, scandens B. Capiantur autem binae circumferentiae ad austrinas partes aequales AF, BE, prout prima eclipsis fuerit in F signo, secunda in E; ac rursus FK prosthaphaeresis ablatiua in priori eclipsi, EL adiectiua in secunda. Quoniam igitur KL circumferentia partium est CLIX, scrupulorum LV, cui si apponantur FK, quae partium erat IIII, scrupulorum XX, et EL partium IIII, scrupulorum XXVIII, erit tota FKLE partium CLXVIII, scrupulorum XLII, et reliquum eius e semicirculo partium XI, scrupulorum XVIII. Huius dimidium est partium V, scrupulorum XXXIX, aequale vtrisque AF et BE, veris Lunae distantijs a segmentis A, B, et propterea AFK partium est nouem, scrupulorum LIX. Hinc etiam constat a limite boreo, hoc est CAFK medius latitudinis locus partium nonagintanouem, scrupulorum LIX. Suntque ad hunc locum et tempus illius Ptolemaicae obseruationis a morte Alexandri anni Aegyptij CDLVII, dies nonaginta vnus, horae decem ad apparentiam, ad aequalitatem autem horae nouem, scrupula LIIII, sub quibus motus latitudinis medius est partium L, scrupulorum LIX, quae cum subtracta fuerint a partibus IC, scrupulis LIX, remanent partes XLIX in

---

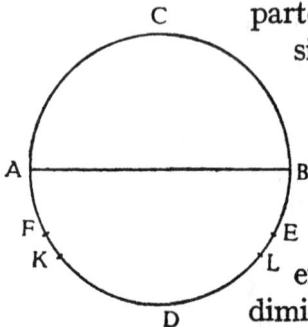

6.—7. horae IIII: *post* horae *verba* XXII scrup. *deleta sunt in Ms*; scrup. XX *ex* XXIV *Ms.* — 7. XXIIII *ex* XXVI *Ms.* —8. latitudinis motus || medius motus latitudinis *NBAW* — CLIX, LV *in margine iterata sunt cifris* 159, 55; CLIX *ex* CLXIX, LV *ex* LVI *Ms.* — 9. circulus || circulus ABCD *Th.* — 10. signifero || signiferi *edd.* — sitque C || in C sit *NBAW.* — austrinus D || D austrinus *NBAW.* — 10.—11 sectio ecliptica descendens A, scandens B || A sectio ecliptica descendens, B scandens *NBAW.* — 11. Capiantur autem || Assumanturque *NBAW.* — 15. LV *sic et K*; LVI *Ms NBA vide notam 246,8; emendationem ibi factam autor huc transferre omisit.* — 16. partium erat || erat partium *edd.* — 17. XXVIII *ex* XXVI *Ms*; XXVII *Th.* — 18. XLII *Ms Th, neglectis emendationibus prioribus sic et porro. lege* XLIII; XLIII *NBAW.* — et reliquum || reliquum *NBAW.* — 19. XVIII. Huius || XVII, cuius *NBAW.* — 20. vtrisque || utrique *NBAW.* — 21. segmentis A, B || secmento AB *edd.* — 22. Hinc || Unde *NBAW.* — limite boreo || katabibazonte *Mspm*; boreo limite *NBAW.* — 22.—23. hoc est CAFK || hoc est C, K *Th.* — 23. partium nonagintanouem || partibus XCVIIII *edd.* — 24. Ptolemaicae obseruationis || observationis Ptolemaicae *NBAW.* — 25. dies nonaginta vnus, horae decem || dies XCI, horae X *edd.* — 26. horae nouem || horae IX *edd.* — *Sic saepius numeri in editionibus literis numeralibus scribuntur, cum autor nominibus numeralibus utatur. Interdum et contrarius modus invenitur.* — 27. medius *deest in NBAW.* — 28. subtracta || ablata *NBAW.* — fuerint a || fuerint *edd.*

meridie primae diei mensis primi Thoth secundum Aegyptios ad principium annorum Alexandri, sed ad meridiem Cracouiensem. Hinc ad caetera quaeque principia dantur iuxta differentias temporum loca cursus latitudinis Lunae a catabibazonte sumpta, vnde motum ipsum deducimus. Quoniam a prima olympiade ad Alexandri mortem sunt anni Aegyptij CDLI, dies CCXLVII, quibus pro aequalitate temporis auferuntur scrupula VII vnius horae, sub quo tempore cursus latitudinis est partium CXXXVI, scrupulorum LVII; a prima rursus olympiade ad Caesarem sunt anni Aegyptij DCCXXX, horae XII, sed aequalitati adijciuntur scrupula horaria X, sub quo tempore motus est partium CCVI, scrupulorum LIII; deinde ad Christum sunt anni XLV, dies XII: si igitur a XLIX gradibus demantur CXXXVI, scrupula LVII accommodatis || CCCLX circuli, remanent partes CCLXXII, scrupula 125v
III ad meridiem primi diei mensis Ecatombaeonos primae olympiadis; his si denuo addantur partes CCVI, scrupula LIII, colliguntur partes CXVIII, scrupula LVI ad mediam noctem ante Calendas Ianuarij | annorum Iulia- 117b
norum; additis denique partibus X, scrupulis XLIX colligitur locus Christi ad mediam similiter noctem ante Calendas Ianuarij partibus CXXIX, scrupulis XLV.

Cap. XV

Instrvmenti parallattici constrvctio

Quod autem maxima latitudo Lunae, quae iuxta angulum sectionis orbis ipsius et signiferi, sit quinque partium, quarum circulus est CCCLX, occasionem experiendi non eam nobis sors contulit, quam C. Ptolemaeo, commutationum Lunarium impedimento. Ille autem Alexandriae, cui polus boraeus eleuatur gradus XXX, scrupula LVIII, attendebat, quoad maxime accessura esset Luna ad verticem horizontis, dum videlicet in principio Cancri et catabibazonte fuerit, quae iam numeris praescire poterat. Inuenit ergo tunc per instrumentum quoddam, quod parallatticum vocat, ad commutationes Lunae deprehendendas fabricatum, duabus solum partibus et octaua partis a vertice minimam eius distantiam, circa quam, si quae parallaxis accidisset, necesse erat perquam modicam fuisse tam breui

---

1. primae diei || primi diei *NBAW*. — 2. sed ad meridiem Cracouiensem *deest* in *NBAW*; meridianum *Th.* — 2.—3. caetera quaeque || caetera *NBAW*. — 3. cursus || rursus *B*. — 4. catabibazonte || boreo limite *edd.* — 6. CDLI || CCCCLI *edd et similiter saepius.* — 10. motus || motus aequalis *NBAW*. — 11. sunt anni || anni *B*. — XLV || XLX *B*. — 13. mensis Ecatombaeonos || Hecatombaeonos *NBAW*. — 20. Parallatici *Ms.* — Parallactici *W hic et saepius.* — 21. quae iuxta || iuxta *NBAW*. — 23. occasionem ... contulit || non eam occasionem experiendi nobis fortuna contulit *NBAW*. — 24. ille autem || ille enim *edd.* — 25. quoad || quod *Ms*; quantum *NBAW*. — maxime || maxima *Ms.* — 26. accesura *Ms.* — 27. catabibazonte || boreo limite *edd.* — quae ... praescire poterat || quae ... praesciri poterant *NBAW*; quod ... praesciri poterat *Th.* — 31. tam breui || in tam brevi *edd.*

intersticio. Demptis igitur duobus gradibus et octaua parte a partibus xxx, scrupulis LVIII reliqua sunt XXVIII partes, scrupula LI s., excedentia maximam signiferi obliquitatem (quae tunc erat partium XXIII, scrupulorum primorum LI, secundorum XX) in partibus fere quinque integris, quae latitudo Lunae caeteris denique particularibus inuenitur usque modo congruere. Instrumentum vero parallatticum tribus regulamentis constat, quorum duo sunt longitudine paria ad minus cubitorum IIII, tertium aliquanto longius. Hoc atque alterum ex prioribus iunguntur vtrisque extremitatibus tertij sollerti perforatione et axonijs siue paxillis in his congruentibus, vt in vna superficie mobiles in iuncturis illis minime vacillent. In norma autem longiori a centro iuncturae suae exaretur recta linea per totam eius longitudinem, ex qua secundum distantiam iuncturarum quam exactissime
126 sumptam capiatur || aequalis. Haec diuidatur in particulas mille aequales vel
118a in plures, si fieri potest, quae diuisio extendatur in reliquum | secundum easdem partes, quousque perueniatur ad 1414 partes, quae subtendunt latus quadrantis inscriptibilis circulo, cuius quae ex centro fuerit mille partes. Caeterum quod superfuerit ex hac norma, amputare licebit uti superfluum. In altera quoque norma a centro iuncturae linea describatur illis mille partibus aequalis, siue ei, quae inter centra iuncturarum existit, habeatque a latere specilla sibi infixa, ut in dioptra solet, quae visus permeat, ita concinnata, ut meatus ipsi a linea in longitudinem normae praesignata minime declinent, sed distent aequaliter, prouiso etiam, ut ipsa linea suo termino ad regulam longiorem porrecta possit lineam diuisam tangere, fiatque hoc modo normarum officio triangulum isosceles, cuius basis erit in partibus lineae diuisae. Deinde palus aliquis optime decussatus et leuigatus erigatur et firmetur, cui instrumentum hoc ad regulam, in qua sunt ambo ligamenta, adnectatur quibusdam cardinibus, in quibus, quasi ianuam deceret, possit circumuolui, ita tamen, ut linea recta, quae per centra iuncturarum est regulae, perpendiculo semper respondeat et ad verticem stet horizontis tamquam axis illius. Petiturus igitur alicuius sideris a vertice horizontis distantiam, cum sidus ipsum per specilla normae recte perspectum tenuerit, adhibita desubtus regula cum linea diuisa intelliget, quot partes subtendant angulum, qui inter visum et axem horizontis

---

2. reliqua sunt || restant *NBAW*. — XXVIII partes || partes XXVIII *edd.* — scrup. LI s. || scrup. L s. *Th.* — excedentia || quae excedunt *NBAW*. — 6.—7. regulamentis ..., quorum duo || regulis ..., quarum duae *NBAW*. — 7. paria || pares *MsNBAW*. — tertium || et tertia *NBAW*. — 8. longius || longior *NBAW*. — Hoc atque alterum || Haec et altera *NBAW*. — 8—9. vtrisque extremitatibus || extremitatibus *NBAW*. — 9. tertij || reliquae *NBAW*. — 10. vna || eadem *NBAW*. — 14. reliquum || reliquam *NBAW*. — 15. perueniatur ad 1414 partes, quae subtendunt || tota fiat partium 1414, quae subtendit *NBAW*. — 16. quadrantis || quadrati *edd.* — 17. uti || tanquam *NBAW*. — 20. quae || per quae *NBAW*; per *deletum in Ms*. — 26. erigatur et firmetur || erigitur et firmatur *edd.* — 27. adnectatur || adnectitur *NBAW*. — 29. centra iuncturarum || centrum ligamentorum *NBAW*. — 30. axis illius || axis *NBAW*. — 33. quot || quod *Ms*.

existit, quarum partium dimetiens circuli fuerit xx milium, et habebit per canonem circumferentiam circuli magni inter sidus et verticem quaesitam.

Cap. xvi

Qvomodo commvtationes lvnae capiantvr

† Hoc instrumento, ut diximus, Ptolemaeus latitudinem Lunae maximam esse quinque partium deprehendit. Deinde ad commutationem eius percipiendam se conuertit, et ait se inuenisse eam Alexandriae vno gradu, scrupulis vii, dum esset Sol in v gradibus, scrupulis xxviii Librae; et motus Lunae medius || a Sole graduum lxxviii, scrupulorum xiii; anomalia aequalis *126v* partium cclxii, scrupulorum xx; latitudinis motus partium ccclIIII, scrupulorum xl; prosthaphaeresis adiectiua partes vii, scrupula | xxvi; 118b et idcirco Lunae locus gradibus iii, scrupulis ix Capricorni; latitudinis motus aequatus partium ii, scrupulorum vi; latitudo Lunae boraea partium iiii, scrupulorum lix; declinatio eius ab aequinoctiali partium xxiii, scrupulorum xlix, latitudo Alexandrina partes xxx, scrupula lviii. Erat, inquit, Luna in meridiano fere circulo visa per instrumentum a vertice horizontis partibus l, scrupulis lv, hoc est plus vno gradu et vii scrupulis, quam exigebat supputatio. Quibus ex sententia priscorum de eccentro et epicyclo demonstrat a centro terrae Lunae distantiam tunc fuisse partium xxxix, scrupulorum xlv, quarum quae ex centro terrae est vna pars, et quae deinde sequuntur rationem ipsorum circulorum. Quod videlicet Luna in maxima a terra distantia (quam aiunt esse in apogeo epicycli sub noua plenaque Luna) habeat easdem partes lxiiii, scrupula x siue sextantem vnius; in minima vero (quae in quadraturis) diuiduaque Luna perigaea existens in epicyclo partes dumtaxat xxxiii, scrupula xxxiii. Hinc etiam parallaxes taxauit, quae circa nonagesimum gradum a vertice contingunt; minimam scrupulorum primorum liii, secundorum xxxiiii, maximam vero partem vnam, scrupula xliii (uti latius, quae de his construxit, licet videre). At iam in propatulo est considerare volentibus haec longe aliter se habere, quod multipliciter experti sumus. Duo tamen obseruata recensebimus, quibus iterum declaratur, nostras de Luna hypotheses illis esse tanto certiores, quo magis inueniantur apparentijs consentire nec aliquid relinquere dubitationis.

---

3. Cap. xvi || Cap. xvii *B*. — 4. Quomodo commutationes lunae capiantur || capiatur *Ms*; De lunae commutationibus *NBAW*. — 5. Lunae maximam || maximam lunae *NBAW*. — 8. scrupulis xxviii: *quae verba edd inverterunt*. — 8.—9. et motus Lunae medius a Sole || distantia lunae a sole media *NBAW*. — 13. aequatus || aequalis *NBAW*. — Lunae || luna *B*. — 15. scrupula lviii || scrupulorum 38 *W*. — 20. terrae est || terrae sit *edd*. — 26. quae circa || quae *W*. — 27. scrupulorum primorum || scrup. *NBAW*. — maximam vero || maximam *NBAW*. — 27.—28. partem vnam || partis unius *Th et similiter saepius*. — 29. quod || ut *NBAW*. — 32. inueniantur ... relinquere || consentiant apparentiis, nec relinquant aliquid *NBAW*.

Anno inquam a Christo nato MDXXII. quinto Calendas Octobris, quinque horis aequalibus et duabus tertijs horae a meridie transactis circa Solis occasum Gynopoli accepimus per instrumentum parallatticum in circulo meridiano Lunae centrum a vertice horizontis, a quo inuenimus eius di-
127 stantiam partes LXXXII, scrupula L. Erant igitur || a principio annorum Christi usque ad hanc horam anni Aegyptij mille quingenti viginti duo, dies CCLXXXIIII, horae XVII et duo tertiae horae secundum apparentiam, aequato vero tempore horae XVII, scrupula XXIIII. Quapropter locus Solis apparens secundum numerationem erat in XIII. gradu, 29. scrupulo Librae, aequalis Lunae motus a Sole partium LXXXVII, scrupulorum VI; anomalia
119ª aequalis partium CCCLVII, | scrupulorum XIL; vera partium CCCLVIII, scrupulorum XXXX, addens scrupula VII, sicque locus Lunae verus in XII partibus, XXXII scrupulis Capricorni. Latitudinis medius motus a boreo limite erat partium centumnonagintaseptem, scrupuli I, verus partium IIICC, scrupulorum 8; latitudo Lunae austrina partium IIII, scrupulorum IIIL declinantis ab aequinoctiali partes XXVII, scrupula XLI; latitudo loci nostrae obseruationis partium LIIII, scrupulorum XIX, quae cum declinatione Lunari colligit veram a polo horizontis distantiam partium LXXXII. Igitur quae supererant scrupula L, erant commutationis, quae secundum Ptolemaei traditionem debebat esse pars vna, scrupula XVII.

Aliam rursus adhibuimus consyderationem in eodem loco, anno Christi millesimo quingentesimo vigesimo quarto, VII. Idus Augusti sex horis a meridie transactis, vidimusque per idem instrumentum Lunam a vertice horizontis partibus LXXXII. Erant igitur a principio annorum Christi ad hanc horam anni Aegyptij MDXXIIII, dies CCXXXIIII, horae XVIII, exacte etiam horae XVIII. Quoniam locus ⊙ secundum numerationem erat in XXIIII gradibus, XIII scrupulis Leonis; Lunae medius motus a Sole partium IIIC, scrupulorum V; anomalia aequalis partium CCXLII, scrupulorum X; regulata partium CCXXXIX, scrupulorum 38 addens medio motui partes fere VII: ideo verus Lunae locus erat in partibus IX, scrupulis 39 Sagitarij; latitudinis motus medius partium VIICC, scrupulorum XIX; verus partium CC,

---

2. tertijs horae || tertiis *NBAW*; tertiis *ab autore deletum per errorem.* — 3. Gynopoli || Fruenburgi *NBA*; Frauenburgi *W.* — parallaliticum *Ms* — 7. et duo || et duae *AWTh.* — duo tertiae *ex* tertia pars *Ms.* — 8. XXIIII *ex* XIII *Ms.* — 9. 29 *ex* XXXIIII *Ms.* — 10. a Sole || a Solis *NBAW.* — 11. CCCLVII || CCCCLVIII *B.* — XIL || *ex* IXL *Ms*; XXXIX *NB*; 39 *AW*; XXXVIIII *Th et similiter saepius.* — 13. XXXII || *ex* XXXVI *Ms*; XXXIII *NBAW.* — 13.—14. boreo limite || catabibazonte *Mspm.* — 14. nonaginta septem *ex* nonaginta nouem, nonaginta quatuor *Ms.* — scrup. I *ex* scrup. XLIX *Ms.* — 15. IIICC *ex* VCC *Ms*; IIICC || CXCVII *edd.* — 8 *ex* LVI *Ms.* — 16. IIIL || XLVII *edd.* — 19. supererant || superant *W.* — 24. partibus LXXXII *ex* partibus LXXXI, scrup. XLIII s., XLII *Ms*; partibus LXXXI, scrup. LV *NBAW.* — 25. CCXXXIIII: *in margine hic numerus* 234 *iteratur.* — 25.—26. exacte etiam || *sic et K*; exacte autem *NAW*; exactae autem *B. Mspm pro* etiam *habebat* autem, *post* horae XVIII *addiderat* scrup. IIII. — 27. XIIII scrupulis: *Mspm habebat* XXI. — 28. IIIC, scrupulorum V || XCVII, scrup. VI *NBAW*; scrup. V *Th.* — 29. 38 || XLIII *Mspm*; XXXX *NBAW.* — 30. 39 || XVI *Mspm.* — 31. VIICC *Ms* = CXCIII *edd.*

scrupulorum IIXX; latitudo Lunae austrina partes IIII, scrupula XLI; declinatio austrina partes XXVI, scrupula XXXVI, quae cum latitudine loci obseruationis || partium LIIII, scrupulorum XIX colligit a polo horizontis Lunae *127v* distantiam partium LXXX, scrupulorum 55. Sed apparebant partes LXXXII. Igitur pars vna, scrupula V excedentia transmigrauerunt in parallaxem Lunarem, quam secundum Ptolemaeum oportebat fuisse partem vnam scrupula XXXVIII et iuxta priorum sententiam, quod armonica ratio, quae ex eorum hypothesi sequitur, fateri coëgit.

CAP. XVII

LVNARIS A TERRA DISTANTIAE, ET QVAM HABEANT RATIONEM IN PARTIBVS, QVIBVS QVAE EX CENTRO TERRAE AD SVPERFICIEM EST VNA, DEMONSTRATIO 119b

Ex his iam apparebit, quanta sit Lunaris a terra distantia, sine qua non potest certa ratio assignari commutationum, ad inuicem enim sunt, et declarabitur hoc modo. Sit terrae circulus maximus AB, centrum eius C, in quo etiam describatur alter circulus, ad quem terrae insignem habeat magnitudinem, sitque DE, et D polus horizontis, atque in E centrum Lunae, vt sit eius a vertice nota distantia DE. Quoniam igitur angulus DAE in prima obseruatione partium erat LXXXII, scrupulorum L, et ACE secundum numerationem partium LXXXII tantum, ac eorum differentia AEC scrupulorum L, quae erant commutationis, habemus ACE triangulum datorum angulorum, igitur et datorum laterum. Nam propter angulum CAE datum erit CE latus partium 99219, quarum dimetiens circuli circumscribentis triangulum AEC fuerit centummilium, et AC talium 1454, quae sunt in CE sexagesies octies fere, quarum AC, quae ex centro terrae, fuerit vna pars. Et haec erat in prima consideratione distantia Lunae a centro terrae. At in secunda DAE angulus partium erat LXXXII apparens, numeratus autem ACE partium LXXX, scrupulorum 55, et reliquus, qui sub AEC, scrupulorum LXV. Igitur EC latus partium 99027 et AC 1891, quarum dimetiens circuli circumscribentis triangulum fuerit centenum milium; sicque

---

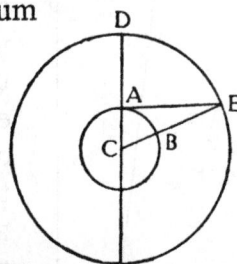

1. IIIXX *Ms* = XVII *edd.* — 4. 55 || XLII *Mspm.* — LXXXII || *ex* LXXXI, scrup. XLIII s.; XLII *Ms;* LXXXI, scrup. LV *NAW*; LXXVI, scrup. LV *B.* — 5. pars vna, scrupula V excedentia || pars una excedens *NBAW*; scrupula V || scrup. I s. *Mspm.* — transmigrauerunt || transmigravit *NBAW*. — 10. Distantiae || Distantia *edd*; *Mspm scripserat*: habeant rationem diametri circulorum eius. — 11. Superficiem || Superficium *B.* — 17. eius a vertice || *sic et K*; eius A vertice *NA*. — 19.—21. *Verba* secundum numerationem partium ... AEC *in NBAW desunt.* — 23. 99219 || 99027 *Mspm.* — 27. LXXXII || LXXXI, scrup. XLIII *Mspm*; LXXXI, scrup. LV *NBAW*. — 28. scrupulorum 55 *ex* XLII; *numerus* 55 *iterum scriptus est in margine sinistro*; *in margine dextro* sc. XLIII s. — 29. scrupulorum LXV || scrup. LX *NBAW*. — 99027 et AC 1891 || 98953 et AC 1745 *Mspm*; 99006 et AC 1747 *NBAW*; 99027 et AC 1894 *Th.*

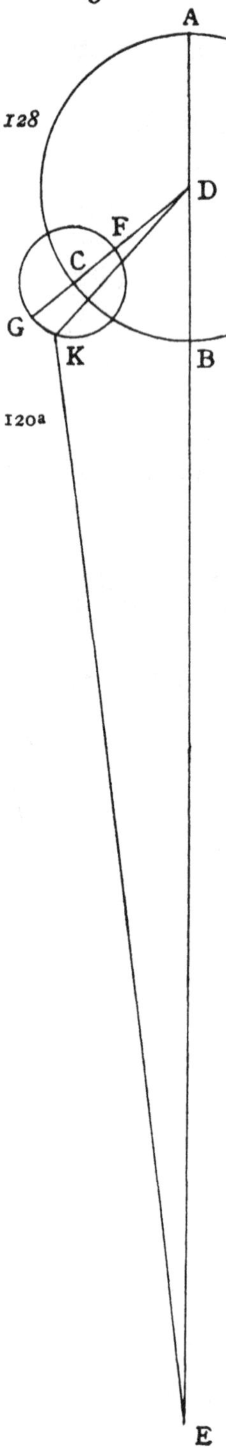

CE Lunae distantia partium erat 56, scrupulorum XLII,
quarum quae ex centro terrae AC est pars vna. Sit
128 modo epicyclus || Lunae maior ABC, cuius centrum
sit D, et suscipiatur E centrum terrae, a quo recta
linea agatur EBDA, quatenus fuerit apogaeum A,
perigaeum B. Capiatur autem circumferentia ABC
partium CCXLII, scrupulorum X, iuxta numeratam
anomaliae Lunaris aequalitatem, factoque in C centro
describatur epicyclium secundum FGK, cuius circumferentia
FGK partium sit VICC, scrupulorum X duplicatae Lunaris a
120a Sole distantiae, et connectatur DK, quae auferens ano|maliae
partes duas, scrupula XXVII relinquat angulum KDB anomaliae
aequatae partium LIX, scrupulorum XLIII, cum totus CDB
fuerit partium LXII, scrupulorum X, quibus excedebat semicirculum, et qui sub BEK angulus erat partium VII. Trianguli
igitur KDE dantur anguli in partibus, quibus CLXXX sunt duo
recti, datur quoque ratio laterum, DE partium 91856 et EK
partium 86354, quarum esset circuli dimetiens circumscribentis
triangulum ipsum KDE centenummilium; sed quarum DE fuerit centenum milium, erit KE partium 94010. Atqui superius
ostensum est, quod etiam DF talium fuerit partium 8600 et
tota DFG 13340. Igitur ad hanc datam rationem dum fuerit
EK (ut ostensum est) partium LVI, scrupulorum XLII, quarum
quae ex centro terrae est vna, sequitur, quod DE earumdem sit
partium LX, scrupulorum XVIII et DF partium V, scrupulorum
XI, DFG partes VIII, scrupula II, perinde ac tota EDG in rectam
extensa lineam partium LXVIII cum triente, maxima sublimitas
Lunae diuiduae; ablata quoque DG ex ED remanent partes LII,
scrupula XVII minimae illius distantiae. Sic etiam tota EDF,
quae in plena ac sitiente contingit altitudo, partium erit LXV
s. maxima, et deducta DF minima partium LV, scrupulorum VIII.
Neque vero nos mouere debet, quod alij maximam distantiam
plenae nouaeque Lunae existiment esse partium LXIIII, scrupulorum X, ij praesertim, quibus non nisi ex parte commutationes

1. scrupulorum XLII || scrup. XLI *NBAW*. — 7. *Pro* iuxta *abhinc Ms scribit* iusta*; in pagina* 179 *Ms revertitur scriptio* iuxta. — 8. aequalitatem || aequabilitatem *NBA*. — 10. VICC || CXCIIII *edd.* — scrup. X || scrup. XII *NBAW*. — 12. scrupula XXVII || scrup. XXX *NBAW*. — 13. scrupulorum XLIII || scrup. XL *NAW*; scrup. CL *B*. — 15. partium VII || *sic et K*; part. XII *NBA*. — 16. KDE || KDB *MsNBAW*. — 17. 91856 || 91821 *NBAW*. — 18. 86354 || 86310 *NBAW*. — 20. 94010 || 93998 *NBAW*. — 23. scrupulorum XLII || scrup. XLI *NBAW*. — 26. DFG || DFF *W*. — 29. scrup. XVII *ex* scrup. quadrante *Ms*. — 30.—31. LXV s. *in Ms emendatum est ex*: LXV cum triente. — 31. scrupulorum VIII *ex* quadrante *Ms*.

Lunae potuerunt innotescere ob locorum suorum dispositionem. Nobis autem, ut plenius perciperentur, concessit maior || propinquatio Lunae ad *128v* horizontem, circa quem constat parallaxes ipsas compleri, neque tamen ob diuersitatem hanc inuenimus plus vno scrupulo commutationes differre.

CAP. XVIII

DE DIAMETRO LVNAE AC UMBRAE TERRESTRIS IN LOCO TRANSITVS LVNAE 120b

† Penes distantiam quoque Lunae a terra apparentes Lunae et vmbrae diametri variantur, quare et de his attinet dicere. Et quamquam Solis et Lunae diametri per dioptram Hipparchi recte capiuntur, id tamen in Luna multo certius arbitrantur efficere per defectus aliquos Lunae particulares, in quibus aequaliter a summa vel infima abside sua Luna distiterit, praesertim si tum etiam Sol eodem modo se accomodauerit, ut circulus vmbrae, quem Luna vtrobique pertransierit, aequalis inueniatur, nisi quod defectus ipsi sint in partibus inaequalibus. Manifestum est enim, quod differentia partium deficientium et latitudinis Lunae inuicem collata ostendit, quantum circumferentiae circa centrum terrae dimetiens Lunae subtendit. Quo percepto mox etiam semidiameter vmbrae intelligitur, quod exemplo fiet apertius. Quemadmodum, si in medio prioris deliquij defecerint digiti siue vnciae tres diametri Lunae latitudinem habentis scrupula prima XLVII, secunda LIIII; in altero digiti decem cum latitudine scrupulorum primorum XXIX, secundorum XXXVII. Est enim differentia partium obscuratarum digiti VII, latitudinis scrupula prima XVIII, secunda XVII, quibus proportionales sunt XII digiti, ad scrupula XXXI, XX subtendentia diametrum Lunae: Patet igitur, quod centrum Lunae in medio prioris eclipsis excessit vmbram quadrante diametri sui, in quo sunt latitudinis scrupula prima septem, secunda L, quae si auferantur a scrupulis primis XLVII, secundis LIIII totius latitudinis, remanent scrupula prima XXXX, secunda IIII semidiametri vmbrae; sicut in altera eclipsi, in qua supra latitudinem Lunae scrupula prima X, secunda || viginti septem vmbra *129* pro triente diametri Lunaris occupauit, cum addita fuerint scrupula prima XXIX, secunda XXXVII, efficiunt itidem scrupula prima XL, secunda IIII vmbrae semidimetientem. Ita quidem Ptolemaei sententia, dum Sol et Luna in maxima a terra distantia coniunguntur vel opponuntur, Lunae dimetiens est scrupulorum | primorum XXXI cum triente, qualem etiam 121a Solis per dioptram Hipparchiam se comperiisse fatetur, vmbrae vero partis vnius, scrupulorum primorum XXI ac trientis, existimauitque haec esse ad inuicem vt XIII ad V, quod ut duplum superpertiens tres quintas.

---

11. distiterit || destiterit *edd.* — 17. percoepto *Ms.* — 35. Hipparchiam || Hipparchicam *NAW.* — 36. primorum XXI || primorum XXXI *NBAW.* — 37. quod ut || quod est ut *edd.* — superpartiens *edd.*

Cap. XIX

Qvomodo solis et lvnae a terra distantia eorvmqve diametri ac vmbrae in loco transitvs lvnae et axis vmbrae simvl demonstrentvr

Quoniam vero Sol etiam parallaxim facit aliquam, quae cum modica sit, non adeo facile percipitur, nisi quod haec sibi inuicem cohaerent, distantia videlicet Solis et Lunae a terra, ipsorumque et vmbrae transitus Lunae diametri, et axis vmbrae, quae propterea inuicem se produnt in demonstrationibus resolutorijs. Primum quidem recensebimus de his Ptolemaei placita, et quomodo illa demonstrauerit, e quibus, quod verissimum visum fuerit, eliciemus.

Assumit ille diametrum Solis apparentem scrupulorum primorum XXXI et tertiae, quo sine discrimine vtitur; ipsi vero parem Lunae diametrum plenae nouaeque, dum apogaea fuerit, quod ait esse in partibus LXIIII, scrupulis X distantiae, quibus dimidia diametri terrae est vna. Ex his reliqua demonstrauit hoc modo. Esto Solaris globi circulus ABC per centrum eius D, terrestris autem in maxima eius a Sole distantia EFG per centrum quoque suum, quod sit K; lineae rectae utrumque contingentes AG, CE, quae extensae concurrant in vmbrae mucronem, ut in S signo, et per centra Solis et terrae DKS; agantur etiam AK, KC, et connectantur
129v || AC, GE, quas minime a diametris oportet differre propter ingentem earum distantiam. Capiantur autem in DKS aequales LK, KM iuxta distantias, quas Luna facit in apogaeo plena nouaque, secundum illius sententiam partium LXIIII, scrupulorum X, quarum est EK pars vna, et QMR dimetiens vmbrae sub eodem Lunae transitu, atque NOL Lunae dimetiens ad angulos rectos ipsi DK, et extendatur LOP. Propositum est primum inuenire, quae fuerit ratio DK ad KE. Cum igitur angulus NKO fuerit scrupu-
121b lorum XXXI et trientis, quorum IIII recti partes sunt | CCCLX, erit semissis LKO scrupulorum XV et bessis, et qui ad L rectus. Trianguli igitur LKO datorum angulorum datur ratio laterum KL ad LO, et ipsa LO longitudine scrupulorum primorum XVII, secundorum XXXIII, quibus est LK partium LXIIII, scrupulorum X, siue KE pars vna; et secundum quod LO ad MR est uti V ad XIII, erit MR scrupulorum primorum XLV, secundorum XXXVIII earundem partium. Quoniam vero LOP et MR aequalibus interuallis sunt ipsi KE parallelj, erunt propterea LOP, MR simul duplum ipsius KE, a quo reiectis MR et LO, restabat OP scrupulorum primorum LVI, secundorum XLIX. Sunt autem per secundum sexti praeceptum Euclidis proportionales EC ad PC, KC ad OC, et KD ad LD in ratione, qua est KE ad OP, hoc est LX scrupula

4. Sol etiam || sol *NBAW*. — 12. quo || qua *KTh*. — 20. a diametris oportet || oportet a diametris *NBAW*. — 22. nouaque || nova *B*. — 23. et QMR || QMR *NBAW*. — 24. NOL || NLO *BTh*. — 31. quod || quae *AW*. — 35. restabat || restabit *Th*. — 37. ad LD || et LD *B*.

prima ad scrupula prima lviii, secunda xlviiii. Datur similiter ld scrupulorum primorum lvi, secundorum xlix, quibus tota dlk pars vna fuerit, et reliqua igitur kl scrupulorum primorum trium, secundorum xi; quatenus autem kl fuerit partium lxiiii, scrupulorum x, quarum fk est vna, et tota kd erit partium mccx. Iam quoque patuit, quod mr talium fuerit scrupulorum primorum xlv, secundorum xxxviii, quibus constat ratio ke ad mr et kms ad ms; erit etiam totius kms ipsa km scrupulorum primorum xiiii, secundorum xxii, atque diuisim, quarum fuerit km partium lxiiii, scrupulorum x, erit tota kms partium cclxviii axis † vmbrae. || 130 Ita quidem Ptolemaeus.

Alij vero post Ptolemaeum, quoniam inuenerunt haud satis congruere haec apparentijs, alia quaedam de his prodiderunt. Fatentur nihilominus, quod maxima distantia plenae nouaeque Lunae a terra sit partium lxiiii, scrupulorum x; Solis apogaei diametrum apparentem scrupulorum primorum xxxi et tertiae; concedunt etiam diametrum vmbrae in loco transitus Lunae esse vt xiii ad v, vti Ptolemaeus ipse; verumtamen Lunae diametrum apparentem negant tunc esse maiorem scrupulis xxix s., et propterea vmbrae diametrum partis vnius et scrupulorum xvi cum dodrante fere ponunt, e quibus sequi putant apogaei Solis a terra distantiam esse partium mcxlvi et axim vmbrae ccliiii, quarum quae ex centro † terrae est vna, | 122a attribuentes haec Arataeo illi philosopho inuentori, quae tamen nulla ratione possunt coniungi.

Nos ea concinnanda ac emendanda sic rati sumus, cum posuerimus apogaei Solis apparentem diametrum scrupulorum primorum xxxi, secundorum xl: oportet enim aliquo modo maiorem nunc esse quam ante Ptolemaeum. Lunae vero plenae vel nouae, ac in summa abside, scrupulorum primorum xxx, vmbrae quoque diametrum in ipso illius transitu scrupulorum primorum lxxx et trium quintarum, conuenit enim paululo maiorem ipsis inesse rationem quam v ad xiii, sed ut 150 ad 403; totum vero Solem non tegi a

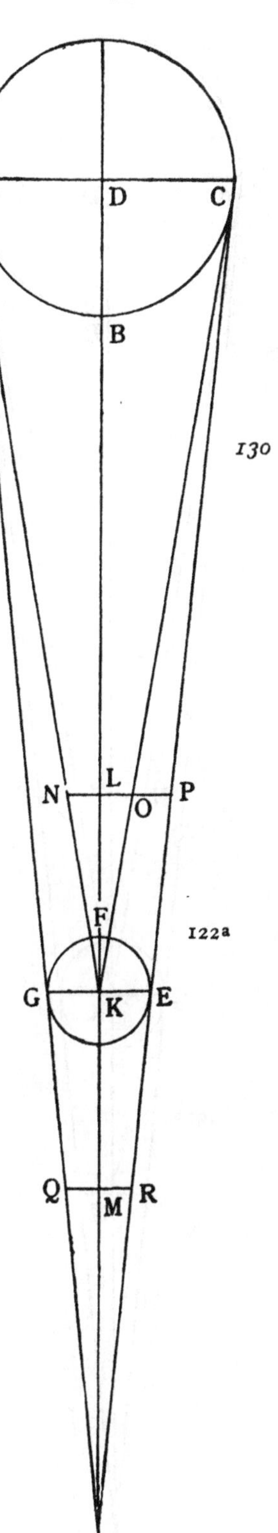

1. prima ad scrupula *K.* — lviii *ex* lvi *Ms.* — secunda xlviiii || 48 *NBAW*; 59 *Th.* — 3. reliqua || reliquum *NAW.* — 4. primorum trium || prima iii *NBW*; prim. 3 *A.* — 10. secundorum || secunda *B.* — 33. scrupulorum primorum lxxx || scrup. lxxix *Mspm.* — trium quintarum: *Ms habebat* secundorum xxxvi; *quorum loco posuit* tres quintae. — 34. paululo || paulo *NBAW.* — 35. ut 150 ad 403: *eorum loco legebatur* xxx ad lxxix *Ms.* — Solem non tegi || Solem apogaeum non tegi *NBAW.* — 35.—pag. 256, 3. totum vero ... pars una: *loco huius coli Mspm habet*: maximam deinde

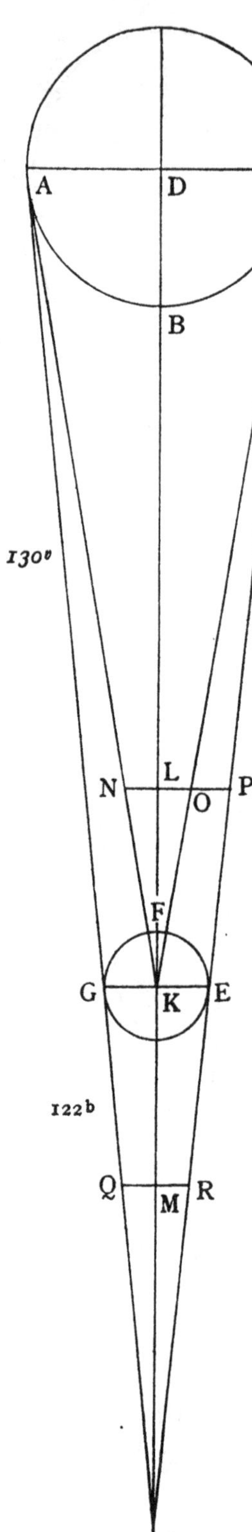

Luna, nisi ipsa habuerit distantiam a terra minorem, quam sunt partes 62, quarum quae ex centro terrae fuerit pars vna. Haec enim sic posita certa ratione cum inter se tum in caeteris cohaerere videntur, et apparentibus Solis et Lunae deliquijs consentanea. Habebimus siquidem iuxta praecedentem demonstrationem in partibus et scrupulis, quibus quae ex centro terrae pars vna, quae est KE, ipsam LO talium scrupulorum primorum XVII; secundorum VIII, et propterea MR ut scrupulorum primorum XLVI, secundi I, et idcirco OP scrupulorum primorum LVI, secundorum LI. Et tota DLK partium 1179, Solis apogaei a terra distantia, et KMS axis vmbrae partium CCLXV.

Cap. XX

130v

De magnitvdine horvm trium sidervm solis, lvnae et terrae ac inuicem comparatione

Proinde etiam manifestum est, quod KL est decies octies in KD, et in ea ratione est LO ad DC. Decies octies autem LO efficit partes quinque, scrupula XXVII fere, quarum KE est vna, siue quod SK ad KE, hoc est CCLXV partes ad vnam, est sicut totius SKD partes MCCCCXLIIII ad ipsius DC partes similiter V, scrupula XXVII, proportionales enim sunt et ipsae: haec erit ratio diametrorum Solis et terrae. Quoniam vero globi in tripla sunt ratione suorum dimetientium, cum ergo triplicauerimus quintuplam cum scrupulis XXVII, proueniunt partes CLXII minus octaua vnius, quibus Sol maior est terrestri globo. Rursus quoniam Lunae semidimetiens scrupulorum est primorum XVII, secundorum IX; quorum KE est pars vna. |
122b Estque propterea terrae dimetiens ad Lunae dimetientem vt septem ad duo, id est tripla sesquialtera ratione; quae cum triplata fuerit, ostendit ter et quadragies terram esse Luna maiorem minus octaua parte Lunae, ac perinde etiam Sol maior erit Luna septies milies minus LXIII.

2. partes 62 || LXII partium *NBAW*; 62 partes *Th.* — 8. primorum XVII || primorum XVIII, secundorum XI; *deinde*: primorum XVII, secundorum IX *Mspm.* — 9. secundi I || secundorum X *Mspm.* — 10. secundorum LI || secundorum XXXIX *Mspm.* — *Post* Et *Mspm inseruit*: cum LK fuerit earundem partium LXV s., erit ... — 11. 1179 *Ms pro deleto* MDLXXIX. — 24. scrupulis || scrupula *W.* — 32. minus LXIII || minus LXII *NBAW*; minus LXIII. parte *Th.*

distantiam Lunae a terra coniunctae Soli vel oppositae partium LXV s., quarum terrae semidiameter est vna.

Cap. xxi

De diametro solis apparente et eivs commvtationibvs

† Quoniam vero eaedem magnitudines remotiores apparent minores
ipsis propinquioribus; accidit propterea Solem, Lunam et vmbram terrae
variari penes inaequales eorum a terra distantias, nec minus quam parallaxes.
Quae omnia ex praedictis facile discernuntur ad quamcumque aliam
elongationem. Primum quidem in Sole id manifestum est. Cum enim
demonstrauerimus remotissimam ab eo terram esse partium 10 322, quarum
quae ex centro orbis annuae reuolutionis 10 000, ac in reliquo diametri
partium 9678 proximam: quibus igitur partibus est summa absis MCLXXIX,
quarum quae ex centro terrae est vna, erit infima partium earumdem
MCV, perinde ac media partium MCXLII. Cum igitur diuiserimus 1 000 000
per MCLXXIX, habebimus || partes 848 subtendentes in orthogonio minimum 131
angulum scrupulorum primorum II, secundorum LV maximae commutationis, quae circa horizonta contingit. Similiter diuisis millenis milibus
per MCV minimae distantiae partes proueniunt particulae 905 subtendentes
angulum scrupulorum primorum III, secundorum VII maximae commutationis infimae absidis. Ostensum est autem, quod dimetiens Solis sit
partium V, scrupulorum 27, quorum dimetiens terrae est pars vna, quodque
in summa abside appareat, scrupulorum primorum XXXI, secundorum
XLVIII. Proportionales enim sunt partes MCLXXIX ad partes V, scrupula
XXVII atque 2 000 000 diametri circulj ad 9 245, quae subtendunt scrupula
prima XXXI, secunda XLVIII. Sequitur, vt in minima distantia partium MCV
sit scrupulorum primorum XXXIII, secundorum LIIII. Horum ergo differentia
scrupulorum primorum est II, secundorum VI, inter commutatio|nes vero 123a
† sunt secunda tantum XII. Ptolemaeus utramque contemnendam putauit
ob paucitatem, attento quod scrupulum vnum vel alterum non facile
sensu percipiatur; quanto minus possibile est fieri id in secundis. Quapropter, si Solis parallaxim maximam scrupulorum III vbique tenuerimus,
nullum errorem videbimur commisisse. Medios autem Solis diametros
apparentes per medias eius distantias capiemus, siue (ut aliqui) per
apparentem Solis motum horarium, quem existimant esse ad suum diametrum ut V ad LXVI, siue ut vnum ad XIIII et vnius quintam. Ipse enim
motus horarius suae distantiae est fere proportionalis.

---

3. eaedem || eadem *W.* — 4. accidit || aceidit *W.* — 8. 10322 || 10323 *NAWTh.* — 12. 1000000 || *sic et K*; 100000 *NBW.* — 16. partes || pertes *Ms.* — 19. scrupulorum 27 || scrupulorum VII *Mspm.* — quorum || quarum *AWTh.* — 22. 2000000 || 1000000 *K*; 200000 *NBAW.* — 9245 || 9210 *Mspm.* — 25. secundorum VI || secundorum XIIII *Mspm.* — 27.—28. *Post* attento *in W legis*: dios autem Solis ... ut aliqui. *Hi duo versus inferius suo loco repetuntur.* — 28. fieri id in secundis || fieri in secundis *BTh.*

Cap. XXII

De diametro lvnae inaeqvaliter apparente et eivs commvtationibvs

Maior vtriusque diuersitas apparet in Luna ut in proximo sidere. Cum enim maxima eius a terra remotio fuerit partium LXV s. nouae plenaeque, erit minima per demonstrata superius partium LV, scrupulorum VIII, diiuiduae autem elongatio maxima partium LXVIII, scrupulorum XXI, minima partium LII, scrupulorum XVII. Igitur in his quatuor terminis habebimus Lunae
131v orientis vel occidentis parallaxes, cum diuiserimus semidiametrum || circuli per Lunae a terra distantias, remotissimae quidem diuiduae scrupulorum primorum L, secundorum XVIII, plenae nouaeque scrupulorum primorum LII, secundorum XXIIII, infimae scrupulorum primorum LXII, secundorum XXI, ac infimae diuiduae scrupulorum LXV, XLV. Ex his etiam patent apparentes Lunae diametri. Ostensum est enim diametrum terrae ad Lunae diametrum esse vt VII ad duo, eritque ea, quae ex centro terrae, ad Lunae dimetientem ut septem ad IIII, in qua ratione sunt etiam parallaxes ad visos Lunae diametros, quoniam rectae lineae, quae comprehendunt angulos commutationum maiorum ac diametrorum apparentium in eodem Lunae transitu neutiquam differunt inuicem, et anguli ipsi suis subtendentibus rectis lineis sunt fere proportionales, neque subiacet sensui eorum differentia. Quo compendio manifestum est, quod sub primo limite iam
123b expositarum commutationum Lunae dimetiens apparens | exit scrupulorum primorum XXVIII et dodrantis, sub secundo scrupulorum XXX fere, sub tertio scrupulorum primorum XXXV, secundorum XXXVIII, sub vltimo scrupulorum primorum XXXVII, secundorum XXXIIII. Haec secundum Ptolemaei ac aliorum hypothesim fuisset prope vnius gradus, oporteretque accidere, vt Luna tunc dimidia lucens tantum lucis afferret terris, quantum plena.

Cap. XXIII

Qvae sit ratio diuersitatis vmbrae terrae

Vmbrae quoque diametrum ad Lunae diametrum iam declarauimus esse ut 150 ad 403, quae propterea in plena nouaque Luna, dum Sol apogaeus fuerit, minima reperitur scrupulorum 80, 36, maxima vero scrupulorum

6. scrup. XXI *ex* scrup. XXXII. — 7. scrup. XVII *ex* scrup. XXVII *Ms.* — 11. LII || LI *NBAW.* — 16. ad visos || ad angulos *NBA*; ad angulos Lunae seu *W.* — 17. maiorum ac diametrorum || maiorum, ad diametrorum *edd.* — apparentium || apparentiam *B.* — 21. expositarum || expositorum *Ms.* — exit || erit *AWTh*; *N in custode prioris paginae* erit. — 24. XXXVII || XXVII *NBAW.* — 31. 150 ad 403 *Ms praebet pro deletis his*: LXXIX ad XXX; hoc enim dupla superpertiens decem novem trigesimas; *lege*: 403 ad 150 *secundum edd.* — 32. scrupulorum 80, 36 *ex* scrup. LXXIX; 80, 18 *Ms.* — 36 || cum tribus quintis *NBAW.*

primorum XCV, secundorum XLIIII, fitque maxima differentia scrupulorum XIIII, 8. Variatur etiam vmbra terrae, quamuis in eodem Lunae transitu, propter inaequalem terrae a Sole distantiam hoc modo. Repetatur enim, ut in praecedente figura, recta linea per centra Solis et terrae DKS, ac contingentiae CES coniunctis DC, KE. Quoniam, vt est demonstratum, dum esset DK distantia partium MCLXXIX, quarum est KE pars vna, et KM earumdem partium LXII, erat MR semidimetiens vmbrae scrupulorum primorum XLVI, secundi I eiusdem partis KE, et angulus apparentiae MKR scrupulorum primorum 42, 32 connexis K, R, et axis vmbrae KMS partium CCLXV. Cum autem fuerit terra proxima Soli, vt || sit DK partium MCV, vmbram 132 terrae in eodem Lunae transitu taxabimus hoc modo. Agatur enim EZ ad DK, eruntque proportionales CZ ad ZE et EK ad KS; sed CZ partium est IIII, scrupulorum XXVII et ZE partium MCV. Aequales enim sunt ZE et reliqua DZ ipsis DK, KE parallelogrammo existente KZ. Erit igitur et KS partium earumdem CCXLVIII, scrupulorum IXX, quibus est KE vna. Erat autem KM earundem partium LXII, et reliqua igitur MS easdem partes habebit CLXXXVI, scrupula 19. At quoniam proportionales sunt etiam SM ad MR et SK ad KE, datur ergo MR scrupulorum primorum XLV, secundi I, quarum | est vna KE, ac deinde angulus apparentiae, 124a qui sub MKR, scrupulorum 41, secundorum 35. Acciditque propterea in eodem Lunae transitu per accessum et recessum Solis et terrae in vmbrae diametro maxima differentia scrupuli I, quorum est EK pars vna, secundum visum secunda LVII, quorum sunt partes CCCLX quatuor anguli recti. Porro vmbrae diameter ad Lunae diametrum illic plus habebat in ratione quam XIII ad V, hic autem minus, ipsa quodammodo media. Quapropter modicum errorem committemus, si vbique eadem usi fuerimus labori parcentes et priscorum secuti sententiam.

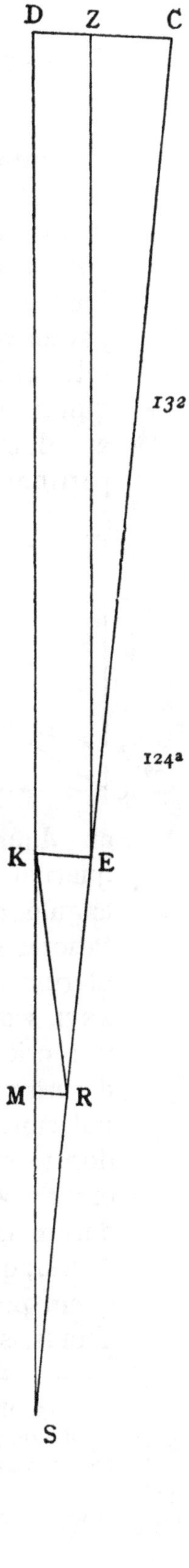

---

1. XCV *ex* XCIII *Ms.* — fitque || sitque *W.* — 2. scrupulorum XIIII || scrupulorum XV *Th.* — *A in margine lege* 15, *quod et in Ms legi Th falso scribit in Addend;* 8 *ex* L, VIII, X *Ms.* — 3. terrae || eius *Mspm.* — 8. LXII *ex* LXV s. *Ms.* — 9. secundi I *ex* secundorum X *Ms.* — 10. primorum 42, 32 || primorum XXXIX s. *Mspm;* scr. XXXII *NB;* secund. 32 *A;* scrupulorum secundorum 32 *K.* — 18. IXX = 19 *edd.* — 19. LXII *ex* LXII s. *Ms.* — 20. CLXXXVI, scrup. 19 || CLXXXII, scrup. XLIX *Mspm.* — 21.—22. XLV, secundi I || XLIIII, sec. XIIII *Mspm.* — 23. scrupulorum 41, secundorum 35 *ex* scrup. XXXVIII, sec. XLI *Ms.* — 24. accesum *Ms.* — 25. *Post* scrupuli I *Mspm addit* secd. LII; scrup. II *NBAW.* — 26. secunda LVII || scrup. I scda. XXXVII *Mspm.*

Cap. XXIV

Expositio canonica particvlarivm commvtationvm Solis et Lvnae in circvlo qvi per polos horizontis

Iam quoque non erit ambiguum singulas quasque parallaxes Solis et Lunae capere. Repetatur enim terrestris circulus AB per centrum C ac verticem horizontis, atque in eadem superficie circulus Lunae DE, Solis FG, linea CDF per verticem horizontis, et CEG, in qua intelligantur vera loca Solis et Lunae, quibus etiam locis connectantur visus AG, AE. Sunt igitur parallaxes Solis quidem penes angulum AGC, Lunae vero secundum AEC; inter Solem quoque et Lunam commutatio per eum, qui sub GAE relinquitur angulus iuxta differentiam ipsorum AGC et AEC. Capiamus iam
132ᵛ angulum ACG, ad quem illa voluerimus comparare, sitque || verbi gratia partium triginta: manifestum est per demonstrata triangulorum planorum, quod, cum posuerimus CG lineam partium MCXLII, quarum AC fuerit vna, erit angulus AGC, quo differt altitudo Solis vera a visa, scrupuli primi vnius et semis; cum autem fuerit angulus ACG partium LX, erit AGC scrupulorum primorum II, secundorum XXXVI. Similiter in caeteris patefient, at circa Lunam in quatuor suis limitibus, quoniam, si sub maxima eius a terra distantia, in
124b qua fuerit CE partium, vt diximus, | LXVIII, scrupulorum XXI, quarum erat CA pars vna, susceperimus angulum DCE siue DE circumferentiam partium XXX, quarum CCCLX sunt quatuor recti, habebimus triangulum ACE, in quo duo latera AC, CE cum angulo, qui sub ACE, dantur, e quibus inueniemus AEC angulum commutationis scrupulorum primorum XXV, secundorum XXVIII; et cum fuerit CE illarum partium LXV s., erit angulus, qui sub AEC, scrupulorum primorum XXVI, secundorum XXXVI; similiter tertio loco, cum fuerit CE LV, scrupulorum VIII, erit angulus AEC commutationis scrupulorum primorum XXXI, secundorum XLII; in minima denique distantia, dum fuerit CE partium LII, scrupulorum XVII, efficiet AEC angulum scrupulorum primorum XXXIII, secundorum XXVII. Rursus, cum DE circumferentia sumatur partium LX circulj, erunt eodem ordine parallaxes prima scrupulorum primorum XLIII, secundorum LV; secunda scrupulorum XLV, secundorum LI; tertia scrupulorum LIIII s.; quarta LVII s. Quae omnia conscribemus in ordinem canonis subiecti, quem pro comodiori vsu ad instar aliorum in XXX versuum seriem extendemus, sed per hexades graduum, quibus intelligatur duplicatus numerus

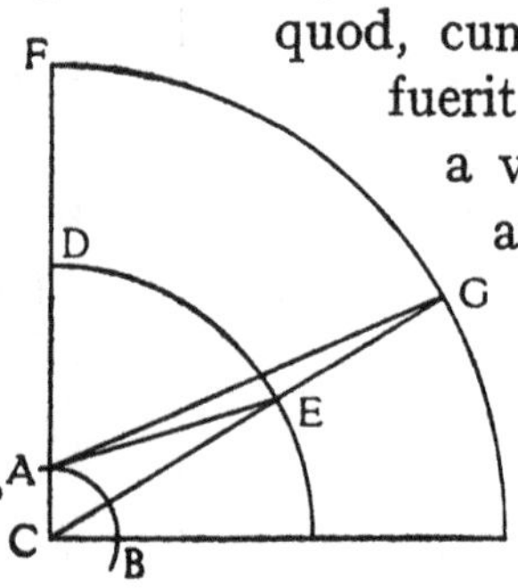

---

15. altitudo Solis vera || locus solis verus *Mspm.* — 15.—16. vera a visa || vera A visa *A.* — 25. dantur || datur *W.* — inueniemus || invenimus *BTh.* — 28. LV || partium 55 *Th.* — 32. secundorum XXVII || sec. 17 *W.*

eorum, qui a vertice sunt horizontis, ad summum nonaginta. Ipsum vero canonem digessimus in ordines nouem. Namque || primo et secundo erunt numeri communes circuli; tertio ponemus Solis parallaxes, deinde Lunares commutationes, et quarto loco differentias, quibus minimae parallaxes, quae in Luna diuidua ac apogaea contingunt, deficiunt a sequentibus in plena nouaque. Sextus locus eas habebit commutationes, quas in perigaeo plena vel sitiens Luna producit, et quae sequuntur scrupula sunt differentiae, quibus, quae in diuidua ac proxima nobis existente Luna parallaxes fiunt, illas sibi viciniores excedunt. Deinde reliqua duo spacia, quae supersunt, scrupulis proportionum seruantur, quibus inter hos quatuor limites parallaxes poterunt dinumerari, quae etiam exponemus, et primum circa apogaeum, et quae inter priores sunt limites, hoc modo.

133

Sit, inquam, circulus | AB Lunae epicyclus primus, cuius centrum sit C, et suscepto D centro terrae agatur recta linea DBCA, et in A apogaeo facto centro describatur epicyclium secundum EFG; assumatur autem EG circumferentia partium LX, et connectantur AG, CG. Quoniam igitur in praecedentibus demonstratae sunt rectae lineae CE partium V, scrupulorum XI, quarum dimidia diametri terrae est vna, quarum etiam DC est partium LX, scrupulorum XVIII, ac earumdem EF partium duarum, scrupulorum LI: in triangulo igitur ACG dantur latera GA partis vnius, scrupulorum XXV et AC partium VI, scrupulorum XXXVI cum angulo sub ipsis comprehenso CAG. Igitur per demonstrata triangulorum planorum tertium latus CG earundem erit partium VI, scrupulorum VII. Tota igitur DCG in rectam acta lineam siue ipsi aequalis DCL erit partium LXVI, scrupulorum XXV. Sed DCE partium erat LXV S., relinquitur ergo EL excessus scrupulorum LV S. fere. Atque per hanc datam rationem, cum fuerit DCE partium LX, erit EF earumdem partium II, scrupulorum XXXVII, EL scrupulorum XLVI. Quatenus igitur EF fuerit scrupulorum LX, erit EL excessus XVIII fere. Haec signabimus in canone septimo loco e regione || graduum LX. Similiter

125ᵃ

133ᵛ

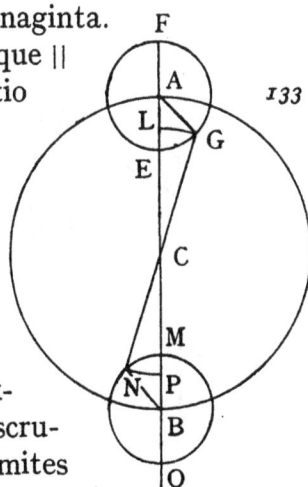

1. nonaginta || nonagintasex *B*. — 5. quarto loco || quinto loco *Th*; *quintus locus a Copernico non proprie nominatur, sed verbis*: quibus deficiunt a sequentibus *indicatur*. — differentias, quibus || *sic et K*; differentiae. Quinto *NB*; differentiae, quibus *AW*. — minime *Ms*. — 12. quae || que *Ms*. — 13. hos || has *NBAW*. — 25. XXV *est scriptum super* XXIV *Ms* — 27. latus CG || latus CF *W*. — 30. erat LXV S. || erat LX, scrup. XVIIII *Mspm*. — 32. LX || XL *B*. — 34. XVIII fere || 18 scrup. fere *W*. — 35. septimo || octavo *WTh (recte)*.

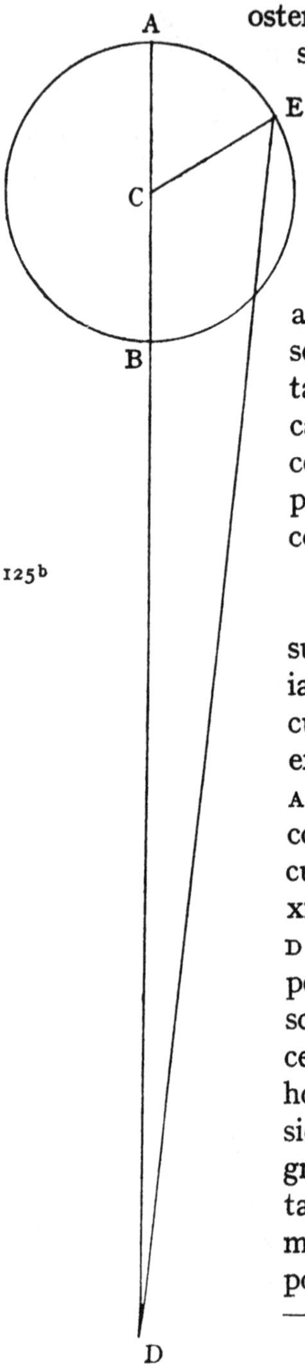

ostendemus circa perigaeum B, in quo repetatur epicyclium secundum MNO cum angulo MBN LX partium. Fiet enim triangulum BCN, ut prius, datorum laterum et angulorum, et similiter MP excessus scrupulorum LV s. fere, quibus semidimetiens terrae est vna. Sed quoniam earundem est partium DBM LV, scrupulorum VIII: quae si constituatur partium LX, erit talium MBO partium III, scrupulorum VII, et MP excessus scrupulorum LV. Sicut autem III partes et septem scrupula ad LV scrupula, ita sexaginta ad XVIII fere, ac eadem quae prius; distant tamen in paucis quibusdam secundis. Hoc modo et in caeteris faciemus, quibus complebimus octauam canonis columellam. Quod si ipsorum loco eis, quae in canone prosthaphaeresium exposita sunt, vsi fuerimus, neutiquam committemus errorem; sunt enim fere eadem, ac de minimis
125b agitur.

Reliqua sunt scrupula proportionum, quae sub medijs sunt terminis, videlicet inter secundum et tertium. Esto iam epicyclus primus plena nouaque Luna descriptus AB, cuius centrum sit C et suscipiatur D centrum terrae, et extendatur recta linea DBCA. Capiatur etiam ex apogaeo A quaedam circumferentia, utputa AE, partium LX, et connectantur DC, CE; habebimus enim triangulum DCE, cuius duo latera data sunt CD partium LX, scrupulorum XIX, et CE partium V, scrupulorum XI; angulus quoque sub DCE interior a duobus rectis reliquus ipsius ACE. Erit igitur per demonstrata triangulorum DE partium earundem LXIII, scrupulorum IIII. Sed tota DBA partium erat LXV s., excedens ipsum ED partibus II, scrupulis XXVII. Vt autem AB, hoc est partes X, scrupula XXII, ad II partes, XXVIII scrupula, sic LX scrupula ad XIIII, quae scribantur in canone ad LX gradus. Quo exemplo reliqua perfecimus compleuimusque tabulam, quae sequitur, atque aliam adiecimus semidiametrorum Solis, Lunae et vmbrae terrae, vt, quantum possibile, exposita habeantur.

6. VIII || 80 *AW*. — 9. septem || VIII *NBAW*. — 29. XXVII || XXVIII *B*; 26 *Th*. — 30. XXVIII || XXVII *NBAW*; 26 *Th*. — 31. LX scrupula || LX *edd*. — 35. exposita || expositae *Th*.

134 126a

TABVLA PARALLAXIVM SOLIS ET LVNAE													
Numeri communes		⊙ parallaxes		Primi et secundi limitis differentia in ☽ minuenda		Secundi limitis parallaxis ☽		Tertij limitis parallaxis ☽		Tertij et quarti limitis differentia ☽ addenda		Epicycli B minoris scrup. proport.	Epicycli A maioris scrup. proport.
Gradus	Gradus	Scrup. 1a	Scrup. 2a	Scrup. 1a	Scrup. 2a	Scrup. 1a	Scrup. 2a	Scrup. 1a	Scrup. 2a	Scrup. 1a	Scrup. 2a	Scrup.	Scrup.
6	354	0	10	0	7	2	46	3	18	0	12	0	0
12	348	0	19	0	14	5	33	6	36	0	23	1	0
18	342	0	29	0	21	8	19	9	53	0	34	3	1
24	336	0	38	0	28	11	4	13	10	0	45	4	2
30	330	0	47	0	35	13	49	16	26	0	56	5	3
36	324	0	56	0	42	16	32	19	40	1	6	7	5
42	318	1	5	0	48	19	5	22	47	1	16	10	7
48	312	1	13	0	55	21	39	25	47	1	26	12	9
54	306	1	22	1	1	24	9	28	49	1	35	15	12
60	300	1	31	1	8	26	36	31	42	1	45	18	14
66	294	1	39	1	14	28	57	34	31	1	54	21	17
72	288	1	46	1	19	31	14	37	14	2	3	24	20
78	282	1	53	1	24	33	25	39	50	2	11	27	23
84	276	2	0	1	29	35	31	42	19	2	19	30	26
90	270	2	7	1	34	37	31	44	40	2	26	34	29
96	264	2	13	1	39	39	24	46	54	2	33	37	32
102	258	2	20	1	44	41	10	49	0	2	40	39	35
108	252	2	26	1	48	42	50	50	59	2	46	42	38
114	246	2	31	1	52	44	24	52	49	2	53	45	41
120	240	2	36	1	56	45	51	54	30	3	0	47	44
126	234	2	40	2	0	47	8	56	2	3	6	49	47
132	228	2	44	2	2	48	15	57	23	3	11	51	49
138	222	2	49	2	3	49	15	58	36	3	14	53	52
144	216	2	52	2	4	50	10	59	39	3	17	55	54
150	210	2	54	2	4	50	55	60	31	3	20	57	56
156	204	2	56	2	5	51	29	61	12	3	22	58	57
162	198	2	58	2	5	51	56	61	47	3	23	59	58
168	192	2	59	2	6	52	13	62	9	3	23	59	59
174	186	3	0	2	6	52	22	62	19	3	24	60	60
180	180	3	0	2	6	52	24	62	21	3	24	60	60

1. TABVLA || Canon *NBAW*. — *Ms habet signa* ⊙, ☽ *et nomina.* — *AW addunt* in circulo verticali.

A et W habent in capite tabulae has inscriptiones variantes:

Numeri distantiae duplae a vertice et anomaliae lunae	Solis parallaxes	Lunae parallaxes iuxta quatuor limites				Epicycli minoris Scrupula propor.	Epicycli maioris Scrupula propor.
		Differentiae subtrahendae e proximis	Lunae plenae novaeque: Apogaeae	Lunae plenae novaeque: Perigaeae	Differentiae addendae proximis parallax.		

4.—5. *col.* 7 et 8: minoris — maioris *desunt in MsNBAW*. — 6. *col.* 5: lunae *non legitur in Ms*. — 27. 2 \| 26 \|\| 2 \| 29 *A*. — 36. 51 \| 56 \|\| 51 \| 51 *NBAW*. — 36. 3 \| 23 \|\| 4 \| 23 *N*. — 39. *A subscripsit numeris* 52 \| 24 apogaeae, 62 \| 21 perigaeae.

A in margine sinistro: In syzygiis capiuntur parallaxes secundi et tertii limitis, earumque differentia coaequata per scrupula maioris epicycli semper addenda est parallaxi minori. Primi et quarti limitis differ. usum habent extra syzygias tantum.

A in margine dextro: Tabula haec adeunda cum dupla Solis vel Lunae distantia a vertice.

134v 126b

TABVLA SEMIDIAMETRORVM SOLIS, LVNAE ET VMBRAE											
Numeri communes		Semidiameter Solis		Semidiameter Lunae		Ms. semidiameter umbrae		Editionum semidiameter umbrae		Ms. variatio umbrae	Editionum variatio umbrae
Grad.	Grad.	Scrup. 1a	Scrup. 2a	Scrup. 1a	Scrup. 2a	Scrup. 1a	Scrup. 2a	Scrup. 1a	Scrup. 2a	Scrup.	Scrup.
6	354	15	50	15	0	39	30	40	18	0	0
12	348	15	50	15	1	39	32	40	21	0	0
18	342	15	51	15	3	39	37	40	26	1	1
24	336	15	52	15	6	39	48	40	34	2	2
30	330	15	53	15	9	39	52	40	42	3	3
36	324	15	55	15	14	40	7	40	56	4	4
42	318	15	57	15	19	40	23	41	10	6	6
48	312	16	0	15	25	40	40	41	26	8	9
54	306	16	3	15	32	40	58	41	44	10	11
60	300	16	6	15	39	41	16	42	2	12	14
66	294	16	9	15	47	41	36	42	24	14	16
72	288	16	12	15	56	41	58	42	40	17	19
78	282	16	15	16	5	42	21	43	13	19	22
84	276	16	19	16	13	42	43	43	34	22	25
90	270	16	22	16	22	43	5	43	58	24	27
96	264	16	26	16	30	43	27	44	20	27	31
102	258	16	29	16	39	43	50	44	44	29	33
108	252	16	32	16	47	44	12	45	6	32	36
114	246	16	36	16	55	44	34	45	20	34	39
120	240	16	39	17	4	44	56	45	52	37	42
126	234	16	42	17	12	45	16	46	13	39	45
132	228	16	45	17	19	45	36	46	32	41	47
138	222	16	48	17	26	45	54	46	51	43	49
144	216	16	50	17	32	46	10	47	7	45	51
150	210	16	53	17	38	46	24	47	23	47	53
156	204	16	54	17	41	46	33	47	31	48	54
162	198	16	55	17	44	46	41	47	39	48	55
168	192	16	56	17	46	46	48	47	44	49	56
174	186	16	57	17	48	46	53	47	49	49	56
180	180	16	57	17	49	46	55	47	52	50	57

1. TABVLA || Canon *NBAW*. — *Ante* SOLIS *AW addunt* apparentium.

A et W habent in capite tabulae has inscriptiones variantes:

Numeri anomaliae Solis et Lunae	Solis	Lunae plenae et novae	Umbrae terrestris	Variatio umbrae

Quia Ms in ordine semidiametri umbrae et variationis umbrae multipliciter diversos numeros praebet, duas adiecimus columellas, quibus editionum numeri continentur.

10. 15 | 6 || 13 | 6 *B*.

A in margine: Anomalia Solis dat semidiametrum Solis et variationem umbrae: Per anomaliam Lunae inveniuntur semidiametri Lunae et umbrae; ex hac vero auferenda est variatio.

CAP. XXV 135 127a

DE NVMERATIONE PARALLAXIS SOLIS ET LVNAE

Modum quoque numerandi parallaxes Solis et Lunae per canonem breuiter exponemus. Siquidem per distantiam a vertice horizontis Solis vel Lunae duplicatam capiemus in tabula parallaxes occurrentes, Solis quidem simpliciter, Lunae vero in quatuor suis limitibus, et cum motu Lunae siue eius a Sole distantia duplicata scrupula proportionum priora, quibuscum accipiemus vtriusque excessus primi et vltimi termini partes proportionales ad LX, quas a proxima sequente commutatione semper auferemus, ac posteriores ei, quae in penultimo limite, semper adijciemus: et habebimus binas Lunae parallaxes rectificatas in apogeo et perigaeo, quas epicyclus minor auget vel minuit. Deinde cum anomalia Lunari capiemus vltima scrupula proportionum, quibus e differentia parallaxium proxime inuentarum sumemus etiam partem proportionalem, quam semper addemus parallaxi examinatae priori, quae in apogaeo, et prodibit parallaxis Lunae quaesita pro loco et tempore, vt in exemplo. Sint distantia Lunae a vertice partes LIIII, medius Lunae motus partium XV; anomaliae aequatae partes C; volo exinuenire per canonem parallaxim Lunarem. Duplico distantiae partes, fiunt CVIII, quibus in canone respondent excessus inter primum et secundum limitem scrupulum primum vnum, secunda XLVIII, parallaxis secundi termini scrupula prima XLII, secunda L, parallaxis tertij limitis scrupula L, secunda LIX, excessus tertij et quarti scrupula prima II, secunda 46, quae singillatim notabo. Motus Lunae duplicatus efficit partes XXX; cum ipso inuenio scrupula proportionum priora V, quibus accipio partem proportionalem ad LX, suntque a primo excessu scrupula secunda IX, haec aufero scrupulis XLII, secundis L commutationis, remanent scrupula prima XLII, secunda 31. Similiter a secundo excessu, qui erat scrupula II, secunda 46, pars proportionalis est scrupulorum secundorum XIIII, quae appono scrupulis primis 50, secundis 49 secundae commutationis, fiunt scrupula prima 51, 13. Harum vero parallaxium differentia est scrupula VIII, secunda 32. Post haec cum partibus anomaliae aequatae || capio extrema 135v scrupula proportionum, quae sunt 34, et per has ac differentia scrupulorum

---

4. 16. 19. *pro voce* distantia *Mspm scribit* altitudo. — 4. horizontis Solis || Solis *NBAW*. — 8. termini || terminum *edd*; *A in Erratis*: termini. — 13. e differentia || et differentia *W*. — 16. distantia || distantiae *edd*. — 16.—17. Lunae a vertice || a vertice Lunae *NBAW*; Lune *Ms*. — 18. exinuenire || ex his invenire *edd*. — 19. canone || canonem *B*. — 21. L, parallaxis || XLVI, parallaxis *Mspm*. — 22. L, secunda LIX || *ex* LII, secunda III *Ms*; secunda LIX || secunda XLIX *NB*. — 23. 46 *ex* LIIII *Ms*. — 26. aufero || aufero a *AWTh*. — L *ex* XLV *Ms*. — 27. secunda 31 *ex sec.* XXXVI *Ms*; secunda XLI *NBATh*; 2, sec. 46 *W*. — a secundo || secundo *B*. — 28. 46 *ex* LIIII *Ms*. — 29. 50 *ex* LII *Ms*. — 49 *ex* LIIII *Ms*; 59 *AW*. — 30. 51, 13 *ex* LII, XVII *Ms*. — 31. 32 *ex* XLI *Ms*; 31 *A*. — 32. 34 *ex* XXXVII *Ms*. — et per has ac differentia scrupulorum || et per has accipio differentiam scrupulorum *NBAW*; *A in Erratis*: differentiae; et per has ac differentiam scrupulorum *Th*.

127b VIII, 31 partem proportionalem, et est scrupula IIII, | quam addo priori parallaxi aequatae, et colliguntur scrupula prima 47, secunda 31, et haec erit parallaxis Lunae in circulo altitudinis quaesita. Verumtamen cum tam parum inuicem distent qualescumque Lunae commutationes ab eis, quae plenae nouaeque sunt, satis esse videretur, si ubique inter medios limites contenti fuerimus, quibus propter ecclypsium praedictiones potissimum indigemus. Reliquarum non curatur tanta examinatio, quae forsitan minus vtilitatis quam curiositatis habere putabitur.

CAP. XXVI

QVOMODO PARALLAXES LONGITVDINIS ET LATITVDINIS DISCERNVNTVR

Discernitur autem in longitudinem et latitudinem parallaxis simpliciter, siue quae inter Solem et Lunam est per circumferentias et angulos secantium sese circulorum, signiferi et eius, qui per polos est horizontis, quoniam manifestum est, quod hic circulus, cum ad rectos angulos signifero incubuerit, nullam efficit longitudinis parallaxim, sed tota in latitudinem transit, eodem latitudinis et altitudinis existente circulo; at ubi contingat vicissim signiferum horizonti rectum insistere ac eundem fieri cum altitudinis circulo, tunc Luna, si latitudinis expers fuerit, non admittit aliam quam longitudinis parallaxim, in latitudinem vero distracta non euadet aliquam longitudinis commutationem. Quemadmodum si sit ABC signifer circulus, qui horizonti rectus insistat, sitque A polus horizontis, ipse igitur orbis ABC idem erit, qui circulus altitudinis Lunae latitudine carentis, cuius locus fuerit B, eritque commutatio eius tota BC in longitudinem.

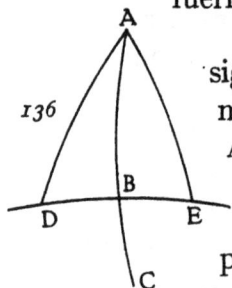

Cum vero latitudinem quoque habuerit, descripto per polos signiferi circulo DBE et sumpta latitudine Lunae DB vel BE

136 manifestum est, quod AD latus vel AE non erit aequale || ipsi AB, nec angulus, qui sub D vel E, rectus erit, cum non sint DA, AE circuli per polos ipsius DBE, et latitudinis aliquid participabit commutatio, et eo magis, quo fuerit Luna vertici propinquior. Nam manente eadem basi DE trianguli ADE latera AD, AE breuiora angulos ad basim comprehendent acutiores; et quanto magis destiterit Luna a vertice, fient anguli ipsi rectis similiores. Sit iam signifero ABC obliquus altitudinis Lunae circulus DBE non habentis

---

1. 31 *ex* XLI *Ms*; 32 *W*. — *Post* scrupula IIII *Ms deleta habet*: secunda XXXI; *quorum loco edd inserunt*: secunda L. — 2. aequatae || aequante *W*. — 47 *ex* XLVIII *Ms*. — 31 *ex* VII *Ms*. — 3.—8. *Versus* Verumtamen ... putabitur *non leguntur in NBAW*. — 16. eodem || idem *Ms respectu nominativi* circulus, *qui mutatus est in* circulo. — contingat || contingit *A*. — 18. Luna, si || *sic et K*; Luna *NB*. — 25. et sumpta || *sic et K*; sumpta *NBAW*. — 26.—27. ipsi AB || ipsi AD *MsNB*. — 29. participabit || participit *W*. — 32. destiterit || distiterit *AW*.

latitudinem, ut in eccliptica sectione, | quae sit B, parallaxis autem in 128a circulo altitudinis BE; et agatur circumferentia EF circuli per polos ipsius ABC. Quoniam igitur trianguli BEF angulus, qui sub EBF, datus est (ut ostensum est superius) et qui ad F rectus, latus quoque BE datum: per demonstrata igitur triangulorum sphaericorum dantur reliqua latera BF, FE, hoc latitudinis, illud longitudinis, ipsi BE parallaxi congruentia. Sed quoniam BE, EF, FB in modico et in insensibili differunt a lineis rectis ob eorum breuitatem, non errabimus, si ipso triangulo rectangulo tamquam rectilineo utamur, fietque propterea ratio facilis.

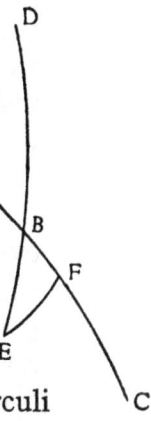

Difficilior in Luna latitudinem habente. Repetatur enim ABC signifer, cui obliquus incidat orbis per polos horizontis DB, sitque B locus longitudinis Lunae, latitudo FB borea siue BE austrina. A vertice horizontis, qui sit D, descendant super ipsam Lunam circuli altitudinis DEK, DFC, in quibus sint commutationes EK, FG. Erunt enim loca Lunae vera secundum longum et latum in E, F signis, visa vero in K, G, a quibus agantur circumferentiae ad angulos rectos ipsi ABC signifero, quae sint KM, LG. Cum igitur constiterit longitudo et latitudo Lunae cum latitudine regionis, cognita erunt in triangulo DEB duo latera DB, BE et angulus sectionis ABD, et cum recto totus DBE, idcirco et reliquum latus DE cum angulo DEB dabitur. Similiter in triangulo DBF cum duo latera DB, || BF data 136v fuerint cum angulo DBF, qui reliquus est ipsius, qui sub ABD, a recto, dabitur etiam DF cum DFB angulo. Vtriusque igitur circumferentiae DE, DF datur per canonem parallaxis EK et FG, ac vera Lunae a vertice distantia DE vel DF, similiter et visa DEK vel DFG. Atqui in triangulo EBN facta sectione ipsius DE cum signifero in N signo datus est angulus NEB et NBE rectus cum basi BE: scietur et reliquus qui sub BNE angulus cum reliquis lateribus BN, NE. Similiter et in triangulo toto NKM ex datis M, N angulis ac toto latere KEN constabit KM basis, et ipsa est latitudo Lunae visa austrina, cuius excessus super EB est latitudinis parallaxis, ac reliquum latus NBM datur, a quo dempto NB remanet BM longitudinis commutatio.

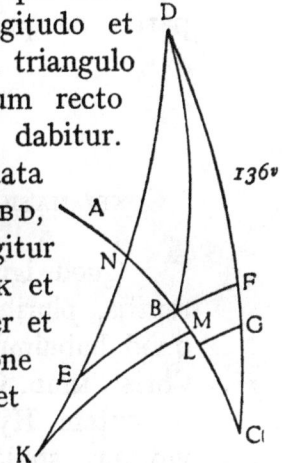

Sicut etiam in triangulo boraeo BFC cum datum fuerit latus BF cum angulo BFC | et B recto, dantur reliqua latera BLC et FGC cum reliquo 128b angulo C, et ablatione FG ex FGC relinquitur GC datum latus in triangulo GLC cum duobus angulis LCG et CLG recto, ob idque reliqua latera dantur

2. altitudinis || altitudinem *W*; *tum repetit lineam antecedentem.* — 6. FE *deest in Ms.* — 7. BE parallaxi || BE *NBAW.* — 8. in insensibili || insensibili *AW.* — 13. longitudinis || longitudine *B.* — 18. quae || qui *MsNBAW.* — 23.—24. qui sub ABD, a recto || *sic et K*; qui sub AB, DA recto *NBA*; qui sub ABD, recto *W.* — 28.—29. et NBE rectus || rectus *B.*

GL, LC, ac deinde, quod relinquitur ex BC, et est BL commutatio longitudinis, atque GL latitudo visa, cuius parallaxis est excessus BF verae latitudinis. Verumtamen (uti vides) plus habet laboris quam fructus ista supputatio, quae circa minima expenditur. Satis enim erit, si pro angulo DCB ipso ABD et pro DEB ipso DBF vtamur (ac simpliciter) ut prius, pro ipsis DE, EF circumferentijs media semper DB, neglecta latitudine Lunarj: neque enim propterea error apparebit, in regionibus praesertim septemtrionalis plagae, sed in valde austrinis partibus, vbi B contigerit verticem horizontis cum maxima latitudine V graduum, ac Luna terrae proxima existente, sex fere scrupulorum est differentia. In eclipticis autem Solis
137 coniunctionibus, quibus latitudo Lunae || sesquigradum nequit excedere,
potest esse scrupuli vnius et dodrantis tantum. Ex his igitur manifestum est, quod Lunae loco vero in quadrante signiferi orientali semper additur commutatio longitudinis, et in altero quadrante semper aufertur, ut longitudinem Lunae visam habeamus, et latitudinem visam per commutationem latitudinis, quoniam, si in eadem fuerint, simul iunguntur, si in diuersa, aufertur a maiore minor, et quod relinquitur, est latitudo visa eiusdem partis, ad quam maior declinat.

CAP. XXVII

CONFIRMATIO EORVM, QVAE CIRCA LVNAE PARALLAXES SVNT EXPOSITA

Quod igitur parallaxes Lunae sic expositae conformes sint apparentijs, pluribus alijs experimentis possumus adfirmare, quale est hoc, quod habuimus Bononiae septimo Idus Martij post occasum Solis anno
129a Christi MIIID. Considerauimus enim, quod | Luna occultatura esset stellam
fulgentem Hyadum, quam Palilicium vocant Romani, quo expectato vidimus stellam applicatam parti corporis Lunaris tenebrosi iamque delitescentem inter cornua Lunae in fine horae quintae noctis, propinquiorem vero austrino cornu per trientem quasi latitudinis siue diametri Lunae. Et quoniam stella secundum numerationem erat in duabus partibus et LII Geminorum cum latitudine austrina quinque graduum et sextantis, manifestum erat, quod centrum Lunae secundum visum praecedebat stellam dimidia diametri, et idcirco locus eius visus in longitudine partium II, scrupulorum XXXVI, in latitudine partium V, scrupulorum VI fere. Fuerunt igitur a principio annorum Christi anni Aegyptij MIIID, dies

---

1. ac deinde || ac inde *BTh.* — 5. ipso ABD || ipso ABC *B.* — 16. fuerint || fuerit *W.* — 24. 34. MIIID *Ms* = MCCCCXCVII *edd.* — 24. quod ... esset || quod *NBAW*; quoad ... sit *Th.* — 27. dilitescentem *Ms.* — in fine horae quintae || *sic et K*; in horae quintae *NAW*; in hora quinta *B.* — 33. scrupulorum VI || scrup. II *NBAW.*

LXXVI, horae XXIII Bononiae, Cracouiae autem, quae orientalior est gradibus fere IX, horae XXIII, scrupula XXXVI, quibus aequalitas addit scrupula IIII; erat enim Sol in XXVIII s. partibus Piscium, et motus igitur Lunae aequalis a Sole partium LXXIIII, anomalia aequata partium CXI, scrupulorum X, locus Lunae verus partibus III, scrupulis XXIIII Geminorum, latitudo austrina partium IIII, scrupulorum XXXV; nam motus latitudinis verus erat partium CCIII, scrupulorum XLI. Tunc quoque Bononiae ascendebat XXVI. gradus Scorpij cum angulo partium || LIX s., et erat Luna a vertice horizontis *137v* partium LXXXIIII, et angulus sectionis circulorum altitudinis et signiferi partium fere XXIX, parallaxis Lunae pars vna longitudinis, scrupula LI, latitudinis scrupula XXX, quae admodum congruunt obseruationi, quo minus dubitauerit aliquis nostras hypotheses, et quae ex eis prodita sunt, recte se habere.

Cap. XXVIII

De solis et lvnae conivnctionibvs oppositionibvsqve mediis

Ex ijs, quae hactenus de motu Lunae et Solis dicta sunt, aperitur modus inuestigandi coniunctiones et oppositiones eorum. Ad tempus enim propinquum, quod hoc vel illud futurum existimauerimus, quaeremus motum Lunae aequalem, quem si inuenerimus iam circulum compleuisse, coniunctionem intelligimus in se|micirculo plenam. Sed cum id rarius 129b sese praestet, consideranda est inter eos distantia, quam cum partiti fuerimus per motum Lunae diarium, sciemus, quanto tempore praecesserit alterum vel futurum sit, prout plus minusue habuerimus in motu. Ad hoc ergo tempus quaeremus motus et loca, quibus ratiocinabimur vera nouilunia plenasque lunationes, discernemusque eclipticas eorum coniunctiones ab alijs, ut inferius indicabimus. Haec cum semel constituta habuerimus, licebit ad quosuis alios menses extendere ac continuare in annos aliquot per canonem duodecim mensium continentem tempora et motus aequales anomaliae Solis et Lunae ac latitudinis Lunae, coniungendo singula singulis pridem repertis etiam aequalibus. Sed anomaliam Solis apponemus verae, ut statim ipsam habeamus adaequatam, neque enim in vno vel aliquot annis sentietur eius diuersitas ob tarditatem sui principij, hoc est summae absidis.

---

3. et motus || motus *edd.* — 7. CCIII || CCIIII *B.* — 9. LXXXIIII || LXXXIII *Th.* — 12. *In W deest* eis. — 18. quod || quo *Th.* — 21. cum partiti || cum cum partiti *Ms.* — 24. *In W deest* motus. — rationabimur *Ms*; *lege* ratiocinabimur *cum edd.* — 29. coniungendo || coniungenda *edd.* — 30. verae || vere *NBTh.*

138
130a

CANON CONIVNCTIONIS ET OPPOSITIONIS SOLIS ET LVNAE

Menses	Temporum partes					Motus anomaliae Lunaris					Motus latitudinis Lunae				
	Dies	Scr. 1a	Scr. 2a	Ms. Scrup. 3a	Editt. Scrup. 3a	Sex.	Grad.	Scr. 1a	Ms. Scrup. 2a	Editt. Scrup. 2a	Sex.	Grad.	Scr. 1a	Ms. Scrup. 2a	Editt. Scrup. 2a
1	29	31	50	8	9	0	25	49	0	0	0	30	40	13	14
2	59	3	40	16	18	0	51	38	0	0	1	1	20	27	28
3	88	35	30	24	27	1	17	27	0	1	1	32	0	41	42
4	118	7	20	32	36	1	43	16	0	1	2	2	40	55	56
5	147	39	10	40	45	2	9	5	0	2	2	33	21	9	10
6	177	11	0	48	54	2	34	54	0	2	3	4	1	23	24
7	206	42	50	57	3	3	0	43	0	2	3	34	41	36	38
8	236	14	41	5	12	3	26	32	0	3	4	5	21	50	52
9	265	46	31	13	21	3	52	21	0	3	4	36	2	4	6
10	295	18	21	21	30	4	18	10	0	3	5	6	42	18	20
11	324	50	11	29	39	4	43	59	0	4	5	37	22	32	34
12	354	22	1	37	48	5	9	48	0	4	0	8	2	46	48
DIMIDII MENSIS INTER PLENAM ET NOVAM LVNAM															
	14	45	55	4	4½	3	12	54	30	30	3	15	20	6	7

ANOMALIAE SOLARIS MOTVS

Menses	Sex.	Grad.	Scr. 1a	Ms. Scrup. 2a	Editt. Scrup. 2a		Menses	Sex.	Grad.	Scr. 1a	Ms. Scrup. 2a	Editt. Scrup. 2a
1	0	29	6	18	18		7	3	23	44	6	7
2	0	58	12	36	36		8	3	52	50	24	25
3	1	27	18	54	54		9	4	21	56	42	43
4	1	56	25	12	12		10	4	51	3	0	1
5	2	25	31	30	31		11	5	20	9	19	20
6	2	54	37	48	49		12	5	49	15	37	38
DIMIDII MENSIS												
							½	0	14	33	9	9

3. Menses || menses Lunae *AW*. — latitudinis Lunae || latitudinis *Ms*. — 13. 42 | 50 || 42 | 51 *NBAW*. — 15. 3 | 52 || 4 | 52 *W*. — 19. inter plenam et novam lunam *in NBAW desunt*. — 21. anomaliae Solaris motus || Motus anomaliae Solaris *Th*. — 27. 21 | 56 || 21 | 36 *B*.

Hic quoque propter multam diversitatem numerorum Ms et editionum novas adiecimus columellas, editionum numeros continentes.

CAP. XXIX 138v 130b

DE VERIS CONIVNCTIONIBVS ET OPPOSITIONIBVS SOLIS ET LVNAE PERSCRVTANDIS

Cum habuerimus (ut dictum est) tempus mediae coniunctionis vel oppositionis horum siderum cum illorum motibus, ad veras inueniendas necessaria est vera illorum distantia, quae se inuicem praecedunt vel sequuntur. Nam si Luna prior fuerit Sole in coniunctione vel oppositione, liquidum est futuram esse veram, si Sol veram, quam quaerimus, iam praeterijsse. Quae ex vtriusque prosthaphaeresi fiunt manifesta, quoniam, si nullae vel aequales fuerint eiusdemque affectionis, vt videlicet ambae sint adiectiuae vel ablatiuae, patet eodem momento congruere veras coniunctiones vel oppositiones cum medijs; si vero inaequales, excessus ipse indicat eorum distantiam, ipsumque sidus praecedere vel sequi, cuius est excessus adiectiuus vel ablatiuus. At cum in diuersas fuerint partes, tanto magis praecedet id, cuius ablatiua fuerit prosthaphaeresis, quae simul iunctae colligunt distantiam illorum. Super qua arbitrabimur, quot integris horis possit a Luna pertransiri (capiendo pro quolibet gradu distantiae horas duas). Quemadmodum si fuerint in distantia circiter gradus VI, assumemus pro eis horas XII. Ad hoc ergo temporis interuallum sic constitutum quaeremus veram Lunae euectionem a Sole, quod efficiemus facile, dum nouerimus motum Lunae medium vno gradu vnoque scrupulo sub duabus horis absoluj, horarium vero anomaliae ac verum ipsius motum circa plenam nouamque Lunam esse scrupulorum fere L, quae colligent in sex horis motum aequalem gradus III, scrupula totidem ac anomaliae veram profectionem partes quinque, quibus in canone prosthaphaeresium Lunarium || considerabimus inter prosthaphaereses ipsas differentiam, 139
quam addemus medio motui, si anomalia in inferiori parte circuli fuerit, vel auferemus, si in superiori; quod enim collectum relictumue fuerit, est verus motus Lunae in horis assumptis. Is ergo motus, si fuerit distantiae prius existenti aequalis, sufficit. Alioqui multiplicatam distantiam per numerum horarum aestimatarum diuidemus per motum hunc, siue per acceptum horarium motum verum | simplicem distantiam diuiserimus; exibit enim vera differentia temporis in horis et scrupulis inter mediam veramque 131a
coniunctionem vel oppositionem. Hanc addemus tempori mediae coniunctionis vel oppositionis, si Luna Soli prior fuerit vel loco Solis e diametro opposito, vel auferemus, si posterior, et habebimus tempus verae coniunc-

4. habuerimus || haberimus *W.* — 8.—9. si Sol, veram ... praeteriisse || si Sol veram ... praeteriit *edd.* — 26. considerabimus || consideramus *B.* — 27. anomalia || anomaliae *B.* — 31. horarum || *sic et K*; horarium *NBA.* — aestimatarum || existimatarum *edd.* — 35. *Verba*: Soli prior *invertuntur in edd.*

tionis vel oppositionis; quamuis fateamur, quod etiam Solis inaequalitas addat vel minuat aliquid, sed iure contemnendum, siquidem in toto tractu et maxima licet elongatione, quae se supra septem gradus porrigit, scrupulum vnum complere non potest, estque modus iste taxandarum lunationum magis certus. Qui enim horario Lunae motu solum nituntur, quem vocant superationem horariam, falluntur aliquando coguntur que sepius ad calculi reiterationem. Mutabilis est enim Luna etiam in horas, nec manet sui similis. Ad tempus igitur veri coitus vel oppositionis concinnabimus verum motum latitudinis ad latitudinem ipsam Lunae perdiscendam et verum locum Solis ab aequinoctio verno, id est in signis, quo etiam intelligitur Lunae locus idem siue oppositus. Et quoniam tempus huiusmodj intelligitur medium et aequale ad meridianum Cracouiensem, quod per modum superius traditum reducemus ad tempus apparens: quod si ad quempiam alium locum a Cracouia *139v* constituere haec voluerimus, considerabimus eius longitudinem, || et pro singulis gradibus ipsius longitudinis capiemus IIII scrupula horae, pro quolibet scrupulo longitudinis IIII scrupula secunda horae, quae adijciemus tempori Cracouiensi, si locus alius orientalior fuerit, et auferemus, si occidentalior, et quod reliquum collectumue fuerit, erit tempus coniunctionis vel oppositionis Solis et Lunae.

Cap XXX

Qvomodo conivnctiones et oppositiones solis et lvnae eclipticae discernantvr ab alijs

An vero eclipticae fuerint necne, in Luna quidem facile discernitur, quoniam, si latitudo eius minor fuerit dimidio diametrorum Lunae et vmbrae, subibit eclipsim Luna, sin maior, non subibit. At uero circa Solem plus satis habet negocij, immiscente se utriusque parallaxi, per quam 131b differt plerumque visibilis coniunctio a vera. Cum igitur scrutati | fuerimus, quae sit commutatio inter Solem et Lunam secundum longitudinem tempore verae coniunctionis, similiter ad vnius horae spacium praecedentis coniunctionem veram in orientali, vel sequentis in occidentali quadrante signiferi, quaeremus visam Lunae a Sole longitudinem, ut intelligamus, quantum a Sole Luna feratur in hora secundum visum. Per hunc ergo motum horarium cum diuiserimus illam longitudinis commutationem, habebimus differentiam temporis inter verum visumque coitum. Quae dum auferatur a tempore verae coniunctionis in parte signiferi orientali, vel addatur in occidua (nam illic coniunctio visa veram praecedit, hic sequitur)

1. inaequalitas || inaequalitatis *B*. — 18. vel || et *NBAW*. — 29. similite *Ms*. — 36. veram praecedit || praecedit veram *NBAW*; praecaedit *Ms*. — hic sequitur || *sic K*; illic sequitur *NBA*.

exibit tempus visae coniunctionis quaesitum. Ad hoc ergo tempus numerabimus latitudinem Lunae visam a Sole siue distantiam centrorum Solis et Lunae visibilis coniunctionis deducta parallaxi Solis. Haec latitudo si maior fuerit dimidio diametrorum Solis et Lunae, non subibit Sol eclipsim, sin minor, subibit. Et ex his manifestum est, quod, si Luna tempore verae coniunctionis parallaxim longitudinis non fecerit aliquam, iam eadem erit visa ac vera copula, || quod circa nonagesimum gradum signiferi ab oriente vel *140* occidente sumptum contingit.

Cap. xxxi

Qvantvs fverit solis lvnaeqve defectvs

Postquam ergo cognouerimus Solem vel Lunam defecturam, facile etiam sciemus, quantus fuerit ipsorum defectus, in Sole quidem per latitudinem visam, quae est inter Solem et Lunam tempore visibilis copulae. Si enim subtraxerimus ipsam a dimidio diametrorum Solis et Lunae, relinquitur, quod a Sole secundum diametrum deficiet, quod cum multiplicauerimus per xii et exaggeratum diuiserimus per diametrum Solis, habebimus numerum digitorum deficientium ⊙ Quod si inter Solem et Lunam nulla fuerit latitudo, totus Sol deficiet, vel tantum eius, quantum Luna obtegere poterit. Eodem fere modo et in Lunari defectu, nisi quod pro latitudine visa utimur eius simplici, qua dempta a dimidio diametrorum Lunae et vmbrae remanet pars Lunae deficiens, dummodo latitudo | Lunae 132a non fuerit minor dimidio diametrorum in Lunae diametro; tota enim tunc deficiet, ac insuper minor latitudo addet etiam moram in tenebris aliquam, quae tum maxima erit, cum nulla fuerit latitudo, quod considerantibus esse puto liquidissimum. Igitur in particulari Lunae defectu, cum partem deficientem multiplicauerimus in duodecim, productumque diuiserimus per diametrum Lunae, habebimus numerum digitorum deficientium, non aliter quam in Sole dictum est.

Cap. xxxii

Ad praenoscendvm qvantisper dvratvrvs sit defectvs

Restat videre, quantum duratura sit eclipsis. Vbi notandum est, quod circumferentijs, quae inter Solem, Lunam et vmbram contingunt, vtimur tamquam lineis rectis ob earum paruitatem, qua nihil differre videntur

1. visae || verae *MsNB.* — 4.—5. sin minor || si minor *NBAW.* — 16. exaggeratum || exageratum *B.* — 17. deficientium ⊙ || deficientium *NBAW.* — 18. quantum || quanto *Ms.* — 33. earum || eorum *NBAW.*

a recto. Sumpto igitur centro Solis vel vmbrae in A signo et linea BC pro transitu orbis Lunae, cuius centrum contingentis Solem vel vmbram in || 140v principio incidentiae sit B, in fine expurgationis C, connectantur AB, AC et ipsi BC perpendicularis demittatur AD. Manifestum est, quod, cum centrum Lunae fuerit in D, erit medium eclipsis: est enim AD breuissima aliorum ab A descendentium, et BD aequalis ipsi DC, quoniam et ipsae AB, AC aequales sunt, quae constant utraque e dimidio diametrorum Solis et Lunae in Solari, atque Lunae et vmbrae in Lunari eclipsi, et AD est latitudo Lunae vera vel uisa in medio eclipsis. Cum igitur quod ex AD fit quadratum, subtraxerimus ab ipsius AB quadrato, relinquitur quod ex BD; dabitur ergo BD longitudine. Quod cum diuiserimus per horarium Lunae motum verum in ipsius defectu vel visibilem in Solari, habebimus tempus dimidiae durationis. Sed quoniam Luna sepenumero moram facit in medijs tenebris, quod accidit, quando dimidium aggregati diametrorum Lunae et vmbrae excesserit latitudinem Lunae plus quam fuerit dimetiens eius (ut diximus): cum igitur posuerimus E 132b centrum Lunae in principio totius | obscurationis, vbi Luna circumcurrentem vmbrae contingit intrinsecus, atque F in altero contactu, vbi primum emergit, connexis AE, AF declarabitur eodem modo, quo prius, ED, DF esse dimidia morae in tenebris, propterea quod AD est latitudo Lunae cognita, et AE siue AF, quo vmbrae dimidia diametros maior est Lunae dimidia diametro. Constabit ergo ED siue DF, quae rursus diuisa per motum verum Lunae horarium habebimus tempus dimidiae morae, quod quaerebatur. Verumtamen animaduertendum est hic, quod, cum Luna in orbe suo mouetur, non secat partes longitudinis circuli signorum omnino aequales eis, quae in orbe proprio (mediantibus circulis, qui per polos sunt signiferi). Est tamen differentia perexigua; quae in tota distantia 141 partium || XII ab ecliptica sectione, sub quibus extremus fere limes est deliquiorum Solis et Lunae, non excedunt se inuicem circumferentiae ipsorum orbium in duobus scrupulis, quae facerent XV. partem horae. Eapropter utimur sepe altera pro altera tamquam eisdem. Ita quoque utimur, latitudine Lunae eadem in terminis defectuum, qua in medio eclipsis, quamquam ipsa latitudo Lunae semper crescit vel decrescit, fiuntque propterea incidentiae et expurgationis spacia non penitus aequalia, sed

---

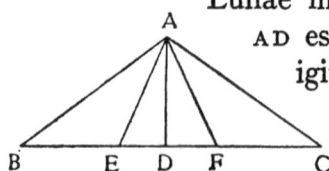

1. Solis vel vmbrae || solis et umbrae *NBAW*. — 2. transitu orbis || transitu *NBAW;* transitu || circumferentia *Mspm.* — 3. AB, AC || AB. BC *Ms et edd.* — 4. *In W deest* ipsi. — demittatur || mittatur *NBAW;* excitetur *Mspm.* — 7. e dimidio || E dimidio *A.* — 8. *Post* eclipsi *B inserit:* et AD est latitudo Lunae et umbrae in lunari eclipsi. — 10. fit || sit *W.* — 16. exceserit *Ms.* — 21. morae || more *Ms.* — 22. diametros || diametro *B;* diameter *AW.* — 23. quae || qua *Th.* — 25.—26. quod, cum Luna || quod luna *B.* — 27. mediantibus circulis || mediantibus circuli *Ms et edd.* — 28. quae in || qua in *Th.* — 31. XV. partem || XV partes *NB.*

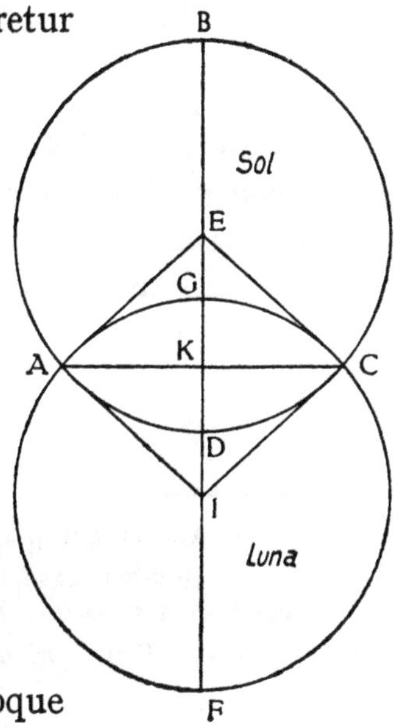

differentia tam modica, ut frustra triuisse tempus videretur exactius ista scrutaturus. Hoc quidem modo tempora, durationes et magnitudines eclipsium secundum diametros sunt explicata.

Sed quoniam multorum est sententia, non penes diametros, sed superficies oportere decerni deficientium partes, non enim lineae sed superficies deficiunt; sit igitur ABCD Solis circulus vel vmbrae, cuius centrum sit E, Lunaris quoque AFCG, cuius centrum sit I, qui se inuicem secent in A, C punctis, et agatur per utrumque centrum recta BEIF, et connectantur AE, EC, IA, IC, et AKC ad rectos angulos ipsi BF. Volumus ex his scrutari, quanta fuerit superficies obscurata ADCG, quotue vnciarum sit totius plani orbis Solis vel Lunae deficientis in parte. Quoniam igitur ex superioribus vtriusque orbis semidimetiens AE, AI datur, distantia quoque centrorum siue latitudo Lunaris EI, habemus | triangulum 133a
AEI datorum laterum, et propterea datorum angulorum per demonstrata superius, cui similis est et aequalis EIC. Erunt igitur ADC et AGC circumferentiae datae in partibus, quibus circumcurrens circulus est CCCLX. Porro Archimedes Syracusanus in dimensionibus circuli prodidit circumcurrentem ad diametrum minorem admittere rationem quam triplam sesquiseptimam, maiorem vero quam triplam superpertientem septuagesimas primas decem. Inter has mediam assumit Ptolemaeus vt trium, scrupula prima octo, secunda xxx ad vnum. Qua ratione etiam AGC et ADC circumferentiae patebunt in eisdem partibus, || quarum 141v
erant illorum diametri siue AE et AI, et contenta sub ipsis EA, AD et sub IA, AG aequalia sectoribus AEC et AIC alterum alteri. Sed et triangulorum isoscelium AEC et AIC datur basis communis AKC et perpendiculares EK, KI. Et quod igitur sub ipsis AK, KE datur, et est continentia trianguli AEC, similiter quod sub AK, KI trianguli ACI planum. Cum igitur utraque triangula ab utrisque suis sectoribus dirempta fuerint, remanebunt segmenta circu-

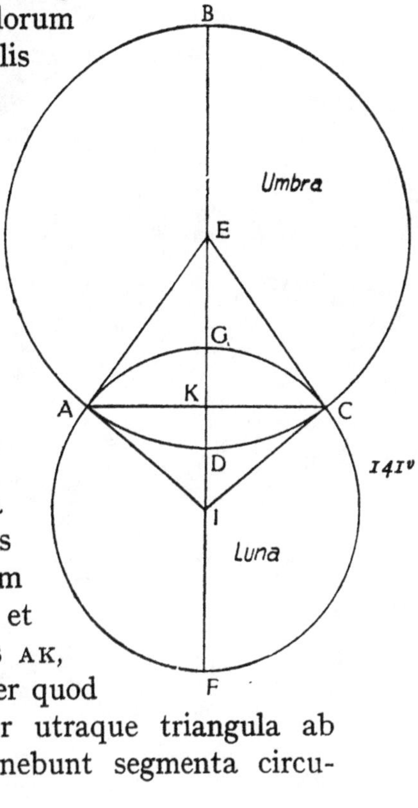

12. BF || AF *MsNBAW*. — 16. semidimetiens || dimetiens *MsNBAW*. — 17. siue *in W deest*. — 26. superpertientem || superpartientem *edd*. — 35. Et quod || Quod *NBAW*. — 36. KE datur || KG datur *MsNBAW*.

lorum AGC et ACD, quibus constat tota ADCG quaesita. Quin etiam totum circuli planum, quod sub BE et BAD continetur in eclipsi Solis, siue quod sub FI et FAG in Lunari eclipsi, datur. Quot igitur vnciarum fuerit ipsum ADCG deficiens a toto circulo siue Solis siue Lunae, fiet manifestum. Haec de Luna modo sufficiant, quae apud alios sunt latius pertractata, festinamus enim ad reliquorum quinque syderum reuolutiones, quae in sequentibus dicentur.

Quintus Reuolutionum
liber finit.

---

1. AGC et ACD || AFC et ACD *MsNBAW*; ACB *Th.*

8. Quintus: *quod additamentum trigonometricum libri primi* (= Cap. XII, XIII, XIV) *initio autor librum secundum Revolutionum posuerat.*

8.—9. Finis libri quarti Revolutionum *NBA*; quartu *W*.

NICOLAI COPERNICI 142 133b

REVOLVTIONVM

LIBER QVINTVS

Prooemium

Hactenus terrae circa Solem ac Lunae circa terram pro uiribus nostris absoluimus reuolutiones. Aggredimur modo quinque errantium stellarum motus, quorum orbium ordinem et magnitudines ipsa terrae mobilitas consensu mirabili ac certa symmetria connectit, vt in primo libro summatim recensuimus, dum ostenderemus, quod orbes ipsi non circa terram, sed magis circa Solem centra sua haberent. Superest igitur, vt haec omnia singillatim et euidentius demonstremus, faciamusque promissis, quantum in nobis est, satis, adhibitis praesertim apparentibus experimentis, quae cum ab antiquis tum a nostris temporibus accepimus, quibus ratio ipsorum motuum certior habeatur. Denominantur autem haec quinque sidera apud Timaeum Platonis secundum suam quodque speciem: Saturnus Phaenon, quasi lucentem vel apparentem diceres, latet enim minime caeteris, citiusque emergit occultatus a Sole; Iupiter a splendore Phaëton; Mars Pyrois ab igneo candore; Venus quandoque φωσφόρος, quandoque ἕσπερος, hoc est Lucifer et Vesperugo, prout eadem mane vel vespere fulserit; denique Mercurius a micante vibranteque lumine Stilbon. Feruntur et ipsi in longitudinem et latitudinem maiori differentia quam Luna.

---

5. pro uiribus nostris *in NBAW desunt.* — 8. in primo || primo *W.* — 11. singillatim || sigillatim *AW.* — 14. *Verbo* habeatur *Mspm introductioni finem fecerat pergens hoc modo*: De reuolutionis (a) eorum et medijs motibus. Ca. I. At quoniam feruntur et ipsi in longitudinem et latitudinem varijs modis, suntque eorum differentiae inaequales et apparentes ad utrasque partes, opeтae precium erat medios illorum et aequales motus explicare, quibus inaequalitatis differentia possit accipi. Ad aequalitatem vero perdiscendam interest scire tempora reuolutionum, quibus intelligatur inaequalitas priori similis redijsse, ut circa Solem et Lunam fecimus. *Quibus deletis superscriptum est*: Denominantur. — 18. φωσφορος — εσπερος *Ms.*

---

a) revolutionibus *Th.*

142v Cap. I

De reuolvtionibvs eorvm et mediis motibvs

Bini longitudinis motus plurimum differentes apparent in ipsis. Vnus est propter motum terrae, quem diximus, alius cuiusque proprius. Primum non iniuria motum commutationis dicere placuit, cum ipse sit, qui in
134a omnibus illis stationes, progressiones et regressus fa|cit apparere, non quod planeta sic distrahatur, qui motu suo semper procedit, sed quod per modum commutationis sic appareat, quam efficit motus terrae pro differentia et magnitudine illorum orbium.

Patet igitur, quod Saturni, Iouis et Martis vera loca tunc tantummodo nobis conspicua fiunt, quando fuerint acronycti, quod accidit fere in medio repedationum. Coincidunt enim tunc medio loco Solis in lineam rectam, illa commutatione exuti. Porro in Venere et Mercurio alia ratio est. Latent enim tunc maxime hypaugi existentes, ostenduntque solum suas quas faciunt a Sole hincinde expatiationes, ut absque commutatione hac numquam inueniantur. Est ergo priuatim cuiusque planetae sua reuolutio commutationis, motum dico terrae ad planetam, quem ipsi inter sese explicant.

Nam motum commutationis nihil aliud esse dicimus, nisi eum, in quo motus terrae aequalis illorum motum excedit, vt in Saturno, Ioue, Marte, vel exceditur, ut in Venere et Mercurio. Quoniam vero tales periodj commutationum reperiuntur inaequales differentia manifesta, cognouerunt prisci illorum quoque motus syderum esse inaequales, et absides habere circulorum, ad quas inaequalitas eorum reuerteretur, easque rati sunt perpetuas habere sedes in non errantium stellarum sphaera. Quo argumento ad medios illorum motus ac periodos aequales perdiscendas patuit ingressus. Cum enim locum alicuius secundum certam a Sole et stella ||
143 fixa distantiam memoriae proditum haberent, et post temporis interuallum sydus ipsum ad eumdem locum peruenisse comperirent cum simili Solis distantia, visus est planeta omnem inaequalitatem peragrasse et per omnia ad statum redijsse priorem cum terra. Sicque per tempus, quod intercessit, ratiocinati sunt numerum reuolutionum integrarum et aequalium, et ex eis motus sideris particulares.

---

4. alius || alter *edd.* — 7. distrahatur || detrahatur *BA*. — 11. acronycti || ἀκρονύκται *NA*; ἀκερονύκται *B*; ἀκρονύκταί *W*. — 14. maxime *desideratur in edd.* — 17. *Post* planetam *in Mspm inveniuntur etiam hi versus*: et vtrorumque cursus sic cohaerentes produnt se inuicem componuntque terrae (siue Solis dicas) motum simplicem, siquidem meminisse oportet in toto hoc opere, et nunc maxime, de terra semper intelligi, quicquid (a) de motu Solis vulgo dicatur. — 20. excaedit *Ms.* — 22. reperiuntur || *sic et K*: reperiantur *NBAW*.

---

a) quicquidem *a Th falso legitur.*

† Recensuit autem Ptolemaeus hos circuitus sub numero annorum Solarium, prout ab Hipparcho fatetur se recepisse. Annos autem Solares vult intelligi, qui ab aequinoctio vel solsticio capiuntur. Sed iam patuit tales annos admodum aequales non esse; illis propterea nos utemur, qui a stellis fixis capiuntur, quibus etiam emendatiores horum quinque siderum motus a nobis sunt restituti, prout hoc nostro tempore in|uenimus defecisse 134b aliquid ex eis vel abundasse hoc modo. Nam ad Saturnum quinquagesies septies reuoluitur terra, quem motum commutationis diximus, in LIX annis Solaribus nostris, die vno, scrupulis primis VI, secundis XLVIII fere, in quo tempore stella motu proprio bis circuit adiecto gradu vno, scrupulis primis VI, secundis VI. Iupiter sexies quinquies superatur a terra in annis Solaribus LXXI, a quibus desunt dies V, scrupula prima XLV, secunda XXVII, sub quibus stella reuoluitur motu suo sexies deficientibus partibus V, scrupulis primis XLI, secundis II S. Martis reuolutiones commutationum sunt XXXVII in annis Solaribus LXXIX, diebus II, scrupulis primis XXVII, secundis III, in quibus stella motu suo completis quadraginta duabus periodis adijcit gradus II, scrupula prima XXIIII, secunda LVI. Venus quinquies superat motum telluris in annis Solaribus VIII demptis diebus II, scrupulis primis XXVI, secundis XLVI. Nempe per hoc tempus Solem circuit decies ter minus duobus gradibus, XXIIII scrupulis primis, XL secundis. Mercurius demum CXLV periodus facit commutationum in annis Solaribus || quadraginta sex 143v additis diei scrupulis primis XXXIIII, secundis XXIII, quibus et ipse superat motum terrae, cum qua circa Solem reuertitur centies nonagesies et semel, adiectis scrupulis diei XXXIIII, secundis XXIII fere. Sunt igitur singulis singuli circuitus commutationum: Saturno in diebus CCCLXXVIII, scrupulis primis V, secundis XXXII, tertiis XI; Ioui in diebus CCCIIC, scrupulis primis XXIII, secundis II, tertiis 56; Marti in diebus DCCLXXIX, scrupulis primis LVI, secundis IXX, tertiis VII; Veneri dierum DLXXXIII, scrupulorum LV, XVII, XXIIII; Mercurio dierum CXV, LII, XLII, XII. Quos resolutos in circuli

---

5. a stellis fixis capiuntur || ad stellas fixas referuntur *Mspm.* — 8. LIX || *sic et K*; LXIX *NB*; annis *deest in edd.* — 9. VI, secundis XLVIII || VII, secundis XVIII *NBAW.* — 11. VI, secundis VI || V, secundis L fere *NBAW.* — sexies quinquies: *lege* sexagies quinquies: *sic et NBW*; sexies quinquies *A Th.* — 12. prima XLV, secunda XXVII || prima LIIII, secunda XIII *NBAW.* — 13. motu suo *in NBAW sunt omissa.* — 14. primis XLI, secundis II S. || primis XLII, secundis XXXII *NBAW.* — 15. XXVII, secundis III || XXIII, secundis XLV *NBAW.* — 17. XXIIII, secunda LVI || XXI, secunda XLIIII *NBAW.* — 19. XLVI || XLIIII *NBAW.* — 20. XXIIII scrupulis primis, XL secundis || scrupulis primis XXIII, secundis XXIX *NBAW*; secundis XL *Th.* — 21. periodus || periodos *edd.* — 22. diei || *sic et K*; die *NBAW.* — scrupulis || scrupulus *K.* — primis XXXIIII, secundis XXIII || primis XXV *NBAW.* — 24. scrupulis diei XXXIIII || scrupulis primis XXI *NBAW*; scrupulis primis XXXI *K*; scrupulis diei primis XXXIV *Th.* — secundis XXIII fere || secundis LIII *NBAW.* — 26. tertiis XI || tertiis XLII *NBAW.* — CCCIIC || CCCXCVIII *Th.* — 26.–27. primis XXIII, secundis II, tertiis 56 || primis LIII, secundis III, tertiis LVIII *NBAW.* — 28. secundis IXX, tertiis VII || secundis XIII, tertiis LV *NBAW.* — 29. XXIIII || L *NBAW.* — XLII, XII || XXXVIII, tertiorum LIII *NBA*; 33, tertiorum 53 *W.*

gradus et multiplicatos in CCCLXV cum partiti fuerimus per numerum dierum et scrupulorum suorum, habebimus annuum motum Saturni graduum CCCXLVII, scrupulorum XXXII, secundorum II, tertiorum LIIII, quartorum 12; Iouis graduum CCCXXIX, scrupulorum XXV, VIII, XV, VI; Martis graduum CLXVIII, scrupulorum XXVIII, XXIX, XIII, XII; Veneris graduum CCXXV, scrupulorum I, XLVIII, LIIII, XXX; Mercurij post tres reuolutiones
135ª graduum LIII, scrupulorum LVI, XLVI, LIIII, XL. Horum | trecentesima sexagesima quinta pars est motus diurnus: Saturnj scrupulorum LVII, VII, XLIIII; Iouis scrupulorum LIIII, IX, III, IL; Martis scrupulorum XXVII, XLI, XL, VIII; Veneris scrupulorum XXXVI, IL, XXVIII, XXXV; Mercurij graduum III, scrupulorum VI, XXIIII, VII, XLIII, prout in tabula (ad instar Solis et Lunae mediorum motuum) exposita sunt, quae sequuntur. Proprios autem motus eorum sic extendisse existimauimus esse superfluum. Constant enim ablatione istorum a medio motu ⊙, quem illi componunt (ut diximus). At his non contentus aliquis potest pro libito suo facere. Est enim annuus Saturni motus proprius ad non errantium stellarum sphaeram graduum XII, scrupulorum XII, XLVI, XII, LII; Iouis graduum XXX, scrupulorum XIX, XL, LI, LVIII; Martis graduum CLXXXXI, scrupulorum XVI, XIX, LIII, LII. In Venere autem et Mercurio, quoniam non apparent nobis, ipse motus ⊙ pro eis usu venit suppletque modo, per quem apparentiae eorum pernoscuntur et demonstrantur, ut inferius.

3.—4. II, tertiorum LIIII, quartorum 12 || III, tertiorum IX, quart. IIII *NB*; III, ..., quartorum XL *KAW*. — 5. XXIX, XIII, XII || XXX, XXXVI, IIII *NBAW*. — 6. I, XLVIII, LIIII, XXX || I, XLV, III, XL *NBAW*. — 7. LVI, XLVI, LIIII, XL || LVII, XXIII, VI, XXX *NBAW*. — 8.—9. LVII, VII, XLIIII || LVII, VII, XLIIII, V *NBAW*. — 10. VIII || XXII *NBAW*. — IL || LIX *NBAW*; XLVIIII *Th*. — 11. VII, XLIII || XIII, XL *NBAW*. — tabula || tabulis *Th*. — 12. quae || que *Ms*. — 17. XLVI, XII, LII || XLV, LVII, XXIIII *NBAW*. — scrupulorum *in NBAWTh deest*. — 18. scrupulorum *in NBAW deest*. — XIX, LIII, LII || XVIII, XXX, XXXVI *NBAW*. — 20. eis || eis nobis *edd*; supletque *Ms*. — modo || modum *Th*. — 21. inferius || infra *NBAW*.

MOTVS SATVRNI COMMVTATIONIS IN ANNIS ET SEXAGENIS ANNORVM 144 135b

Anni Aegypt.	MOTVS						Anni Aegypt.	MOTVS				
	Sex.	Grad.	Scr. 1a	Scr. 2a	Scr. 3a			Sex.	Grad.	Scr. 1a	Scr. 2a	Scr. 3a
1	5	47	32	3	9		31	5	33	33	37	59
2	5	35	4	6	19		32	5	21	5	41	9
3	5	22	36	9	29		33	5	8	37	44	19
4	5	10	8	12	38		34	4	56	9	47	28
5	4	57	40	15	48		35	4	43	41	50	38
6	4	45	12	18	58		36	4	31	13	53	48
7	4	32	44	22	7		37	4	18	45	56	57
8	4	20	16	25	17		38	4	6	18	0	7
9	4	7	48	28	27		39	3	53	50	3	17
10	3	55	20	31	36		40	3	41	22	6	26
11	3	42	52	34	46		41	3	28	54	9	36
12	3	30	24	37	56		42	3	16	26	12	46
13	3	17	56	41	5		43	3	3	58	15	55
14	3	5	28	44	15		44	2	51	30	19	5
15	2	53	0	47	25		45	2	39	2	22	15
16	2	40	32	50	34		46	2	26	34	25	24
17	2	28	4	53	44		47	2	14	6	28	34
18	2	15	36	56	54		48	2	1	38	31	44
19	2	3	9	0	3		49	1	49	10	34	53
20	1	50	41	3	13		50	1	36	42	38	3
21	1	38	13	6	23		51	1	24	14	41	13
22	1	25	45	9	32		52	1	11	46	44	22
23	1	13	17	12	42		53	0	59	18	47	32
24	1	0	49	15	52		54	0	46	50	50	42
25	0	48	21	19	1		55	0	34	22	53	51
26	0	35	53	22	11		56	0	21	54	57	1
27	0	23	25	25	21		57	0	9	27	0	11
28	0	10	57	28	30		58	5	56	59	3	20
29	5	58	29	31	40		59	5	44	31	6	30
30	5	46	1	34	50		60	5	32	3	9	40

Numeri huius tabulae et sequentium numeris in Cap. I ex Ms sumptis non omnibus partibus congruunt. Editiones numeros tabularum in textum receperunt, nos Ms sumus secuti.

1. MOTVS SATVRNI || Saturni motus *NBAW*. — 1.—2. Commutationis, annorum *desunt in Ms. Item subdivisio in Sex. Grad. Scrup. deest in Ms in hac et in sequentibus tabulis, cum* Anni (Aegypt) et dies *legantur in Ms.* — 4. Aegyptii *deest in MsW.*

6. 6 | 19: 19 *emendat. ex* 49 *Ms.* — 13. 4 | 7: 7 *emendat. ex* 57 *Ms.* — 18. 3 | 5: 5 *emendat. ex* 55 *Ms.*

A addit: Radix Christi Sex. 3, grad. 25, min. 49 (Cap. 8).

6. 21 | 5 || 11 | 5 *NBW*. — 6. 41 | 9: 9 *emendat. ex* 59 *Ms.* — 13. 50 | 3: 3 *emendat. ex* 53 *Ms.* — 14. 22 | 6: 6 *emendat. ex* 56 *Ms.* — 15. 28 | 54 || 18 | 54 *NBW*. — 15. 54 | 9: 9 *emendat. ex* 59 *Ms.* — 18. 51 | 30 || 51 | 38 *B*. — 19. 39 | 2 || 39 | 30 *B*. — 29. 22 | 53 || 22 | 43 *NBAW*. — 31. 0 | 9: 9 *emendat. ex* 49 *Ms.*

A: Radix Alexandri Sex. 2, grad. 28, min. 1 (Cap. 8).

144v 136a

MOTVS SATVRNI COMMVTATIONIS IN DIEBVS, SEXAGENIS ET SCRVPVLIS

Dies	MOTVS					Dies	MOTVS				
	Sex.	Grad.	Scr. 1a	Scr. 2a	Scr. 3a		Sex.	Grad.	Scr. 1a	Scr. 2a	Scr. 3a
1	0	0	57	7	44	31	0	29	30	59	46
2	0	1	54	15	28	32	0	30	28	7	30
3	0	2	51	23	12	33	0	31	25	15	14
4	0	3	48	30	56	34	0	32	22	22	58
5	0	4	45	38	40	35	0	33	19	30	42
6	0	5	42	46	24	36	0	34	16	38	26
7	0	6	39	54	8	37	0	35	13	46	1
8	0	7	37	1	52	38	0	36	10	53	55
9	0	8	34	9	36	39	0	37	8	1	39
10	0	9	31	17	20	40	0	38	5	9	23
11	0	10	28	25	4	41	0	39	2	17	7
12	0	11	25	32	49	42	0	39	59	24	51
13	0	12	22	40	33	43	0	40	56	32	35
14	0	13	19	48	17	44	0	41	53	40	19
15	0	14	16	56	1	45	0	42	50	48	3
16	0	15	14	3	45	46	0	43	47	55	47
17	0	16	11	11	29	47	0	44	45	3	31
18	0	17	8	19	13	48	0	45	42	11	16
19	0	18	5	26	57	49	0	46	39	19	0
20	0	19	2	34	41	50	0	47	36	26	44
21	0	19	59	42	25	51	0	48	33	34	28
22	0	20	56	50	9	52	0	49	30	42	12
23	0	21	53	57	53	53	0	50	27	49	56
24	0	22	51	5	38	54	0	51	24	57	40
25	0	23	48	13	22	55	0	52	22	5	24
26	0	24	45	21	6	56	0	53	19	13	8
27	0	25	42	28	50	57	0	54	16	20	52
28	0	26	39	36	34	58	0	55	13	28	36
29	0	27	36	44	18	59	0	56	10	36	20
30	0	28	33	52	2	60	0	57	7	44	5

1. MOTVS SATVRNI || Saturni motus *NBAW; post* scrupulis *legitur* dierum *in W.* — 1.—2. Commutationis; et scrupulis *desunt in Ms.* — 3. motus *deest in Ms.*

18. 48 | 17 || 48 | 71 *B.* — 34. 52 | 2 || 52 | 3 *BTh.*

10. 38 | 26 || 38 | 27 *A.* — 33. 36 | 20 || 26 | 20 *B.*

IOVIS MOTVS COMMVTATIONIS IN ANNIS ET SEXAGENIS ANNORVM *145* 136b

Anni Aegypt.	MOTVS					Anni Aegypt.	MOTVS				
	Sex.	Grad.	Scr. 1a	Scr. 2a	Scr. 3a		Sex.	Grad.	Scr. 1a	Scr. 2a	Scr. 3a
1	5	29	25	8	15	31	2	11	59	15	48
2	4	58	50	16	30	32	1	41	24	24	3
3	4	28	15	24	45	33	1	10	49	32	18
4	3	57	40	33	0	34	0	40	14	40	33
5	3	27	5	41	15	35	0	9	39	48	48
6	2	56	30	49	30	36	5	39	4	57	3
7	2	25	55	57	45	37	5	8	30	5	18
8	1	55	21	6	0	38	4	37	55	13	33
9	1	24	46	14	15	39	4	7	20	21	48
10	0	54	11	22	31	40	3	36	45	30	4
11	0	23	36	30	46	41	3	6	10	38	19
12	5	53	1	39	1	42	2	35	35	46	34
13	5	22	26	47	16	43	2	5	0	54	49
14	4	51	51	55	31	44	1	34	26	3	4
15	4	21	17	3	46	45	1	3	51	11	19
16	3	50	42	12	1	46	0	33	16	19	34
17	3	20	7	20	16	47	0	2	41	27	49
18	2	49	32	28	31	48	5	32	6	36	4
19	2	18	57	36	46	49	5	1	31	44	19
20	1	48	22	45	2	50	4	30	56	52	34
21	1	17	47	53	17	51	4	0	22	0	50
22	0	47	13	1	32	52	3	29	47	9	5
23	0	16	38	9	47	53	2	59	12	17	20
24	5	46	3	18	2	54	2	28	37	25	35
25	5	15	28	26	17	55	1	58	2	33	50
26	4	44	53	34	32	56	1	27	27	42	5
27	4	14	18	42	47	57	0	56	52	50	20
28	3	43	43	51	2	58	0	26	17	58	35
29	3	13	8	59	17	59	5	55	43	6	50
30	2	42	34	7	33	60	5	25	8	15	6

1. Commutationis || commutationum *NBAW*. — 4. Aegyptii *deest in Ms NBW*.

22. 49 | 32 || 49 | 52 *W*. — 30. 34 | 32 || 34 | 23 *Th.*

A: Radix Christi Sex. 1, grad. 38, min. 16 (Cap. 13).

10. 57 | 3 || 56 | 3 *Ms*. — 24. 52 | 34 || 52 | 35 *A*. — 28. 25 | 35 || 25 | 33 *NBW*.

A: Radix Alexandri Sex. 2, grad. 18, min. 10 (Cap. 13).

145v 137a

IOVIS MOTVS COMMVTATIONIS IN DIEBVS, SEXAGENIS ET SCRVPVLIS

Dies	MOTVS					Dies	MOTVS				
	Sex.	Grad.	Scr. 1a	Scr. 2a	Scr. 3a		Sex.	Grad.	Scr. 1a	Scr. 2a	Scr. 3a
1	0	0	54	9	3	31	0	27	58	40	58
2	0	1	48	18	7	32	0	28	52	50	2
3	0	2	42	27	11	33	0	29	46	59	5
4	0	3	36	36	15	34	0	30	41	8	9
5	0	4	30	45	19	35	0	31	35	17	13
6	0	5	24	54	22	36	0	32	29	26	17
7	0	6	19	3	26	37	0	33	23	35	21
8	0	7	13	12	30	38	0	34	17	44	25
9	0	8	7	21	34	39	0	35	11	53	29
10	0	9	1	30	38	40	0	36	6	2	32
11	0	9	55	39	41	41	0	37	0	11	36
12	0	10	49	48	45	42	0	37	54	20	40
13	0	11	43	57	49	43	0	38	48	29	44
14	0	12	38	6	53	44	0	39	42	38	47
15	0	13	32	15	57	45	0	40	36	47	51
16	0	14	26	25	1	46	0	41	30	56	55
17	0	15	20	34	4	47	0	42	25	5	59
18	0	16	14	43	8	48	0	43	19	15	3
19	0	17	8	52	12	49	0	44	13	24	6
20	0	18	3	1	16	50	0	45	7	33	10
21	0	18	57	10	20	51	0	46	1	42	14
22	0	19	51	19	23	52	0	46	55	51	18
23	0	20	45	28	27	53	0	47	50	0	22
24	0	21	39	37	31	54	0	48	44	9	26
25	0	22	33	46	35	55	0	49	38	18	29
26	0	23	27	55	39	56	0	50	32	27	33
27	0	24	22	4	43	57	0	51	26	36	37
28	0	25	16	13	46	58	0	52	20	45	41
29	0	26	10	22	50	59	0	53	14	54	45
30	0	27	4	31	54	60	0	54	9	3	49

1.—2. *In Ms* ET SCRVPVLIS *deest. W addit* dierum. — 3.—4. dies, motus *deest in Ms.* 6. 1 | 48 || 1 | 49 *NBTh.* — 18. 6 | 53 || 6 | 56 *W.*

MARTIS COMMVTATIONIS MOTVS IN ANNIS ET SEXAGENIS ANNORVM *146* 137[b]

Anni Aegypt.	MOTVS					Anni Aegypt.	MOTVS				
	Sex.	Grad.	Scr.1a	Scr.2a	Scr.3a		Sex.	Grad.	Scr.1a	Scr.2a	Scr.3a
1	2	48	28	30	36	31	3	2	43	48	38
2	5	36	57	1	12	32	5	51	12	19	14
3	2	25	25	31	48	33	2	39	40	49	50
4	5	13	54	2	24	34	5	28	9	20	26
5	2	2	22	33	0	35	2	16	37	51	2
6	4	50	51	3	36	36	5	5	6	21	38
7	1	39	19	34	12	37	1	53	34	52	14
8	4	27	48	4	48	38	4	42	3	22	50
9	1	16	16	35	24	39	1	30	31	53	26
10	4	4	45	6	0	40	4	19	0	24	2
11	0	53	13	36	36	41	1	7	28	54	38
12	3	41	42	7	12	42	3	55	57	25	14
13	0	30	10	37	48	43	0	44	25	55	50
14	3	18	39	8	24	44	3	32	54	26	26
15	0	7	7	39	1	45	0	21	22	57	3
16	2	55	36	9	37	46	3	9	51	27	39
17	5	44	4	40	13	47	5	58	19	58	15
18	2	32	33	10	49	48	2	46	48	28	51
19	5	21	1	41	25	49	5	35	16	59	27
20	2	9	30	12	1	50	2	23	45	30	3
21	4	57	58	42	37	51	5	12	14	0	39
22	1	46	27	13	13	52	2	0	42	31	15
23	4	34	55	43	49	53	4	49	11	1	51
24	1	23	24	14	25	54	1	37	39	32	27
25	4	11	52	45	1	55	4	26	8	3	3
26	1	0	21	15	37	56	1	14	36	33	39
27	3	48	49	46	13	57	4	3	5	4	15
28	0	37	18	16	49	58	0	51	33	34	51
29	3	25	46	47	25	59	3	40	2	5	27
30	0	14	15	18	2	60	0	28	30	36	4

1. COMMVTATIONIS MOTVS ‖ motus commutationis *NBAW*. — 4. Aegyptii *deest in Ms W*.

17. 37 | 48 ‖ 37 | 46 *NBW*; 37 | 49 *A*.

A: Radix Christi Sex. 3, grad. 58, min. 22 (Cap. 18).

A: Radix Alexandri Sex. 2, grad. 0, min. 39 (Cap. 18).

146v
138a

MARTIS MOTVS COMMVTATIONIS IN DIEBVS, SEXAGENIS ET SCRVPVLIS DIERVM

Dies	MOTVS					Dies	MOTVS				
	Sex.	Grad.	Scr.1a	Scr.2a	Scr.3a		Sex.	Grad.	Scr.1a	Scr.2a	Scr.3a
1	0	0	27	41	40	31	0	14	18	31	51
2	0	0	55	23	20	32	0	14	46	13	31
3	0	1	23	5	1	33	0	15	14	55	12
4	0	1	50	46	41	34	0	15	41	36	52
5	0	2	18	28	21	35	0	16	9	18	32
6	0	2	46	10	2	36	0	16	37	0	13
7	0	3	13	51	42	37	0	17	4	41	53
8	0	3	41	33	22	38	0	17	32	23	33
9	0	4	9	15	3	39	0	18	0	5	14
10	0	4	36	56	43	40	0	18	27	46	54
11	0	5	4	38	24	41	0	18	55	28	35
12	0	5	32	20	4	42	0	19	23	10	15
13	0	6	0	1	44	43	0	19	50	51	55
14	0	6	27	43	25	44	0	20	18	33	36
15	0	6	55	25	5	45	0	20	46	15	16
16	0	7	23	6	45	46	0	21	13	56	56
17	0	7	50	48	26	47	0	21	41	38	37
18	0	8	18	30	6	48	0	22	9	20	17
19	0	8	46	11	47	49	0	22	37	1	57
20	0	9	13	53	27	50	0	23	4	43	38
21	0	9	41	35	7	51	0	23	32	25	18
22	0	10	9	16	48	52	0	24	0	6	59
23	0	10	36	58	28	53	0	24	27	48	39
24	0	11	4	40	8	54	0	24	55	30	19
25	0	11	32	21	49	55	0	25	23	12	0
26	0	12	0	3	29	56	0	25	50	53	40
27	0	12	27	45	9	57	0	26	18	35	20
28	0	12	55	26	49	58	0	26	46	17	1
29	0	13	23	8	30	59	0	27	13	58	41
30	0	13	50	50	11	60	0	27	41	40	22

2. dierum *omis. NBATh.* — 3. dies et scru. *Ms.*

6. 23 | 20 || 23 | 24 *W.* — 10. 10 | 2 || 10 | 21 *B.* — 13. 15 | 3 || 11 | 3 *W.* — 23. 11 | 47 || 11 | 46 *Ms.* — 29. 21 | 49 || 21 | 48 *Ms*; 21 | 48 *NBAW.* — 32. 55 | 26 | 49 || 59 | 26 | 50 *NB*; 55 | 26 | 50 *AW.*

7. 15 | 14 || 15 | 13 *A.* — 32. 0 | 26 || 0 | 27 *Ms.*

VENERIS MOTVS COMMVTATIONIS IN ANNIS ET SEXAGENIS ANNORVM 147. 138b

Anni Aegypt.	MOTVS								Anni Aegypt.	MOTVS							
	Sex.	Part.	Scr. 1a	Scr. 2a	Scr. 3a	Ms. Scr. 1a	Ms. Scr 2a	Ms. Scr. 3a		Sex.	Part.	Scr. 1a	Scr. 2a	Scr. 3a	Ms. Scr. 1a	Ms. Scr. 2a	Ms. Scr. 3a
1	3	45	1	45	3	1	50	11	31	2	15	54	16	53	56	55	48
2	1	30	3	30	7	3	40	22	32	0	0	56	1	57	58	46	0
3	5	15	5	15	11	5	30	33	33	3	45	57	47	1	0	36	11
4	3	0	7	0	14	7	20	45	34	1	30	59	32	4	2	26	22
5	0	45	8	45	18	9	10	56	35	5	16	1	17	8	4	16	33
6	4	30	10	30	22	11	1	7	36	3	1	3	2	12	6	6	45
7	2	15	12	15	25	12	51	18	37	0	46	4	47	15	7	56	56
8	0	0	14	0	29	14	41	30	38	4	31	6	32	19	9	47	7
9	3	45	15	45	33	16	31	41	39	2	16	8	17	23	11	37	18
10	1	30	17	30	36	18	21	52	40	0	1	10	2	26	13	27	30
11	5	15	19	15	40	20	12	3	41	3	46	11	47	30	15	17	41
12	3	0	21	0	44	22	2	15	42	1	31	13	32	34	17	7	52
13	0	45	22	45	47	23	52	26	43	5	16	15	17	37	18	58	3
14	4	30	24	30	51	25	42	37	44	3	1	17	2	41	20	48	15
15	2	15	26	15	55	27	32	48	45	0	46	18	47	45	22	38	26
16	0	0	28	0	58	29	23	0	46	4	31	20	32	48	24	28	37
17	3	45	29	46	2	31	13	11	47	2	16	22	17	52	26	18	48
18	1	30	31	31	6	33	3	22	48	0	1	24	2	56	28	9	0
19	5	15	33	16	9	34	53	33	49	3	46	25	47	59	29	59	11
20	3	0	35	1	13	36	43	45	50	1	31	27	33	3	31	49	22
21	0	45	36	46	17	38	33	56	51	5	16	29	18	7	33	39	33
22	4	30	38	31	20	40	24	7	52	3	1	31	3	10	35	29	45
23	2	15	40	16	24	42	14	18	53	0	46	32	48	14	37	19	56
24	0	0	42	1	28	44	4	30	54	4	31	34	33	18	39	10	7
25	3	45	43	46	31	45	54	41	55	2	16	36	18	21	41	0	18
26	1	30	45	31	35	47	44	52	56	0	1	38	3	25	42	50	30
27	5	15	47	16	39	49	35	3	57	3	46	39	48	29	44	40	41
28	3	0	49	1	42	51	25	15	58	1	31	41	33	32	46	30	52
29	0	45	50	46	46	53	15	26	59	5	16	43	18	36	48	21	3
30	4	30	52	31	50	55	5	37	60	3	1	45	3	40	50	11	15

3.—4. Aegyptii: *deest in dextera parte tabulae Ms.*

Haec tabula et sequens in Mspm initio alios numeros praebebant quam editiones: Copernicus autem, ut prius, non omnes numeros trium ultimorum ordinum in numeros editionum mutavit, sed emendatos modo ultimis columnis subscripsit. Nos tribus novis ordinibus Mspm. numeros addimus. Praeterea Mspm in tertio ordine secundae columnae versu 7. *habet* 46 *pro* 45 *et* 8. *versu* 31 *pro* 30.

A: Radix Christi Sex. 2, grad. 6, min. 45 (Cap. 24).

23. 29 | 59 || 29 | 58 *Th.*

A: Radix Alexandri Sex. 1, grad. 21, min. 52 (Cap. 24).

147v 139a

VENERIS MOTVS COMMVTATIONIS IN DIEBVS ET SEXAGENIS, SCRVPVLIS DIERVM

Dies	MOTVS							Dies	MOTVS						
	Sex.	Part.	Scr. 1a	Scr. 2a	Scr. 3a	Ms. Scr. 2a	Ms. Scr. 3a		Sex.	Part.	Scr. 1a	Scr. 2a	Scr. 3a	Ms. Scr. 2a	Ms. Scr. 3a
1	0	0	36	59	28	59	28	31	0	19	6	43	46	43	52
2	0	1	13	58	57	58	57	32	0	19	43	43	14	43	21
3	0	1	50	58	25	58	26	33	0	20	20	42	43	42	50
4	0	2	27	57	54	57	55	34	0	20	57	42	11	42	19
5	0	3	4	57	22	57	24	35	0	21	34	41	40	41	48
6	0	3	41	56	51	56	52	36	0	22	11	41	9	41	16
7	0	4	18	56	20	56	21	37	0	22	48	40	37	40	45
8	0	4	55	55	48	55	50	38	0	23	25	40	6	40	14
9	0	5	32	55	17	55	19	39	0	24	2	39	34	39	43
10	0	6	9	54	45	54	48	40	0	24	39	39	3	39	12
11	0	6	46	54	14	54	16	41	0	25	16	38	31	38	40
12	0	7	23	53	43	53	45	42	0	25	53	38	0	38	9
13	0	8	0	53	11	53	14	43	0	26	30	37	29	37	38
14	0	8	37	52	40	52	43	44	0	27	7	36	57	37	7
15	0	9	14	52	8	52	12	45	0	27	44	36	26	36	36
16	0	9	51	51	37	51	40	46	0	28	21	35	54	36	4
17	0	10	28	51	5	51	9	47	0	28	58	35	23	35	33
18	0	11	5	50	34	50	38	48	0	29	35	34	52	35	2
19	0	11	42	50	2	50	7	49	0	30	12	34	20	34	31
20	0	12	19	49	31	49	36	50	0	30	49	33	49	34	0
21	0	12	56	48	59	49	4	51	0	31	26	33	17	33	28
22	0	13	33	48	28	48	33	52	0	32	3	32	46	32	57
23	0	14	10	47	57	48	2	53	0	32	40	32	14	32	26
24	0	14	47	47	26	47	31	54	0	33	17	31	43	31	55
25	0	15	24	46	54	47	0	55	0	33	54	31	12	31	24
26	0	16	1	46	23	46	28	56	0	34	31	30	40	30	52
27	0	16	38	45	51	45	57	57	0	35	8	30	9	30	21
28	0	17	15	45	20	45	26	58	0	35	45	29	37	29	50
29	0	17	52	44	48	44	55	59	0	36	22	29	6	29	19
30	0	18	29	44	17	44	24	60	0	36	59	28	35	28	48

1.—2. Et sexagenis, scrupulis dierum || sexagenis et scrupulis *edd.*

Hic quoque duobus novis ordinibus Mspm. numeros columellarum Scrup. 2a, *Scrup.* 3a *inscriptarum adiecimus, quorum ultimi tantummodo a Copernico mutati sunt.*

7. 58 | 26 || 58 | 25 *Th.* — 23. 50 | 2 || 50 | 3 *A.* — 27. 14 | 10 || 14 | 0 *NW*; 14 | 47 *B.*

18. 27 | 7 || 26 | 7 *Ms*: 7 *emendat. ex* 57 *Ms.*

148
139[b]

MERCVRII COMMVTATIONIS MOTVS IN ANNIS ET SEXAGENIS ANNORVM

Anni Aegypt.	MOTVS					Anni Aegypt.	MOTVS				
	Sex.	Grad.	Scr. 1ª	Scr. 2ª	Scr. 3ª		Sex.	Grad.	Scr. 1ª	Scr. 2ª	Scr. 3ª
1	0	53	57	23	6	31	3	52	38	56	21
2	1	47	54	46	13	32	4	46	36	19	28
3	2	41	52	9	19	33	5	40	33	42	34
4	3	35	49	32	26	34	0	34	31	5	41
5	4	29	46	55	32	35	1	28	28	28	47
6	5	23	44	18	39	36	2	22	25	51	54
7	0	17	41	41	45	37	3	16	23	15	0
8	1	11	39	4	52	38	4	10	20	38	7
9	2	5	36	27	58	39	5	4	18	1	13
10	2	59	33	51	5	40	5	58	15	24	20
11	3	53	31	14	11	41	0	52	12	47	26
12	4	47	28	37	18	42	1	46	10	10	33
13	5	41	26	0	24	43	2	40	7	33	39
14	0	35	23	23	31	44	3	34	4	56	46
15	1	29	20	46	37	45	4	28	2	19	52
16	2	23	18	9	44	46	5	21	59	42	59
17	3	17	15	32	50	47	0	15	57	6	5
18	4	11	12	55	57	48	1	9	54	29	12
19	5	5	10	19	3	49	2	3	51	52	18
20	5	59	7	42	10	50	2	57	49	15	25
21	0	53	5	5	16	51	3	51	46	38	31
22	1	47	2	28	23	52	4	45	44	1	38
23	2	40	59	51	29	53	5	39	41	24	44
24	3	34	57	14	36	54	0	33	38	47	51
25	4	28	54	37	42	55	1	27	36	10	57
26	5	22	52	0	49	56	2	21	33	34	4
27	0	16	49	23	55	57	3	15	30	57	10
28	1	10	46	47	2	58	4	9	28	20	17
29	2	4	44	10	8	59	5	3	25	43	23
30	2	58	41	33	15	60	5	57	23	6	30

1. COMMVTATIOINS MOTVS || motus commutationis *NBAW*. — 3.—4. Anni Aeg. *desunt in dextra parte tabulae Ms.*

15. 3 | 53 || 3 | 23 *Th.* — 26. 47 | 2 || 46 | 2 (*sic!*) *Ms*; *in margine* 47 *Ms.*

A: Radix Christi Sex. 0, grad. 46, min. 24 (Cap. 31).

28. 38 | 47 || 38 | 46 (*sic!*) *Ms*; *in margine* 47 *Ms.*

A: Radix Alexandri Sex. 3, grad. 33, min. 3 (Cap. 31).

148v 140a

MERCVRII COMMVTATIONIS MOTVS IN DIEBVS, SEXAGENIS ET SCRVPVLIS

Dies	MOTVS						Dies	MOTVS				
	Sex.	Grad.	Scr. 1a	Scr. 2a	Scr. 3a			Sex.	Grad.	Scr. 1a	Scr. 2a	Scr. 3a
1	0	3	6	24	13		31	1	36	18	31	3
2	0	6	12	48	27		32	1	39	24	55	17
3	0	9	19	12	41		33	1	42	31	19	31
4	0	12	25	36	54		34	1	45	37	43	44
5	0	15	32	1	8		35	1	48	44	7	58
6	0	18	38	25	22		36	1	51	50	32	12
7	0	21	44	49	35		37	1	54	56	56	25
8	0	24	51	13	49		38	1	58	3	20	39
9	0	27	57	38	3		39	2	1	9	44	53
10	0	31	4	2	16		40	2	4	16	9	6
11	0	34	10	26	30		41	2	7	22	33	20
12	0	37	16	50	44		42	2	10	28	57	34
13	0	40	23	14	57		43	2	13	35	21	47
14	0	43	29	39	11		44	2	16	41	46	1
15	0	46	36	3	25		45	2	19	48	10	15
16	0	49	42	27	38		46	2	22	54	34	28
17	0	52	48	51	52		47	2	26	0	58	42
18	0	55	55	16	6		48	2	29	7	22	56
19	0	59	1	40	19		49	2	32	13	47	9
20	1	2	8	4	33		50	2	35	20	11	23
21	1	5	14	28	47		51	2	38	26	35	37
22	1	8	20	53	0		52	2	41	32	59	50
23	1	11	27	17	14		53	2	44	39	24	4
24	1	14	33	41	28		54	2	47	45	48	18
25	1	17	40	5	41		55	2	50	52	12	31
26	1	20	46	29	55		56	2	53	58	36	45
27	1	23	52	54	9		57	2	57	5	0	59
28	1	26	59	18	22		58	3	0	11	25	12
29	1	30	5	42	36		59	3	3	17	49	26
30	1	33	12	6	50		60	3	6	24	13	40

1. COMMVTATIONIS MOTVS ‖ motus commutationis *NBAW*. — 2. et scrupulis *deest in Ms*; scrupulis dierum *W*.

25. 28 | 47 ‖ 28 | 37 *W*.

A addit in calce: Praecedentium Tabularum usus, totusque quinque Planetarum abacus traditur infra capite 34.

CAP. II

Aeqvalitatis et apparentiae ipsorvm sidervm demonstratio opinione priscorvm *149* 140[b]

Medij igitur motus eorum hoc modo se habent; nunc ad apparentem inaequalitatem conuertamur. Prisci mathematici, qui immobilem tenebant terram, imaginati sunt in Saturno, Ioue, Marte et Venere eccentrepicyclos, et praeterea alium eccentrum, ad quem epicyclus aequaliter moueretur ac planeta in epicyclo. Quemadmodum si fuerit eccentrus AB circulus, cuius centrum sit C, dimetiens autem ACB, in quo centrum terrae D, ut sit apogaeum in A, perigaeum in B, secta quoque DC bifariam in E, quo facto centro describatur alter eccentros priori aequalis FG, in quo suscepto utcumque H centro designetur epicyclus IK, et agatur per centrum eius recta linea IKC, similiter et LHME. Intelligantur autem eccentri inclines ad planum signiferi atque epicyclus ad eccentri planum propter latitudines, quas facit planeta, sed hic tamquam sint in vno plano ob demonstrationis comoditatem. Aiunt igitur totum hoc planum moueri circa D centrum orbis signorum cum E, C punctis ad motum stellarum fixarum, per quod volunt intelligi ratas haec habere sedes in non errantium stellarum sphaera, epicyclum quoque in consequentia in FHG circulo, sed penes IHC lineam, ad quam etiam stella reuoluatur aequaliter in ipso IK epicyclo. Constat autem, quod aequalitas epicycli fieri debuit ad E centrum sui deferentis, et planetae reuolutio ad LME lineam. Concedunt igitur et hic motus circularis aequalitatem fieri posse circa centrum alienum et non proprium, similiter etiam in Mercurio ac magis accidere. Sed iam circa Lunam id sufficienter (ut arbitror) refutatum est. Haec et similia nobis occasionem praestiterunt de mobilitate terrae alijsque modis cogitandi, quibus aequalitas et principia artis permanerent, et ratio inaequalitatis apparentis reddatur constantior.

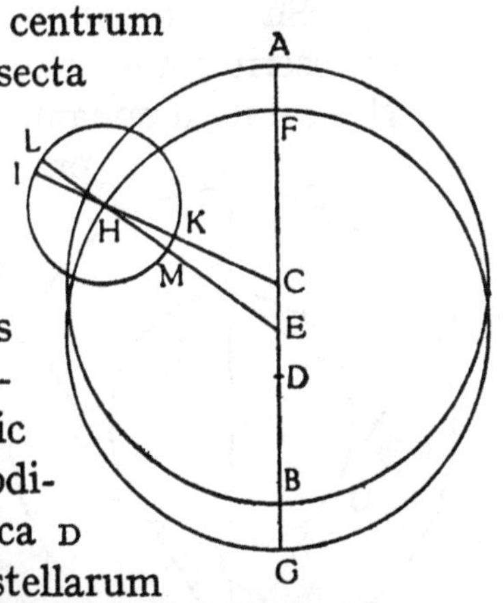

---

12. eccentros || eccentrus *BTh.* — 14. IKC || IHKC *edd.* — 16. ad planum || a planum *Ms.* — 18. sint || sunt *A.* — 18—19. commoditatem *edd.* — 25. deferentis || *sic et K*; differentis *NBAW*; — planetae || planeta *W.* — 27. *Post* proprium *Mspm. addebat* quod Scipio Ciceronis vix somniasset a). — etiam in Mercurio ac magis accidere || et iam in Mercurio, ac magis accidere *K*; etiam in Mercurio hoc magis accidere *NBAW.* — 28. *Verba* (ut arbitror) *in NBAW desunt.*

---

a) somniasset || somnasset *Th. Copernicus meminit Ciceronis*: Somnium Scipionis.

Cap. III

149ᵛ 141ᵃ

Generalis demonstratio inaequalitatis apparentis propter motvm terrae

Duabus igitur existentibus causis, quibus planetae aequalis motus appareat inaequalis, cum propter motum terrae tum etiam propter motum proprium: utramque earum in genere declarabimus ac separatim oculari demonstratione, quo melius inuicem discernantur, incipientes ab ea, quae omnibus illis sese commiscet propter motum terrae; et primo circa Venerem et Mercurium, qui terrae circulo comprehenduntur.

Sit ergo circulus AB eccentrus a Sole, quem centrum terrae descripserit annuo circuitu iuxta modum superius traditum; centrum sit C. Nunc autem ponamus, quasi nullam aliam habuerit inaequalitatem planeta praeter hanc, quod erit, si homocentrum fecerimus ipsi AB, qui sit DE, siue Veneris siue Mercurij, quem propter latitudinem inclinem esse oportet ipsi AB. Sed comodioris causa demonstrationis cogitentur, ac si sint in eodem plano, et assumatur in A signo terra, a quo educantur visus AFL et AGM contingentes circulum planetae in F, G signis, et dimetiens ACB vtriusque communis. Sit autem vtriusque motus, terrae inquam et planetae, in easdem partes, hoc est in consequentia, sed velociore existente planeta quam terra. Apparebit ergo C et ipsa linea ACB secundum Solis medium motum ferri oculo in A delato, sydus autem in DFG circulo tamquam in epicyclo maiori tempore pertransibit FDG circumferentiam in consequentia quam reliquam GEF in praecedentia, et illic totum FAG angulum addet medio motui Solis, hic auferet eumdem. Vbi igitur motus stellae ablatiuus, praesertim circa E perigaeum, maior fuerit adiectiuo ipsius C, secundum vincentem videtur repedare ipsi A, quod accidit in his stellis; quibus in CE linea ad AE lineam plus fuerit in ratione quam
150 in motu A ad cursum planetae secundum demonstrata Apolonij || Pergaei †
(ut postea dicetur). Vbi vero motus adiectiuus par fuerit ablatiuo (com-
141ᵇ pensatis | inuicem) stationem facere videbitur, quae omnia competunt apparentijs. Si igitur alia non fuisset in motu stellae differentia, ut opinabatur Apolonius, poterant ista sufficere. Sed maximae elongationes a loco Solis medio, quae intelliguntur per angulos FAE et GAE, matutinae

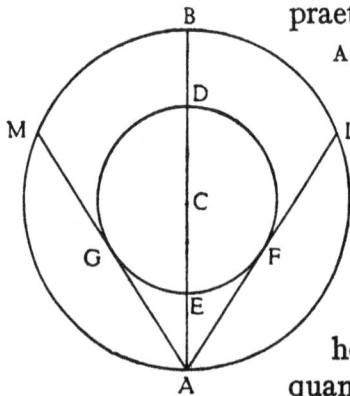

5. tum etiam || cum etiam *NB*. — 6. utramque earum || utrumque eorum *edd.* — ac || et *NBAW*. — 7. ea, quae || eo, qui *edd.* — 21. partes || parteis *NBA et sic saepius*. — 25. epicyclo || epicyclio *BTh*. — 27. addet || *sic et K*; adde et *A*; adde *NB*. — 31. *lege* Apollonii *et sic porro*. — 32. adiectiuus || ablativus *NBAW*. — ablatiuo || adiectivo *NBAW*.

et vespertinae horum siderum non inueniuntur ubique aequales, neque altera alteri neque coniunctim et ad se inuicem, euidenti coniectura, quod cursus eorum non sint in homocentris cum terreno circulo, sed in alijs quibusdam, quibus efficiunt diuersitatem secundam.

Idem quoque demonstratur in tribus superioribus, Saturno, Ioue, Marte, qui ambiunt vndique terram. Repetito enim terrae circulo priori assumatur exterior DE homocentrus tamquam in eodem plano, in quo locus planetae sumatur utcumque in D signo, a quo rectae lineae agantur DF, DG contingentes orbem terrae in F, G signis et DACBE dimetiens communis. Manifestum est, quod (ex A solummodo) verus locus planetae in linea DE medij motus Solis apparebit existens acronyctus et terrae proximus. Nam ex opposito in B existente terra, quamuis in eadem linea, minime apparebit hypaugus factus propter Solis ad C cognationem. Ipse vero cursus terrae maior existens, quo superat motum planetae, per apogaeam GBF circumferentiam apponere videbitur motui stellae totum angulum GDF, ac in reliqua FAG eumdem auferre, sed tempore minori iuxta FAG circumferentiam minorem. Et vbi motus ablatiuus terrae superauerit motum adiunctiuum stellae (circa A praesertim) videbitur ipsa a terra destitui et in praecedentia moueri et ibi stationem facere, vbi minima fuerit differentia ipsorum motuum contrariorum || secundum visum. Sic- *150v*
que rursus manifestum est ea omnia accidere per vnum motum terrae, quae prisci quaesiuerunt per epicyclia singulorum. Sed quoniam motus stellae non inuenitur aequalis praeter opinionem Apolonij et antiquorum (prodente id inaequali ad stellam reuolutione terrae): non igitur in homocentro feruntur planetae, sed alio modo, quem protinus etiam demonstrabimus.

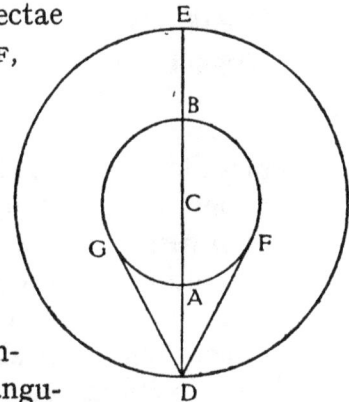

CAP. IV

QVIBVS MODIS ERRANTIVM MOTVS PROPRII APPAREANT INAEQVALES 142a

Quoniam vero motus eorum secundum longitudinem proprij eumdem fere modum habent excepto Mercurio, qui videtur ab illis differre: quamobrem de illis quatuor coniunctim tractabitur; Mercurio alius deputatus est locus. Quod igitur prisci vnum motum in duobus eccentris (ut recensitum est) posuerunt, nos duos esse motus censemus aequales, quibus inaequalitas apparentiae componitur, siue per eccentri eccentrum, siue per epicycli

17. GBF || FGB *edd.* — 19. 20. FAG || GAF *edd.* — 21. ipsa a terra || ipsa A terra *NAW.* — 27. inaequali || in aequali *NB.* — 30. Cap. IV || Cap. III *Ms, et sic usque ad cap.* XXIX. *capita numeris unitate minoribus designat.* —

epicyclum, siue etiam mixtim per eccentrepicyclum, quae eandem possunt inaequalitatem efficere, vti superius circa Solem et Lunam demonstrauimus.

Sit igitur eccentrus AB circulus circa C centrum, dimetiens ACB linea medij loci Solis per summam ac infimam absida planetae, in qua centrum orbis terreni sit D, factoque in summa abside A centro, distantiae autem tertiae partis CD describatur epicyclium EF, in cuius perigaeo, quod sit F, planeta constituatur. Sit autem motus epicyclij per AB eccentrum in consequentia, planetae vero in circumferentia epicyclii superiori similiter
142b in | consequentia, in reliqua ad praecedentia, ac vtriusque, epicyclij inquam et planetae, paribus inuicem reuolutionibus. Accidet propterea, ut, cum epicyclium in summa abside fuerit eccentri et planeta in perigaeo epicyclij ex opposito, permutentur ad inuicem in contrarias partes, cum uterque
151 suum peregerit hemicyclium. || At in quadrantibus utrisque medijs utrumque absidem suam mediam habebit, et tunc solum epicyclij diametros erit ad AB lineam, ac rursus his dimidiatis recta ad eandem AB, caeterum annuens semper et abnuens, quae omnia ex ipsorum motuum consequentia facile intelliguntur.

Hinc etiam demonstrabitur, quod sidus hoc motu composito non describit circulum perfectum iuxta priscorum sententiam mathematicorum, differentia tamen insensibili. Repetatur enim idem epicyclium in B centro, quod sit KL, ac desumpto quadrante circuli AG in ipso G epicyclium HI, et trifariam secta CD sit CM triens aequalis ipsi GI, connectanturque GC, IM, quae secent se in Q. Quoniam igitur AG circumferentia similis est ex praescripto HI circumferentiae, et angulus, qui sub ACG, rectus est, rectus igitur et HGI angulus, et qui ad Q verticem sunt etiam aequales: aequiangula sunt igitur triangula GIQ et QCM, sed et aequalium laterum alterum alteri, quoniam GI basis ponitur aequalis ipsi CM basi; et maior est subtensa QI ipsi GQ, sicut etiam QM ipsi QC; tota ergo IQM maior est toti GQC. Sed FM, ML, AC, CG sunt inuicem aequales; descriptus ergo circulus in M centro per F, L signa, ac perinde aequalis ipsi AB circulo, secabit IM lineam. Eodem modo demonstrabitur ex opposito ac altero quadrante. Planetes igitur per aequales motus epicyclij in eccentro et ipse in epicyclio non describit circulum perfectum, sed quasi, quod erat demonstrandum.

Describatur modo in D centro orbis terrae annuus, qui sit NO, et extendatur IDR, insuper et PDS parallelus ipsi CG, erit igitur IDR recta linea veri motus planetae, GC medij et aequalis, atque in R verum terrae

---

1. epicyclum || epicyclium *edd.* — 4. linea *desideratur in edd.* — 6. centro *deest in MsNBAW.* — distantiae || distantia *Th.* — 16. AB || AH *B.* — 21. differentia tamen || *sic et K*; differentia *NBA.* — 27. sed et || sed *W.* — 28. aequalis ipsi || aequalis *NBAW.* — ipsi || et ipsi *B.* — 29. sicut || sic ut *A.* — toti GQC || tota GQC *NBAW*; tota GCQ *Th*; tota GQC *Th in Addend.* — 33. ipse || *sic omnes; an* ipsius ? *Th.* — 34. erat || *sic et K*; erit *NBA.*

apogaeum ad planetam, in S medium. || Angulus igitur RDS siue IDP est utriusque differentia inter aequalem apparentemque motum, nempe inter ACG angulum et CDI. Quod si loco AB eccentri caperemus ipsi aequalem in D homocentrum, qui deferat epicyclium, cuius quae ex centro fuerit aequalis ipsi CD, in hoc ipso quoque alterum epicyclium, cuius dimetiens sit dimidium ipsius CD; moue|atur autem primus epicyclus in consequentia, secundus tantundem in diuersum, in quo demum planetes duplicato reflectatur motu: accident eadem, quae iam diximus, nec multo aliter quam circa Lunam, siue etiam per quemlibet aliorum modorum supra dictorum. Sed elegimus hic eccentrepicyclum, eo quod manente semper inter Solem et C centrum D interim mutasse reperitur, ut in Solaribus apparentijs ostensum est. Cui quidem mutationi caeteris pariter non obsequentibus necesse est in illis aliquam sequi differentiam, quae, tametsi permodica sit, in Marte tamen et Venere percipitur, vt suo loco videbitur. Quod igitur eae hypotheses apparentijs sufficiant, ammodo ex obseruatis demonstrabimus, idque primum de Saturno, Ioue et Marte, in quibus praecipuum est atque difficillimum apogaei locum et CD distantiam inuenisse, quoniam per ea caetera facile demonstrantur. In his autem eo fere modo utemur, quo circa Lunam usi sumus, nempe trium oppositionum Solarium antiquarum ad totidem nouarum facta comparatione, quas acronychias ipsorum fulxiones appellant Graeci, nos extrema noctis, dum videlicet planeta lineam rectam medij motus Solis inciderit Soli oppositus, vbi omni illa differentia, quam motus telluris ingerit, exuitur. Talia quippe loca ex obseruationibus capiuntur per instrumenta

151v

143a

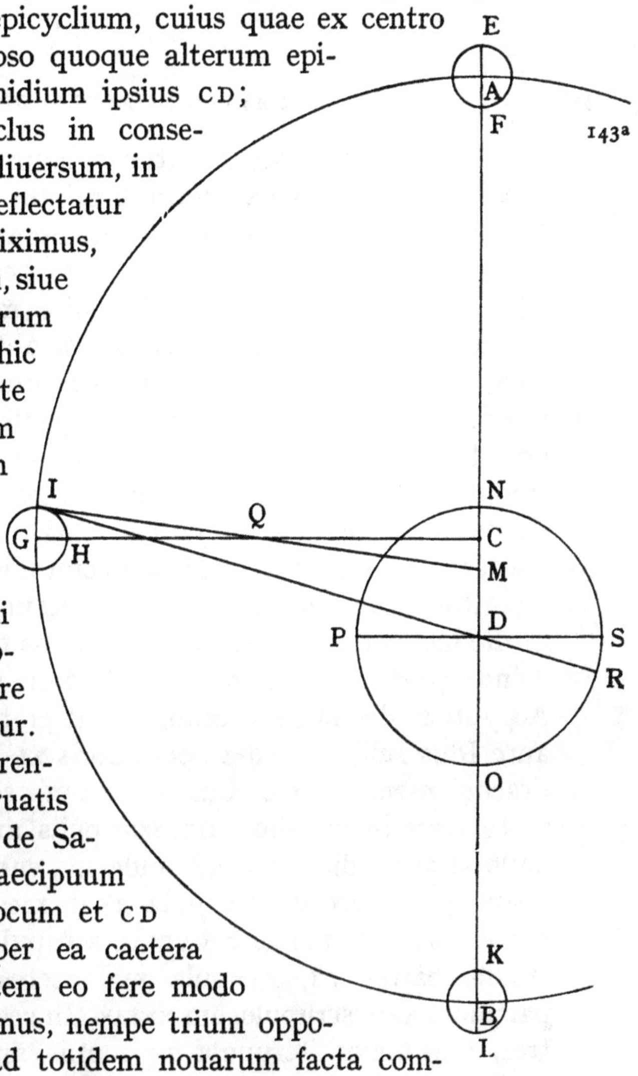

1. Angulus igitur || angulus enim *NBAW*; *incipit enim versus in Ms*: Atque inter eos angulus enim; *deletis deinde verbis* atque inter eos *subscriptum est*: Angulus igitur. — 5. CD || DC *edd.* — 5.—6. epicyclium || epicyclum *W.* — 14. eccentrepicyclum || eccentri epicyclum *NBAW.* — 23. *Verba* ut suo loco videbitur *in NBAW desunt.* — 24. eae || hae *edd.* — 33. ipsorum || ipsarum *edd.* — fulxiones || fulsiones *NBAW et sic semper.* — appellant Graeci *invertuntur in NBAW.*

astrolabica (ut superius expositum est) adhibita etiam supputatione Solis, donec constiterit ad eius oppositum planetam peruenisse.

CAP. V

152 SATVRNINI MOTVS DEMONSTRATIONES

Incipiamus igitur a Saturno assumptis tribus locis acronychijs olim
obseruatis a Ptolemaeo, quorum primus erat anno vndecimo Adriani mense †
Mechyr, die eius septimo, prima hora noctis; Christi anno CXXVII., die
septimo Calendas Aprilis, horis XVII aequalibus a media nocte transactis
ad meridianum Cracouiensem habita ratione, quem vna hora distare ab
Alexandria inuenimus. Inuentus est autem locus stellae partibus CLXXIIII,
scrupulis XL fere ad fixarum stellarum sphaeram, ad quam haec omnia
143b referimus tamquam principium aequalitatis, quo|niam Sol motu simplici
erat tunc ex opposito in partibus CCCLIIII, scrupulis XL a cornu Arietis
sumpto exordio. Secundus erat anno Adriani XVII., mense Epiphi, die
eius XVIII. secundum Aegyptios, Christi vero secundum Romanos CXXXIII.,
die tertia ante Nonas Iunij, vndecim horis a media nocte aequinoctialibus,
reperitque stellam in partibus CCXLIII, scrupulis tribus, dum esset Sol
medio modo in partibus LXIII, scrupulis III, horis XV a media nocte. Tertiam
deinde prodidit anno eiusdem Adriani vigesimo, mense Mezori secundum
Aegyptios, die mensis XXIIII., quod erat anno Christi CXXXVI., die octauo
ante Idus Iulij, a media nocte horis XI, et similiter secundum meridianum
Cracouiensem in partibus CCLXXVII, scrupulis XXXVII, dum Sol medio
motu esset in partibus IIIC, scrupulis XXXVII. Sunt igitur in primo interuallo anni VI, dies LXX, scrupula LV, sub quibus mota est stella secundum
visum partes LXVIII, scrupula XXIII, medius telluris motus a stella, et est
commutationis, partium CCCLII, scrupulorum XLIIII. Igitur quae desunt a
circulo partes VII, scrupula XVI, accrescunt medio stellae motui, vt sit
partium LXXV, scrupulorum XXXIX. In secundo interuallo sunt anni Aegyptij
tres, dies XXXV, scrupula L; motus apparens planetae partium XXXIIII,
scrupulorum XXXIIII, commutationis partium CCCLVI, scrupulorum XLIII,
e quibus etiam reliquae circuli partes III, scrupula XVII adijciuntur motui
152v sideris apparenti, ut sint in medio eius motu partes XXXVII, || scrupula LI.

Quibus sic recensitis describatur circulus planetae eccentrus ABC, cuius centrum sit D, dimetiens FDG, in quo fuerit E centrum orbis magni

---

1. superius || supra *edd.* — 4. Saturnini || Saturni *NBTh.* — 6. obseruatis a Ptolemaeo || ab Ptolemaeo observatis *NBAW.* — vndecimo || 21 *W.* — 7. Mechyr || *A in margine* Pachon. — 8. Calendas || Kalendis *NBAW.* — 16. horis *deest in Ms.* — 18. modo || motu *edd.* — 19. Mesury *NBAW;* Mesori *Th.* — 22.-23. in partibus || in partium *B.* — 23. IIIC || XCVII *edd.* — 25. LXVIII || LVIII *MsNB.* — 30. CCCLVI || 365 *W.*

terrae. Sit autem A centrum epicyclij in prima noctis summitate, B in secunda, C in tertia, in quibus describatur itidem epicyclium secundum distantiam tertiae partis ipsius DE; et ipsa A, B, C centra iungantur cum D, E rectis lineis, quae secabunt epicyclij circumcurrentem in K, L, M signis, et capiantur similes circumferentiae KN ipsi AF, LO ipsi BF, atque MP ipsi FBC, connectanturque EN, EO, EP. Est igitur AB circumferentia secundum numerationem partium LXXV, scrupulorum XXXIX, BC partium XXXVII, scrupulorum LI, angulus autem apparentiae NEO partium LXVIII, scrupulorum XXIII, et qui sub OEP partium XXXIIII, scrupulorum XXXIIII. Propositum est primum scrutari summae ac infimae absidis loca, hoc est, ipsorum F, G cum distantia centrorum DE, sine quibus aequalem apparentemque mo|tum discer- 144ª
nendi non est modus; sed occurrit hic quoque difficultas non minor quam apud Ptolemaeum in hac parte, quoniam, si NEO angulus datus comprehenderet AB circumferentiam datam, et OEP ipsam BC, iam pateret aditus ad demonstrandum ea, quae quaerimus. Sed AB circumferentia cognita subtendit AEB angulum ignotum, et similiter sub BC nota latet angulus BEC, oportebat autem utraque nota esse. Sed nec angulorum differentiae AEN, BEO et CEP percipi possunt, nisi prius constiterint AF, FB et FBC circumferentiae similes eis, quae sunt epicyclij, adeoque dependentia sunt haec inuicem, vt simul lateant vel patescant. || Illi ergo demonstrationum *153*
medijs destituti a posteriori ac per ambages adnixi sunt, ad quae recta et a priori non patuit accessus. Ita Ptolemaeus in his exequendis prolixo

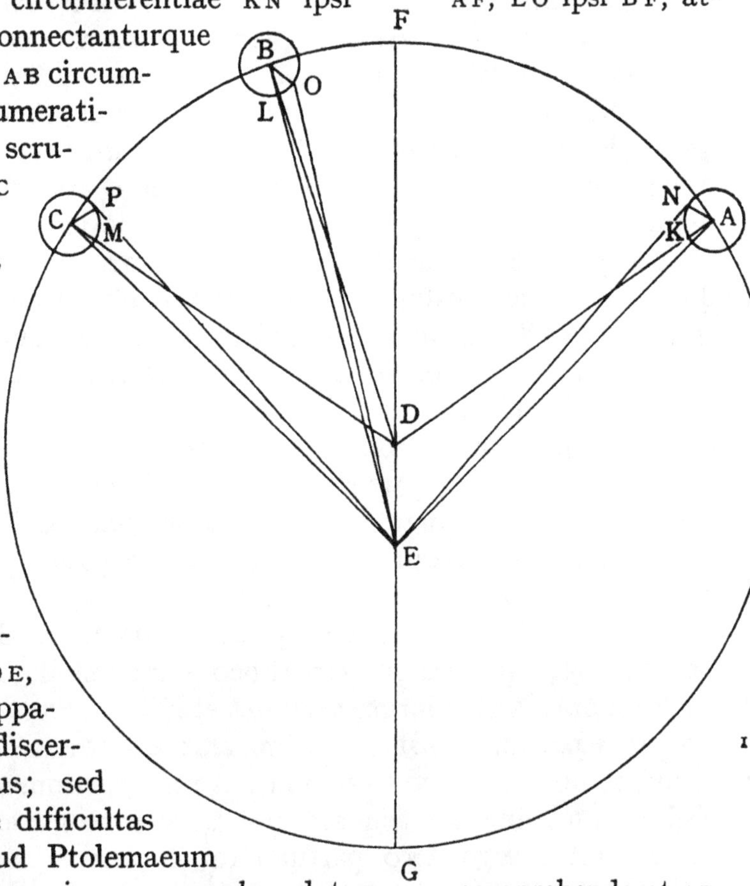

1. epicyclij || epicycli *B*. — 2. itidem || idem *NBAW*. — 11. XXXVII || LXXXVII *NBAW*. — 37. ac per || ad per *Ms*. — 38. *Post* accessus *Mspm addit*: sicut accidit in circuli quadratura et alijs plerisque.

sermone in ingentem numerorum multitudinem se diffudit, quae recensere molestum censeo et superuacaneum, eo praesertim quod etiam in nostris, quae sequuntur, eundem fere modum sumus imitaturi. Inuenitque tandem in retractatione numerorum AF circumferentiam esse partium LVII, scrupuli I, FB partium XVIII, scrupulorum XXXVII, FBC partium LVI s., distantiam vero centrorum DE partium VI, scrupulorum L, quarum DF fuerit LX; sed quarum in nostris numeris DF est decem millium, sunt 1016. Ex his dodrantem accepimus DE partium 854, reliquum quadrantem partium 285 epicyclio dedimus, quibus sic assumptis et mutuatis ad nostram 144b hypothesim | demonstrabimus ea congruere apparentijs obseruatis. Quoniam in primo acronychio trianguli ADE latus AD datur partium 10000 et DE partium earumdem 854 cum ADE angulo reliquo ex ADF, e quibus per demonstrata triangulorum planorum AE constat partibus similibus 10489, et reliqui anguli DEA partium LIII, scrupulorum VI, DAE partium III, scrupulorum LV, quibus quatuor recti sunt CCCLX; sed angulus KAN aequalis ipsi ADF partium est earumdem LVII, scrupuli I: totus ergo NAE partium est LX, scrupulorum LVI. In triangulo igitur NAE duo latera data sunt AE partium 10489 et NA partium 285, quarum erat AD decemmilium, cum angulo NAE: dabitur etiam, qui sub AEN, et est partis vnius, scrupulorum XXII, et reliquus NED partium LI, scrupulorum XLIIII, quarum quatuor rectj sunt CCCLX.

Similiter in secundo acronychio. Nam trianguli BDE datur latus DE partium 854, quarum BD est 10000, cum angulo BDE, reliquo ex BDF, partium CLXI, scrupulorum XXII: fiet et ipse datorum angulorum et laterum, BE latus partium 10812, quarum erat BD 10000, et angulus DBE partis *153v* vnius, scrupulorum XXVII, et reliquus BED partium XVII, || scrupulorum XI. Sed et OBL angulus aequalis ipsi BDF partium erat XVIII, scrupulorum XXXVI; totus ergo EBO partium est earundem XX, scrupulorum V. In triangulo igitur EBO duo latera data sunt, BE partium 10812 et BO partium 285, cum angulo EBO: datur per demonstrata triangulorum planorum reliquus, qui sub BEO, scrupulorum primorum XXXII; remanet BED igitur partium XVI, scrupulorum XXXIX.

In acronychio quoque tertio trianguli CDE duo latera CD, DE data sunt, ut prius, et angulus CDE partium LVI, scrupulorum XXIX: per quartum planorum praeceptum datur basis CE partium 10512, quarum est CD 10000, et angulus DCE partium III, scrupulorum LIII cum reliquo CED partium LII, scrupulorum XXXVI; totus ergo, qui sub ECP, partium est LX,

---

6. centrorum DE || centrorum *edd.* — partium VI, scrupulorum L *ex* partium XII, VI *Ms.* — 7. 1016 || 1139 *AWTh.* — 12. 854 || *sic et K*; 864 *NBA.* — ADF || ADE *Ms.* — 20. NED || KED *Ms*; NEB *W.* — 21. quarum quatuor rectj sunt CCCLX *non legitur in NBAW.* — 23. BD est || ED est *B.* — 24. scrupulorum XXII *an* XXIII? *una lineola videtur erasa in Ms.* — ipse || ipsum *Th.* — 28. XXXVI || *sic et K*; XXVI *NBA*; 38 *W.* — 31. BED *lege* OED.

scrupulorum XXII, quarum IIII recti sunt CCCLX. Sic etiam trianguli ECP duo latera data sunt cum angulo ECP: datur etiam CEP angulus, et est partis vnius, scrupulorum XXII, vnde et PED reliquus partium est LI, scrupulorum XIIII. Hinc totus angulus OEN apparentiae colligitur partium LXVIII, scrupulorum XXIII, et OEP partium XXXIIII, scrupulorum XXXV, qui consentiunt obseruatis. Et F summae absidis locus eccentri ad partes CCXXVI, scrupula XX pertingit a capite Arietis; quibus si adiciantur partes VI, scrupula XL praecessionis aequinoctij | verni tunc existentis, perue- 145a
niret ad XXIII. gradum Scorpij iuxta Ptolemaei sententiam. Erat enim locus stellae apparens in hoc tertio acronychio (ut recitatum est) partium CCLXXVII, scrupulorum XIIII, quibus si auferantur partes LI, scrupula XIIII iuxta angulum apparentiae PDF, ut demonstratum est, || remanet 154
ipse locus summae absidis eccentri in partibus CCXXVI, scrupulis XXIII.

Explicetur iam quoque orbis terrae annuus RST, qui secabit PE lineam in R signo, et agatur dimetiens SET iuxta CD lineam medij motus planetae. Aequalibus igitur angulis SED ipsi CDF, erit SER angulus differentia et prosthaphaeresis inter apparentem mediumque motum, hoc est inter CDF et PED angulos, partium V, scrupulorum XVI, atque eadem inter medium verumque commutationis motum, quae dempta ex semicirculo relinquit RT circumferentiam partium CLXXIIII, scrupulorum XLIIII, ac motum aequalem commutationis a signo T sumpto principio, id est a media Solis et stellae coniunctione usque ad hanc tertiam noctis extremitatem siue veram terrae et stellae oppositionem. Habemus

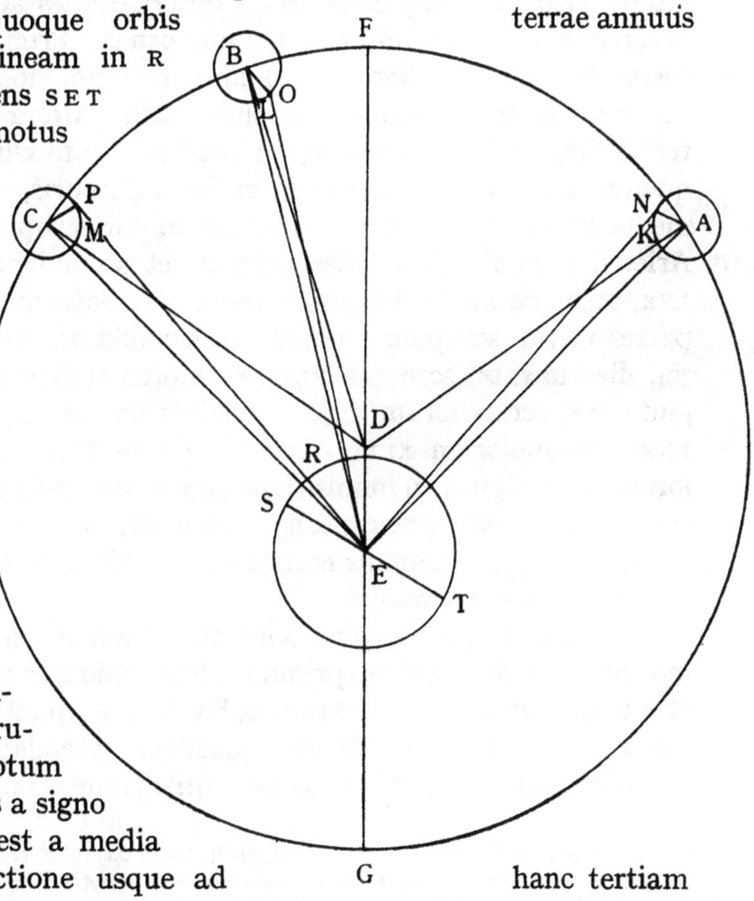

8.—9. perueniret || *sic et K*; proveniret *NBA*; proveniet *W*. — 11. scrupulorum XIIII || scrupulorum XXXVII *AWTh* (*recte*). — auferantur partes || auferantur partium *W*. — 12. PDF *lege* PEF. — 30. quae || quam *AW*. — 33. partium *in NBAW deest*.

igitur iam quod hora huius obseruationis, anno videlicet vigesimo imperij Adriani, Christi vero CXXXVI., octauo Idus Iulij, XI horis a media nocte, anomaliam Saturni a summa abside eccentri sui partium LVI s., mediumque motum commutationis partium CLXXIIII, scrupulorum XLIIII, quae demonstrasse propter sequentia fuerit opportunum.

CAP. VI

145b

DE ALIIS TRIBVS RECENTIVS OBSERVATIS CIRCA SATVRNVM ACRONYCHIIS

Cum autem supputatio motus Saturni a Ptolemaeo tradita haut parum discrepet nostris temporibus, neque statim potuerit intelligi, in qua parte lateret error, coacti sumus nouas obseruationes adhibere, e quibus iterum accepimus tres extremitates eius nocturnas. Primam anno Christi MDXIIII., tertio Nonas Maij, hora vna $\frac{1}{5}$ ante medium noctis, in qua repertus est Saturnus in partibus CCV, scrupulis XXIIII. Altera erat anno Christi MDXX., tertio Idus Iulij in meridie, in partibus CCLXXIII, scrupulis XXV. Tertia quoque anno eiusdem MDXXVII., VI. Idus Octobris, VI horis, duabus quintis a media nocte, apparuitque Saturnus in VII scrupulis vnius partis a cornu
154v Arietis. || Sunt igitur inter primam et secundam anni Aegyptij VI, dies LXX, scrupula XXXIII, in quibus motus est Saturnus secundum apparentiam partes LXVIII, scrupulum vnum. A secunda ad tertiam sunt anni Aegyptij VII, dies LXXXIX, scrupula XLVI, et motus stellae apparens partium octuaginta sex, scrupulorum XLII, et medius motus in primo interuallo partium LXXV, scrupulorum XXXIX, in secundo partium octuaginta octo, scrupulorum XXIX. Igitur in inquisitione summae absidis et eccentrotetis agendum est primum iuxta praeceptum Ptolemaei, ac si stella in simplici eccentro † moueretur, quod quamuis non sufficiat, attamen comminus adducti facilius ad verum perueniemus.

Sit igitur ipse circulus ABC tamquam is, in quo planeta aequaliter moueatur, et sit in A signo primum acronychion, in B secundum, in C tertium, et suscipiatur in ipso centrum orbis terrae, quod sit D, cui connectantur AD, BD, CD, atque ex his vna quaelibet extendatur in rectam lineam ad oppositas circumferentiae partes, quemadmodum CDE, et coniungantur

---

1. iam quod || iam *Th.* — 11. MDXIIII || MCCCCCXIIII *B. et sic saepius.* — 12. hora una $\frac{1}{5}$ || una hora; horis tribus *Mspm*; hora una et quinta *NBAW*; hora una et quinta parte *Th.* — 14. tertio Idus Iulij in meridie || Decimo Calendas Augusti ante meridiem duabus horis *Mspm.* — CCLXXIII || *sic et K*; CCLXXII *NB.* — 15.—16. VI horis ... nocte || horis fere novem a media nocte, *tum*: duabus horis ante ortum Solis *Mspm*; horis et *edd.* — 16. apparuitque Saturnus *desideratur in NBAW.* — 19. LXVIII || *sic et K*; LXXVIII *NB.* — 21. XLII *ex* XLIII *Ms*; nonaginta sex, scrup. L *Mspm.* — 23. XXIX *ex* XXXIIII *Ms.* — 25. cominus *edd.* — 26. perueniemus || pervenimus *NBAW.* — 29. orbis terrae || terrae *NBAW.*

AE, BE. Quoniam igitur angulus BDC datus est partium LXXXVI, scrupulorum XLII, quarum ad centrum duo recti sunt CLXXX, erit reliquus BDE angulus partium XCIII, scrupulorum XVIII; sed quarum CCCLX sunt duo recti, erit partium CLXXXVI, scrupulorum XXXVI; et BED secundum BC circumferentiam partium LXXXVIII, scrupulorum XXIX, et reliquus igitur, qui sub D'BE, | partium LXXXIIII, scrupulorum LV. 146a Trianguli igitur BDE datorum angulorum dantur latera per canonem, BE partium 19953 et DE partium 13501, quarum dimetiens circumscribentis triangulum fuerit 20000.

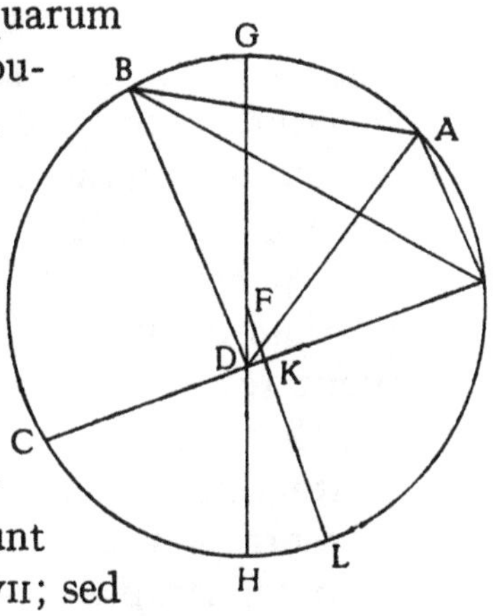

Similiter in triangulo ADE, quoniam ADC datur partibus CLIIII, srupulis XLIII, quarum duo recti sunt CLXXX, et reliquus ADE partium XXV, scrupulorum XVII; sed quarum CCCLX sunt duo recti, erit partium L, scrupulorum XXXIIII, quarum etiam AED iuxta ABC circumferentiam est partium CLXIIII, scrupulorum VIII, et reliquus sub DAE partium CXLV, scrupulorum XVIII: proinde et latera constant, DE partium 19090 et AE partium 8542, quarum dimetiens ipsum ADE circumscribentis triangulum fuerit 20000; sed quarum DE dabatur partium 13501, talium erit AE partium 6043, quarum erat etiam BE partium 19953. || Inde etiam in triangulo ABE haec duo latera data *155* sunt BE et EA cum angulo AEB, qui constat partibus LXXV, scrupulis XXXVIIII secundum circumferentiam AB; per demonstrata igitur triangulorum planorum AB partium est 15647, quarum erat BE partium 19968. Secundum vero quod AB subtenditur datae circumferentiae partium 12266, quarum dimetiens eccentri fuerit 20000, erit ipsa EB partium 15664 et DE 10599. Per subtensam igitur BE datur iam BAE circumferentia partium CIII, scrupulorum VII; hinc tota EABC partium CXCI, scrupulorum XXXVI, et reliqua circuli CE partium CLXVIII, scrupulorum XXIIII, ac per eam subtensa CDE partium 19898, et CD excessus partium 9299. Iamque manifestum est, quod, si ipsa CDE fuisset dimetiens eccentri, in ipsam caderent summae ac infimae absidis loca, pateretque centrorum distantia, sed quia maius est segmentum EABC, in ipso erit centrum, sitque ipsum F, per quod atque D extendatur dimetiens GFDH et ipsi CDE ad angulos rectos FKL. Manifestum est autem, quod rectangulum, quod sub CD, DE continetur, aequale

2. XLII *ex* XLVI *Ms*; LXII *B*. — 3. XVIII *ex* XVII *Ms*. — 10. 13501 *ex* 13506 *Ms*. — 13. XLIII *ex* XLVII *Ms*. — 14. XVII *ex* XVI *Ms*. — 15. XXXIIII *ex* XXXVI *Ms*. — 16. AED || *sic et K*; ADE *NB*. — VIII *ex* IX *Ms*. — 17. XVIII *ex* XVI *Ms*. — 19. fuerit || fuit *NBAW*. — 20. 13501 *ex* 13506 *Ms*; 13506 *NBAW*. — 20.—21. BE partium || BE *NBAW*. — 22. constat || constant *W*. — 23. XXXVIIII || XXXVIII *NBAW*. — 25. 12266 || 1226 *B*. — 26. 20000 || 200000 *AW*. — 27. CIII *ex* CII *Ms*. — 28. VII *ex* LVI *Ms*. — 29. CLXVIII || CLXXXVIII *NB*. — XXIIII *ex* XXXIIII *Ms*. — 31. quod, si || *sic et K*; quod ei *NBA*; quod et *W*. — dimetiens || *sic et K*; dimetientis *NBAW*. — 35. sub CD, DE || sub CDE *NA*.

est ei, quod sub GD, DH. Sed quod sub GD, DH cum eo quod ex FD fit quadrato aequale est ei, quod a dimidia ipsius GDH, quae est FDH. Ablato igitur dimidij diametri quadrato ab eo, quod sub GD, DH, siue aequali quod sub CD, DE rectangulo, remanebit ex FD quadratum. Dabitur ergo longitudine ipsa FD, et est partium 1200, quarum quae ex centro GF fuerit
146b 10000; sed quarum FG fuerit partium 60, fuisset FD partes VII, | scrupula XII, quae parum distant a Ptolemaeo. Quoniam vero CDK est semissis totius CDE partium 9949, et CD demonstrata est partium 9299, reliqua ergo DK partium est 650, quarum GF ponitur 10000 et FD 1200; sed quarum FD fuerit 10000, erit DK partium 5411, quae pro semisse subtendentis duplum anguli DFK: est ipse angulus partium XXXII, scrupulorum XLV, quorum quatuor recti sunt CCCLX, atque his similes in HL circumferentia subtendit in centro existens circuli. Sed tota CHL medietas ipsius CLE partium est LXXXIIII, scrupulorum XIII; ergo residua CH ab acronychio tertio ad peri-
155v gaeum || est partium LI, scrupulorum XXVIII, quae demptae a semicirculo relinquunt CBF circumferentiam partium CXXVIII, scrupulorum XXXII a summa abside ad acronychium tertium. Cumque fuerit CB circumferentia partium LXXXVIII, scrupulorum XXIX, erit residua BF partium XL, scrupulorum III a summa abside ad acronychium secundum. Deinde quae sequitur BFA circumferentia partium LXXV, scrupulorum XXXIX, supplet AF, quod erat ab acronychio primo ad apogaeum F, partes XXXV, scrupula XXXVI.

Sit iam ABC circulus, cuius dimetiens sit FDEG, centrum D, apogaeum F, perigaeum G, circumferentia AF partium XXXV, scrupulorum XXXVI, FB partium XL, scrupulorum III, FBC partium CXXVIII, scrupulorum XXXII. Capiatur autem ex iam demonstrata centrorum distantia DE dodrans partium 900, et quadrans, qui reliquus est, partium 300, quarum quae ex centro FD fuerint 10000, secundum quem quadrantem in A, B, C centris epicyclium describatur, et compleatur figura iuxta propositam hypothesim. Quibus sic dispositis si elicere voluerimus obseruata loca Saturni per |
147a modum superius traditum ac mox repetendum, inueniemus nonnihil discrepantia. Et, ut summatim dicam, ne pluribus lectorem oneremus, neue plus laborasse videamur in deuijs indicandis quam recta protinus monstranda via, perducunt haec necessario per triangulorum demonstrationes ad NEO angulum partium LXVII, scrupulorum XXXV et alterum, qui sub OEM,

1. quod sub GD, DH. Sed quod sub || *sic et K*; quod GD, DH *NBAW*. — *Ante* Sed *Mspm inserit*: quae data sunt per CD, DE iam datos. — 3. dimidij diametri quadrato ab eo || a dimidii diametri quadrato eo *WTh*. — 5. centro GF || centro *NBAW*. — 6. fuisset FD || *sic et K*; fuisset ST *NB*; fuisse *W*. — 10. 5411 *exacte* 5417. — quae || qua *Th*. — 11. DFK: est || DFK est *Th*. — quorum || quarum *Th*. — 13. existens || existentis *NBAW*. — 16.—21. CBF: *Hic Th pro signo* F *praebet* G; *in Ms* F *est emendatum ex* G. — 16. XXXII || XXXI *B*. — 18. partium LXXXVIII, scrupulorum XXIX || partium LXXV, scrup. X *Mspm*. – residua BF || residua BG *WTh*. – 20. LXXV || LXX *NB*. – 27. fuerint || fuerit *Th*. — 30.—31. discrepantia || discrepantiae *Th*. — 32. recta protinus || protinus recta *NBAW*. — 34. OEM || OEN *NBAW*.

partium LXXXVII, scrupulorum XII; atqui hic apparenti maior est semigradu, et ille XXVI scrupulis minor. At tunc solum quadrare inuicem comperimus, si promoto aliquantulum apogaeo constituerimus AF partium XXXVIII, scrupulorum L, ac deinceps FB circumferentiam partium XXXVI, scrupulorum IL, || FBC partium CXXV, scrupulorum XVIII, centrorum quoque DE distantiam partium 854, atque eam, quae ex centro epicyclij, partium 285, quarum FD fuerint 10000, quae fere consentiunt Ptolemaeo, ut superius est expositum. Quod enim hae magnitudines apparentijs conueniant ac tribus fulxionibus nocturnis obseruatis, exinde perspicuum fiet, quoniam sub acronychio primo in triangulo ADE latus DE datur partibus 854, quibus AD est 10000, et angulus ADE partium CXLI, scrupulorum X, quarum circa centrum cum ADF sunt duo recti, demonstratur ex his: reliquum latus AE partium est 10679, quarum quae ex centro FD erat 10000, et reliqui anguli DAE partium II, scrupulorum LII et DEA partium XXXV, scrupulorum LVIII. Similiter in triangulo AEN, quoniam qui sub KAN aequalis est ipsi ADF, erit iam totus EAN partium XLI, scrupulorum XLII, et latus AN partium 285, quarum erat AE partium 10679; demonstrabitur angulus AEN vnius esse partis, scrupulorum III; sed totus DEA constat partibus XXXV, scrupulis LVIII: reliquus igitur, qui sub DEN, partium erit XXXIIII, LV.

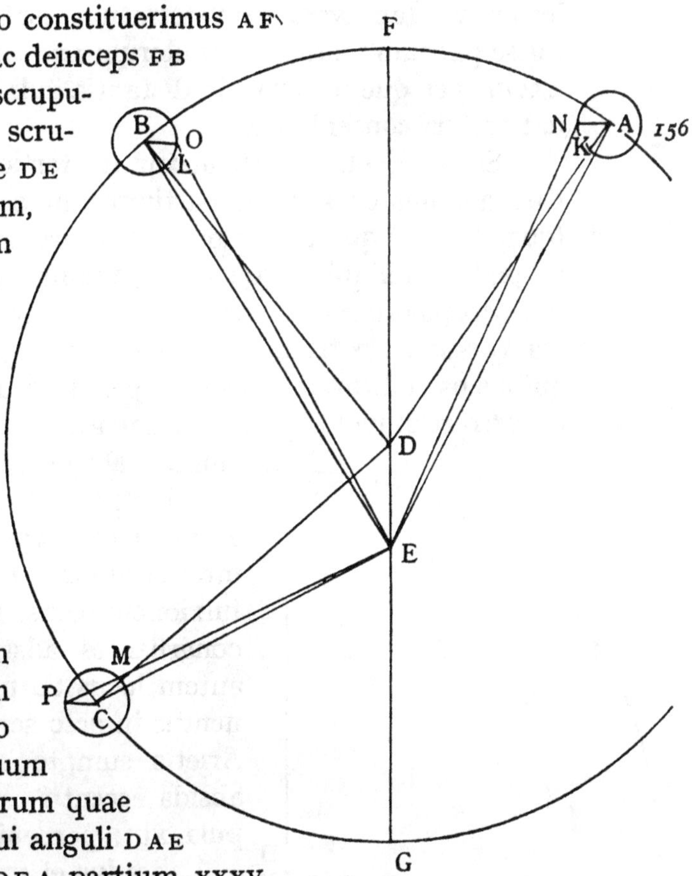

156

In altera quoque summae noctis fulxione triangulum BED duorum laterum datorum est (nam DE partium 854, qualium BD 10000) cum angulo BDE: erit idcirco et BE illarum partium 10697, angulus DBE partium II, scrupulorum XLV, et reliquus BED partium XXXIIII, scrupulorum IIII. Sed qui sub LBO aequalis est ipsi BDF; totus ergo EBO partium erit XXXIX, scrupulorum XXXIIII ad centrum. Hunc autem suscipiunt data latera BO

6. IL *ex* XXXX *Ms*; LXVIIII *Th.* — 9. epicyclij || epicycli *NBA.* — 10. fuerint || fuerit *edd.* — 23.—24. ex his: reliquum ... est || ex his, quod reliquum ... est *Th.* — 24. est 10679 || 10670 *B.* — 26. partium II || partium XXX *Mspm.* — 30. scrupulorum III *videtur emendatum ex* IIII *Ms.* — 32. LV *ex* LVI *Ms.* — 34.—35. angulo BDE || angulo BED *BTh.* —

partium 285 et BE partium 10697, quibus demonstratur BEO scrupulorum esse LIX, quae dempta ab angulo BED relinquit OED partium XXXIII, scrupulorum V. Iam vero demonstratum est in prima fulxione angulum DEN fuisse partium XXXIIII, scrupulorum LV: totus ergo OEN angulus erit partium LXVIII, per quem apparuit distantia fulxionis primae a secunda ac obseruationibus consentanea.

Similiter etiam ostendetur de tertio acronychio. Quoniam trianguli CDE angulus CDE datur partium LIIII, scrupulorum XLII, et latera CD, DE
147b (quae | prius) quibus demonstratur tertium EC latus earundem esse partium
156v 9532, || et reliqui anguli CED partium CXXI, scrupulorum V, DCE partium IIII, scrupulorum XIII: totus ergo PCE partium CXXIX, scrupulorum XXXI. Ita rursus EPC trianguli duo latera PC, CE data sunt cum angulo PCE, quibus ostenditur angulus PEC partis vnius, scrupulorum XVIII, qui demptus ex CED relinquet angulum PED partium CXIX, scrupulorum XLVII a summa abside eccentri ad locum planetae in acronychio tertio. Ostensum est autem, quod in secundo erant partes XXXIII, scrupula V: remanent igitur inter secundam tertiamque summae noctis Saturni fulxionem partes LXXXVI, scrupula XLII, quae etiam congruentes adstipulantur obseruationibus. Erat autem locus Saturni per considerationem tunc inuentus in octo scrupulis vnius partis a prima stella Arietis sumpto exordio, et ab ipso ad infimam absida eccentri ostensum est partes fuisse LX, scrupula XIII: peruenit igitur ipsa infima absis ad LX gradus et vnius fere trientem, atque summae absidis locus e diametro in partem CCXL. et trientem vnius.

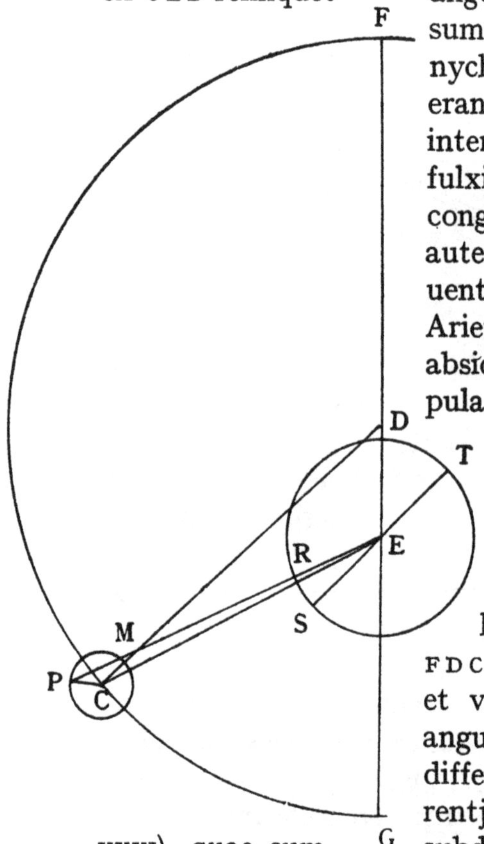

Exponatur iam orbis terrae magnus RST in E centro suo, cuius dimetiens SET ad CD lineam medij motus comparetur (factis angulis FDC et DES inuicem aequalibus): erit ergo terra et visus noster in PE linea, utputa in R signo, angulus autem PES, siue RS circumferentia, qua differt FDC angulus a DEP, aequalitatis ab apparentj (qui demonstratus est partium V, scrupulorum XXXI), quae cum subductae fuerint a semicirculo, relinquunt RT circumferentiam partium CLXXIIII, scrupulorum XXIX, distantiae syderis ab

2. relinquit *secundum constructionem Graecam*; relinquunt *Th.* — 4. XXXIIII || XXXIII *B.* — 13. *Post* partis *in Ms* esse *deletum est.* — 14. relinquet || relinquit *edd.* — 25.—26. LX gradus || LX. gradum *NBTh.* — 27. in partem || in partium *B.* — 28. trientem vnius || trientis vnius *Ms.* — 36. qui *deest in Th.* — 38. distantiae || distantia *NBAW*; distantiam *Th.*

apogaeo orbis, quod est T, tamquam a loco Solis medio. Sicque demonstratum habemus, quod anno Christi MDXXVII., sexto Idus Octobris, horis VI$\frac{2}{5}$ a media nocte fuerit Saturni motus anomaliae a summa abside eccentri partium CXXV, scrupulorum XVIII, motus autem commutationis partium CLXXIIII, scrupulorum XXIX, et locus summae absidis in partibus CCXL, scrupulis XXI a prima stella Arietis in haerentium stellarum sphaera.

CAP. VII

DE MOTVS SATVRNI EXAMINATIONE 148a

Ostensum est autem, quod Saturnus tempore vltimae trium con- *157* syderationum Ptolemaei secundum commutationis suae motum fuerit in partibus CLXXIIII, scrupulis XLIIII, locus autem summae absidis eccentri in partibus CCXXVI, scrupulis XXIII a capite Arietis stellati. Patet igitur quod in medio tempore vtriusque obseruationis Saturnus commutationum suarum aequalium compleuerit reuolutiones MCCCXLIIII minus quadrante vnius gradus. Sunt autem a vigesimo anno Adriani, a vigesimo quarto die mensis Mesori Aegyptiorum, vna hora ante meridiem usque ad annum Christi MDXXVII., sextum Idus Octobris, VI horas huius considerationis anni Aegyptij MCCCXCII, dies LXXV, scrupula XLVIII. Quibus etiam, si ex canone colligere voluerimus motum ipsum, inueniemus similiter graduum sexagenas V, gradus LIX, scrupula XLVIII, quae superfluunt a reuolutionibus commutationum mille trecentis quadraginta tribus. Recte se igitur habent, quae exposita sunt de medijs Saturni motibus. In quo etiam tempore quia motus Solis simplex est partium LXXXII, scrupulorum 30, a quibus demptis gradibus CCCLIX, scrupulis XLV remanent partes LXXXII, scrupula 45 motus Saturnj medij, quae iam excrescunt in quadragesimam septimam eius reuolutionem, supputationi congruentia: interim quoque et summae absidis locus eccentri promotus est XIII gradibus et LVIII scrupulis sub non errantium stellarum sphaera, quem credebat Ptolemaeus eodem modo fixum, at nunc apparet ipsum moueri in centum annis per gradum vnum fere.

2.—3. *Loco* horis VI$\frac{2}{5}$ a media nocte *Mspm habebat*: duabus horis ante ortum Solis; sex horis et duabus quintis *NBAW*; horis sex et duabus quintis *Th*; a media nocte *deest in NBAW*. — 5. absidis || absis *Ms*. — 12. CCXXVI || CCXVI *B*. — 14. compleuerit || complevit *NBAW*. — 16. Mesori || Mesury *AW et saepius*. — 17. VI horas huius considerationis *in Ms scriptum est loco*: duas horas ante ortum Solis. — 18. MCCCXCII || MCCCXLII *B*. — 21. mille trecentis quadraginta tribus || MCCCXXIII *NB*. — 23. 30 *ex* XXVII, XXVIIIII *Ms*. — a quibus || quibus *Ms deleto per casum* a. — 24. 45 *ex* XIII *Ms*. — 25. reuolutionem || revolutionum *AW*. — 28. fixum || fixam *Ms*.

Cap. VIII

De satvrni locis constitvendis

Sunt autem a principio annorum Christi ad annum vigesimum Adriani, XXIIII. diem mensis Mesori, vna hora ante meridiem obseruationis Ptolemaei anni Aegyptij CXXXV, dies CCXXII, scrupula XXVII, in quibus motus Saturni commutationis est partium CCCXXVIII, scrupulorum LV, quae reiecta ex
148b CLXXIIII, scrupulis XLIIII relinquunt partes CCV, scrupula | XLIX, locum distantiae medij loci Solis a medio Saturni, et est motus commutationis
157v eius in media nocte ad Kalendas Ianuarij. || Ad hunc locum a prima olympiade anni Aegyptij DCCLXXV, dies XII s. comprehendunt motum praeter integras reuolutiones partes LXX, scrupula LV, qui reiectus a partibus CCV, scrupulis XLIX relinquit partes CXXXIIII, scrupula LIIII ad principium olympiadum in meridie primi diei mensis Hecatombaeonos. Exinde post annos CCCCLI, dies CCXLVII praeter integros circuitus sunt partes XIII, scrupula VII, appositae prioribus colligentes Alexandri Magni locum partes CXLVIII, scrupulum vnum ad primum diem in meridie mensis Thoth Aegyptiorum; et ad Caesarem anni CCLXXVIII, dies CXVIII s., motus autem partes CCXLVII, scrupula XX, constituentes locum partium XXXV, scrupulorum XXI in media nocte ad Calendas Ianuarij.

Cap. IX

De satvrni commvtationibvs, qvae ab orbe terrae annvo proficiscvntvr, et qvanta illivs sit distantia

Motus Saturni longitudinis aequales vna cum apparentibus sunt hoc modo demonstrati. Caetera enim quae illi accidunt apparentia, commutationes sunt (vt diximus) ab orbe terrae annuo proficiscentes, quoniam, sicut terrae magnitudo ad Lunae distantiam parallaxes facit, ita et orbis illius, in quo annuo reuoluitur, circa quinque errantes stellas habet efficere, sed pro magnitudine eius longe euidentiores. Tales autem commutationes accipi nequeunt, nisi prius altitudo stellae innotuerit, quam tamen per vnam quamlibet commutationis considerationem possibile est deprehendere. Qualem circa Saturnum habuimus anno Christi MDXIIII., sexto Calendas Martij a media nocte praecedente quinque horis aequinoctialibus. Visus est enim Saturnus in linea recta stellarum, quae sunt in fronte Scorpij,

6. partium CCCXXVIII, scrupulorum LV || part. CCCIIII, scrup. V *Mspm.* — 7. CLXXIIII || partibus CLXXIIII *edd.* — 13. Hecatombaeonos || *ἑκατομβαίονος NB*; *ἑκατομβαιῶνος A*; *ἑκατομβαίωνος W.* — 14. CCCCLI || CCCLI *NBTh.* — 15. CXLVIII || 147 *W.* — 18. constituentes || constituens *edd.* — 27. habet || debet *Th.* — 32.—33. Visus est || Visus *W.*

nempe secundae et tertiae, quae eandem longitudinem habentes sunt in CCIX
partibus adhaerentium stellarum sphaerae. Patuit igitur et Saturni locus
per easdem. Sunt autem a principio annorum Christi ad hanc horam anni
Aegyptij MDXIIII, dies LXXVII, scrupula XIII, et idcirco secundum | numera- 149a
tionem locus Solis medius in partibus CCCXV, scrupulis XLI, anomalia com-
mutationis Saturnj || partium CXVI, scrupulorum 158
XXXI, ac propterea locus Saturni medius partibus
CXCIX, scrupulis X, et summae absidis eccentri in
partibus CCXL cum triente fere. Esto iam secundum propositum modum circulus ABC eccentrus,
cuius centrum sit D, et in dimetiente BDC sit B
apogaeum, perigaeum C, centrum orbis terrae E;
connectantur AD, AE, et facto in A centro, distantia
autem tertiae partis ipsius DE describatur epicyclium, in quo F sit locus stellae facto DAF angulo
aequali ipsi ADB, et in centro E orbis terrae exponatur HI, quasi in eodem fuerit plano ipsius
ABC circulj, cuius dimetiens parallelus existat
ipsi AD, vt intelligatur respectu planetae
apogaeum orbis in H, perigaeum in I. Deci-
datur autem ex ipso orbe circumferentia
HL partium CXVI, scrupulorum XXXI iuxta
supputationem anomaliae commutationis,
connectanturque FL, EL, et FKEM producta
secet utramque orbis circumferentiam. Quoniam
igitur ADB angulus partium est XL, X, qualium
etiam qui sub DAF ex hypothesi, et reliquus ADE
partium CXXXVIII, scrupulorum L, et DE partium
est 854, qualium est AD 10000, quibus in triangulo
ADE demonstratur latus tertium AE partium esse earumdem 10667,
angulus DEA partium XXXVIII, scrupulorum IX et reliquus sub EAD
partium III, scrupuli vnius: totus ergo EAF partium XLIIII, scrupulorum
XI. Sic rursus in triangulo FAE latus FA datur partium 285, quibus
etiam AE: demonstrabitur reliquum FKE latus partium earumdem 10465,
et angulus AEF partis vnius, scrupulorum V. Manifestum est igitur, quod
tota differentia siue prosthaphaeresis inter medium verumque locum stellae
est partium IIII, scrupulorum VI, quam colligunt anguli DAE et AEF.
Quam ob rem, si terrae locus in K vel M fuisset, apparuisset Saturnus in

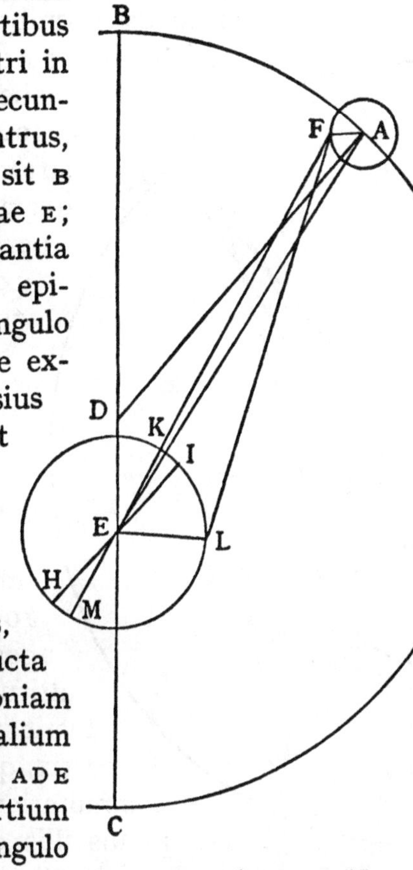

1. secundae et tertiae || secunda et tertia *NBAW*. — 4. LXXVII || 67 *AW*. — 5. anomalia || anomaliae *NBAW*. — 13. distantia || distantiae *NBAW*. — 26. XL || 41 *AW (recte)*. — 34. AE || AF *W*.

partibus CCIII, scrupulis XVI ab Ariete stellato tamquam ex E centro, locus suus. Iam vero in L existente terra visus est in partibus CCIX. Differentiae
149b partes V, scrupula | XLIIII sunt commutationis penes angulum KFL. At quoniam HL circumferentia secundum aequalitatem numerata est partium
158v CXVI, scrupulorum || XXXI, a qua sublata HM prosthaphaeresi remansit ML partium CXII, scrupulorum XXV, quaeque superest LIK partium LXVII, scrupulorum XXXI, quibus etiam constat angulus KEL: quapropter triangulum FEL datorum angulorum laterum quoque rationem habet datam, per quam in partibus, quibus erat EF 10465, talium quoque EL partium est 1090, quarum etiam AD siue BD partium 10000; sed quarum BD iuxta usum antiquorum fuerit partium LX, erit EL partium VI, scrupulorum XXXII, quae certe parum etiam differt a traditione Ptolemaei. Tota igitur BDE partium est 10854, et reliqua diametri CE partium 9146. Sed quoniam epicyclium in B semper aufert celsitudini planetae partes 285, in C vero totidem addit, id est dimidium diametri sui, erit propterea maxima distantia Saturni ab E centro partium 10569, minima partium 9431, quarum sunt BD 10000. Secundum hanc rationem Saturno apogaeo sunt partes nouem, scrupula XLII altitudinis, quarum quae ex centro orbis terrae fuerit pars vna, perigaeo partes VIII, scrupula XXXIX, quibus iam liquido constare possunt Saturni commutationes ipsi maiores per modum circa Lunam de paruis illis expositum. Suntque Saturno maximae in apogaeo existenti partium V, scrupulorum LV, in perigaeo partium VI, scrupulorum XXXIX; differuntque inuicem scrupulis XLIIII, quae in contactibus orbis a stella venientibus lineis contingunt. Atque hoc exemplo particulares quaeque differentiae motus Saturni inueniuntur, quas postea simul ac coniunctim horum quinque siderum exponemus.

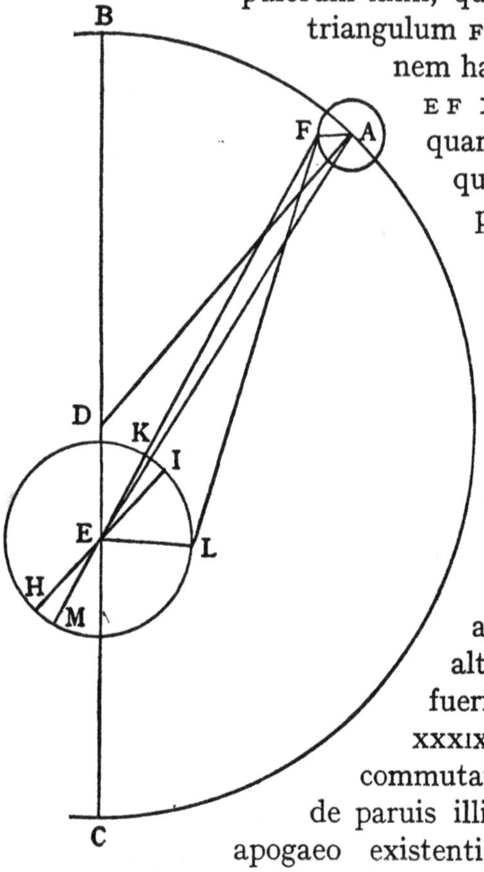

---

2. CCIX || CCV *NB*. — 3. commutationis || commutationes *BA*. — KFL || KEL *N*. — 5. CXVI *ex* CCXVI *uno* C *eraso Ms*. — XXXI *ex* XXXIII *Ms*; XXXIII *NB*; 31 *AW*. — 7. XXXI || 35 *AW*. — 10. 10465 *ex* 100465 *deleto zero lineola; quae lineola, cum pro* I *habetur, praebet numerum* 110465, *quem in NBAW legimus*. — 30. *Ante* in perigaeo *Ms habet deletum* minime vero. — 31. partium VI || vero part. VI *NAW*; vero part. XI *B*. — 34. simul ac || simul et *edd.*

Cap. x

Iovis motvs demonstrationes

Absoluto Saturno circa Iouis quoque motum eodem modo et ordine
† demonstrationis utemur, repetitis prius tribus locis a Ptolemaeo proditis
ac demonstratis, quae per praeostensam circulorum metamorphosim vel
eadem vel non multum a se differentia restituemus. Primus in extremae
noctis fulxionibus erat anno xvii. Adriani, mense Epiphi Aegyptiorum,
die primo mensis, vna hora ante medium noctis | sequentis in xxiii partibus, 150a
ut ait, et xi scrupulis Scorpij, sed deducta praecessione aequinoctiorum ||
in partibus ccxxvi, scrupulis xxxiii. Alteram notauit anno xxi. Adriani, *159*
mense Phaophi Aegyptiorum, die xiii., duabus horis ante medium noctis
sequentis in partibus vi, scrupulis liiii Pistium; sed ad fixarum sphaeram
erant partes cccxxxi, scrupula xvi. Tertiam Antonini anno primo, mense
Athyr, in nocte sequente diem mensis vigesimum, quinque horis post
medietatem noctis in septem gradibus, xlv scrupulis non errantium
sphaerae. Sunt igitur a prima ad secundam anni Aegyptij iii, dies cvi,
horae xxiii, et stellae motus apparens partium ciiii, scrupulorum xliii; a
secunda ad tertiam annus vnus, dies xxxvii, horae vii, et motus apparens
stellae partium xxxvi, scrupulorum xxix. In primo temporis interuallo
medius motus est partium ic, scrupulorum lv; in secundo partium
xxxiii, scrupulorum xxvi. Inuenit autem eccentri circumferentiam a
summa abside ad acronychium primum partes lxxvii, scrupula xv, et
quae deinde sequuntur, a secunda fulxione ad infimam absida partes
duas, scrupula l, atque hinc ad acronychium tertium partes xxx, scrupula
xxxvi; totius autem eccentrotetos partes v s., quarum quae ex centro
est partium lx; sed quarum esset 10 000, sunt haec 917, quae omnia
obseruatis propemodum respondebant.

Esto iam abc circulus, cuius ab circumferentia a prima fulxione ad
secundam habeat partes propositas ic, scrupula lv, bc partes xxxiii,
scrupula xxvi, atque d centro agatur dimetiens fdg, ut sint ab f summa
abside fa partes lxxvii, scrupula xv, fab partes clxxvii, scrupula x, et
gc partes xxx, scrupula xxxvi. Capiatur autem || e centrum orbis terrae, *159*v
et dodrans ipsorum 917 sit de distantia 687, et secundum quadrantem 229
describatur epicyclium in a, b, c signis, connectanturque ad, bd, cd, ae,
be, ce, ac in epicyclijs ak, bl, cm, vt anguli, qui sub dak, dbl, dcm,
aequales sint ipsis adf, fdb, fdc; denique k, l, m coniungantur rectis

9. et xi || xi *NBAW*. — 12. partibus vi || partibus vii *AW*. — *lege* Piscium. — 14. mensis vigesimum || mensis xv *NB*. — 20. 29. ic = xcviiii *Th*. — 27. iespondebant || respondebunt *NBAW*. — 31. partes || partium *B*. — 34. connectanque *Ms*. — 36.--pag. 310, 1. rectis etiam || etiam rectis *NBAW*.

etiam lineis ipsi E. Quoniam igitur trianguli ADE datur angulus ADE partium cii, scrupulorum xlv propter ADF datum, et DE latus 687, quarum AD est 10000, tertium quoque latus AE demonstrabitur earundem 10174, et qui sub EAD angulus partium trium, scrupulorum xlviii, et reliquus DEA lxxiii, xxvii, totusque EAK partium lxxxi, scrupulorum iii. Igitur et in |
150b triangulo AEK duobus lateribus datis, EA 10174, qualium est AK 229, et angulo EAK, patefiet angulus AEK partis vnius, scrupulorum xvii. Hinc etiam, qui reliquus est, sub KED partium erit lxxii, scrupulorum x.

Similiter ostendetur in triangulo BED. Manent enim semper aequalia prioribus latera BD, DE, sed angulus BDE datur partium ii, scrupulorum l: exibit propterea BE basis partium 9314, qualium est DB 10000; et angulus DBE partis vnius, scrupulorum xii. Sicque rursus in triangulo ELB duo latera sunt data et totus EBL angulus partium clxxvii, xxii; dabitur etiam qui sub LEB angulus scrupulorum iiii vnius partis. Collecta simul scrupula xvi cum ablata fuerint ab EDB angulo, relinquunt partes clxxvi, liiii, quae sunt anguli FEL, a quo cum ablatus fuerit KED partium lxxii, scrupulorum x, supersunt
160 partes || ciiii, scrupula xliiii, suntque ipsius KEL, anguli apparentiae inter primum et secundum obseruatorum terminorum, congruentes fere.

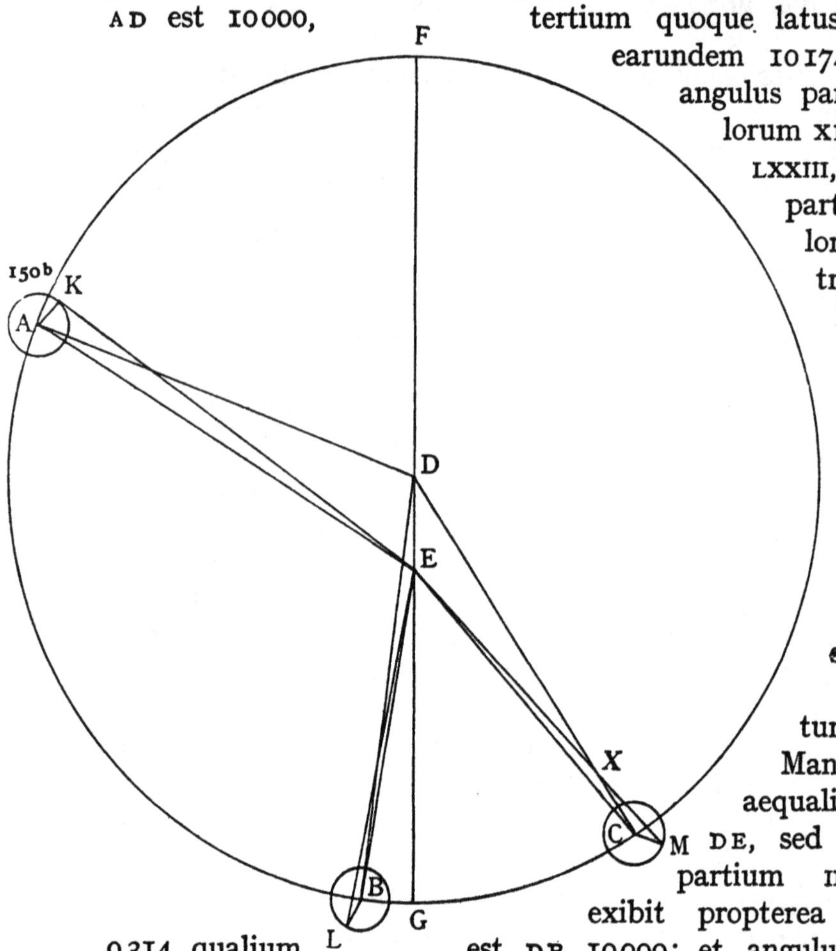

Itidem tertio loco per triangulum CDE datis lateribus CD, DE cum angulo CDE, qui erat partium xxx, scrupulorum xxxvi, demonstrabitur EC

2. quarum || quorum *Ms NBW.* — 4. sub EAD || sub AED *MsNATh*; sub AE *B*; sub EAD *W et Th in Addend.* — 6. reliquus DEA || reliquus DAE *Ms NB Th*; *Th in Addend.* DEA. — 12. 10174 || 1074 *B.* — 28. *Th in Addend*: *dele* partis unius, *quamquam id habent omnes.* — 30. partium clxxvii, xxii *ex* partium iii, scrup. ii *Ms.* — 32. partes clxxvi, liiii *ex* partes ciii, scrup. xxix *Ms.*

basis partium 9410 et angulus DCE partium II, scrupulorum VIII; vnde totus ECM partium CXLVII, scrupulorum XLIIII in triangulo ECM, quibus ostenditur CEM angulus scrupulorum XXXIX, et exterior, qui sub DXE, aequalis ambobus interioribus ECX et CEX opposito partium II, scrupulorum XLVII, quibus DEM minor est ipsi FDC, vt sit GEM reliquus partium XXXIII, scrupulorum XXIII, et totus LEM partium | XXXVI, scrupulorum XXIX, 151a
qui erat a secunda fulxione ad tertiam, consentiens etiam obseruatis. At quoniam haec tertia summae noctis fulxio inuenta erat in VII gradibus et XLV scrupulis sequens infimam absida partibus (ut ostensum est) XXXIII, scrupulis XXIII, declarat summae absidis locum fuisse per id, quod superest semicirculi, in partibus CLIIII, scrupulis XXX fixarum sphaerae.

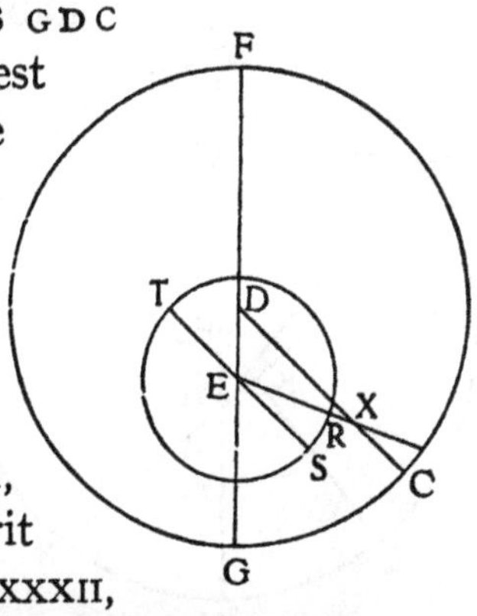

Exponatur iam circa E orbis terrae annuus RST cum diametro SET, comparata ad DC lineam. Patuit autem, quod angulus GDC fuerit partium XXX, scrupulorum XXXVI, cui aequalis est GES, et quod angulus DXE siue aequalis ei RES atque RS circumferentia est partium II, scrupulorum XLVII, distantiae planetae a perigaeo orbis medio, per quam tota TSR a summa abside orbis extat partium CLXXXII, scrupulorum XLVII. Et per hoc confirmatur, quod in hac hora tertij acronychi Iouis, adnotati anno primo Antonini, die XX. mensis Athyr Aegyptiorum, quinque horis a media nocte subsecuta Iouis stella fuerit secundum anomaliam commutationis in partibus CLXXXII, scrupulis XLVII; locus eius aequalis secundum longitudinem in partibus IIII, scrupulis LVIII, ac summae absidis eccentri locus in partibus CLIIII, scrupulis XXII, quae omnia huic quoque nostrae hypothesi mobilitatis terrae atque aequalitatis absolutissime plane sunt conuenientia.

Cap XI

De aliis tribus acronychiis Iovis recentius observatis

Tribus locis stellae Iouis olim proditis atque hoc modo taxatis alia 160v
tria substituemus, quae etiam summa diligentia obseruauimus ipsi Iouis acronychi. Primum anno Christi MDXX., pridie Calendas Maij a media nocte praecedente horis XI, in gradibus CC, scrupulis XXVIII fixarum sphaerae.

---

1. *Post* 9410 *Mspm. praebet verba*: quarum etiam CM est 229. — 2. CXLVII, scrupulorum XLIIII || 151 scrup. 32 *W.* — 3. et exterior || exterior *W.* — 6. XXIX || XXXIX *NBAW.* — 11. XXX || XXII *WTh.* — 17. distantiae || distantia *Th.* — 18.—19. partium CLXXXII, scrupulorum XLVII || part. CX, scrup. XXX *Mspm.* — 20. acronychi || acronychii *NAW*; acronychy *B.* — 27. absolutissime || absolutissimae *Th* (*recte*). — 32. acronychi || acronychia *AW.* — 33. CC *in Ms emendatum ex* XX. — XXVIII || XVIII *NBTh.*

Secundum anno Christi MDXXVI., quarto Calendas Decembris, a media nocte horis tribus, in gradibus XLVIII, XXXIIII. Tertium vero anno eiusdem MDXXIX, ipsis Calendis Februarij, horis XIX a media nocte transactis, in gradibus
151b CXIII, XLIIII. | A primo ad secundum sunt anni VI, dies CCXII, scrupula XL, sub quibus Iouis motus visus est partium CCVIII, scrupulorum VI. A secundo ad tertium sunt anni Aegyptij duo, dies LXVI, scrupula XXXIX, et motus stellae apparens partium LXV, scrupulorum X. Motus autem aequalis in primo temporis interuallo partium est CIC, scrupulorum XL; in secundo partium LXVI, scrupulorum X.

Ad hoc exemplum describatur circulus eccentrus ABC, in quo existimetur planeta simpliciter et aequaliter moueri, designenturque tria loca notata secundum ordinem literarum A, B, C, ita quidem, vt AB circumferentia habeat partes CIC, scrupula XL, BC partes LXVI, scrupula X, ac propterea quae superest circuli AC partes XCIIII, scrupula X. Suscipiatur quoque D centrum orbis annui terrae, cui connectantur AD, BD, CD, quarum quaelibet, utputa DB, extendatur in rectam lineam ad utrasque partes circuli, quae sit BDE, et coniungantur AC, AE, CE. Quoniam igitur angulus BDC apparentiae partium est LXV, scrupulorum X, quarum ad centrum quatuor recti sunt CCCLX, et reliquus CDE similium partium erit CXIIII, scrupulorum L; sed quarum sunt CCCLX duo recti (ut ad circumferentiam), erit ipse partium CCXXVIIII, scrupulorum XL, et qui sub CED in BC circumferentia partium LXVI, scrupulorum X, et reliquus igitur, qui sub DCE, partium LXIIII, scrupulorum X: trianguli igitur CDE datorum angulorum dantur latera, CE partium 18150 et ED partium 10918, quarum dimetiens circumscribentis triangulum fuerit 20000.

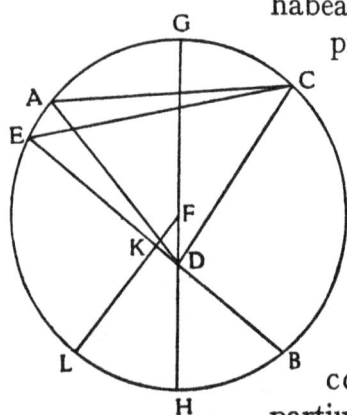

Similiter in triangulo ADE, quoniam angulus ADB datur partium ||
161 CLI, scrupulorum LIIII, residuus a circulo propter distantiam datam a primo acronychio ad secundum, et reliquus igitur ADE partium erit XXVIII, scrupulorum VI vt in centro, sed ut in circumferentia partium LVI, scrupulorum XII, et qui sub AED in BCA circumferentia partium CLX, scrupulorum XX: erit reliquus EAD partium CXLIII, scrupulorum XXVIII, e quibus AE latus venit partium 9420 et ED partium 18992, quarum dimetiens circuli circumscribentis ADE triangulum partes habeat 20000. Sed quarum erat ED

9. X *ex* XI *Ms* — 13. scrupula X *ex* scrup. XI *Ms.* — 15. annui terrae || terrae annui *edd.* — 17. utputa || utpote *NBAW.* — 19. CE || CB *A.* — 24. CCXXVIIII || CCXXXIX *NBAW.* — CCXXVIIII *ex* CCXXVIII *Ms.* — 25. scrupulorum X || scrup. XI *NBAW.* — 31. ADE || HDE *B.* — 33. et qui sub AED || et qui sub ADE *NA*; at qui sub ADE *B.* — XX *ex* XXII *Ms.* — 34. EAD || AED *MsNBAW.* — XXVIII *ex* XXVII *Ms.* — 35. 18992 || 8992 *B.* — 36. partes habeat || partes habet *NB*; habet *AWTh.*

10918, earum erit AE 5415, quarum erat etiam CE 18150. Habemus ergo
rursus triangulum EAC, cuius duo latera EA et EC data sunt cum angulo
AEC in circumferentia AC partium XCIIII, scrupulorum X, | quibus etiam 152a
demonstrabitur ACE angulus, vt in AE circumferentia, partium XXX,
scrupulorum XL, quae cum AC colligit partes CXXIIII, L, cuius subtensa CE
partium est 17727, quarum dimetiens eccentri fuerit 20000. Et secundum
rationem prius datam erit quoque DE earumdem partium 10665, tota
vero circumferentia BCAE partium est CXCI. Sequitur reliqua circuli EB
partium CLXVIIII, quam subtendit tota BDE partium 19908, quarum sunt
reliquae BD 9243. Quoniam igitur maius segmentum est BCAE, in ipso erit
centrum circuli, quod est F. Exponatur iam dimetiens GFDH. Manifestum
est autem, quod rectangulum, quod sub ED, DB continetur, aequale est ei,
quod sub GD, DH, quod idcirco etiam datur. Sed quod sub GD, DH, cum
eo, quod ex FD, aequale est ei, quod ex FDH, quo ablato ab eo, quod sub
GD, DH, relinquitur, quod ex FD fit quadratum; datur ergo FD longitudine
1193, quarum FG sunt 10000; sed quarum essent LX, sunt partes VII,
scrupula IX. Secetur iam BE bifariam in K et extendatur FKL; erit idcirco
ad angulos rectos ipsi BE. Et quoniam semissis BDK partium est 9954 et
DB partium 9243, relinquitur DK partium 711. Triangulo igitur DFK
datorum || laterum datur etiam angulus DFK partium XXXVI, scrupulorum 161v
XXXV, et LH circumferentia similium XXXVI, XXXV. Sed tota LHB partium
est LXXXIIII s., reliqua BH partium manet XLVII, scrupulorum LV, distantia
a perigio secundi loci, et reliqua, quae sequuntur ad apogeum, BCG partium
CXXXII, scrupulorum V, reiectis BC LXVI, X restant LXV, scrupula LV tertij
loci ad apogaeum. Haec a XCIIII, scrupulis X relinquunt XXVIII, XV ab apogaeo
ad primum locum epicyclij.

Quae nimirum parum conueniunt apparentijs non currente planeta
per propositum eccentrum, ut neque modus hic demonstrationis in incerto
nixus principio certum quid possit afferre, cuius etiam hoc inter multa
indicium est, quod apud Ptolemaeum in Saturno maiorem iusto distantiam
centrorum protulit, in Ioue minorem, nobis autem satis idem maiorem, vt
euidenter appareat vnius planetae assumptis alijs | atque alijs circuli circum- 152b
ferentijs non eodem modo, quod quaeritur, prouenire. Nec aliter Iouis
motum aequalitatis et apparentiae possibile erat componere in his tribus

1. Habemus || Habebimus *BTh.* — 5. scrup. XL *ex* scrup. XLI *Ms.* — 8. partium est || partium *edd.* — 9. partium CLXVIIII *ex* part. CLXVIII, scrup. LIX *Ms.* — 10. reliquae BD || reliqua BD *edd.* — 9243 *ex* 9242 *Ms.* — 12. quod sub ED, DB || quod ED, DB *NBAW*; ED, DE *Ms.* — 14. quo ablato ab eo || a quo ablato eo *Th.* — 15. fit || sit *W.* — 17. *Post* scrupula IX *Mspm. addit hos versus postea deletos*: Quoniam vero semissis est partium 9954 et DC partium 9243, relinquitur DK partium 711, quarum FD sunt 1193, sed quarum fuerint 10000, erat DK 5954 tamquam dimidia subtendentis LH circumferentiam partium XXXVI, scrupulorum XXXII. — 19. Triangulo || Trianguli *edd.* — 24. reiectis BC || reiectis BE *B.* — *Post* scrupula LV *in Ms deleta sunt*: distantiae ab. — 29. certum quid || certi quid *NBAW.*

terminis propositis, ac deinde omnibus, nisi sequeremur totam centrorum egressionem eccentrotetis a Ptolemaeo proditam partium V, scrupulorum † XXX, quarum quae ex centro eccentri fuerint LX; sed, quarum fuerint 10000, sunt 917, quodque sint circumferentiae a summa abside ad acronychium primum partes XLV, scrupula II, ab infima abside ad secundum partes LXIIII, scrupula XLII, et a tertio acronychio ad summam absida XLIX, VIII.

Repetatur enim figura superior eccentrepicyclij, quatenus tamen huic exemplo congruat. Erunt igitur pro dodrante totius distantiae centrorum iuxta hypothesim nostram in DE partes 687, et pro reliquo quadrante in epicyclio partes 229, quarum FD fuerint 10000. Cum igitur ADF angulus fuerit partium XLV, scrupulorum II, erit triangulum ADE duorum laterum da-
162 torum || AD, DE, cum angulo ADE, quibus ostendetur AE tertium latus esse partium 10496, quarum est AD 10000, et DAE angulus duae partes, XXXIX scrupula. Et quoniam angulus DAK ponitur aequalis ipsi ADF, erit totus EAK partium XLVII, scrupulorum XXXIIII, cum quo etiam duo latera dantur AK, AE trianguli AEK, quae reddunt angulum AEK scrupulorum LVII, qui cum ablatus fuerit ex ADF vna cum eo, qui sub DAE, remanet KED partium XLI, scrupulorum XXVI in prima summae noctis fulxione.

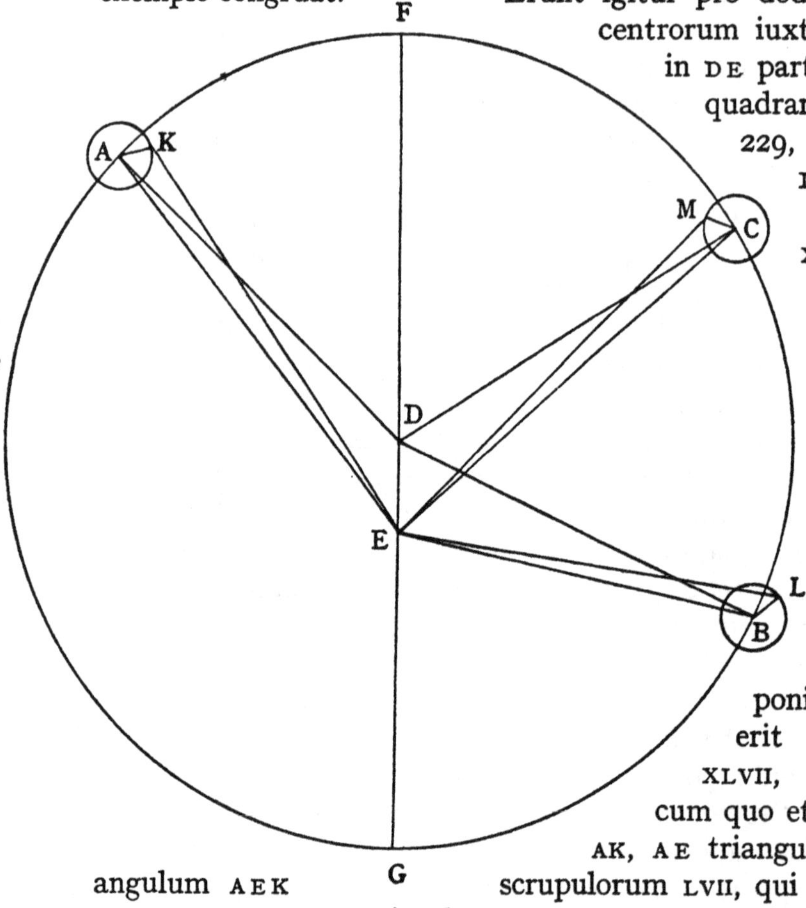

153a Similiter ostendetur in triangulo BDE. Quoniam duo latera BD, DE data sunt et angulus BDE partium LXIIII, scrupulorum XLII, erit etiam hic tertium latus BE notum partium 9725, quibus est BD 10000, et angulus DBE partium III, scrupulorum XL. Proinde et in triangulo BEL duo quoque

---

12. fuerint || fuerit *edd.* — 29. XXXIIII || XLI *Th.* — 32. LVII *ex* LVI *Ms.* — 33. ADF || KDF *Ms NBAW.* — remanet || relinquit *NBAW.* — 34. XXVI *ex* XXVIII *Ms.* — 37.—38. angulus DBE || angulus BDE *NBAW.*

latera BE et BL data sunt cum toto angulo EBL partium CXVIII, scrupulorum LVIII; fiet etiam BEL datus partis vnius, scrupulorum X, atque ex his, qui sub DEL, partium CX, scrupulorum XXVIII. Sed iam patuit etiam AED partium fuisse XLI, scrupulorum XXVI; totus ergo KEL colligit partes CLI, scrupula LIIII. Exinde, quae restant a quatuor rectis partium CCCLX, sunt partes CCVIII, VI apparentiae inter primam secundamque fulxionem, congruentes obseruatis.

Tertio denique loco dantur eodem modo DC, DE latera trianguli CDE, angulus quoque CDE partium CXXX, scrupulorum LII. Propter FDC datum tertium latus CE prodibit partium 10463, quarum etiam est CD 10000, et angulus DCE partium II, scrupulorum LI; totus ergo ECM partium LI, scrupulorum LVIIII. Proinde etiam trianguli CEM duo latera CM et CE data sunt et angulus MCE; manifestabitur et MEC angulus, et est partis vnius, et ipse cum DCE prius || inuento aequales sunt differentiae inter FDC et *162v* DEM, angulos aequalitatis et apparentiae, ac perinde ipse DEM partium erit XLV, scrupulorum XVII in acronychio tertio. Sed iam demonstratum est DEL fuisse partium CX, scrupulorum XXVIII, erit igitur qui mediat LEM partium LXV, scrupulorum X a secunda ad tertiam obseruatam fulxionem, conueniens etiam obseruationibus. Quoniam vero tertius ipse Iouis locus visus est in partibus CXIII, scrupulis XLIIII non errantium sphaerae, ostendit summae absidis Iouianae locum in partibus CLIX fere.

Quod si iam circa E descripserimus orbem terrae RST, cuius dimetiens RES sit ad DC, tunc manifestum est, quod in acronychio Iouis tertio angulus FDC fuerit partium XLIX, scrupulorum VIII, cui est aequalis DES, quodque in R sit apogaeum aequalitatis ad commutationem. At nunc peracto terra semicirculo cum ST circumferentia coniunxit se Ioui acronycho, quae quidem ST circumferentia partium est trium, scrupulorum LI, prout SET angulus ad eum numerum est demonstratus: itaque perspicuum ex his est, quod anno Christi MDXXIX, Februarij Calendis, a media nocte horis XIX ano|malia commutationis Iouis aequalis fuerit in partibus CLXXXIII, scru- *153b* pulis LI, suo vero motu in 109, LII, et quod apogaeum eccentri iam sit in CLIX fere partibus a cornu Arietis stellatj, quod erat inquirendum.

3.—4. partium fuisse || part. *NBAW*. — 4. XXVI *ex* XXVIII *Ms*. — 6. VI || scrupula XI *NBAW*. — 8. FDC || FCD *MsNBAW*. — 9. CE || DE *Ms et edd*. — 11. CEM || ECM *edd*. — 12. MEC angulus, et est || MEC, qui est *NBAW*. — 13. et ipse cum || et ipsi cum *NBAW*. — 15. XVII *ex* XVIII *Ms*. — 16. DEL || DEB *Ms*. — 24. FDC || FDX *NAWTh*; FDV *B*. — 27. semicirculo || semicirculus *Ms*. — 28. acronycho || acronychio *NBAW*. — 31. ex his est || est ex his *NBA*. — 33. anomalia || anomaliae *NB*. — 33.—34. scrupulis LI, suo || scrup. LII, suo *AW*; scrup., suo *NB*. — 34.—35. sit in CLIX || sit CLIX *BA*.

CAP. XII

COMPROBATIO AEQVALIS MOTVS IOVIS

At iam superius visum est, quod in ultima trium summae noctis fulxionum a Ptolemaeo consideratarum Iouis stella fuerit motu suo medio in IIII partibus, LVIII scrupulis cum anomalia commutationum partium CLXXXII, scrupulorum XLVII. Quibus constat, quod in medio tempore vtriusque obseruationis effluxerint in motu commutationis Iouis supra plenas reuolutiones pars vna, scrupula V, et in motu suo partes fere CIIII, scrupula LIIII. Tempus autem, quod intercidit ab anno primo Antonini, die vigesimo mensis Athyr Aegyptiorum, post horas quinque a media nocte sequenti usque ad annum Christi MDXXIX. ac ipsas Calendas Februarij, horas XIX post medium noctis
163 praecedentis sunt anni Aegyptij MCCCXCII, dies IC, || scrupula diei XXXVII, cui etiam tempori secundum numerum superius expositum respondet similiter gradus vnus, scrupula V post reuolutiones integras, quibus terra Iouem aequalibus milies bis centies bisque trigesies septies consecuta praeoccupauit. Sicque numerus visu compertis consentiens certus examinatusque habetur. Sub hoc quoque tempore manifestum iam est, quod summa infimaque absis eccentri permutatae sunt in consequentia gradibus IIII s. Distributio coaequata concedit CCC annis gradum vnum proxime.

CAP. XIII

LOCA MOTVS IOVIS ASSIGNANDA

Quoniam vero tempus ab vltima trium obseruationum anno primo Antonini, vigesima die mensis Athyr, IIII horis a media nocte sequente ascendendo ad principium annorum Christi sunt anni Aegyptij CXXXVI, dies CCCXIIII, scrupula X, sub quibus medius commutationum motus sunt
154a partes LXXXIIII, scrupula XXXI: quae | cum ablata fuerit partibus CLXXXII, scrupulis XLVII, manent partes IIC, scrupula XVI pro media nocte ad Calendas Ianuarij principio annorum Christi. Hinc ad primam olympiadem in annis Aegyptijs DCCLXXV, diebus XII s. numerantur in motu praeter integros circulos partes LXX, scrupula LVIII; detracta a partibus IIC, scrupulis XVI dimittunt partes XXVII, scrupula XVIII loco olympiadico, a quo sub descendentibus annis CCCCLI, diebus CCXLVII excrescunt partes CX, scrupula LII, quae cum olympiadicis conflant partes CXXXVIII, scrupula X Alexandri loco ad meridiem primj diei mensis Thoth apud Aegyptios. Atque hoc modo in quibuslibet alijs.

8. CIIII *ex* CVI *Ms.* — 12. IC || XCIX *N*; XCIC (sic!) *B*; 99 *AW*; XCVIIII *Th.* — 13. superius || supra *edd.* — respondet || respondent *BTh.* — 23. IIII horis || quinque horis *Mspm.* — 26. LXXXIIII || LXXIIII *NB.* — fuerit || fuerint *edd.* — 28. olympiaden *Ms.*

CAP. XIV

DE IOVIS COMMVTATIONIBVS PERCIPIENDIS, ET EIVS ALTITVDINE PRO RATIONE ORBIS REVOLVTIONIS TERRENAE

Vt autem et caetera circa Iouem apparentia percipiantur, quae commutationis sunt, obseruauimus diligentissime locum eius anno Christi MDXX., duodecimo Calendas Martij, VI horis ante meridiem, et vidimus per instrumentum, quod Iupiter praecederet primam stellam in fronte Scorpij magis fulgentem per gradus IIII, scrupula XXXI, et quoniam locus stellae fixae erat in partibus CCIX, scrupulis XL, || patet locum Iouis fuisse in partibus CCV, *163v*
scrupulis IX ad non errantium stellarum sphaeram. Sunt igitur a principio annorum Christi anni MDXX aequales, dies LXII, scrupula XV usque ad horam huius considerationis, a quo motus Solis medius deducitur ad partes CCCIX, scrupula XVI, ac anomalia commutationis ad partes CXI, scrupula XV, quibus constituitur medius stellae Iouis locus in partibus CIIC, scrupulo vno. Et quoniam locus summae absidis eccentri hoc tempore nostro repertus in partibus CLIX, erat anomalia Iouis eccentri in partibus XXXIX, scrupulo vno. Hoc exemplo descriptus sit circulus eccentrus ABC, cuius centrum sit D, dimetiens ADC; in A sit apogaeum, in C perigaeum, et propterea in DC sit E centrum orbis terrae annui. Capiatur autem AB circumferentia partium XXXIX, scrupuli vnius, atque in ipso B facto centro epicyclium describatur pro tertia BF parte ipsius DE distantiae, fiat etiam DBF angulus aequalis ipsi | ADB, et connectantur 154b
rectae lineae BD, BE, FE. Quoniam igitur in triangulo BDE duo latera data sunt DE partium 687, quarum BD est 10000, comprehendentia datum angulum BDE partium CXL, scrupulorum LIX, demonstrabitur ex eis BE basis partium earumdem esse 10543, et angulus, qui sub DBE partium II, scrupulorum XXI, quibus BED distat ab ADB. Totus ergo EBF angulus partium erit XLI, scrupulorum XXII. Igitur in triangulo EBF datus est ipse angulus EBF cum duobus lateribus ipsum comprehendentibus EB partium 10543, quarum BF 229 pro tertia parte ipsius DE distantiae,

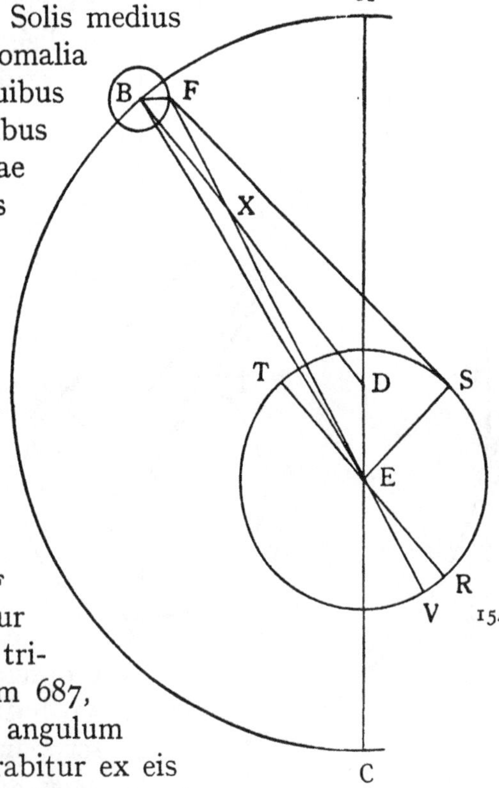

6. Calendas || Kalendis *Th.* — et vidimus || vidimus *NBAW.* — 11. anni MDXX || MDXX *edd.* — 15. partibus || partes *NBAW.* — 16. CIIC || 198 *edd.* — 19. vno || vnus *Ms.* — 37. distantiae || distantia *NBAW.*

quarum etiam est BD 10000. Sequitur reliquum latus ex eis FE partium 10373, et angulus BEF scrupulorum L. Secantibus autem se lineis BD, FE in X signo erit DXE angulus sectionis differentia inter FED et BDA, medij verique motus, quem componunt DBE et BEF partium III, scrupulorum XI, quae ablata partibus XXXIX, scrupulo I relinquunt FED angulum partium XXXV, scrupulorum L a summa abside eccentri ad stellam. Sed summae absidis locus erat in partibus CLIX; faciunt coniunctim partes CXCIIII, scrupula L. Hic erat verus locus Iouis respectu E centri, sed visus est in
164 partibus || CCV, scrupulis IX; differentia igitur, partes X, scrupula XIX sunt commutationis.

Explicetur iam orbis terrae circa E centrum RST, cuius dimetiens RET ad BD comparetur, vt sit R apogaeum commutationis. Assumatur quoque RS circumferentia secundum mensuram mediae anomaliae commutationis partium CXI, scrupulorum XV, et extendatur FEV in rectam lineam per vtramque circumferentiam orbis terrae, eritque in V apogaeum verum planetae, et angulus differentiae REV aequalis ipsi DXE constituit totam VRS circumferentiam
155a partium CXIIII, scrupulorum XXVI ac | reliquum FES partium LXV, scrupulorum XXXIIII. Sed quoniam EFS inuentus est partium X, scrupulorum XIX, reliquus, qui sub FSE, partium CIIII, scrupulorum VII: erit in triangulo EFS datorum angulorum ratio laterum data, FE ad ES sicut 9698 ad 1791. Quarum igitur est FE 10373, talium erit ES 1916, quarum etiam est BD 10000. Ptolemaeus autem inuenit ES partium XI, scrupulorum XXX, quarum quae ex centro eccentri est partium LX, estque eadem fere ratio eorum, quae partium 10000 ad 1916, in quo propterea nihil ab illo videmur differre. Est igitur ADC dimetiens ad RET dimetientem vt partes V, scrupula XIII ad vnam; similiter AD ad ES siue ad RE ut V, scrupula XIII, secunda 9 ad vnum: sic erit DE scrupulorum primorum XXI, secundorum XXIX, et BF scrupulorum primorum VII, secundorum X. Tota igitur ADE minus BF existente apogaeo Ioue erit ad semidiametrum orbis terrae vt V, scrupula prima XXVII, secunda XXIX ad vnum, et reliqua EC vna cum BF in perigaeo, vt IIII, scrupula

7. CLIX || CLX *NBA*. — partes || partium *NB*. — 9. differentia ... scrupula || differentiae igitur partium X, scrupulorum *edd*. — 12. BD || DB *edd*. — 18. constituit || constuit *Ms*. — 22. sub FSE || sub FES *B*. — 31. videmur || videmus *Th*. — 33. scrupula XIII || scrupula XIIII *B*. — 35. primorum XXI *ex* VII, secundorum XXIX *ex* X *Ms*.

prima LVIII, secunda XLIX, ac in medijs locis, prout conuenit. Quibus habetur, quod Iupiter apogaeus maximam commutationem facit partium X, scrupulorum XXXV, perigaeus autem partium XI, scrupulorum XXXV; estque inter eas differentia gradus vnus. Proinde et Iouis motus aequales vna cum apparentibus sunt demonstrati.

Cap. XV

De stella martis

Nunc Martis sunt nobis inspiciendae reuolutiones assumptis tribus illius extremae noctis fulxionibus antiquis, quibus etiam illi coniungamus mobilitatis terraenae antiquitatem. Ex eis igitur, quas prodidit Ptolemaeus, prima erat anno || quinto decimo Adriani, die XXVI. mensis Tybi Aegyptiorum *164v* quinti, post medium noctis sequentis vna hora aequinoctiali; aitque eam fuisse in XXI partibus Geminorum, sed ad fixarum sphaeram stellarum comparatione erat in partibus LXXIIII, scrupulis XX. | Secundam notauit 155b anno eiusdem decimonono, VI. die Pharmuthi, mensis Aegyptiorum octaui, ante medium noctis sequentis tribus horis, in XXVIII partibus, L scrupulis Leonis, sed non errantium sphaerae in partibus CXLII, scrupulis X; tertiam vero anno secundo Antonini, duodecimo die mensis Epiphi Aegyptiorum vndecimi, ante medium noctis sequentis duabus horis aequinoctialibus, in duabus partibus, XXXIIII scrupulis Sagitarij, sed ad adhaerentium stellarum sphaeram in partibus CCXXXV, scrupulis LIIII. Sunt igitur inter primam et secundam anni Aegyptij IIII, dies LXIX, horae viginti, siue scrupula diei L, et motus stellae apparens post integras reuolutiones partium LXVII, scrupulorum L; a secunda vero fulxione ad tertiam anni IIII, XCVI dies et hora vna, et motus stellae apparens partium XCIII, scrupulorum XLIIII. Motus autem medius in primo interuallo praeter integras circuitiones partes LXXXI, scrupula XLIIII, in secundo partes VC, scrupula XXVIII. Totam deinde centrorum distantiam inuenit partium XII, quarum quae ex centro eccentri essent LX, sed quarum fuerint 10000, proportionales sunt 2000; atque in medijs motibus a prima fulxione ad summam absidem partes XLI, scrupula XXXIII; ac deinde aliud ex alio, secundam fulxionem a summa abside in partibus XL, scrupulis XI, et tertia fulxione ad infimam absida partes XLIIII, scrupula XXI.

Secundum vero nostram hypothesim aequalium motuum erunt inter centra eccentri et orbis terrae pro dodrante illarum partium 1500, et qui

---

10. quas || quae *Ms.* — 15. anno eiusdem || eiusdem anno *NBAW.* — 16. in XXVIII || XXVIII *NBAW.* — 20. ad adhaerentium || ad haerentium *BTh.* — 21. LIIII *ex* LII *Ms.* — 24. anni IIII || IIII anni *NBAW.* — 24.—25. hora vna || una hora *NBAW.* — 30. a prima fulxione ... absidem || a summa abside ad primam fulxionem *Mspm.* — partes XLI || XLI *edd.* — 32. et tertia || et a tertia *Th.* — 34. centra *emendavit Ms ex* centrum; centrum *NBAW.*

superest quadrans 500 pro semidiametro epicyclij. Exponatur iam hoc modo circulus eccentrus ABC, cuius centrum sit D, dimetiens per utramque absida FDG, in qua sit E centrum orbis annuae reuolutionis, sintque ex ordine signa obseruatarum fulxionum A, B, C, sed AF circumferentia partium XLI, scrupulorum XXXIII, FB partium XL, scrupulorum XI, et CG partium XLIIII, scrupulorum XXI, et in singulis A, B, C punctis epicyclium describatur pro tertia parte distantiae DE, et coniungantur
165 AD, BD, CD, || AE, BE, CE, et in epicyclio AL, BM, CN, ita tamen, vt anguli DAL, DBM, DCN aequales sint ipsis ADF, BDF, CDF. Quoniam igitur in triangulo ADE angulus ADE datur partium CXXXVIII propter angulum FDA datum et duo latera AD, DE, nempe DE partium 1500, quarum est AD 10000: sequitur ex eis reliquum AE latus earumdem partium 11172, et angulus, qui sub DAE, partium V, scrupulorum VII; totus igitur, qui sub |
156a EAL, partium XLVI, scrupulorum XL. Sic quoque in triangulo EAL datus est angulus EAL cum duobus lateribus AE partium 11172, et AL partium 500, qualium erat AD 10000: dabitur etiam angulus AEL partis vnius, scrupulorum LVI, qui cum DAE angulo efficit totam differentiam inter ADF et LED partium VII, scrupulorum III, atque DEL partium XXXIIII S.

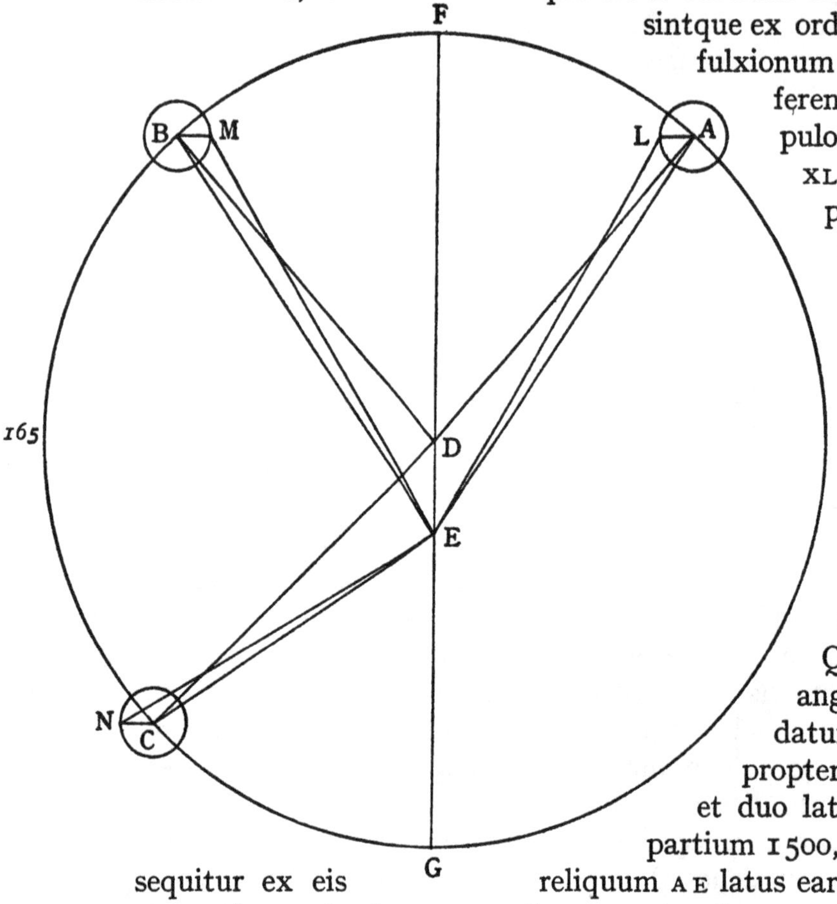

Similiter in secundo noctis extremo trianguli BDE datus est angulus BDE partium CXXXIX, scrupulorum XLIX, et DE latus partium 1500, qualium est BD 10000; efficiunt latus BE partium 11188 et angulum BED partium

---

4. sintque || suntque *NBA*. — 7. XXXIII || XXXIIII *edd.* — 15.—16. AE, BE, CE *non exstant in NBAW*. — 23. *Post* CXXXVIII *Th in Addend.* scrup. XXVI *inseri iubet* (*recte*). — 27. reliquum || reliquus *Ms*. — 31. etiam *deest in B*. — angulus AEL || angulus EAL *NBAW*. — 32.—33. et LED || et AED *MsNBAW*. — 33. atque DEL || atque DEA *MsNBAW*. — 34. secundo noctis extremo || secunda noctis extremo *Ms*; secunda noctis extrema *edd.* — 35. DE latus || latus *W*. — 1500 || 150 *NBA*. — 36. angulum || angulus *B*.

xxxv, scrupulorum xiii, et reliquum DBE partium iiii, scrupulorum lviii. Totus ergo EBM partium xlv, scrupulorum xiii datis BE et BM comprehensus lateribus, quibus sequitur angulus BEM partis vnius, scrupulorum liii, et reliquus DEM partium xxxiii, scrupulorum xx. Totus igitur MEL partium est lxvii, scrupulorum l, per quem etiam visus est motus stellae a prima noctis fulxione ad secundam, et consonat experientiae numerus.

Rursus quoniam in tertia noctis extremitate triangulum CDE duorum laterum CD, DE datorum est comprehendentium angulum CDE || partium 165ᵛ
xliiii, scrupulorum xxi, quae basim CE produnt partium 8988, quarum est CD 10000 siue DE 1500, et angulum CED partium xxxvii, scrupulorum xxxix cum reliquo DCE partium vi, scrupulorum xlii: sic rursus in triangulo CEN totus ECN angulus partium cxlii, scrupulorum xxi notis ECN comprehensus est lateribus, quibus dabitur etiam angulus CEN partis vnius, scrupulorum lii. | Remanet ergo reliquus NED partium cxxvii, scrupu- 156ᵇ
lorum v in summitate noctis tertia. Iam vero ostensum est, quod DEM partium erat xxxiii, scrupulorum xx; relinquitur MEN partium xciii, scrupulorum vl, et est angulus apparentiae inter secundam et tertiam noctis extremitatem, in quibus etiam satis congruit numerus cum obseruatis. At quoniam in hac vltima Martis obseruata fulxione visa est stella in partibus ccxxxv, scrupulis liiii, distans ab apogaeo eccentri partes (vt demonstratum est) cxxvii, scrupula v: erat ergo locus apogaei eccentri Martis in partibus cviii, scrupulis l non errantium stellarum sphaerae.

Explicetur iam orbis terrae annuus circa E centrum RST cum diametro RET parallelo ipsi DC, quatenus R sit apogaeum commutationis, T perigaeum. Quoniam igitur visus planetae erat in EX ad partes secundum longitudinem ccxxxv, scrupula liiii, et angulus DXE ostensus est partium viii, scrupulorum xxxiiii, differentia aequalitatis et apparentiae, et propterea medius motus partium ccxliiii s., sed angulo DXE aequalis est is qui circa centrum SET, partium similiter viii, scrupulorum xxxiiii: si igitur ST circumferentia partium viii, scrupulorum xxxiiii auferatur a semicirculo, habebimus medium motum commutationis stellae, et est RS circumferentia,

---

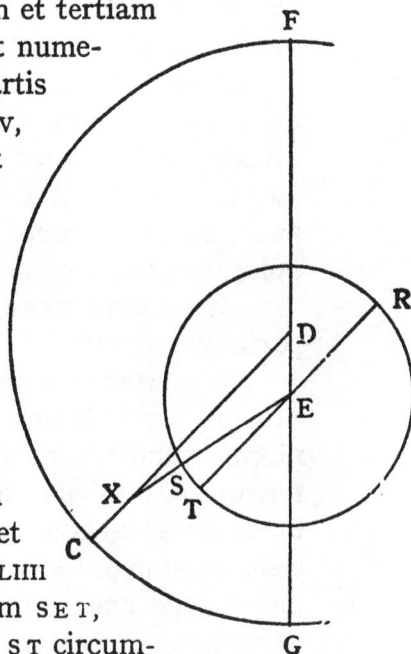

3. angulus BEM || angulus DEM *W.* — 10. CD 10000 || CE 10000 *Ms et edd.* — 1500 || 150 *NBA.* — xxxvii || cxxxv *Th.* — 12. notis ECN *lege* not s EC, CN. — 15. tertia || tertiae *edd.* — 16. xciii || xciiii *B.* — 23.—24. cviii, scrupulis l || cix cum quinta parte minus dextante (quinta) fere vnius partis *Mspm*; *supra initium huius versus legitur* scrup. xlix *in Mspm.* — 28. planetae || planeta *edd.* — 33. angulo DXE aequalis est is || angulo DXE aequalis est ei *Ms*; angulus DXE aequalis est ei *NBAW.* — 35. xxxiiii auferatur || 24 auferatur *W.*

partium CLXXI, scrupulorum XXVI. Proinde etiam inter caetera demonstratum habemus per hanc hypothesim mobilitatis terrae, quod anno secundo Antonini, duodecimo die mensis Epiphi Aegyptiorum, decem horis a meridie aequalibus stella Martis secundum motum longitudinis medium fuerit in partibus CCXLIIII S., et anomalia commutationis in partibus CLXXI, scrupulis XXVI.

166 Cap XVI

De aliis tribvs extremae noctis fvlxionibvs circa stellam Martis noviter observatis

Ad has quoque Ptolemaei circa Martem considerationes comparauimus tres alias, quas non sine diligentia accepimus, primam anno Christi MDXII., Nonis Iunij, vna hora a media nocte, inuentusque est locus Martis in
157a partibus CCXXXV, scrupulis XXXIII, prout Sol ex opposito erat in | partibus LV, scrupulis XXXIII a prima stella Arietis fixarum sphaerae sumpto initio, secundam anno Christi MDXVIII., pridie Idus Decembris, VIII horis a meridie, apparuitque stella in partibus LXIII, scrupulis II, tertiam vero anno eiusdem MDXXIII., VIII. Calendas Martij, VII horis ante meridiem in partibus CXXXIII, scrupulis XX. Sunt igitur a prima ad secundam anni Aegyptij VI, dies CXCI, scrupula XLV, a secunda ad tertiam anni IIII, dies LXXII, scrupula XXIII, motus apparens in primo temporis interuallo partium CLXXXVII, scrupulorum XXIX, aequalis autem partium CLXVIII, scrupulorum VII, in secundo temporis spacio motus apparens, partium LXX, scrupulorum XX, aequalis partium LXXXIII.

Repetatur modo eccentrus Martis circulus, nisi quod A B sit iam partium CLXVIII, scrupulorum VII et B C partium LXXXIII. Simili igitur modo (ut illorum numerorum multitudinem, inuolutionem ac tedium silentio praetereamus), quo circa Saturnum et Iouem usi sumus, inuenimus demum et in Marte apogaeum in B C circumferentia. Nam quod in A B non potuerit esse, ex eo manifestum est, quod motus apparens maior fuerit medio, partibus quippe XIX, scrupulis XXII. Rursus nec in C A, quoniam, et si minor existat F C, praecedens hanc B C in maiori tamen discrimine motum excedit apparentem quam C A. Sed quemadmodum superius demonstratum est, in
166v eccentro minor motus || circa apogaea contingit ac diminutus. Recte igitur existimabitur in ipsa B C apogaeum, quod sit F, et dimetiens circuli F D G,

5. CLXXI || CXXI *NB* — 16. scrup. II *ex* scrup. XVI, XI *Ms.* — 18. CXXXIII || CXXIII *NB* — scrup. XX *ex* XXI, *dealbato* I. *Ms.* — 20. CLXXXVII *ex* CXXXVI, CXLVIII *Ms.* — 22. XX *ex* XIIX *Ms deletis* II, XVIII *edd.* — aequalis || aequales *W* — 25. CLXVIII || CLXXIII *B*, *post* partium *Ms* sit *interponit.* — 30. quippe XIX || quippe XVI *Mspm.* — 31. existat FC || existat *NBAW* — 32. superius || supra *NBAW* — 33. diminutus || diminutius *B*.

in quo etiam centrum orbis terrae sit. Inuenimus igitur FCA partium cxxv, scrupulorum xxix, ac deinde quae sequuntur, BF partium lxvi, scrupulorum xviii, FC partium xvi, scrupulorum xxxvi, centrorum vero DE distantiam 1460, quarum quae ex centro DF sunt 10000; atque epicyclij dimidia diametri earumdem partium 500, quibus apparens aequalisque motus demonstrantur inuicem cohaerere ac plane consentire experimentis.

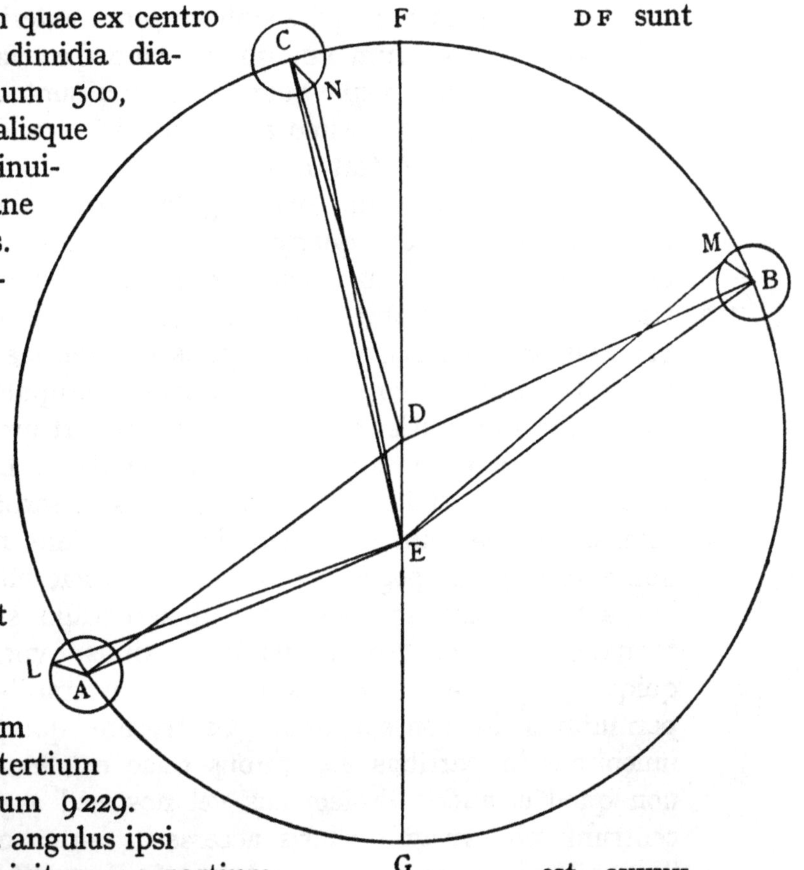

Compleatur ergo figura, ut antea. Ostendetur enim, quod, cum duo latera AD, DE trianguli ADE sint cognita cum angulo ADE, qui erat a primo Martis acronychio ad perigaeum partium liiii, scrupulorum xxxi, exiuit angulus DAE partium vii, scrupulorum xxiiii, et reliquus AED partium cxviii, scrupulorum v, tertium quoque latus AE partium 9229. Aequalis est autem DAL angulus ipsi FDA ex hypothesi; totus igitur EAL partium est cxxxii, scrupulorum liii. Ita quoque in triangulo EAL duo latera EA, AL data sunt angulum A datum compre|hendentia; reliquus igitur AEL est partium ii, 157b
scrupulorum xii; relinquitur, qui sub LED, partium cxv, scrupulorum liii.

Similiter in acronychio secundo ostendetur, quod, cum in triangulo BDE duo latera data DB, DE comprehendant angulum BDE partium cxiii, scrupulorum xxxv, angulus DBE per demonstrata triangulorum planorum fuerit partium vii, scrupulorum xi, et reliquus DEB partium lix, scrupulorum xiiii, basis quoque BE partium 10668, quarum DB est 10000 et BM 500, totus quoque EBM partium lxxiii, scrupulorum xxxvi.

Sic quoque in triangulo EBM datorum laterum datum angulum com- 167
prehendentium demonstrabitur qui sub BEM angulus partium ii, scrupu-

4.—27. *Haec figura non invenitur in Ms.* — 13. quod *deest in NBAW, exstat in Ms; falso notat Th se* quod *addidisse.* — 20. xxxi || 21 *W.* — exiuit || exibit *Th*; exeunt *NBAW.* — 24. scrup. v *ex* xx *Ms.* — 34.—35. scrupulorum xiiii || scrupul. xiii *edd*; xiiii *ex* xxiiii *Ms, dealbato* x. — 36. xxxvi *ex* xviii *Ms.*

lorum XXXVI, a quo relinquitur DEM partium LVI, scrupulorum XXXVIII; deinde, qui superest, exterior a perigaeo MEG partium est CXXIII, scrupulorum XXII. Sed iam demonstratum est, quod angulus LED fuerit partium CXV, scrupulorum LIII, qui sequitur ipsum exterior, qui sub LEG, partium erit LXIIII, scrupulorum VII, quique cum GEM iam inuento colligit partes CLXXXVII, scrupula XXIX, quarum CCCLX sunt IIII recti, quae congruunt distantiae apparenti a primo acronyctio ad secundum. Est etiam pari modo uidere in acronyctio tertio.

Demonstratur enim DCE angulus partium II, scrupulorum VI, et EC latus partium 11407, quarum est CD 10000. Toto igitur angulo ECN existente partium XVIII, scrupulorum XLII, datisque iam CE, CN lateribus
158a trianguli ECN constabit | angulus CEN scrupulis L, qui cum DCE componit partes II, scrupula LVI, quibus angulus apparentiae DEN minor est aequalitati sub FDC Datur ergo DEN partium XIII, scrupulorum XL, quae etiam fere congruunt apparentiae inter secundum et tertium acronyctium obseruatae.

Quoniam igitur apparuit Martis stella in hoc loco (uti narravimus) a capite Arietis stellati in partibus CXXXIII, scrupulis XX, et angulus FEN ostensus est partium XIII, scrupulorum XL fere, manifestum est retrorsum numerantj, quod apogaei locus eccentri in hac vltima consideratione fuerit in partibus CXIX, scrupulis XL adhaerentium stellarum sphaerae, quem tempore Antonini Ptolemaeus in partibus CVIII, scrupulis L inueniebat, † quique propterea ad nos usque in decem gradibus et dextante vnius est permutatus in consequentia. Centrorum quoque distantiam minorem inuenimus in partibus 40, quibus quae ex centro eccentri datur 10000, non quod errauerit Ptolemaeus vel nos, sed argumento manifesto quod centrum orbis magni telluris accesserit centro orbis Martis Sole interim immobilj permanente. Respondent enim haec sibi inuicem fere, vt inferius luce clarius apparebit.

167v Exponatur iam orbis ipse terrae || annuus super E centro cum dimetiente suo, qui sit SER, ad CD propter aequalitatem reuolutionum, sitque in R apogaeum aequale ad stellam, in S perigaeum, in T terra, secabit autem ET extensa, in qua visus stellae, CD in X signo. Erat autem in ipsa ETX visus ad partes longitudinis (ut dictum est), hoc vltimo loco, partium CXXXIII, scrupulorum XX. Angulus quoque DXE demonstratus est partium II, scrupulorum LVI, est enim differentia, qua XDF angulus ipsi

---

7. 8. 15. acronychio *edd.* — 10. angulo ECN || angulo ECM *NBA* — 13. DEN || DEM *NB* — 27. inferius || infra *NBAW* — 32. Secabit autem in X signo || *Ms inter* stellae *et* CD *iterum scribit:* secabit, Secabit autem ET extensa, in qua visus stellae CD in X *NBA In figura NB deest signum* X. — Sit autem ET extensa, in qua visus stellae secabit CD in X signo *Th.* — 33. ETX visus || et X visus *NBAW* — 32.—33. *Omissis verbis* in qua visus stellae, CD in X signo. Erat autem *W hanc praebet lectionem* Secabit autem ET extensa, in ipsa et X visus ad partes longitudinis ut dictum est hoc ultimo loco. — 34. CXXXIII || CXXXVIII *B.*

XED maior existit, medius apparenti. Sed ipse SET aequalis est ei, qui sub DXE, alterno, estque prosthaphaeresis commutationis, quae, cum ablata fuerit a semicirculo, relinquit partes CLXXVII, scrupula IIII, anomaliam commutationis aequalem ab R apogaeo ipsius aequalitatis deducta, vt etiam hic demonstratum habeamus, quod anno Christi MDXXIII., octavo Calendas Martij, septem horis aequinoctialibus ante meridiem Martis stella fuerit suo medio motu longitudinis in partibus CXXXVI, scrupulis XVI, et anomalia commutationis eius aequalis in partibus CLXXVII, scrupulis IIII, atque summa absis eccentri in partibus CXIX, scrupulis XL, quae erant demonstranda.

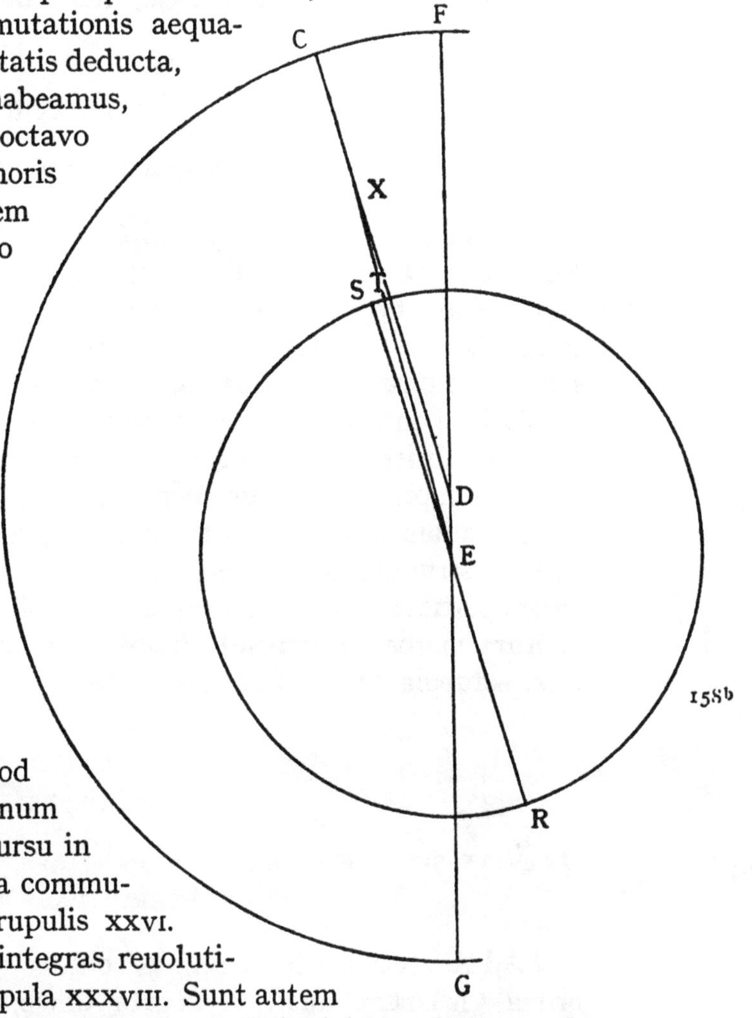

CAP XVII

COMPROBATIO MOTVS MARTIS 158b

Patuit autem superius, quod in vltima trium obseruationum Ptolemaei Mars fuerit medio cursu in partibus CCXLIIII S., et anomalia commutationis in partibus CLXXI, scrupulis XXVI. Igitur in medio tempore post integras reuolutiones excreuerunt gradus V, scrupula XXXVIII. Sunt autem a secundo anno Antonini, duodecimo die mensis Epiphi Aegyptiorum vndecimi, nouem horis a meridie, hoc est tribus horis aequinoctialibus ante medium noctis subsequentis, respectu meridiani Cracouiensis usque ad annum Christi mil||lesimum quingentesimum XXIII, octauum Calendas Martij, *168*
septem horis ante meridiem anni Aegyptij MCCCLXXXIIII, dies CCLI, scrupula XIX. In quo tempore veniunt secundum numerum superius expositum anomaliae commutationis gradus V, scrupula XXXVIII completis eius reuolutionibus DCIIL. Solis autem opinatus motus penes aequalitatem est partium

1 existit || existat *W* — 5. deducta || deductam *Th.* — 7 quod anno || quo anno *AW* — 12—13. anomalia || anomaliae *B* — 21 33 superius || supra *NBAW* — 27 gradus V scrupula XXXVIII *emendat. ex* gradus VII, scrup. IIII *Mspm.* — 34—35. reuolutionibus || revolutionis *A*

cclvii s., a quo deductis gradibus v, scrupulis xxxviii motus commutationis supersunt gradus ccli, 52, medius Martis motus secundum longitudinem, quae omnia fere consentiunt eis, quae modo exposita sunt.

Cap. xviii

Locorvm martis praefixio

Numerantur autem a principio annorum Christi ad annum secundum Antonini, duodecimum diem mensis Epiphi Aegyptiorum et tres horas ante medium noctis anni Aegyptij cxxxviii, dies clxxx, scrupula lii, motus commutationis in eis partes ccxciii, scrupula xxii, quae cum auferantur a partibus clxxi, scrupulis xxvi obseruationis vltimae Ptolemaei, mutuata reuolutione integra, remanent partes ccxxxviii, scrupula xxii in annum primum Christi, media nocte ad Calendas Ianuarij. Ad hunc locum a prima olympiade sunt anni Aegyptij dcclxxv, dies xii s., sub quibus motus commutationis est partium ccliiii, scrupuli i, quae similiter ablata partibus ccxiiii, scrupulis xlvi mutuato circuitu relinquunt primae olympiadis |
159a locum partibus cccxliiii, scrupulis xxi. Similiter iuxta interualla temporum aliorum motus concernendo habebimus annorum Alexandrj locum partes cxx, scrupula xxxix, Caesaris partes cxi, scrupula xxv.

Cap. xix

Qvantvs sit orbis martis in partibvs, qvarvm orbis terrae annvvs fverit pars vna

Ad haec etiam obseruauimus coniunctionem Martis cum stella fulgente prima Chelarum, austrina vocata Chele, factam anno Christi mdxii. in ipsis Calendis Ianuarij. Vidimus enim mane horis sex ante meridiem illius
168v diei aequinoctialibus Martem a stella fixa distantem quarta || parte vnius gradus, sed in ortum solsticialem deflexum, quo significabatur, quod Mars iam separatus esset a stella secundum longitudinem in consequentia per octauam partem vnius gradus, sed latitudinem boream quinta. Constat autem locus stellae a prima Arietis in partibus cxci, scrupulis xx cum latitudine boraea scrupulorum xl. Patuit etiam Martis locus in partibus

1. deductis || deducti *NBAW*. — 9. ccxciii, scrupula xxii || cccxvi, scrup. xl *Mspm*; ccxciiii *B*; scrup. iiii *WTh*. — 11. remanent || emanent *B*. — ccxxxviii, scrup. xxii || ccxiiii, scrup. xxii *Mspm*. — 15. ccxiiii, scrup. xlvi || ccxxxviii, scrup. xxii *NBAW*; scrup. xxi *Th*. — 21. pars vna || una *edd*. — 24. Calendis || Kalendas *W*. — 26. quo || quod *Ms*. — 28. sed || secundum *Th*.

CXCI, scrupulis XXVIII habentis latitudinem boraeam scrupulorum LI. Huic autem tempori secundum numerationem anomalia commutationis est partium XXVIII, scrupulorum XXVIII; Solis locus medius in partibus CCLXII, ac medius Martis partibus CLXIII, scrupulis XXXII; anomalia eccentri partium XLIII, scrupulorum LII.

Quibus sic propositis describatur eccentrus ABC, centrum eius D, dimetiens ADC, apogaeum A, perigaeum C, eccentrotes DE partium 1460, quarum est AD 10000. Datur autem AB circumferentia partium XLIII, scrupulorum LII. Facto in B centro, distantia vero BF partium 500, quarum est etiam AD 10000, epicyclium describatur, vt angulus DBF sit aequalis ipsi ADB, et coniungantur BD, BE, FE. In E quoque centro explicetur orbis magnus terrae, qui sit RST, cum dimetiente suo RET ad BD, in quo sit R apogaeum commutationis planetae, T perigaeum aequalitatis eius. Sit autem in S terra, et secundum RS circumferentiam anomalia commutationis aequalis, quae numeratur partium XCVIII, scrupulorum XXVIII; extendatur etiam FE in rectam lineam FEV, quae secet BD in X signo, atque in V circumferentiam conuexam orbis terrae, in quo apogaeum commutationis verum. Quoniam igitur trianguli BDE | duo latera data sunt 159b
DE partium 1460, quarum est BD 10000, continentia angulum BDE datum in partibus CXXXVI, scrupulis VIII interiorem ipsius ADB dati partium XLIII, scrupulorum LII: demonstrabitur ex eis || tertium BE latus 169
illarum partium 11097, et angulus DBE partium V, scrupulorum XIII. Sed angulus, qui sub DBF, aequalis est ei, qui sub ADB, per hypothesim; erit totus EBF partium XLIX, scrupulorum V contentus datis EB, BF lateribus. Habebimus propterea angulum BEF duarum partium, et reliquum latus FE partium 10776, quarum DB est 10000. Igitur qui sub DXE partium est VII, scrupulorum XIII; ipsum enim colligunt XBE et XEB interiores et oppositi. Haec est prosthaphaeresis ablatiua, qua angulus ADB maior erat ipsi XED

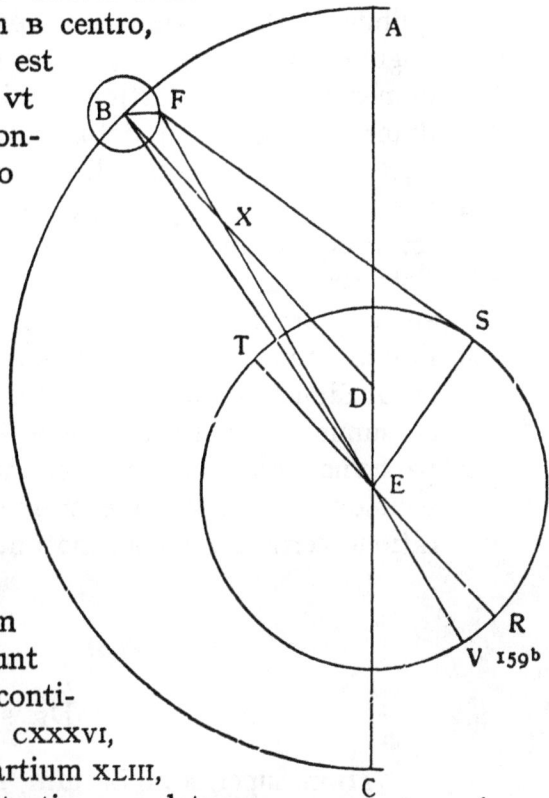

4. scrupulis XXXII || scrup. XXXXII *Th.* — anomalia || anomaliae *NBAW.* — 7. eccentrotes || eccentrotetes *NBAW.* — 11.—12. vt angulus || et angulus *Th.* — 13. BD, BE, FE || BD, BF, FE *W*; BD, BE, BF, FE *Th.* — 22. FEV || FEU *B*; — 23.—24. in V circumferentiam || in V. circumferentiam *B.* — 29. ADB || ABD *BTh.* — 31. 11097 || 11007 *B.* — 32. sub ADB || sub ABD *edd.* — 33. totus EBF || totus EFB *NBA.* — 34. angulum BEF || angulum BDF *W.*

et locus Martis medius vero. Medius autem numeratus est partium CLXIII,
scrupulorum XXXII, praecessit ergo verus in partes CLVI, scrupula XIX, sed
apparuit in partibus CXCI, scrupulis XXVIII circa S aspicientibus ipsum
facta est igitur eius parallaxis siue commutatio partium XXXV, scrupulorum
IX in consequentia. Patet ergo EFS angulus partium XXXV, scrupulorum IX.
Parallelo autem existenti RT ipsi BD erat DXE angulus ipsi REV aequalis,
et RV circumferentia similiter partium VII, scrupulorum XIIII. Sic tota VRS
partium est CV, scrupulorum XLI anomaliae commutationis coaequatae,
quibus constat angulus VES, exterior trianguli FES. Exinde etiam datur
angulus interior et oppositus FSE partium LXX, scrupulorum XXXII, ac
omnes in eisdem partibus, quibus CLXXX sunt duo recti. Sed trianguli
datorum angulorum datur ratio laterum, ergo longitudine FE partium
9428, ES 5757, quarum dimetiens circuli circumscribentis triangulum fuerit
160a 10000. Quarum igitur EF fuerit 10776, erit ES 6580 fere, qua|rum BD
est 10000, in modico quoque distans a Ptolemaico inuento ac eadem fere. †
Tota vero ADE earumdem partium est 11460, et reliqua EC 8540. Et quas
aufert epicyclium in A partes 500 summa abside eccentri, eas reddit in
169v infima, vt maneant illic partes 10960 summae, || hic 9040 infimae. Quatenus
igitur dimidia diametri orbis terrae fuerit pars vna, erunt in apogaeo Martis
ac summa distantia pars vna, scrupula XXXVIIII, secunda LVII, in infima
pars vna, scrupula XXII, secunda XXVI, in media pars vna, scrupula XXXI,
secunda XI. Ita quoque et in Marte motus, magnitudines et distantiae
ratione certa per terrae motum explicata sunt.

Cap XX

De stella veneris

Trium superiorum Saturni, Iouis et Martis ambientium terram expositis motibus nunc de eis, quos ipsa terra circuit, occurrit dicere. Et primo de Venere, quae sui motus demonstrationem faciliorem quam illi euidentioremque admittit, si modo obseruationes necessariae quorundam locorum non defuerint, quoniam, si maximae illius a loco Solis medio hincinde distantiae, matutina et vespertina, inueniantur inuicem aequales, iam certum habemus in medio duorum ipsorum locorum Solis Veneris esse summam vel infimam

4. igitur || ergo *edd.* — 6. existenti || existente *edd.* — *In W desunt verba* erat DXE, erit *Th.* — 7. et RV || et REV *AW* REU *B* — 8. anomaliae || anomalia *Th.* — 9. trianguli FES || trianguli FEB *NBA* — 10. angulus interior et oppositus FSE || angulus interior ex opposito FSE *NBAW* — 15. quoque distans || quoque *NBAW* — ac eadem || ac idem *NBA* ac eidem *W* — 16. reliqua || reliquae *NBAW* — 17. in A partes 500 || partes 500 in A *Th.* — 20. XXXVIIII || XXXVIII *NBAW* — 21 secunda XXVI *ex* secunda XX *Ms.* — 22. magnitudines || magnitudinis *NBAW* — 32. esse summam || summam esse *NBAW*

absida excentri, quae discernuntur ex eo, quod minores fiunt circa apogaeum, maiores in opposito tales digressionum paritates. In ceteris demum locis per differentias ipsarum, quibus sese excedunt, quantum a summa vel infima abside distet orbis, Veneris, ac eius eccentrotes percipitur absque † dubio, prout haec a Ptolemaeo sunt apertissima tradita, vt ea singillatim repetisse non fuerit opus, nisi quatenus ipsa etiam nostrae hypothesi mobilitatis terrenae applicentur ex eisdem Ptolemaei considerationibus.

† Quarum primam accepit a Theone Alexandrino mathematico factam anno (ut inquit) sextodecimo Adriani, die XXI. Pharmuthi mensis, prima hora noctis subsequentis, quod erat anno Christi CXXXII. in crepusculo, VIII. Idus Martij; visaque est Venus in maxima distantia vespertina a loco Solis medio partium XLVII | cum quadrante partis, dum esset || ipse locus 160b 170 Solis medius secundum numerationem in partibus CCCXXXVII, scrupulis XLI fixarum sphaerae. Ad hanc suam contulit aliam obseruationem, quam dicit se habuisse anno Antonini quarto, duodecimo die mensis Thoth illucescente, siquidem anno Christi CXLII., in diluculo tertij Calendas Augusti, in qua rursus ait fuisse maximum Veneris matutinae limitem partibus XLVII, scrupulis XV atque priori aequalem a loco Solis medio, qui erat in partibus CXIX fere adhaerentium stellarum sphaerae, qui pridem erat in partibus CCCXXXVII, scrupulis XLI. Manifestum est, quod inter haec loca media sint absidum partes XLVIII et CCXXVIII cum trientibus suis inuicem opposita, quae quidem adiectis utrobique partibus VI et duabus tertijs praecessionis aequinoctiorum incidunt in partes XXV Tauri et Scorpij ex sententia Ptolemaei, in quibus e diametro summam ac infimam absidas Veneris esse oportebat.

Rursus ad maiorem huius rei affirmationem assumit aliud a Theone obseruatum anno quarto Adriani, diluculo diei XX. mensis Athyr, qui erat a natiuitate Christi annus CXIX., quarto Idus Octobris mane, vbi reperta est denuo Venus in maxima distantia partium XLVII, scrupulorum XXXII a loco Solis medio existente in partibus CXCI, scrupulis XIII. Cui subiungit suum obseruatum anno XXI. Adriani, qui erat Christi annus CXXXVI., nono die mensis Mechir Aegyptijs, Romanis autem VIII. Calendas Ianuarij, hora prima noctis sequentis, in quo rursum vespertina distantia reperiebatur partium XLVII, scrupulorum XXXII a Sole medio in partibus CCLXV. Sed in praecedente Theonis consideratione erat locus Solis medius in partibus CXCI, scrupulis XIII. Inter haec media loca cadunt iterum in partes XLVIII, scrupula XX et CCXXVIII, scrupula XX quasi, in quibus oportet esse apogeum

---

4. eccentrotes || eccentrotetes *B.* — 5. apertissima || apertissime *edd.* — singillatim || sigillatim *edd.* — 8. primam || primum *NBAW.* — 15. quarto *deest in W.* — 16. diluculo || diliculo *Th.* — 19. fere *omiserunt edd.* — 27. diluculo || diliculo *WTh.* — 30. subiungit || subiunxit *BTh.* — 36. CXCI, scrupulis XIII || 265, scrup. 25 *AW.* — XLVIII || XLIII *NB.* — 37. *Verba* et CCXXVIII, scrup. XX *in W desunt.*

et perigaeum. Suntque ab aequinoctijs partes xxv Tauri et Scorpij, quae deinde per alias binas considerationes separauit sequentes.

170ᵛ Vna earum erat Theonis, anno || tertio decimo Adriani, diei tertij mensis Epiphi, sed annorum Christi erat centesimus xxix., duodecimo Calendas Iunij diluculo, in qua reperit extremum Veneris matutinae limitem partibus xliiii, scrupulis xlviii, dum Sol esset medio motu in partibus xlviii et dextante, et Venus apparens in partibus iiii fixarum sphaerae. Alteram accepit ipse Ptolemaeus anno xxi. Adriani, secundo die mensis |

161a Tybi Aegyptiorum, quibus colligimus annum Romanum a nato Christo centesimum trigesimum sextum, v Calendas Ianuarij, vna hora noctis sequentis, Sole existente medio motu in partibus ccxxviii, scrupulis liiii, a quo Venus plurimum distabat vespertina partibus xlvii, scrupulis xvi, apparens ipsa in partibus cclxxvi et sextante. Quibus discretae sunt absides inuicem, nempe summa in partibus xlviii cum triente, vbi breuiores accidunt Veneris euagationes, et infima in partibus ccxxviii et triente, vbi maiores, quod erat demonstrandum.

Cap xxi

Qvae sit ratio dimetientivm orbis terrae et veneris

Proinde etiam ex his ratio constabit diametrorum orbis terrae et Veneris. Describatur enim orbis terrae AB in centro C; dimetiens eius ACB per utramque absida, in qua capiatur D centrum orbis Veneris eccentri ad AB circulum. Sit autem apogaei locus A, in quo existente terra plurimum distabat centrum orbis Veneris, dum esset ipsa AB medij motus Solis linea, ad partes xlviii et tertiam, in B vero ad partes ccxxviii et tertiam. Agantur etiam rectae lineae AE, BF contingentes orbem Veneris in E, F signis, et connectantur DE, DF Quoniam igitur qui sub DAE angulus subtendit ad centrum circuli partes circumferentiae xliiii et quatuor quintas, et angulus AED est rectus, erit triangulum DAE datorum angulorum, ac deinde laterum, nempe DE tamquam dimidia subtendentis duplum DAE

171 partium 7046, quarum est AD 10000. Eodem modo || in triangulo rectangulo BDF datus est angulus DBF partium xlvii et trientis, erit quoque subtensa

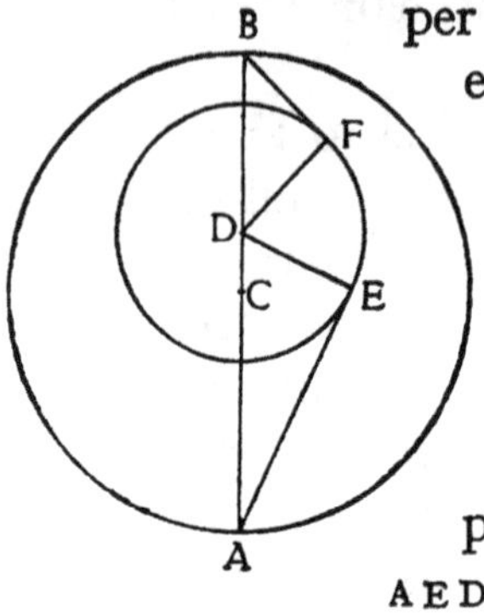

---

2. binas || duas *NBAW* — 3. diei tertij || die 3. *W* — 10. v Calendas Ianuarij || v *ex* xiiii *Ms*, *A in margine* lege 14. Kal. Decemb. — 11 scrupulis liiii *ex* et dextante *Ms.* — 12. *loco* scrupulis xvi *legebatur in Mspm* cum triente vnius. — 13. in partibus || partibus *W* — 14. xlviii || 84 *W* — 25. xlviii || xiii *NB* — *Post* vero *Mspm interposuerat* perigaea Venus. — 29. circumferentiae xliiii *ex* circumf. xlviii *Ms.* — 32. 7046 *sub* 6 *legitur* 4 *in Ms.* — est AD || AD est *edd.*

DF partium 7346, quarum fuerit BD 10000. Quibus igitur DF aequalis ipsi DE fuerit partium 7046, erit BD earundem 9582. Hinc tota ACB partium 19582, et AC dimidia 9791, et reliqua CD 209. Quatenus igitur AC fuerit vna pars, erit DE scrupula XLIII et sextans scrupuli, et CD scrupulum vnum cum quarta fere, et qualium AC fuerit 10000, erit DE siue DF 7193, 161b
et CD 208 fere, quod erat demonstrandum.

CAP. XXII

DE GEMINO VENERIS MOTV

Attamen circa D non est aequalitas Veneris simplex duarum maxime † Ptolemaei considerationum argumento. Quarum vnam habuit anno XVIII. Adriani, secundo die mensis Pharmuthi Aegyptiorum; sed secundum Romanos erat annus a nato Christo centesimus trigesimus quartus, in diluculo duodecimi Calendas Martij. Tunc enim Sole medio motu in partibus CCCXVIII et dextante vnius existente Venus matutina apparens in partibus signiferi CCLXXV et quadrante attigerat extremum digressionis suae limitem partibus XLIII, scrupulis XXXV. Secundam accepit anno tertio Antonini, eodem mense Pharmuthi, die eius quarto secundum Aegyptios, quod erat anno Christi secundum Romanos centesimo quadragesimo, in crepusculo duodecimi diei ante Calendas Martij. Tunc quoque erat locus Solis medius in partibus CCCXVIII cum dextante, ac Venus in maxima ab illo distantia vespertina partibus XLVIII et tertia visa in parte longitudinis VII. et dextante vnius.

His ita expositis suscipiatur in eodem orbe terraeno G signum, in quo fuerit terra, vt sit AG quadrans circulj, per quem Sol ex opposito in utraque obseruatione secundum motum suum medium praecedere visus est apogaeum eccentri Veneris, et coniungatur GC, cui DK parallelus excitetur, et contingentes orbem Veneris GE, GF, connectanturque DE, DF, || DG. 171v
Quoniam igitur angulus EGD matutinae elongationis in obseruatione priori partium erat XLIII, scrupulorum XXXV, ac in altera vespertina CGF partibus XLVIII et tertia, colligunt ambo totum EGF partium XCI cum deunce vnius partis. Et idcirco dimidius DGF partium est XLV, scrupulorum

---

1. 7346 || 7353 *AW*. — BD || AD *Ms NBAW*. — 2. BD earundem || BD *A*. — 2.—3. partium 19582 || 19582 *B*. — 3. 209 || *ultima cifra in Ms non liquet*: 5, *an* 8, *an* 9; 205 *NB*; 209 *AWTh*. — 4. scrupula XLIII et ... CD scrupulum *omissa sunt in W*. — 6. 208 || 213 *Th*. — *Post* demonstrandum *habes in Mspm*: Quae nostris etiam temporibus eadem congruere multiplices obseruationes docuerunt, nisi quod eccentrotes decreuisse videatur. — 13. duodecimi || *A in margine* 13; 13 *W*. — 16. XLIII || LXIII *NB*. — 17. die eius || diei eius *B*. — 19. duodecimi diei || 12. die *W*. — 21. et dextante || et sextante *A in margine*, *W*. — 22. vnius || vnus *Ms*. — 28. EGD || EGC *Th*. — 29. XLIII || XXIII *B*. — 30. tertia || tertiae *AWTh*.

LVII s., et reliquus CGD partium duarum, scrupulorum XXIII. Sed LCG rectus est, igitur trianguli CGD datorum angulorum datur ratio laterum, et CD longitudine 416, quarum CG est 10000. Prius autem ostensum est, quod ipsa centrorum distantia fuerit earumdem partium 208, iam duplo fere maior facta. Secta igitur
162a bifariam CD in M signo erit similiter | DM 208, tota differentia huius accessus et recessus. Haec si rursus dissecta fuerit in N, videbitur esse medium et aequalitas huius motus. Proinde, ut in tribus superioribus, accidit etiam Veneri motus e duobus aequalibus compositus, siue per eccentri epicyclum id fiat, ut illic, siue alium antedictorum modorum.

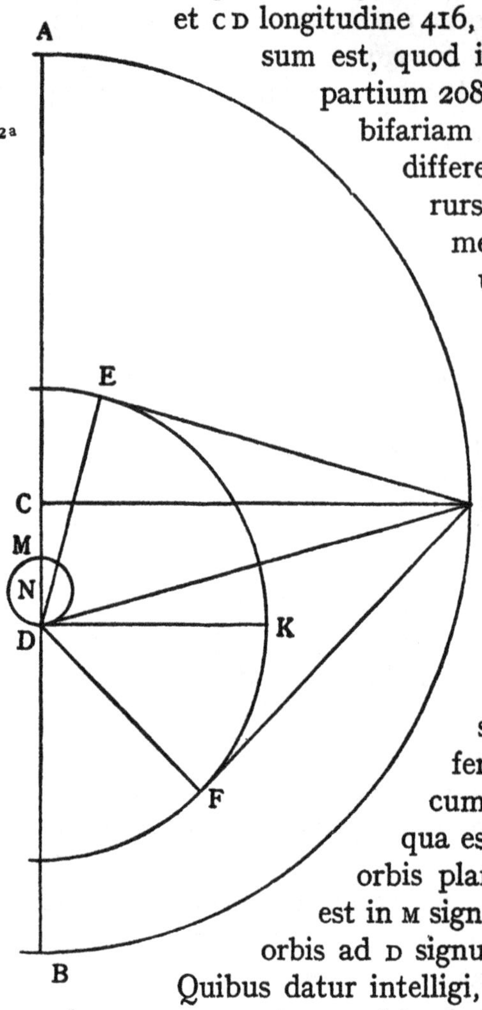

Habet tamen haec stella aliquid diuersitatis ab illis in ordine et commensuratione ipsorum motuum, idque facilius et comodius (ut opinor) per eccentri eccentrum demonstrabitur Quemadmodum si circa N centrum, distantia vero DN circulum paruum descripserimus, in quo orbis Veneris circumferatur ac permutetur ea lege, vt, quandocumque terra inciderit ACB diametrum, in qua est summa ac infima absis eccentri, centrum orbis planetae sit semper in minima distantia, id est in M signo, in media vero abside (ut est G) centrum orbis ad D signum et maximam distantiam CD perueniat. Quibus datur intelligi, quod eo tempore, quo terra semel circuit
172 orbem suum, centrum orbis planetae geminatas faciat reuolutiones || circa N centrum ac in easdem partes, ad quas terra, idque in consequentia. Per talem enim circa Venerem hypothesim omnimodis exemplis consentiunt aequalitas et apparentia, vt mox apparebit. Inueniuntur autem haec omnia, quae hactenus de Venere demonstrata sunt, etiam nostris consentanea temporibus, nisi quod eccentrotes $\frac{1}{8}$ fere parte decreuerit, vt, quae prius erat tota partium 416, nunc sit 350, quod nos multae obseruationes † docent.

1 LVII s. || LII *Mspm.* — 3.—4. Prius autem ostensum est || Primus autem ostensus est *NBAW* — 9. et aequalitas || aequalitatis *NBAW* — 12. epicyclum || epicyclium *edd.* — 27 ut est || et est *Th.* — 28. CD perueniat || AD perueniat *B* — 35. *Verba* nisi quod eccentrotes $\frac{1}{8}$ fere parte decreuerit *in NBAW desunt.* — $\frac{1}{8}$ fere || quinta fere *Mspm.* — 36. 350 || 353 *Mspm.* — 33.—37. *Verba* Inueniuntur docent *alio atramento et alio ductu quam textus ipse in margine Ms*

Cap. XXIII 174ᵛ, 10

De motv veneris examinando

E quibus assumpsimus duo loca accuratissime obseruata, vnum a † Timocharj sub anno tertiodecimo Ptolemaei Philadelphi, ab Alexandri morte anno LII. in dilu|culo diei decimioctavi Mesori mensis Aegyptiorum, [162b] in qua proditum est, quod Venus visa fuerit occupasse stellam fixam praecedentem ex quatuor, quae in sinistra ala sunt Virginis, estque sexta in descriptione ipsius signi, cuius longitudo est partium CLI s., latitudo borea partis vnius et sextantis, magnitudinis tertiae. Erat igitur et ipse Veneris locus sic manifestus. Locus autem Solis medius secundum numerationem in partibus CXCIIII, scrupulis XXIII, quo exemplo in descripta figura et signo A in partibus XLVIII, scrupulis XX manente erit AE circumferentia partium CXLVI, scrupulorum III, et reliqua BE partium XXXIII, scrupulorum LVII,

5. Mesori || Mesuri *AW et saepius*. — 6. fuerit || fuit *NBAW*. — 8. longitudo || longitudinis *NBAW*. — 13. XXXIII || 32 *AW*. —

sunt adscripta. Sequuntur in Ms aliae paginae tres postea deletae, quae aliam formam praebent initii sequentis capitis. Verba obliterata haec sunt:

Cap. XXII 172, 5

De motv veneris examinando

E quibus assumpsimus duo loca accuratissime obseruata, vnum a Ptolemaeo Antonini anno secundo, ante lucem diei (a) vigesimi mensis Tybi. Vidit enim inter Lunam et primam fulgentemque stellam earum, quae in fronte sunt Scorpij, maxime boraeam (b) in eadem linea recta Venerem vno et dimidio spacio distantem a Luna, quam a stella fixa semel. Et quoniam locus stellae fixae notus est, nempe in partibus CCIX, medietate et sexta, latitudinis autem boraeae parte vna et triente, operae precium erat etiam Lunae locum visum nouisse ad locum Veneris discernendum. Erant enim a nato Christo ad horam huius considerationis anni CXXXVIII Aegyptij, dies XVIII, horae IIII cum dodrante Alexandriae a media nocte, Cracouiae autem horae III cum dodrante simpliciter, examinatim vero horae III, scrupula XLI, siue scrupula diei IX., secunda XXXII. Quoniam Sol medio motu simplici erat in partibus CCLV s., apparenti in XXIII Sagittarij: erat ergo Lunae aequalis a Sole distantia partium CCCXIX, scrupulorum XVIII, anomalia eius media partium LXXXVII, scrupulorum XXXVII, anomalia latitudinis media a boraeo limite partium XII, scrupulorum XIX, quibus numeratus est locus Lunae verus partibus CCIX, scrupulis IIII cum latitudine boraea partium IIII, scrupulorum LVIII; sed praecessio aequinoctiorum, quae tunc erat partium VI, scrupulorum XLI, adiecta constituit Lunam in partes V, scrupula XLV Scorpij. Et quoniam per instrumentum visi sunt Alexandriae caelum mediare duo gradus Virginis, et XXV Scorpij oriebantur: propterea Lunae commutatio || secundum numerationem nostram erat longitudinis [172ᵛ] scrupula LI, latitudinis XVI, quibus est proditus Lunae visus locus Alexandriae et examinatus in partibus CCIX, scrupulis LV cum latitudine boraea partium IIII, scrupulorum XLII. Ex his certificatus est locus Veneris in partibus longitudinis CCIX, scrupulis XLVI, latitudinis boraeae II, XL. Sit ergo iam orbis terrae AB in centro C cum dimetiente ACB per utramque absidem transeunte, et sit A, vnde spectetur orbis Veneris in apogeo, in partibus XLVIII et tertia, et B exposito (c) ad partes CCXXVIII et tertia, sumatur autem in diametro distantia CD partium 312, quarum est AC 10000, et in D centro distantiaque DF tertiae partis CD, hoc est 104, circulus describatur paruus.

a) diei || anni *Th*. — b) boraeam || boraea *Ms*. — c) exposito || ex opposito *Th*.

angulus quoque CEG distantiae planetae a Solis loco medio partium XLII, scrupulorum LIII. Quoniam igitur CD linea partium est 312, quarum CE 10000, et angulus BCE partium XXXIII, scrupulorum LVII· erunt reliqui in

---

2. CD linea || linea CD *edd.*

Quoniam vero Solis medius locus erat partibus CCLV s., erat propterea distantia terrae ab infima abside partium XXVII, scrupulorum X. Sit ergo BE circumferentia partium XXVII, scrupulorum X, et connectantur EC, ED, DF (a), ita quod CDF angulus duplus existat ipsi BDE, deinde in F centro describatur orbis Veneris, cuius cauam (b) circumferentiam extensa in rectam lineam EF secet in L, et AB diametrum (c) in O, ad quam etiam circumferentiam agatur FK ipsi CE parallelus, sit autem planeta in G signo, et connectantur GE, GF His sic praestructis propositum est inuenire KG circumferentiam, quae est distantia planetae ab apogaeo orbis sui medio, quod est K, et angulum CEO. Quoniam igitur angulus DCE partium est XXVII, scrupulorum X trianguli CDE, et latus CD 312, quarum CE est 10000 (d) erit propterea reliquum latus DE partium earundem 9724, et angulus CED scrupulorum L. Similiter in triangulo DEF quoniam duo latera data sunt DE 9724, quarum est 104 DF, qualium etiam erat CE 10000, et angulus comprehensus lateribus EDF, datur enim CDF partium 54,
173 20, || et reliquus semicirculi FDB partium CXXV, scrupulorum XL, ergo totus FDE paitium CLII, scrupulorum L datur ob id latus reliquum EF partium 9817 in illis partibus, et angulus DEF scrupulorum XVI, ac totus CEF partis vnius, scrupulorum VI, quo differt medius ab apparenti motu centri F, id est angulus BCE ab EOB. Datur ergo BOE partium XXVIII, scrupulorum XVI, quod erat primum quaesitum. Deinde, quoniam angulus CEG partium est XLV, scrupulorum XLIIII secundum distantiam planetae a loco Solis medio, erit totus FEG partium XLVI, scrupulorum L, sed EF datur partium 9817, quarum sunt AC 10000, quarum etiam FG prodita est in praecedentibus partium 7193 in triangulo igitur EFG datur ratio laterum EF, FG cum angulo FEG, dabitur etiam EFG angulus, et est partium LXXXIIII (e), scrupulorum XIX, quibus LFG exterior datur partibus CXXXI, scrupulis VI, et LKG circumferentia, distantia planetae ab apogaeo sui orbis apparentj. Sed quoniam KFL angulus aequalis ipsi CEF est differentia inter mediam veramque absidem partis (ut ostensum) vnius, scrupulorum VI quae cum ablata fuerint a partibus CXXXI, scrupulis VI, remanent partes CXXX et circumferentia KG a planeta ad absidem mediam, et quod superest a circulo partes CCXXX (f) anomaliae aequalis sumptae ab K signo. Hinc habemus, quod anno secundo Antonini siue anno Christi CXXXVIII. Cracouiae, XIII. Calendas Ianuarij horis tribus, scrupulis XLV a media nocte fuerit anomalia Veneris aequalis partium CCXXX (f), quod quaerebamus. *Sequitur in Ms* pag. 173 *signum* ♀, *quo postea repetito residua pars capitis suo loco restituitur.*

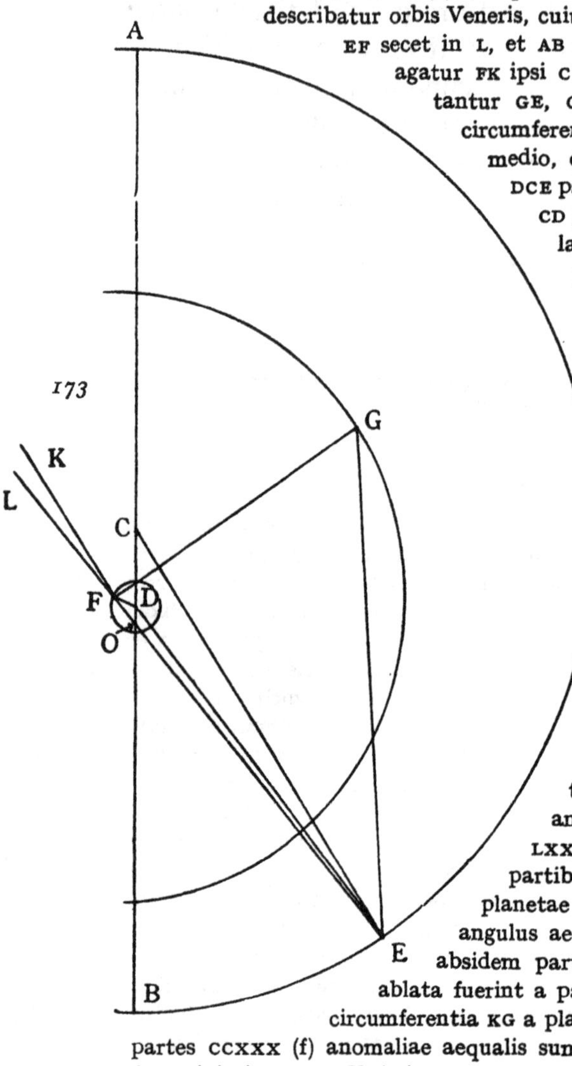

---

a) DF || EF *Th.* — b) cuius cauam circumferentiam extensa in rectam || cuius cava circumferentia extensa rectam *Th.* — c) diametrum || diametrus *Th.* — d) 10000 || 100000 *Th.* — e) LXXXIIII || LXXXIII *Th.* — f) CCXXX *ex* CCXXIX, scrup. LVIII *Ms.*

triangulo CDE angulus CED partis vnius, scrupuli vnius, et DE tertium
latus 9743. Sed angulus CDF duplus ipsi BCE partium est LXVII,
scrupulorum LIIII; reliquit e semicirculo BDF angulum partium CXII, scru-
pulorum VI, et qui sub BDE, exterior triangulj || CDE, 175
partium XXXIIII, LVIII, quibus constat totus EDF
partibus CXLIIII, scrupulis IIII, et DF datur
104, quarum est DE 9743; erit etiam
in triangulo DEF angulus DEF scrupulorum XX, ac totus CEF parte vna,
scrupulis XXI, et latus EF partium
9831. At iam patuit totum CEG
esse partium XLII, scrupulorum
LIII; reliquus igitur FEG partium
erit XLI, scrupulorum XXXII, et
quae ex centro orbis FG est
partium 7193, quarum est EF
9831. Igitur in triangulo EFG
per datam rationem laterum
et angulum FEG dantur anguli
reliqui, | et EFG partium LXXII, 163a
scrupulorum V; quibus adiecto
semicirculo colliguntur partes CCLII,
scrupula quinque circumferentiae
KLG a summa abside ipsius orbis. Sic
quoque demonstratum habemus, quod
anno XIII. Ptolemaei Philadelphi, in diluculo diei XVIII. mensis Mesori fuerit anomalia
commutationis Veneris partium CCLII, scrupulorum V. ||

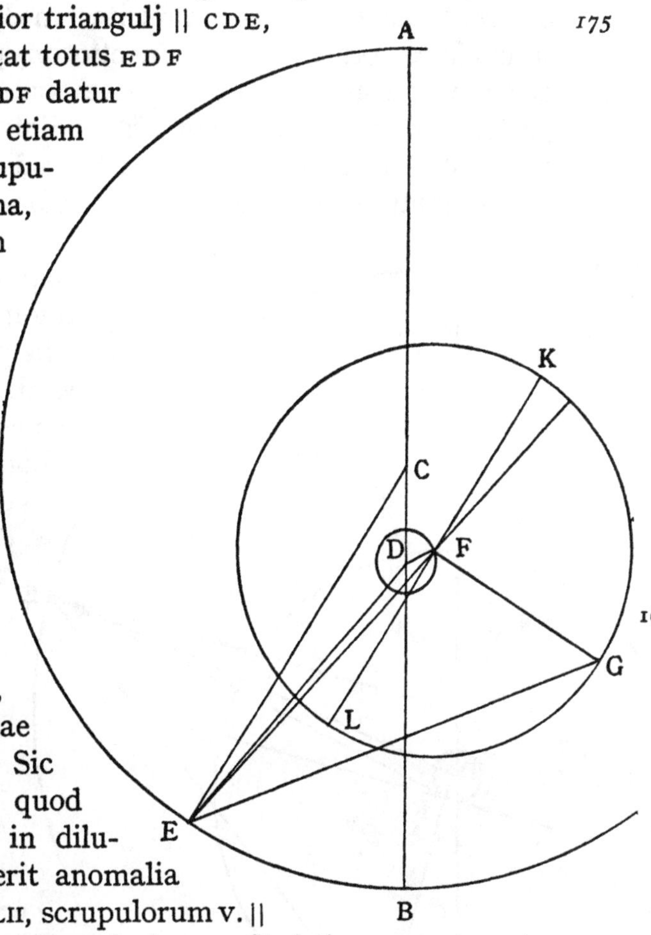

Alterum locum Veneris obseruauimus ipsi anno Christi MDXXIX, quarto 173, 27
Idus Martij, vna hora post occasum Solis, ac in principio horae octauae a
meridie. Vidimus, quod Luna coepit occultare Venerem in parte tenebrosa
secundum mediam distantiam utriusque cornu, durauitque occultatio haec
usque ad finem ipsius horae vel paululo plus, donec videretur planeta ex
altera parte in medio gibbositatis cornuum versus || occasum emergere. 173v
Patet igitur, quod in medio huius horae vel circiter fuerit secundum centra
coitus Lunae et Veneris, idque Frueburgi nacti sumus spectaculum; erat

---

1. *Hic post* scrupuli vnius *Th addendum putat* et CDE scrupulorum CXLV, scrupulorum III; *recte:* partium CXLV, scrupulorum II. — 3. reliquit || relinquit *edd.* — 5. LVIII || LVII *edd.* — 11. 9831 || 9631 *Th.* — 20. EFG *lege* LFG. EFG *est* 73° 28′. LFG *est* 72° 7′. — 21. adiecto || adiecta *NBAW.* — 29. *Ante* Alterum *in margine Ms.* pag. 175 *invenitur signum* ♀ *et verba:* ut in ♀ *respicientia alterum signum* ♀, *cuius p.* 334 *mentionem fecimus.* — 33. *Verba* vel paululo plus *in NBAW* desunt. — 36.—336,1. *Verba* idque Frueburgi ... Venus *in W omissa sunt.*

autem Venus in augmento adhuc vespertino ac citra contactum orbis. Sunt igitur a nato Christo anni Aegyptij MDXXIX, dies LXXXVII, horae VII S. secundum tempus apparens, aequatum vero horae VII, scrupula XXXIIII, et locus quidem Solis simpliciter medius peruenit ad partes CCCXXXII, scrupula XI, praecessio aequinoctiorum partium XXVII, scrupulorum XXIIII; Lunae motus aequalis a Sole partes XXXIII, scrupula LVII, anomalia aequalis partes CCV, scrupulum vnum, latitudinis LXXI, scrupula LIX. Ex his numeratus est verus Lunae locus in partibus decem, sed ab aequinoctio in partibus VII, scrupulis XXIIII Taurj cum latitudine boraea partis vnius, scrupulorum XIII. At quoniam XV partes Librae oriebantur, erat propterea parallaxis Lunae longitudinis scrupulorum XLVIII, latitudinis XXXII, et idcirco locus visus in partibus VI, scrupulis XXXVI Taurj, sed fixarum sphaerae longitudo partium nouem, scrupulorum XII cum latitudine borea scrupulorum XLI, atque idem Veneris locus apparens vespertinae distantis a loco Solis medio partibus XXXVII, scrupulo vno, distantia terrae ad summam absida Veneris LXXVI, 9 praecedens. Repetatur iam figura secundum praecedentis modum praestructionis, nisi quod EA circumferentia siue angulus ECA sit partium LXXVI, scrupulorum IX, cui duplus existat CDF partium CLII, scrupulorum XVIII, eccentrotes vero CD, qualis hodiernis temporibus inuenitur, partium 246, et DF 104, quarum CE est 10000. Habemus ergo in triangulo CDE datum angulum reliquum DCE partium CIII, scrupulorum LI datis comprehensum lateribus, e quibus demonstrabitur angulus CED parte vna, scrupulis XV, et DE tertium latus 10056, et reliquus 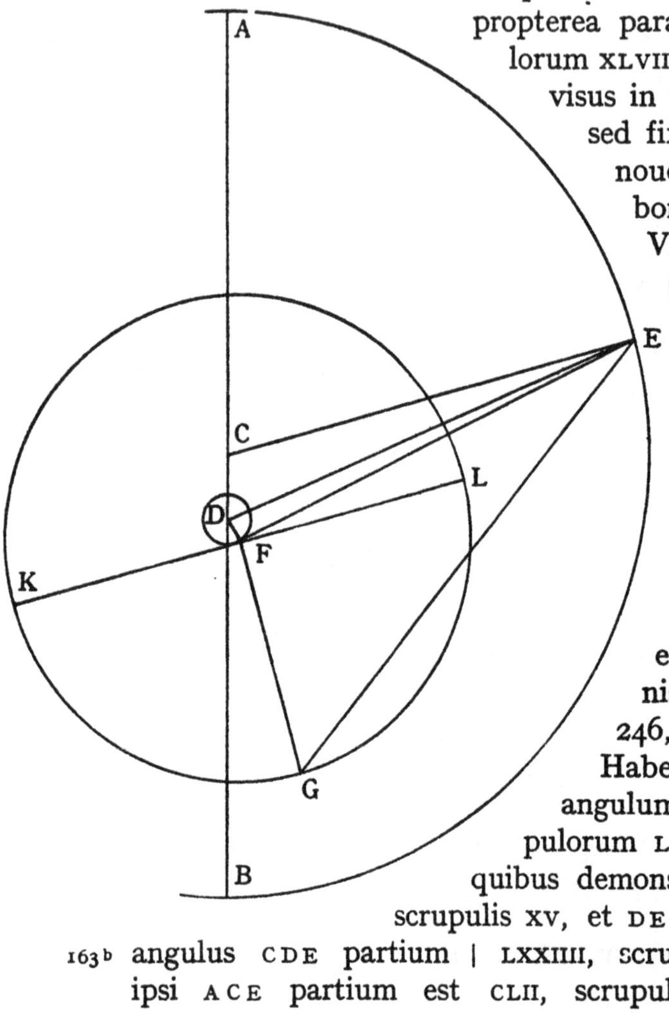
163b angulus CDE partium | LXXIIII, scrupulorum LIIII. Sed CDF duplus ipsi ACE partium est CLII, scrupulorum XVIII, a quibus si aufero

---

2. horae VII S. || *A in margine;* Potius horae 19, min. 30. — 4. CCCXXXII || CCXXXII *NBTh.* — 6. anomalia || anomaliae *edd.* — 12. idcirco || ideo *NBAW.* — 13. XXXVI Taurj || 26 Tauri *NBTh.* — 15. scrupulorum XII || scrupulorum XI *edd.* — 18. loco Solis || solis loco *NBAW.* — 19. XXXVII || XXXXII *NBW.* — 21. 9 praecedens || *haec verba in NB sunt omissa, AW legunt* scrup. 9 *omisso* praecedens. — 27. CLII || CLXII *NBA.* — 36.—37. duplus ipsi ... est || duplus est ipsi ACE partium *NBAW.*

CDE angulum, superest EDF partium LXXVII, scrupulorum XXIIII. Sic
rursum in triangulo DEF duo latera DF || partium 104, quarum est DE *174*
10056, comprehendunt angulum EDF datum; datur etiam DEF angulus
scrupulorum XXXV, et reliquum latus EF 10034; hinc totus angulus CEF
pars vna, scrupula L. Deinde, quoniam angulus totus CEG partium est
XXXVII, scrupuli vnius, secundum quem planeta distare visus est a medio
loco Solis: a quo dum ablatus fuerit CEF, relinquitur FEG partium XXXV,
scrupulorum XI. Proinde etiam in triangulo EFG cum angulo E dato dantur
etiam bina latera EF partium 10034, quarum est FG 7193; hinc etiam
reliqui anguli numerati venient, EGF partium LIII s. et EFG partium XCI,
scrupulorum XIX, quibus distabat planeta a perigaeo vero sui orbis. Sed
cum KFL dimetiens parallelus ipsi CE acta fuerit, vt sit K apogaeum
aequalitatis et L perigaeum, sublato EFL angulo aequali ipsi CEF remanebit LFG angulus et LG circumferentia partium LXXXIX, scrupulorum
XXIX, et reliqua KG semicirculi partium XC, scrupulorum XXXI, anomalia
commutationis planetae a summa abside sui orbis aequali deducta, quam
inquirebamus ad hanc horam obseruationis nostrae. || Sed in Timochareos *175*, 16
obseruatione erant partes CCLII, scrupula quinque; sunt igitur in medio
tempore vltra completas reuolutiones MCXV partes CIIC, scrupula XXVI.
Tempus autem ab anno XIII. Pto|lemaei Philadelphi, in diluculo diei XVIII. 164a
Mesori mensis ad annum Christi MDXXIX., IIII. Idus Martij, horas VII s. post
meridiem sunt anni Aegyptij MDCCC, dies CCXXXVI, scrupula XL fere. Cum
igitur multiplicauerimus motum reuolutionum MCXV, partium CIIC, scrupulorum XXVI per dies CCCLXV, et collectum diuiserimus per annos MDCCC,
dies CCXXXVI, scrupula XL, habebimus annuum motum graduum sexagenorum III, graduum XLV, scrupulorum primorum I, secundorum XLV,
tertiorum III, quartorum XL. Haec rursus distributa per dies CCCLXV relinquunt diurnum motum scrupulorum primorum XXXVI, secundorum LIX,
tertiorum XXVIII, quibus expansus est canon, quem superius exposuimus.

1. CDE angulum || CED angulum *B*. — 2. rursum || rursus *NBAW*. — *Post* latera DF *Mspm addiderat* et reliquus semicirculi FDB partium CXXV, scrupulorum XL; ergo totus FDE partium CLII, scrupulorum L. — DE || DC *NBAW*. — 3. *Post* angulum EDF *in Mspm scripta erant verba* partium LXXVII, scrupulorum XXIIII. Sic rursum in triangulo DEF. — 9. bina || duo *NBAW*. — 9.—10. etiam reliqui anguli || anguli etiam reliqui *NBAW*. — 12. acta || actu *NBAW*. — 14. LFG angulus || LEG angulus *B*. — 17. *Post* nostrae *habes in Ms pag.* 174 *hoc signum* ♀. — 18. erant partes || erat partium *W*. — 19. CIIC || CLXXXVIII *NB*. — 20. anno XIII. || anno *NBAW*. — in diluculo || 1. diluculo *NBAW*. — 23. CIIC || CLXXXVIII *NB*. — 29. superius || supra *edd*. — *Post* exposuimus *Mspm addiderat*: Et haec de motu quoque Veneris dicta sufficiant. — 17.—29. *Hi versus in Mspm sic legebantur*: || Sed in Ptolemaica praecedente erant partes CCXXX; sunt igitur *174*, 25
in medio tempore vltra completas reuolutiones partes CCXX, scrupula XXXI. Tempus autem ab anno secundo Antonini, octo horis et quadrante ante meridiem Cracouiensem (a) vigesimi diei mensis Tybi vsque ad annum Christi MDXXIX (b), IIII. Idus Martij horis VII s. post meridiem sunt anni Aegyptij MCCCXCI, dies LXIX, scrupula XXXIX, secunda XXIII, in quibus similiter

a) Cracouiensem || Cracoviae *Th*. — b) MDXXIX || MDXXVIII *Th*.

Cap. xxiv

De locis anomaliae veneris

175v Sunt autem a prima olympiade ad annum xiii. Ptolemaei Philadelphi ad diluculum decimi octaui diei mensis Mesori anni Aegyptij diii, dies ccxxviii, scrupula xl, in quibus numeratur motus partium ccxc, scrupulorum xxxix. Quae si auferantur a partibus cclii, scrupulis v, repetita vna reuolutione remanent partes cccxxi, scrupula xxvi, primae olympiadis locus, a quo reliqua loca pro ratione motus et temporis iam sepe dicti: Alexandri partium lxxxi, scrupulorum lii; Caesaris partium lxx, scrupulorum xxvi, Christi partium cxxvi, scrupulorum xlv

Cap xxv

De mercvrio

Quibus modis Venus motui telluris alligetur, et sub qua ratione circulorum aequalitas eius lateat, ostensum est, superest Mercurius, qui proculdubio eidem quoque assumpto principio sese praebebit, quamquam pluribus vagatur obuolutionibus quam illa vel aliquis ex supradictis. Illud sane constat experientia priscorum obseruatorum, quod in signo Librae minimas faciat Mercurius a Sole digressiones, ac maiores in eius opposito (ut par est). Non tamen hoc loco maximas, sed in alijs quibusdam ultro citroque, utputa in Geminis et Aquario, tempore praesertim Antonini

---

1.—10. *Hoc caput initio in Ms legebatur sic*

Cap. xxiii

De locis anomaliae mediae veneris

174v Hinc etiam loca commutationis anomaliae Veneris facile constituuntur Sunt enim a Christo nato ad Ptolemaei obseruationem anni Aegyptij cxxxviii, dies xviii, scrupula ix s., et motus huic tempori congruus (a) gradus cv, scrupula xxv, qui detractus a partibus ccxxx considerationis Ptolemaei deducit anomaliam Veneris ad partes (b) cxxiiii, scrupula xxxv media nocte ante Calendas Ianuarij. Deinde reliqua loca pro ratione motus et temporis sepe repetiti olympiadis primae partibus cccxviii, scrupulis ix, Alexandri partibus lxxix, scrupulis xiiii, Caesaris partibus lxx, scrupulis xlviii (c). — 19.—20. *Verba* ultro citroque *in NBAW desunt.* — 20. utputa || utpote *NBAW*

---

a) congruus || congruens *Th.* — b) cxxiiii || cxxiii *Th.* — c) xlviii || xlviiii *Th.*

---

numerantur partes ccxx, scrupula xxxi praeter integras circuitiones, quae sunt dccclix (a) per canonem mediorum motuum, qui propterea recte se habet (b). Manserunt interim loca absidum eccentri in partibus xlviii et tertia et ccxxviii, xx non mutata.

---

a) dccclix || dcccviii *Th.* — b) habet || habent *Th.*

† secundum Ptolemaei sententiam, quod in nullo alio sidere contingit. Huius rei causam prisci mathematici cre|dentes immobilem esse terram, et Mercurium 164b in epicyclo suo magno moueri per eccentrum, cum animaduerterent, quod vnus ac simplex eccentrus hisce apparentijs satisfacere non posset (concesso etiam, quod eccentrus ipse in non suo, sed alieno centro moueretur), coacti sunt insuper admittere eumdem eccentrum in alio quodam paruo circulo moueri epicyclum deferentem, qualem circa Lunae eccentrum admittebant; adeoque tribus existentibus centris, nempe eccentri deferentis epicyclum, altero parui circuli, et tertio eius (quem recentiores appellant aequantem) circuli, duobus prioribus praeteritis non nisi circa || aequantis *176* centrum aequaliter ferri epicyclium concesserunt, quod erat a vero centro et eius ratione ac vtriusque praeexistentibus centris alienissimum. Neque vero alia ratione huius stellae apparentia seruari posse rati sunt, ut diffusius in Constructione Ptolemaica declaratur. Vt autem et hoc vltimum sidus a detrahentium iniuria et occasionibus vindicetur, pateatque non minus quam aliorum praecedentium eius aequalitas sub mobilitate terrae, assignabimus etiam illi eccentri eccentrum pro eo, quem opinabatur antiquitas epicyclum, sed modo quodam diuerso quam in Venere; et nihilo minus epicyclium quoddam in ipso eccentro moueatur, in quo stella non secundum circumferentiam, sed diametrum eius sursus deorsumque feratur, quod fieri potest etiam ex aequalibus circularibus motibus, uti superius circa aequinoctiorum praecessionem est expositum. Nec mirum, quoniam et Proclus † in expositione Elementorum Euclidis fatetur pluribus etiam motibus rectam lineam describi posse, quibus omnibus eius apparentiae demonstrabuntur.

Sed ut apertius hypothesis accipiatur, sit orbis terrae magnus AB, centrum eius C, dimetiens ACB, in quo assumpto D centro inter B, C signa, distantia autem tertiae partis CD describatur paruus circulus EF, vt sit in F maxima distantia ab ipso C, et in E minima. Ac super F centro explicetur orbis Mercurij, qui sit HI, deinde in I summa abside facto centro superaddatur epicyclium, quod planeta percurrat. Fiat HI orbis eccentri eccentrus existens eccentrepicyclus. Hoc modo exposita figura cadant haec omnia ex ordine in lineam rectam AHCEDFKILB; interim vero planeta in K, hoc est in minima a centro F distantia, quae est KF, consti|tuatur. Tali iam constituto Mercurij 165a reuolutionum exordio intelligatur, quod centrum F binas faciat reuolutiones ad vnam terrae, || et ad easdem partes, quod est in consequentia; similiter *176v*

2. causam || causa *Th.* — 8. deferentis || differentis *A.* — 9.—10. eius (quem recentiores appellant aequantem) circuli, duobus || eius quem recentiores appellant aequantem: circulis duobus *Th.* — 12.—14. Neque ... declaratur || *Eadem fere verba in Mspm post verbum* admittebant (*v.* 8) *leguntur deleta.* — 17. opinabatur || opinabitur *AW.* — 20. sursus || sursum *edd.* — 21. superius || supra *NBAW.* — 28. distantia || distantiae *B.* — 33. a centro F || a centro orbis F sui deferentis epicyclium *Mspm*; a centro *NBAW*; *Th in nota* epicyclium F *ponit pro* orbis F. — 34.—35. reuolutiones ad vnam || revolutiones. Unam *NB.*

et planeta in KL, sed per ipsam diametrum sursum ac deorsum respectu centri orbis HI. Sequitur enim ex his, quod, quandocumque terra fuerit in A vel B, centrum orbis Mercurij sit in F, ac remotissimo a C loco, in medijs vero quadrantibus existente terra sit in E proximo, ac secundum hoc contrario modo quam in Venere. Hac quoque lege Mercurius diametrum epicyclij KL percurrens proximus centro orbis deferentis epicyclium existit, quod est in K, quando terra AB diametrum incidit, ac in locis utrobique medijs ad L longissimum locum sydus perueniet. Fiunt hoc modo centri orbis in circumferentia parui circuli EF atque stellae per diametrum LK binae ac geminae reuolutiones inuicem aequales et annuo spatio telluris commensurabiles. Interim vero epicyclium siue FI linea mouetur motu suo proprio secundum HI orbem, et centrum ipsius aequaliter in XIIC fere diebus vnam absoluendo reuolutionem simpliciter et ad stellarum fixarum sphaeram. Sed in eo, quo motum terrae superat, quem commutationis motum vocamus, reuertitur ad ipsam sub diebus CXVI, prout exactius ex canone medi-
165b orum motuum elici potest. Proinde se|quitur, quod Mercurius motu suo proprio haud semper eandem circumcurrentem circuli describit, sed pro ratione distantiae a centro orbis sui plurimum differentem, minimam quidem in K signo, maximam in L, ac mediam per I eodem prope modo, quem in Lunarj epicycli epicyclio licet animaduertere. Sed quod Luna per circumferentiam, hoc Mercurius per diametrum facit motu reciproco, ex aequalibus tamen composito, qui quomodo fiat, superius circa praecessionem aequinoctiorum ostendimus. Sed de his alia quaedam ac plura inferius

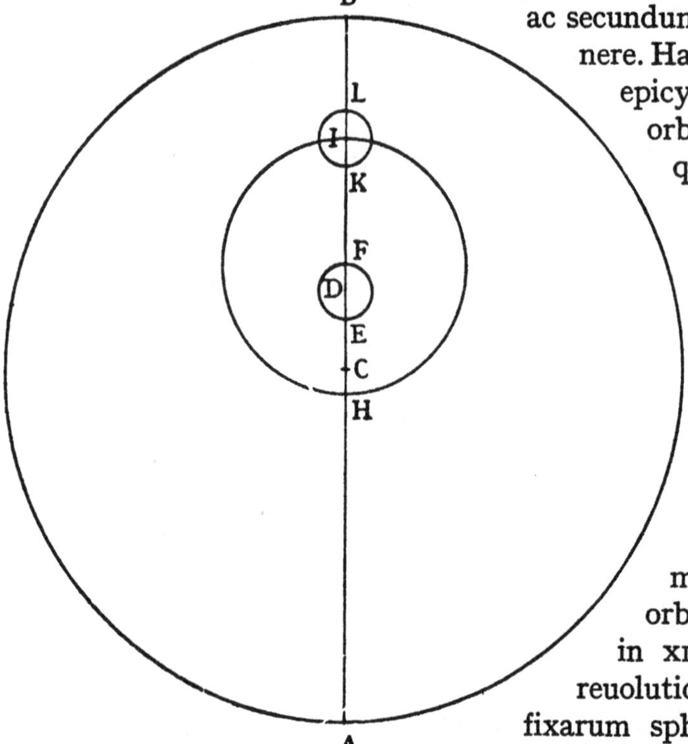

1.—2. sed per ipsam ... HI || respectu orbis sui HI *Mspm*. — 6.—7. diametrum epicyclij || epicyclium *Mspm*; diametrum epicycli *edd.* — 7. proximus centro || proximo centro *NBAW*. — 9. terra AB || terra in AB *NBAW*. — 15. diametrum LK || diametrum HK *MsNBAW*. — binae || duae *NBAW*. — 12.—22. perueniet ... XIIC || perveniet, quocumque interim perveniat epicyclium id est I; mouetur motu suo proprio secundum HI circulum aequaliter tamen in XIIC *Mspm*. — 22. XIIC = LXXXVIII *edd.* — 23.—24. stellarum fixarum || fixarum stellarum *NBAW*. — 27.—341, 2. *Pro verbis* Proinde ... sufficit *Mspm scripserat*: Accidentque propterea per hanc etiam hypothesim apparentiae, quae videntur. — 28. semper eandem || eandem semper *NBAW*. — 31. epicycli epicyclio || epicyclio *W*. — 34. inferius || infra *NBAW*.

circa latitudines afferemus. Atque haec hypothesis apparentijs omnibus, quae videntur, Mercurij sufficit, quod ex historia obseruationum Ptolemaei ac aliorum fiet manifestum.

Cap. xxvi

De loco absidvm svmmae et infimae mercvrii

† Obseruauit enim Mercurium Ptolemaeus primo anno Antonini post occasum vigesimi diei mensis Epiphi, dum esset planeta in maxima distantia vespertinus a Solis loco medio. Erant autem ad hoc tempus anni Christi cxxxvii, dies cxiic, scrupula xlii s. Cracouiae, et idcirco locus Solis medius secundum numerationem nostram partium lxiii, scrupulorum l, et stella per instrumentum in septem partibus (ut inquit) Cancri. Sed deducta praecessione aequinoctiorum, quae tunc erat partium vi, scrupulorum xl, patuit locus Mercurij partibus xc, scrupulis xx a principio Arietis fixarum sphaerae, ac elongatio maxima a Sole medio partium xxvi s.

Alteram accepit considerationem anno quarto Antonini, decimonono die mensis Phamenoth illucescente, cum transissent a principio annorum
Christi anni cxl, dies lxvii, scrupula xii fere, || Sole existente medio in 177
partibus cccIII, scrupulis xix. Mercurius autem apparebat per instrumentum in xiii. parte et semi Capricorni, sed a principio Arietis fixo erat in partibus cclxxvi, scrupulis xlix fere, et idcirco maxima distantia matutinalis erat similiter partium xxvi s. Cum igitur aequales hincinde fuerint digressionum limites a loco Solis medio, necesse est, vt utrobique in medio ipsorum locorum fuerint Mercurij absides, hoc est inter partes lxiii, scrupula l et xc, scrupula xx. Et sunt partes iii, scrupula xxxiiii, et clxxxiii, scrupula
xxxiiii e diametro, in quibus oportuit esse Mercurij utramque | absida, 166a
supremam et infimam, quae discernuntur, ut in Venere, per binas obseruationes, quarum primam habuit anno decimonono Adriani, in diluculo diei quintidecimi mensis Athyr, dum Solis locus medius esset in partibus clxxxii, scrupulis xxxviii. Erat maxima ab eo distantia Mercurij matutina partium xix, scrupulorum iii, quoniam locus apparens Mercurij erat in partibus cxliii, scrupulis xxxv. Ac eodem anno Adriani decimonono, qui erat a nato Christo cxxxv., sub crepusculo deciminoni diei mensis Pachon secundum Aegyptios inuentus est Mercurius adminiculo instrumenti in xxvii partibus, xliii scrupulis fixarum sphaerae, dum esset Sol medio

6. *A in margine*: Anno Christi 138 Junii 4. — 9. cxiic = clxxxviii. — Cracovie *Ms.* — 15. *A*: Anno Christi 141 Febr. 2. — 19. et semi || et s. *Ms.* — 24. xc, scrupula xx || cx, scrup. xx *NB*; 303, scrup. 19 *AW (recte), nam Copernicus pro Solis medium locum Mercurii inseruit.* — 26. binas || duas *NBAW*. — 27. *A*: Anno Christi 134 Oktobr. 3. — 28. quintidecimi || 16 *W*. — 31. cxliii || 163 *AWTh.* — eodem anno: *A in margine*: Anno Christi 135 Aprilis 1. — decimonono *omiserunt NBAW*. — 32. cxxxv || mcccv *MsNB*.

motu in partibus IIII, scrupulis XXVIII. Patuit maxima rursus vespertina stellae distantia partium XXIII, scrupulorum XV ac priori maior, vnde satis perspicuum erat, Mercurij apogaeum non esse nisi in partibus CLXXXIII et trientis fere ipso tempore, quod erat notandum.

CAP. XXVII

QVANTA SIT ECCENTROTES MERCVRII, ET QVAM HABEAT ORBIVM SYMMETRIAM

Per quae simul etiam demonstrantur centrorum distantia et orbium magnitudines. Sit enim AB recta linea per absidas Mercurij, A summam et B infimam, transiens, et ipsa dimetiens magni circulj, cuius centrum sit C, assumptoque centro D describatur orbis planetae. Excitentur ergo lineae contingentes orbem AE, BF, et connectantur DE, DF. Quoniam igitur in priori duarum obseruationum praecedentium visa erat maxima distantia matutina || 177v partium XIX, scrupulorum III: erat propterea CAE angulus partium IXX, scrupulorum III. In altera vero consideratione videbatur maxima vespertina partium XXIII cum quadrante. Igitur in utroque triangulo orthogonio AED et BFD datorum angulorum erunt etiam 166b | laterum datae rationes, vt, quarum AD fuerit partium 100000, sit ED, quae ex centro orbis, partium 32639. Sed quarum BD fuerit partium 100000, erit FD talium partium 39474; sed secundum partes, quibus est FD aequalis ipsi ED (nempe ex centro circuli) partium 32639, quarum etiam erat AD partium 100000, erit reliqua DB partium 82685; hinc dimidia AC partium 91342, ac reliqua CD partium 8658, distantia centrorum. Quarum autem AC fuerit pars vna siue LX scrupula, erit, quae ex centro orbis Mercurij, scrupula XXI, secunda XXVI, et CD scrupula V, secunda XLI. Et quarum est AC 100000, earum est DF partium 35733, CD 9479, quod erat demonstrandum.

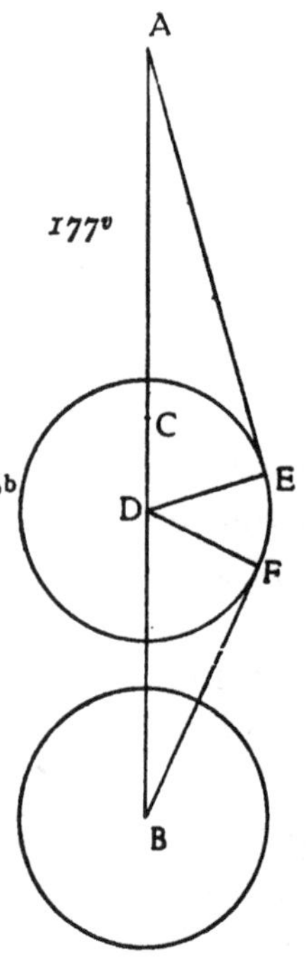

Sed hae quoque magnitudines non manent vbique eaedem distantque plurimum ab eis, quae circa medias accidunt absidas, quod apparentes

10.—28. *Haec prior capitis figura in NB praecedenti capiti adscripta est. Ms in margine iuxta figuram adnotat*: Convertatur figura. — 15. IXX = XIX. — 18. orthogonio || orthogono *Th.* — 19. 21. 100000 || 10000 *NB.* — 20. 23. 32639 *ex* 32649 *Ms.* — 21. erit || erat *edd.* — 23. AD || ADC *Mspm.* — 100000 || 10000 *NBA.* — 24. 82685 *ex* 82682, 82692 *Ms.* — 25. *loco* distantia centrorum *legebatur in Mspm*: quarum est CE sive CF partium 39474. *et quidem pro* CE *et* CF *lege* DE, DF. — 27. secunda XXVI *ex* sec. XXVIIII *Ms.* — 28. est AC || AC est *NBAW.* — 100000 || 10000 *NB.* — 29. CD || et CD *edd.* — 30. hae || haec *Ms.*

matutinae, vespertinae in illis locis obseruatae longitudines docent, quales a Theone et Ptolemaeo produntur. Obseruauit enim Theon vespertinum Mercurij limitem anno Adriani XIIII., die XVIII. mensis Mesorj post occasum Solis, et sunt a natiuitate Christi anni CXXIX, dies CCXVI, scrupula XLV, dum locus Solis medius esset in partibus XCIII S., id est media fere abside Mercurij. Visus est autem planeta per instrumentum praecedere Leonis Basiliscum III partibus et dextante vnius, eratque propterea locus eius partes CXIX et dodrans, et maxima eius vespertina distantia partium XXVI et quadrantis. Alterum vero limitem Ptolemaeus a se prodidit obseruatum anno secundo Antonini, XXI. die mensis Mesori, diluculo, quo tempore erant
anni Christi CXXXVIII, dies CCXIX, scrupula XII, locus || itidem Solis medius *178*
partibus XCIII, scrupulis | XXXIX, a quo maximam distantiam matutinam *167a*
Mercurij inuenit partium xx et quadrantis; visus est enim in partibus LXXIII et duabus quintis fixarum sphaerae.

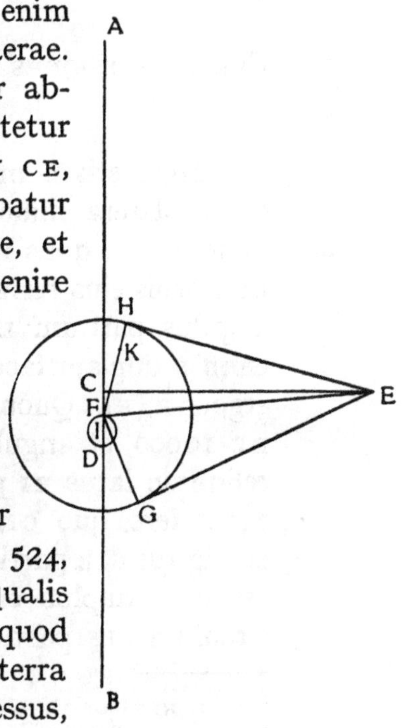

Repetatur ergo ACDB dimetiens magni orbis per absides Mercurij transiens, qui prius, et a puncto C excitetur ad rectos angulos linea medij motus Solis, quae sit CE, atque inter C, D suscipiatur F signum, in quo describatur orbis Mercurij, quem contingant EH, EG rectae lineae, et coniungantur FG, FH, EF. Propositum est iterum inuenire F punctum, et eam quae ex centro FG, quam habeat rationem ad AC. Quoniam enim datus est angulus CEG partium XXVI cum quadrante, et qui sub CEH partium XX cum quadrante, totus igitur HEG partium XLVI S., dimidius HEF partium XXIII et quadrantis; reliquus igitur, qui sub CEF, habebit III partes: eapropter trianguli CEF rectanguli dantur latera CF partium 524, et subtensa FE partium 10014, quarum est CE aequalis ipsi AC partium 10000. Prius autem ostensum est, quod tota CD fuerit partium earumdem 948, dum esset terra in summa vel infima abside planetae; erit DF excessus, dimetiens parui circuli, quem centrum orbis Mercurii descripserit, partium 424, et quae ex centro IF partium 212; hinc tota CFI partium 736.

---

1. matutinae et vespertinae *edd.* — 3. *A in margine*: Anno Christi 130 Julii 4. — 10. *A in margine*: Anno Christi 139 Julii 5. — 15.—16. absides || absidas *NBAW.* — 21. habeat || habeant *NBAW.* — 23. XXVI *ex* XX *Ms.* — 24. XX *ex* XXVI *Ms.* — 25. quadrantis || quadrante *W.* — 28. partium 10014 || 10014 *edd.* — 32. Mercurii: *In Ms pro deleto nomine* terrae *invenitur signum obscurum, quod* Mercurii *legendum esse videtur.* — 33. *Post* partium 212 *in Mspm legebatur*: fero, in quo circulo centrum orbis reuoluitur in annuo spatio (a) ac ipsi commensurabilis in consequentia, sed conuerso modo quam in Venere, ut diximus. Quod erat demonstrandum. — partium 736 || 736 *NBAW*; 736 *ex* 634, 737, 703 *Ms.*

---

a) in annuo *deest in Th.*

Similiter et in triangulo HEF (angulo H recto) datur etiam HEF partium XXIII et quadrantis, e quibus constat FH partium 3947, quarum fuerit EF 10000; sed quarum EF fuerit 10014, qualium est etiam CE partium 10000, erit ipsa FH partium 3953. Superius autem ostensum est eam fuisse partium earumdem 3573, cui sit aequalis FK. Erit ergo reliqua HK partium 380, maxima differentia elongationis stellae ab F centro sui orbis, quae a summa et infima abside ad medias contingit. Propter quam elongationem et eius
178v diuersitatem || circa F centrum orbis sui stella inaequales circulos describit
secundum diuersas distantias, minimam partium 3573, maximam partium 3953, inter quas mediam esse oportet 3763, quod erat demonstrandum.

Cap. XXVIII

Cvr digressiones Mercvrii maiores appareant circa hexagoni latvs eis, qvae in perigaeo contingvnt

Hinc etiam minus mirum videbitur, quod Mercurius circa hexagoni circuli latera maiores faciat digressiones quam in perigaeo, quin etiam
167b maiores eis, quas iam demonstrauimus, vt in vna reuolutione terrae bis
fieri orbis eius terrae proximus crederetur a priscis. Constituatur enim BCE angulus partium LX; erit propterea BIF angulus partium CXX. Ponitur enim F duplam facere reuolutionem ad vnam ipsius E terrae. Connectantur ergo EF, EI. Quoniam igitur CI ostensa est partium 736, quales sunt in EC 10000, et angulus ECI datur partium LX: erit propterea trianguli ECI reliquum latus EI partium 9655, et angulus CEI partium III, scrupulorum XLVII fere, quo CIE minor est quam ACE. Sed ipse datur partium CXX;
179 erit igitur CIE partium CXVI, scrupulorum XIII. || Sed et angulus FIB partium
est CXX, duplus enim ex praestructione ipsi ECI, et qui sequitur semicirculum CIF partium LX: relinquitur EIF partium LVI, scrupulorum XIII.

---

1. HEF || GEF *W*. — 4. Superius || supra *NBAW*. — 5. *Post* 3573 *in Ms deleta habes*: Nunc autem exercuit in part. 380. — 8. *Post* diuersitatem *Mspm addiderat*: stella circumferentias ad aequales angulos describit inaequales (ut diximus). — describit || describet *NBAW*; *Ms*: discribit *ex* distabit; *post* distabit *legis in Mspm*: maximum secundum distantias partium 3573, minimum part. VII. — 9. *Post* distantias *in Ms aeletd sunt haec*: vt in epicyclio Lunae maiori. — 10. 3953 || 1953 *B*. — 15. quin || quoniam *edd*. — 19. *Post* terrae *inveniuntur in Ms haec verba obliterata*: quoniam vero maximá differentia accessus et recessus planetae demonstrata est partium 380, quarum AC est 10000, assumatur ergo paruulus quidam circulus. — 20. ergo EF, EI || ergo EF, FI *AW*. — 736 *ex* 734 *Ms*. — 24. *Ante* Sed et angulus *Mspm yabuit hos versus deletos*: Sed et angulus CIF partium est LX, reliquus a BIF ad duos rectos, relinquitur EIF partium LXI, scrupulorum XIII. Quoniam igitur CI ostensa est partium 734, quarum sunt in EC 10000, et angulus ECI ponitur esse partium LX: erit propterea trianguli ECI reliquum latus EI partium earumdem 9655, et reliquus angulus CEI partium III, scrupulorum XLVII, quo CIE minor est quam ACE. Sed ipse datur partium CXX, et reliquus ECI partium LX, erit igitur CIE partium CXVI, scrupulorum XIII.

Sed IF ostensa est partium 212, quarum EI partium est 9655, comprehendentes angulum EIF datum, e quibus elicitur FEI angulus partis vnius, scrupulorum IIII, quique superest CEF partium II, scrupulorum XLIIII, quo discernitur centrum orbis planetae a medio loco Solis, et reliquum latus EF partium 9540.

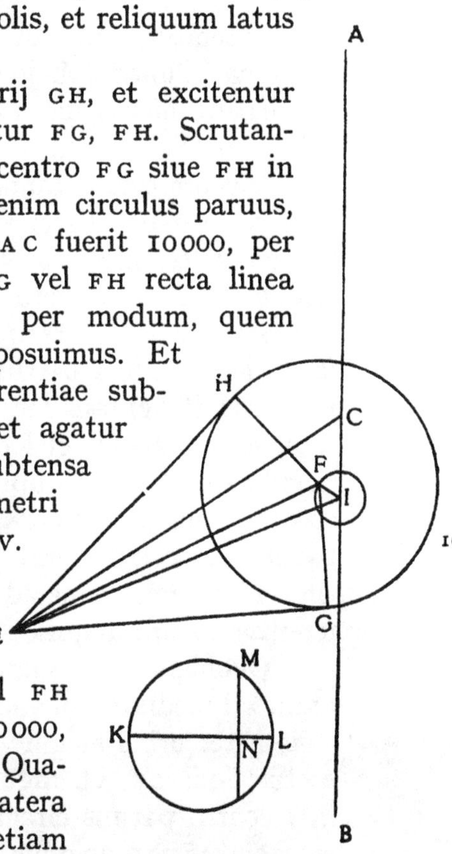

Exponatur iam ad F centrum orbis Mercurij GH, et excitentur ab E contingentes orbem EG, EH, et connectantur FG, FH. Scrutandum est nobis primum, quanta fuerit quae ex centro FG siue FH in hac habitudine, quod sic faciemus. Assumatur enim circulus paruus, cuius diameter KL habeat partes 380, quarum AC fuerit 10000, per quam diametrum siue ei aequalem stella in FG vel FH recta linea annuere et abnuere ipsi F centro intelligatur per modum, quem superius circa praecessionem aequinoctiorum exposuimus. Et iuxta hypothesim, qua BCE partes LX circumferentiae subtendit, capiatur KM in similibus partibus CXX, et agatur MN ad rectos angulos ipsi KL, quae dimidia subtensa dupli KM sive ML resecabit LN quadrantem diametri partium VC, quod duo|decima XIII. coniuncta XV. 168a
† quinti Elementorum Euclidis demonstratur. Reliquae ergo III partes ipsius KN erunt partes 285, quae cum minima distantia stellae colligit 3858, hoc loco lineam FG vel FH quaesitam, quarum similiter AC sunt partes 10000, qualium etiam EF ostensa est partium 9540. Quapropter trianguli FEG siue FEH rectanguli duo latera data sunt; erit propterea angulus FEG vel FEH etiam datus. Quarum enim EF fuerit partium 10000, erit FG vel FH partium 4054 subtendentium angulum partium XXIII, scrupulorum LII, quibus totus GEH erit partium XLVII, scrupulorum XLV. Sed in infima abside visae sunt partes solummodo XLVI S., in media similiter partes XLVI S.; factus est igitur hic vtroque maior in parte vna, scrupulis XIIII, non quod orbis planetae || propinquior sit terrae, quam fuerit in perigaeo, sed quod 179v
planeta maiorem hic circulum describit quam illic. Quae omnia tam praesentibus quam praeteritis obseruationibus sunt consentanea et ex aequalibus motibus confluunt.

---

1. EI || CEI *NBAW*. — 3. XLIIII || XLIII *BTh*. — 12. et abnuere || vel ab uere *NBAW*. — 13. superius || supra *NB*. — 17. KM sive ML || ML sive KM *Th*. — 18. quod duodecima XIII. coniuncta XV. || quod duodecimam *Ms*. — quod per duodecimam coniuncta XV. *edd*. — 20. Reliquae || Reliqua *NBAW*. — 21. 285 *ex* 295 *Ms*. — 25. rectanguli || rectangulo *MsNBA*. — 27. datus || mutatus *NBAW*. — 28. 4054 || 4044 *A*. — LII *ex* LV *Ms*. — 29. scrupulorum XLV *ex* scrup. XLIII *Ms*; 44 *A*. — 31. scrupulis XIIII *ex* scrup. XXI *Ms*.

Cap xxix

Medii motvs mercvrii examinatio

Inuenitur enim in antiquioribus considerationibus, quod anno xxi. Ptolemaei Philadelphi in diluculo diei xix. mensis Thoth secundum Aegyptios † apparuerit Mercurius a linea recta transeunte per primam et secundam stellarum Scorpij in fronte eius existentium separatus in consequentia per duas diametros Lunares, et a prima stella per vnam Lunae diametrum boraeam versus. Patet autem, quod locus primae stellae est partium longitudinis ccix, medietatis et sextae, latitudinis boraeae partis vnius cum triente, secundae vero longitudinis partium ccix, latitudinis austrinae partis i, mediae et tertiae siue dextantis, e quibus conijciebatur Mercurij locus longitudinis partium ccx, medietatis et sextae, latitudinis boraeae pars vna et dextans fere. Erant autem ab Alexandri morte anni lix, dies xvii, scrupula xlv, et locus Solis medius secundum numerationem nostram partibus ccxxviii, scrupulis viii, et distantia stellae matutina partium xvii, scrupulorum xxviii crescens adhuc, quod subsequentibus iiii diebus notabatur, quo certum erat planetam nondum pervenisse in extremum matutinum limitem, neque ad orbis sui contactum, sed in inferiori adhuc circumferentia et propinquiore terrae versari.

Quoniam vero summa absis erat in partibus clxxxiii, scrupulis xx, erant ad medium Solis locum partes xliiii, scrupula xlviii. Sit ergo rursus
168b | diameter orbis magni acb, qui supra i, et c centro educatur linea medij motus Solis ce, vt angulus ace partium sit xliiii, scrupulorum xlviii, et in i centro paruus circulus, in quo centrum eccentri feratur, quod sit f,
180 et capiatur bif angulus secundum hypothesim duplus || ipsi ace partium xic, scrupulorum xxxvi, et coniungantur ef, ei. Quoniam igitur in triangulo eci duo latera data sunt, ci partium 736½, quarum ce est 10000, comprehendentia datum angulum eci partium cxxxv, scrupulorum xii, continuum ei, qui sub ace erit reliquum ei latus partium 10534, et angulus cei partium ii, scrupulorum xlix, quo minor est eic ipsi ace. Datur ergo et cie partium xli, scrupulorum lix. Sed et cif, qui succedit ipsi bif, partium est xc, scrupulorum xxiiii totus ergo eif est partium cxxxii, scrupulorum xxiii, quem etiam data latera comprehendunt trianguli efi, nempe ei partium 10534 et if partium 211½, quarum ac ponitur

1. *Omisso numero* xxviii *Ms scribit* Cap. xxix *vide not. ad* Cap. iv — 11 medie et tertia *Ms.* — dextantis || dextante *NBAW* — 12. medietatis et sextae || medietate et sexta *Th.* — 15. distantia || distantiae *NBA* — 20. Quoniam vero || Quum vero *AW* — 21 23. scrup. xlviii *ex* scrup. xxviii *Ms.* — 22. supra i || supra *edd.* — 23.—24. et in i || in et i *W* — 24. quod || quo *Ms.* — 25.—26. partium xic, scrup. xxxvi *ex* part. xlviii, scrup. lvi *Ms* partium lxxxix *NBA* 87 *W* lxxxviiii *Th.* — 28. cxxxv || 145 *W* — 30. ipsi ace || ipsi aec *B* — 31 succaedit *Ms.*

10000. Quibus innotescit angulus FEI scrupulorum L cum reliquo latere EF partium 10678, et qui superest CEF angulus partis vnius, scrupulorum LIX. Capiatur modo circulus paruus LM, cuius dimetiens LM sit partium 380, quarum AC sunt 10000, et circumferentia LN sit partium XIC, scrupulorum XXXVI iuxta hypothesim, et agatur eius subtensa LN, atque NR perpendicularis ipsi LM. Quoniam igitur, quod ab LN, aequale est ei, quod sub LM, LR, secundum quam datam rationem datur utique et LR longitudine partium 189 fere, quarum dimetiens LM 380, secundum quam lineam rectam siue ei aequalem dignoscitur planeta diuulsus ab F centro sui orbis a tempore, quo EC linea ACE angulum compleuerit: hae igi|tur 169a partes cum adiectae fuerint ipsis 3573 minimae distantiae, colligunt hoc loco partes 3762. Centro igitur F, distantia autem partium 3762 describatur circulus, et agatur EG, quae secet conuexam circumferentiam in G signo, ita tamen, vt CEG angulus sit partium XVII, scrupulorum XXVIII, quibus stella a medio loco Solis elongata videbatur; et coniungatur FG, et FK parallelos ipsi CE. Cum autem CEF angulum reiecerimus a toto CEG, reliquus sub FEG partium erit XV, scrupulorum XXIX. Hinc trianguli EFG duo latera data sunt, EF partium 10678 et FG 3762, angulus quoque FEG partium XV, scrupulorum XXIX, quibus constabit angulus EFG partium XXXIII, scrupulorum XLVI, a quo dempto EFK || aequali ipsi CEF 180v relinquitur KFG et KG circumferentia partium XXXI, scrupulorum XLVII, distantia stellae a perigaeo medio sui orbis, quod est K, cui si addatur semicirculus, colliguntur partes CCXI, scrupula XLVII medij motus anomaliae commutationis in hac obseruatione, quod erat demonstrandum.

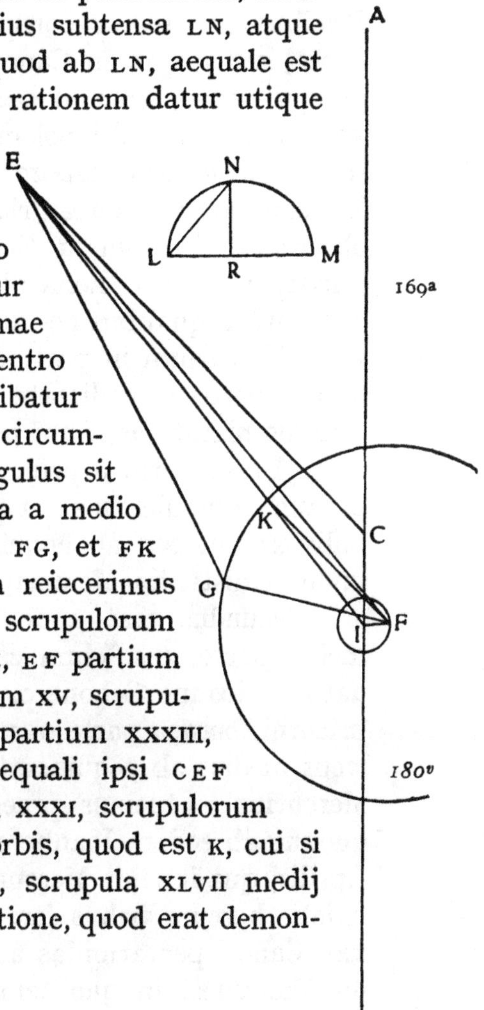

Cap. XXX

De recentioribvs Mercvrii motibvs observatis

Hanc sane viam huius stellae cursum examinandj prisci nobis praemonstrarunt, sed caelo adiuti sereniori, nempe vbi Nilus (ut ferunt) non

---

3. LIX || LVIII *Th.* — 4. XIC = LXXXVIIII *Th.* — 5. eius subtensa || eis subtensa *NBAW.* — 6. quod ab LN || quod AB, CN *B*; quod sub LN *Th.* — 11. a tempore || eo tempore *Th.* — 15. distantia || distantiae *NBAW.* — 20. parallelos || parallelus *NBAW.* — 25. XLVI || LXVI *B.* — 27. 28. XLVII || XLVIII *Th.* — 27. distantia || distantiae *NBAW.* — 31. Cap. XXX. *Ms omisit numerationem capituli hic et inferius usque ad finem huius libri quinti.*

Figura minor supra descripta non exstat in Ms A.

spirat auras, quales apud nos Vistula. Nobis enim rigentiorem plagam inhabitantibus illam commoditatem natura negauit, vbi tranquillitas aëris rarior, ac insuper ob magnam sphaerae obliquitatem rarius sinit videri Mercurium, quamuis in maxima a Sole distantia, siquidem in Ariete et Piscibus non oritur conspectui nostro, nec rursus occidit in Virgine et Libra, sed neque in Cancro se repraesentat vel Geminis se repraesentat quoquo modo, quando crepusculum noctis solum vel diluculum est, nox vero numquam, nisi Sol in bonam partem Leonis recesserit. Multis propterea ambagibus et labore nos torsit hoc sidus, vt eius errores scrutaremur Mutuauimus propterea tria loca ex eis, quae Nurimbergae sunt diligenter
obseruata. Primum a Bernardo Valtero, Regiomontanj discipulo, anno †
Christj MCCCCXCI., nona die Septembris, quinto Idus, a media nocte quinque horis aequalibus per armillas astrolabicas ad Palilicium comparatas, et
169b vidit Mercurium in partibus XIII, dimidio gradu Virginis cum latitudine boraea partis I, medietate et tertia, eratque tunc stella in principio occultationis matutinae, dum per praecedentes dies continue decreuisset matutina. Erant igitur a principio annorum Christi anni MCDXCI Aegyptij, dies CCLVIII, scrupula XII s., et locus Solis medius simplex partibus CXLIX, scrupulis XLVIII, sed ab aequinoctio verno in XXVI Virginis, scrupulis XLVII, unde et distantia Mercurij erat partes XIII et quarta fere.

181 Secundus erat anno Christi MDIIII., quinto Idus Ianuarij, horis a media nocte VI s., dum caelum mediaret Norimbergae x. Scorpij, obseruatus a Ioanne Schonero, cui apparuit stella in partibus III et tertia Capricorni, boraea parte o, XLV Erat autem Solis secundum numerationem locus medius ab aequinoctio verno in XXVII et scrupulis VII Aquarij, quem Mercurius matutinus praecedebat partibus XXIII, scrupulis XLII. Tertia quoque ab eodem Ioanne obseruatio, eodemque anno MDIIII., XV Calendas Aprilis, qua inuenit Mercurium in partibus XXVI cum decima vnius gradus Arietis boreum tribus fere gradibus, dum caelum Norimbergae mediarent XXV Cancri per armillas ad eandem Palalicij stellam comparatas, horis a meridie VII s., in quo tempore Solis locus medius ab aequinoctio verno

1 Vistula || Vissula *Th.* — 2. illam *deest in W* — 3. videri || videre *NBAW* — 4. a Sole || Solis *edd.* — 6. se repraesentat *edd semel tantum praebent post* Geminis *NBAW post* Cancro *Th.* — 7. quoquo modo || quoque modo *AW* — 9. ambagubus *Ms.* — 10. Nurimbergae || Norimbergae *NBAW et sic saepius. Vice versa Ms saepius scribit* Norimbergae. — sunt diligenter || diligenter sunt *NBAW* — 11 *In Ms legebatur* Bernardus Valterus, Regiomontani discipulus obseruauit. — Valtero || Valthero *Th*; Walthero *NBAW* — 12. nona die Septembris, quinto Idus || v Idus Septembris *NBAW* — 13. Palilicium || Pallilitium *NBAW* — 14. XIII, dimidio gradu || XIII et dimidia *NBAW* XIII et dimidio gradu *Th.* — dimidio gradu *emeudat. ex* duabus quintis fere, *deinde* quadrante parte signi *in Ms.* — 20. quarta *ex* XXVII, XV *Ms.* — 22. Norimbergae *Ms, sic et* 29. *vide supra* 10 Nurimbergae *Th.* — 23. Ioanne || Io *Ms.* — 24. parte o *in NBAW desunt.* — 25. Aquarij *Ms et NBAW A in Erratis iubet emendari* Capricorni, *sic et Th.* — 26. matutinus || matutinis *NBA* — 28. partibus XXVI || part. 36 *W* — 29. mediarent || mediaret *NBAW* — 30. Palalicij || Pallalitii *NBA* Pallilitii *W* — 31 meridie VII s. || meridie XII s. *Th.*

partibus v, scrupulis xxxix Arietis, atque Mercurius vespertinus a Sole partibus xxi, scrupulis xvii.

Sunt igitur a primo loco ad secundum annj Aegyptij xii, dies cxxv, scrupula iii, secunda xlv, in quibus motus Solis simplex est partium cxx, scrupulorum xiiii, anomaliae commutationis Mercurij cccxvi, scrupuli i. In secundo interuallo sunt dies lxix, scrupula xxxi, secunda xlv, locus Solis medius simplex partibus lxviii, scrupulis xxxii, anomalia Mercurij media commutationis partium ccxvi.

Ex his igitur tribus obseruatis volumus pro hodierno tempore Mercurij cursus examinare, in quibus concedendum putamus commensurationes circulorum mansisse a Ptolemaeo etiam nunc, cum et in alijs non inueniantur in hac parte fefellisse priores bonos auctores. Si cum his etiam absidis eccentri locum habuerimus, nihil praeterea desideraretur in apparente motu huius quoque stellae. Assumpsimus autem summae absidis locum in partibus ccxi s., hoc est in xxviii. s. signi Scorpij; neque enim minorem licuit acceptare sine praeiudicio obseruatorum. Ita siquidem habebimus anomaliam eccentri, | distantiam inquam medij motus Solis ab apogaeo, in primo 170a
termino partium ccIIc, scrupulorum xv, in secundo partium lviii, scrupulorum xxix, in tertio partium cxxvii, scrupuli i.

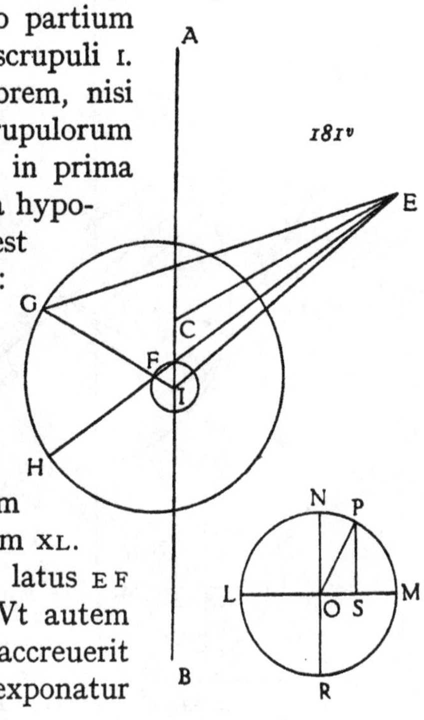

Describatur ergo figura secundum modum priorem, nisi quod ACE angulus constituatur partium || lxi, scrupulorum 181v
xlv, quibus linea medij Solis praecedebat apogeum in prima obseruatione, et caetera quae deinde sequuntur iuxta hypothesim. Et quoniam IC datur partium 736½, quibus est AC 10000, et angulus, qui sub IEC, in triangulo ECI: dabitur etiam angulus CEI, et est partium iii, scrupulorum xxxv, atque IE latus 10369, qualium est EC 10000, qualium est etiam IF 211½. Sunt igitur et in triangulo EFI duo latera rationem habentia datam, angulus autem BIF partium cxxiii s., nempe duplum ipsi ACE ex praestructis, et qui sequitur CIF partium lvi s.: totus ergo EIF partium est cxiiii, scrupulorum xl. Igitur et sub IEF partis est vnius, scrupulorum v, et latus EF partium 10371; hinc et angulus CEF partium ii s. Vt autem sciamus, quantum per motum accessus et recessus accreuerit orbis, cuius centrum est F, ab apogeo vel perigaeo, exponatur

---

1. atque || ad quem *NBAW*. — 2. partibus xxi, scrupulis xvii *ex* part. xx, scr. li *Ms.* — 5. cccxvi, scrupuli i *emendat. ex* cccxvii, scrup. xxiiii *Ms.* — 8. ccxvi *mutatum ex* ccxiiii scrup. xxix, lii *Ms.* — 15. xxviii s. signi || xxviii s. gradu signi *edd.* — 21. ACE || ACB *N.* — 22. medij Solis || medii motus Solis *edd.* — 25. sub IEC *MsNBAW*; sub ECI *Th recte.* — 26. angulus CEI || angulus ECI *W.* — 34. CEF || CF *NBA.* — 35. et recessus *desideratur in BTh.*

circulus paruulus quadrifariam sectus per diametros LM, NR in centro O, et capiatur angulus POM duplus ipsi ACE, nempe partium CXXIII s., et a P signo perpendicularis agatur ipsi LM, quae sit PS. Erit igitur secundum rationem datam OP siue aequalis ei LO ad OS, id est 10000 ad 8349, et
170b 190 ad 105, quae simul constituunt LS partes 295, qualium sunt AC | 10000, quibus stella eminentior facta est ab F centro. Hae cum addita fuerint partibus 3573 minimae distantiae, colligunt 3868 praesentem, secundum quam in F centro circulus describatur HG, coniungatur EG, et EF extendatur in rectas lineas EFH.

Quoniam igitur CEF angulus demonstratus est partium II s., quique sub GEC obseruatus partium XIII et quartae partis, distantiae stellae matutinae a medio Sole: erit ergo totus FEG partium XV cum dodrante. Sed et ratio EF ad FG trianguli EFG vt 10371 ad 3868 cum angulo E dato ostendet nobis etiam EGF angulum partium XLIX, scrupulorum VIII. Hinc et reliquus exterior erit partium LXIIII, scrupulorum LIII, quae a toto circulo deductae relinquunt partes CCVC, scrupula VII anomaliae commutationis verae, cui si addas angulum || CEF, exibit media aequalisque partium CCIIIC, scrupulorum XXXVII, quam quaerebamus. Cui si adijciantur partes CCCXVI, scrupulum I, habebimus secundae obseruationis anomaliam commutationis aequalem partium CCLIII, scrupulorum XXXVIII, quam etiam ostendemus esse certam et obseruationi consonam.

182

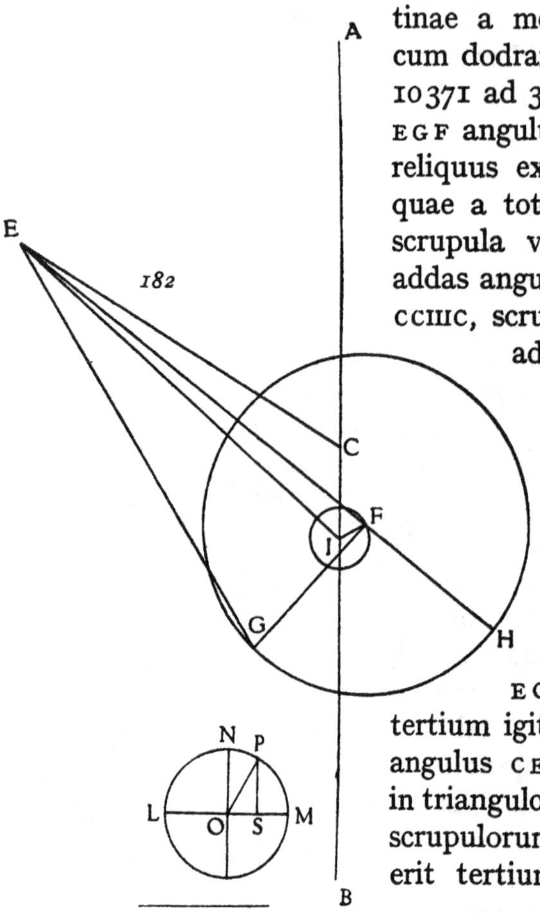

Ponamus enim angulum ACE pro modo anomaliae eccentri secundae partes LVIII, scrupula XXIX. Tunc quoque in triangulo CEI duo latera dantur IC 736, qualium est EC 10000, et angulus ECI sequens CXXI, 31, et tertium igitur latus EI earumdem partium 10404, atque angulus CEI partium III, scrupulorum XXVIII. Similiter in triangulo EIF quoniam angulus EIF partium est CXVIII, scrupulorum III, et latus IF 211½, qualium est IE 10404: erit tertium EF latus talium 10505, atque sub IEF

1. paruulus || parvus *B.* — 4. 8349 || 8340 *W.* — 4.—5. et 190 || ut 190 *Th.* — 6. Hae || Haec *W.* — 8. coniungatur || coniungantur *B.* — 9. in rectas lineas EFH || in rectam lineam EFH *Th.* — 10. demonstratus est || demonstratur *NBAW.* — quique || quoque *AW.* — 11. distantiae || distantia *Th.* — 14. cum angulo E dato ostendet || cum angulo est dato, ostendit *NBAW*; cum angulo EFG est data; ostendet *Th.* — 15. Hinc || Huic *NBA.* — 24. XXXVIII || XXXXIII *B.* — 28. in triangulo || triangulo *B.* — 30. ECI sequens || EIC sequens *Ms*; ECI *NBAW.* — 33. triangulo EIF || triangulo CIF *MsNBAW.* — 34. 211½ || 2112 *B.*

Haec figura minor exstat in Ms. pag. 181ᵛ.

angulus scrupulorum LXI, et reliquus igitur FEC partium II, scrupulorum XXVII, quae est prosthaphaeresis eccentrj, quaeque addita commutationis motui medio colligit veram partium CCLVI, scrupulorum V. Iam quoque capiamus in epicyclio ac|cessus et recessus circumferentiam LP siue 171a angulum sub LOP duplum ipsi ACE partium CXVI, scrupulorum LVIII. Tunc quoque triangulj rectangulj OPS per rationem datam laterum OP ad OS sicut 10000 ad 4535 erit ipsum OS 85, qualium OP siue LO 190, et tota LOS longitudine 276, quae addita minimae distantiae 3573 colligit 3849. Secundum quam distantiam in F centro circulus describatur HG, vt sit apogeum commutationis in H signo, a quo stella distet per circumferentiam HG praecedentem partibus CIII, scrupulis LV, quibus deficit tota reuolutio a motu commutationis examinatae, quae erat || partium CCLVI, 195 scrupulorum V; estque propterea qui sequitur angulus EFG partium LXXVI, scrupulorum V: sic rursus in triangulo EFG duo latera data sunt FG 3849, qualium est EF 10505. Erit propterea FEG angulus partium XXI, scrupulorum XIX, qui cum CEF faciet totum CEG partium XXIII, scrupulorum XLVI, et est distantiae apparentis inter centrum orbis magni C et G planetam, quae etiam parum demunt ab obseruato.

Quod etiamnum tertio confirmabitur, dum posuerimus angulum ACE partium CXXVII, scrupuli I, siue sequentem BCE LII, LIX habebimus rursus triangulum, cuius duo latera nota sunt CI partium 736½, quarum sunt EC 10000, comprehendentia angulum ECI partium LII, scrupulorum LIX, quibus demonstratur CEI angulus esse partium III, scrupulorum XXXI, et latus IE 9575, qualium EC 10000. Et quoniam angulus EIF ex praestructione datur partium XLIX, scrupulorum XXVIII datis etiam comprehensus lateribus FI 211½, qualium EI 9575, erit etiam reliquum latus talium 9440, et angulus IEF scrupulorum LIX, quae ab toto IEC dempta relinquunt eum qui sub FEC reliquum partium II, scrupulorum XXXII, et est prosthaphaeresis ablatiua anomaliae eccentri, quae cum addita fuerit anomaliae commutationis mediae, quam numerauimus partes CIX, scrupula XXXVIII, cum adiecerimus partes CCXVI secundae, exiuit vera partium CXII,

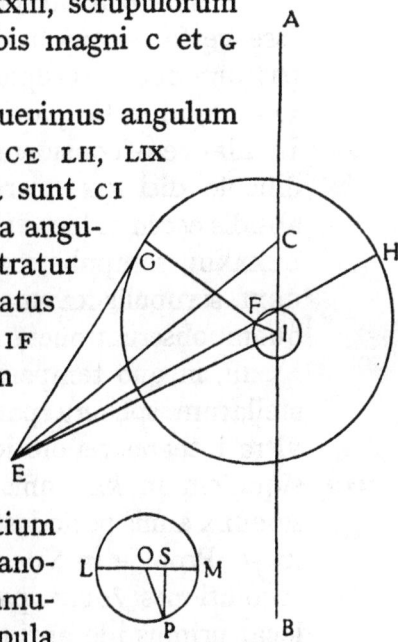

3. CCLVI || CXLVI *Th.* — 6. OPS || APS *Ms NBAW.* — 7. 10000 ad 4535 || 1000 ad 455 *Th.* — 11. deficit || defuit *edd.* — 12. *Cum verbo* erat *folium* 182 *Ms finit et ad calcem paginae scriptum invenitur*: Quae hic sequuntur, videantur in quinternione sub signo talj)(, *quod signum repetitur in prima facie folii* 195, *in qua textus pergit eodem modo ac in editionibus.* — 13. scrupulorum V *in NBAW desunt.* — 16. faciet || faciat *NBAW.* — 17. distantiae || distantia *NBAW.* — 18. demunt: *sic vox in Ms obscura legenda esse videtur* || differunt *edd.* — 21. rursum *B.* — 24. CEI angulus || CIE angulus *MsNBAW.* — 27. comprehensus || comprehensis *NBAW.* — 29. ab toto || a toto *edd.* — 30. FEC || IEC *MsNBA.* — 34. XXXVIII || XXXIII *NBAW.* — exiuit || exibit *Th.*

scrupulorum x. Sumatur iam in epicyclio angulus LOP duplus ipsi ECI partium CV, scrupulorum LVIII, habebimus hic quoque pro ratione PO ad OS ipsam OS 52, ut tota LOS sit 242, quae cum addiderimus minimae distantiae 3573, habebimus adaequatam 3815, secundum quam in centro F describatur circulus, in quo summa absis commutationum sit H in rectam
171b extensione facta ipsius EFH lineae, atque pro modo anomaliae com|mutationis verae capiatur circumferentia HG partium CXII, scrupulorum X, et coniungantur G, F erit ergo sequens sub GFE angulus partium LXVII, scru-
195v pulorum L, || quem comprehendunt data latera GF 3815, qualium EF 9440, quibus constabit angulus FEG partium XXIII, scrupulorum L a deducta CEF prosthaphaeresi remanet CEG partium XXI, scrupulorum XVIII apparentiae inter stellam vespertinam et centrum orbis magni, qualis fere per obseruationem reperta est distantia.

Haec ergo tria loca sic obseruatis consonantia attestantur proculdubio ipsum esse locum summae absidis eccentrj, quem assumebamus, partibus CCXI s. sub fixarum sphaera hoc tempore nostro, ac deinde, quae sequuntur, esse certa, anomaliam videlicet commutationis aequalem in primo loco partium CCIIIC, scrupulorum XXXVII, in secundo partium CCLIII, scrupulorum XXXVIII, in tertio partium CIX, scrupulorum XXXVIII, quae erant inquirenda. In illa vero consideratione antiqua anno XXI. Ptolemaei Philadelphi in diliculo diei XIX. mensis primi Thoth secundum Aegyptios erat summae absidis eccentri locus (Ptolemaei sententia) ad fixarum sphaeram in partibus CLXXXIII, scrupulis XX, anomalia vero commutationis aequalis in partibus CCXI, scrupulis XLVII. Tempus autem inter hanc nouissimam ac illam antiquam obseruationem sunt anni Aegyptij MDCCLXVIII, dies CC, scrupula XXXIII, in quo tempore summa absis eccentri mota est sub non errantium stellarum sphaera partibus XXVIII, scrupulis X, et commutationis motus vltra integras reuolutiones, quae sunt V̄DLXX, partibus CCLVII, scrupulis LI,
172a siquidem in XX annis | complentur periodi LXIII fere, quae colligunt in MDCCLX annis periodos V̄DXLIIII, et in reliquis VIII annis et diebus reuolutiones XXVI. Proinde in V̄DCCLXVIII, diebus CC, scrupulis XXXIII excreuerunt post reuolutiones V̄DLXX partes CCLVII, scrupula LI, quibus differunt obseruata loca, primus ille antiquus a nostro, quae etiam consentiunt numeris, quos

---

1 scrupulorum X || scrupulorum V *Th*; *in Addend.* X *Th*. — epicyclio || epicyclo *W* — 3. ipsam || ipsum *edd.* — 4. habebimus || habemus *edd.* — adaequatam || ad aequatam *B* — 7 HG || EG *NBA* — 8. GFE angulus || GEF angulus *B* — partium LXVII || partium XLVII *Th*. — 10. a deducta || a quo deducta *Th*. — 19. partium CIX, scrupulorum XXXVIII || CIX part. XXXVIII scrupul. *NBAW* scrupulorum XXXIII *Th*, *in Addend.* XXXVIII *Th*. — 23. CLXXXIII || CLXXXII *NBAW* — anomalia || anomaliae *edd.* — in partibus || partium *W* — 24. ac || et *NBAW* — 25. dies CC || dies XX *B* — 29. complentur || completur *W* — 30. VIII annis et diebus || VIII annis, CC diebus *Th (recte)*. — 30.—31. reuolutiones XXVI || revolutiones XVI *NBAW* — 31. V̄DCCLXVIII, diebus CC, scrupulis XXXIII || V̄DLXVIII annis, CC diebus, XXXIII scrupul. *NBA*, 5568 annis, 220 diebus, 33 scrup. *W*, MDCCLXVIII annis, CC diebus, XXXIII scrupulis *Th (recte)*.

exposuimus in tabulis. Dum autem partes xxviii, scrupula x comparauerimus ad hoc tempus, quibus apogaeum eccentrj motum est, videbitur in lxiii annis per vnum gradum fuisse motum, si modo aequalis fuerit.

Cap. xxxi

De praeficiendis locis Mercvrii

Quoniam igitur a principio annorum Christi usque ad || vltimam 196
obseruationem sunt anni Aegyptij mdiiii, dies lxxxvii, scrupula xlviii, in quibus est anomaliae commutationis Mercurij motus partium lxiii, scrupulorum xiii reiectis integris reuolutionibus: quae dum ablata fuerint a partibus cix, scrupulis xxxviii, remanent partes xlvi, scrupula xxiiii, locus anomaliae commutationis ad principium annorum Christi, a quo rursus ad principium primae olympiadis sunt anni Aegyptij dcclxxv, dies xii s., in quibus numerantur partes vc, scrupula iii post integras reuolutiones, quae a loco Christi deducta (mutuata reuolutione vna) remanet ad primam olympiadem locus partium cccxi, scrupulorum xxi. Hinc quoque ad Alexandrj mortem in annis ccccli, diebus ccxlvii supputatione facta peruenit locus ad partes ccxiii, scrupula iii.

Cap. xxxii

De alia qvadam ratione accessvs et recessvs

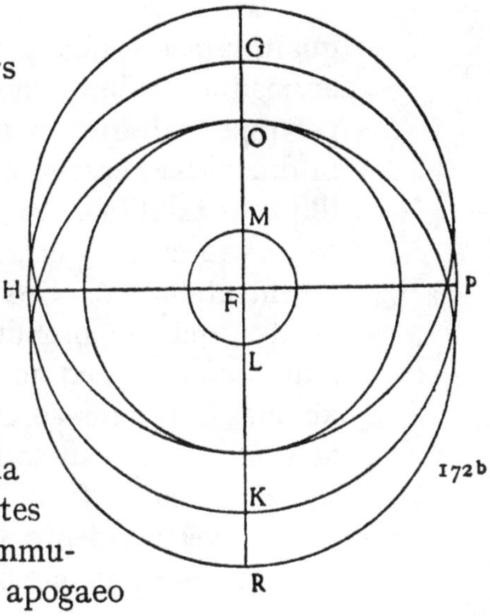

Prius autem quam recedamus a Mercurio, placuit alium adhuc modum recensere priore non minus credibilem, per quem accessus et recessus ille fieri ac intelligi possit. Sit enim circulus quadrifariam sectus ghkp in f centro, cui etiam paruulus inscribatur circulus homocentrus lm, ac rursus centro l, distantia vero lfo aequali ipsi fg vel fh alius circulus or. Ponatur autem, quod tota haec forma cir|culorum feratur circa f centrum in consequentia 172b
cum suis gfr et hfp sectionibus quotidie per partes circiter ii, scrupula vii, quantum videlicet motus commutationis stellae superat telluris motum in zodiaco ab apogaeo

5. Praeficiendis || Praefigendis *Th.* — 9. scrup. xiii || scrup. xiiii *Th.* — 11. *Post* commutationis *NBAW inserunt* Mercurii. — annorum || anno *Ms*; anni *edd.* — 13. vc *Ms* = xcv *Th.* — 14. a loco || a loca *AW.* — 15. Hinc || Huic *NBAW.* — 16. ccccli || cccli *B.* — ccxlvii || 246 *W.* — 19. et recessus || ac recessus *NBAW.* — 21. modum || modus *Ms.* — 24. paruulus || parvus *edd.* — 26. distantia || distantiae *NBAW.*

eccentrj stellae, quae interim reliquum a G signo motum per OR circulum proprium commutationis suppleat, similem fere motui terreno.
196v Assumatur etiam, quod in hac eademque || reuolutione, id est annua, centrum orbis OR stellam deferentis feratur motu librationis per LFM diametrum duplo maiorem eo, quam prius posuimus, reciprocando, ut supra dictum est.

Quibus sic constitutis cum posuerimus terram medio motu contra apogeum eccentri stellae, et eo tempore centrum orbis stellam deferentis in L, ipsam vero stellam in O signo: quae tunc in minima ab F distantia describet motu totius minimum circulum, cuius quae ex centro fuerit FO, et quae deinde sequuntur; vt cum terra fuerit circa mediam absida, stella in H signum cadens secundum maximam ad F distantiam describet maximos amfractus, nempe secundum circulum, cuius centrum est F; congruet enim tunc deferens, qui OR, cum GH orbe propter vnitatem centrj in F. Hinc pergente terra in partes perigaei et centro orbis OR in alterum extremorum, quod est M, adtollitur etiam orbis ipse supra GK, atque stella in R incidet rursus in minimam distantiam ipsi F, et accident ei, quae a principio. Concurrunt enim hic tres reuolutiones inuicem aequales, vtputa terrae in apogaeum orbis eccentri Mercurij, libratio centri secundum LM diametrum, atque planetae ab FG linea in eandem, a quibus solum differt motus sectionum G, H, K, P ab abside eccentri, vti diximus.

Ita sane circa hoc sidus et tam admirabilj varietate lusit natura, quam tamen ordine perpetuo, certo et immutabili confirmauit. Sed est hic animaduertendum, quod in medijs spacijs quadrantium G, H, K, P sidus non pertransit absque longitudinis differentia, siquidem centrorum diuersitas interueniens necessario faciet prosthaphaeresim aliquam, sed obstat centri illius instabilitas. Si enim (verbi gratia) centro in L permanente stella ex O procederet, maximam circa H admitteret differentiam pro modo |
173a eccentrotetis FL. Sed ex assumptis sequitur, quod stella ex O progressa orditur quidem promittitque differentiam, quam FL centrorum distantia habet, efficere, sed accedente centro mobili ad F medium detrahitur magis ac magis promissae diuersitatj frustraturque adeo, vt circa medias H, P sectiones tota vanescat, vbi maxima debebat expectarj. Et nihilominus (quod fatemur) facta etiam parua sub radijs Solis occultatur, atque in
197 oriente vel occidente sidere ma||tutino vespertinoue non cernitur penitus sub amfractibus circuli. Et hunc quidem modum praeterire noluimus

---

2. supleat *Ms.* — 4. librationis || liberationis *NA.* — 5. eo || ea *Th.* — 8. eccentri stellae || centri stellae moveri *NBAW.* — 11. deinde || inde *A.* — 12. ad F distantiam || ADF distantiam *B.* — 13. maximas amfractus *Ms.* — 14. congruet || congruit *AW.* — 19. vtputa || utpote *NBAW.* — 21. 25. G, H, K, P || GH, KP *NBATh.* — 22. eccentri || centri *NBAW.* — 23. et tam || etiam *Th.* — 25. quadrantum *NBAW.* — 34. vanescat || evanescat *NBAW.*

non minus rationabilem priori, quique circa latitudinum discessus aptissimo usu veniet.

CAP XXXIII

DE TABVLIS PROSTHAPHAERESEON QVINQVE SIDERVM ERRANTIVM

Haec de Mercurij ac caeterorum errantium motu aequalitatis et apparentiae demonstrata et numeris sunt exposita, quorum exemplis ad quaelibet alia loca differentias motuum numerandj via patebit Sed ad faciliorem vsum canones parauimus cuique proprios, sex ordinum, versuum vero xxx, per triadas graduum, vti solemus. Primi duo ordines numeros habebunt communes, tam anomaliae eccentri quam commutationum. Tertius prosthaphaereses eccentri collectas, totas inquam differentias, quae cadunt inter aequalem diuersumque motum illorum orbium. Quarto scrupula proportionum, quae sunt sexagesimae, quibus commutationes ob maiorem minoremue terrae distantiam augentur vel minuuntur Quinto prosthaphaereses ipsae, quae sunt commutationes in summa abside eccentri contingentes. Sexto et vltimo excessus, quibus superant eae, quae fiunt in infima abside eccentrj. Et sunt canones istj.

---

1. aptissimo || apertissime *edd.* — 2. *Post* veniet *Mspm addit haec verba postea deleta et in Cap.* XXXIII. *mutata* Talibus quidem exemplis nume Epilogus (a) enim quinque errantium rationum, quibus in his quinque syderibus vsi sumus, comoditatis causa canones exponemus. — 4. siderum errantium || errantium stellarum *NBAW* — 5. *Post* errantium *NBAW addunt* stellarum. — 6. demonstrata || sic demonstrata *NBAW* — sunt exposita || exposita sunt *NBAW* — 7. numerandj || calculandi *NBAW* — 7.—8. Sed ad faciliorem vsum || atque ad hunc usum *NBAW* — 9. triadas || triades *NBAW* — Primi || Primo *NBAW* — 12. diuersumque || diuersus *Ms.* — 15. ipsae || ipse *Ms.* — *Post* eccentri *NBAW addunt verba* planetae ab orbe magno. — 16. fiunt || sunt *W* — 17 *Post* istj *in Ms. invenitur signum* Ƶ, *quod idem adpictum est folio 182v, a quo incipiunt tabulae, quae hic sequuntur.*

---

a) Epilogus || Epilogo *Th.*

182v
173b

CANON PROSTHAPHAERESEON SATVRNI

Numeri communes		Aequatio eccentri		Scrupula proportionum	Parallaxes orbis magni in summa abside		Excessus parallaxeos in infima abside	
Grad.	Grad.	Grad.	Scrup.	Scrup.	Grad.	Scrup.	Grad.	Scrup.
3	357	0	20	0	0	17	0	2
6	354	0	40	0	0	34	0	4
9	351	0	58	0	0	51	0	6
12	348	1	17	0	1	7	0	8
15	345	1	36	1	1	23	0	10
18	342	1	55	1	1	40	0	12
21	339	2	13	1	1	56	0	14
24	336	2	31	2	2	11	0	16
27	333	2	49	2	2	26	0	18
30	330	3	6	3	2	42	0	19
33	327	3	23	3	2	56	0	21
36	324	3	39	4	3	10	0	23
39	321	3	55	4	3	25	0	24
42	318	4	10	5	3	38	0	26
45	315	4	25	6	3	52	0	27
48	312	4	39	7	4	5	0	29
51	309	4	52	8	4	17	0	31
54	306	5	5	9	4	28	0	33
57	303	5	17	10	4	38	0	34
60	300	5	29	11	4	49	0	35
63	297	5	41	12	4	59	0	36
66	294	5	50	13	5	8	0	37
69	291	5	59	14	5	17	0	38
72	288	6	7	16	5	24	0	38
75	285	6	14	17	5	31	0	39
78	282	6	19	18	5	37	0	39
81	279	6	23	19	5	42	0	40
84	276	6	27	21	5	46	0	41
87	273	6	29	22	5	50	0	42
90	270	6	31	23	5	52	0	42

Sequentes decem tabulae in MsNBAW singulis paginis scribuntur, Th binas in unam contraxit paginam.

1—4. *In NBAW inscriptiones harum tabularum leguntur hoc modo* Saturni, Iovis prosthaphaereses *titulus primae columnae in AW est* Anomalia eccentri et anomalia commutationis, *in quarta et quinta columna huius tabulae in MsNBAW verba* magni in summa abside *et* in infima abside *desunt.*

Col. 2. — Prosthapheresis eccentri *MsNBA* Prosthaphereses eccentri *W*

Col. 2. — 16. 3 | 23 || 3 | 33 *NBAW*

Col. 4. — 9. 1 | 7 || 1 | 3 *NBAW*

A in calce addit pro tabulis Saturni, Iovis, Martis haec Si anomalia fuerit semicirculo minor, aequatio eccentri additur anomaliae commutationis, parallaxis orbis ab eadem anomalia coaequata subtrahitur contrarium fit, ubi anomalia excesserit semicirculum.

CANON PROSTHAPHAERESEON SATVRNI *183* 174a

Numeri communes		Aequatio eccentri		Scrupula proportionum	Parallaxes orbis magni in summa abside		Excessus parallaxeos in infima abside	
Grad.	Grad.	Grad.	Scrup.	Scrup.	Grad.	Scrup.	Grad.	Scrup.
93	267	6	31	25	5	52	0	43
96	264	6	30	27	5	53	0	44
99	261	6	28	29	5	53	0	45
102	258	6	26	31	5	51	0	46
105	255	6	22	32	5	48	0	46
108	252	6	17	34	5	45	0	45
111	249	6	12	35	5	40	0	45
114	246	6	6	36	5	36	0	44
117	243	5	58	38	5	29	0	43
120	240	5	49	39	5	22	0	42
123	237	5	40	41	5	13	0	41
126	234	5	28	42	5	3	0	40
129	231	5	16	44	4	52	0	39
132	228	5	3	46	4	41	0	37
135	225	4	48	47	4	29	0	35
138	222	4	33	48	4	15	0	34
141	219	4	17	50	4	1	0	32
144	216	4	0	51	3	46	0	30
147	213	3	42	52	3	30	0	28
150	210	3	24	53	3	13	0	26
153	207	3	6	54	2	56	0	24
156	204	2	46	55	2	38	0	22
159	201	2	27	56	2	21	0	19
162	198	2	7	57	2	2	0	17
165	195	1	46	58	1	42	0	14
168	192	1	25	59	1	22	0	12
171	189	1	4	59	1	2	0	9
174	186	0	43	60	0	42	0	7
177	183	0	22	60	0	21	0	4
180	180	0	0	60	0	0	0	0

Omisso nomine canon *Ms scribit:* prosthaphereseon Saturni.
Col. 2. Prosthaphereses eccentri collectae *Ms*; collectae *deest in W*.
Col. 5. parallaxeos *deest in Ms*.
Col. 1. — 15. 120 | 240 || 120 | 220 *Th*.
Col. 4. — 7. 5 | 53 || 5 | 33 *B*.
Col. 5. — 6. 0 | 43 || 0 | 34 *B*.

183v
174b

CANON PROSTHAPHAERESEON IOVIS

Numeri communes		Aequatio eccentri		Scrupula proportionum		Parallaxes orbis magni in summa abside		Excessus parallaxeos in infima abside	
Grad.	Grad.	Grad.	Scrup.	Scrup.	Scrup. 2a	Grad.	Scrup.	Grad.	Scrup.
3	357	0	16	0	3	0	28	0	2
6	354	0	31	0	12	0	56	0	4
9	351	0	47	0	18	1	25	0	6
12	348	1	2	0	30	1	53	0	8
15	345	1	18	0	45	2	19	0	10
18	342	1	33	1	3	2	46	0	13
21	339	1	48	1	23	3	13	0	15
24	336	2	2	1	48	3	40	0	17
27	333	2	17	2	18	4	6	0	19
30	330	2	31	2	50	4	32	0	21
33	327	2	44	3	26	4	57	0	23
36	324	2	58	4	10	5	22	0	25
39	321	3	11	5	40	5	47	0	27
42	318	3	23	6	43	6	11	0	29
45	315	3	35	7	48	6	34	0	31
48	312	3	47	8	50	6	56	0	34
51	309	3	58	9	53	7	18	0	36
54	306	4	8	10	57	7	39	0	38
57	303	4	17	12	0	7	58	0	40
60	300	4	26	13	10	8	17	0	42
63	297	4	35	14	20	8	35	0	44
66	294	4	42	15	30	8	52	0	46
69	291	4	50	16	50	9	8	0	48
72	288	4	56	18	10	9	22	0	50
75	285	5	1	19	17	9	35	0	52
78	282	5	5	20	40	9	47	0	54
81	279	5	9	22	20	9	59	0	55
84	276	5	12	23	50	10	8	0	56
87	273	5	14	25	23	10	17	0	57
90	270	5	15	26	57	10	24	0	58

1. *Inscriptio in MsW:* Iovis Prosthaphereses; *sic et in sequentibus tabulis.*

Col. 2. — Aequatio centri *Ms.* Prosthaphereses *NBW.*

Col. 4./5. magni in summa abside, parallaxeos in infima abside *desunt in Ms in hac et in sequentibus tabulis.*

Col. 4. — 8. 1 | 25 || 0 | 25 *B.*

CANON PROSTHAPHAERESEON IOVIS 184 175a

Numeri communes		Aequatio excentri		Scrupula proportionum		Parallaxes orbis magni in summa abside		Excessus parallaxeos in infima abside	
Grad.	Grad.	Grad.	Scrup.	Scrup.	Scrup. 2a	Grad.	Scrup.	Grad.	Scrup.
93	267	5	15	28	33	10	25	0	59
96	264	5	15	30	12	10	33	1	0
99	261	5	14	31	43	10	34	1	1
102	258	5	12	33	17	10	34	1	1
105	255	5	10	34	50	10	33	1	2
108	252	5	6	36	21	10	29	1	3
111	249	5	1	37	47	10	23	1	3
114	246	4	55	39	0	10	15	1	3
117	243	4	49	40	25	10	5	1	3
120	240	4	41	41	50	9	54	1	2
123	237	4	32	43	18	9	41	1	1
126	234	4	23	44	46	9	25	1	0
129	231	4	13	46	11	9	8	0	59
132	228	4	2	47	37	8	56	0	58
135	225	3	50	49	2	8	27	0	57
138	222	3	38	50	22	8	5	0	55
141	219	3	25	51	46	7	39	0	53
144	216	3	13	53	6	7	12	0	50
147	213	2	59	54	10	6	43	0	47
150	210	2	45	55	15	6	13	0	43
153	207	2	30	56	12	5	41	0	39
156	204	2	15	57	0	5	7	0	35
159	201	1	59	57	37	4	32	0	31
162	198	1	43	58	6	3	56	0	27
165	195	1	27	58	34	3	18	0	23
168	192	1	11	59	3	2	40	0	19
171	189	0	53	59	36	2	0	0	15
174	186	0	35	59	58	1	20	0	11
177	183	0	17	60	0	0	40	0	6
180	180	0	0	60	0	0	0	0	0

Col. 2. — Aequatio centri *Ms.*
Col. 5. — excessus || excensus *Ms.*

CANON PROSTHAPHAERESEON MARTIS

Numeri communes		Aequatio eccentri		Scrupula proportionum		Parallaxes orbis magni in summa abside		Excessus parallaxeos in infima abside	
Grad.	Grad.	Grad.	Scrup.	Scrup.	Scrup. 2a	Grad.	Scrup.	Grad.	Scrup.
3	357	0	32	0	0	1	8	0	8
6	354	1	5	0	2	2	16	0	17
9	351	1	37	0	7	3	24	0	25
12	348	2	8	0	15	4	31	0	33
15	345	2	39	0	28	5	38	0	41
18	342	3	10	0	42	6	45	0	50
21	339	3	41	0	57	7	52	0	59
24	336	4	11	1	13	8	58	1	8
27	333	4	41	1	34	10	5	1	16
30	330	5	10	2	1	11	11	1	25
33	327	5	38	2	31	12	16	1	34
36	324	6	6	3	2	13	22	1	43
39	321	6	32	3	32	14	26	1	52
42	318	6	58	4	3	15	31	2	2
45	315	7	23	4	37	16	35	2	11
48	312	7	47	5	16	17	39	2	20
51	309	8	10	6	2	18	42	2	30
54	306	8	32	6	50	19	45	2	40
57	303	8	53	7	39	20	47	2	50
60	300	9	12	8	30	21	49	3	0
63	297	9	30	9	27	22	50	3	11
66	294	9	47	10	25	23	48	3	22
69	291	10	3	11	28	24	47	3	34
72	288	10	19	12	33	25	44	3	46
75	285	10	32	13	38	26	40	3	59
78	282	10	42	14	46	27	35	4	11
81	279	10	50	16	4	28	29	4	24
84	276	10	56	17	24	29	21	4	36
87	273	11	1	18	45	30	12	4	50
90	270	11	5	20	8	31	0	5	5

1. MARTIS || Veneris *B*

Col. 5. Excessus par *Ms.*

Col. 4. — 21 17 | 39 || 18 | 39 *W*

CANON PROSTHAPHAERESEON MARTIS 185 176a

Numeri communes		Aequatio eccentri		Scrupula proportionum		Parallaxis orbis magni in summa abside		Excessus parallaxeos in infima abside	
Grad.	Grad.	Grad.	Scrup.	Scrup.	Scrup. 2a	Grad.	Scrup.	Grad.	Scrup.
93	267	11	7	21	32	31	45	5	20
96	264	11	8	22	58	32	30	5	35
99	261	11	7	24	32	33	13	5	51
102	258	11	5	26	7	33	53	6	7
105	255	11	1	27	43	34	30	6	25
108	252	10	56	29	21	35	3	6	45
111	249	10	45	31	2	35	34	7	4
114	246	10	33	32	46	35	59	7	25
117	243	10	11	34	31	36	21	7	46
120	240	10	7	36	16	36	37	8	11
123	237	9	51	38	1	36	49	8	34
126	234	9	33	39	46	36	54	8	59
129	231	9	13	41	30	36	53	9	24
132	228	8	50	43	12	36	45	9	49
135	225	8	27	44	50	36	25	10	17
138	222	8	2	46	26	35	59	10	47
141	219	7	36	48	1	35	25	11	15
144	216	7	7	49	35	34	30	11	45
147	213	6	37	51	2	33	24	12	12
150	210	6	7	52	22	32	3	12	35
153	207	5	34	53	38	30	26	12	54
156	204	5	0	54	50	28	5	13	28
159	201	4	25	56	0	26	8	13	7
162	198	3	49	57	6	23	28	12	47
165	195	3	12	57	54	20	21	12	12
168	192	2	35	58	22	16	51	10	59
171	189	1	57	58	50	13	1	9	1
174	186	1	18	59	11	8	51	6	40
177	183	0	39	59	44	4	32	3	28
180	180	0	0	60	0	0	0	0	0

Col. 3. Scrupula *deest in Ms.*
Col. 5. Excessus *Ms.*
Col. 3. — 14. 34 | 31 || 34 | 41 *NBAW.*

185v
176b

CANON PROSTHAPHAERESEON VENERIS									
Numeri commu-nes		Aequatio eccentri		Scrupula proportionum		Parallaxes orbis magni in summa abside		Excessus parallaxeos in infima abside	
Grad.	Grad.	Grad.	Scrup.	Scrup.	Scrup. 2a	Grad.	Scrup.	Grad.	Scrup.
3	357	0	6	0	0	1	15	0	1
6	354	0	13	0	0	2	30	0	2
9	351	0	19	0	10	3	45	0	3
12	348	0	25	0	39	4	59	0	5
15	345	0	31	0	58	6	13	0	6
18	342	0	36	1	20	7	28	0	7
21	339	0	42	1	39	8	42	0	9
24	336	0	48	2	23	9	56	0	11
27	333	0	53	2	59	11	10	0	12
30	330	0	59	3	38	12	24	0	13
33	327	1	4	4	18	13	37	0	14
36	324	1	10	5	3	14	50	0	16
39	321	1	15	5	45	16	3	0	17
42	318	1	20	6	32	17	16	0	18
45	315	1	25	7	22	18	28	0	20
48	312	1	29	8	18	19	40	0	21
51	309	1	33	9	31	20	52	0	22
54	306	1	36	10	48	22	3	0	24
57	303	1	40	12	8	23	14	0	26
60	300	1	43	13	32	24	24	0	27
63	297	1	46	15	8	25	34	0	28
66	294	1	49	16	35	26	43	0	30
69	291	1	52	18	0	27	52	0	32
72	288	1	54	19	33	28	57	0	34
75	285	1	56	21	8	30	4	0	36
78	282	1	58	22	32	31	9	0	38
81	279	1	59	24	7	32	13	0	41
84	276	2	0	25	30	33	17	0	43
87	273	2	0	27	5	34	20	0	45
90	270	2	0	28	28	35	21	0	47

Col. 3. proportionum *Ms.*
Col. 4. parallaxes orbis *Ms.*
Col. 5. Excessus *Ms.*

A addit in calce pro tabulis Veneris et Mercurii haec: Anom. commutationis aequanda eodem modo, quo in superioribus: at ubi anomalia semicirculo minor fuerit, aequatio eccentri subtrahitur, parallaxis orbis additur medio motui Solis: et contra, cum anom. est semicirculo maior.

186
177a

CANON PROSTHAPHAERESEON VENERIS									
Numeri communes		Aequatio eccentri		Scrupula proportionum		Parallaxes orbis magni in summa adside		Excessus parallaxeos in infima abside	
Grad.	Grad.	Grad.	Scrup.	Scrup.	Scrup. 2a	Grad.	Scrup.	Grad.	Scrup.
93	267	2	0	29	58	36	20	0	50
96	264	2	0	31	28	37	17	0	53
99	261	1	59	32	57	38	13	0	55
102	258	1	58	34	26	39	7	0	58
105	255	1	57	35	55	40	0	1	0
108	252	1	55	37	23	40	49	1	4
111	249	1	53	38	52	41	36	1	8
114	246	1	51	40	19	42	18	1	11
117	243	1	48	41	45	42	59	1	14
120	240	1	45	43	10	43	35	1	18
123	237	1	42	44	37	44	7	1	22
126	234	1	39	46	6	44	32	1	26
129	231	1	35	47	36	44	49	1	30
132	228	1	31	49	6	45	4	1	36
135	225	1	27	50	12	45	10	1	41
138	222	1	22	51	17	45	5	1	47
141	219	1	17	52	33	44	51	1	53
144	216	1	12	53	48	44	22	2	0
147	213	1	7	54	28	43	36	2	6
150	210	1	1	55	0	42	34	2	13
153	207	0	55	55	57	41	12	2	19
156	204	0	49	56	47	39	20	2	34
159	201	0	43	57	33	36	58	2	27
162	198	0	37	58	16	33	58	2	27
165	195	0	31	58	59	30	14	2	27
168	192	0	25	59	39	25	42	2	16
171	189	0	19	59	48	20	20	1	56
174	186	0	13	59	54	14	7	1	26
177	183	0	7	59	58	7	16	0	46
180	180	0	0	60	0	0	16	0	0

Col. 3. — **proportionum** *Ms.*
Col. 4. — **parallaxes** *Ms.*
Col. 5. — **Excessus** *Ms.*
Col. 5. — 18. 1 | 30 || 1 | 50 *MsNB.*

186v
177b

CANON PROSTHAPHAERESEON MERCVRII

Numuri communes		Aequatio eccentri		Scrupula proportionum		Parallaxes orbis magni in summa abside		Excessus parallaxeos in infima abside	
Grad.	Grad.	Grad.	Scrup.	Scrup.	Scrup. 2a	Grad.	Scrup.	Grad.	Scrup.
3	357	0	8	0	3	0	44	0	8
6	354	0	17	0	12	1	28	0	15
9	351	0	26	0	24	2	12	0	23
12	348	0	34	0	50	2	56	0	31
15	345	0	43	1	43	3	41	0	38
18	342	0	51	2	42	4	25	0	45
21	339	0	59	3	51	5	8	0	53
24	336	1	8	5	10	5	51	1	1
27	333	1	16	6	41	6	34	1	8
30	330	1	24	8	29	7	15	1	16
33	327	1	32	10	35	7	57	1	24
36	324	1	39	12	50	8	38	1	32
39	321	1	46	15	7	9	18	1	40
42	318	1	53	17	26	9	59	1	47
45	315	2	0	19	47	10	38	1	55
48	312	2	6	22	8	11	17	2	2
51	309	2	12	24	31	11	54	2	10
54	306	2	18	26	17	12	31	2	18
57	303	2	24	29	17	13	7	2	26
60	300	2	29	31	39	13	41	2	34
63	297	2	34	33	59	14	14	2	42
66	294	2	38	36	12	14	46	2	51
69	291	2	43	38	29	15	17	2	59
72	288	2	47	40	45	15	46	3	8
75	285	2	50	42	58	16	14	3	16
78	282	2	53	45	6	16	40	3	24
81	279	2	56	46	59	17	4	3	32
84	276	2	58	48	50	17	27	3	40
87	273	2	59	50	36	17	48	3	48
90	270	3	0	52	2	18	6	3	56

Col. 3. — proportionum *Ms.*
Col. 4. — parallaxes *Ms.*
Col. 5. — Excessus parallaxeon *Ms.*

187
178a

CANON PROSTHAPHAERESEON MERCVRII									
Numeri communes		Aequatio eccentri		Scrupula proportionum		Parallaxes orbis magni in summa abside		Excessus parallaxeos in infima abside	
Grad.	Grad.	Grad.	Scrup.	Scrup.	Scrup. 2a	Grad.	Scrup.	Grad	Scrup.
93	267	3	0	53	43	18	23	4	3
96	264	3	1	55	4	18	37	4	11
99	261	3	0	56	14	18	48	4	19
102	258	2	59	57	14	18	56	4	27
105	255	2	58	58	1	19	2	4	34
108	252	2	56	58	40	19	3	4	42
111	249	2	55	59	14	19	3	4	49
114	246	2	53	59	40	18	59	4	54
117	243	2	49	59	57	18	53	4	58
120	240	2	44	60	0	18	42	5	2
123	237	2	39	59	49	18	27	5	4
126	234	2	34	59	35	18	8	5	6
129	231	2	28	59	19	17	44	5	9
132	228	2	22	58	59	17	17	5	9
135	225	2	16	58	32	16	44	5	6
138	222	2	10	57	56	16	7	5	3
141	219	2	3	56	41	15	25	4	59
144	216	1	55	55	27	14	38	4	52
147	213	1	47	54	55	13	47	4	41
150	210	1	38	54	25	12	52	4	26
153	207	1	29	53	54	11	51	4	10
156	204	1	19	53	23	10	44	3	53
159	201	1	10	52	54	9	34	3	33
162	198	1	0	52	33	8	20	3	10
165	195	0	51	52	18	7	4	2	43
168	192	0	41	52	8	5	43	2	14
171	189	0	31	52	3	4	19	1	43
174	186	0	21	52	2	2	54	1	9
177	183	0	10	52	2	1	27	0	35
180	180	0	0	52	2	0	0	0	0

Col. 3. — proportionum *Ms.*
Col. 4. — parallaxes *Ms.*
Col. 5. — Excessus parall. *Ms.*
Col. 2. — 20. 2 | 16 || 3 | 16 *B.*

187v 178b

Cap. xxxiv

Qvomodo horvm qvinqve sidervm loca nvmerentvr in longitvdinem

Per hos ergo canones sic a nobis expositos horum quinque errantium siderum loca longitudinis absque difficultate numerabimus. Est enim in omnibus his idem fere supputationis modus, in quo tamen tres illi superiores a Venere et Mercurio aliquantulum differunt. Prius ergo dicamus de Saturno, Ioue et Marte, quorum calculatio talis est, vt ad tempus quodlibet propositum quaerantur medij motus, Solis inquam simplex et commutationis planetae, per modum superius traditum. Deinde locus summae absidis eccentri planetae auferatur a loco Solis simplici, atque ab eo, quod remanserit, commutationis motus: quod deinde reliquum fuerit, est anomalia excentri stellae, cuius numerum inter communes quaeremus in alterutro primorum ordinum canonis, et ex aduerso in tertia columella capiemus aequationem eccentri et sequentia scrupula proportionum. Aequationem hanc addemus motui commutationis et auferemus ab anomalia eccentrj, si numerus, quo intrauerimus, in prima serie repertus fuerit, et e conuerso auferemus ab anomalia commutationis et addemus anomaliae eccentri, si ordinem tenuerit secundum, quodque collectum relictumue fuerit, erunt anomaliae commutationis et eccentri aequatae, seruatis interim scrupulis proportionum in usum mox dicendum.

Deinde anomaliam sic aequatam quaeremus etiam inter priores numeros communes, ac e regione in quinta columella commutationis prosthaphaeresim capiemus cum eius excessu in fine apposito, a quo excessu partem accipiemus proportionalem iuxta numerum scrupulorum proportionalium, quam semper addemus prosthaphaeresi: et colliget veram planetae commutationem auferendam ab anomalia commutationis aequata, si ipsa minor fuerit semicirculo, vel addendam in semicirculo
188 maiore. Ita enim habebimus veram apparentemque a Solis loco || medio stellae distantiam in praecedentia, quam cum a Sole reiecerimus, relin-
179a quetur locus stellae | quaesitus ad non errantium sphaeram. Cui demum si praecessio aequinoctiorum adposita fuerit, a sectione verna locum eius determinabit. In Venere et Mercurio pro anomalia eccentri eo utimur, quod a summa abside ad locum Solis medium existit, per quam ano-

---

1. Cap. xxxiv. *Haec verba in Ms desunt.* — 2. Longitudinem || Longitudine *edd.* — 5. tres illi superiores || illi exteriores *NBAW.* — 7. quorum calculatio || Quoniam atcalculio (*sic!*) *W.* — 9. superius || supra *NBAW.* — 11. motus || anomaliam *Mspm*; *hoc verbo deleto manu Rhetici superscriptum est* motus. — anomaliam *NBAW.* — 13. 22. columella || columnella *NBTh.* — 15. motui || anomaliae *NBAW.* — 21. Deinde || Porro *NBAW.* — *Post* anomaliam *NBAW addunt* commutationis. — 23. apposito || opposito *B.* — 24. partem accipiemus || accipiemus partem *NBAW.* — 25. proportionalium || proportionum *NBAW.* — 26. veram || verum *NBAW.* — 27. addendam || addendo *Ms.*

maliam adaequamus motum commutationis et anomaliam eccentri ipsam, vti iam dictum est. Sed prosthaphaeresis eccentri vna cum parallaxi aequata, si vnius fuerint affectionis vel speciei, simul adduntur vel auferuntur loco Solis medio, sin autem diuersarum fuerint specierum, auferatur a maiore minor, et cum eo, quod reliquum fuerit, fiat, quod modo diximus secundum maioris numeri proprietatem adiectiuam vel ablatiuam, et exibit eius qui quaeritur locus apparens.

CAP XXXV 197v

DE STATIONIBVS ET REPEDATIONIBVS QVINQVE ERRANTIVM SIDERVM

Ad rationem quoque motus, qui secundum longitudinem est, pertinere videtur stationum, regressionum et repedationum eorum notitia, vbi, quando quantaeque fiant. De quibus etiam non pauca tractarunt mathe- † maticj, praesertim Apolonius Pergaeus, sed eo modo, quasi vna dumtaxat inaequalitate, et ea, qua respectu Solis stellae ipsae mouerentur, quam nos diximus commutationem propter motum orbis magni terrae. Quoniam, si stellarum circuli fuerint orbi magno terrae homocentrj, quibus disparj cursu stellae feruntur omnes in easdem partes, hoc est in consequentia, et aliqua stella in orbe suo et intra orbem magnum, vt Venus et Mercurius, velocior fuerit quam motus terrae, ex qua acta quaedam recta linea sic secet orbem stellae, vt assumpta ipsius sectionis in orbe dimidia ad eam, quae a visu nostro, quod est terra, usque ad inferiorem repandamque secti orbis circumferentiam rationem habeat, quam motus terrae ad stellae velocitatem factum tunc signum a sic acta linea ad perigaeam circuli stellae circumferentiam discernit repedationem a progressu, adeo ut sidus in eo loco constitutum stationis faciat aestimationem.

Similiter in caeteris tribus exterioribus, quorum motus tardior est velo|citate terrae, acta recta linea per visum nostrum orbem magnum sic 179b secet, ut dimidia sectionis, quae in orbe, ad eam, quae a stella ad visum nostrum in propinquiori et conuexa orbis superficie constitutum rationem habeat, quam motus stellae ad terrae velocitatem eo tunc loci visui nostro stantis imaginem stella prae se feret.

---

1 *Copernicus hanc praebuit lectionem* commutationis, vti iam dictum est, et commutationem ipsam. *Quod a Rhetico mutatum est in textum receptum* commutationis et ipsam eccentri anomaliam *NBAW* — 2. *Post* dictum est *Mspm addebat* et commutationem ipsam. — 4. auferuntur loco || **auferuntur a loco** *edd.* — 8. *Verba* CAP. XXXV *iu Ms desnnt.* — 9. *Infra hunc versum in Ms* ***invenitur signum*** ♎, *quod in fronte folii 197v vna cum inscriptione capitis repetitum sequentia ad* ***suum locum restituit.*** — 14. ipse *Ms.* — 15. diximus commutationem || commutationem diximus *NBAW* — 21 terra || terrae *NBA* — 23. perigaeam || perigaeum *edd.*

ad 13. A in margine Ptolem. lib. 12.

Quod si sectionis dimidia, quae in circulo, sicut dictum est, maiorem habuerit rationem ad reliquum exterius segmentum, quam velocitas terrae ad velocitatem Veneris vel Mercurij, siue motus aliquorum trium superiorum ad velocitatem terrae, progredietur sidus in consequentia, sin minor ratio fuerit, retrocedet in praecedentia.

Quibus demonstrandis assumit Apolonius lemmation quoddam, sed ad immobilitatis terrae hypothesim, quod nihilo secius etiam nostris congruit
198 principijs || in mobilitate telluris, quo propterea nos etiam utemur Et possumus ipsum pronunciare in hanc formam. Si triangulj maius latus ita secetur, vt vnum segmentorum non sit minus laterj sibi coniuncto, erit ipsius segmentj ad reliquum segmentum maior ratio quam angulorum ad ipsum latus sectum constitutorum ordine reciproco. Sit, inquam, trianguli ABC maius latus BC, in quo si capiatur CD non minus quam AC, aio, quod CD ad BD maiorem rationem habebit quam sub ABC angulus ad eum qui sub BCA angulum.

Demonstratur autem hoc modo. Compleatur enim parallelogrammum ADCE, et extensae BA et CE coincidant in F signo. Quoniam AE non est minor ipsi AC, centro igitur A distantiaque AE descriptus circulus per C transibit vel supra ipsum transeat modo per C, qui sit GEC. Cumque maius sit AEF triangulum ipsi AEG sectorj, minus autem AEC triangulum sectorj AEC, maiorem habet rationem AEF triangulum ad AEC quam AEG sector ad AEC sectorem. Sed ut AEF triangulum ad AEC, sic FE basis ad EC, maiorem ergo rationem habet FE ad EC quam sub FAE angulus ad EAC angulum. Sed ut FE ad EC, ita CD ad DB, aequalis enim est FAE angulus ipsi ABC,
180a qui vero sub EAC ipsi BCA Igitur | et CD ad DB maiorem habet rationem, quam sub ABC angulus ad eum, qui sub ACB. Manifestum est autem, quod multo maior erit ratio, si non aequalis assumatur CD ipsi AC, hoc est AE, sed maior illi ponitur

Esto iam circulus Veneris vel Mercurij ABC super D centro, et extra circulum terra E circa idem centrum D mobilis, et ex E visu nostro agatur per centrum circuli recta linea ECDA, sitque A remotissimus a terra locus, C proximus, et ponatur DC ad CE maiorem rationem habere quam motus visus ad velocitatem stellae. Possibile igitur est lineam inuenire EFB sic se habentem, ut dimidia BF ad FE rationem habeat, quam motus visus ad cursum stellae, ipsa enim EFB linea a

6. assumit *in NBAW post* quoddam *legitur.* — 8. in mobilitate || in immobilitate *Ms.* — 10. laterj || latere *AW* — 15. BCA angulum || BC angulum *B* — 17 Quoniam AE || Quoniam igitur AE *edd.* — 18. ipsi AC || ipsa AC *A* — igitur *A* || igitur C *B* — 20.—21 ipsi AEG sectorj || ipso AEG sectore *AW* — 21 autem AEC || autem AEF *B* — sectorj || sectore *AW* — 22. ad AEC || ad AEG *Ms NBAW*

centro D remota in FB minuitur et in EF || augetur, donec occurrat *198v* postulata. Dico, quod in F signo sidus constitutum stationis speciem nobis efficiet, et quantulamcumque desumpserimus ab utraque parte ipsius F circumferentiam, versus apogaeum quidem sumptam progressiuam inueniemus, ad perigaeum vero regressiuam.

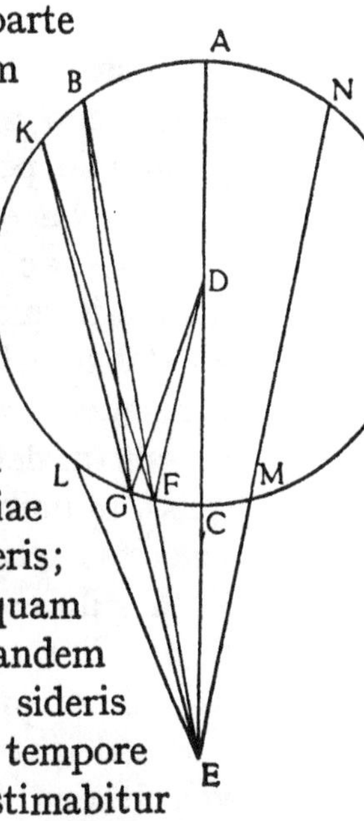

Capiatur enim primum versus apogaeum contingens FG circumferentia, et extendatur EGK, et connectantur BG, DG, DF. Quoniam igitur trianguli BGE maioris BE lateris maius est segmentum BF quam BG, maiorem rationem habet BF ad EF quam sub FEG angulus ad eum qui sub GBF angulum. Proinde et dimidia ipsius BF ad FE maiorem habet rationem quam sub FEG angulus ad duplum GBF angulj, id est GDF angulum, ratio autem dimidiae ipsius BF ad FE eadem est, quae motus terrae ad cursum sideris; minorem ergo rationem habet qui sub FEG angulus ad GDF quam velocitas terrae ad velocitatem sideris. Angulus igitur, qui eandem rationem habet ad FDG angulum quam motus terrae ad sideris cursum, maior est ipso FEG; sit igitur ipso aequalis FEL. In tempore igitur, quo GF circumferentiam orbis stella pertransit, existimabitur in eo visus | noster contrarium illius spatium pertransisse, quod est inter *180b* lineam EF et lineam EL. Manifestum, quod in eodem tempore, quo GF circumferentia ad visum nostrum sidus in praecedentia transtulit sub angulo FEG minore, telluris transitus retraxit eam in consequentia sub FEL maiore, adeo ut stella relicta adhuc sub GEL angulo et postposita non stetisse videatur.

Manifestum est autem, quod per eadem media demonstrabitur huius contrarium. Si in eadem descriptione ipsius GK dimidiam ad GE posuerimus habere rationem, quam habet motus terrae ad velocitatem planetae, circumferentiam vero GF perigaeum versus ab EK recta linea assumpserimus: connexa enim KF facienteque triangulum KEF, in quo GE designatur maior quam EF, minorem habebit rationem KG ad GE quam FEG angulus ad FKG. Sic quoque || dimidia ipsius KG ad GF minorem habet rationem *199*

3. quantulamcumque || quantulumcumque *NBAW.* — 5. perigaeum || apogaeum *Ms.* — 11.—12. BF ad FE || BF ad BE *MsNB.* — 18. ipso FEG || ipsi FEG *NBAW.* — ipso aequalis FEL || FEL aequalis *NBAW*; ipsi FEL aequalis *Th.* — 19. pertransit || pertransivit *edd.* — 20. pertransiisse *W.* — 20.—21. inter lineam EF et lineam EL || inter lineas BF et EL *NBAW.* — 21. eodem tempore || aequali tempore *NBAW.* — 22. sidus || stellam *NBAW.* — 22.—25. *Post* transtulit *Ms haec habet deleta*: secundum angulum FEG, qui tamen minor est ipsi EDF, in quo transportavit ipsum orbis suus in contrarium adeo vt ipsa stella postposita iam sit secundum GEL angulum et nondum iniciato regressu. — 23. angulo FEG || angulum FEG *NBAW.* — 24.—25. *Praeter* postposita non stetisse videatur *Ms alteram lectionem non deletam praebet*: et nondum initiata praecessione videretur. — 25. non stetisse || nondum stetisse *edd.* — 26.—27. huius contrarium || contrarium *NBAW.* — 32. KG ad GF *Ms et edd. lege* ad GE.

quam FEG angulus ad duplum ipsius FKG, hoc est ad GDF angulum, vicissim ut prius est demonstratum. Et colligetur per eadem, quod GDF angulus minorem habeat rationem ad FEG angulum quam stellae velocitas ad visus velocitatem. Itaque eandem habentibus rationem facto maiore ei qui sub GDF angulo maiorem quoque in praecedentia gressum, quam progressio poscit, stella perficiet.

Ex his etiam manifestum est, quod, si assumpserimus circumferentias aequales FC et CM, erit in M signo statio secunda; ducta siquidem linea EMN erit quoque mediata MN ad ME eadem ratio, quae velocitatis terrae ad stellae velocitatem, sicut erat dimidia BF ad FE, et idcirco F et M signa utrasque stationes comprehendent, totamque FCM circumferentiam regressiuam determinabunt et reliquam circuli progressiuam. Sequitur etiam, quod, in quibus distantijs non maiorem habuerit rationem DC ad CE quam velocitas terrae ad velocitatem stellae, neque possibile erit aliam rectam lineam ducere in ratione aequali huic, neque stare vel antecedere videbitur stella. Cum enim in triangulo DGE assumpta fuerit DC recta non minor ipsi EG, minorem rationem habebit CEG angulus ad CDG quam DC recta ad CE; sed ipsarum DC ad CE non est maior ratio quam velocitas terrae ad velocitatem stellae: minorem igitur rationem habebit etiam CEG angulus ad CDG quam velocitas terrae ad velocitatem stellae. Quod vbi contigerit,
181a progre|dietur stella, nec usquam in orbe planetae circumferentiam, per quam repedare videretur, inueniemus. Haec de Venere et Mercurio, qui intra orbem magnum sunt. De caeteris tribus exterioribus eodem modo demonstrabuntur, eademque descriptione (mutatis solum nominibus), vt ABC orbem magnum terrae ponamus ac visus nostri circulationem, in E vero stellam, cuius motus in orbe suo minor est quam visus nostri celeritas in orbe magno. Caeterum procedet demonstratio per omnia, quae prius.

CAP. XXXVI

QVOMODO TEMPORA, LOCA ET CIRCVMFERENTIAE REGRESSIONVM DISCERNVNTVR

199v Porro si iam orbes, quibus sidera feruntur errantia, essent homocentrj magno orbi, facile constarent, quae demonstrationes praecedentes pollicentur,

---

5. ei qui || eo qui *Th.* — 8. CM, erit in M || CL, erit in L *NBA.* — 8.—9. linea EMN || linea ELM *NBA.* — 9. mediata || mediatae *Th.* — MN ad ME || LM ad LE *NBA.* — 10. F et M signa || F et L signa *NBA.* — 11. totamque FCM || totamque FCL *NBA.* — 12.—13. etiam, quod || etiam *NBAW.* — 15.—16. videbitur stella || stella videbitur *NBAW.* — 16. DGE || DEG *edd.* — non minor || eo minor *NBAW.* — 18. velocitas terrae || velocitatis terrae *WTh.* — 24. eademque || ea denique *NBAW.* — 27. *Post* omnia *Mspm addit* ordine conuerso. — 31. orbes || orbis *NB.* — 32. praecedentes *omittunt edd*; praecaedentes *Ms.*

(eadem semper existente ratione celeritatis stellae ad visus celeritatem); sed eccentrj sunt, et exinde motus secundum apparentiam diuersi. Quam ob causam oportebit nos discretos adaequatosque motus ubique et eorum velocitatis differentias assumere, eisque in demonstrationibus vtj, et non simplicibus et aequalibus, nisi circa medias longitudines contingit esse stellam, ubi solummodo mediocrj motu ferrj videtur in orbe suo.

Ostendemus autem haec Martis exemplo, quo reliquorum etiam repedationes exemplo fient apertiores. Sit enim orbis magnus ABC, in quo visus noster versatur, stella autem in E signo, unde agatur per centrum orbis recta linea ECDA, et EFB; habueritque dimidia BF, hoc est GF, ad EF rationem quam velocitas stellae discreta ad velocitatem visus, qua stellam superat. Propositum est nobis comperire FC circumferentiam dimidiae retrocessionis siue ABF, vt sciamus, quantum stella destiterit a remotissimo ab A loco stationem faciens, atque angulum sub FEC comprehensum; ex his enim tempus et locum talis affectionis stellae praedicemus. Ponatur autem stella circa mediam absida eccentri, vbi motus longitudinis et anomaliae parum differunt ab aequalibus.

Cum igitur in stella Martis, quatenus mediocris eius motus fue|rit 181b pars vna 8, 7, hoc est linea GF, eatenus commutationis motus, id est visus nostri ad stellae mediocrem motum, colligitur partis vnius, et est EF recta, vt sit tota EB talium 3, 16, 14, et sub ipsis BEF compre- || hensum rectangulum 3, 16, 14. 200v Demonstrauimus autem, quod DA, quae ex centro orbis, sit 6580, qualium est DE 10000; sed qualium DE fuerit 60, erit AD talium 39, 29, et tota AE ad EC sicut 99, 29 ad 20, 31, et sub ipsis

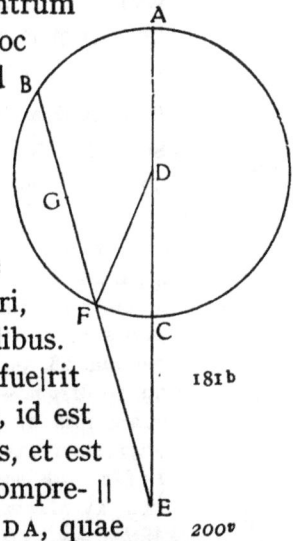

3. ubique et || ubique *edd.* — 5. contingit || contingat *edd.* — 7. *Post* haec *Ms habet deleta*: primum in tribus superioribus. — 8. *Post* exemplo *Ms habet deleta*: quod is prae ceteris pluri feratur inaequalitate. — 10. *Post* EFB *legitur in Mspm*: in quam perpendiculari DG cadente. — 10.—11. hoc est GF *in NBAW omissa sunt.* — 11.—12. velocitas stellae ... superat, *quorum loco Mspm habebat*: velocitas visus ad velocitatem stellae, qua auferatur. — 14. destiterit || distiterit *Th.* — 14.—15. ab A loco || AB, a loco *NBA.* — 17.—18. Ponatur ... aequalibus: *Haec verba legebantur in Mspm post verbum* superat *et ante* Propositum. *Et post* aequalibus *additum erat* secundum visum. — 20. linea GF || medietas lineae BF *NBAW.* — 21. partis vnius || partium 2880 *Mspm*; *deinde supra versum et in margine* 8808; *in margine etiam* scr. 52, sec. 51. — 22. talium 3, 16, 14 *ex* 20, 80, 8; 2, 52, 51 *Ms*; ipsis BEF: *lege* BE. EF, *quod habent AWTh.* — 23. rectangulum 3, 16, 14 *ex* 2, 32, 15 *Ms.* — rectangulum totidem partium III, XVI, XIIII *NBAW.* — quae || quo *AW.* — 25. AD talium || ad talium *N*; talium *A.* — 23. *Tum in Mspm sequitur pagina deleta haec*: Demonstratum est autem, || quod DA, quae ex centro orbis, sit partium 200 6580, qualium est DE 10000: erit tota EA, 16580, et reliqua EC 3420, et sub ipsis AEC (a) comprehensum rectangulum 56703600, cui est aequale, quod sub BEF (b); sed et BE ad EF rationem habent datam, secundum quam datur, quod sub EBF (c), cui aequale est id, quod sub AEC, nempe 56703600 (d) ad id quod ab EF (e). Habebimus ergo et EF longitudine in partibus 4164,

a) AEC *lege* AE · EC. — b) BEF *lege* BE · EF. — c) EBF *lege* EB · BF. — d) 56703600 *ex* 56603600 *Ms.* — e) ad id quod ab EF *omisit Th.*

comprehensum rectangulum 2041, 4, cui intelligitur aequale, quod sub BEF. Quae igitur ex parabola procreantur, facta inquam diuisione ipsorum 2041, 4 per 3, 16, 14, proueniunt nobis 624, 4, et latus eius 24, 58, 52, quod est EF, in partibus, quibus proponebatur 60 DE, qualium autem fuerit 10000, erit ipsa EF 4163, 5, qualium est etiam DF 6580.

Triangulj igitur DEF datorum laterum habebimus DEF angulum partium XXVII, scrupulorum XV, qui angulus est regressionis sideris, et angulum CDF anomaliae commutationis partium XVI, scrupulorum L. Cum igitur ad primam stationem sidus apparuerit in EF linea, et ipsa stella acronyctus in EC, si nequicquam moueretur stella in consequentia, ipsae CF circumferentiae partes 16, 50 comprehenderent regressionis partes inuentas XXVII, 15 sub AEF angulo (sed penes expositam rationem velocitatis stellae ad velocitatem visus) respondent ipsis anomaliae commutationis sectionibus XVI, L longitudinis stellae partes XVIIII, 6, 39 fere, quibus ablatis

---

1. sub BEF, *lege* BE·EF *AWTh*; BEF *NB*. — 3. 4 per 3, 16, 14 || 4 per 2, 32, 15 *Mspm*, 4 part. 3, 16, 14 *AW* — 624, 4 || 804, 21, 40 *Mspm*. — 24, 58, 52 *ex* 28, 35, 2, 24, 54, 7 *Ms*. — 4. proponebatur || proponebantur *W* — 4.—5. in partibus ... 6580 || quae multiplicata in expositam rationem FG et EF linearum ipsam quidem FG facit ad expositas ED et DF magnitudines partium 28, 35, 2, ipsam vero EF partium 25, 10, 40, quarum DE est 60, qualium est etiam DF 39, 29 *Mspm*. — 5. 4163, 5 || 4764, *deinde* 4150, 4 *Mspm*, et pro ratione data GF ad FE dabitur etiam ipsa EF 7196, qualium est etiam DF 6580 *Mspm*. — 6. igitur DEF || igitur DHF *B*. — 7. partium XXVII, scrupulorum XV *ex* partium XVIII scrup. X *Ms*; XV *ex* XXXV, *super* XV scribit 15 *Ms*. — 8. scrupulorum L *ex* scrup. IXL, sec. XXXIIII *Ms*. — 11. partes 16, 50 || partes XVII, IXL, XV *Mspm*. — 12. XXVII, 15 || XXVII, XXXVI *Mspm*. — 14. XVI, L || XVI, IXL, XXXIIII *Mspm*. — XVIIII, 6, 39 || XVIII, LV, XXXIIII *Mspm*, *ibidem post* fere *legitur* et dies, sub quibus ipsae conficiuntur, XXXVI et modico plus.

---

qualium est DE 10000, qualium est etiam DF 6580 (a). Proinde triangulj DEF datorum laterum dantur angulj FED partium XXVII, scrupulorum III, FDE XVII, II, hinc ABF (b) circumferentia anomaliae CLXII, LVIII ad primam stationem. Cui dum adiecerimus (c) duplum FC, habebimus pro secunda ab A sumptam (d) circumferentiam partes CXCVII, scrupula II per FC vero circumferentiam sciemus, quanto tempore pertransierit a statione prima ad acronyction (e), quod est C, quod duplatum ostendit nobis totum regressionis tempus. Haec in longitudinibus eccentrj medijs, secundum vero quae in maxima fiunt distantia supputationes prosthaphaeresis, quae vni gradui congruit, efficit, vt motus stellae discretus ad motus visus siue anomaliae commutationis discretum, hoc est GF linea (f) ad EF lineam, rationem habeat vt 10000 ad 8917, et tota BE ad EF vt 28917 (g) ad 8917. Et quoniam demonstrata est DE partium 10960, qualium AD 6580 qualium igitur DE fuerit 10000, erit ipsa AD 6004, et tota AE 16004 cum reliqua EC 3996 comprehendens orthogonium 63963984 deficiens a quadrato, quod ab EF, pro ratione ipsius BE ad EF habebimus igitur EF longitudine 4441, qualium est DE 10000 siue DF 6004. Habemus ergo rursus triangulum DEF datorum laterum, et angulos (h) igitur *In fine paginae invenitur verbum* Verte, *tum in altera facie, quae in textu sequuntur, scripta sunt.*

---

a) *Post* 6580 *Ms habet hos versus deletos* et reliquam totam EB part. 13618 et reliquam GF 4727. Proinde trianguli DFG datis lateribus DF, FG et angulo G recto habebimus angulum FDG part. XXXIX, scrup. XV — b) hinc ABF || hinc *Th*. — c) adiecerimus || adiiciemus *Th*. — d) sumptam circumferentiam || sumpta circumferentia *Th*. — e) acronyction || acronychion *Th*. — f) linea ad EF lineam || lineam ad EF lineam sit *Ms*. — g) 28917 *lege* 28918, 28917 *Th*. — h) angulos || angulus *Th*.

a xxvii, 15 relinquuntur ab altera stationum ad acronyction partes viii, scrupula 8, et dies 36½ fere, sub quibus partes illae longitudinis conficiuntur xviiii, || vi, xxxix ac deinde totam regressionem partes 16, 16 sub diebus lxxiii. *201*

Haec in longitudinibus eccentri medijs, quae similiter in alijs locis demonstrantur, sed adhibita stellae discreta semper velocitate, prout locus ipse dederit, ut diximus.

Proinde et in Saturno, Ioue, Marte patet idem demonstrationis modus, nec minus in Venere et Mercurio, dummodo pro stella visum et pro visu

---

1. a XXVII, 15 || a XXVII, XXXVI *Mspm.* — acronyction || acronycton *NBAW.* — 2. scrup. 8 *ex* XL, sec. XXVI *Ms.* — 36½ fere || XXXVI vel paulo plus *Mspm*; XXXVI s. fere *edd.* — 3. XVIIII, VI, XXXIX || XVIIII, LV, XXIIIII (*sic!*) *Mspm.* — 16, 16 || XVII, XX, LII *Mspm.* — LXXIII *ex* LXXII et quarta fere *Ms.* — 4. *Quae post* medijs *sequuntur in Mspm aliter legebantur, et quae editiones praebent, in margine Ms scripta sunt. Versus obliterati hi sunt:* || Secundum vero quae (a) in maxima fiunt distantia supputationes, prosthaphaeresis, quae motus aequales retardat, efficit, vt motus stellae discretus ad motum visus siue anomaliae (b) commutationis discretum (c), hoc est GF linea ad EF lineam, rationem habeat, quam scrupula prima 46, secunda 20, tertia 6 ad partem vnam, et tota BE ad EF vt 2, 32, 40 ad vnum (d), atque sub ipsis BEF (e) comprehensum rectangulum idem (f) 2, 32, 40. At quoniam ostensum est, quod in summa abside DE sit partium 10960, quarum DA fuerit 6580: qualium igitur ipsa DE fuerit partium 60, talium erit DA 36, 1, 20, vt tota AE fiat 96, 1, 20 et reliqua EC (g) 23, 58, 40, et sub ipsis AEC (h) comprehensum 2302, 23, 58. Quae cum diuisa fuerint per 2, 32, 40, prodeunt 904, 51, 12 et latus eius 30, 4, 51, et est linea EF, qualium erat partium DE 60, sed qualium fuerit 100000, ipsa EF 50135, qualium est etiam DF 60037. Trianguli igitur DEF datorum laterum omnium dantur angulj, DEF partium XXVII, XVIII, 40 circa regredientis stellae velocitatem, et EDF partium XXII, 9, 50 circa anomaliam commutationis visus. Quibus adijcientibus secundum apogaei rationes discretae longitudinis partes XVII, 19, 3, aequalis vero motus partes XX, LVIIII, 3, conijcitur dimidia regressio partium IX, LIX, 37 sub diebus XL proxime, tota vero repedatio partium XIX, LIX, XIIII et dies LXXX. *201*

Circa perigaeum quoque similiter ratiocinabimur vbi motum stellae (i) discretum ad motum visus discretum inuenimus habere rationem quam 1, 50, 40 ad vnum, in qua ratione sunt GF ad FE, et idcirco sub ipsis BEF (k) comprehensum rectangulum 4, 41, 21. Sed DE linea demonstrata est partium 9040, || qualium AD 6580; qualium igitur DE fuerit partium LX, talium est AD 43, 40, 21; et tota AE 103, 40, 21, et reliqua CE 16, 19, 39. Hinc comprehensum sub ipsis AEC (l) rectangulum 1672, 42, 52, cuius facta partitione per 4, 41, 21 prouenient 360, 59, 1 (m), et latus ipsum, quod EF est 18, 59, 58 (n), quibus est DE 60. Sed qualium DE fuerit 100000, talium EF est partium 31665 (o), qualium est etiam DF 72787 (p). Trianguli igitur DEF (q) datorum laterum omnium dantur anguli, DEF partium 25, 45, 16 (r), stellae commutatio, qua retrocedit, et EDF 10, 53, 13 (s), quo (t) visus distat ab acronycto et medio regressionis. Sed in tempore, quo visus pertransit FC (u) circumferentiam partium 10, 53, 13 (v), stella secundum discretum motum permeat partes XIX, XLIIII, LVIII, aequali (w) vero partes XVI, XVII, XXI relicta regressionis medietate partium VI fere sub diebus XXXI et duodecima parte, et tota regressio colligitur partium XII, scrupuli I quasi sub LXII diebus et sexta. — 8. pro stella, pro visu || per stellam, per visum *Th.* *201v*

---

a) quae || quod *Th.* — b) anomaliae || anomaliam *Th.* — c) discretum || discretam *Th.* — d) vnum || unam *Th.* — e) BEF || *lege* BE · EF; *sic Th.* — f) idem || item *Th.* — g) EC *deest in Ms.* — h) AEC *lege* AE · EC; *sic Th.* — i) stellae *deest in Ms.* — k) BEF *lege* BE · EF; *sic Th.* — l) AEC *lege* AE · EC; *sic Th.* — m) *Pro* 360, 59, 1 *legebatur antea* 366, 43, 7. — n) *loco* 58 *legebatur* 13 *Ms.* — o) 31665 *pro deleto* 31478 *Ms.* — p) 72787 *pro deleto* 7279 *Ms.* — q) DEF *deest in Ms.* — r) 25, 45, 16 *legis pro* XXVI, XXVI, 52 *Ms.* — s) 10, 53, 13 *pro deletis* X, XXXVIII, 54 *Ms.* — t) quo *est superscriptum voci* quantum *Ms.* — u) FC || FE *Th.* — v) *pro* 10, 53, 13 *legebas* 10, 38, 54 *Ms.* — w) aequali || (secundum) aequalem *Th.*

stellam capiamus. Accidunt nimirum conuersa hic in orbibus, qui terra ambiuntur, ab iis, qui terram ambiunt, et idcirco, ne eandem cantilenam idemtidem repetamus, ista sufficiant.

Verumtamen, cum non paruam afferat difficultatem variabilis ille stellae motus secundum visum et stationum ambiguitatem, a quibus neutiquam releuat nos illud Apolonium assumptum, haud scio, si non melius fecerit aliquis simpliciter et de proximo loco inquirendo stationes eo modo, quo acronycti sideris ad lineam medij motus Solis inquirimus coniunctionem siue quorumlibet siderum coitum ex numeris motuum notis eos coniungentes, quod relinquimus cuiusque placito.

---

1. hic || haec *edd.* — orbibus || orbis (= orbibus ?) *Ms.* — qui || quae *Th.* — 2. iis || his *NBAW*; iis *Ms.* — qui || quae *Th.* — 4.—5. ille stellae motus || illae stellae motus *NBA.* — 6. releuat || revelat *B.* — illud *desideratur in NBAW.* — 10. cuiusque || cuiuslibet *edd.*

Finis quinti libri Revolutionum *addunt NBW*; Finis libri quinti Revolutionum *addit A.*

NICOLAI COPERNICI 182a

REVOLVTIONVM

LIBER SEXTVS

Prooemium

Quam vim effectumque habeat assumpta reuolutio terrae in motu *188v* apparente longitudinis errantium siderum, et in quem ea omnia cogat ordinem, nempe certum et necessarium, pro posse nostro indicavimus. Reliquum est, vt circa transitus illorum syderum, quibus in latitudinem digrediuntur, occupemur ostendamusque, quomodo etiam in his eadem terrae mobilitas exercet imperia, legesque praescripserit illis etiam in hac parte. Est autem et haec pars scientiae necessaria, quod digressiones ipsorum siderum haut paruam efficiunt circa ortum et occasum, apparitiones, occultationes atque alia, quae in vniversum superius exposita sunt, differentiam. Quin etiam vera loca ipsorum tunc cognita dicuntur, quando longitudo simul cum latitudine a signorum circulo constiterit. Quae igitur prisci mathematicj hic etiam per stabilitatem terrae demonstrasse ratj sunt, eadem per assumptam eius mobilitatem maiorj fortasse compendio, ac magis apposite facturj sumus.

Cap. I

De in latitvdinem digressv qvinqve errantivm expositio generalis

Duplices in omnibus his latitudinis expatiationes inuenerunt prisci, duplici cuiusque ipsorum longitudinis inaequalitatj respondentes, et aliam fieri occasione orbium eccentrorum, aliam penes epicyclos, quorum loco epicyclorum vnum orbem terrae magnum (iam sepe repetitum) accepimus. Non quod orbis ipse aliquo modo declinet a signiferi plano semel in perpetuum obtento, cum idem sint, sed quod orbes illorum siderum ad hoc

5. habeat || haberet *edd.* — 7. pro posse nostro indicavimus || pro eo, ac potuimus, indicavimus *NBAW*. — indicavimus || indicamus *Ms.* — 10. praescripserit || praescripsit *edd.* — 11. haec || hec *Ms.* — 13. superius || supra *edd.* — 19. *Numeri capitum in libro VI. a Copernico non indicantur nisi cap.* II *et* III. — 22. cuiusque || cuiusquam *edd.* — 23. fieri || fueri *Ms.*

182b inclinen|tur obliquitate non fixa; quae quidem varietas ad motum ac
189 reuolutiones orbis magni terrae reguletur. Quoniam || vero tres superiores, Saturnus, Iupiter et Mars, alijs quibusdam legibus feruntur in longitudinem quam reliqui duo, ita quoque in latitudinis motu non parum differunt. Scrutati sunt igitur primum, vbinam essent et quantj illorum extremi limites boraeae latitudinis, quos inuenit Ptolemaeus in Saturno et Ioue circa principium Librae, in Marte vero circa finem Cancrj in apogaeo propemodum eccentrj.

Nostris autem temporibus inuenimus hos terminos septemtrionales Saturno in septimo Scorpij, Ioui in XXVII. Librae, Marti in XXVII. Leonis, prout etiam apogaea ad nos usque permutata sunt; ipsum namque motum orbium illorum inclinationes et cardines latitudinum sequuntur. Inter hos terminos per quadrantes circulorum secundum distantias aequatas siue apparentes nullum prorsus videntur facere latitudinis abscessum, vbicumque contigerit tunc esse terram. In his ergo medijs longitudinibus intelliguntur esse in sectione communi suorum orbium cum signifero non aliter quam Luna in sectionibus eclipticis, quas hic vocat Ptolemaeus nodos, ascendentem, a quo stella partes ingreditur septemtrionales, descendentem, quos transmigrat in austros. Non quod orbis terrae magnus idem semper in plano signiferi manens latitudinem eis adducat aliquam, sed omnis latitudinis digressus ex illis est, qui in alijs ab his locis plurimum variat, quibus appropinquante terra, quando Soli videntur oppositi et acronycti, maiori semper excurrunt abscessu quam in quacumque alia terrae positione: in hemicyclio boraeo in boream, in austrino in austrum, idque maiori discrimine, quam terrae accessus et recessus postulat. Qua occasione cognitum est incljnationem illorum orbium non esse fixam, sed quae mutetur quodam librationis motu reuolutionibus orbis magni terrae commensurabilj, vt paulo inferius dicetur.

Venus autem et Mercurius alijs quibusdam modis videntur excurrere,
189v certa tamen lege obseruata ad absidas medias, || extremas et infimas. Nam in medijs longitudinibus, quando videlicet linea medij motus Solis per quadrantes distiterit a summa vel infima illorum abside, ipsaeque stellae ab eadem linea medij motus abfuerint per quadrantes suorum orbium vesper|-
183a tini vel matutinj, nullum in eis inuenerunt ab orbe signorum abscessum, per quod intellexerunt eos tunc esse in sectione communi orbium signorum et signiferj, quae sectio transit per illorum apogaea et perigaea, et idcirco superiores vel inferiores respectu terrae existentes egressiones tunc faciunt

---

18. partes ingreditur || ingreditur partes *NBAW*. — 19. quos || quo *edd.* — 20. manens || manes *W*. — 21. *Pro* in alijs *Th proponit* in mediis. — 22. appropinquante terra || appropinquanti terrae *NBAW*. — et || ac *edd.* — 33. motus || motu *Ms.* — 34. signorum || singulorum *WTh.*

manifestas, maximas vero in summa a terra distantia, hoc est, circa emersionem vespertinam vel matutinam occultationem, vbi Venus maxime boraea videtur, Mercurius austrinus.

Ac alternatim in propinquiori terrae loco, quando vespertini occultantur vel emergunt matutinj, Venus austrina est, Mercurius boraeus. Viceversa in loco huic opposito existente terra, atque in altera abside media, dum videlicet anomalia eccentri fuerit partium CCLXX, apparet Venus in maiori a terra distantia austrina, Mercurius boraeus, ac circa propinquiorem terrae locum Venus boraea, Mercurius austrinus. In conuersione vero terrae ad apogaea horum siderum inuenit Ptolemaeus Veneri matutinae latitudinem boraeam, vespertinae austrinam; id quoque vicissim in Mercurio, matutino austrinam, vespertino boraeam. Quae similiter in opposito perigei loco conuertuntur, vt Venus Lucifer austrina videatur, Vesperugo boraea, at Mercurius matutinus boraeus, vespertinus austrinus. Atqui in his utrisque locis inuenerunt Veneris abscessum boraeum semper maiorem quam || au- *190*
strinum Mercurij maiorem austrinum quam boraeum. Qua occasione duplicem hoc loco rationatj sunt latitudinem, et tres in vniversum. Primam, quae in medijs longitudinibus, inclinationem vocarunt; alteram, quae in summa ac infima abside, obliquationem; ac reliquam huic coniunctam deuiationem, Veneri boraeam semper, Mercurio austrinam. Inter hos quatuor terminos inuicem commiscentur, ac alternatim crescunt et decrescunt mutuoque cedunt, quibus omnibus conuenientes assignabimus occasiones.

Cap. II

Hypotheses circvlorvm, qvibvs hae stellae in latitvdinem fervntvr

Assumendum est igitur in his quinque stellis, orbes eorum ad planum signiferi inclinarj, quorum sectio communis sit per diametrum ipsius signiferi, inclinatione | variabilj, sed regularj, quoniam in Saturno, Ioue et 183b
Marte angulus sectionis in sectione illa tamquam axe librationem quandam accipit, qualem circa praecessionem aequinoctiorum demonstrauimus, sed simplicem et motui commutationis commensurabilem, sub quo augetur et minuitur certo interuallo, vt, quotiescumque terra proxima fuerit planetae, nempe acronycto, maxima contingat inclinatio orbis planetae, in opposito minima, in medio mediocris: vt, cum fuerit planeta in limite maximae latitudinis boraeae siue austrinae, multo maior apparet eius latitudo in

2. matutinam occultationem|| occultationem matutinam *NBAW*. — 17. rationatj *lege* ratiocinati. — 24. Hae || heae *Ms.* — 31. terra || terrae *Ms.* — 32. inclinatio orbis planetae || orbis planetae inclinatio *NBAW*.

propinquitate, terrae, quam eius maxima distantia. Et quamvis haec sola possit esse causa huiusce diuersitatis, inaequalis terrae distantia, secundum quod propinquiora maiora videntur remotioribus: sed maiori differentia excrescunt deficiuntque harum stellarum latitudines, quod fieri non potest, nisi etiam orbes illorum in obliquitate sua librentur. Sed ut antea diximus, in his, quae librantur, oportet medium 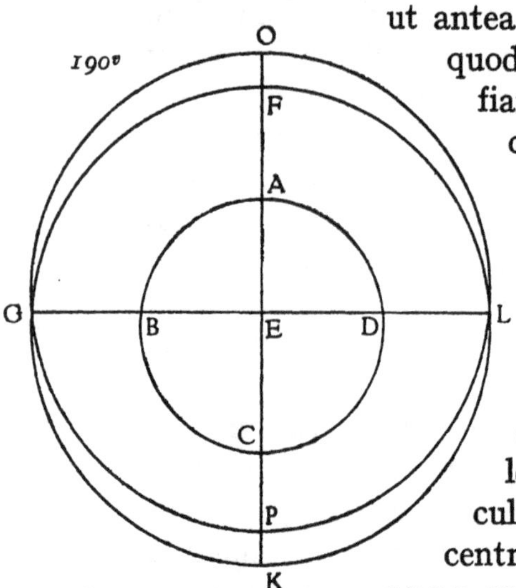
190v quoddam || extremorum accipere. Quae ut apertiora fiant, sit orbis magnus, qui in plano signiferi, ABCD, centrum habens E, ad quem inclinis sit orbis planetae, qui sit FGKL, mediae ac permanentis declinationis, cuius limes latitudinis boraeus F, austrinus K, descendens sectionis nodus G, ascendens L, sectio communis BED, quae extendatur in rectas lineas GB, DL, qui quidem quatuor termini non mutentur, nisi ad motum absidum. Intelligatur autem, quod motus stellae longitudinis non feratur sub plano ipsius FG circuli, sed sub alio quodam obliquo ipsi FG homocentro, qui sit OP, qui se inuicem secent in eadem |
184a GBDL recta linea. Dum ergo stella sub OP orbe feratur, et ipse interdum motu librationis coincidens ipsi FK plano transmigrat in utrasque partes, facitque ob id latitudinem apparere variam. Sit enim primum stella in maxima latitudine boraea sub O signo proxima terrae in A existentj, excrescet tunc ipsa latitudo stellae penes angulum OGF maximae inclinationis OGP orbis. Cuius motus accessus et recessus, quia motui commutationis commensurabilis existit per hypothesim: si tunc terra fuerit in B, congruet O in F, et minor apparebit stellae latitudo in eodem loco quam prius; multo etiam minor, si terra in C signo fuerit. Transmigrabit enim O in extremam et diuersam librationis suae partem, et relinquet
191 tantum, quantum a libratione || ablatiua latitudinis boraeae superfuerit, nempe ab angulo aequali ipsi OGF. Exinde per reliquum hemicyclium CDA crescet latitudo stellae boraea existentis circa F, donec ad primum A signum redierit, vnde exiuerat.

Idem processus atque modus erit in stella meridiana circa K signum constituta, sumpto a C terrae motus exordio. Quod si stella in altero G

1. quam eius || quam in eius *Th.* — 2. possit || posset *edd.* — 7. *Post* accipere *in Mspm hi versus leguntur deleti*: Quae ut apertiora fiant, assumendum est in his quinque stellis orbes eorum ad planum signiferi inclinari, quorum sectio communis in cuiuslibet (a) sit per diametrum ipsius signiferi, inclinatione variabili, sed regulari qui. — 9. inclinis || inclinus *edd.* — 21. ipse || ipsi *NBAW.* — 23. signo || signi *Ms.* — 24. excrescet || et excrescet *edd.* — 32. boraea || boreae *BTh.* — 32.—33. *Verba* existentis ... redierit *in B desunt.*

a) cuiuslibet || cuilibet *Th.*

vel L nodo fuerit, acronyctus vel sub Sole latens, quamuis tunc plurima inclinatione destiterint inuicem orbes FK et OP, nulla propterea latitudo stellae sentietur, vtpote quae sectionem orbium communem tenuerit. Ex quibus (arbitror) facile intelligitur, quomodo latitudo planetae borea decrescat ab F ad G, et austrina a G ad K augeatur, quae ad L tota euanescit transeatque in septemtriones.

Et tres illi superiores hoc modo se habent. A quibus, vt in longitudine, sic in latitudinibus non parum differunt Venus et Mercurius, quod sectiones orbium communes per apogaea et perigaea habeant collocatas. Eorum vero maximae inclinationes ad medias absidas conuertuntur libramento mutabiles, vt illorum superiorum, sed aliam insuper hij librationem subeunt priorj dissimilem. Ambae tamen reuolutionibus telluris sunt commensurabiles, sed non vno modo. Nam prima libratio hoc habet, quod reuoluta semel terra ad illorum absides motus librationis ipse bis reuoluitur, axem habens permanentem sectionem, quam diximus, per apogaea et perigaea, vt, quotiescumque linea medij motus Solis fuerit in perigeo siue apogaeo illorum, maximus accidat angulus sectionis, in medijs autem longitudinibus minimus semper.

Secunda vero libratio huic superveniens differt ab illa in eo, quod 184b
mobilem axem habens efficit, ut in media longitudine constituta terra siue Veneris siue Mercurij planeta semper sit in axe, id est in sectione communi huius libramentj, maxime vero deuius, quando apogaeum vel perigaeum eius respexerit terra, Venus in boream semper (ut dictum est), Mercurius in austrum; cum tamen propter priorem ac simplicem inclinationem latitudine || tunc carere debuissent. *191v*

Vt exempli gratia, dum medius Solis motus fuerit ad apogaeum Veneris, et ipsa in eodem loco, manifestum est, quod secundum simplicem inflectionem primamque librationem in communi sectione sui orbis cum plano signiferi nullam tunc admisisset latitudinem; sed secunda libratio deuiationem suam superinducit ei maximam, habens sectionem siue axem per transuersum diametrum orbis eccentri, secans eam, quae per summam ac infimam absida, ad angulos rectos. Si vero eodem tempore fuerit in alterutro quadrante, ac circa absidas medias sui orbis, tunc axis huius libramenti congruet cum linea medij motus Solis, et ipsa Venus addet reflectioni boraeae deuiationem maximam, quam austrinae reflectioni auferet, minoremque relinquet.

---

4. (arbitror) || ut arbitror *NBAW.* — 5. euanescit || evanescat *Th.* — 9. et perigaea habeant || habeant et perigaea *NBAW.* — 14. ipse || ipsae *NBAW.* — 19. differt ab illa in eo, quod *legitur pro* variat ipsam *Mspm.* — 20. habens efficit || habens, efficitque *Ms*; habet efficitque *Th.* — 22. *Post* quando *in Ms* ad *deletum est.* — 23. terra || terram *NBAW.* — 27. inflectionem || inflexionem *edd; et sic saepius.* — 30. transuersum || transversam *edd.* — 35. *Post* relinquet *Mspm habet haec deleta*: Est autem et haec libratio motui terrae commensurabilis, vt, dum linea medij motus Solis fuerit per apogeum vel perigaeum planetae, sit ipse tunc maxime deuius, in quacumque parte fuerit sui orbis constitutus, circa medias autem absides deuiatione carebit.

Atque hoc modo libratio deuiationis motui telluris commensuratur. Quae ut etiam facilius capiantur, repetatur orbis magnus ABCD, orbis Veneris vel Mercurij eccentrus et obliquus ad ABC circulum secundum inclinationem aequalem FGKL, horum sectio communis FG per apogaeum orbis, quod sit F, et perigaeum G. Ponamus primum comodioris causa demonstrationis ipsius GKF orbis eccentrj inclinationem tamquam simplicem et fixam, vel, dum placet, mediam inter minimam et maximam,
185a nisi quod F|G sectio communis secundum perigaei et apogaei motum permutetur In qua dum fuerit terra, nempe in A vel C, atque in eadem linea planeta, manifestum est, quod nullam tunc faceret latitudinem, quando omnis latitudo a lateribus est, in hemicyclijs GKF et FLG, quibus planeta in boraeam vel austros facit abscessus (ut dictum est) pro modo inflectionis ipsius FKG circuli ad zodiacj planum. Vocant autem hunc planetae digressum obliquationem, alij reflexionem. Cum vero terra fuerit in B vel D, hoc est ad medias absidas planetae, erunt eaedem latitudines superius et inferius ||
192 FKG et GLF, quas vocant declinationes. Itaque nomine potius quam re differunt a prioribus, quibus etiam nominibus in locis medijs commiscentur

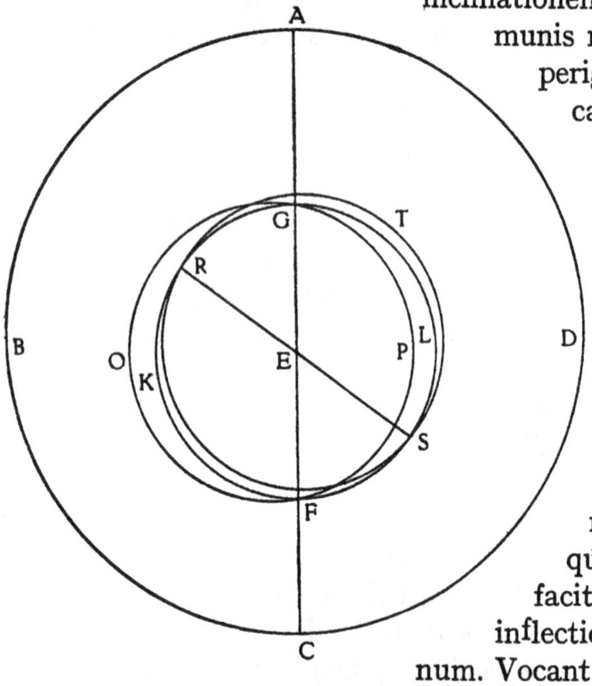

Sed quoniam angulus inclinationis horum circulorum in obliquatione reperitur esse maior quam in declinatione, intellexerunt per quandam librationem id fieri, inflectentem se in FG sectione tamquam axe, vti dictum est in superioribus. Cum igitur utrobique talem sectionis angulum notum habuerimus, facile ex eorum differentia intelligeremus, quanta fuerit ipsa libratio a minima ad maximam. Intelligatur iam alius circulus deuiationis, obliquus ipsi GKFL, homocentrus quidem in Venere, eccentrus autem eccentri in Mercurio, vt postea dicetur, quorum sectio communis sit RS tamquam axis huius librationis in circuitum mobilis, ea ratione, vt, dum terra in A vel B fuerit, planeta sit in extremo limite deuiationis, vbicumque fuerit, ut in T signo, et quantum ex A terra progressa fuerit, tantum planeta

1 motui || motus *N* — 2. capiantur || capiatur *edd.* — 4. FGKL || FG, KL *NBAW*, FGK *Th.* — 20. abscessus || accessus *edd.* — 24. eaedem || eadem *W* — superius et inferius || supra et infra *NBAW* — 36. in circuitum || in circuitu *NBAW* — 38. fuerit, ut in T signo || ferit in T signo *NBAW*

subintelligatur a T remouerj, decrescente interim obliquitate circuli deuiationis, vt, dum terra emensa fuerit quadrantem AB, intelligatur planeta ad nodum peruenisse huius latitudinis, id est in R. Sed coincidentibus tunc planis in medio librationis momento ac in diuersa nitentibus, reliquum hemicyclium deuiationis, quod prius erat austrinum, erumpit in boraeam, in quod succedens Venus austro neglecto septemtriones repetit, numquam appetitura austrum per hanc librationem, sicut Mercurius contrarias sectando partes austrinus permanet, qui etiam in eo differt, quod non in homocentro eccentri, sed eccentri eccentro libratur. Pro quo circa longitudinis motum epicyclio usi sumus in inaequalitatis demonstratione. Verum quoniam illic longitudo sine latitudine, hic lati|tudo sine longitudine consi- 185b deratur, quae dum vna eademque reuolutio comprehendat pariterque reducat, satis apparet vnum esse motum eandemque librationem, quae potuit vtramque varietatem efficere, eccentra et obliqua simul existens, nec aliam praeter hanc, quam modo diximus, hipothesim, de qua plura inferius.

Cap. III

Qvanta sit inclinatio orbivm Satvrni, Iovis et Martis 192v

Post hypotheses digressionum quinque planetarum expositas ad res ipsas descendendum nobis est discernendaque singula, atque imprimis, quantae sint singulorum circulorum inclinationes, quas per eum, qui per polos est circulj inclinatj, et ad rectos angulos ei, qui per medium signorum est descriptus, maximum circulum ratiocinamur, ad quem secundum latitudinem transitus considerantur. His enim perceptis via cognoscendarum cuiusque latitudinum aperietur. Incipientibus iterum a tribus superioribus, † quo in extremis limitibus latitudinum austrinis expositione Ptolemaica patent abscessus Saturni acronycti gradus III, scrupula V, Iouis gradus duos, scrupula VII, Martis gradus VII; in locis autem oppositis, dum videlicet Soli commeant, Saturnj graduum II, scrupulorum III, Iouis gradus I, scrupulorum V, Martis scrupulorum dumtaxat V, adeo ut pene contingat signorum circulum, prout ex eis, quae circa occultationes illorum et emersus obseruauit, latitudinibus licebat animaduertere.

---

4. diuersa || diversum *NBAW*; contrarias partes *Mspm.* — 5. austrinum || austrinam *W.* — 9. *Qui hic sequitur finis capitis in Mspm hoc modo legebatur:* Vt circa motum longitudinis eius demonstrauimus. Atque || illic longitudinem sine latitudine, hic latitudinem sine longitudine, 192v cum sit idem motus eademque libratio vtramque producens varietatem, vt licet animaduertere. — 12. quae dum vna || quae tum una *NBAW.* — 15. inferius || infra *NBAW.* — 23. perceptis || praeceptis *AW.* — 25. quo || quod *Th.* — 27. *Post* Martis gradus VII *Mspm adiungit:* scrupula VII. — 28. commeant || commeat *B.* — scrupulorum III || scrupulorum II *edd.* — 29. dumtaxat V *emendatum ex* IV *Ms.* — 31. licebat || licebit *AW.*

Quibus ita propositis esto in plano, quod fuerit ad rectos angulos signorum circulo et per centrum, sectio communis zodiaci AB, eccentri vero cuiuslibet trium CD per maximo austrinos et boraeos limites, centrum quoque zodiacj E, et magni orbis terrae dimetiens FEG. Sit autem D austrina latitudo, C boraea, quibus coniungantur CF, CG, DF, DG.

193 Iam vero superius circa singulos demonstratae sunt rationes EG, orbis magni terrae, ad ED eccentri planetae ad quaelibet loca eorum proposita. Sed et maximarum latitudinum loca data sunt ex obseruationibus. Cum ergo BGD angulus maximae latitudinis austrinae datus fuerit, exterior triangulj EGD, dabitur etiam per demonstrata triangulorum planorum interior et oppositus angulus GED, inclinationis eccentrj maximae austrinae ad zodiacj planum. Similiter per minimam latitudinem austrinam demonstrabimus minimam inclinatio-
186a nem, vtputa per angulum | EFD. Quoniam trianguli EFD datur ratio laterum EF ad ED cum angulo EFD, habebimus angulum exteriorem datum GED minimae inclinationis austrinae, hinc per differentiam vtriusque declinationis totam librationem eccentri ad zodiacum. Quibus etiam angulis inclinationum latitudines boreas oppositas ratiocinabimur, quales videlicet fuerint anguli AFC et EGC, qui si obseruatis consenserint, nos minime errasse significabunt.

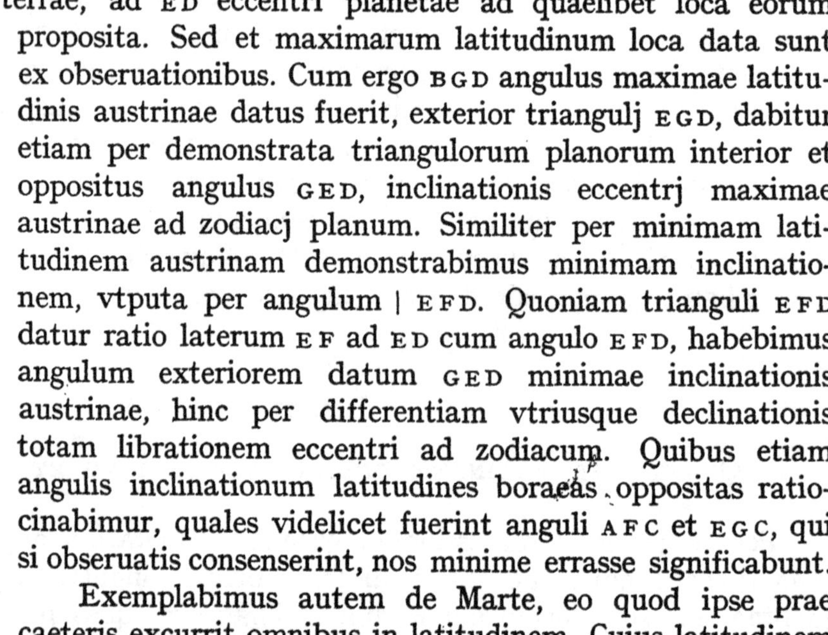

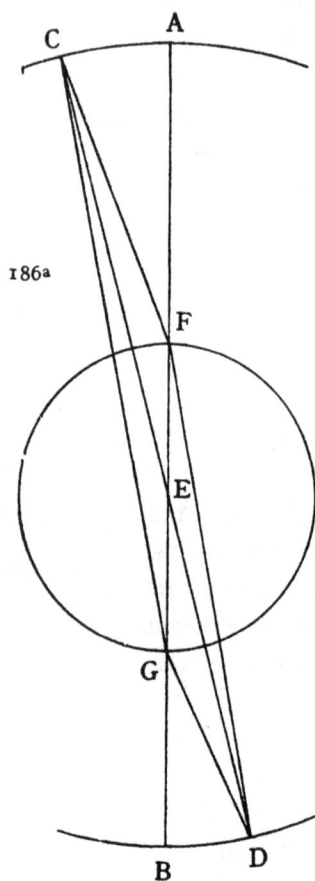

Exemplabimus autem de Marte, eo quod ipse prae caeteris excurrit omnibus in latitudinem. Cuius latitudinem maximam austrinam adnotauit Ptolemaeus partium fere VII, † atque hanc in perigeo Martis, maximam quoque boream partium IIII, scrupulorum XX in apogaeo. Nos autem cum acceperimus angulum BGD partium VI, scrupulorum L,

3. *Post* trium *NBAW addunt* superiorum. — maximo || maximos *edd.* — 6. *Ante verba* Iam vero *in Mspm legebantur etiam versus postea deleti hi*: Exemplificabimus autem in Marte eo (a), quod is prae caeteris latitudine omnibus excurrit. Cum ergo fuerit in D signo acronyctus in G terra existente, patuit angulus AFC partium VII, scrupulorum VII. Sed quoniam ipsius C locus datus est et ipse in apogaeo
193 Martis, et ex magnitudinibus orbis superius praedemonstratis CE parte (b) est || vna, scrupulis primis XXII, secundis XX, vt FG est pars vna: in triangulo igitur CEF data ratione laterum CE, EF cum angulo CFE (c), habebimus etiam CEF angulum inclinationis eccentrj maximum datum, et est iuxta rationem triangulorum planorum partium V, scrupulorum XI. In opposito autem existente terra, hoc est in G, planeta adhuc in C posito erat angulus CGF apparentis latitudinis scrupulorum IIII. — 6. superius || supra *NBAW*. — 15. vtputa || utpote *NBAW*. — 16. ED || FD *MsNBAW*. — 17. GED || DFE *MsBA*; DEF *NW*. — 20.—21. ratiocinabimur || ratiocinamur *NBAW*. — 23. Exemplabimus || exemplificabimus *edd.* — 26. *Post* boream *legebatur in Mspm*: part. IIII, scrup. XV siue ut alij. — 28. BGD || AGD *W*.

a) eo || et *Th.* — b) parte est vna, scrupulis primis XXII, secundis XX || partium *Ms*; partis unius, scrupulorum primorum XXII, secundorum XX *Th.* — c) angulo CFE || angulo CEF *Th.*

inuenimus ei respondentem AFC angulum partium IIII, scrupulorum XXX fere. Cum enim ratio data EG ad ED sit sicut vnum ad vnum, scrupula XXII, secunda XXVI, habebimus ex eis cum || angulo BGD angulum DEG *193v* partis I, scrupulorum LI fere inclinationis maximae austrinae. Et quoniam EF ad CE est sicut vnum ad vnum, scrupula prima XXXIX, secunda LVII, et angulus CEF aequalis ipsi DEG partis I, scrupulorum LI, sequetur exterior (quem diximus) angulus CFA partium IIII s. existente planeta acronycto.

Similiter in opposito loco, dum cum Sole currit, si assumpserimus angulum DFE scrupulorum V, ex DE et EF datis lateribus cum angulo EFD habebimus angulum EDF, et exteriorem DEG scrupulorum prope nouem minimae inclinationis, qui etiam aperiet nobis angulum CGE boraeae latitudinis scrupulorum prope sex. Cum ergo reiecerimus minimam inclinationem a maxima, hoc est 9 scrupula ab vna parte et LI scrupulis, relinquitur pars vna, scrupula XLI, estque libratio huius inclinationis, et dimidia scrupula L s. fere.

Simili modo aliorum duorum Iouis et Saturni patuerunt anguli inclinationum cum latitudinibus; nempe Iouis inclinatio maxima partis vnius, scrupulorum XLII, minima partis vnius, | scrupulorum XVIII, vt tota eius 186b libratio non comprehendat amplius quam scrupula XXIIII; Saturni autem inclinatio maxima partium II, scrupulorum XLIIII, minima partium II, scrupulorum XVI, inter ea libratio scrupulorum XVIII. Hinc per minimos inclinationum angulos, qui in opposito loco contingunt, dum fuerint sub Sole latentes, exibunt abscessus latitudinis a signorum circulo, Saturnj partes II, scrupula III, Iouis pars I, scrupula VI, quae erant ostendenda ac seruanda pro tabulis exponendis inferius.

CAP. IV

DE CAETERIS QVIBVSLIBET ET IN VNIVERSVM LATITVDINIBVS EXPONENDIS || HORVM TRIVM SYDERVM *194*

Ex his deinde sic ostensis patebunt in vniuersum ac singulae latitudines ipsorum trium syderum. Intelligatur enim, quae prius, plani recti ad circulum signorum sectio communis AB per limites extremarum digressionum.

---

3. angulo BGD || angulo BG *B*. — 5. scrup. prima XXXIX, sec. LVII *ex* XXXI, LV *Ms*. — 7. angulus CFA || CFA *NBAW*. — 11. *Post* angulum EDF *addit Th* scrupulorum IIII. — 12. minime *Ms*. — 15. scrup. XLI, *lege* XLII; XLII *WTh*. — 22. XVIII || XVIIII *edd. lege* XXVIII. — 25. partes II || partes III *NBAW*. — 26. exponendis inferius || infra exponendis *NBAW*. — 27. *In Ms legitur* C *sine numero Capitis*. — 31. *Post* syderum *Mspm habet haec deleta*: Esto enim orbis terrae magnus quadripartitus diametris AB, CD, centrum eius E, ad quem intelligatur plani recti sectio communis. *Signa in his versibus adhibita etiam in figura competenti mutata sunt.*

Et sit boreus limes in A, sectio quoque communis orbis planetae recta CD, quae secet AB in D signo. Quo facto centro describatur orbis magnus terrae EF, et ab acronyctio, quod est E, capiatur vtcumque EF circumferentia cognita, ab ipsis quoque F et C, loco stellae, perpendiculares agantur ipsi AB, et sint CA, FG, et connectantur FA, FC. Quaerimus primum angulum ADC inclinationis eccentri, quantus ipse sit in hoc themate. Ostensum est autem tunc maximum fuisse, quando terra erat in E signo, patuit etiam, quod tota eius libratio commensuratur reuolutioni terrae in EF circulo penes dimetientem BE, prout exigit natura librationis. Erit ergo propter EF circumferentiam datam ED ad EG ratio data, et talis est libramenti totius ad id, quod quo modo ab angulo ADC decreuit. Datur propterea ad praesens angulus ADC, idcirco triangulum ADC datorum angulorum datur omnibus eius lateribus. Sed quoniam CD rationem habet datam ad ED ex praecedentibus, datur etiam ad reliquam DG, igitur CD et AD ad eandem GD, hinc et reliqua AG datur, quibus etiam datur FG, est enim dimidia subtendentis duplum EF: duobus ergo lateribus triangulj rectanguli AGF datis datur subtensa AF, et ratio AF ad AC. Sic demum duobus lateribus trianguli 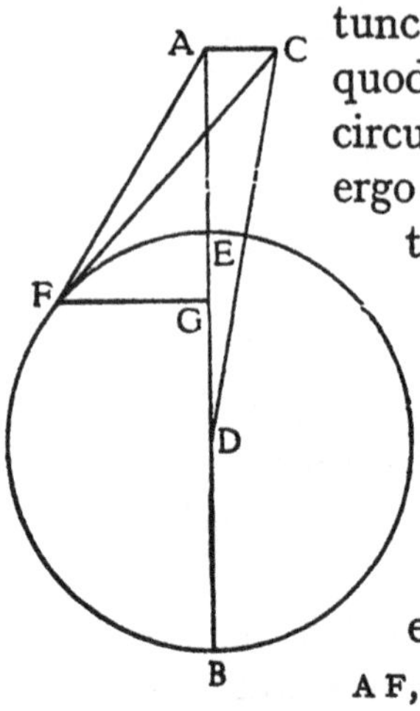
187a rectangulj ACF | datis dabitur angulus AFC, et ipse est latitudinis apparentis, qui quaerebatur Exemplabimus hoc rursum de Marte, cuius
194v maximus limes austrinae latitudinis, sit || circa A, fere in infima eius abside contingit. Sit autem locus planetae in C, vbi, dum esset terra in E signo, demonstratum est ADC angulum inclinationis maximum fuisse, nempe partis vnius, scrupulorum L. Ponamus iam terram in F signo, et motum commutationis secundum EF circumferentiam partium XLV datur ergo FG recta 7071, quarum est ED 10000, et GE reliqua eius quae ex centro partium 2929. Ostensum est autem dimidium librationis ADC angulj esse partis 0, 50½ rationem habens augmenti et diminutionis hoc loco, vt DE ad GE, ita 50½ ad 15 proxime, quae cum reiecerimus a parte I, L, remanebit pars I, scrupula XXXV, angulus inclinationis ADC in praesentj. Erit propterea triangulum ADC datorum angulorum atque laterum, et quoniam superius ostensum est CD partium esse 9040, quarum est ED 6580, erit earumdem FG 4653, AD partium 9036, et reliqua AEG partium 4383, et AC partium 249½. Triangulj igitur AFG rectangulj perpendicularem AG

3. acronyctio || acronychio *edd.* — 5. querimus *Ms.* — 7. erat || fuit *edd.* — 10. propter EF || propter BF *B* — 11 quod quo modo || quod modo *edd.* — 13. omnibus || cum omnibus *edd.* — 15. reliquam || reliqua *NBAW* — 21 exemplabimus || exemplificabimus *edd.* — 22. latitudinis, sit circa A, fere || latitudinis sit circa A, quae fere *edd.* — 23. planete *Ms.* — in E signo || in F signo *W* — 26. XLV || XXV *B* — 29. partis 0 *deest in NBAW* — 50½ || L s. *edd.* — 30. 50½ ad 15 || L s. ad XV *edd*; L s. *B.* — 33. superius || supra *NBAW* — 34. 4383 *ex* 4483 *Ms; sic et in sequenti versu.* — 35. perpendicularem AG || perpendicularem AE *NBAW*

partium 4383, et basim FG partium 4653 sequitur subtensa AF partium 6392. Sic demum triangulo ACF habente CAF angulum rectum cum lateribus AC, AF datis datur angulus AFC partium II, scrupulorum XV latitudinis apparentis ad terram in F constitutam. Eodem modo in alijs duobus Saturno et Ioue exercebimus ratiocinationem.

Cap. V

De veneris et mercvrii latitvdinibvs

Supersunt Venus et Mercurius, quorum in latitudinem transitus latitudinum simul demonstrabuntur tribus (ut diximus) euagationibus inuolutorum. | Quae ut singillatim discerni queant, incipiemus ab ea, quam 187b
declinationem vocant tamquam a simpliciori tractatione. Ei siquidem soli accidit, ut a caeteris interdum separetur, quod circa medias longitudines circaque nodos, secundum examinatos || longitudinis motus per 203
quadrantes circulorum constituta terra ab apogaeo et perigaeo planetae; cui in propinquitate terrae inuenerunt latitudinis partes austrinae vel boraeae in Venere VI, scrupula XXII, in Mercurio partes IIII, scrupula V, in maxima vero distantia terrae Veneris partem vnam, scrupula II, Mercurj partem I, scrupula XLV, quibus anguli inclinationum in hoc situ fiunt manifestj per expositos canones aequationum, quibus Veneris eo locj in summa a terra distantia partibus VIII, scrupulis II, in ima partibus VI, scrupulis XXII congruunt, utrobique circumferentiae orbis partes II s. proxime, Mercurij vero superne pars una, scrupula XLV, inferne partes IIII, scrupula V sui orbis circumferentiam partes VI cum quadrante vnius postulat, vt sit angulus inclinationis orbium Veneri quidem partium II, scrupulorum XXX, Mercurij vero partium VI cum quadrante, quarum CCCLX sunt quatuor recti, quibus in eo situ particulares quaeque latitudines, quae sunt declinationis, possunt explicarj, vti modo demonstrabimus, et primum in Venere.

Sit enim in subiecto circulo signorum ac per centrum recti plani sectio communis ABC, ipsa vero DBE sectio communis superficiei orbis Veneris: et esto centrum quidem terrae A, orbis autem planetae B, atque ABE angulus inclinationis orbis ad signiferum; et descripto circa B orbe DFEG coniungatur FBG, dimetiens recta ad DE dimetientem. Intelligatur autem

2. 6392 *ex* 6169 *Ms.* — triangulo ACF habente || triangulj ACF habente *Ms*; trianguli ACF habentis *NBAW*. — 3. AFC || ACF *Th.* — scrup. XV *ex* XII *Ms.* — 10. singillatim || singilatim *Ms*; sigillatim *Th.* — 11. tractationj *Ms.* — 12. soli || Soli *NBA*. — 12.—13. longitudines circaque || longitudines est, circaque *Th.* — 17. terrae || terra *W.* — Veneris, Mercurj || Veneri *Ms*; Veneri, Mercurio *edd.* — 20. partibus VIII || part. I *NBAW*. — 21. circumferentiae || circumferentia *edd.* — 24. Veneri || Veneris *Th.* — 27. demonstravimus *B.* — 33. coniungantur *B.*

orbis planum ad adsumptum rectum ita se habere, vt ipsi DE ad rectos angulos in ipso ductae sint inuicem parallelj et circuli signorum plano, et in ipso sola FBG. Propositum est ex AB et BC datis rectis lineis cum angulo inclinationis ABE dato inuenire, quantum planeta abierit in latitu- 188a dinem, vt verbi | gratia, dum distiterit ab E signo terrae proximo partibus XLV, quod idcirco elegimus Ptolemaeum sequutj, ut appareat, si Veneri † vel Mercurio afferat aliquid diuersitatis in longitudine orbis inclinatio. Talis quippe differentias circa media loca inter D, F, E, G 203v terminos oporteret plurimum viderj, eo || maxime, quod stella in his quatuor terminis constituta easdem efficit longitudines, quas faceret absque declinatione, vt est de se manifestum. Capiamus ergo EH circumferentiam, ut dictum est, partium XLV, et agantur perpendiculares ipsi BE quidem HK, ad planum vero signiferi subiectum KL et HM, et connectantur HB, LM, AM et AH. Habebimus LKHM quadrangulum parallelogrammum et rectangulum, eo quod HK ad planum sit signiferj, nam et LAM angulus longitudinis prosthaphaeresi comprehendit ipsum latus latitudinis autem transitum qui sub HAM angulus, cum etiam HM in idem signiferj planum cadat perpendicularis. Quoniam igitur angulus HBE datur partium XLV, erit HK semissis subtendentis duplum HE partium 7071, qualium est EB 10000. Similiter trianguli BKL angulus KBL datus est partium II s., et BLK rectus, et subtensa BK 7071, qualium est etiam BE 10000; erunt etiam reliqua latera earumdem partium KL partium 308, et BL 7064. Sed quoniam AB ad BE ex prius ostensis est ut 10000 ad 7193 proxime, erunt reliqua in eisdem partibus HK 5086, HM aequalis ipsi KL 221, et BL 5081; hinc reliqua LA 4919. Iam quoque trianguli ALM datis lateribus AL, LM aequalj HK, et ALM recto habebimus subtensam AM 7075, et angulum MAL partium XLV, scrupulorum LVIII, qui est prosthaphaeresis siue commutatio magna Veneris secundum numerum.

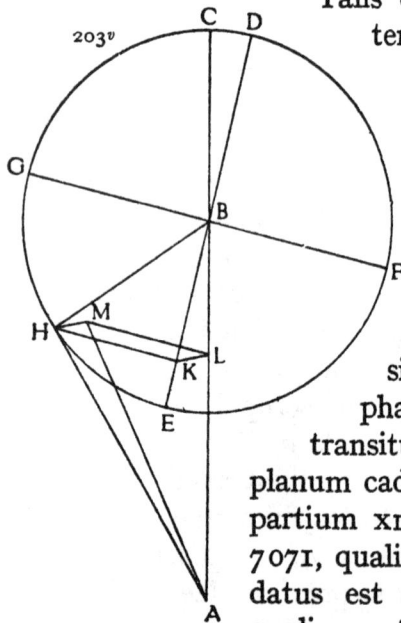

Similiter triangulj datis lateribus, AM partium 7075 et MH aequali KL, constabit angulus MAH partis vnius, scrupulorum XLVII latitudinis declinationis. Quod si trutinare non pigeat, quid afferat haec Veneris inclinatio diuersitatis in longitudine, capiamus triangulum ALH, cum intelligamus

---

3. in ipso sola || in ipso Sola *NA*; in ipso Sole *B*. — AB et BC || AB, BC *edd.* — 5. distiterit || destiterit *B*. — 8. Talis || Tales *edd.* — 14. ipsi BE || ipsi BC *NBA*. — 15. et HM || et KM *B*. — 18.—19. prosthaphaeresi comprehendit ipsum latus || prosthaphaeresim comprehendit ipsam *Th ex coniectura*. — 23. angulus KBL || angulus BKL *Th*. — 25. qualium est etiam BE || qualium et etiam BE *Ms*; qualium etiam BE est *edd.* — 28. 5086 *ex* 5076 *Ms*. — 31. qui || quae *NBAW*. — Veneris || Venere *A*. — 33. *Post* trianguli *Th inserit* MAH.

LH diametrum esse parallelogrammi LKHM. Est enim partium 5091, quarum AL 4919, et ALH angulus rectus: e quibus colligetur subtensa AH 7079. Data igitur ratione laterum erit angulus HAL partium || XLV, scru- 204 pulorum LVIIII. Sed MAL ostensus est partium XLV, scrupulorum LVII; excrescunt ergo scrupula dumtaxat II, quae erant demonstranda.

Rursum in Mercurio | simili ratione declinationis latitudines demonstra- 188b bimus per descriptionem praecedenti similem, in qua EH circumferentia ponatur partium XLV, vt utraque rectarum HK, KB talium itidem capiatur partium 7071, qualium est HB 10000 subtensa. Qualium igitur fuerit BH ex centro 3953 ac ipsa AB 9964, hoc loco, prout ex praedemonstratis longitudinum differentijs colligi potest, talium utraque BK et KH erunt partium 2795, et quoniam angulus inclinationis ABE ostensus est partium VI, scrupulorum XV, qualium sunt CCCLX quatuor recti: trianguli igitur rectanguli BKL datorum angulorum datur basis KL earumdem partium 304, et perpendicularis BL 2778; igitur et reliqua AL 7186. Sed et LM aequalis ipsi HK 2795, trianguli igitur ALM angulo L recto cum duobus datis lateribus AL, LM habebimus subtensam AM partium 7710, et angulum LAM partium XXI, scrupulorum XVI, et ipse est prosthaphaeresis numerata.

Similiter trianguli AMH duobus lateribus datis AM et MH aequalj KL rectum M angulum comprehendentibus constabit MAH angulus partium II, scrupulorum XVI latitudinis quaesitae. Quod exquiri libeat, quantum verae et apparenti prosthaphaeresi debeatur, sumpto dimetiente parallelogrammj LH, qui ex lateribus nobis colligitur partium 2811, et AL partium 7186: quae exhibebunt angulum LAH partium XXI, scrupulorum XXIII prosthaphaeresis apparentis, qui excedit prius numeratum in scrupulis fere VII, quae erant demonstranda.

CAP. VI

DE SECVNDO IN LATITVDINEM TRANSITV VENERIS ET MERCVRII SECVNDVM OBLIQVITATEM SVORVM ORBIVM IN APOGAEO ET PERIGAEO

Haec de transitu latitudinis horum siderum, qui circa medias longitudines suorum orbium contingit, quasque latitudines declinationes vocari diximus. Nunc de ijs dicendum est, quae || accidunt circa perigaea et 204v apogaea, quibus ille tertius deuiationis excursus commiscetur, non ut in tribus superioribus, sed qui ratione facilius discerni separarique possit,

---

1. parallelogrammi || paralleli *MsNBAW*. — 4. LVIIII || LVIII *NBAW*. — Sed MAL ostensus || Sed ALM ostensa *MsNBAW*. — 6. *Post* Mercurio *Mspm hos versus deletos habet*: Eodem modo demonstrabitur per similem descriptionem, nisi quod ABE angulum inclinationis statuamus, et BE part. 3967, quarum est AB 10000. — 16. angulo L recto || angulo et recto *NBAW*. — 20. rectum M angulum || rectum in angulum *NBAW*. — 23. LH || LK *MsNBA*.

vt sequitur Obseruauit enim Ptolemaeus latitudines has tunc maximas †
apparere, quando stellae fuerint in rectis lineis orbem contingentibus a
189a centro terrae, quod accidit | in maximis a Sole distantijs matutinis ac
vespertinis (ut diximus). Inuenitque Veneris latitudines boraeas maiores
triente vnius gradus quam austrinas, Mercurij vero austrinas sesquigradu
fere maiores quam boraeas. Sed difficultati et labori calculationum consulere
volens accepit secundum mediam quandam rationem sestertia graduum in
diuersas partes latitudinis, quos gradus in circulo ad zodiacum recto circa
terram latitudines ipsae subtendunt, per quem latitudines definiuntur,
praesertim quod non euidentem propterea errorem profuturum existimauit,
prout etiam mox ostendemus. Quod si modo gradus II S. tamquam a signorum circulo abscessus hinc inde aequales capiamus, excludamusque
interim deuiationem, erunt demonstrationes nostrae simpliciores ac faciliores,
donec inflexionum latitudines determinauerimus.

Ostendendum igitur est primum, quod huius latitudinis excursus circa
contactus circuli eccentri maximus contingat, vbi etiam longitudinis prosthaphaereses sunt maximae. Esto enim communis sectio planorum
zodiaci et circuli eccentri siue Veneris siue Mercurij per
apogaeum et perigaeum, in qua capiatur A terrae locus,
atque B centrum eccentri CDEFG circulj ad signiferum
obliqui, vt videlicet rectae lineae quaecumque ad rectos angulos ipsi CG ductae angulos comprehendant
aequales obliquitati, aganturque AE quidem contin-
gens circulum, AFD utcumque secans, ducantur etiam
a D, E, F signis perpendiculares, in CG quidem ipsae
DH, EK, FL, in subiectum vero signiferj planum ipsae
DM, EN, FO, et coniungantur MH, NK, OL, et insuper AN,
AOM, ipsa enim AOM recta est, cum tria eius signa in duo-
205 bus sint planis, nempe medij signorum circulj || et ipsius ADM
recto ad planum signiferi. Quoniam igitur in proposita obliquatione
longitudinis quidem anguli, qui sub HAM et KAN, prosthaphaereses
189b harum stellarum comprehendunt, latitudinis autem excursus, | qui
sub DAM et EAN aio primum, quod EAN angulus latitudinis, qui
in contactu constituitur, sit omnium maximus, vbi etiam fere
prosthaphaeresis longitudinis maxima existit Cum enim sub EAK
angulus maior sit omnium, ipsa KE ad EA maiorem rationem
habebit quam utraque HD et LF ad utramque DA et FA. Sed ut
EK ad EN, sic HD ad DM et LF ad FO, aequales enim sunt anguli, sicut

3. ac || a *Ms*, et *NBAW* — 8. gradus in circulo || gradus *NBAW* — recto || rectos *W* — 10. profuturum || AN proditurum *Th.* — 24. AFD || AD *edd. lege* AF, AD. — utcumque || utrumque *NBAW* — 27.—28. insuper AN, AOM || insuper AN, AO, OM *AW* AN, AO, AM *NB.* — 28. ipsa || ipsae *NAW* — 36. ipsa || ipse *NBAW* — 38. sic || sit *NBAW* — ad FO || ad FA *NBAW*

diximus, quos subtendunt, et qui circa M, N, O recti. Igitur et NE ad EA maiorem habet rationem quam utraque MD et OF ad utramque DA et FA; ac rursus, qui sub DMA et ENA et FOA, sunt anguli recti; maior est igitur et qui sub EAN angulus ipso DAM, atque omnibus eis, qui hoc modo constituuntur. Vnde manifestum est, quod etiam, quae fiunt ex hac obliquatione secundum longitudinem inter prosthaphaereses differentiae, maxima est, quae in maximo transitu determinantur circa E signum. Nam propter angulos, quos subtendunt, aequales HD, KE et LF proportionales sunt ad HM, KN et LO. Cumque maneat eadem ratio earum ad excessus suos, consequens est excessum EK et KN maiorem habere rationem ad EA, quam reliquas ad similes ipsi AD. Hinc etiam manifestum est, quod, quam habuerit rationem maxima secundum longitudinem prosthaphaeresis ad latitudinis maximum transitum, eandem habebunt rationem segmentorum eccentri secundum longitudinem prosthaphaereses ad transitus latitudinis, quoniam vt KE ad EN, sic et omnes similes ipsis LF et HD ad similes ipsis FO et DM, quae demonstranda proponebantur.

CAP. VII

QVALES SVNT ANGVLI OBLIQVATIONVM VTRIVSQVE SIDERIS, VENERIS ET MERCVRII

His ita praenotatis videamus, quantus utriusque sideris sub inflectione planorum angulus contineatur, repetitis quae prius dicta sunt, quod inter maximam minimamque distantiam quinque partibus uterque ipsorum ut plurimum boraeus magis austrinusque fieret in contraria iuxta orbis po-
sitionem, quandoquidem Veneris || transitus siue differentia manifesta 205v
maiorem et minorem V partium per apogaeum et perigaeum eccentri dis-
cessionem facit, Mercurij vero medietate partis I plus minusue. 190a

Esto igitur, quae prius, sectio communis zodiaci et eccentri ABC, et descripto circa B centrum orbe obliquo stellae ad signiferj planum secundum expositum modum educatur ex centro terrae AD recta linea tangens orbem in D signo, a quo deducantur perpendiculares, in CBE quidem DF, in subiectum vero signiferi planum DG, et coniungantur BD, FG, AG. Assumatur quoque sub DAG angulus comprehendens dimidium expositae secundum latitudinem differentiae vtriuslibet sideris partium II s., qualium secundum IIII recti CCCLX. Propositum sit angulum obliquitatis planorum

3. et FOA || et OFA *MsNBA*. — 4. eis, qui || eis, quae *NBAW*. — 5. fiunt ex hac || sunt ex haec *W*. — 7. determinantur || determinatur *Th*. — 11. reliquas || reliquos *edd*. — ipsi AD || ipsi AF et AD *Th*. — 21. repetitis || repetis *Ms*. — 26. *Post* facit *Mspm haec habet deleta*: in contraria iuxta orbis positionem. — 34. secundum *falso pro* sunt *scriptum esse videtur in Ms*. — recti CCCLX || recti sunt CCCLX *NBAW*.

utriusque, quantus ipse sit, inuenire, hoc est comprehensum sub DFG angulum.

Quoniam igitur in stella Veneris, qualium quae ex centro orbis partium est 7193, demonstrata est distantia maior, quae in apogaeo, partium 10208, et minor, quae in perigaeo, partium 9792, atque inter has media partium 10000, quam assumi in hanc demonstrationem placuit Ptolemaeo volenti † consulere difficultati et sectanti, quantum licet, compendia, vbi enim extrema non fecerint apertam differentiam, tutius erat medium sequi igitur AB ad BD rationem habebit quam 10000 ad 7193, et angulus ADB est rectus, habebimus ergo latus AD longitudine partium 6947 Simili modo, quoniam vt BA ad AD, sic BD ad DF, et ipsam DF habebimus longitudine partium 4997 Rursus quoniam qui sub DAG angulus ponitur esse partium II s., et AGD rectus est in triangulo igitur datorum angulorum erit DG latus partium earumdem 303, quarum AD 6947 Sic quoque duo latera DF, DG data sunt, et DGF angulus rectus, erit angulus inclinationis siue obliquationis DGF partium III, scrupulorum XXIX. At quoniam qui sub DAF angulj excessus ad
206 eum, qui sub FAG, diffe||rentiam secundum longitudinem commutationis factam comprehendit, illinc et ipsa taxanda est ex deprehensis istorum magnitudinibus. Postquam enim ostensum est, quod, qualium DG partium est 303, talium subtensa AD 6947 et DF 4997, cumque quod ex DG fit quadratum ablatum fuerit ab eis, quae ex utrisque AD et FD, remanent, quae ab utrisque AG et GF sunt quadrata dantur ergo longitudine AG partium 6940, FG 4988. Quibus autem AG fuerit 10000, erit FG 7187, et angulus FAG partium XLV, scrupulorum LVII, et quarum AD fuerit 10000, erit
190b DF 7193, et angulus DAF partium prope XLVI. Deficit ergo | in maxima obliquatione commutationis prosthaphaeresis in scrupulis III fere Patuit autem, quod in media abside angulus inclinationis orbium fuerit duarum partium cum dimidia, hic autem accreuit totus fere gradus, quem primus ille librationis motus, de quo diximus, adauxit

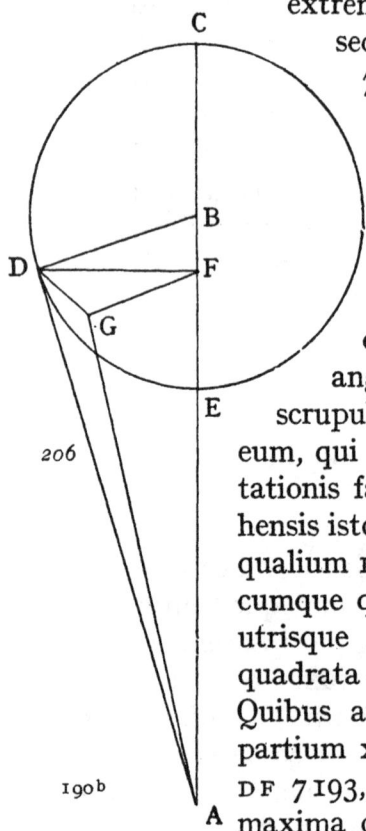

In Mercurio quoque demonstratur eodem modo. Qualium enim quae ex centro orbis fuerit partium 3573, talium maxima orbis a terra distantia est 10948, minima vero 9052, inter haec media 10000 Ipsa quoque AB ad BD rationem habet, quam 10000 ad 3573, habebimus ergo tertium

---

7. sectanti || sextanti *B* — 10. habebimus || habebemus *N* habemus *B* — 12. ipsam DF || ipsum DF *NBAW* — 13. 4997 *ex* 4994 *Ms.* — 16. AD 6947 || AD est 6947 *NBAW* — 18. DGF *lege* DFG — 19. excesus *Ms.* — 22. istorum *desideratur in edd.* — 23. *Post* 6947 *in Mspm leguntur haec deleta* habebimus per eas angulum DAF partium fere XLVI. — 24. fit ||.sit *W* — 26. longitudine || latitudine *edd.* — 30. obliquatione || obliquatio *Ms.*

earumdem AD latus partium 9340, et quoniam vt AB ad AD, sic BD ad BF, est ergo DF longitudine talium 3337. Cumque DAG latitudinis angulus positus sit partium II s., erit etiam DG 407, qualium DF 3337. Sicque in triangulo DFG horum duorum laterum data ratione et angulo G recto habebimus angulum sub DFG partium VII proxime. Et ipse est angulus inclinationis siue obliquitatis orbis Mercurij a plano signiferi. Sed circa longitudines siue quadrantes medias ostensus est angulus ipse inclinationis partium VI, scrupulorum XV; accesserunt ergo librationis primae motu nunc scrupula XLV. Similiter concernendi causa angulos prosthaphaeresis et eorum differentiam licet animaduertere, quod postquam ostensum sit || DG rectam partium esse 407, qualium est AD 9340 et DF 3337. Si igitur 206v quod ex DG quadratum auferamus ab eis, quae sunt AD et DF, relinquentur ea, quae ex AG et ex FG; habebimus ergo longitudine AG quidem 9331, FG vero 3314, quibus elicitur angulus prosthaphaeresis GAF partium XX, scrupulorum XLVIII, qui vero sub DAF partium XX, scrupulorum LVI, a quo deficit ille, qui secundum obliquationem est, scrupulorum VIII quasi.

Adhuc superest, vt videamus, si anguli tales obliquationum atque latitudines penes maximam minimamque orbis distantiam conformes inueniantur eis, quae ex obseruationibus sunt receptae. Quam ob rem assumatur iterum in eadem descriptione primum ad maximam Veneris orbis distantiam AB ratio ad BD, quae 10208 ad 7193; et quoniam sub ADB rectus est angulus, erit AD longitudine earumdem partium 7238, et pro ratione AB ad AD vt BD ad DF, erit DF lon|gitudine talium 5102; sed 191a angulus obliquitatis DFG inuentus est partium III, scrupulorum XXIX, erit reliquum latus DG 309, qualium est etiam AD 7238. Qualium igitur AD fuerit 10000, talium erit DG 427, vnde concluditur DAG angulus esse partium II, scrupulorum XXVII in summa a terra distantia. At iuxta minimam, quoniam, qualium est quae ex centro orbis BD 7193, talium est AB 9792, ad quam AD perpendicularis 6644, et similiter vt AB ad AD et BD ad DF, datur longitudine DF talium partium 4883. Sed angulus DFG positus est partium III, scrupulorum XXIX; datur ergo DG 297, qualium est etiam AD 6644. Et idcirco datorum laterum triangulj datur angulus DAG partium II, scrupulorum XXXIIII. Sed nec III, nec IIII scrupula tanti sunt, quae instrumentorum astrolabicorum artificio caperentur; bene ergo se habet, quae putabatur maxima latitudo deflexionis in stella Veneris.

Assumatur itidem maxima distantia orbis Mercurij, hoc est AB ad BD ratio quae 10948 ad 3573, vt per similes prioribus demonstra||tiones 207

---

1. BD ad BF || BD ad DF *W*. — 5. partium VII || partium VI *NBAW*. — VII proxime || XV proxime *Th; in Addend. Th* VII. — 7. quadrantes || quadrantum *edd*. — angulus ipse || ipse angulus *NBAW*. — 8. librationis primae || librationis primo *NBAW*. — 10. quod postquam || postquam *edd*. — 12. quae sunt || quae sub *Th*. — 20. Veneris *ex* Venerij *Ms*; Veneri *NBA*; Venerei *Th*. — 21. 7193 || 71932 *Th*. — 22. ADB || ADF *MsNBAW*. — 26. angulus || angulum *NBAW*. — 27. At || Ad *Ms*.

colligamus AD quidem partium 9452, DF autem 3085. Sed hic quoque DFG angulum obliquationis proditum habemus partium VII, rectam vero DG propterea talium 376, qualium est DF 3085 siue DA 9452. Igitur et in triangulo DAG rectangulo datorum laterum habebimus angulum DAG partium II, scrupulorum XVII, proxime maximae digressionis in latitudinem. In minima vero distantia AB ad BD ratio ponitur 9052 ad 3573; eapropter AD partium est earumdem 8317, DF autem 3283. Cum autem ob eandem obliquationem ponitur DF ad DG ratio, quae 3283 ad 400, qualium est etiam AD partium 8317: vnde etiam angulus sub DAG partium est II, scrupulorum XLV. Differt igitur ab ea, quae secundum mediam rationem, latitudinis digressione, hic quoque partium II s. assumpta, quae in apogaeo, ad minimum scrupulis XIII, quae vero in perigaeo, ad maximum scrupulis XV, pro quibus in calculatione iuxta mediam rationem vnius partis quadrante, secundum sensum ab obseruatis non differente, hincinde vtemur. His ita demonstratis, atque etiam, quod eandem habeant rationem maximae longitudinis prosthaphaereses ad maximum latitudinis transitum, et in reliquis orbis sectionibus prosthaphaereseon partes ad singulos latitudinis transitus, omnes nobis ad manus venient latitudinum numeri, quae per obliquitatem orbis contingunt Veneris et Mercurij. Sed eae dumtaxat, quae medio modo inter apogaeum et perigaeum (ut diximus) colliguntur, quarum ostensa est maxima latitudo partium 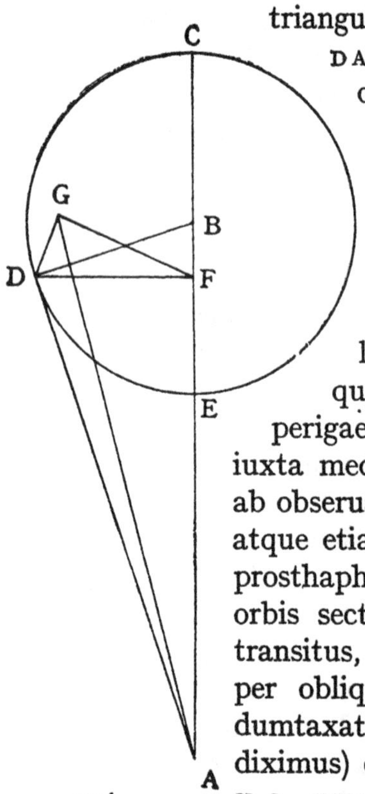
191b II s., prosthaphaeresis | autem Veneris maxima est partium XLVI, Mercurij vero circiter XXII. Iamque habemus in tabulis inaequalium motuum singulis orbium sectionibus appositas prosthaphaereses. Quanto igitur quaeque earum minor fuerit maxima, partem illi similem in utroque sidere ex illis II s. partibus capiemus; ipsam adscribemus canoni inferius exponendo suis numeris, et hoc modo particulares quasque latitudines obliquationum,
207v quae in summa et infima abside illorum existente terra, || habebimus explicatas, prout etiam in medijs quadrantibus longitudinibusque medijs declinationum latitudines exposuimus. Quae vero inter hos quatuor terminos contingunt, mathematicae quidem artis subtilitate ex proposita circulorum hypothesi poterint explicari, non sine labore tamen. Ptolemaeus autem, quantum fieri potuit vbique compendiosus, videns, quod utraque species harum latitudinum secundum se tota et in omnibus suis partibus proportionaliter cresceret et decresceret ad instar latitudinis Lunaris, duodecies igitur

15. XV *ex* XLV *Ms.* — 16. quadrante || quadrantem *NBAW.* — 18. quod eandem || quae eandem *W.* — 19. transitum || transitus *W.* — 22. per || par *A.* — 24. colliguntur || colligantur *W.* — 28. maxima || maximae *Ms.* — 29. canoni || canonio *Ms.* — inferius || infra *NBAW.* — 35. poterint || poterit *NBAW.* — explicari || explicare *Ms.*

sumendo quaslibet eius partes, eo quod maxima eius latitudo quinque sit partium, qui numerus est duodecima pars sexagesimae, scrupula proportionum ex eis constituit, quibus non solum in his duobus stellis, verum etiam in tribus superioribus utendum putauit, vt inferius patebit.

Cap. VIII

De tertia latitvdinis specie Veneris et Mercvrii, qvam vocant deviationem

Quibus etiam sic expositis restat adhuc de tertio latitudinis motu aliquid dicere, quae est deuiatio. Hanc priores, qui terram in medio mundo detinent, per eccentri simul cum epicycli declinatione fieri existimant circa centrum terrae maxime in apogaeo vel perigaeo constituto epicyclio, in Venere per sextantem partis in boraea semper, Mercurio vero per dodrantem semper in austrum, ut antea diximus. Nec tamen satis liquet, an aequalem semper eandemque voluerint esse talem orbium inclinationem; id enim numeri illorum indicant, dum iubent sextam semper partem scrupulorum proportionalium accipi pro deuiatione Veneris, Mercurij vero dodrantem. Quod locum non habet, nisi manserit | idem semper angulus 192a
inclinationis, prout ratio illorum scrupulorum exigit, in quo sese fundant. Quin etiam manente eodem angulo non poterit intelligi, quomodo haec latitudo illorum siderum a sectione communj resiliat in eamdem repente latitudinem, quam pridem reliquerit, nisi dicas id fieri per modum refractionis luminum (ut in opticis). Sed hic de motu agimus, qui instantaneus non est, sed tempori suapte natura commensurabilis. || Oportet igitur *208*
faterj librationem illis inesse, quae faciat partes circulj permutari in diuersa, qualem exposuimus, quam etiam sequi necesse est, vt illorum numeri per quintam partem vnius gradus in Mercurio differant. Quo minus mirum videri debet, si secundum nostram quoque hypothesim variabilis est nec adeo simplex haec latitudo, non tamen apparentem producens errorem, quae in omnibus differentijs sic potest discerni.

Esto enim in subiecto plano ad signiferum recto communis sectio, in qua sit A centrum terrae, B centrum orbis maxima minimaue terrae distantia, qui sit CDF, tamquam per polos ipsius orbis inclinatj. Et quoniam in apogaeo et perigaeo, hoc est in A, B, existente centro orbis stella existit in deuiatione maxima, vbicumque fuerit secundum circulum paral-

3. duobus || duabus *edd.* — 4. inferius || infra *NBAW.* — 11. epicyclo *W.* — 12. in boraea || in boream *Th.* — 13. in austrum || in austro *NBAW.* — antea || ante *NBAW.* — 20. resiliat || resileat *MsNBAW.* — 23. tempori || ipsi *NBA*; tempore *Th.* — 26. differant || differat *Ms.* — 31. orbis || orbis in *edd.*

lelum orbi, estque DF dimetiens parallelj ad CBE dimetientem orbis, quorum communes ponuntur sectiones rectorum ad CDF planum; secetur autem bifariam DF in G, eritque ipsum G centrum parallelj, et coniungantur BG, AG, AD et AF, ponamusque sub BAG angulum, qui comprehendat sextantem vnius gradus, ut in summa deuiatione Veneris: in triangulo igitur ABG angulo recto B habemus rationem laterum AB ad BG vt 10000 ad 29. Sed tota ABC earundem partium est 17193, et AE reliqua 2807, quarum etiam dimidiae subtendentium dupla CD et EF aequales sunt ipsi BG; erunt igitur anguli CAD scrupulorum VI, et EAF scrupulorum fere XV, differentes ab eo, qui sub BAG, illic scrupulis dumtaxat IIII, hic V, quae plerumque contemnuntur ob exiguitatem. Erit igitur apparens deuiatio Veneris in apogeo et perigeo ipsius constituta terra modico maior vel minor scrupulis X, in
192b quacumque | parte sui orbis stella fuerit.

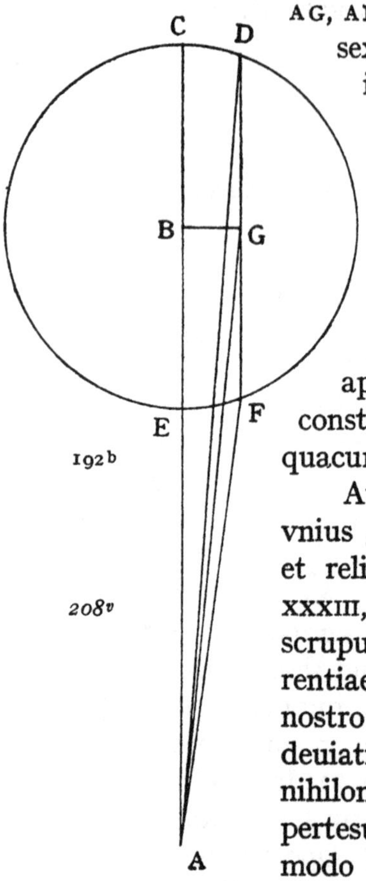

At in Mercurio cum statuerimus angulum BAG dodrantem vnius gradus, et AB ad BG vt 10000 ad 131, atque ABC 13573, et reliquam AE 6427, habebit qui sub CAD angulus scrupula
208v XXXIII, EAF autem scrupula prope LXX. || Desunt igitur illic scrupula XII, hic abundant scrupula XXV, attamen eae differentiae sub radijs Solis fere absumuntur, priusquam conspectui nostro emergat Mercurius, quamobrem apparentem solummodo deuiationem eius secuti sunt prisci, quasi simplicem. Si quis nihilominus etiam latentes illos sub Sole meatus laboris minime pertesus exactam rationem sequi voluerit, quomodo id faciat, hoc modo ostendemus.

Hoc autem exempli gratia in Mercurio, eo quod insigniorem faciat deuiationem quam Venus. Sit enim AB recta linea in sectione communj orbis stellae et signiferj, dum terra, quae sit A, fuerit in apogaeo vel perigaeo orbis stellae. Ponemus autem AB lineam absque discrimine partium 10000,

5. ut in summa || in summa *NBAW*. — 6. triangulo || trianguli *edd.* — ABG || ABE *B*. — 11. differentes ab eo || ab eo differentes *NBAW*. — 19. reliquam || reliquum *NB*. — 6427 || 6827 *NBATh*. — 21. scrup. XXV || scrup. XV *NBA*. — eae || hae *NBAW*. — 24. *vocabula* deuiationem eius *invertuntur in edd.* — *Post* simplicem *in Mspm legebantur haec verba deleta*: Si quis nihilominus etiam latentes illos Mercurij sub Sole meatus perscrutare voluerit, plus laboris impendet quam circa aliquam latitudinum supradictarum. Quapropter haec missa faciamus demusque locum numerationi priscorum non multum discrepanti a vero, ne in re tam modica de vmbra (quod aiunt) asini videamur habuisse certamen. Et haec de digressionibus in latitudinem quinque errantium stellarum dicta sufficiant, de quibus etiam canona subiecimus versuum quidem XXX, instar praecedentium. — 25. latentes illos || latentis illius *Th*. — 26. pertaesus *NBTh*. — faciat || fiat *edd.* — 28. Hoc autem || Id autem *NBAW*. — 30. quae sit A || quaesita *NBA*. — 31. Ponemus || Ponamus *edd.*

tamquam longitudinem mediam inter maximam minimamque, vt circa obliquationem fecimus. Describatur autem circulus DEF in C centro, qui sit orbi eccentro parallelus secundum CB distantiam, in quo parallelo stella tunc maximam deuiationem facere intelligatur, et sit dimetiens huius circulj DCF, quam etiam oportebit esse ad AB, et ambae lineae in eodem plano ad orbem stellae recto. Assumatur ergo EF circumferentia partium verbi gratia XLV, ad quam scrutamur stellae deuiationem, et perpendiculares agantur EG ipsi CF, et ad subiectum planum orbis EK, GH, connexaque HK compleatur parallelogrammon rectangulum, coniungantur quoque AE, AK, EC. || Cum 209
ergo BC fuerit in Mercurio secundum maximam deuiationem partium 131, qualium sunt AB 10000, quarum est etiam CE 3573, estque triangulum rectangulum datorum angulorum, erit etiam latus EG siue KH earumdem 2526, sed ablata BH, quae aequalis est EG siue CG, relinquitur AH 7474. Triangulj igitur AHK datorum laterum rectum H angulum comprehendentium erit subtensa AK 7889, sed aequalis ipsi CB siue GH posita est talium esse partium 131; igitur et in trian|gulo AKE duobus lateribus AK, 193a
KE datis K rectum comprehendentibus datur angulus KAE respondens deuiationj ad assumptam EF circumferentiam, quam quaerebamus, quae parum discernitur ab obseruatis.

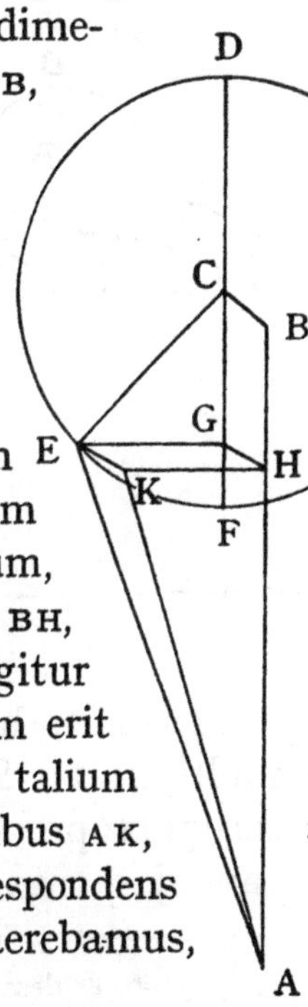

Similiter in alijs et circa Venerem faciemus consignabimusque in canone subscripto. Quibus sic expositis pro eis, quae inter hos sunt limites, sexagesima siue scrupula proportionum adaptabimus. Sit enim circulus ABC orbis excentri Veneris vel Mercurij, sintque A, C nodi huius latitudinis, B limes maximae deuiationis, quo facto centro circulus paruus describatur DFG, cuius dimetiens per transuersum sit DBF, per quem fiat libratio deuiationis motus. Et quoniam positum est, quod existente terra in apogaeo vel perigaeo orbis eccentrj stellae ipsa stella maximam faciat deuiationem, in F signo, in quo circulus stellam deferens paruum circulum contingit:

1. tamquam || quasi *edd.* — 3. qui sit *deest in NBAW.* — 5. huius circulj || eius *NBAW.* — oportebit || oportebat *NBAW.* — 8.—9. perpendiculares agantur *invertuntur in edd.* — 9.—10. planum orbis || orbis planum *NBAW.* — 10. EK, GH || EK, GK *NBA*; EH, GH *Th.* — parallelogrammum *edd.* — 11. coniungantur || et coniungantur *edd.* — quoque *deest in NBAW.* — 13. qualium sunt || qualium sit *NBATh.* — 16. est EG || est ipsi EG *NBAW.* — 18. posita || positus *Ms.* — 18.—19. posita est talium esse partium || est talium *NBAW.* — 21. assumptam *deest in NBAW.* — 22. quae parum || quae etiam parum *NBAW.* — 24. subscripto || subscribendo *NBAW.* — 24.—25. quae inter ... sexagesima || quae inter hos sunt limites deviationibus tam Veneri quam Mercurio sexagesimas *NBAW.* — 27. B limes || motus B lineae *NBA*; motus B limes *W.* — 28. DFG *non exstat in Ms.* — per ... DBF || DBF sit per transversum *NBAW.* — DBF || DBC *Ms.* — fiat || contingat *NBAW.* — 29. motus *desideratur in NBAW.* — 31. in F || nempe *in* F *edd.* — in quo circulus ... contingit || et circulus ipsam deferens tunc circulum parvum tangebat in F *NBAW.* — paruum || tunc parvum *Th.*

sit modo terra utcumque remota ab apogaeo vel perigaeo eccentri stellae, secundum quem motum capiatur similis circumferentia parui circulj, quae sit FG, et describatur AGC circulus secans diametrum DF in E signo, in quo suscipiatur stella in K secundum EK circumferentiam ipsi FG similem iuxta hypothesim, agaturque KL perpendicularis ad ABC circulum. Propositum est ex FG, EK et BE inuenire magnitudinem KL, id est distantiam stellae ab ABC circulo. Quoniam per FG circumferentiam erit EG data tamquam recta ac minime differens a circularj siue conuexa, et EF similiter in partibus, quibus BF et reliqua BE, est autem BF ad BE, sicut subtensa duplj CE quadrantis ad subtensam duplj CK, et similiter BE ad KL: si igitur vtramque BF et eam quae ex centro CE sub eodem numero LX posuerimus, habebimus ex eis, quae concernant BE, quae cum in se multiplicata fuerit, et procreatum per 60 diuiserimus, habebimus KL, scrupula proportionum EK circumferentiae, quae similiter adsignauimus canonj quinto ac vltimo loco, qui sequitur.

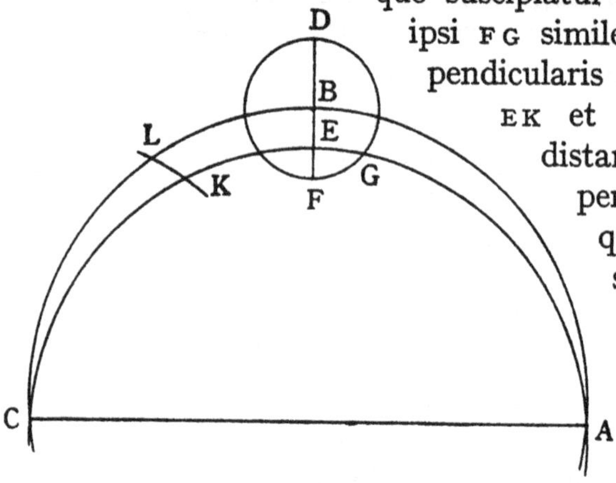

3—6. et describatur ... ABC circulum || et descriptus AGC circulus, qui stellam defert, parvum circulum secabit et eius diametrum in E. Sitque stella in K, eritque EK circumferentia (a) ipsi GF similis iuxta hypothesim, agatur etiam KL perpendicularis ad ABC circulum *NBAW*. — 3. diametrum DF || diametrus DE *Ms*. — 8. *Post* quoniam *edd inserunt* enim. — 10. recta ac || recta *NBAW*. — 11. siue conuexa *deest in NBAW*. — 12. *Post* quibus BF *addunt NBAW* tota. — 13. quadrantis || quadrangulum *NBA*; quadratum *W*. — 14. et similiter BE || atque BE *NBAW*; et BE *Th*. — 15.—17. vtramque BF et eam ... posuerimus || ad numerum 60 posuerimus et BF et etiam quae ex centro CE *NBAW*; posuerimus *desideratur in Ms*. — 17. ex eis, quae concernant BE || etiam BE in eisdem *NBAW*. — 18. per 60 diuiserimus || per 6 divisum *NBAW*. — 19. circumferentiae || circumferentiae quaesita *NBAW*. — similiter || etiam *NBAW*. — 20. ac vltimo || et ultimo *NBAW*. — qui sequitur || ut sequitur *NBAW*.

---

a) EK circumferentia || DK circumferentia *W*.

LATITVDINES SATVRNI, IOVIS ET MARTIS

Numeri communes		Saturni latitudo				Iovis latitudo				Martis latitudo				Scrupula proportionum	
		borea		austrina		borea		austrina		borea		austrina			
Grad.	Grad.	Grad.	Scrup.	Grad.	Scrup.	Grad.	Scrup.	Grad.	Scrup.	Grad.	Scrup.	Grad.	Scrup.	Scrup.	Scr. 2a
3	357	2	3	2	2	1	6	1	5	0	6	0	5	59	48
6	354	2	4	2	2	1	7	1	5	0	7	0	5	59	36
9	351	2	4	2	3	1	7	1	5	0	9	0	6	59	6
12	348	2	5	2	3	1	8	1	6	0	9	0	6	58	36
15	345	2	5	2	3	1	8	1	6	0	10	0	8	57	48
18	342	2	6	2	3	1	8	1	6	0	11	0	8	57	0
21	339	2	6	2	4	1	9	1	7	0	12	0	9	55	48
24	336	2	7	2	4	1	9	1	7	0	13	0	9	54	36
27	333	2	8	2	5	1	10	1	8	0	14	0	10	53	18
30	330	2	8	2	5	1	10	1	8	0	14	0	11	52	0
33	327	2	9	2	6	1	11	1	9	0	15	0	11	50	12
36	324	2	10	2	7	1	11	1	9	0	16	0	12	48	24
39	321	2	10	2	7	1	12	1	10	0	17	0	12	46	24
42	318	2	11	2	8	1	12	1	10	0	18	0	13	44	24
45	315	2	11	2	9	1	13	1	11	0	19	0	15	42	12
48	312	2	12	2	10	1	13	1	11	0	20	0	16	40	0
51	309	2	13	2	11	1	14	1	12	0	22	0	18	37	36
54	306	2	14	2	12	1	14	1	13	0	23	0	20	35	12
57	303	2	15	2	13	1	15	1	14	0	25	0	22	32	36
60	300	2	16	2	15	1	16	1	16	0	27	0	24	30	0
63	297	2	17	2	16	1	17	1	17	0	29	0	25	27	12
66	294	2	18	2	18	1	18	1	18	0	31	0	26	24	24
69	291	2	20	2	19	1	19	1	19	0	33	0	29	21	21
72	288	2	21	2	21	1	21	1	21	0	35	0	31	18	18
75	285	2	22	2	22	1	22	1	22	0	37	0	34	15	15
78	282	2	24	2	24	1	24	1	24	0	40	0	37	12	12
81	279	2	25	2	26	1	25	1	25	0	42	0	39	9	9
84	276	2	27	2	27	1	27	1	27	0	45	0	41	6	24
87	273	2	28	2	28	1	28	1	28	0	48	0	45	3	12
90	270	2	30	2	30	1	30	1	30	0	51	0	49	0	0

2. Latitudo col. III et IV *deest in NBA*; *in col.* V scrup. proport. *deest in Ms.*

Col. 2b. — 28. 2 | 19 || 2 | 20 *W.*

Col. 4b. — 27. 0 | 26 || 0 | 27 *NBAW.* — 33. 0 | 41 || 0 | 42 *NBAW.*

Col. 5. — 12. 55 | 48 || 56 | 48 *NBAW.* — 28. 21 | 21 || 21 | 24 *Th.* — 29—32. *In NBAW hi versus leguntur sic* 21 | 24; 18 | 24; 15 | 24; 12 | 24; 9 | 24.

210v
194a

LATITVDINES SATVRNI, IOVIS ET MARTIS																	
Numeri communes		Saturni latitudo				Iouis latitudo				Martis latitudo				Scrupula proportionum	
		borea		austrina		borea		austrina		borea		austrina			
Grad.	Grad.	Grad.	Scrup.	Grad.	Scrup.	Grad.	Scrup.	Grad.	Scrup.	Grad.	Scrup.	Grad.	Scrup.	Scrup.	Scr. 2a
93	267	2	31	2	31	1	31	1	31	0	55	0	52	3	12
96	264	2	33	2	33	1	33	1	33	0	59	0	56	6	24
99	261	2	34	2	34	1	34	1	34	1	2	1	0	9	9
102	258	2	36	2	36	1	36	1	36	1	6	1	4	12	24
105	255	2	37	2	37	1	37	1	37	1	11	1	8	15	24
108	252	2	39	2	39	1	39	1	39	1	15	1	12	18	24
111	249	2	40	2	40	1	40	1	40	1	19	1	17	21	24
114	246	2	42	2	42	1	42	1	42	1	25	1	22	24	24
117	243	2	43	2	43	1	43	1	43	1	31	1	28	27	12
120	240	2	45	2	45	1	45	1	44	1	36	1	34	30	0
123	237	2	46	2	46	1	46	1	46	1	41	1	40	32	36
126	234	2	47	2	48	1	47	1	47	1	47	1	47	35	12
129	231	2	49	2	49	1	49	1	49	1	54	1	55	37	36
132	228	2	50	2	51	1	50	1	51	2	2	2	5	40	6
135	225	2	52	2	53	1	51	1	53	2	10	2	15	42	12
138	222	2	53	2	54	1	52	1.	54	2	19	2	26	44	24
141	219	2	54	2	55	1	53	1	55	2	29	2	38	46	24
144	216	2	55	2	56	1	55	1	57	2	37	2	48	48	24
147	213	2	56	2	57	1	56	1	58	2	47	3	4	50	12
150	210	2	57	2	58	1	58	1	59	2	51	3	20	52	0
153	207	2	58	2	59	1	59	2	1	3	12	3	32	53	18
156	204	2	59	3	0	2	0	2	2	3	23	3	52	54	36
159	201	2	59	3	1	2	1	2	3	3	34	4	13	55	48
162	198	3	0	3	2	2	2	2	4	3	46	4	36	57	0
165	195	3	0	3	2	2	2	2	5	3	57	5	0	57	48
168	192	3	1	3	3	2	3	2	5	4	9	5	23	58	36
171	189	3	1	3	3	2	3	2	6	4	17	5	48	59	6
174	186	3	2	3	4	2	4	2	6	4	23	6	15	59	36
177	183	3	2	3	4	2	4	2	7	4	27	6	35	59	48
180	180	3	2	3	5	2	4	2	7	4	30	6	50	60	0

1. *Inscriptio* Latitudines Saturni, Iovis et Martis *desideratur in Ms.* — 3. Latitudo *deest in col.* II, III, IV *in Ms, in* III, IV *in NBA.* — 4. grad. scrup. *deest in Ms.*

Col. 2a. — 8. 2 | 34 || 2 | 24 *NA.*

Col. 3a. — 15. 1 | 45 || 1 | 44 *NBAW.* — Col. 3b. — 19. 1 | 51 || 1 | 53 *NB.*

Col. 4a. — 28. 3 | 34 || 3 | 44 *Ms.*

Col. 5. — 9.—12. *Hi versus in NBAW leguntur*: 12 | 12; 15 | 15; 18 | 18; 21 | 21. — 16. 32 | 36 || 32 | 37 *NBAW.* — 22. 46 | 24 || 47 | 24 *edd.*

LATITVDINES VENERIS ET MERCVRII

211
194b

Numeri communes		Veneris Declinatio		Veneris Obliquatio		Mercurij Declinatio		Mercurij Obliquatio		Veneris Deviatio		Mercurij Deviatio		Scrupula proportionum deuiationis	
Grad.	Grad.	Grad.	Scrup.	Grad.	Scrup.	Grad.	Scrup.	Grad.	Scrup.	Grad.	Scrup.	Grad.	Scrup.	Scrup.	Scr. 2a
3	357	1	2	0	4	1	45	0	5	0	7	0	33	59	36
6	354	1	2	0	8	1	45	0	11	0	7	0	33	59	12
9	351	1	1	0	12	1	45	0	16	0	7	0	33	58	25
12	348	1	1	0	16	1	44	0	22	0	7	0	33	57	14
15	345	1	0	0	21	1	44	0	27	0	7	0	33	55	41
18	342	1	0	0	25	1	43	0	33	0	7	0	33	54	9
21	339	0	59	0	29	1	42	0	38	0	7	0	33	52	12
24	336	0	59	0	33	1	40	0	44	0	7	0	34	49	43
27	333	0	58	0	37	1	38	0	49	0	7	0	34	47	21
30	330	0	57	0	41	1	36	0	55	0	8	0	34	45	4
33	327	0	56	0	45	1	34	1	0	0	8	0	34	42	0
36	324	0	55	0	49	1	30	1	6	0	8	0	34	39	15
39	321	0	53	0	53	1	27	1	11	0	8	0	35	35	53
42	318	0	51	0	57	1	23	1	16	0	8	0	35	32	51
45	315	0	49	1	1	1	19	1	21	0	8	0	35	29	41
48	312	0	46	1	5	1	15	1	26	0	8	0	36	26	40
51	309	0	44	1	9	1	11	1	31	0	8	0	36	23	34
54	306	0	41	1	13	1	8	1	35	0	8	0	36	20	39
57	303	0	38	1	17	1	4	1	40	0	8	0	37	17	40
60	300	0	35	1	20	0	59	1	44	0	8	0	38	15	0
63	297	0	32	1	24	0	54	1	48	0	8	0	38	12	20
66	294	0	29	1	28	0	49	1	52	0	9	0	39	9	55
69	291	0	26	1	32	0	44	1	56	0	9	0	39	7	38
72	288	0	23	1	35	0	38	2	0	0	9	0	40	5	39
75	285	0	20	1	38	0	32	2	3	0	9	0	41	3	57
78	282	0	16	1	42	0	26	2	7	0	9	0	42	2	34
81	279	0	12	1	46	0	21	2	10	0	9	0	42	1	28
84	276	0	8	1	50	0	16	2	14	0	10	0	43	0	40
87	273	0	4	1	54	0	8	2	17	0	10	0	44	0	10
90	270	0	0	1	57	0	0	2	20	0	10	0	45	0	0

A in margine: Anomalia commutationis dat triplices latitudines: et Anomalia Eccentri dat totidem scrupula proport. quibus aequantur latitudines.

1. *Titulus* Latitudines Veneris et Mercurii *desideratur in hac et in sequenti tabula in Ms.* — 2. Numeri communes || Anomalia eccentri et com. aequata *AW sic et in sequenti tabula.* — 4. *In hac et in sequenti tabula AWTh ordinem columellarum hunc in modum mutaverunt*: Veneris declinatio, obliquatio, deviatio; Mercurii declinatio, obliquatio, deviatio.

Col. 3a. — 14. 1 | 38 || 1 | 48 *Ms.* — 3b. — 34. 2 | 17 || 2 | 14 *B.*

211v
195a

LATITVDINES VENERIS ET MERCVRII

Numeri communes		Veneris Declinatio		Veneris Obliquatio		Mercurij Declinatio		Mercurij Obliquatio		Veneris Deviatio		Mercurij Deviatio		Scrupula proportionum deviationis	
Grad.	Grad.	Grad.	Scrup.	Grad.	Scrup.	Grad.	Scrup.	Grad.	Scrup.	Grad.	Scrup.	Grad.	Scrup.	Scrup.	Scr. 2a
93	267	0	5	2	0	0	8	2	23	0	10	0	45	0	10
96	264	0	10	2	3	0	15	2	25	0	10	0	46	0	40
99	261	0	15	2	6	0	23	2	27	0	10	0	47	1	28
102	258	0	20	2	9	0	31	2	28	0	11	0	48	2	34
105	255	0	26	2	12	0	40	2	29	0	11	0	48	3	57
108	252	0	32	2	15	0	48	2	29	0	11	0	49	5	39
111	249	0	38	2	17	0	57	2	30	0	11	0	50	7	38
114	246	0	44	2	20	1	6	2	30	0	11	0	51	9	55
117	243	0	50	2	22	1	16	2	30	0	11	0	52	12	20
120	240	0	59	2	24	1	25	2	29	0	12	0	52	15	0
123	237	1	8	2	26	1	35	2	28	0	12	0	53	17	40
126	234	1	18	2	27	1	45	2	26	0	12	0	54	20	39
129	231	1	28	2	29	1	55	2	23	0	12	0	55	23	34
132	228	1	38	2	30	2	6	2	20	0	12	0	56	26	40
135	225	1	48	2	30	2	16	2	16	0	13	0	57	29	41
138	222	1	59	2	30	2	27	2	11	0	13	0	57	32	51
141	219	2	11	2	29	2	37	2	6	0	13	0	58	35	53
144	216	2	25	2	28	2	47	2	0	0	13	0	59	39	15
147	213	2	43	2	26	2	57	1	53	0	13	1	0	42	0
150	210	3	3	2	22	3	7	1	46	0	13	1	1	45	4
153	207	3	23	2	18	3	17	1	38	0	13	1	2	47	21
156	204	3	44	2	12	3	26	1	29	0	14	1	3	49	43
159	201	4	5	2	4	3	34	1	20	0	14	1	4	52	12
162	198	4	26	1	55	3	42	1	10	0	14	1	5	54	9
165	195	4	49	1	42	3	48	0	59	0	14	1	6	55	41
168	192	5	13	1	27	3	54	0	48	0	14	1	7	57	14
171	189	5	36	1	9	3	58	0	36	0	14	1	7	58	25
174	186	5	52	0	48	4	2	0	24	0	14	1	8	59	12
177	183	6	7	0	25	4	4	0	12	0	14	1	9	59	36
180	180	6	22	0	0	4	5	0	0	0	14	1	10	60	0

1. *Inscriptio ultimae columnae*: Scrupula ad deviationem *Ms.* — 2. Deviatio *deest in A* col. 5.
Col. 5. — 14. 0 | 52 || 0 | 51 *NBAW*.
Col. 6. — 19. 26 | 40 || 36 | 40 *B*. — 23. 39 | 15 || 39 | 25 *NBAW*.

Cap. IX

De nvmeratione latitvdinvm qvinqve errantivm 212 195b

Modus autem supputandarum latitudinum quinque stellarum erraticarum per has tabulas est. Quoniam in Saturno, Ioue et Marte anomaliam eccentri discretam siue aequatam ad numeros communes comparabimus; Martis quidem suam, qualis fuerit, Iouis autem facta prius ablatione xx partium, Saturni vero additis L partibus: quae igitur occurrunt e regione sexagesimae, siue scrupula proportionum, vltimo loco posita notabimus. Similiter per anomaliam commutationis discretam numerum cuiusque proprium capiemus adiacentem latitudinem, primam quidem atque boraeam, si scrupula proportionum superiora fuerint, quod accidit, dum anomalia eccentrj minus quam xc vel plus quam CCLXX habuerit, austrinam vero ac sequentem latitudinem, si inferiora sint scrupula proportionum, hoc est, si plus xc vel minus CCLXX partes in anomalia eccentrj (qua intratur) fuissent. Si igitur alteram harum latitudinum per suas sexagesimas multiplicemus, prodibit a circulo signorum distantia in boream vel austrum iuxta denominationem numerorum assumptorum. Sed in Venere et Mercurio assumendae sunt primum per anomaliam commutationis discretam tres latitudines declinationis, obliquationis et deuiationis occurrentes, quae seorsum signentur, nisi quod in Mercurio reijciatur decima pars obliquationis, si anomalia eccentrj et eius numerus inueniatur in superiori parte tabulae, vel addatur tantumdem, si in inferiorj, et reliquum vel aggregatum ex eis seruetur. Earum vero denominationes, an boraeae austrinaeue fuerint, sunt discernendae, quoniam, si anomalia commutationis discretae fuerit in apogaeo semicirculo, hoc est, minor xc vel plus CCLXX, eccentri quoque anomalia minor semicirculo (aut rursus, si anomalia commutationis fuerit in circumferentia perigaea, nempe plus xc ac minus CCLXX, et anomalia eccentri semicirculo maior), erit declinatio Veneris borea, Mercurij austrina. Si vero, anomalia commutationis in perigea circumferentia existente,
eccentri anomalia semicirculo | minor fuerit, vel commutationis anomalia 196a
in apogea parte et eccentri anomalia plus semicirculo, erit vicissim declinatio Veneris austrina, Mercurij borea. In obliquatione vero, si anomalia commutationis semicirculo minor et anomalia eccentri apogaea aut anomalia commutationis maior semicirculo, et eccentri anomalia perigea, erit obliquatio Veneris borea, Mercurij austrina, quae etiam conuertuntur. Deuiationes autem semper manent Veneri boreae, Mercurio austrinae. Deinde

5. comparabimus || comparavimus *B.* — 12.—13. vero ac sequentem || vero et ac sequentem *NBAW.* — 14. CCLXX || CCLXXX *Ms.* — 17. numerorum || circulorum *edd.* — 20. seorsum || seorsim *NBAW.* — 24. discretae || discreta *NBAW.* — 27. xc || *sic et A in Erratis;* xv *NBA.* 36. Deinde || Porro *NBAW.*

cum anomalia eccentri discreta capiantur scrupula proportionum omnibus quinque communia, quamuis tribus superioribus ascripta, quae adsignentur obliquationj, ac vltima deuiationi; post haec additis eidem anomaliae eccentrj xc gradibus cum ipso aggregato iterum scrupula proportionum communia, quae occurrunt, applicando latitudini declinationis. His omnibus in ordinem sic positis multiplicentur singulae tres latitudines expositae per sua quaeque scrupula proportionum, et exibunt ipsae pro loco et tempore
212v omnes examinatae, || vt denique summam trium latitudinum in his duobus sideribus habeamus. Si fuerint omnes vnius nominis, simul aggregantur, sin minus, duo saltem, quae eiusdem sunt nominis, coniunguntur, quae, prout maiores minoresue fuerint, tertiae latitudini diuersae ab inuicem auferantur, remanebit praepollens latitudo quaesita.

---

5. applicando || applicanda *Th.* — 12. remanebit || et remanebit *edd.*
Finis libri sexti et ultimi Revolutionum *addunt NBAW.*

AD LECTOREM Ib

DE HYPOTHESIBVS HVIVS OPERIS

Non dubito, quin eruditi quidam, vulgata iam de novitate hypotheseon huius operis fama, quod terram mobilem, Solem vero in medio universi immobilem constituit, vehementer sint offensi, putentque disciplinas liberales recte iam olim constitutas turbari non oportere. Verum si rem exacte perpendere volent, invenient authorem huius operis nihil, quod reprehendi mereatur, commisisse. Est enim astronomi proprium, historiam motuum coelestium diligenti et artificiosa observatione colligere. Deinde causas earundem, seu hypotheses, cum veras assequi nulla ratione possit, qualescumque excogitare et confingere, quibus suppositis iidem motus ex geometriae principiis, tam in futurum, quam in praeteritum recte possint calculari. Horum autem utrumque egregie praestitit hic artifex. Neque enim necesse est, eas hypotheses esse veras, immo ne verisimiles quidem, sed sufficit hoc unum, si calculum observationibus congruentem exhibeant, nisi forte quis geometriae et optices usque adeo sit ignarus, ut epicyclium Veneris pro verisimili habeat, seu in causa esse credat, quod ea quadraginta partibus, et eo amplius, Solem interdum praecedat, interdum sequatur. Quis enim non videt, hoc posito, necessario sequi, diametrum stellae in περιγείῳ plusquam quadruplo, corpus autem ipsum plusquam sedecuplo maiora, quam in ἀπογείῳ apparere, cui tamen omnis aevi experientia refragatur? Sunt et alia in hac disciplina non minus absurda, quae in praesentiarum excutere nihil est necesse. Satis enim patet, apparentium inaequalium motuum causas, hanc artem penitus et simpliciter ignorare. Et si quas fingendo excogitat, ut certe quamplurimas excogitat, nequaquam tamen in hoc excogitat, ut ita esse cuiquam persuadeat, sed tantum, ut calculum recte instituant. Cum autem unius et eiusdem motus variae interdum hypotheses sese offerant (ut in motu Solis eccentricitas et epicyclium) astronomus eam potissimum arripiet, quae comprehensu sit quam facillima. Philosophus fortasse veri similitudinem ma|gis requiret; neuter tamen quicquam certi comprehendet, aut IIa

23. minus || minus a *W*. — 28. unius || unus *NBAW*. — variae || varie *NBW*.

tradet, nisi divinitus illi revelatum fuerit. Sinamus igitur et has novas hypotheses inter veteres nihilo verisimiliores innotescere, praesertim cum admirabiles simul et faciles sint, ingentemque thesaurum doctissimarum observationem secum advehant. Neque quisquam, quod ad hypotheses attinet, quicquam certi ab astronomia expectet, cum ipsa nihil tale praestare queat, ne si in alium usum conficta pro veris arripiat, stultior ab hac disciplina discedat quam accesserit. Vale.

NICOLAVS SCHONBERGIVS

CARDINALIS CAPVANVS

NICOLAO COPERNICO S.

Cum mihi de virtute tua constanti omnium sermone ante annos aliquot allatum esset, coepi tum maiorem in modum te animo complecti, atque gratulari etiam nostris hominibus, apud quos tanta gloria floreres. Intellexeram enim te non modo veterum mathematicorum inventa egregie callere, sed etiam novam mundi rationem constituisse, qua doceas terram moveri, Solem imum mundi, adeoque medium locum obtinere; coelum octavum immotum atque fixum perpetuo manere; Lunam se una cum inclusis suae sphaerae elementis, inter Martis et Veneris coelum sitam, anniversario cursu circum Solem convertere; atque de hac tota astronomiae ratione commentarios a te confectos esse, ac erraticarum stellarum motus calculis subdoctos in tabulas te contulisse, maxima omnium cum admiratione. Qamobrem, vir doctissime, nisi tibi molestus sum, te etiam atque etiam oro vehementer, ut hoc tuum inventum studiosis communices, et tuas de mundi sphaera lucubrationes una cum tabulis, et si quid habes praeterea, quod ad eandem rem pertineat, primo quoque tempore ad me mittas. Dedi autem negotium Theodorico a Reden, ut istic meis sumptibus omnia describantur atque ad me transferantur. Quod si mihi morem in hac re gesseris, intelliges te cum homine nominis tui studioso et tantae virtuti satisfacere cupiente rem habuisse. Vale. Romae, Calendis Novembris, anno MDXXXVI.

EPILEGOMENA

DESCRIPTIO ET AESTIMATIO PRIORUM HUIUS COPERNICI OPERIS EDITIONUM

Peropportune accidit, quod principalis Copernici operis ,,De revolutionibus orbium coelestium" autographum ab auctore ipso scriptum (= *Ms*) integrum adhuc exstat.

Quinque iam editiones prelo impressae in publicum prodierunt, nempe: editio NORIMBERGENSIS anno 1543 (= *N*), BASILEENSIS 1556 (= *B*), AMSTELODAMIANA 1617 (= *A*), VARŠAVIENSIS 1854 (= *W*), THORUNENSIS 1873 (= *Th*).

I. EDITIO NORIMBERGENSIS

Editio princeps, sine mendorum catalogo, continetur 202 foliis, quorum quattuor prima I-IIII latinis signantur literis, duo sequentia numeris carent, opus ipsum Indicis quae vocant signis sive cifris 1—196 numeratur. In folio I^{a} habes titulum libri: NICOLAI COPERNICI TORINENSIS DE REVOLUTIONIBUS ORBI = um coelestium Libri VI.

> Habes in hoc opere iam recens nato & aedito, studiose lector, Motus stellarum, tam fixarum, quam erraticarum, cum ex ueteribus, tum etiam ex recentibus observationibus restitutos: & nouis insuper ac admirabilibus hypothesibus ornatos. Habes etiam Tabulas expeditissimas, ex quibus eosdem ad quoduis tempus quam facillime calculare poteris. Igitur eme, lege, fruere.
>
> *'Αγεωμέτρητος οὐδεὶς εἰσίτω.*
>
> Norimbergae apud Ioh. Petreium, Anno MDXLIII.

In folio I^{b} incipit prooemium Osiandri ,,Ad lectorem de hypothesibus huius operis", in II^{a} legitur finis huius prooemii et Epistula cardinalis de Schönberg: ,,Nicolaus Schonbergius, Cardinalis Capuanus, Nicolao Copernico S." Foliis II^{b}-IV^{b} continetur epistula dedicatoria ,,Ad Sanctissimum Dominum Paulum III. Pontificem Maximum, Nicolai Copernici Praefatio in libros Revolutionum". Sequuntur duo folia numeris carentia, quibus minutioribus typis impressus est ,,Index eorum, quae in singulis capitibus, sex librorum Nicolai Copernici de revolutionibus orbium coelestium continentur". Eo indice singuli libri et singula capita eorumque inscriptiones memorantur omissis numeris foliorum, in quibus illa reperiuntur. Etiam singulorum librorum praefationes — in libro tertio vacat praefatio — index stellarum, multitudo tabellarum silentio praeterita sunt. In hoc indice unius paginae minimus versuum numerus est 41, maximus 45.

Editio Norimbergensis neglecto illorum temporum more despicit amplum tituli ornatum, quin etiam signum typographi omittit, incompta gaudens elegantia. Tantum initiales librorum et capitum literae pampinis et animalium hominumque formis exornatae sunt. Amplitudo foliorum universa est 25,5 : 19 cm, amplitudo impressa 20 : 12 cm. In foliis cifris 1—196 numeratis una pagina habet 36 versus. Post folium 51 typotheta loco 52 per errorem numerum 49 iterum posuit. In figura folii 87a pia, licet inepta, Nicolai Copernici veneratio conspicitur, cum literae N et K magna voluta exornantur. In ultimo folio 196a iterum impressum est: „Norimbergae apud Ioh. Petreium. Anno MDXLIII". Liber acribus et pulchris typis magna cum diligentia impressus his virtutibus multo praestat editioni Basileensi anni 1556.

Editio princeps quo modo, quo tempore, quibus auctoribus, quorum auspiciis impressa sit, satis exploratum habemus. Typothetarum Norimbergensium in usu non erat autographum Copernici, sed apographum, quod Rheticus, cum ab aestate 1540 ad auctumnum 1541 Frauenburgi apud Copernicum versaretur, transscripserat. Autographum ipsum Copernicus † secum retinuerat in eoque usque ad autumnum anni 1542 plurimos locos mutavit et emendavit. Hi loci mutati, cum in priores editiones recepti non sint, sed tantum in *Th*, quae autographo maxime nitatur, legantur, apparet editionem Norimbergensem et ceteras ei obnoxias editiones ex apographo Rhetici hausisse, cui et ipsi mutationes postumae ignotae erant. Et sunt loci postremo mutati, qui in autographo eiusque exemplo photocopico voluminis 1 huius editionis lucide conspiciuntur, hi:

P. 20, 14. *NBAW* „suum esse"; in *Ms* 7 versus 12 additum est „quidquam".

P. 48, 5. *NBAW* servant priorem textum „quibus CCCLX", qui in *Ms* 19v versus 11 a calce in margine mutatus est in „quibus CLXXX".

P. 49, 10. *NBAW* scribunt „subtendentem circumferentiam, per quam (quem *NB*)"; *Ms* 20 versus 14 a calce mutavit in „subtensam circumferentiae, per quam".

P. 59, 2. *NBAWR* habent priorem lectionem „quominus sint recti". *Ms* 22v versus 9 minus mutavit in neuter, recti in rectus, sint non mutavit et scribit: „quo neuter sint rectus".

P. 161, 17. *NBAW* „gradus, quod hincinde" in *Ms* 82 versus 3 a calce in „gradus, quas hincinde" mutatum est. *Th* p. 178, 17 falso scribit „quos".

P. 162, 16. *NBAW* praebent priorem lectionem „utrobique aequales“; in *Ms* 82v versus 4 „aequales“ atramento nigerrimo deletum est.

P. 170, 16. *Ms* 86 versus 6, postquam quattuor mutationes fecit, valorem „scrupula LV“ constituit; *NBAW* retinent valorem „scrupula V“ primae mutationis.

P. 188, 20. *NBAW* praebent lectionem priorem „scrupulorum XI“, quam Copernicus *Ms* 96v versus 21 in „scrupulorum X“ mutavit.

P. 189, 3. Numerus 378 priorum editionum in *Ms* 96v versus 1 a calce mutatus est in 377.

P. 189, 6. Numerus 415 priorum editionum in *Ms* 97 versus 3 mutatus est in 414.

P. 189, 25. *NBA* „dies CLXXXII“ praebent, sed in *Ms* 97 versus 14 a calce emendatus est numerus „dies CLXXXVI“. *W* habet numerum CLXXXVI.

P. 194, 29. Lectio priorum editionum „octavae sphaerae“ in *Ms* 99v versus 21 tam evidenter in „stellatae sphaerae“ emendata est, ut Rheticum haec mutatio effugere non potuisset, si iam facta esset, quo tempore autographum transscripsit.

P. 198, 24. In *NBAW* verba „et haec est (erat *Mspm*) prosthapheresis“ retenta sunt; Copernicus in *Ms* 101v versus 10 a calce ea delevit.

P. 199, 16. Lectio priorum editionum „scrupulorum XXXVIII s“ in *Ms* 102 versus 17 mutata est in „scrupulorum XXXVIII“.

P. 230, 9. *NBAW* retinent priorem lectionem „capit“, pro „data circumferentia subtendit“ *Ms* 117, 4.

P. 231, 16. Copernicus *Ms* 117v versus 13 primo scripserat „partes CLXX“, deinde numerum VII inserendo effecit CLXXVII. *NBA* servant priorem valorem, *W* novum suscepit.

P. 232, 11—12. *Ms* 118, 3. 4. 5 emendavit XXXVII ex XXXIX, VIIII ex XI, „illis utrisque“ ex „illis“. *NBAW* tradunt priores lectiones.

P. 245, 28. Numerus XVI priorum editionum a Copernico *Ms* 124v versus 20 in XIIII emendatus est.

P. 245, 28. *NBAW* scribunt „scrupulorum XL“; in *Ms* 124v versus 21 mutatum est in „scrupulorum XLIIII“.

P. 250, 25. Pro „exacte autem“, quod legitur in NBAW, posuit Copernicus Ms 127 versus 10 a calce „exacte etiam“.

P. 251, 5. In Ms 127v versus 3 primo legebatur: „Pars una scrup. I s excedens transmigravit“. Deinde Copernicus „scrup. I s“ delevit et hanc lectionem susceperunt NBAW: „Pars una excedens transmigravit“. Postremo Copernicus hunc in modum emendavit: „Pars una scrup. V excedentia transmigraverunt“.

P. 252, 1. *NBAW* retinebant numerum scrup. XLI, qui in *Ms* addito signo I in scrup. XLII transmutatus est, *Ms* 127v versus 2 a calce.

P. 312, 25. „Scrupulorum x" in *Ms* 160v versus 5 a calce ex „scrup. xi" mutatum. Editiones priores hunc valorem a Copernico reiectum susceperunt.

P. 319, 34. *NBAW* retinebant „centrum", quod Copernicus in *Ms* 164v versus 10 a calce in „centra" emendavit.

Notae p. 121, 20 Martis —, p. 123, 6 Iovis —, p. 123, 21 Mercurii —, p. 125, 10 Saturni apogaeum postumae sunt neque leguntur in *NBAW*.

Notae de loco Christi p. 157, 10; 159, 5; 178, 9; 182, 8; 218, 9; 220 in calce, 223, 4 et ipsae postumae sunt; nam in *Ms* 112 hi numeri in calcem delegantur, quod spatium superius emendatis antea columellae vi numeris expletum erat. Et desunt in *NBW*, *A* eas in calce scribit.

Eae mutationes postumae, quae ab 8. capite primi usque ad 15. caput quinti libri passim inveniuntur, docent Copernicum etiam post discessum Rhetici usque ad ultimum vitae spatium operi suo principali studium atque diligentiam navisse. Docent etiam Zinner falso putare Rheticum etiam autographum Copernici secum portasse, neque quidquam in eo post discessum Rhetici emendatum esse. Rheticus permissione ab universitate Wittembergensi, deprecatore duce Albrecht de Brandenburg, accepta initio mensis Maii anni 1542 Norimbergam profectus est, ubi in aedibus Johannis Petrei illico opus imprimi coeptum est. Nam exeunte mense Maio T. Forsther duas primas plagulas impressas vidit, ut amico suo J. Schrad Reutlingensi scribit die 29. Junii 1542: Plagulas typis exscriptas a magistro quodam Wittembergensi castigari. Rheticus, praeterquam quod mense Junio paucos dies in patriam suam Feldkirch diverterat, totam aestatem Norimbergae remansit ibique per sex menses libro imprimendo praefuit. Hic contradicat aliquis, Rheticum mense Julio 1542 etiam Lipsiae fuisse, afferens epistulam Philippi Melanchthon d. d. Nonis Juliis 1542 ad senatorem Erasmum Ebner Norimbergensem: „Joachimus Rheticus, hospes vester, qui Lipsiae mathemata docet." Sed ipsis verbis „hospes vester" demonstratur, Rheticum tum Norimbergae versatum esse et „mathemata docet" intellegendum est ei Nonis Juliis eius anni professionem mathematicae Lipsiensem iam delatam fuisse. Eius auspiciis dimidium fere operis impressum esse videtur. Qui cur lucidam Copernici in primum Revolutionum librum praefationem ex autographo fol. 1 typis edendam non curaverit, difficile est intellectu nec satis explicari potest. Norimberga exeunte mense Octobri profectus jam non Wittembergam, sed recta via Lipsiam se contulit, ubi die 8. Novembris sollemniter in professorum collegium receptus est. Priusquam Norimberga excederet, Osiandrum libro typis exscribendo praefecit, qui et Copernico et Rhetico insciis famosam illam praefationem „Ad lectorem de hypothesibus huius operis" in frontispicio libri edidit. Cum Copernicus ipso mortis suae die 24. Maii 1543 integrum librum ante oculos habuerit, ineunte mense Maio totum opus impressum fuisse constat.

Achilles Pirminius Gasser, medicus Lindaviensis et amicus Rhetici, in suo editionis principis exemplari, quod in bibliotheca Vaticana servatur, in margine epistulae Copernici ad Paulum III. Pontificem dedicatoriae adnotavit: „Datum Varmiae in Borussia mense Junio 1542." Non habeamus, cur de fide eius notae dubitemus. Nam Copernicus eam epistulam scripsit, postquam amicis permisit, „ut editionem Operis, quam diu a me petissent, facerent" (Epist. dedicatoria). Et ex sequentibus verbis, „quod has meas elucubrationes edere in lucem ausus sim", cum perfecto „ausus sim" tempore utatur, concludendum est, quibus diebus Copernicus ea verba scripsit, opus iam sub prelo fuisse. Et Gassendus, auctor fide dignissimus, scribit in vita Copernici: „Itaque praestito assensu concinnavit (Copernicus) primum praefixitque operi huiuscemodi praefationem ad Pontificem Maximum... Deinde opus praefationemque optimo Gysio dedit in manus atque ut omnia pro libitu exsequeretur, illi copiam fecit. Gysius vero ad Rheticum ... omnia uno fasciculo et via quidem tuta in Saxoniam misit." Hic cum ad Kalendas Novembres 1542 ex Franconia in Saxoniam venisset, non ante Novembrem eiusdem anni in possessionem fasciculi opus et praefationem continentis venire potuit. Praefationem i. e. epistulam dedicatoriam Norimbergam typis edendam misit, autographum secum retinuit. Cum iam a mense Maio typothetae edendo opere occupati essent, apparet, folia I-III praefationem Osiandri, epistulam cardinalis Schönberg, epistulam Copernici dedicatoriam comprehendentia cum indice post libros VI Revolutionum typis mandata et in principio libri collocata esse. Inde etiam nota Iohannis Praetorii ex anno 1609 collustratur: „Et primae aliquot paginae ad Copernicum missae sunt. Sed paulo post Copernicus diem suum obiit, antequam totum opus videre potuit. Serio autem Rheticus affirmabat Copernico plane displicuisse illam Osiandri praefationem, immo non mediocriter irritum fuisse." Primae aliquot paginae intelligendae sunt maxime folia I-IIII, in quibus legitur praefatio Osiandri, quae Copernico indignationi et offensioni erat, non ut vult Zinner folia 1-4, in quibus initium libri I Revolutionum impressum est. Ceterum non est reiciendum ex aedibus Petrei Copernico pluries certis intervallis plagulas impressas missas esse, ut certior fieret, quantum editionis opus proficeret. Idem Tidemannus Giese episcopus in epistula d. d. 26. Julii 1543 indicare videtur, cum dicit: „Nec opus suum *integrum* nisi in extremo spiritu vidit eo, quo decessit die."

Hodie exstant 74 probata exemplaria editionis Norimbergensis, quorum E. Zinner 69 descripsit, F. Kubach 5 reliqua enumeravit. Variis temporibus et locis varia pretia pro libro Revolutionum soluta sunt. Decanus L. Wolff Lipsiae anno 1543 librum ingenti pretio 27 florentinorum et 10 cruciferorum, Valentinus Engelhart 1545 exemplar non glutinatum Wittembergae, ubi doctrina Copernici impugnabatur, uno florentino, Bodmann anno 1791 6 florentinis, 40 cruciferis emit. Anno 1941 editio Norimbergensis 1950 marcis veniit. A bibliopolo Vratislaviensi anno 1667 editio Norimbergensis in causa hereditaria vilis pretii 15 grossorum et archetypum Copernici unius florentini aestimata sunt. Mille libros Norimbergae impressos esse putans non erres.

Titulus libri receptus, quem tradit Norimbergensis, ut apud Copernicum nusquam ad verbum invenitur, ita et doctrinae et dictioni eius congruit. Nam tribus locis: „Quintus Revolutionum liber finit" in fine libri quarti, „In revolutione orbium caelestium" p. 6, 3, „De ordine orbium caelestium" in inscriptione x. capitis libri primi Copernicus ipse elementa tituli pronuntiavit. Titulum ipsum a Rhetico formatum esse hisce argumentis nititur. Eum maxime praeter ceteros nominatim laudatos Copernicus in animo habuit, cum in epistula dedicatoria, omisso licet nomine, scribit: „tandem amicis permisi, ut editionem operis, quam diu a me petissent, facerent". Ipse „iuvenili ardore" eam permissionem impetraverat, opus excudendum praeparavit, apographum ad usum typographi transscripsit, ducem Albrecht de Brandenburg adduxit, ut sibi permissionem libri edendi et Norimbergam proficiscendi ab universitate Wittembergensi exoraret, ineunte Maio apographum ipse Norimbergam tulit, initium editionis inauguravit, sex menses operi imprimendo invigilavit. Qui iam in Narratione Prima titulo brevi „De libris Revolutionum" utitur: „Ad clarissimum virum D. Ioannem Schonerum, De libris Revolutionum eruditissimi viri ... Nicolai Copernici Torunaei ... per quendam Juvenem, Mathematicae studiosum. Narratio prima.: Alcinous: *δεῖ δὲ ἐλευθέριον εἶναι τῇ γνώμῃ τὸν μέλλοντα φιλοσοφεῖν*. Excusum Gedani per Franciscum Rhodum MDXL".

Rheticus titulis sententias Graecas addere solet. Titulum Ephemeridum in annum 1551, quas apud Wolfgangum Günter 1550 edidit, trimetro jambico *Μωμήσεταί τις θᾶσσον ἢ μιμήσεται* ornavit. Eodem modo titulo Revolutionum addidit inscriptionem, quae supra portam academiae Platonis fuisse traditur, forma corrupta *᾿Αγεωμέτρητος οὐδεὶς εἰσίτω*, quam recta forma *Μηδεὶς ἀγεωμέτρητος εἰσίτω* huic editioni praefiximus. Ea re Rheticus id semper spectat, ut librum excudendum tueatur ab obtrectationibus, quae malevolentia aut rerum imperitia pariuntur. Cum Copernicus et Rheticus summa mutua familiaritate et sinceritate usi essent, incredibile est eum titulum Revolutionum inscio aut invito magistro composuisse et typographis edendum commisisse.

Contra eum ab editione Norimbergensi constitutum et a posteris editionibus receptum titulum haec opponuntur: libro bibliothecae Guelferbytanae (Wolfenbüttel) inscriptum est, verba „orbium caelestium" non a Copernico oriunda esse, et in Upsalensi exemplari, quod antea canonicus Donner, amicus Copernici, possederat, verba „orbium caelestium", praefatio Osiandri, epistula cardinalis Schönberg deleta sunt. Testimonium utriusque libri sine dubio inde ortum est, quod Copernicus epistulam suam dedicatoriam „praefationem in libros Revolutionum“ vocat et in fine libri quarti addit: „Quintus Revolutionum liber finit“, quodque Rheticus in titulo Narrationis Primae breviter scribit: „De libris Revolutionum.“ Sed in omnibus his locis autores commoditatis causa titulo breviato usos esse manifestum est. Nam verba „Libri Revolutionum“ vagiora sunt, quam ut titulo libri astronomici satisfaciant, et, ut materia libri aliquatenus indicetur, amplientur et suppleantur necesse est. Et dedit magister ipse supplementum desideratum, cum scripsit in decretoria ad Paulum III. epistulae sententia „ut experirer, an posito terrae aliquo motu firmiores demonstrationes, quam illorum essent, *in revolutione orbium caelestium* inveniri possent“. Ineunte ea epistula dicit: „hisce meis libris, quos *de revolutionibus sphaerarum mundi* scripsi“, denique in prooemio primi libri: „*De divinis mundi revolutionibus*“. Addatur hic etiam inscriptio praeclari x. Capitis I. Revolutionum libri: *De ordine orbium caelestium.* Editio princeps formulam orbium caelestium assumpsit. Huic contradicit Ioh. Praetorius in literis anno 1609 ad Herwartum ab Hohenburg datis: „Titulus etiam citra mentem autoris ab eodem (Osiandro) immutatus fuit. Debuit enim esse: De revolutionibus mundi. Et fecit Osiander: orbium caelestium“. Eam contradictionem Praetorius autoritate Rhetici nisus pronuntiavit. Nam quis praeter Rheticum priorem tituli formam novisset? Ideoque fide digna est. Differentia utriusque tituli minimi est momenti, utraque forma utitur verbis Copernicanis, utraque eandem exprimit rem. Eam differentiam hoc modo ortam esse censemus: Rheticus ante suum e Fruenburgo secessum cum Copernico convenerat: „De revolutionibus mundi“, Osiander vero, utpote cui formula praefationis primi libri „de divinis mundi revolutionibus“ ignota esset, locum ex epistula dedicatoria adhibens excudi iussit: „De revolutionibus orbium caelestium“.

Additamentum vero in charta titulari impressum: „Habes in hoc opere“ usque ad molestum triplex hortamentum: „Igitur eme, lege, fruere“ non Rhetici, sed Iohannis Petrei editoris opus iudicandum est. Illis enim iam temporibus typographi negotia naviter gerentes saepius charta titulari abusi sunt, ut libros laudando emptores allicerent. Velut Frobenius Basileensis, amicus Erasmi de Rotterdam, in cuius aedibus opera Hilarii Pictaviensis impressa sunt, in charta titulari, inter ornamenta Iohannis Holbein insignia, hisce verbis opus a se excusum praedicat: „IO. FROBENIUS PIO LECTORI S. D. DIVI Hilarii Pictavorum episcopi lucubrationes per Erasmum Rotterdamum non mediocribus sudoribus emendatas, formulis nostris, operaque nostra, quantum licuit, ornavimus. Priorem aeditionem non damnamus, sed quid intersit, ipse cognosces ex collatione, lector optime, simulque valebis. Catalogum reperies in proxima pagella … in officina Frobeniana apud inclytam Basileam. Anno MDXXIII, mense Febr.“ In ea iam non titulari, sed commendaticia charta bis nomen Frobenii, locis expositis, grandibus semel literis impressum, conspicitur, cum nomina Hilarii et Erasmi minutis typis excusa in contextu paene evanescant. Similiter in editione Revolutionum Amstelodamiana in folio tituli averso legitur: „Typographus Lectori salutem. Quamvis Copernicus duabus editionibus, Norimbergensi & Basileensi, in folio prodierit, tamen hanc formam praeferendam alijs duximus, cum quia typi nostri huic formae erant aptiores, tum etiam ut cum Copernico jungi possint ... Tabulae Frisicae ... “. Accedit quod Petreius ipse, cum anno 1550 opus Hieronymi Cardani „De Subtilitate libri XXI“ iterum typis mandaretur, in titulo scripsit: „Habes in hoc libro ...“ iisdem verbis usus, quibus Norimbergensis editio Revolutionum commendata erat.

Cur Rheticus, cum Wittembergae typographi strenui essent, officinam Petrei Norimbergensis elegerit, interroget aliquis. Ille, cum iam diu eum professionis mathematicae minoris Wittembergensis taederet, Lipsiam petebat. Quare commoratione Norimbergae maiore quasi porta et ponte uti volebat, quibus sine difficultate Lipsiam proficisceretur. Expertus sciebat, quanti Norimbergae scientia rerum naturalium aestimaretur quamque divites patricii studiis mathematicis ut Maecenates faverent. Petreius, universitatis Wittembergiae magister, erat ut plures patricii ex amicis Rhetici, et postquam anno 1523 officinam optime instructam hereditate obtinuit, iam complura opera mathematica typis mandaverat. Quinque librorum, quos Rheticus auctumno 1539 Copernico Fruenburgum dono tulerat, tres ex officina Petrei prodierant. Et ipse ibidem Apollonii codicem Graecum de conicis ex hereditate Regiomontani typis mandare in animo habebat. Eius „Orationes duae, Prima de Astronomia et Geographia, Altera de Physica, habitae Wittembergae“ aestate 1542, dum opus Revolutionum sub prelo erant, in officina Petrei excusae sunt.

De Indice Corrigendorum

Parte editionis Norimbergensis jam emissa, verisimile aestate 1543 Index Corrigendorum ($= K$) uno folio impressus est. In pagina adversa integrum operis titulum monstrat, in pagina aversa praeter inscriptionem tabulam mendorum 47 versibus compressam habet; in libris Revolutionum 36 versus unam paginam complent. Petreius, quocum Rheticus aestate 1543 propter praefationem Osiandri libro receptam discordaverat, ut erat indignatus, huic mendorum catalogo non plus uno folio impendere voluit. Et finit index abrupte et praemature in *N* 146, 30, postquam 109 vitia emendata sunt. Estque inscriptio haec: „Recognito et ad autographum opere impresso iterum collato, sequentia emendare curabis. Numerus primus est foliorum, secundus vero versuum. Puncti adiecti facies foliorum denotant unus scilicet primam, duo alteram.“ Vox „autographum“ significatione etymologica intelligenda est archetypum, Copernici manu scriptum, non exemplum eius codicis a Rhetico factum, ut vult Zinner. Id etiam inde apparet, quod inter correcta tres loci inveniuntur, qui nusquam leguntur nisi in autographo Copernici inter mutationes postumas, quas Copernicus operi suo adiecit exemplo Rhetici iam transscripto: nempe *K* versus 21 „lege LV“ est nota postuma in *Ms* fol. 86 vers. 6. Is valor LV quattuor mutationibus factis definitive constitutus est, valor V editionum *N B A W* est fructus primae mutationis. *K* vers. 31 „pro LXX lege LXXVII“, numerus VII manifesto textui interpositus est in *Ms* 117 v vers. 13, ut LXXVII efficiantur. *K* vers. 35 „pro autem lege etiam“; Copernicus *Ms* 127 vers. 10 a calce autem in etiam mutavit.

Ceterum hic index indiligenter elaboratus et mendosus est. *K* vers. 11 pro 50 : 20 legendum est 51 : 20, *K* vers. 13 pro 55 : 16 legendum est 55 : 18; correctura „pro 12$^1/_4$ lege 327$^1/_2$ $^1/_6$“ est obscura. Vers. 21/22 numerus 84.29 mutandus est in 85.33; propter hunc errorem *Th* eam emendationem non memoravit; *N* hoc loco scribit: „homocentrica BCD, centrum mundi E“, *K* emendat: „homocentricus ABC, centrum mundi E“. Vers. 25 scribendum est 97.18 pro 98.18; vers. 28 lege pro 107:21 numerum 106:21; vers. 37 „pro ibidem 32“ scribe 122 : 30 et pro 1 000 000 pone 2 000 000. Versus 40 = *N* 127:31 correctione omnino non eget, quia in *N* „breviora angulos“ legitur. Versus 43 = *N* 134:19 lege „diei scrupulis“ pro „diei scrupulus“; versus 44 = *N* 140:29 lege „sui deferentis“ pro „sin deferentis“, versus 45 = *N* 140:32 lege „etiam in Mercurio“ pro „at iam in Mercurio“; versus 49 scribe 146.7 pro „ibidem linea 7“ et in eodem versu 145:16 pro „ibidem linea 18“. Quamquam ea vitia vituperamus, tamen „Corrigenda“ maximae et paene genuinae autoritatis sunt pro eruenda dictione Revolutionum, cum ex autographo magistri ipsius hauserint et in 50 fere locis autographo congruant. Cum Rheticus possessor autographi fuerit, corrigenda aut ab ipso aut eius auxilio conscripta esse credas. Testantur textum ab ipso magistro constitutum adversus arbitrarias mutationes, quae in prioribus editionibus inveniuntur. *Th* autoritatem corrigendorum iuste aestimavit, etiam *A* et *W*, ut infra demonstrabitur, eius usae esse videntur, quod quidem in *Th* prolegomena pag. XIII renuitur.

II. EDITIO BASILEENSIS

Cum Norimbergensis editio Revolutionum propter typorum acritatem et operis diligentiam laudanda sit, Basileensis vilibus excusa typis et plurimis vitiis typothetarum deformata apparet: NICOLAI COPERNICI TORINENSIS DE REVOLUTIONIbus orbium caelestium, Libri VI.

IN QUIBUS STELLARUM ET FIXARUM ET ERRATICARUM MOTUS EX VETEribus atque recentibus observationibus, restituit hic autor. Praeterea tabulas expeditas luculentasque addidit, ex quibus eosdem motus ad quodvis tempus Mathematum studiosus facillime calculare poterit. ITEM, DE LIBRIS REVOLUTIONUM NICOLAI Copernici Narratio prima, per M. Georgium Ioachimum Rheticum ad D. Ioann. Schonerum scripta. Signum typographi. Cum Gratia & Privilegio Caes. Maiest. BASILEAE EX OFFICINA HENRICPETRINA. ANNO MDLXVI MENSE SEPTEMBRI.

Iuvat animadvertere, eam ex Norimbergensi laudem novarum ac admirabilium hypothesium non recepisse, cum ceteris in rebus servili quadam imitatione illam effingere studeat, cui non modo numero foliorum sed etiam numero verborum singularum paginarum plerumque congruit. Utraque praebet in folio I^{b} praefationem Osiandri, in II^{a} epistulam cardinalis Nicolai Schönberg ad Copernicum, in II^{b}—IV^{b} epistulam dedicatoriam ad Paulum III. Pontificem, in duobus sequentibus foliis, quae et ipsa numeris carent, indicem libri. Foliis, cifris 1—196 signatis, sex libri de Revolutionibus continentur. In sola Basileensi editione post indicem in pagina VI^{b} legitur: „ERASMUS REINHOLDUS MATHEMATICUS nostri Praestantis. Praecep. XXI suarum Tabularum Prutenicarum. Tota posteritas grato animo Copernici nomen celebrabit, cuius labore et studio, doctrina ipsa coelestium motuum propemodum collapsa iterum restituta est: & magna eius quoque lux Dei beneficio accensa, inuentis & patefactis ab eo multis, quae ad hanc usque aetatem uel ignota fuerunt uel obscura". Post libros Revolutionum accedit epistula: DOCTISSIMO VIRO D. D. GEORGIO VOGELINO CONSTANTIENSI, philosopho, et Medico, Amico tanquam fratri, Achilles P. Gassarus Lindaviensis ... Veldkirchii Rhetiae, a nato Servatore Christo M. D. X. L. anno in pag. 196b; in 197a—213a Narratio Prima Rhetici sequitur. Post eius libelli finem legimus: DE LIBRIS REVOLUTIONUM Nicolai Copernici. Finis. Folio 213b iterum scribit: BASILEAE, EX OFFICINA HENRICPETRINA, ANNO M. D. LXVI, MENSE SEPtembri. Signum typographi iterum impressum est in folio 214b.

III. EDITIO AMSTELODAMIANA

Cum editores Norimbergensis et Basileensis non nominati, Basileensis etiam ignoti sint, editor Amstelodamianae nomen et condicionem aperte professus est: NICOLAI COPERNICI TORINENSIS. ASTRONOMIA INSTAURATA, Libris sex comprehensa, qui de Revolutionibus orbium coelestium inscribuntur. Nunc demum post 75 ab obitu authoris annum integritati suae restituta, Notisque illustrata, opera et studio D. NICOLAI MULERII MEDICINAE AC MATHESEOS PROFESSORIS ordinarii in nova academia quae est GRONINGAE. Signum typographi. AMSTELRODAMI, Excudebat Wilhelmus Iansonius, sub Solari aureo. Anno MDCXVII. Charta titularis numero caret, folium secundum signo § 2, tertium

§ 3 numeratur, quartum est sine signo; quintum stellulis tribus $({}_{+}{}^{+}{}_{+})$ sextum $({}_{+}{}^{+}{}_{+})$ 2, septimum $({}_{+}{}^{+}{}_{+})$ 3 notatur, octavum est sine signo. Folium nonum habet quattuor stellulas, decimum quattuor stellulas et 2, undecimum quattuor stellas et 3. In folio 1^{a} est titulus impressus, in 1^{b} typographus Iansonius epistula lectori, typos et formam libri sui laudans, hunc commendat, in folio 2a—3b est epistula editoris dedicatoria: Nobiliss. ac praepotentibus Dominis D. D. ORDINIBUS GRONINGAE ET OMLANDIAE, ac eorum Reip. administrandae DEPUTATIS, nec non genere ac eruditione praestantissimis eorundem Academiae novae CURATORIBUS, Dominis meis plurimum colendis S. D. Datum: ipso aequinoctii verni die anno a Christo nato 1617. Folium quartum praebet praefationem Osiandri, 5a epistulam cardinalis Schönberg, 5b—8a Copernici ad Paulum III. Pontificem literas, 8b—9a vitam Copernici, 9b—11a indicem inscriptiones et numerum singulorum capitum comprehendentem numerosque paginarum, sub quibus in libro inveniuntur, 11a—11b indicem Tabularum sive Canonum, 11b catalogum erratorum. Libri sex Revolutionum continentur paginis 1—469. In pagina 470 NICOLAUS MULERIUS Lectori suo salutem precatur & fervens Astronomiae studium. Post inscriptionem: ASTRONOMICARUM OBSERVATIONUM THESAURUS. E scriptis Nic. Copernici collectus: Servata serie, qua usus fuit Copernicus, in pagina 471 incipit enumeratio observationum Copernici, quibus Müller notas criticas et explanatorias addidit. Totus liber pagina 487 finit hisce verbis: Thesauri astronomici, quo usus est Copernicus FINIS.

Ut Nicolaus Müller, medicus et mathematicus doctissimus, iam in formando titulo, non sine sui fiducia, suis rationibus usus est, ita saepius textum genuinum ipse mutavit sive mutandum proposuit, omnes numeros retexuit (§ 3v), passim historicas, mathematicas, astronomicas notas inseruit, instructiones utendarum tabularum composuit; quo modo multum profecit, si eius editionem cum duabus prioribus compares, licet eius mutationes et coniecturae ab expertis non semper probentur.

De foliorum in *NBA* numeratione.

Textus Revolutionum in *N* et *B* numeratur secundum folia 1—196, in *A* secundum paginas 1—469, cum numeri in summo faciei prioris angulo in *N* et *B*, ibidem in omnibus paginis in *A* collocantur. Praeterea in calce fit altera foliorum vel potius plagularum numeratio per literas et per signa numeralia Latina in *N* et *B*, per cifros in *A*; quartum quodque non numeratur. Velut folium primum signatur a, secundum a II, tertium a III, quartum non numeratur; folium quintum signatur b, sextum b II, septimum b III, octavum manet sine signo. Expletis literis minoribus majusculae adhibentur, velut folium 93 signatur A, 94 A II, 95 A III, 96 est sine numero. Expletis etiam majusculis hoc modo continuatur: folium 185 signatur in calce A a, 186 A a II, 187 A a III, 188 est sine signo. In editione *A* adhibentur cifri, folium 1 signatur A, 2 signatur A 2, 3 signatur A 3, 4 est sine signo. Etiam in *B* Narratio Prima Rhetici cifris numeratur, folium 197 Dd, 198 Dd2, 199 Dd3 usque ad folium 212, quod Gg4 (sic!) signatum est.

IV. EDITIO VARSAVIENSIS

Quarta editio est Varsaviensis, quae splendore ornatus, amplitudine formae, multitudine rerum receptarum praestat quam virtute, fide, diligentia operis: NICOLAI COPERNICI TORUNENSIS DE REVOLUTIONIBUS ORBIUM COELESTIUM LIBRI SEX. ACCEDIT G. JOACHIMI RHETICI NARRATIO PRIMA, CUM COPERNICI NONNULLIS SCRIPTIS MINORIBUS NUNC PRIMUM COLLECTIS, EIUSQUE VITA. VARSAVIAE TYPIS STANISLAI STRABSKI. Anno MDCCCLIV. LXXV, 642, VII paginae. In paginis I-XL legitur Praefatio editoris, professoris Iohannis Baranowski d. d. 1. Aprilis 1854, in XLI—LXXV Vita Nicolai Copernici ab Juliano Bartoszewicz conscripta, qua Copernicus natione Polonus esse vindicatur. Sequitur lingua Polonica conceptum carmen in honorem Copernici autore L. Osiński in duabus paginis numero carentibus. Initio operis ipsius paginae 1—2 praebent praefationem Osiandri, pagina 3 literas cardinalis Schönberg, 4—9 epistulam dedicatoriam Copernici ad Paulum III. papam, 10—12 praefationem Copernici ad librum I Revolutionum „Inter multa et varia", paginae 13—485 libros sex de Revolutionibus orbium caelestium. Paginis 487—544 continetur Narratio Prima Rhetici, 545—547 eiusdem praefatio in Copernici De lateribus et angulis triangulorum (Wittenbergae apud Ioh. Luft 1542), 548—552 Prolegomena ad Rhetici ephemerides Novas (Lipsiae apud Wolfg. Günter 1550), 553—593 ex minoribus Copernici scriptis, 553—562 Septem Sidera, 563—574 Monetae cudendae ratio, 575—593 Epistulae, 595—631 Theophylacti Simocati Scholastici epistulae interpretatione latina, 633—642 auctuarium comprehendens epistulas a Copernico et ad eum scriptas. Paginis I—VI indice eorum, quae in hoc opere continentur, volumen amplum finit. Omnia, quae enumeravimus opera, excepto carmine Osiński, in paginis bipertitis impressa et Latina et Polonica lingua conscripta sunt. Libro inserta sunt facsimilia: post paginam 12 praefationis Copernici in librum I Revolutionum et in fine facsimilia epistularum Copernici d. d. 27. Junii 1541 et d. d. 9. Augusti 1537. Imagines additae sunt: ad titulum Copernicus, quem pinxit F. Piwarski; post paginam XL duo clipea alterum manu Durandi Parisiensis, alterum manu Antonii Oleszczyński demonstrans Copernici monumentum Varsaviense; ante paginam 1 monumentum Varsaviense, ante paginam 487 monumentum Torunense conspicis.

Ea editio cum primum praefationem Copernici „Inter multa ac varia" in publicum edidit eiusque ex autographo Pragensi facsimile vulgavit, mundum certiorem fecit de praestantissimo hoc a Copernico propria manu exarato codice. Editores Varsaviensis maxime ex Amstelodamiana hausere, quam plurimi aestimabant, sed quoad textum Latinum omni cura omissa plurima vitia typothetae neglegentia praetermiserunt — in pagina 308 non minus 8 menda librariorum annotare potes —, quibus totum opus depravatur. Verba, cola, versus intermissa sunt. Loca vero geometrica et numeri mathematici maiore diligentia tractata sunt et quidem autographo Copernici — ut infra demonstrabitur — maxime in libris IV—VI obnoxia eidem saepius concordant. Tabulae non semel secundum recentiorum rationem immutatae Copernico sententias et dictiones adscribunt, quae hominibus decimi sexti saeculi doctis ignotae fuere. In „signorum stellarumque descriptione" stellae siderum figuris, quae posterioribus temporibus adhiberi coeptae sunt, attribuuntur, ut perspicuitas et evidentia turbetur. Interpretationem vero Polonicam magna diligentia elaboratam maiore quam textum Latinum fide dignam esse editores Thorunensis prolegg. pag. XX confirmant.

V. QUAE RELATIONES INTERCESSERINT CUM INTER QUATTUOR PRIORES EDITIONES *NBAW* TUM INTER HAS ET MANUSCRIPTUM COPERNICI

Priores editiones *NBAW* quasi cognatione inter se cohaerent, *NB* altera parte, altera *AW* artioribus nexibus secum conjunguntur. *BAW* maxime nituntur editione *N*, *W* saepissime etiam editione *A* utitur; *N* ex manuscripto Copernici non recta via, sed per ambages i. e. per exemplum a Rhetico ex autographo transscriptum fluxit. Plurimae mutationes, quae Rheticus exemplo suo indidit, in *NBAW* inveniuntur. Quarum paucas memorem: *NBAW* vocabula aliter scribunt ac *Ms*, Graecis utuntur verbis — ut erat Rheticus amans linguae Graecae — pro Latinis p. 278, 11 acronycti *Ms*, *ἀκρόνυκται NA*; *ἀκερονύκται B*; *ἀκρόνυκταί W*. Hecatombaeonos *Ms*, *ἑκατομβαίονος NB*; *ἑκατομβαιῶνος A*; *ἑκατομβαίωνος W*.

In *NBAW* contra germanum *Ms* textum adiectiva et genitivi invertuntur, emendationes grammaticae adhibentur: P. 10, 10 diuinis mutatur in caelestibus, p. 35, 31 binae in duae, p. 86, 13 a luce ad tenebras in ab ortu ad occasum, p. 151, 6 e contra in e converso, p. 152, 4 vocant aliqui motum in vocare possumus motum, p. 187, 18 pluri differentia in pluribus differentiis, p. 188, 17 partitus in divisus, p. 197, 27 sequeretur in sequatur, p. 204, 27 facias in facito, p. 246, 20 vtrisque in utrique p. 246, 28 subtracta in ablata, p. 247, 4, catabibazonte in boreo limite, p. 250, 3 Gynopoli in Fruenburgi, p. 375, 6 pro posse nostro in pro eo ac potuimus, p. 375, 9 praescripserit in praescripsit. Multae eiusmodi mutationes etiam in *Th* transierunt. P. 251, 19—21 verba in *NBAW* omissa: „secundum numerationem partium LXXXII tantum ac eorum differentia AEC'' in *Ms* 127v versus 19 accurate unum versum explent, ita ut supra AEC inferioris versus ACE superioris locum teneat; quo factum est, ut Rhetico exemplum transscribenti is versus excideret. Centies quinquagies fere *AW* et *NB* separantur, et quidem octies *AW* eundem textum praebent, qui in *Ms* et *K*, semel qui in *K* tantum legitur.

	AW et *MsK*	*NB*
P. 101, 15	compertam	compertem
P. 207, 5	naturalium	naturalem
P. 261, 5	differentias (-ae), quibus	differentiae. Quinto
P. 266, 18	Luna, si	Luna
P. 300, 14	CCLXXIII	CCLXXII
P. 302, 6	fuisset FD (*W* fuisse)	fuisset ST
P. 292, 27	addet (*A* adde et)	adde

P. 280, 4 *Ms* quartorum 12; *KAW* quartorum XL; *NB* quartorum IIII.

Ex ultimo loco *KAW* sequitur, ut Nicolao Mulerio editio Norimbergensis et Corrigenda praesto fuerint.

Sexagies fere *AW* concordant cum *Ms* et discordant ab *NB*. Ea concordia cum quadragies ad numeros vel ad loca geometrica pertineat, probandis calculationibus vel figuris effici potuit. Sed in sequentibus locis eae rationes concentui instituendo impares sunt.

	AW et *Ms*	*NB*
P. 21, 1	quoque et ad	quoque ad
P. 23, 33	et quidâm alij	et quidem alii
P. 49, 10	circumferentiae, per quam	circumferentiam, per quem
P. 79, 36	constabunt	constabit
P. 110, 21	dextra coxendice	dextro coxendice
P. 120, 18	sequentis trium	sequentium trium
P. 129, 15	in aluo	in aliud
P. 206, 8	dispar ascensio	dispari ascensio
P. 211, 23	erunt	erant
P. 214, 4	sit centro	si centro
P. 292, 5	tum etiam	cum etiam
P. 293, 27	inaequali	in aequali
P. 304, 25	LX gradus	LX. gradum
P. 309, 14	mensis vigesimum	mensis XV
P. 315, 34	scrupulis LII (*Ms* LI), suo	scrupulis, suo
P. 318, 7	partes	partium
P. 336, 20	*Ms* Veneris LXXVI, 9 praecedens, *AW* Veneris 76, scrup. 9	Veneris LXXVI
P. 339, 34	revolutiones ad unam	revolutiones. Unam

	AW et *Ms*	*NB*
P. 394, 19	reliquam	reliquum
P. 279, 11	sexies quinquies *MsATh*	sexagies quinquies *NBW*
P. 296, 4	Saturnini *MsATh*	Saturni *NBW*

Quamquam *NB* in his ultimis locis utrumque vitium emendaverant, *A* falsam lectionem autographi tradit. Id certo documento est Mulerium ex *Ms* hausisse.

Sumpserit sagax ille ac doctus N. Mulerius verba „mensis vigesimum" ex Ptolemaeo Magna Constr. (Heiberg II 360, 14), invenerit hoc vel illud calculando aut investigando: errores, quos modo nominavimus, excogitare non potuit; ipsi docent ei aditum quendam patefactum esse ad manuscriptum Copernici, sive per literas — illorum temporum viri docti epistularum frequentia inter se colloquebantur — sive occasionem archetypum ipsum adeundi nactus est. Nam Ioh. Amos Nivanus, qui archetypum die 17. Januarii 1614 emerat, eodem anno Amstelodamiam venerat manuscriptum secum portans. Mulerius, cum iis ipsis temporibus praeparandae editioni, quae anno 1617 e prelo prodiit, operam navaret, occasione data manuscripto usus esse putandus est. Quare neque ostentationis neque iactationis esse censeas, cum in titulo dicit: N. Copernici astronomia instaurata et integritati suae restituta.

Editores Thorunensis Prolegg. XVI et XX negant Varsaviensem praeter praefationem „Inter multa et varia" in librum I quidquam ex manuscripto recepisse aut ad emendandum textum priorum editionum quidquam contribuisse eisque assentitur Hopmann 1939. Re vera *W* pluribus locis rectam lectionem instituit. P. 215, 9 lectio *MsNBATh* olympiade trigesima septima recte emendata est in olympiade octogesima septima, quae correctio Thorunenses editores fugit. P. 215, 22 numerus DCCLX recte conversus est in $\overline{\text{III}}$DCCLX, P. 387, 23 LH recte ex LK, P. 389, 3 OFA recte in FOA, quae omnia contra *MsNBA* emendata sunt. Praeterea in libris Revolutionum I—III *W* decies septies dissentit ab *NBA* et consentit cum *Ms*. Praeter decem locos ad numeros Tabularum maxime pertinentes horum septem mentio fiat:

	WMs (*K*)	*NBA*(R)
P. 51, 33	ex K signo	ex signo
P. 52, 7	duplam	duplum
P. 54, 27	duplicis EI	duplicis BI
P. 63, 1	AB, BD	AB, BC
P. 166, 33	existunt	existant

Ter *W* unit dictiones *Ms* et *NBA*:

P. 150, 13. *MsK* unitur I medio, *NBA* unitur in medio, *W* unitur in I medio.
P. 185, 23. *Ms* homocentri ABCD, *NBA* homocentrica BCD, *W* homo-

centrica ABCD. Tertium eius generis exemplum legitur in libro VI: P. 395, 27. *Ms*: B limes, *NBA* motus B lineae, *W* motus B limes.

In libris IV—VI, quamvis magni ab editoribus Varsaviensibus *A* aestimetur, *W* septuagies fere discedit ab *NBA* et sectatur vestigia manuscripti, et quidem vicies *Ms* et *K*, quinquagies *Ms* solius. Cum *W* quattuor locis eadem lectione, quam corrigenda sola praebent, utatur (P. 226, 7 BE, EC; 246, 15 LV; 231, 28 quattuor unius gradus; 272, 36 hic sequitur), editores *W* notitiam Corrigendorum habuisse constat. Quinquaginta lectionum, in quibus *W* ab *NBA* discordat et cum *Ms* solo concordat, multae ad loca geometrica, longitudines, angulos, figurarum signa respicientes computatione numerorum et examinatione figurarum constitui poterant, sed ceteris eruendis eae rationes impares sunt, velut his:

	NBA	*MsW*
P. 231, 16	CLXX	CLXXVII
P. 252, 8	aequabilitatem	aequalitatem
P. 350, 15	huic	hinc
P. 371, 14—15	AB, a loco	ab A loco
P. 374, 4	illae	ille
P. 385, 12	Soli	soli
P. 386, 3	in ipso Sola (in ipso Sole *B*)	in ipso sola
P. 391, 20	Veneri	Veneris
P. 393, 23	ipsi commensurabilis	tempore (tempori *W*) commensurabilis
P. 395, 27	lineae	limes
P. 396, 13	quadrangulum	quadrantis (quadratum *W*)

Inde sequitur, ut editores *W* in posteriore parte operis manuscripto usi sint et plurima priorum editionum menda sustulerint. Cum in *W* Copernici in librum I Revolutionum praefatio „Inter multa et varia" in paginis 10—12 continuae numerationis comprehendatur, necesse est editores iam a primo operis imprimendi exordio notitiam autographi habuerint. Sed cur non prius quam exeunte libro tertio ad textum constituendum manuscriptum semper adhibuerunt? Id inde factum esse puto, quod aut ab initio editionem *A* nimii aestimantes *Ms* neglexerunt aut quod libris I—III iam impressis demum facultatem assecuti sunt manuscripto Copernici, quod velut thesaurus custodiebatur, ad suum arbitrium libere utendi.

VI. EDITIO THORUNENSIS

Plurimum profecit in textu Revolutionum constituendo editio Thorunensis: NICOLAI COPERNICI THORUNENSIS DE REVOLUTIONIBUS ORBIUM CAELESTIUM LIBRI VI. EX AUTORIS AUTOGRAPHO

RECUDI CURAVIT SOCIETAS COPERNICANA THORUNENSIS. ACCEDIT GEORGII JOACHIMI RHETICI DE LIBRIS REVOLUTIONUM NARRATIO PRIMA. THORUNI SUMPTIBUS SOCIETATIS COPERNICANAE. MDCCCLXXIII. xxxii et 494 paginae. Folium i comprehendit titulum Revolutionum tantum, folium ii titulum amplum, quem modo nominavimus, folium iii dedicationem libri GUILELMO AUGUSTISSIMO IMPERATORI GERMANICO BORUSSORUM REGI, folium iv praefationem quattuor Societatis Copernicanae procuratorum L. Prowe, E. de Lassow, Boethke, Hagemann, Thoruni d. 18. Januarii 1873. Sequuntur in paginis ix—xxiiii Prolegomena, quibus nomina Kalendis Januariis MDCCCLXXIII subscripsere C. Boethke. Dr. R. Brohm. M. Curtze. Herford. Dr. Hirsch. Index librorum et capitum complet paginas xxv—xxx, in facie sequentis folii, quod numero caret, adversa iteratur titulus et additur sententia Graeca: *Ἀγεωμέτρητος οὐδεὶς εἰσίτω.*

In paginis 1 et 2 praefatio Osiandri et epistula cardinalis Schönberg, quas iam in paginis xiii et xiv legeras, iterum impressae sunt. Dedicatio ad Paulum iii. papam explet paginas 3—8, libri vi de revolutionibus orbium caelestium continentur paginis 9—443, pagina 444 observationes, quarum Copernicus mentionem fecit, coartatae sunt. In paginis 445—490 legitur Narratio Prima Rhetici secundum editionem principem, quam excuderat Franciscus Rhodus, Gedani MDXL, adhibita etiam Basileensi editione anni 1541 apud Robertum Winter. Addenda et Corrigenda collata sunt paginis 491 et 492; indice nominum 493 et 494 finitur amplum volumen, quod typographi Lipsienses Breitkopf et Haertel typis idoneis excuderunt.

Ea editio auxilio regis Borussorum et ministri Falk anno jubilari 400. diei Copernici natalis impressa autographo ipso nititur. Quae etsi non sine diligentia excusa est et pro utilitate apparatus critici huic editioni imitanda est visa, in quam etiam notae criticae passim receptae sunt, tamen multis in locis emendatione indiget: *Th* 30, 2 lectionem priorum editionum lampadem hanc recepit, quamquam Copernicus nomen masculinum Solem respiciens expresse scripsit lampadem hunc. *Th* 166, 20 praebet autem a priori loco pro autem A priori loco, *Th* 166, 21 retractam pro retractum manuscripti, quibus mendis sensus mutatur. *Th* 25, 19 notat lectionem autographi terra, cum hic lucide terrae legatur; *Th* 412, 9 praescripserit manuscripti silentio in praescripsit, 412, 9 habet efficere tacite in debet efficere mutavit. Notae criticae, ut sunt persaepe sine cura transscriptae, corrigendae erant in libro i: *Th* pag. 37, 14; 45, 23; 46, 8; 48, 9; 49, 12; 49, 34; in libro ii: *Th* pag. 81, 7; 81, 20; 90, 30; 97, 7; 120, 22; 130, 19; 133, 37; 142, 6; 142, 29; 154, 24; 156, 9; in libro iii: *Th* pag, 206, 2; 210, 3; 220, 14; 227, 16; in libro iv: *Th* pag. 232, 17; 238, 15; 238, 21; 240, 31; 243, 28; 243, 33; 244, 33; 248, 24; 249, 1; 277, 26; 285, 10; 296, 13; 299, 27; 300, 26; 300, 31; 302, 12; in libro v: *Th* pag. 323, 29; 326, 3; 329, 3;

332, 32; 339, 2; 341, 21; 345, 15; 350, 14; 352, 3; 353, 1; 353, 20; 359, 27; 360, 29; 386, 8; 390, 1; 398, 4; in libro VI: *Th* pag. 418, 1; 419, 8; 421, 3; 425, 8; 426, 8; 426, 9; 428, 4; 434, 5; 442, 5.

Scriptiones primae manus (*Mspm*) non omnes neque omnes integrae afferuntur, in scribendis numeris contra promissionem prolegg. XXI datam *Th* aliam ac Copernicus rationem ad libitum adhibet. Velut in capitibus 19—24 libri IV in *Th* sine causa signa numeralia Latina pro cifris (Indicis signis) ponuntur vel e converso, item signa numeralia, ubi Copernicus nomen numerale per literas exprimit: *Th* 277, 20 legis 100000 pro „Centenum milium" manuscripti. Quod *Th* affirmat, Copernicum omnes linearum rectarum mensuras cifris i. e. Indicis signis, ceteras, annorum et angulorum, literis Romanorum numeralibus notasse, errat; vide *Ms* 8 versus 14 a calce: partium sexaginta quattuor; *Ms* 28 versus 15, 9, 8, 7 a calce; *Ms* 102v versus 2: tertia 46, versus 13: ex 82 grad. et 58 scrup. Neque habent editores Thorunensis, quod vituperent, siderum ac stellarum descriptionem in libro II non propria Copernici manu conscriptam esse eamque scatere mendis grammaticis. Nam siderum descriptionem grandioribus quidem literis, sed singulari Copernici manus ductu diligentissime exaratam esse, non modo expertis, sed omnibus scripturam accurate considerantibus manifeste apparet, et vitia grammatica opinata aut omnino non existunt aut sunt interpretationes ex Graeco Ptolemaei catalogo perperam iudicatae. Exempli gratia *Ms* 63 v versus 2 a calce scribit: in aluo praecedens, cum *Th* referat eum scripsisse: in aliud praecedens (Prolegg. XII not. 10). P. 103, 24 in extra auricula non est mutandum in dextra auricula, nam exter, extra, extrum est adiectivum eiusdem generis ac dexter, dextra, dextrum. Deinde p. 113, 20 lucidam quam vocant Aquilam, p. 120, 26 nebulosi media quae, p. 129, 20 post has, p. 133, 23 has quatuor, p. 141, 29 in extrema aqúa non sunt castiganda. Denique p. 140, 10 de foris non est immutandum in deformis, quod de foris in lingua latina persaepe occurrit, velut in Vulgata: Genes. 7, 16; Jerem. 9, 21; Ezech. 46, 2; Matth. 23, 25. 26; Luc. 11, 39. 40.

Eos errores revelantibus nobis minime est in animo, Thorunensis editionis de textu Revolutionum fido et utili meritis obtrectare, sed veritati inservire. Nova haec editio ea maxime de causa vulganda erat, quod exemplaria Thorunensis universa venierunt. Plurimae emendationes nostrae editionis, quae necessariae aut certe probabiles erant, inde ortae sunt, quod autoritati manuscripti confisi lectiones Copernici genuinas conservavimus et recepimus.

DE NOSTRA TEXTUS CONSTITUENDI ET SCRIBENDI RATIONE

Suprema lex nobis erat, si qua fieri potuit, lectiones ac scriptiones, quibus usus est Copernicus, conservare; quare scribimus invenire ac inuenire, sidus ac sydus, alii ac alij, Piscium ac Pistium, eandem ac eamdem, hypothesim, hipothesim ac ypothesim, ecclypsis, eclypsis, eclipsis, Hipparchus et Hypparchus (*Ms* 87 v versus 13). Item vitia declinationis et conjugationis et syntaxis, salvo sensu, non castigantur. In numeris significandis varietatem, ut est magni momenti historiam mathematicae et astronomiae tractantibus vel Copernici elucubrationum et studiorum rationem inquirentibus, exacte retinuimus. Et usus est Copernicus mox literis quadraginta, mox signis numeralibus Latinis XL, mox signis quae vocant Indicis sive cifris 40. Mox commiscuit alteram rationem alteri: anni duo, dies LXVI (*Ms* 160 v versus 11), millesimum quinquagesimum XXIII (*Ms* 167 v ad 168), hora vna 1/5 (*Ms* 154, 7 a calce), horis VI 2/5 (*Ms* 156 v, 7 a calce), XIII 1/3 (*Ms* 123 v, 10 a calce), gradus CCLI 52 (*Ms* 168, 8), scrupula XIIII 8 (*Ms* 131 v in margine), c̄c̄ = 200000 (*Ms* 15, 8 a calce), VIIII et IX = 9, XVIIC = 83 (*Ms* 27 v, 17 a calce), XLIX = 49 (*Ms* 125 v, 6), IXX = 19. MIIIIC = 1096 (*Ms* 8, 11 a calce), CDLI = 451 (*Ms* 125, 8 a calce). Punctum infra vel supra cifram positum valorem unitate auget: *Ms* 101 v, 16 numerus 2596 emendatus est in 2486 = 2496; versus 5 a calce 47 1/2 in 47 = 48; 368 1/2 in 368̣ = 369.

Signa pro nominibus siderum raro adhibuit: ☉ = Sol (*Ms* 91 v et 93) ♒ = Aquarius (*Ms* 105 v, 19), ♊ = Gemini (*Mspm* 106, 7 a calce); ♎ = Libra (*Ms* 73 v, 5 a calce), ☽ = Luna (*Ms* 134, 6) et ea sunt recepta. Numeri ineuntibus computationibus mutati recipiuntur; sin calculationes continuantur numeris prioribus i. e. non mutatis, et ipsi priores imprimuntur.

Quotiens in archetypo in determinandis angulis nomina: partes, scrupula prima, scrup. secunda, scrup. tertia desunt, totiens in editione omissa sunt. Abbreviata nomina part. p. scrup. scr. supplentur, prout contextus exigit in partes scrupula, partium scrupulorum, partibus scrupulis. Manifesti in mensuris angulorum et linearum rectarum errores corriguntur et lectio manuscripti in notis exhiberi solet. Lineae ex pluribus partibus compositae secundum autographum imprimuntur velut ADE et in calce scriptio hodie usitata adponitur AD, DE. Ad signanda loca geometrica in figuris et in textu in archetypo literae minusculae adhibentur, nos usum recentiorum sequentes et maxime perspicuitatis causa maiusculis utimur ut editiones *NAW*. Id commonent multi huius generis loci: *Ms* 15, 4 a calce: semissem ac ac dodrantem, *Ms* 206, 14 a calce: quoque ab ad bd; ibidem versus 12: ut ab ad ad sic bd ad bf. Propter vicinitatem aec et ace (*Ms* 127 v 19) Rhetico ipsi totus versus excidit.

Dissidentes ab archetypo omnia nomina propria majusculis initialibus scribimus eiusque scriptionem tum mutamus, cum errore etymologico periculum est, ne sensus corrumpatur: caedere in cedere, cepisse in coepisse et ex converso. Notae quas sigla vocant ad nomina trita breviter scribenda aptae: per, prae, propter, secundum, quam, noster, tempus, homines, et usitatae abbreviationes, linea supra (vel infra) nomen indicatae, tacite nominatim transscribuntur, item plerumque lucidae, non indicatae abbreviationes: memisse pro meminisse, rationari pro ratiocinari, constuit pro constituit, numatur pro numeratur, invesse pro invenisse. Interpunctiones, cum in autographo licentiore modo adhibeantur, ut textus facilius, ne dicam omnino intellegi possit, secundum morem recentiorum posuimus idque persaepe Thorunensem secuti. Loci deleti breviores, qui in ipso conscribendi actu exstincti sunt, plane negleguntur; alii vero sive postea deleti sive ampliores sive ii, quorum in vicem nova verba vel alii numeri inserta sunt, in notis infra textum adscribuntur sub his signis: *Mspm*, emendatum ex, mutatum ex, in numeris plerumque sola praepositione ex. Eiusmodi loci atque numeri, semel atque iterum mutati, docent, quam Copernicus corrigendo et expoliendo operi studuerit, quam calculationibus insudaverit, quae rationes existant inter autographum magistri et apographum Rhetici.

Incisionibus textus saepius disponitur, prout sensus exigit, quia multa capita ampliore ambitu, quam qui vix uno in conspectu videri possit, conficiuntur.

In capitum inscriptionibus, ut in *A* et *W*, perspicuitatis causa numeri praemittuntur et supra argumentum capitum collocantur; *MsNBTh* numeros semper postponunt; *Ms* 37, 137, 140 hic ordo turbatur spatio deficiente. Inscriptiones Tabularum non mutantur, nisi ut facilius intellegantur (*Ms* 134).

Cifris interiori margini applicatis versus paginarum numerantur, cruces † ibidem impressae indicant, ad eum locum notam pertinere. In exteriore margine cifris numerantur facies adversa et aversa foliorum manuscripti (34, 34v), cifris vero (34a, 34b) facies adversa et aversa editionum *N* et *B*. Notis huic volumini additis tractantur res criticae et literariae et biographicae, tertio volumini reservantur adnotationes mathematicae et astronomicae.

DE COPERNICI DICENDI ET SCRIBENDI RATIONE

In autore de rebus mathematicis et astronomicis disserente non quaeras Ciceronianae latinitatis elegantiam. Ubi vero Copernicus philosophiam vel res universales, humanas et divinas, tractat, velut in epistula ad Paulum III. Pontificem dedicatoria, in praefationibus singulorum librorum, maxime primi, in decimo capite libri I sermo eius ad magnificam et lucidam antiquorum scriptorum dicendi rationem, quin etiam ad sollemne hymnorum et psalmorum orationis genus ascendit. Sententiis et comprehensionibus clare compositis oratio eius procedit. Numquam tumide loquitur, numquam ad simulatam speciem ac pompam illius saeculi humanistarum descendit. Semper lucide, exacte, vere, sobrie, sine ira et studio argumenta affert; nusquam laudator sui aut operis sui existit. Mirum est, quanta verborum copia ad significandas similes notiones aut aequales cogitationes et sententias ei affluxerit. Exempli gratia haec ei verba et loquelae praesto sunt explicaturo computationem vel demonstrationem bene evenisse: adsignare, animadvertere, aperire, apertum fit, apparere, attestari, capere, capessere, accipere, percipere, cernere, calculari, certum habere, certius efficere, certificare, colligere, cognoscere, comperire, compertum habere, concludere, congruere, coniectare, consentire, consistere, constat, constituere, consurgere, convenire, pervenire, credere cogit, dare, declarare, deducere, definire, demonstrare, deprehendere, apprehendere, comprehendere, perdiscere, efficere, elicere, esse, examinare, excogitare, exinvenire, exire, experiri, evidens fit, habere, exhibere, fateri oportet, indicare, indicere, nosse, pernoscere, innotescere, intellegere, datur intellegi, componere, lucrari, liquet, liquidum est, — fit, metiri, emetiri, mensum, emensum, metitum (sic!), notum est, numerare, dinumerare, ostendere, investigare, manifestum est, — fit, patefacere, patere, perducere, expendere, praefinire, perspicuum est, in promptu est, probare, comprobare, prodere, prodire, se proferre, ratiocinari, reddere, remanere, relinqui, satisfacere, sequi, assequi, consequi, scire, scrutari, perscrutari, perspicuum est, — fit, supputare, taxare, tenere, obtinere, trutinare, videre, aperitur modus investigandi, — via examinandi, — demonstrandi, patet accessus, — aditus, — via, est modus supputationis, liquide constat, exercere rationem, lucrari rationem, venit ad manus, in lucem prodire, apprehensio est scrupulosa, praebere aditum, in propatulo est, componi potest, nec aliquid dubitationis relinquitur, explanatio fit, supputatio exigit, ratio fateri cogit, sensui subiacet, demonstratio procedit, scientiam adipisci, supputationes deducuntur, ad metam concurrere, ad resolutionem nodi venire et alia.

Copernicus varietate delectatur non modo in scribendis numeris et in eligendis verbis nominibusque, sed etiam in declinatione, conjugatione, syntaxi: Praecipue Graecorum verborum et constructionum usu gaudet. Legis Nominativum Timochares Timocharis, Genitivum Timocharis (*Ms* 82, 14 a calce; 84v, 12 a calce) Timochareos (*Ms* 175, 16) Timocharidis (*Ms* 84v, 8). Si subiectum sententiae est neutrum pluralis, verbum in numero singulari ponitur secundum usum Graecorum: qualia ... de divinis mundi reuolutionibus ... pertractat ac totam ... formam explicat (*Ms* 1, 4—8), datur latera (*Ms* 31, 22), quae dempta relinquit (*Ms* 156, 11 a calce). Utitur Nominativo planetęs planeta, Genitivo absidis absis (*Ms* 156v, 3 a calce), eccentrotetis (*Ms* 101 v, 13 a calce) eccentrotetos (*Ms* 159, 13 a calce), Accusativo canonas, absidas, parallaxas et canones, absides, parallaxes; Nominativo diameter et diametrus, eccentros et eccentrus, acronychium (*Ms* 156 v, 7) et acronyctium, parallelogrammum et parallelogrammon, Accusativo pluralis periodus (*Ms* 143, 1 a calce) et periodos, polus et polos

(*Ms* 43, 1). Adiectiva composita, ex lingua Graeca mutuata, Graeco more pro masculino et pro feminino genere eadem forma terminantur: acronyctus stella (*Ms* 191, 7), paralleli lineae (*Ms* 108, 3 a calce). Habes Genitivum prosthaphereseon (*Ms* 121, 17), Hecatombaeonos (*Ms* 125 v, 2), Accusativum chorobaten (*Ms* 27, 1 a calce), tropen (*Ms* 97, 21), epagogen (*Ms* 119, 15 a calce); optinere Graeco more scribitur pro obtinere. Scriptione apogium pro apogaeum, perigium pro perigaeum (*Ms* 95 v, 10; 161 v, 4), Praximilli pro Praximillae in 12. et Chrysi pro Chrysae in 19. epistula Simocattae, similiter in epistulis 57, 64, 77 demonstratur Copernico controversiam Itacismi et Etacismi notum fuisse, qua docti saeculi XVI. humanistae disceptabant, utrum η pronuntietur i an e. Nominibus diameter, periodus, dimetiens utrumque, masculinum et femininum, genus tribuit.

Verbis Graecis accentum et spiritum aut non aut falso applicat. *Φωσφορος, εσπερος* (*Ms* 142, 4 a calce), *νυχθήμερω* (*Ms* 104 v, 16) *Βιβλιον Νικολέου του Κόπερνικου* (Prowe II tabula V). Itaque nomina e Graeco sermone recepta sine h scribit: armonia, ypothesis, Ecatombaeonos; item doctus ille de Rotterdam initio nomen suum scripsit Herasmus, sed postquam Graecam didicit linguam, Erasmus. Utrum ei scriptio ecclypsis, Hypparchus (Hyparchus) ex indiligentia occurrerit an ex imperitia etymologiae, qua alterum a *γλύφειν* alterum ab *ὑπό* derivaverit, in medio relinquendum est. *Ms* 58 v, 4 a calce Hyadas cum Succulae componit et *Ms* 110 v in eadem pagina versus 22. 26. 29 leguntur Hipparchus Hyparchus Hypparchi. In epistulis Simocattae *βωμός* pro *βῆμα* Epist. 1, *ὀδός* pro *ὀδούς* Epist. 62, *ὀδευόντων* pro *ὀδόντων* Epist. 67, *ὅρος* pro *ὄρος* Epist. 79, intellegitur.

Post verba dicendi in sententia secundaria adhibetur mox Accusativus cum Infinitivo, mox quod cum Indicativo, mox quod cum Coniunctivo: P. 268, 21: affirmare quod sint; 315, 31—35: 316, 3—4; mox quod cum Infinitivo: P. 33, 5 manifestum est, quod ... illam dari; p. 57, 26 manifestum esse puto, quod ... triangula similia esse. His in locis quod, ut apud Graecos *ὅτι*, vi Coniunctionis deleta, ad nihil valet nisi ut sequentem sententiam indicet eodem modo, quo *ὅτι* ante orationem rectam pro colon (:) vel pro comma (,) adhibetur. In fine praefationis in librum II (p. 64, 22) legitur: in mente tenentes, quod — et sequuntur duo hexametri, qui absolute dicti minime pendent a quod. P. 300, 1—4 coniunctio quod indicat obiectum verbi habemus, nempe anomaliam. Plurima eiusmodi exempla occurrunt in Vulgata, quam Copernicus cotidie in manibus et ante oculos habebat divinum officium in choro recitans. Vide Luc. 7, 16: dicentes quod (*ὅτι*) propheta magnus surrexit in nobis et quia Deus visitavit plebem suam; Ioh. 18, 8: dixi quia ego sum; Ioh. 20, 18: quia vidi et saepissime. Nominativo cum Infinitivo magis solito indulget.

Post verba Interrogandi et post ut Consecutivum carptim utitur modo Indicativo: quomodo exercet p. 375, 9; ut consentiunt p. 64, 18. ut habet

p. 86, 20. 22; ut emerget p. 153, 11—12. Coniunctiones postquam et quod, causam realem indicans, sequitur modus Coniunctivus: postquam ostensum sit p. 391, 10; non quod distrahatur, sed quod appareat p. 278, 6—7; quod sint p. 268, 21. Coniunctione quoniam non semel sententia primaria inducitur p. 11, 22; 87, 28. Quod vero Copernicus semper relationem Futuri ad Futurum exactum diligenter observat, eius in lingua Latina sensus ac sapor ostenditur. Praetereundo notetur eum saepius solito Participia Deponentium sensu passivo adhibere: assequi p. 18, 23; metiri p. 88, 34, opinari p. 325, 35. Loquelae: facit praecedere, -sequi, -apparere p. 196, 35; p. 278, 6; 378, 22; datur intellegi p. 234, 34; 332, 29; habent efficere p. 213, 3; habet efficere p. 306, 27, cum saepissime in Latinitate vulgari adhibitae sint, nihil offensionis praebent.

Dativi pronominum apud eum saepius in o cadunt pro i: alio pro alii, neutro, alterutro, quo pro cui, ipso pro ipsi; Comparativi pariter in e et in i cadunt in Ablativo: in inferiori et propinquiore p. 346, 18—19; similiter legis lunare pro lunari, manenti pro manente; gradu, descensu pro gradui, descensui p. 97, 3; grados, excessos pro gradus, excessus in Accusativo pluralis p. 216, 26; 238, 30 et e converso polus pro polos p. 99, 26. Adverbium maximo pro maxime legitur p. 382, 3, bini multoties pro duo. Canonio exponendo p. 392, 29 pro canoni exponendo, regulamenta pares pro paria p. 248, 7 lapsus calami esse videntur. Describerimus p. 49, 29, angulum metitum p. 95 not. 1 errores sunt. Lectio amplectanda pro amplectenda ex propinquitate verbi triti amplexari orta esse videtur p. 8, 6.

Adiectiva nomina, quae praepositione cum composita sunt, cum Ablativo iungere solet: ipso epicyclo conformis, ipso centro consentiens, tempore commensurabilis; similiter aequalis latere (p. 32, 14), natura similem (p. 100 nota), contra: aequalem alterius (p. 57, 23). Pro Ablativo comparationis, maxime apud Pronomina, adhibet Dativum: tertiae longiores, priori maior, ipsi maior, ei minor, maior illi. Pronomine reflexivo perperam utitur p. 189, 19 ante se pro ante eum, id quod persaepe occurrit in Vulgata; aliquis legitur in sententiis negativis pro quisquam (p. 269, 12), alius quam pro alius ac, tanta quae pro tanta quanta. Etiam genus nominum licentiore modo tractat. Nomina feminini generis: diameter, diametrus, diametros, dimetiens, periodus ut nomina communia adhibentur: medios diametros, dimetientem ipsum, dimetiens in quo, tertio periodo; bases obiecti pro bases obiectae (p. 56, 19). Iuxta triangulum neutrius generis legitur triangulus masculini generis: similes enim sunt DFG et DEB trianguli (p. 60, 31).

Consecutio temporum quam vocant non semper observatur: manifestum est, quod faceret (p. 380, 15); verbum exinvenire (p. 265, 18) Copernicus ipse finxisse videtur, item nomen addijcionem, derivandum ab ad-icere, priorem scriptionem addicionem, derivandam ab addere, mutando et literam j inserendo (p. 86, 16). In prima Simocattae epistula ex Graeco verbo τερετίζειν formabat teretisare, germanice trillern.

Etiam locutiones quae vocantur Germanismi reperiuntur et quidem isti:

1. p. 22, 13: bona pars recentiorum pro magna pars recentiorum, germanice ein gut Teil der Neueren.
2. p. 169, 1—4: regni, quae cadit pro regni, quod cadit, germanice: die Regierung, die endigt in.
3. p. 189, 22: partem permansurum pro partem permansuram, germanice der Teil, der bleiben wird.
4. p. 227, 31: quo (sic!) exemplo secuti pro quod exemplum secuti, germanice: diesem Beispiel folgend.
5. p. 265, 18: exinvenire, germanice: herausfinden. Hoc inusitatum ac novum verbum Copernicus componere non potuit, nisi verbum „herausfinden" eius menti obversatum esset.
6. p. 388, 10: non euidentem errorem profuturum existimauit, germanice: er glaubte, es werde kein wahrnehmbarer Irrtum vorkommen. In hoc loco Copernicus Germanici verbi „vorkommen" causa vim verbi prodesse, quae est „nützen", immutavit.
7. dimetiens et diameter, nomina feminini generis, a Copernico saepius ut masculina adhibentur: Der Durchmesser. Dimetientem ipsum (P. 61, 16) — in eo (p. 192, 25) — in quo (195, 35); diametros medios (257, 30), suum diametrum (p. 257, 32) et saepius.

Eae locutiones non Polonismi usurpari possunt; nam vox Polonica „część" partem significans et ipsa est feminini generis, et nomen Polonicum regnum dicens „państwo" est neutrius generis; „średnica" (diameter) est feminini generis; et post verbum „następowac" = sequi adhibetur praepositio „po" in lingua Polonica. Quae dictiones, cum veri sint Germanismi, docent Copernicum in componendo libro suo et in construendis sententiis secundum leges patrii id est Germanici sermonis cogitata finxisse, quare firmissimo, quod reprobari non potest, argumento sunt Copernicum natione esse Germanum.

Loci laudati eorum scriptorum, quos Copernicus nominatim affert, omnes fere comprobari potuerunt; etiam ii autores, quorum mentio non fit, velut Plinius, Manilius inventi, et fontes, unde philosophicae maxime doctrinae haustae sunt, investigando detecti sunt.

Iam supra diximus in autographo Revolutionum magnam singula nomina et verba scribendi varietatem inveniri: sydus et sidus, vicium et vitium, eundem et eumdem, consyderare et considerare, diliculum et diluculum, interceperant et intercoeperant. Nomina propria mox litera initiali majuscula, mox minuscula: Ptolemaeus et ptolemaeus scribuntur, in numeratione capitum alius numerus deest, alius bis adest, ut numeratio turbetur, in libro VI vacat numeratio praeter cap. 2 et 3. In ea scribendi varietate nulla lex conspicitur. Id tantum asseverari potest unam vel alteram rationem mox praevalere, mox minui vel plane finiri. Literae minusculae locis geometricis signandis servientes in capitibus 2—9 libri III omnes fere accentu áb, bf, ed ornantur, quae consuetudo postea plane evanescit et in libro VI maxime iterum comparet. Propter has vicissitudines accentus in hac editione, quae AB, BF, ED scribit, omnino negleguntur. Scriptio e pro ae (celum, seculum) in capitibus 9 et 10 libri II, ecclypsis in libro IV cap. 1—5 praeponderat. Tantum scriptio iusta pro iuxta a libro IV cap. 17 ad librum V cap. 28 sine ulla exceptione retinetur. Ea in scribendo licentia inde orta esse videtur, quod magister formae externae parum tribuebat, quoniam omni mente in re, in argumento, in suis rationibus et explanationibus versabatur, ut copia affluentium cogitationum prohiberetur verbis aeque et pari modo scribendis satisfacere. Optimus ille Tidemannus Gysius epistula die 26. Julii 1543 ad G. Rheticum data Copernicum, quod in praefatione operis sui mentionem Rhetici omiserat, „lentitudine et incuria quadam" excusat. Incuriae eius tribuas, si Numatius pro Munatius, Nicetus et Nicetas pro Hicetas scribit, si in constituendo Metonis Atheniensis tempore quinquaginta Olympiadibus fallitur, si calculationibus eius menda irrepunt, si summa siderum et signorum ratione magnitudinis computata (p. 142) non congruit numero eorundem signorum ac siderum ratione septentrionalis et meridionalis plagae et zodiaci computato (p. 116, 130, 142), si calculationes instituens numeros emendat, easdem continuans prioribus numeris id est non emendatis utitur. P. 368, 8 lapsus calami: Immobilitate telluris pro mobilitate telluris totum opus eius proicit et reprobat. Autores non semper exacte laudat, alios silentio praeterit (Plinium, Manilium), ex aliis plura hausit quam ex laudationis modo opinareris (Censorinus, Trimegistus). Quod p. 277, 15 ex Platonis Timaeo se carpsisse dicit, apud Ciceronem, quod p. 23, 7 ex Averroe, apud alium scriptorem legitur. Contextus loci ex Plutarcho Quaestiones Romanae c. 24 (p. 9, 23) laudati non de anno vertente agit, sed de mense Romanorum in Kalendas, Nonas, Idus descripto. Fieri sane potest, ut eiusmodi errores ex enchiridiis vel summariis, quibus studiosi utebantur, vel ex auditionibus doctorum ac magistrorum scholis, quas non satis novimus, emanarint. Sed, ut paucis dicam, hi errores et menda minimi momenti sunt iis, qui ingenii magnitudinem, animi constantiam, laboris assiduitatem eius viri considerant, qui autor novae astronomiae factus est. Is enim per totam vitam, urgenti divinae vocationis impetui obsecutus, operi suo insudavit, observationibus et calculationibus nocturno et diurno tempore operam navavit, dubitationibus, erroribus, difficultatibus cuiusvis generis, adversariorum calumniis et opinionibus resistens usque ad extremum halitum otium, quod ei sacrum canonici officium reliquit, in componendo, emendando, perpoliendo, perficiendo opere consumpsit. Quod opus novitate doctrinae tanta erat, quanta ne ab expertis quidem illorum temporum astronomiae viris intelligi, nedum probari posset, dum ingenio Iohannis Kepler aditus huius doctrinae universo mundo patefactus est. Qui et ipse Copernicana doctrina quasi fundamento nisus suae astronomiae mirandum aedificium exstruxit. Nicolao Copernico, viro strenuo, constanti, tacito septentrionalis et Iohanni Kepler, viro vegeto, agili, affabili meridionalis Germaniae caelum et sidera mysteria revelarunt.

Re vera Copernici operi saeculari finis ac terminus datus non est, opus sine peroratione exspirat. Exspectares conclusionem totum opus conficientem, qua, ut in praefationibus ad papam et in librum I de consilio suo, de spe et metu loquitur, ita in fine operis rationem redderet, quid de libro finito iudicaret, utrum ipse opere suo contentus esset an non. Sed qui propter verecundiam per totam vitam se ipse post opus et officium posuerat, et in fine operis de se ipso tacet. Dignus est, ad quem inscriptio tumuli cardinalis Schönberg transferatur: Tanto maiori laude post mortem efferendus est, quanto ipse moriturus eam fugere curavit.

NOTAE AD TEXTUM REVOLUTIONUM COPERNICI

Pag. 3. Epistula Copernici ad Paulum III. Pontificem dedicatoria, ut et inscriptione et ultimis verbis: „Nunc ad institutum transeo" demonstratur, a magistro praefatio edendi totius operis destinata est. Quare in principio huius libri ante textum Revolutionum collocata est, cum epistulae cardinalis Schönberg et Osiandri, praedicatoris Norimbergensis, praefationi de hypothesibus huius operis extremus locus in fine libri assignandus fuerit.

Paulus III., ex genere Farnesiorum ortus, ab anno 1534 ad annum 1549 pontificatum gessit. Illorum temporum renatae, ut ita dicam, antiquitatis (Renaissance) rationi inserviens, id quod a Pastor in V. volumine operis sui: Geschichte der Päpste seit dem Ausgang des Mittelalters, 8. und 9. Auflage, Freiburg 1925, pag. 723—807, multis argumentis docet, literis et artibus summopere studuit et favit. Ei igitur Maecenati plurimi viri docti et scriptores veneratione ac pietate adducti grato animo opera sua dedicaverunt. Quare minime est mirandum, quod et Copernicus illorum doctorum morem secutus insigne de Revolutionibus orbium caelestium opus Paulo III. Pontifici dicavit, neque laudes summae, quas doctissimo illi papae tribuit, quidquam indignae adulationis aut servilis animi ostendunt, sed congruunt rei et veritati. A Pastor, qui quales res in curia papali essent optime cognitas habebat, in libro modo laudato pag. 740 et 741 scribit: „Die Zahl der dem Farnesepapst von italienischen, aber auch von deutschen und französischen Schriftstellern gewidmeten gedruckten wie ungedruckten Werke ist überaus groß... Von den Dedikationen anderer (d. i. nicht theologischer und nicht schöngeistiger) Schriften verdient eine besondere Hervorhebung das Werk des Nikolaus Kopernikus „Über die Revolutionen der Himmelskörper". In Rom hatte man schon längst von den hochbedeutsamen Forschungsergebnissen des Schöpfers der neuen Astronomie Kunde: erklärte doch Albrecht Widmanstetter bereits im Jahre 1533 Klemens VII. in den vatikanischen Gärten das neue Weltsystem. Wenn nicht schon damals, so erhielt Paul III. sicher von demselben nähere Kunde durch den Kardinal Schönberg, der 1536 Kopernikus um eine Abschrift seiner Lebensarbeit ersuchte. Auf den Rat des Kulmer Bischofs Tiedemann Giese widmete Kopernikus sein epochemachendes Werk Paul III." Superfluum igitur est, id quod plures conabantur, Copernico alias et quidem minus honestas causas dedicationis insinuare.

Pag. 3, 32. Nicolaus a Schönberg, filius Dieterici a Schönberg, praefecti aulici Saxoniae Electoralis, die 3. Augusti 1472 Misnae natus, cum Pisae iuris studio operam navaret, a Savonarola, quem praedicantem audierat, impetravit, ut anno 1497 Ordini sancti Dominici adscriberetur. Professione postero anno facta gradus Ordinis honorum celerrime percurrit et ab anno 1508 ad annum 1515 procuratoris generalis munere fungens anno 1512 scrutator coenobia Ordinis Germaniae visitavit. A summis pontificibus pro sua rerum peritia, animi constantia, fide et prudentia maximi aestimabatur: a Leone X. die 12. Septembris 1520 archiepiscopus Capuanus, a Paulo III. die 21. Maii 1535 cardinalis creatus semel atque iterum legatus papae in Poloniam, Hungariam, Hispaniam, Galliam, necnon ad Imperatorem Carolum V. missus est. Ad pacem quam vocant Cambreensem 1529 plurimum valebat. Reformationis ecclesiae fautor idem semper a partibus imperatoris, non Galliae stetit. Anno 1536 archiepiscopatum Capuanum renuntiavit eodemque anno Kalendis Novembribus epistula ad Copernicum data scripsit: „Te etiam atque etiam oro vehementer, ut hoc tuum inventum studiosis communices et tuas de mundi sphaera lucubrationes una cum tabulis ... primo quoque tempore ad me mittas." Iam anno 1518 legatus pontificis Regiomontum Borussiae ad Albrechtum ab Hohenzollern-Brandenburg, equitum Ordinis Teutonici praesidem atque magistrum, venerat, qui Dieterico a Schönberg, fratre eius, consiliario et amico utebatur. Festo Nativitatis Domini eiusdem anni etiam apud Fabianum a Loßainen, episcopum Varmiensem, versabatur Ea occasione cum Copernico eum convenisse non est reiciendum. Quamquam ex epistula cardinalis nihil subintellegitur eos viros, quorum munera publica et studia privata tam similia erant, alterum de facie alterum nosse, tamen Copernicus in epistula dedicatoria cardinalem a Schönberg inter amicos suos primo loco nominat. Ex literarum cardinalis studiis praedicationes et epistulae traditae sunt. Mortuus est Romae ineunte mense Septembri 1537, ad sepulturae eius locum in ecclesia Ordinis praedicatorum Santa Maria sopra Minerva hoc legitur epitaphium „Hoc vili, quem a tergo lector habes loculo, conditus est is, in quo mira rerum peritia, catholica doctrina atque religio fuit Nicolaus a Schönberg natione Svevus, ordinis praedicatorum, Cardinalis Capuanus, a Paulo tertio Pontifice Maximo creatus, quem nobilem genere ipsa nobiliorem edidit virtus, qui tanto maiori laude post mortem efferendus est, quanto ipse moriturus eam fugere curavit Vixit annos 65, dies 29. Obiit anno Christi 1537" „Natione Svevus" intellegi vult natione Germanus. (Hipler, Spicileg. Pag. 115. A. Müller, Nikolaus Kopernikus. Pag. 83.)

Pag. 4, 1 Tidemannus Gisius Kalendis Juniis anni 1480 illustri Dantiscana (Gedanensi) familia ortus puer duodecim annorum Lipsiam venit, ubi baccalaureatum consecutus est. Inde post annum 1498 profectus in Basileensi et in Italicis universitatibus studiis se dare perrexit, denique Cracoviam contendit. Magistri honores adeptus propter Latinitatis suae elegantiam a rege Poloniae plurimi aestimatus eidem ab epistulis erat neque, postquam anno 1502 vel 1504 canonicis cathedralis Varmiensis adnumeratus est, honoratiore hoc officio se abdicavit. A rege Sigismundo ordini equestri adscriptus esse traditur (Prowe I 2, 171). Mox summa in capitulo Varmiensi auctoritate fruens ab 1510 ad 1515 administrator fuit castri Allenstein, Mauritio Ferber episcopo Varmiensi erat custos ecclesiae cathedralis et dioecesis vicarius generalis. Cum post annum 1532 et aegroto episcopo Mauritio coadiutor constituendus et eidem Kalendis Juliis 1537 mortuo successor eligendus erat, Gisius una cum Iohanne Dantisco, praesule Culmensi, episcopatum petebat. Multis disceptationibus actis Gisius Dantisco, cui rex Poloniae favebat, cessit, cum ei spes cathedrae Culmensis facta esset. Ex electione legitima et approbatione Apostolicae Sedis Dantiscus mense Februario 1538 Varmiensem, Gisius die festo paschae eiusdem anni cathedram Culmensem occupavit. Decem annis post, mortuo Dantisco, Gisius episcopus Varmiensis constitutus est, quam dioecesim duo annos administraturus erat, dum anno 1550 supremum obiit diem.

Tidemannus Gisius, ut erat septem annis minor Copernico, ita ei septem annis superstes fuit. Praestitit cultu atque humanitate, animi nobilitate, ingenio placabili, fide erga amicum incorrupta. Optime meritus est de perficiendo et edendo Copernici opere principali, per quattuor decennia in omnibus vitae condicionibus et difficultatibus Copernico firma amicitia consiliis et factis auxiliatus est. Sollicitus de amico, lethali morbo affecto, die 8. decembris 1542 Georgio Donner canonico ex Lubavia scribit „Oro igitur velis tutoris ei esse loco et curam viri, quem mecum semper amavisti, suscipere, ne in hac necessitate destituatur fraterna ope" Et mortuo magistro, ubi primum praefationem incerto autore „de hypothesibus huius operis" conscriptam ante oculos habuit, „tantum sub bonae fidei securitate admissum flagitium" maxime indignatus postulavit, ut „iam emissa exemplaria a calumniae vitio repurgentur" ut reus a senatu Norimbergensi puniatur, ut autori fides derogata integretur (Epistula d. 26. Julii 1543, Prowe II 419—421).

Pag. 4, 4. Horatius, de arte poetica 388—390

nonumque prematur in annum
membranis intus positis delere licebit,
quod non edideris.

Pag. 5, 9. vide Horatius, de arte poetica 1—5.

Pag. 5, 26. Recte scribitur Hicetas, antiquiores editiones praebent etiam Nicetas, Copernicus scribit Nicetus. Locus laudatus legitur Cicero, academica priora II 123 Hicetas

Syracusius, ut ait Theophrastus, caelum, solem, lunam, supera denique omnia stare censet neque praeter terram rem ullam in mundo moveri: quae cum circum axem se summa celeritate convertat et torqueat, eadem effici omnia, quae, si stante terra caelum moveretur. — Diog. Laert. VII 84 (Diels-Kranz I 398, 11): (Φιλόλαον) τὴν γῆν κινεῖσθαι κατὰ κύκλον εἰπεῖν, οἱ δὲ Ἱκέταν τὸν Συρακόσιόν φασιν.

Hicetas est inter priores Pythagoreos et habetur magister Ecphanti; sunt qui putent, ambo non esse veros homines, sed personas disputationi ac dialogo fictas (W. Schmid, Gesch. d. griech. Litt. I 5. ed. pag. 586 not. 6).

Theophrastus, Eresi in Lesbo insula natus, floruit 372—287; Aristotele, magistro eius mortuo, Athenis scholae Peripateticorum (322—287) praeerat.

Pag. 5, 27. Plutarch., de placit. philosoph. III 13.

Pag. 5, 30. Philolaus Crotonensis, discipulus Pythagorae senescentis, aequalis Socratis, floruit exeunte saeculo V. Primus Pythagorae doctrinas principales literis mandavit, quas Plato emisse et in Timaeo adhibuisse dicitur. Scripsit tres libros „de natura", περὶ φύσεως, quorum fragmenta Dorico sermone tradita sunt quaeque A. Boeckh germana esse contendit. Copernicus sequitur (pag. 15, 5) traditionem incertam, qua Platon eum in Italia visitavisse dicitur (W. Schmid, Gesch. d. griech. Litt. I 1, 5. ed. 585; E. Zeller, Gesch. d. griech. Philos. I 1, 5. ed. 287. 337. Diog. Laert. VIII 84 (Diels-Kranz I 398). Collegiis Pythagoreis dissolutis Philolaus Thebis docuit.

Pag. 5, 32. Heracleides Ponticus ex urbe patria, Heraclea Pontica, cognomen traxit. Discipulus erat Platonis; hic dum tertium in Siciliam iter faciebat, Heracleides Athenis academiae praeerat (361—360); floruit ab anno 390 ad 310. Plurima scripsit vir doctissimus de rebus philosophicis, historicis, mathematicis, grammaticis, musicis, poeticis; eius de astronomia libri inscribuntur περὶ τῶν ἐν οὐρανῷ et περὶ φύσεως. Docuit terram circa axem suum ab occidente in orientem volvi, ut et ambitum solis et conversionem orbis stellarum fixarum explanaret; deinde quod claritas Mercurii et Veneris variatur, existimat eos planetas circa solem, solem ipsum circa terram volvi (Pauly-Wissowa VIII 472—484).

Pag. 5, 32. Ecphantus Syracusanus vel secundum Jamblichum vit. Pythagor. 267 Crotonensis ex Pythagoreis minoribus docet terram in centro mundi positam circum axem suum torqueri (Diels-Kranz I 442, 14 — Hippol. Refut. I 15).

Pag. 5, 36. aliis ante me concessam libertatem. Eam in inquirenda et exponenda mundi constructione libertatem Thomas Aquinas, princeps scholasticorum, et ipse vindicavit: Illorum tamen suppositiones, quas adinvenerunt, non est necessarium esse veras: licet enim talibus suppositionibus factis, apparentia salvarentur, non tamen oportet dicere has suppositiones esse veras; quia fortasse secundum aliquem alium modum, nondum ab hominibus comprehensum, apparentia circa stellas salvantur. Aristoteles tamen utitur huiusmodi suppositionibus quantum ad qualitatem motuum, tanquam veris (S. Thomae Aquinatis opera omnia. III Romae ex typographia Polyglotta MDCCCLXXXVI. Commentaria in libros Aristotelis de caelo et mundo cap. XII lectio 17 pag. 186b, 187a). Similiter: In scientia naturali inducitur ratio sufficiens ad probandum, quod motus caeli semper sit uniformis velocitatis. Alio modo inducitur ratio, non quae sufficienter probet radicem, sed quae radici iam positae ostendat congruere effectus consequentes. Sicut in astrologia ponitur ratio excentricorum et epicyclorum ex hoc, quod hac positione facta possunt salvari apparentia sensibilia circa motus caelestes; non tamen ratio haec est sufficienter probans, quia etiam forte alia positione facta salvari possunt (Summa theol. I, 9. 32, a. I ad 2, Aemilian Schöpfer, Bibel und Wissenschaft p. 199; Adolf Müller, Copernicus p. 118). — Copernici verba „an posito terrae aliquo motu" respicere videntur locos ex Aquinate laudatos „hac . . . alia positione facta".

Pag. 6, 28.—30. Propter aliquem locum scripturae Copernicus respicit Josua 10, 12. 13. „dixitque (Josue). Sol contra Gabaon ne movearis, et Luna contra vallem Ajalon. Steteruntque Sol et Luna, donec ulcisceretur se gens de inimicis suis Stetit itaque in medio coeli et non festinavit occumbere spatio unius diei." Nomine ματαιολόγοι (Tit. 1, 10) alludit ad Lutherum et Melanchthonem. Ille locum Scripturae, quem modo commemoravimus, laudans vehementer in Copernicum invectus est „Es ward gedacht eines neuen Astrologi, der wollte beweisen, daß die Erde bewegt würde und umginge, nicht der Himmel oder das Firmament, Sonne und Mond, gleich als wenn einer auf einem Wagen oder in einem Schiff sitzt und bewegt wird, meynete, er säße still und ruhete, das Erdreich aber und die Bäume gingen und bewegten sich (cf. Revol. 1 cap. 8 pag. 19, 12 sqq.). Aber es gehet jetzt also wer da will klug sein, der muß ihm etwas eigenes machen, das muß das allerbeste sein, wie er's machet! Der Narr will die ganze Kunst Astronomiä umkehren. Aber wie die Heilige Schrift anzeigt, so hieß Josua die Sonne still stehen und nicht das Erdreich!" (Tischreden ed. Walch 2260 bei Prowe 1 2, 231. 232.) „Melanchthon hatte sich bereits bei Lebzeiten von Copernicus, bevor das Werk „De Revolutionibus" gedruckt vorlag, mit Heftigkeit gegen dessen Grundanschauungen ausgesprochen, er hatte sich nicht gescheut, die Hilfe der weltlichen Macht gegen eine solche „Zügellosigkeit der Geister" herbeizuwünschen er schreibt im Herbst 1541 an Burkard Mithob „Quidam putant esse egregium κατόρθωμα rem tam absurdam exornare, sicut ille Sarmaticus Astronomus, qui movet terram et figit solem. Profecto sapientes gubernatores deberent ingeniorum petulantiam cohercere!" (Corp. reform. IV 679 apud Prowe 1 2, 233.) Amici Copernici his ex scriptura sacra contra novam astronomiam promptis invectionibus maius pondus tribuerunt magistro ipso. Nam J. G. Rheticus opusculum scripserat, quo a Sacrarum Scripturarum dissidentia aptissime vindicavit telluris motum, et Gisius postulavit, ut id opusculum adnectatur Revolutionum editioni, si priores chartae, quibus Osiandri praefatio impressa erat, remotae essent et de novo recuderentur (Gisii epistula d. 26. Julii 1543 apud Prowe II 420).

Pag. 6, 31. L. Caelius Firmianus Lactantius in Africa natus, discipulus Arnobii, rhetoris Numidici, exeunte tertio et ineunte quarto post Chr n. saeculo floruit. Ab Imperatore Diocletiano professione disciplinae rhetoricae Nicomediae, in capite novo imperii, donatus, postquam Christianae religioni nomen dedit, et munere et victu orbatus diutius pauperrime vixit, dum senex principis Crispi, Constantini Magni filii, educator et praeceptor in Gallia nominatus est. Qui propter latinitatis suae integritatem et elegantiam ab humanistis qui dicuntur plurimi aestimatus et cognomine Ciceronis Christiani ornatus est, qui honor in Copernici laude „celebrem alioqui scriptorem" resonat. Opus eius principale inscribitur Divinarum institutionum libri VII. In huius operis libro III capite 24 eos, qui docent esse antipodas, terram esse globosam, mundum rotundum vilibus rationibus deridet et postremo hisce verbis incusat „constanter in stultitia perseverant et vana vanis defendunt" (Corp. script. eccl. Lat. XX, Vindob. 1890, O. Bardenhewer, Patrologie, Freiburg 1901, 177—182).

Pag. 7, 1 Concilium hoc loco laudatum est Lateranense V. vel oecumenicum XVIII., quod Julio II. Pontifice die 3. Maii 1512 initium et Leone X. die 16. Martii 1517 finem cepit.

Pag. 7, 6. Paulo episcopo Sempronensi Vetus Forum Sempronii est hodie urbs Fossombrone, in provincia Pesaro e Urbino sita, antiqua, iam anno 499 memorata sedes episcopalis. Episcopus, cuius hic mentio fit, est Paulus a Middelburg Seelandiae, astronomus et mathematicus insignis, natus anno 1445 vel 1455. Qui studiis se dedit Lovanii Bataviae. Canonicus factus in patria sua philosophiam, theologiam, medicinam, mathematicam disciplinam docuit, sed a civibus, quorum depravatos mores increpabat, patria expulsus primo Lovanium, deinde anno fere 1480 Paduam se contulit. Ab Alexandro VI. Pontifice anno 1494 episcopus Sempronensis nominatus de emendando Calendario Ecclesiastico bene meruit commentario „Paulina de recta paschae celebratione, Fossombrone 1513" concilio Lateranensi v. transmisso. Defunctus est Romae 15. decembris 1534, ubi in ecclesia Collegii Germanici dell'anima sepultus iacet.

Pag. 8, 12. Caelum et mundum. Plinius, nat. hist. II 3 (ed. Detlefsen, Berolini (Weidmann) 1866—73. pag. 72, 28 sqq.): „Nam quem *κόσμον* Graeci nomine ornamenti appellavere, eum nos a perfecta absolutaque elegantia mundum. Caelum quidem haud dubie caelati argumento dicimus, ut interpretatur Varro." Varro autem de ling. lat. v 18 dicit Aelium nomen caeli derivasse a „caelare", ipse vero a „cavum" ducit.

Pag. 8, 13. Plerique philosophorum. Caelum vocant Deum: Platon Timaeus 34 B: *διὰ πάντα δὴ ταῦτα εὐδαίμονα θεὸν αὐτὸν ἐγεννήσατο.* 68 E: *τὸν τελεώτατον θεὸν ἐγέννα.* 92 C: *εἰκὼν τοῦ νοητοῦ θεὸς αἰσθητός, μέγιστος καὶ ἄριστος κάλλιστός τε καὶ τελεώτατος εἷς οὐρανὸς ὅδε μονογενὴς ὤν.* Accedit Tim. 34 A.

Cicero, somn. Scip. 7: „Quousque humi defixa tua mens erit? Nonne aspicis, quae in templa veneris? Novem tibi orbibus vel globis connexa sunt omnia, quorum unus est caelestis, extimus, qui reliquos omnes complectitur, summus ipse Deus, arcens et continens ceteros; in quo sunt infixi, qui volvuntur stellarum cursus sempiterni." Secundum Ciceronem de nat. deor. I 11—15 a Platone, Aristotele, Heracleide Pontico, Theophrasto caelum appellatur deus. Plinius nat. hist. II 1 (pag. 71, 17—20). „Mundum et hoc quodcumque nomine alio caelum appellare libuit, ... numen esse credi par est aeternum, immensum neque genitum neque interiturum unquam." Etiam a Manilio poeta, aequali Augusti Principis, caelum et mundus eodem sensu intelleguntur et Deus appellantur; astron. I 491: qua pateat mundum divino numine verti. 492: Atque ipsum esse Deum. I 530: Deus est, qui non mutatur in aevum.

Macrobius, in somn. Scipionis I 14, 2: Bene autem universus mundus dei templum vocatur propter illos qui aestimant nihil esse aliud deum nisi caelum ipsum et caelestia ista quae cernimus.

Pag. 8, 20—26. Studio siderum, sedis beatorum, homines a vitiis abstrahi et ad meliora, virtutem et religionem et animi voluptatem dirigi philosophi passim docent. Platon, res publ. VII 529 A: *παντὶ γάρ μοι δοκεῖ δῆλον ὅτι αὕτη (ἀστρονομία) γε ἀναγκάζει ψυχὴν εἰς τὸ ἄνω ὁρᾶν καὶ ἀπὸ τῶν ἐνθένδε ἐκεῖσε ἄγει.* — res publ. VII 532 C: *αὕτη ἡ πραγματεία τῶν τεχνῶν... ταύτην ἔχει τὴν δύναμιν καὶ ἐπαναγωγὴν τοῦ βελτίστου ἐν ψυχῇ πρὸς τὴν τοῦ ἀρίστου ἐν τοῖς οὖσι θέαν.* — res publ. VII 530 A: (*ἀστρονομικὸν*) *νομιεῖν μὲν ὡς οἷόν τε κάλλιστα τὰ τοιαῦτα ἔργα συστήσασθαι.* — leg. VII 821 CD: *δεῖν περὶ θεῶν τῶν κατ' οὐρανὸν τούς γε ἡμετέρους πολίτας τε καὶ τοὺς νέους τὸ μέχρι τοσούτου μαθεῖν περὶ ἁπάντων τούτων, μέχρι τοῦ μὴ βλασφημεῖν περὶ αὐτά, εὐφημεῖν δὲ ἀεὶ θύοντάς τε καὶ ἐν εὐχαῖς εὐχομένους εὐσεβῶς.*

Posidonius, philosophus Stoicus Apamanus (135—51 a. Chr. n.), qui saepius Rhodi versatus est, ubi Cicero anno 78 eum audivit, quique iure parens cultus Solis nuncupatur, docet homines pulchritudinem mundi et orbis stellati intuentes continuo deo iunctos vivere; nam astra supra lunam sita esse atque immutabilitatem et veritatem ostendere (Pauly-Wissowa VIII 815). Cicero Posidonio autore usus has astronomiae laudes praebet: Somn. Scipionis 14: Vestra quae dicitur vita mors est. 17: Infra autem eam (lunam) nihil esse nisi mortale et caducum. 20: Haec caelestia semper spectato, illa humana contemnito (cf Somn. Scip. 29; Tusc. disp. I 43. 44. W. Schmid, Gesch. d. griech. Lit. II 5. ed. pag. 268—272) — Manilius, astron. IV 885: Nostrumque parentem

886 Pars tua conspicimus, genitique accedimus astris,
887 An dubium est, habitare Deum sub pectore nostro?
888 In coelumque redire animas coeloque venire?
896 Exemplumque Dei quisque est in imagine parva.
897 An quoquam genitos nisi coelo credere fas est
898 Esse homines?

917 (Ipse Deus) vultusque suos corpusque recludit.
918 Semper volvendo, seque ipsum inculcat et offert;
919 Ut bene cognosci possit, doceatque videndo,
920 Qualis eat, cogatque suas attendere leges.
921 Ipse vocat nostros animos ad sidera mundus.

Pag. 8, 26. Psaltes: Psalm 91, 5: Quia delectasti me, Domine, in factura tua: et in operibus tuis.

Pag. 9, 1. Vehiculo: Platon, Timaeus 41 DE: *συστήσας δὲ τὸ πᾶν διεῖλεν ψυχὰς ἰσαρίθμους τοῖς ἄστροις, ἔνειμέν θ' ἑκάστην πρὸς ἕκαστον, καὶ ἐμβιβάσας ὡς ἐς ὄχημα τὴν τοῦ παντὸς φύσιν ἔδειξεν, νόμους τε τοὺς εἱμαρμένους εἶπεν αὐταῖς. — ὀχήματα τῶν ψυχῶν* apud Proclum in Tim. I 5, 5; I 5, 15 et saepius.

Manilius astron. V 10. 11: Cum semel aethereos iussus conscendere currus / Summum contigerim sua per fastigia culmen.

Pag. 9, 4. Platon, leg. VII 809 CD: „*Πρὸς δὲ ... ταῦτα ἔτι τὰ χρήσιμα τῶν ἐν ταῖς περιόδοις τῶν θείων, ἄστρων τε πέρι καὶ ἡλίου καὶ σελήνης, ὅσα διοικεῖν ἀναγκαῖόν ἐστιν περὶ ταῦτα πάσῃ πόλει — τίνων δὴ πέρι λέγομεν; ἡμερῶν τάξεως εἰς μηνῶν περιόδους καὶ μηνῶν εἰς ἕκαστον τὸν ἐνιαυτόν, ἵνα ὧραι καὶ θυσίαι καὶ ἑορταὶ τὰ προσήκοντ' ἀπολαμβάνουσαι ἑαυταῖς ἕκασται τῷ κατὰ φύσιν ἄγεσθαι, ζῶσαν τὴν πόλιν καὶ ἐγρηγορυῖαν παρεχόμεναι, θεοῖς μὲν τὰς τιμὰς ἀποδιδῶσιν, τοὺς δὲ ἀνθρώπους ἔμφρονας ἀπεργάζωνται.*"
Psalm 103, 19: Fecit lunam in tempora, sol cognovit occasum suum.

Pag. 9, 9. Diuinus effici. Platon, leg. VII 818 BC: *τίνες οὖν ... αἱ μὴ τοιαῦται ἀνάγκαι τῶν μαθημάτων, θεῖαι δέ; Δοκῶ μέν, ἃς μή τις πράξας μηδὲ αὖ μαθὼν τὸ παράπαν οὐκ ἄν ποτε γένοιτο ἀνθρώποις θεὸς οὐδὲ δαίμων οὐδὲ ἥρως, οἷος δυνατὸς ἀνθρώπων ἐπιμέλειαν σὺν σπουδῇ ποιεῖσθαι, πολλοῦ δ'ἂν δεήσειν ἄνθρωπός γε θεῖος γενέσθαι ... μηδὲ νύκτα καὶ ἡμέραν διαριθμεῖσθαι δυνατὸς ὤν, σελήνης δὲ καὶ ἡλίου καὶ τῶν ἄλλων ἄστρων περιφορᾶς ἀπείρως ἔχων.*

Cicero, de nat. deor. I cap. 15: At Persaeus eiusdem Zenonis auditor eos esse habitos deos, a quibus aliqua magna utilitas ad vita cultum esset inventa (edit. O. Plasberg, Lipsiae, Teubner 1917).

Pag. 9, 18. Claudius Ptolemaeus ab anno 70 ad annum 147 p. Chr. n. Alexandriae floruit scriptor astronomiae et geographiae antiquitatis longe celeberrimus; cuius de caelo et mundo doctrinam per quindecim saecula totum genus humanum pro absoluta et immutabili veritate habebat. Praeclarissimum eius opus *Μεγάλη σύνταξις*, Magna Constructio, plerumque Arabice „Almagest" vocatum, tredecim libris compositum, cum aliis autoribus antiquitatis doctis tum Hipparcho et Menelao innisum universam veterum de caelo et sideribus scientiam complectitur una cum catalogo signorum et stellarum ab Hipparcho Nicaeensi conscripto; docet quibus causis terram immobilem in medio totius mundi stare demonstretur, quae doctrina „Ptolemaica" vel „Geocentrica mundi ratio" nominatur. Hoc opus erat fons ac fundamentum astronomiae et Arabum et christiani quod vocatur medii aevi usque ad Copernicum. Johannis Müller, Regiomontani cognominati, epitome latine confecta anno 1496 Venetiis impressa est; totius operis editio Latina, ex Arabico sermone versa, anno 1515 Basileae in lucem prodiit, ibidem anno 1538 editio Graeca. Ptolemaei opus principale geographicum *Γεωγραφικὴ ὑφήγησις*, Geographia, octo libris confectum, Latine impressum est 1475 Vicentiae in Italia, 1482 Ulmiae in Suebia, 1513 Argentorati, Graece Basileae anno 1533 editore Erasmo a Rotterdam. Unde apparet Copernico facultatem fuisse et Graecas et Latinas operum Ptolemaei editiones adeundi. Qui etiam de geometricis, opticis, musicis rebus scripsit.

Pag. 9, 23. Plutarch, quaest. Romanae 24: *Περιγίνεται τῆς ἐμπειρίας τῶν μαθηματικῶν ἡ τῆς κινήσεως ἀνωμαλία διαφεύγουσα τὸν λόγον.*

Plutarchus hoc loco non, ut ait Copernicus, de anno Solis vertente, sed de mense Romanorum in Kalendas, Nonas, Idus descripto agit. Contextus et sensus eius loci, non verba ipsa occurrunt apud Ptolemaeum Almag. III 1 (Heiberg I 191, 15—21).

Pag. 10, 3. Ut iam supra pag. 8, 12 et infra pag. 28, 6; 205, 14; 214, 28 sic in duobus primis huius libri capitibus textus Revolutionum pluries et ad sensum et ad verbum cum Plinii naturali historia congruit, ut dubitari non possit, quin Copernicus licet tacite Plinio autore recta via sive per ambages usus sit.

Pag. 10, 3. Globosum: Plinius, nat. hist. II 2 (pag. 72, 4 sqq.): Formam eius in speciem orbis absoluti globatam esse ... Quia talis figura omnibus sui partibus vergit in sese ac sibi ipsa toleranda est seque includit et continet, nullarum egens compagium nec finem aut initium ullis sui partibus sentiens. Plin. nat. hist. II 1 (pag. 71, 18. 24.): Cuius circumflexu teguntur cuncta ... cuncta complexus in se.

Pag. 10, 8. Aquae guttis: Plin. nat. hist. II 65 (pag. 105, 21): guttae parvis globantur orbibus.

Pag. 10, 13. Centro innititur. Plin. nat. hist. II 2 (72, 4): Formam globatam esse, ... quia talis figura omnibus sui partibus vergit in sese; II 65 (pag. 106, 6): totas ... aquas vergere in centrum, ... quoniam in interiora nitantur.

Pag. 10, 16 sqq. Plin. nat. hist. II 71 (pag. 108, 30): Sic enim fit, ut nobis septemtrionalis plagae sidera numquam occidant, contra meridianae numquam oriantur, rursusque haec illis non cernantur, attollente se contra medios visus terrarum globo. Septemtriones non cernit ... Aegyptus nec Canopum Italia. — Eandem causam formae telluris globosae affert Manilius, astron. I 215—217:

Idcirco terris non omnibus omnia signa
Conspicimus; nusquam invenies fulgere Canopum,
Donec Niliacas per pontum veneris oras.

Pag. 10, 26. Defectus. Plin. nat. hist. II 72 (pag. 109, 15): Ideoque defectus Solis ac Lunae vespertinos orientis incolae non sentiunt nec matutinos ad occasum habitantes, meridianos vero serius nobis illi.

Pag. 10, 28 sq. Plin. nat. hist. II 65 (pag. 105, 29): Eadem est causa propter quam e navibus terra non cernatur, e navium malis conspicua; ac procul recedente navigio, si quid, quod fulgeat, religetur in mali cacumine, paulatim descendere videatur et postremo occultetur.

Pag. 10, 29. Aquas inniti. Plin. nat. hist. II 65 (pag. 106, 6): Ergo totas omnique ex parte aquas vergere in centrum; ideoque non decidere, quoniam in interiora nitantur.

Pag. 12, 4. Cathagia. Geographia Ptolemaei, editio Basileensis anni 1542, in tabula I, quae inscribitur „Typus Universalis", inter gradus 200—230 fere Longitudinis notat: „Chatay regio". Cum Ptolemaeus ad 180. gradum terram habitabilem extendat, Copernicus recte dicit, recentiores Cathagiam et amplissimas regiones usque ad LX gradus adiecisse. ... — Praeterea et in tabula VIII Asiae inter gradus 145 et 150 longit., 13 et 15 latitud. septentr. et in pag. 122 nominantur: „Chatae Scythae". In eadem tabula VIII legis: „Scythia extra Imaum (montem) hodie est terra Mogul et pars Tartariae Magnae, regio plurimum montosa, deserta et infrequens". Editio Lugdunensis anni 1535 memorat et ipsa: „Chatae Scythae" et scribit „Extra Imaum montem Scythia definitur ab occasu Scythia interiori et Sacis iuxta totam montium diversionem ad arctes. A Septentrionibus terra incognita" (pag. 112). — vide etiam Menzzer, appendix pag. 6 not. 10. — „Katay oder Kataya, ein großes Land in Asien. Marco Polo hat seit dem Jahre 1295 schon deutlich genug in seinen Nachrichten zu verstehen gegeben, daß Kathay nichts anderes als China sei. Er hätte aber sagen sollen, Kathay ist nur ein Teil von China und wird hauptsächlich von den nördlichen Provinzen von China verstanden" (Geographisch-Kritisches Lexikon VI, Leipzig 1746, Sp. 797).

Pag. 12, 19—23. Empedocles quid de forma terrae docuerit, nobis ignotum est; id tantum scimus eum negasse terram infinita esse profunditate: εἴπερ ἀπείρονα γῆς τε βάθη (ἦν) (Diels-Kranz I 329, 5).

Anaximenes: γεγενῆσθαι λέγει τὴν γῆν πλατεῖαν μάλα. διὸ κατὰ λόγον αὐτὴν ἐποχεῖσθαι τῷ ἀέρι (Plutarch, Stromata 3; Diels-Kranz I 91, 28—30). — τὴν γῆν πλατεῖαν εἶναι ἐπ' ἀέρος ὀχουμένην (Hippolyt, refut. I 7; Diels-Kranz I 92, 11). — Ἀναξιμένης τραπεζοειδῆ (τὴν γῆν) (Aëtius III 10, 3; Diels-Kranz I 94, 21; vide ibidem 23—29 alia argumenta).

Leucippus: τυμπανοειδῆ (τὴν γῆν) (Aëtius III 10, 4; Diels-Kranz II 78, 11).

Heracletus: περὶ δὲ τῆς γῆς οὐδὲν ἀποφαίνεται ποία τίς ἐστιν, ἀλλ' οὐδὲ περὶ τῶν σκαφῶν (Diog. Laërt. IX 11; Diels-Kranz I 142, 10. 11).

Democritus: Δημόκριτος δισκοειδῆ μὲν τῷ πλάτει, κοίλην δὲ τῷ μέσῳ (Aëtius III 10, 5; Diels-Kranz II 106, 37. 38).

Anaximander: ὑπάρχειν δέ φησι τῷ μὲν σχήματι τὴν γῆν κυλινδροειδῆ, ἔχειν δὲ τοσοῦτον βάθος, ὅσον ἂν εἴη τρίτον πρὸς τὸ πλάτος (Plutarch, strom. 2; Diels-Kranz I 83, 32). — Ἀναξίμανδρος λίθῳ κίονι τὴν γῆν προσφερῆ (Aëtius III 10, 2; Diels-Kranz I 87, 37). — τὸ δὲ σχῆμα αὐτῆς γυρόν, στρογγύλον, κίονι λίθῳ παραπλήσιον (Hippol. refut. I 6, 3; Diels-Kranz I 84, 7). — μέσην τὴν γῆν κεῖσθαι κέντρου τάξιν ἐπέχουσαν, οὖσαν σφαιροειδῆ (Diog. Laërt. II 1; Diels-Kranz I 81, 10).

Xenophanes: γαίης μὲν τόδε πεῖρας ἄνω παρὰ ποσσὶν ὁρᾶται ἠέρι προσπλάζον, τὸ κάτω δ' ἐς ἄπειρον ἱκνεῖται. (Diels-Kranz I 135, 15).

Pag. 12, 28—31. Haec sententia ex Platone sumpta esse videtur, nempe Timaeo 33 B: σχῆμα ἔδωκεν αὐτῷ (τῷ κόσμῳ) τὸ πρέπον καὶ τὸ συγγενές. — διὸ καὶ σφαιροειδές, ἐκ μέσου πάντῃ πρὸς τὰς τελευτὰς ἴσον ἀπέχον, κυκλοτερὲς αὐτὸ ἐτορνεύσατο, πάντων τελεώτατον ὁμοιότατόν τε αὐτὸ ἑαυτῷ σχημάτων, νομίσας μυρίῳ κάλλιον ὅμοιον ἀνομοίου. 34 A: κίνησιν γὰρ ἀπένειμεν αὐτῷ τὴν τοῦ σώματος οἰκείαν, τῶν ἑπτὰ τὴν περὶ νοῦν καὶ φρόνησιν μάλιστα οὖσαν. διὸ δὴ κατὰ ταὐτὰ ἐν τῷ αὐτῷ καὶ ἐν ἑαυτῷ περιαγαγὼν αὐτὸ ἐποίησε κύκλῳ κινεῖσθαι στρεφόμενον. — vide Aristot. Phys. VIII 9, 265 b 14: τῆς δὲ κύκλῳ μόνης οὔτ' ἀρχὴ οὔτε τέλος ἐν αὐτῇ πέφυκεν. Idem fere legimus apud Manilium, astron. I 210—214:

> Haec aeterna manet divisque simillima forma,
> Cui neque principium est usquam nec finis in ipsa;
> Sed similis toto remanet, perque omnia par est.
> Sic stellis glomerata manet mundoque figura.

Plinius, nat. hist. II 2 (pag. 72, 8): talis figura ... nullarum egens compagium nec finem aut initium ullis sui partibus sentiens.

Pag. 12, 32. νυχθήμερον Ptolem. Almag. I 8 (Heiberg I 26, 15).

Pag. 13, 30. Euclid. optic. cap. 4, 5 (Heiberg VII, 6—9).

Pag. 15, 8. Geometrica ratione: Euclid. phaenom. cap. I (Heiberg VIII 10—13); Ptolemaeus, Almag. I, 5. 6 (Heiberg I 16 sqq.).

Pag. 15, 14. Ptolemaeus, Almag. I 6 (Heiberg I 20 sq.). Euclid. phaenom. cap. I (Heiberg VIII 10—13).

Pag. 16, 10. Opticis. Euclid. optic. cap. 3 (Heiberg VII 4—7).

Pag. 17, 15. cf. Ptolemaeus, Almag. I 7 (Heiberg I 21).

Pag. 17, 27—35 et pag. 18—21. Ad hanc Aristotelis de motu doctrinam Copernicus in libro I cap. 7 et 8 multis et variis modis respicit. Aristoteles, de coelo I 2, 268 b 14: Πάντα τὰ φυσικὰ σώματα καὶ μεγέθη καθ' αὑτὰ κινητὰ λέγομεν εἶναι κατὰ τόπον · τὴν γὰρ φύσιν κινήσεως ἀρχὴν εἶναί φαμεν αὐτοῖς. Πᾶσα δὲ κίνησις, ὅση κατὰ τόπον, ἣν καλοῦμεν φοράν, ἢ εὐθεῖα ἢ κύκλῳ ἢ ἐκ τούτων μικτή · ἁπλαῖ γὰρ αὗται δύο μόναι. Αἴτιον δ' ὅτι καὶ τὰ μεγέθη ταῦτα ἁπλᾶ μόνον, ἥ τε εὐθεῖα καὶ ἡ περιφερής. κύκλῳ μὲν οὖν ἐστιν ἡ περὶ τὸ μέσον· εὐθεῖα δὲ ἡ ἄνω καὶ κάτω. Λέγω δ' ἄνω μὲν τὴν ἀπὸ τοῦ μέσου· κάτω δὲ τὴν ἐπὶ τὸ μέσον. Ὥστ' ἀνάγκη πᾶσαν εἶναι τὴν ἁπλῆν φορὰν τὴν μὲν ἀπὸ τοῦ μέσου, τὴν δ' ἐπὶ τὸ μέσον, τὴν δὲ περὶ τὸ μέσον....

Aristot. de coelo I 2, 269 a 2: Εἴπερ οὖν ἐστιν ἁπλῆ κίνησις, ἁπλῆ δὲ ἡ κύκλῳ κίνησις, καὶ τοῦ τε ἁπλοῦ σώματος ἁπλῆ ἡ κίνησις καὶ ἡ ἁπλῆ κίνησις ἁπλοῦ σώματος.... ἀναγκαῖον εἶναι τι σῶμα ἁπλοῦν, ὃ πέφυκε φέρεσθαι τὴν κύκλῳ κίνησιν κατὰ τὴν ἑαυτοῦ φύσιν... 269 a 17: εἰ μὲν γὰρ ἡ ἄνω, πῦρ ἔσται ἢ ἀήρ· εἰ δὲ ἡ κάτω, ὕδωρ ἢ γῆ. Ἀλλὰ μὴν καὶ πρώτην γε ἀναγκαῖον εἶναι τὴν τοιαύτην φοράν. Τὸ γὰρ τέλειον πρότερον τῇ φύσει τοῦ ἀτελοῦς, ὁ δὲ κύκλος τῶν τελείων, εὐθεῖα δὲ γραμμὴ οὐδεμία... 269 a 23: Ὥστ' εἴπερ ἡ μὲν προτέρα κίνησις προτέρου τῇ φύσει σώματος, ἡ δὲ κύκλῳ προτέρα τῆς εὐθείας· ἡ δὲ ἐπ' εὐθείας τῶν ἁπλῶν σωμάτων ἐστίν... 269 a 27: ἀνάγκη καὶ τὴν κύκλῳ κίνησιν τῶν ἁπλῶν τινος εἶναι σωμάτων... cf. de coelo I 3, 270 b 28—31. Aristot. Physik VIII 8, 261 b 27 et VIII 9, 265 a 13.

Pag. 18, 1. cfr. Ptolem. Almag. I 7 (Heiberg I, 24).

Pag. 18, 16. Aristoteles de generatione et corruptione II 6 pag. 333, 28. 29: Ἔτι δ' ἐπεὶ φαίνεται καὶ βίᾳ καὶ παρὰ φύσιν κινούμενα τὰ σώματα, καὶ κατὰ φύσιν, οἷον τὸ πῦρ ἄνω μὲν οὐ βίᾳ, κάτω δὲ βίᾳ. τῷ δὲ βίᾳ τὸ κατὰ φύσιν ἐναντίον.

Pag. 18, 21. Ptolem. Almag. I 7 (Heiberg I, 21 sqq.). Quod Copernicus hoc loco de „dissipata terra" dicit, non legitur apud Ptolemaeum (Heiberg I 23 sq.).

Pag. 18, 33. Haec sententia saepius occurrit apud Aristotelem, velut Phys. III 4, 204 a 2—4: Πρῶτον οὖν διοριστέον ποσαχῶς λέγεται τὸ ἄπειρον. Ἕνα μὲν οὖν τρόπον, τὸ ἀδύνατον διελθεῖν τῷ μὴ πεφυκέναι διιέναι, ὥσπερ ἡ φωνὴ ἀόρατος. — de coelo I 5, 272 a 3: εἰ οὖν τὸ ἄπειρον μή ἐστι διελθεῖν. — de coelo I 5, 272 a 19. 20: Οὐκ ἄρα ἔστι κύκλῳ στραφῆναι τὸ ἄπειρον. Ὥστε οὐδὲ τὸν κόσμον, εἰ ἦν ἄπειρος. 21. ἔτι δὲ καὶ ἐκ τῶνδε φανερόν, ὅτι τὸ ἄπειρον ἀδύνατον κινηθῆναι... 28. ἀλλ' ἐκεῖνό γε φανερόν, ὅτι ἀδύνατον τὴν ἄπειρον διελθεῖν ἐν πεπερασμένῳ χρόνῳ. — de coelo I 5, 272 b 12. 13: Ἀδύνατον ἄρα τὸ ἄπειρον κινεῖσθαι ὅλως. ἐὰν γὰρ καὶ τοὐλάχιστον κινηθῇ, ἀνάγκη ἄπειρον γίγνεσθαι χρόνον. — de coelo I 7, 274 b 29: Ἀλλὰ μὴν οὐδ' ὅλως τὸ ἄπειρον ἐνδέχεται κινεῖσθαι. — de coelo I 7, 275 b 12: Λογικώτερον δ' ἔστι ἐπιχειρεῖν καὶ ὧδε· οὔτε γὰρ κύκλῳ οἷόν τε κινεῖσθαι τὸ ἄπειρον ὁμοιομερὲς ὄν· μέσον μὲν γὰρ τοῦ ἀπείρου οὐκ ἔστι, τὸ δὲ κύκλῳ περὶ τὸ μέσον κινεῖται. Ἀλλὰ μὴν οὐδ' ἐπ' εὐθείας οἷόν τε φέρεσθαι τὸ ἄπειρον· δεήσει γὰρ ἕτερον εἶναι τοσοῦτον τόπον ἄπειρον, εἰς ὃν οἰσθήσεται κατὰ φύσιν, καὶ ἄλλον τοσοῦτον, εἰς ὃν παρὰ φύσιν. — Phys. VIII 9, 265 a 19: διελθεῖν τὴν ἄπειρον ἀδύνατον.

Pag. 19, 1. Aristoteles de coelo I 9, 279 a 9—18: Ὥστε οὔτε νῦν εἰσι πλείονες οὐρανοί, οὔτ' ἐγένοντο, οὔτ' ἐνδέχεται γενέσθαι πλείους· ἀλλὰ εἷς καὶ μόνος καὶ τέλειος οὗτος οὐρανός ἐστιν. Ἅμα δὲ δῆλον, ὅτι οὐδὲ τόπος οὐδὲ κενὸν οὐδὲ χρόνος ἐστὶν ἔξω τοῦ οὐρανοῦ· ἐν ἅπαντι γὰρ τόπῳ δυνατὸν ὑπάρξαι σῶμα· κενὸν δ' εἶναί φασιν ἐν ᾧ μὴ ὑπάρχει σῶμα, δυνατὸν δ' ἐστὶ γενέσθαι. Χρόνος δὲ ἀριθμὸς κινήσεως· κίνησις δ' ἄνευ φυσικοῦ σώματος οὐκ ἔστιν· ἔξω δὲ τοῦ οὐρανοῦ δέδεικται, ὅτι οὔτ' ἔστιν οὐδ' ἐνδέχεται γενέσθαι σῶμα· φανερὸν ἄρα, ὅτι οὔτε τόπος οὔτε κενὸν οὔτε χρόνος ἐστὶν ἔξωθεν. Item de coelo I 8, 277 b 13: ἀνάγκη ἕνα εἶναι τὸν οὐρανόν. vide I 8, 277 a 11. Apparet Copernicum haec Aristotelis argumenta impugnare.

Pag. 19, 14. Vergilius, Aeneis III 72.

Pag. 20, 26. Lectio cum aegro animal non est mutanda, sicut volunt *A* et *W*. Nam Aristoteles, cuius de motu doctrinam Copernicus perspectam habebat, saepius de motu, qui est ab sanitate in morbum (κίνησις ἐξ ὑγιείας εἰς νόσον) et e contra, disserit, nempe Physic. V 5, 220 a 13 sqq.; de coelo I 8, 277 a 15—20; IV 3, 310 b 17 sqq.; IV 5, 229 a 10 sqq. Copernicus dicere vult: ut praestantior motus i. e. circularis manet cum deteriore i. e. recto, ita animal (oppositum: inanimum, vita carens) i. e. vis vitalis manet cum aegro, cuius vires aegritudine attenuatae sunt. Motus circularis intellegendus est vis vitalis, motus rectus aegritudo, vel: ut est motus circularis ad motum rectum, ita animal (vis vitalis) ad aegritudinem.

Pag. 20, 27. Aristoteles, Physic. VIII 8, 264 b 18: *ἡ μὲν γὰρ κύκλῳ κίνησίς ἐστιν ἀφ' αὐτοῦ εἰς τὸ αὐτὸ ἡ δὲ κατ' εὐθεῖαν ἀφ' αὐτοῦ εἰς ἄλλο.* de coelo I 2, 268 b: *κύκλῳ μὲν οὖν ἐστιν ἡ περὶ τὸ μέσον* (*φορά*). *εὐθεῖα δὲ ἡ ἄνω καὶ κάτω. Λέγω δ' ἄνω μὲν τὴν ἀπὸ τοῦ μέσου· κάτω δὲ τὴν ἐπὶ τὸ μέσον.*

Pag. 20, 27. Vide notam ad pag. 17, 27—35.

Pag. 22, 7. Euclides mathematicus Gelae in Sicilia, secundum autores Arabicos Tyri in Phoenicia ortus, rege Ptolemaeo Lagi (323—285) Alexandriae docuit. Plura de eius vita non sunt tradita. Scripsit haec: *Στοιχεῖα* (elementa geometriae) tredecim libris, ad quos duo ab Hypsicle anno fere 160 post Chr. n. additi sunt; *Δεδομένα* (Data), prolegomena ad geometricam analysin; *Φαινόμενα* sive *Ἀρχαὶ ἀστρονομίας*, introductio ad astronomiam; Optica. Copernici aetate hae existebant editiones: Opera omnia Graece, Basileae 1533; Elementa Latine ex Arabo sermone versa Venetiis 1482, Ulmiae 1486, Vicentiae 1491; eadem e Graeco translata a Zamberti Venetiis 1505; Parisiis 1516.

Pag. 22, 7. Euclid. optica 54 (Heiberg 112—115).

Pag. 22, 12. Platon, Timaeus 38 D.

Pag. 22, 13. Ptolemaeus, Almagest IX 1 (Heiberg II 206—207).

Pag. 22, 13. Alpetragius, Nur ed-din el-Betrugi, cuius magister Abu Bekr ben Tofeil anno 1185 mortuus est, a medio duodecimi saeculi floruit, verisimile Sevillae in Hispania. Ptolemaei doctrinam impugnavit et universum simpliciter explanare studuit, reiciebat eccentricos circulos deferentes et unicuique planetae tres sphaeras homocentricas attribuit, quae circum varios axes torquentur (A. Faust, Die philosophie-geschichtliche Stellung des Kopernikus, in: F. Kubach, Nikol. Kopern. Bildnis eines großen Deutschen, München-Berlin, Oldenbourg 1943 pag. 113). Cuius „Astronomia" novam p anetarum rationem complectens a Michaele Scotto anno 1217 in latinam linguam translata non est typis mandata. Versio huius astronomiae hebraica (anno 1359 a Mose ben Tibbon facta) a Kalonymo ben David 1529 in latinam linguam conversa et anno 1531 Venetiis impressa est hoc titulo: Alpetragii Arabis Theorica planetarum physicis comm. probata nuperrime ad latinos translata a Calo Calonymos, hebraeo Neapolitano (Suter, Die Math. und Astron. der Araber 1900 p. 131).

Pag. 23, 5. Albategnius (Machometus) Aratensis, Muhammed ben Gabir el Battani, celeberrimus Arabum astronomus, anno fere 850 in urbe Harran natus, Sabiorum qui vocantur sectae nomen dederat. Ab anno 877 ad annum 919 observabat Raqqae, in urbe ad Euphratem sita, quae antea Aracta vocabatur, unde Albategnius nomen Ara(c)tensis duxit. Persecutionibus, quibus Raqqae premebatur, coactus in urbem Bagdad confugit, unde revertens in castro Adr ad Tikrit, inter Euphratem et Tigrim sito, anno 929 vita decessit. Laudatur eius in observationibus diligentia et in computationibus sollertia. Elementa orbis Solis de novo constituit et motum apogaei Solis primus demonstravit. Ex eius operibus Tabulae Sabiae et commentarius ad Ptolemaei Quadripartitum arabice exstant. Eius in Tabulas introductio anno 1537 Norimbergae, Additamentis Joh. Regiomontani aucta, una cum Rudimentis astronomicis Alfragani, deinde separatim Bologniae 1645 impressa est: „Mahommetis Albatenii (sic!) de scientia stellarum liber cum aliquot Additionibus Joannis Regiomontani, ex bibliotheca Vaticana transscriptus." Totum eius opus astronomicum edendum curavit C. A. Nallino-Mediolani 1899—1907 (Suter, Die Math. und Astron. p. 45—47).

Pag. 23, 7. Averroes erat philosophus, medicus, astronomus. Cordobae anno 1126 natus post vitam casibus et successibus, laudibus et aerumnis mixtam, variis et medici et iudicis condicionibus peractam, persecutionibus et exilio luctuosam anno 1198 Marocci in Africa defunctus est. Summo studio Aristotelem coluit, cuius opera saepius commentatus est. Qui, cum eius doctrinis maxime scholae Patavina et Veneta adhaererent, usque ad XVII.

saeculum ad omnia fere studiorum scientiarum genera plurimum valebat. Celebriora eius scripta astronomica sunt commentarii ad Aristotelis de coelo, de motu sphaerae, epitome in Ptolemaei Almagestum. Iam anno 1472 eius opera Latine edita sunt, postea saepissime, in sola urbe Venetiis quinquagies. Locus a Copernico laudatus apud Averroem inveniri non potuit. „Maestlin suchte vergebens sämtliche Erklärungen des Averroes durch, ohne die Stelle zu finden (nigricans quiddam se vidisse). Tatsächlich handelt es sich um Aven Rodan; Coppernicus hatte die Stelle wohl dem Werke des Pico de Mirandola entnommen und den Namen Aven Rodan in Averroes verschrieben" (E. Zinner, Entstehung usw. pag. 510).

Pag. 23, 8. Vide Kepler, Editio Caspar IV p. 96.

Pag. 23, 13. Ptolemaeus Almagest V 13 (Heiberg I 416).

Pag. 23, 22. Ptolemaeus Almagest IX I (Heiberg II 207).

Pag. 23, 33. Martianus Mineus Felix Capella, Madaura in Africa ortus, anno fere 470 post Chr. n. Romae Encyclopaediam de artibus et scientiis novem libris confecit, quae inscribitur Satira. Duobus prioribus libris alter titulus De nuptiis Philologiae et Mercurii additus erat, quae inscriptio postea in totum opus transiit. Ea encyclopaedia a medii aevi viris doctis plurimi aestimata, iam a Notcero Labeo (952—1022) in coenobio Sancti Galli in linguam Germanicam translata, a plurimis summo studio lecta, ab insignibus viris doctis explanata est. Primum Vicentiae anno 1499 typis mandata est. Quem Copernicus respicit locus in editione, quam curavit Bonaventura Vulcanius: Martiani Capellae De Nuptiis Philologiae et Mercurii, Basileae per Petrum Pernam 1577 lib. VIII de astronomia col. 192 legitur: Quod Tellus non sit centrum omnibus planetis. Licet generaliter sciendum cunctis orbibus planetarum eccentron esse Tellurem, hoc est non tenere medium circulorum, quod mundi centron esse non dubium... Nam Venus Mercuriusque licet ortus occasusque quotidianos ostendant, tamen eorum circuli terras omnino non ambiunt, sed circa solem laxiore ambitu circulantur. Denique circulorum suorum centron in Sole constituunt. Ita ut supra ipsum aliquando, intra plerumque propinquiores terris ferantur, a quo quidem signo uno et parte dimidia Venus disparatur. Sed cum supra Solem sunt, propinquior est terris Mercurius: cum intra (lege infra!) Solem: Venus: utpote quae orbe vastiore diffusioreque curuetur. Nam Luna quae propinquior terris est, per quos feratur anfractus, interius (lege inferius!) memorabo. Post cuius orbem alij Mercurium Veneremque, alij ipsius circulum Solis esse concertant. Deinde Martis, Jovis, Saturni.

Pag. 24, 34. Cauit superfluum quiddam: vide Karl Zeller, Rhetikus pag. 56 et 151. Isaias 45, 18: Non in vanum creavit eam (terram), ut habitaretur formavit eam.

Pag. 26, 5—15. Hermes Tri(s)megistus, secundum opus suum principale Poimander cognominatus, initio erat significatio Graecorum pro Aegyptiorum deo Thoth. A philosophis Graecis ut *Ἑρμῆς Λόγιος* intellegebatur Logos incarnatus, postea ut vates a diis doctus habebatur praedicator scientiae arcanae et mysticae, quam sibi a Deo primigenito (*πρωτόγονος Θεός*) revelatam esse praetendebat. Re vera eam ex mysteriis Graecis et e philosophia et maxime quidem Pythagorei, Platonici, Gnostici generis hausit. Cum oratio finalis Poimandri in papyro tertii post Chr. n. saeculi inscripta existat, terminus ante quem Trismegistus scripsit, admodum definitus est. Doctrina Trismegisti, quae velut theologia pastoralis animarum praecipue salutem respicit, per omnia tempora scientiam arcanam orientis et occidentis aluit et fecundavit. Sententiae, quarum Copernicus hoc loco mentionem facit, omnes fere apud Hermem Trismegistum vel apud autores, quibus usus esse videtur, inveniuntur. Quibus de rebus exactius his notis agitur.

Pag. 26, 5. In medio omnium (stellarum); *μεσσατίην ἐὼν ὑπὲρ αἰθέρος ἕδρην* (Proclus, opera inedita ed. Cousin, Paris 1864, pag. 1316). Plinius nat. hist. II 4 (pag. 73 II): Eorum medius Sol fertur. Cicero somn. Scip. 17: mediam fere regionem Sol obtinet.

Pag. 26, 7. Totum simul illuminare. Cicero, somn. Scip. 17: ut cuncta sua luce lustret et compleat. — Platon Timaeus 39 B: *Φῶς ὁ θεὸς ἀνῆψεν ... ὃ δὴ νῦν κεκλήκαμεν ἥλιον, ἵνα ὅτι μάλιστα εἰς ἅπαντα φαίνοι τὸν οὐρανόν.* — Platon, res publ. VI 508 A: *Τίνα οὖν ἔχεις αἰτιάσασθαι τῶν ἐν οὐρανῷ θεῶν τούτου* (*φωτὸς*) *κύριον; οὗ ἡμῖν τὸ φῶς ὄψιν τε ποιεῖ ὁρᾶν ὅτι κάλλιστα καὶ τὰ ὁρώμενα ὁρᾶσθαι, τὸν ἥλιον γὰρ δῆλον ὅτι ἐρωτᾷς.* Apud Proclum (opera ined. ed. Cousin pag. 1316) Sol vocatur *πυρὸς νοεροῦ βασιλεύς.*

Pag. 26, 8. Lucernam mundi: Genes. I 14. 16: Luminare maius. — Psalm 135, 7: qui fecit luminaria magna, Solem in potestatem diei. — Platon Timaeus 39 B: *Φῶς ὁ θεὸς ἀνῆψεν.* — Hermes Trismeg. (Stob. exc. XXIV I, Scott I 496, I. 2): *Ἐν δὲ τῷ αἰθέρι ἀστέρες, ὧν ἄρχει ὁ μέγας φωστὴρ ἥλιος.* Plinius, nat. hist. II, 5 (pag. 73, 16): Hic lucem rebus ministrat aufertque tenebras ... hic suum lumen ceteris quoque sideribus fenerat.

Pag. 26, 8. Alii mentem (mundi): Cicero, somn. Scip. 17: Deinde subter mediam fere regionem Sol obtinet, dux et princeps et moderator luminum reliquorum, mens mundi et temperatio. cfr. ibidem 15: Iisque (hominibus) animus datus est ex sempiternis ignibus, quae globosae et rotundae, divinis animatae mentibus, circos suos orbesque perficiunt. — Plinius, nat. hist. II 4 (pag. 73, 14): Hunc (Solem) esse mundi totius animum ac planius mentem. — Censorinus, de die natali 8, 3: Itaque eum (Solem), qui stellas ipsas quibus movemur permovet, animam nobis dare qua regamur potentissimumque in nos esse moderarique, quando post conceptionem veniamus in lucem. — Hermes Trismegistus docet (Stob. exc. XXI 2, Scott I 454, 3—5): *Οὗτοι* (*αἰσθητοὶ θεοὶ*) *δὲ εἰκόνες εἰσὶ τῶν νοημάτων θεῶν. οἷον ἥλιος εἰκών ἐστι τοῦ ἐπουρανίου δημιουργοῦ θεοῦ· καθάπερ γὰρ ἐκεῖνος τὸ ὅλον ἐδημιούργησεν, οὕτω καὶ ὁ ἥλιος δημιουργεῖ τὰ ζῷα καὶ γεννᾷ τὰ φυτὰ καὶ τῶν πνευμάτων φυτεύει.* — Proclus, opera inedita ed. Cousin pag. 1316 Solem appellat: *πυρὸς νοεροῦ βασιλεῦ.*

Pag. 26, 8. Alii rectorem (mundi): Empedocles Lunam spectantem ad rectoris sacrum circulum facit (Diels-Kranz I 331, 15): *ἀθρεῖ μὲν γὰρ ἄνακτος ἐναντίον ἁγέα κύκλον* (*σελήνη*). Hermes Trismeg. (Hermetica V 3, Scott I 158, 25. 26): *ὁ ἥλιος θεὸς μέγιστος τῶν κατ' οὐρανὸν θεῶν, ᾧ πάντες εἴκουσιν οἱ οὐράνιοι θεοὶ ὡσανεὶ βασιλεῖ καὶ δυνάστῃ.* Hermes Trismeg. (Stob. exc. XXIV I, Scott I 496, I. 2): *ἐν δὲ τῷ αἰθέρι ἀστέρες, ὧν ἄρχει ὁ μέγας φωστὴρ ἥλιος.* — Plutarch. Platonicae quaest. VIII 4: *Ὑπ' αὐτοῦ Πλάτωνος ἐν Πολιτείᾳ βασιλεὺς ἀνηγόρευται παντὸς τοῦ αἰσθητοῦ καὶ κύριος* ... in fine: *τῶν μεγίστων καὶ κυριωτάτων τῷ ἡγεμόνι καὶ πρώτῳ θεῷ γίνεται συνεργός.* — Cicero somn. Scip. 17: mediam fere regionem sol obtinet, dux et princeps et moderator luminum reliquorum, mens mundi et temperatio, tanta magnitudine, ut cuncta sua luce lustret et compleat. Vide Macrobius in somn. Scip. I 20, 1—8 et I 19, 15. — Plinius, nat. hist. II 4 (pag. 73, 11): Eorum medius Sol fertur amplissima magnitudine ac potestate, nec temporum modo terrarumque sed siderum etiam ipsorum caelique rector.

Pag. 26, 8. Trismegistus visibilem deum: Hermetica XVI 6 (Scott I 266, 10—14): *Ὁ δὲ ἥλιος, καὶ τῷ τόπῳ καὶ τῇ φύσει ἐγγὺς ὢν ἡμῶν, ὄψιν ἑαυτοῦ παρέχει. καὶ ὁ μὲν θεὸς ἀφανής, μὴ ὑφ' ἡμῶν ὁρώμενος, στοχασμῷ δὲ βιαζομένων νοούμενος· ἡ δὲ τούτου θέα οὐκ ἔστι στοχάζοντος, ἀλλ' αὐτῇ τῇ ὄψει ὁρᾶται.*

Sol est deus visibilis apud Platonem, res publ. VI 508 A; leg. 821 C. Apud Ciceronem, somn. Scip. 9, Masinissa suspexit ad caelum et: „Grates, inquit, tibi ago, summe Sol vobisque reliqui Caelites." Idem de nat. deorum I 2, 13, 15 dicit ab Alcmaeo Crotonensi, Xenocrate, Socrate, Chrysippo Solem vocari deum. — Augustinus, Tract. 34 in Ioann. post init.: Manichaei solem istum carneis oculis visibilem ... Christum Dominum esse putaverunt. — Vide: Macrobius in somnium Scipionis I 20, 1—8, praesertim I 20, 1: In his autem tot nominibus, quae de sole dicuntur, non frustra nec ad laudis pompam lascivit oratio, sed res verae vocabulis exprimuntur. A poetis Medii Aevi Christus vocatur Sol, Verus Sol (Dreves p. 139, 186, 191), in hymnis liturgicis ecclesiae Romanae Sol Iustitiae, Sol Salutis nuncupatur. Velut tempore quadragesimali hic hymnus ad Laudes recitatur:

O Sol Salutis, intimis,
Jesu, refulge mentibus,
Dum nocte pulsa gratior
Orbi dies renascitur.

Pag. 26, 9. Sophoclis Electra intuentem omnia:
vers. 174. 175: Ἔτι μέγας οὐρανῷ
Ζεύς, ὃς ἐφορᾷ πάντα καὶ κρατύνει.
vers. 823—826: Ποῦ ποτε κεραυ -
νοὶ Διὸς ἢ ποῦ φαέθων
Ἅλιος, εἰ ταῦτ' ἐφορῶντες
κρύπτουσιν ἕκηλοι.

Plinius nat. hist. II 5 (pag. 73, 20 sqq): Sol omnia intuens, omnia etiam exaudiens, ut principi literarum Homero placuisse in uno eo video. Haec verba alludunt Homer. Ilias III 277: Ἠέλιος θ' ὃς πάντ' ἐφορᾷς καὶ πάντ' ἐπακούεις. cf. Odyss. XI 109. Apuleius Madauranus secundo post Chr. n. saeculo Metamorph. I 5 ed. Helm iurat: Sed tibi prius perierabo (sic!) solem istum(omni)videntem deum me vera (ac) comperta memorare (F. I. Dölger, Die Sonne der Gerechtigkeit. Münster i. W. 1918, pag. 98).

Pag. 26, 9. In solio regali residens ... gubernat astrorum familiam: Hermes Trismeg. (Stob. exc. XXIV 1, Scott I 496, 1—2): ἀστέρες, ὧν ἄρχει ὁ μέγας φωστὴρ ἥλιος. Hermetica V 3 (Scott I 158, 25): ὁ ἥλιος θεὸς μέγιστος τῶν κατ' οὐρανὸν θεῶν, ᾧ πάντες εἴκουσιν οἱ οὐράνιοι θεοὶ ὡσανεὶ βασιλεῖ καὶ δυνάστῃ. — Proclus in Timae. 264 C (Diehl III 82, 31): Διχῶς ἄρα θεωρήσομεν τὸν ἥλιον, καὶ ὡς ἕνα τῶν ἑπτὰ καὶ ὡς ἡγεμόνα τῶν ὅλων. — Proclus in Timae. 308 E (Diehl III 227, 28): καὶ διαφερόντως ὁ βασιλεὺς Ἥλιος· τοῦτον γὰρ ἐπέστησε τοῖς ὅλοις ὁ δημιουργὸς καὶ φύλακα αὐτὸν ἔτευξε κέλευσέ τε πᾶσιν ἀνάσσειν. — In Scriptura Sacra legis: 2 Par. 23, 20: Et collocaverunt eum in solio regali: Sap. 18, 15: Omnipotens Sermo tuus de coelo a regalibus sedibus venit. Hi loci Scripturae Sacrae in liturgia Nativitatis Domini commemorantur.

Plinius, nat. hist. II 4 (pag. 73, 11.): Eorum medius Sol fertur ... siderum etiam ipsorum rector. ... Hunc principale naturae regimen ac numen credere decet opera eius aestimantes.

Pag. 26, 11. Lunari ministerio: Aristoteles, de generat. animal. IV 9, 777b haec lunae erga terram ministeria laudat: γίνεται γὰρ (ἡ σελήνη) ὥσπερ ἄλλος ἥλιος ἐλάττων. διὸ συμβάλλεται εἰς πάσας τὰς γενέσεις καὶ τελειώσεις. καὶ γὰρ θερμότητες καὶ ψύξεις μέχρι συμμετρίας τινὸς ποιοῦσι τὰς γενέσεις, μετὰ δὲ ταῦτα τὰς φθοράς. cfr. IV 2 et II 4. Sententiam de Lunae cum terra cognatione in Aristotele non inveni; sed Philolaus (Aët. II 30, 1; Diels-Kranz I 404, 10) dicit: γεώδη φαίνεσθαι τὴν σελήνην διὰ τὸ περιοικεῖσθαι αὐτὴν καθάπερ τὴν παρ' ἡμῖν γῆν ζῴοις καὶ φυτοῖς μείζοσι καὶ καλλίοσιν. Item Plutarchus, de facie in orbe Lunae XXI: τὴν σελήνην ἐοικέναι μάλιστα τῇ γῇ τὴν φύσιν, et XVIII, XIX. — Censorinus (fragmenta III 5 ed. Hultsch 58, 24 sqq.) scribit: Hac (Luna) universa gignentia crescente pubescunt, tenuescente tenuantur, umor etiam et spiritus omnis augescit, tumescit oceanus, deinde cum (59, 1) ipsius fulgore considit. Et Macrobius, in somnium Scipionis I 19, 23: Vitam vero nostram praecipue sol et luna moderantur. Nam cum sint caducorum corporum haec duo propria sentire et crescere: αἰσθητικόν, id est sentiendi natura de sole, φυτικόν autem, id est crescendi natura, de lunari ad nos globositate perveniunt. Sic utriusque luminis beneficio haec nobis constat vita qua fruimur. Conversatio tamen nostra et proventus actuum tam ad ipsa duo lumina quam ad quinque vagas stellas refertur. Ibidem I 12, 14: (anima) ... naturam plantandi et augendi corpora in ingressu globi lunaris exercet. vide I 6, 60. Macrobius, in somnium Scipionis I 19, 10: Quia totius mundi ima pars terra est, aetheris autem ima pars luna est, lunam quoque terram, sed aetheriam vocaverunt.

Pag. 26, 12—13. Concipit ... a Sole terra: Platon, res publ. VI 509 B: *Τὸν ἥλιον τοῖς ὁρωμένοις οὐ μόνον οἶμαι τὴν τοῦ ὁρᾶσθαι δύναμιν παρέχειν φήσεις, ἀλλὰ καὶ τὴν γένεσιν καὶ αὔξην καὶ τροφήν, οὐ γένεσιν αὐτὸν ὄντα.* — Hermes Trismegistus (Stob. exc. XXI 2, Scott I 454, 4. 5): *ὁ ἥλιος δημιουργεῖ τὰ ζῷα καὶ γεννᾷ τὰ φυτὰ καὶ τῶν πνευμάτων φυτεύει.* — Plutarchus, Platonicae quaestiones VIII 4: *ὁ ἥλιος τῶν μεγίστων καὶ κυριωτάτων τῷ ἡγεμόνι καὶ πρώτῳ θεῷ γίνεται συνεργός.* — Censorinus, fragmenta III 6 ed. Hultsch 59, 3: quo (Sole) animalia vigescunt et humus quodam modo animatur genitali calore (ut ita dixerim vivo). — Plinius, nat. hist. II 5 (pag. 73, 17): hic vices temporum annumque semper renascentem ex usu naturae temperat.

— Pag. 26, 14—15. Armoniae nexum motus et magnitudinis: Platon Tim. 39 AB: *Τὸ μὲν μείζονα αὐτῶν, τὸ δ' ἐλάττω κύκλον ἰόν, θᾶττον μὲν τὰ τὸν ἐλάττω, τὰ δὲ τὸν μείζω βραδύτερον περιῄειν ... ἵνα δ' εἴη μέτρον ἐναργές τι πρὸς ἄλληλα βραδυτῆτι καὶ τάχει καὶ τὰ περὶ τὰς ὀκτὼ φορὰς πορεύοιτο, φῶς ὁ θεὸς ἀνῆψεν ἐν τῇ πρὸς τὴν γῆν δευτέρᾳ τῶν περιόδων, ὃ δὴ νῦν κεκλήκαμεν ἥλιον.*

Quae Copernicus pag. 26, 5—15 praeclare de Sole laudat, Proclus poetice et arte hymno de Deo Sole praedicat:

Κλῦθι πυρὸς νοεροῦ βασιλεῦ, χρυσήνιε Τιτάν,
Κλῦθι φαοῦς ταμία, Ζωάρκεος, ὦ ἄνα, πηγῆς
Αὐτὸς ἔχων κληῖδα, καὶ ὑλαίοις ἐνὶ κόσμοις
Ὑψόθεν ἁρμονίης ῥύμα πλούσιον ἐξοχετεύων
Κέκλυθι· μεσσατίην ἑὼν ὑπὲρ αἰθέρος ἕδρην.

(Proclus opera inedita ed. Cousin pag. 1316). Hic hymnus typis prodiit Florentiae anno 1500 (Phil. Iunta) et Venetiis 1517 (Aldus).

Pag. 26, 29. Opticis: Euclid. optica cap. 3 (Heiberg VII, 4—7).

Pag. 30 nota II 3. Aristarchus Samius (310—230) observationibus et computationibus scientiam caeli et siderum auxit. Cognovit terram circa axem suum et circa Solem centrum orbis terrae volvi, quare autor doctrinae heliocentricae nuncupatur. Propter hanc novam doctrinam a Cleanthe, philosophiae Stoicae sectatore, impietatis est accusatus. — In eius nobis tradito opere *περὶ μεγεθῶν καὶ ἀποστημάτων ἡλίου καὶ σελήνης* docet priorem i. e. geocentricam doctrinam (W. Schmid, Geschichte der griech. Lit. 5. ed. II 216).

Pag. 30 nota II 10. Lysis, discipulus Pythagorae, qui cum Archippo sive Hipparcho solus caedem Crotonensem in dissolvendis collegiis Pythagoreis salvus effugisse dicitur, simul cum Philolao anno fere 420 Thebas venit, ubi, iam senescens, Epaminondae (420—362) educator factus usque in secundum quarti saeculi decennium vixisse traditur (E. Zeller, Gesch. d. griech. Philos. I 5. ed. pag. 335—337).

Hipparchus sive Archippus (Diels-Kranz I 398, 27), qui Pythagorae discipulis adnumeratur, *περὶ εὐθυμίας* scripsit (fragmenta apud Stob. IV 44, 81, Diels-Kranz fragm. II 228, 21). Clemens Alexandrinus strom. V 9 (edit. Acad. Berolinensis Lipsiae 1906, pag. 364, 27) refert, ei, quod praecepta Pythagorae illicite in publicum ediderat, ex collegio Pythagoreorum dimisso ut mortuo statuam positam esse, id quod in fine Lysidis epistulae verbis „mortuus es mihi" significatur. Haec epistula est spuria; eam inter annum 146 ante et 100 post Chr. n. conscriptam esse docet W. Schmid (Gesch. d. griech. Lit. II 1, 5. ed. pag. 366). Typis mandata est apud Aldum Manutium Venetiis 1499 in eadem epistularum collectione, quae etiam Theophylacti Simocattae epistulas, quas Copernicus in linguam Latinam vertit, complexa est (Edit. Thorunensis prolegg. XXII).

Pag. 32, 15. Euclid. elementa XIII 12 (Heiberg IV 286—289).

Pag. 32, 16. Euclid. elementa I 47 (Heiberg I 110—115) et IV 7 (Heiberg I 284—287).

Pag. 32, 19. Problema I secundi = Euclid. elementa II 11 (Heiberg I 152—155); decimum sexti = Euclid. elementa VI 10 (Heiberg II 104—107).

Pag. 32, 25. Quinto et IX. praecepto XIII = Euclid. elementa XIII 5. 13 (Heiberg IV 258—261; 270—275).

Pag. 32, 27. Per III. praeceptum eiusdem = Euclid. elementa XIII 3 (Heiberg IV 254—257).

Pag. 32, 31. Latus quoque: Euclid. elementa XIII 10 (Heiberg IV 274—279).

Pag. 33, 7. In semicirculo: Euclid. elementa III 31 (Heiberg I 240—247).

Pag. 33, 7. In rectangulis: Euclid. elementa I 47 (Heiberg I 110—115).

Pag. 34, 24. Per III. tertij: Euclid. elementa III 3 (Heiberg I 170—175).

Pag. 35, 26. Ptolemaeus Almagest I 10 (Heiberg I 42 sqq.).

Pag. 47, 6. Euclid. elementa IV 5 (Heiberg I 280—285).

Pag. 49, 18. Euclid. elementa II 13 (Heiberg I 158—161).

Pag. 49, 22. Euclid. elementa I 17—19 (Heiberg I 44—49).

Pag. 49, 27. Euclid. elementa III 36 (Heiberg I 260—265).

Pag. 50, 31. Euclid. elementa XI 23 (Heiberg IV 60—71).

Pag. 51, 9. Ptolemaeus Almagest I 13 (Heiberg I 74, 12—14).

Pag. 52, 1. Euclid. elementa XI 4 (Heiberg IV 12—17).

Pag. 52, 3. Euclid. elementa XI 6 (Heiberg 18—23).

Pag. 52, 4. Euclid. elementa XI 10 (Heiberg IV 30—31).

Pag. 53, 2. Per XV. sexti Euclidis: Copernicus respicit Euclid. elementa V 16 (Heiberg II 46—49) aut VI 16 (Heiberg II 118—121).

Pag. 54, 30. Euclid. elementa V 14 (Heiberg II 42. 43).

Pag. 60, 10. Euclid. elementa III 4 Definitio (Heiberg I 164—165).

Pag. 60, 11. Euclid. elementa III 3 (Heiberg I 170—175).

Pag. 60, 14. Euclid. elementa XI 6. (Copern. falso 4.) Definitio (Heiberg IV 2. 3).

Pag. 60, 24. Euclid. elementa III 15 (Heiberg I 206—209).

Pag. 64, 23. 24. Autor horum versuum, quem diu frustra quaesivi, Copernicus ipse videtur esse, id quod et F. Hipler, spicileg. Copern. pag. 174, not. 1 colligit. Nam Copernicus, cum locum scriptoris ad verbum laudat, autorem nominare solet. Verbis „semper tamen in mente tenentes quod" significatur, versus esse doctrinae Copernicanae memoriales. Cum denique sigillum Copernici Apollinem lyram manibus tenentem monstret, coniciendum est ipsum ut humanistas illorum temporum versus composuisse.

Pag. 65, 24. Proclus, academicus novus, anno 411 p. Chr. n. Constantinopoli natus et anno 485 Athenis mortuus est. Maxime valuit in philosophia: commentaria edidit in Platonis Timaeum et rempublicam, in Aristotelem; idem carmina in deorum honorem composuit. Doctrinam academiae novae, traditionibus theosophicis et mysticis ditatam, arte et ratione in systema praeclarum exstruxit. Eum in philosophis, quibus Copernicus usus est autoribus, numerari supra demonstratum est (notae 26, 5—15). Inter eius de rebus physicis opera sunt: *Σφαῖρα*, de orbibus caelestibus, et commentarium in Ptolemaeum et *Εἰς τὸ πρῶτον τῶν Εὐκλείδου στοιχείων*. Hoc est Euclidis editioni Basileensi anni 1523 adiunctum.

Pag. 65, 33. Cl. Ptolemaei geographia c. 1—6 (Codex Urbinas, Fischer).

Pag. 67, 4. Ptolemaeus Almagest I 12 (Heiberg I 67).

Pag. 67, 7. Hipparchus, praeclarus antiquitatis astronomus, Nicaea in Bithynia anno fere 190 ortus, observavit in Bithynia et in insula Rhodo ab anno 161 ad annum 127, unde cum viris doctis Alexandriae frequens commercium habebat. Catalogum 1028 stellarum non errantium ex observationibus composuit. Qui cum suas observationes cum iis, quas Timochares et Aristyllus anno fere 280 Alexandriae fecerant, compararet, stellas observatas spatio 150 annorum duobus gradibus secundum annuum Solis motum loco suo motas esse intellexit. Eo modo primus praecessionem invenit, quam, quod terram pro mundi centrum habebat et initium anni vertentis fixum praesumpsit, tardum motum stellatae sphaerae contra cotidianam conversionem putavit. Idem elementa orbium Solis et Lunae constituit, theoricam excentricorum circulorum definivit, Parallaxi studuit. Omnia eius opera deperdita sunt praeter fragmenta a Ptolemaeo maxime laudata. Tantum tres libri commentariorum in phaenomena Arati et Eudoxi ad nos pervenerunt (ed. G. Manitius, Lipsiae 1894. W. Schmid, Gesch. d. griech. Lit. II 1, 5. ed. pag. 197; 126. Pauly-Wissowa VIII, 1666—1681).

Pag. 67, 7. Eratosthenes Cyrenensis (275—195) primus polyhistor, illustrissimus bibliothecae Alexandrinae praeses, maxime de geographia meritus est. Terram esse globosam pro certo habebat. Instrumento speciali, scapha gnomone armata, umbras locorum longe distantium mensus est et ex umbris situm locorum constituit. Principium computationum habebat spatium quinque milium stadiorum, quod est inter Alexandriam et Syene. Meridianus circulus per eas urbes ductus in insula Rhodo circulo parallelo a Dicaearcho, Aristotelis discipulo, constituto secatur (W. Schmid, Gesch. d. griech. Lit. II 1, 5. ed. pag. 194).

Pag. 76, 23. Euclid. phaenomena cap. II (Heiberg VIII 12—23); cfr. Plinii de umbris doctrinam nat. hist. II 72—76 (pag. 110—111).

Pag. 76, 31. Meroë est caput Aegyptus antiquae. Plin. nat. hist. II 75 (pag. 110, 21 sqq.): Meroe, insula haec caputque gentis Aethiopum, quinque milibus stadium a Syene in amne Nilo habitatur.

Pag. 76, 32. Borysthenes est nomen fluvii, gentis, urbis. Secundum Herodotum IV 17 est *Βορυσθενεϊτῶν ἐμπόριον* et secundum Herodot. IV 78 *Βορυσθενεϊτῶν ἄστυ* urbs in dextra ripa Hypanis (Bug) fluvii sita, quae a Milesiis condita etiam Olbiopolis nominabatur (IV 18). Herodotus Hypanim in Borysthenem amnem (Dniepr) influentem facit. — Plinius, nat. hist. IV 26 (pag. 183, 23 sqq.) scribit: Et a Tyra centum viginti milibus passuum flumen Borysthenes lacusque et gens eodem nomine et oppidum a mari recedens XV milibus passuum, Olbiopolis et Miletopolis antiquis nominibus.

Pag. 79, 21. Posidonius vide supra notam 8, 20.

Pag. 79, 31. Euclid. elementa XI 19 (Heiberg IV 50—53).

Pag. 79, 32. Euclid. elementa XI 6 (Heiberg IV 18—23).

Pag. 95, 9. Ptolemaeus Almagest II 12 (Heiberg I 168 sqq.).

Pag. 98, 7. Ptolemaeus Almagest III praefatio (Heiberg I 190—191).

Pag. 98 nota. Aratus Solis in Cilicia anno fere 310 a. Chr. n. ortus, iuvenis Athenas se contulit, ubi, ut peripateticae philosophiae studuit, ita Zenonem Citicum, Stoicae scholae conditorem, audivit. Postea in aula regis Antigoni Gonatae in urbe Pella, deinde apud regem Antiochum I. Sotera in Syria versatus est. Ex mandato Antigoni *Φαινόμενα* versibus contexuit, quibus Eudoxi Cnidii enoptro et phaenomenis usus caelum stellatum carmine descripsit (Ed. Maaß 1893). Mortuus est Pellae anno fere 240.

Pag. 98, 12. Menelaus, a Ptolemaeo *γεωμέτρης*, a Plutarcho *μαθηματικός* dictus, Alexandria ortus Romae anno 98 post Chr. n. observationes instituit. Eius opera deperdita sunt. Ars de sphaerica geometria descripta, cuius autor Menelaus esse traditur, Latine, Arabice, Hebraeice nobis tradita est, opus genuinum periit.

Pag. 98, 20. Ptolemaeus Almagest III 1 (Heiberg I 191—210).

Pag. 99, 10. Ptolemaeus Almagest V 1 (Heiberg I 350).

Pag. 101, 18. Ptolemaeus Almagest VII 2 (Heiberg II 14).

Pag. 102, 23. Theon minor, mathematicus et astronomus quarti post Chr. n. saeculi, pater Hypatiae, philosophae clarissimae, crudeliter a plebe necatae, anno 365 Alexandriae Solis et Lunae defectus observavit; composuit commentarios in Aratum, Euclidem, Ptolemaeum, quos Halma Parisiis 1821 et 1823 edidit.

Pag. 102, 26. Hesiodus memorat Plejadas op. 383, 572, 615, 619, Hyadas 615, Arcturum 610, Oriona 609, 615, 619. — Homerus affert Plejadas, Hyadas, Oriona Ilias XVIII

486, Arcturum Il. XVIII 487, Odyss. V 273, Oriona Ilias XVIII 488, XXII 28, Odyss. V 274, Plejadas Odyss. V 272. — Ovid Tristia I 11, 16: Aut Hyadas seris hauserat auster aquis.

Pag. 102 nota. Job 9, 9: Qui facit Arcturum et Oriona et Hyadas et interiora Austri. Job 38, 31: Numquid coniungere valebis micantes stellas Plejadas aut gyrum Arcturi poteris dissipare?

Pag. 118, 11. Quae Suculae (Hyades). „Suculae" nomen Hyadum signo inditum est, quod nomen Ὑάδες perperam derivatum est ab ὗς, Latine sus, cuius deminutivum est sucula. Iam Cicero de nat. deorum II 43, III hunc errorem vituperavit: „Has Graeci stellas Hyadas vocitare suerunt" (a pluendo; ὕειν enim est pluere), nostri imperite suculas, quasi a subus essent, non ab imbribus nominatae. — Plinius, nat. hist. II 39 (pag. 92, 20): qualiter in Suculis sentimus accidere, quas Graeci ob id pluvio nomine Hyadas appellant.

Pag. 130, 24. Conon Samius initio tertii ante Chr. n. saeculi mathematicus regius Alexandriae erat. Ptolemaeus eum observationes in Italia fecisse, Seneca eum observationes defectuum Solis collegisse tradit. Ab eo signum Comae „Berenices Crinis" appellatum est, obque eam rem Callimachus in suo carmine „Berenices Crinis" eum laudat.

Pag. 145, 4. cfr. ad versus sequentes Ptolemaei Almagest VII 3 (Heiberg II 28 sqq.). Calippus Cyzicus, anno fere 370 ante Chr. n. ortus, annum 365$^1/_4$ dies continentem septuagesima sexta parte diei longiorem esse intellexit. Quare postulavit, ut transactis septuaginta sex annis unus dies intercideret. Ea Calippi periodus initium cepit ab anno 330 ante Chr. n. et continet 940 menses sive 27759 dies.

Pag. 145, 5. Timochares, quem Copernicus persaepe nominat, eodem quo Aristyllus tempore Alexandriae inter annum 293 et 272 a. Chr. n. observationes stellarum non errantium fecit. Hi viri docti primi eas observationes consilio et ratione collegerunt. Timocharis observationes pertinent ad Spicam, quam tenet Virgo, ad declinationem Capellae, duarum stellarum principalium Geminorum, trium in cauda Ursi stellarum. Etsi Ptolemaeus putet, eius observationes non summa diligentia institutas esse, tamen Hipparcho Nicaeensi facultatem dederunt praecessionem inveniendi (Ptolem. Almagest VII 1 (Heiberg II 3); Pauly-Wissowa II 1065 bis 1066).

Pag. 146, 23. Euclid. elementa XI 19 (Heiberg IV 50—53).

Pag. 146, 24. Euclid. elementa XI 6 (Heiberg IV 18—23).

Pag. 147, 32. Arzachel Hispanus, Ibn el Zarqala, verisimile Cordobae anno 1029 natus, usque ad annum 1087 vixit. Optimus illius aetatis observator fundamenta Tabularum Toletanarum, quibus Alfonsinae et ipsae nituntur, iecit. Idem astrolabii a se constructi descriptionem eiusque adhibendi rationem composuit (Scaphaea Arzachelis). Tabulae Toletanae Latine tantum traditae sunt velut Oxoniae (Oxfordiae): Canones Arzachelis in tabulas Toletanas a mag. Gerardo Cremonensi ordinati. Descriptio Scaphaeae, quae etiam codicibus Arabice scriptis exstat, typis impressa est: Scapheae recentis res doctrinae patris Abrysakh Azarchelis (sic!) summi astronomi a Ioanne Schonero Carolo-Stadio Norimbergae 1534 (Suter, Die Mathem. und Astron., pag. 109—111). Albategnius longitudinem apogaei quattuor fere gradibus maiorem constituerat; secundum Arzachelis certiorem observationem apogaeum directionem motus convertisse videbatur, unde ratio quae vocatur trepidationis originem cepit (K. Zeller, Rheticus pag. 132.

Pag. 148, 1. Clarissimus astronomus Prophatius Iudaeus est Jakob ben Machir, dictus Prophiat-Tibbon; obiit anno fere 1307. Huic tempori quae Copernicus affert congruunt. Albategnius anno fere 877 observavit, anno fere 929 obiit. Secundum Copernicum inter Albategnii et Prophatii observationes 420 anni interiacent, Prophatii igitur observationes anno 1297 factae sunt. — In bibliotheca Societatis Jesu Fruenburgi codex ephemeridum Prophatii pergamenus, qui nunc Upsalae servatur, erat anni 1302, quo utendi Copernico occasio erat (Menzzer, Nic. Copern. epileg. 20 nota 89).

Pag. 152, 15. Euclid. elementa III 7 (Heiberg I 178—183).

Pag. 153, 1. Euclid. elementa VI 1 (Heiberg II 72—77).

Pag. 154, 17. Aristyllus astronomus eodem quo Timochares tempore primis tertii a. Chr. n. saeculi decenniis Alexandriae stellas non errantes observavit. Aristylli observationes Timochari numero cedunt et minoris aestimantur. Uterque ab Hipparcho et Ptolemaeo adhibetur; hic praedicat eos solos fere fuisse, qui ante Hipparchum stellarum non errantium observationes collegerunt (Almagest VII 1; Heiberg II 3). Aristyllum Sami esse natum certo dici non potest (Pauly-Wissowa II 1065—1066).

Pag. 154, 18. Agrippa astronomus, ex Bithynia ortus, Domitiano imperatore ibidem Plejadas Luna obtectas observavit (Ptolemaeus Almagest VII 3; Heiberg II 27); Proclus eum etiam stellarum non errantium longitudines mensum esse tradit. Opera eius deperdita sunt.

Pag. 155, 23. Ptolemaeus Almagest I 12 (Heiberg I 67); I 15 (Heiberg I 80).

Pag. 155 not. Dominicus Maria de Novara (1454—1504) ex Ferrara oriundus ab anno 1483 Bononiae astronomiam et astrologiam docuit et magister ingeniosus, vir in rebus indagandis sagax, observator diligens putabatur. Nova et a tradita doctrina aliena praecepta docere non verebatur, velut terrae polos locum suum mutasse assumpsit. Doctissimi huius viri Copernicus Bononiae non tam discipulus quam adiutor et testis observationum erat et „vixerat cum Dominico Maria Bononiensi, cuius rationes plane cognoverat et observationes adiuverat" (Rheticus, praef. narrat. primae ed. Thorun. 448, 20; praefat. ephemeridum, Prowe II 390). Certe animum Copernici adulescentis aluit et finxit eique multa Regiomontani praecepta tradidit (K. Zeller, Rheticus, pag. 32, 123).

Pag. 156, 1. Georgius Purbachius nomen accepit ex loco natali Peuerbach, in Austria superiore inter Passaviam et Lintium urbes sito, ubi die 30. Maii 1423 natus est. Vindobonae erat discipulus Ioannis a Gemünd, fundatoris scholae astronomicae Vindobonensis; deinde alias Germaniae, Francogalliae, Italiae universitates adiit. Erat unus ex doctissimis illius aetatis viris et cum aliis scientia praestantissimis viris velut Nicolao Cusano, Bianchini coniunctus erat. Magnam gloriam adeptus est opere „Theoricae novae planetarum". Alterum opus, quod „Epitome in Almagestum" inscribitur, perficere non potuit; nam sex libris eius astronomiae artis praeclarae absolutis diem supremum obiit Vindobonae die 8. Aprilis 1461 (K. Zeller, Rheticus, pag. 170. 171).

Pag. 156, 1. Ioannes Müller, dictus Regiomontanus vel a Monteregio, quod Monteregii, in oppidulo Franconiae, in vitam ingressus est die 6. Junii 1436. Puer quattuordecim annorum calendarium computavit. Purbachii fama adductus Vindobonam se contulit, cuius initio discipulus mox adiutor factus est. Mortuo magistro in Italiam profectus est; ab anno 1468 ad 1471 modo Vindobonae, modo Pesti in Hungaria moratus Norimbergam contendit ibique domicilium collocavit. Qui quamquam magno linguarum ediscendarum et mathematicae disciplinae ingenio praeditus erat, tamen astronomiae maxime se dare maluit. Ephemerides annorum 1475—1506 computavit et epitomen Purbachii confecit. Norimbergae auxilio divitis patricii Bernhardi Walther pergulam ad observandas stellas aptam exstruxit. A Sixto IV. pontifice Romam ad instituendam Calendarii emendationem vocatus ibi, paulo postquam advenerat, pestilentia die 6. Julii 1476 absumptus est (K. Zeller, Rheticus pag. 121. 122).

Pag. 169, 1. Nabonassar, ex paenultima Babyloniorum domo regia, auspiciis Assyriorum regnavit ab anno 747 ad 734. Kalendarii emendationem instituit, qua verisimile aequinoctii in Arietis signum praecessionis rationem habuit et Babyloniis firmam periodum dedit, quae a. d. IV. Kalendas Martias 742 initium cepit. Ea Nabonassar periodo viri Alexandrini musei docti in conscribendis rebus astronomicis fundamento usi sunt; quae ut erat una ex primis certis annorum computationibus, ita a paucis recepta est. — „Nam a principio regni Nabonassarii ad Christi nativitatem supputant annos pariles DCCXLVII et dies CXXX" (Copernicus epistula ad B. Wapowski [Prowe II 174]).

Pag. 169, 2. Nabuchodonosor (605—562) agendi studio et virtute Babyloniis principatum Asiae occidentalis recuperavit.

Pag. 169, 4. Salmanassar, quattuor huius nominis Assyriorum regum ultimus, regnavit 727—723, vicit Osee, regem Israel rebellem, anno 724; duobus annis post Samaria capta est. Inter exitum regni Nabonassarii (734) et initium regni Salmanassarii (727) interiacent septem anni; Copernicus igitur veritati proximus est, cum dicit: Nabonassarium regnum cadit in Salmanassar.

Pag. 169, 8—9. Censorinus, tertii p. Chr. n. saeculi grammaticus Latinus, anno 238 libellum „de die natali ad Q. Caerellium" scripsit, in quo de rebus astronomicis et mathematicis agit, et quidem in secunda opusculi parte de aevo, saeculo, anno maiore, anno vertente, mense, die. Inter eius autores sunt Varro antiquitates XIV—XIX et Suetonius prata VIII de anno Romanorum. Editio prima Bononiae 1497, ultima, quam curavit Fredericus Hultsch, Lipsiae 1867. Copernicus ex hoc libello plura affert quam indicat. Et haec loca Copernici leguntur apud Censorinum: cum primo die eius mensis, quem Aegyptii Θωυθοί vocant, caniculae sidus exoritur (Censor. XVIII 10); quo tempore solet canicula in Aegypto facere exortum (Cens. XXI 10); ex diebus aestivis, quibus agon Olympicus celebratur (Cens. XXI 6).

Pag. 169, 16—18 = ex die Kal. Januariarum, unde Julius Caesar anni a se constituti fecit principium (Cens. XXI 7) et: C. Caesar pontifex maximus suo III et M. Aemilii Lepidi consulatu (Cens. XX 8).

Pag. 169, 18—19 = ex hoc anno ita a Julio Caesare ordinato ceteri ad nostram memoriam Juliani appellantur (Cens. XX 11).

Pag. 169, 20—24 = perinde ex Kal. Januariis, quamvis ex ante diem XVI Kal. Febr. imperator Caesar, Divi filius, sententia L. Munati Planci a senatu ceterisque civibus Augustus appellatus est se VII et M. Vipsanio Agrippa III cons. Sed Aegyptii, quod biennio ante in potestatem dicionemque populi Romani venerunt ... (Cens. XXI 8. 9).

Pag. 169, 22. Munatius Plancus — Copernicus falso scribit Numatius — Caesaris legatus in Gallia erat (bell. Gall. V 24. 25). Cum ter ab aliis partibus ad alias transiisset, germanum fratrem proscriptioni tradidisset, testamentum Antonii foede Octaviano tradidisset, denique Octaviano se applicavit. Propter eam inconstantiam in omnium contemptionem venerat. Cicero ad fam. X 3, 3: fuisse tempus cum homines existimarent te nimis servire temporibus. Idibus Januariis anni 26 a. Chr. n. censuit, ut Octavianus appellaretur Augustus, id quod a. d. XVI Kal. Februarias anni eiusdem decretum est. Senem conscientia scelerum et inconstantiae vexatum Horatius consolabatur hisce verbis:

> ... tu sapiens finire memento
> Tristitiam vitaeque labores
> Molli, Plance, mero ... (Od. I 7, 17).

Pag. 169, 23. M. Vipsan(i)us Agrippa anno a. Chr. n. 63 humili loco natus familiaris erat Octaviani Augusti consiliarius, rei civilis et militaris peritissimus, victor pugnae ad Actium factae clarissimus; fautor et amicus artium et literarum Pantheum templum exstruxit. Anno quem Copernicus memorat 26 tertio consulatu functus est. Ei cum anno a. Chr. n. 12 e vita decessisset, Augustus ipse laudationem funebrem habuit.

Pag. 173, 14. Archimedes Syracusanus, celeberrimus mathematicus, vixit 287—212 a. Chr. n. Cum Syracusae obsiderentur, a milite Romano, quem verbis „Noli turbare circulos meos" sollicitaverat, supra figuras geometricas occisus est.

Pag. 173, 16. Ptolemaeus Almagest III 1 (Heiberg I 191 sqq. et maxime 195—203).

Pag. 174, 3. Ptolemaeus Almagest III 1 (Heiberg I 208, 3).

Pag. 175, 17. Thebites Chorae filius, Tabit ben Qorra el Harrani, in urbe Harran Mesopotamiae anno 826 natus, in urbe Safar anno 901 mortuus est. Quod Sabiorum sectae adnumeratus erat, patria expulsus in urbe Bagdad studiis se dedit ibique domicilium diuturnum collocavit. Medicus magni aestimabatur, linguas novit Latinam, Syriam, Arabicam, multa opera interpretatus est; plura ipse composuit. Astronomicas observationes maxime Soli et spatio anni Solaris impertivit, cui dies 365, 25639 tribuit sicut recentiores astronomi (Suter, Die Math. u. Astr., pag. 34—38. Menzzer epilog. 30 not. 170).

Pag. 175, 23. Ptolemaeus Almagest III 1 (Heiberg I 192, 12 sqq.).

Pag. 184, 24. Euclid. elementa I 21 (Heiberg I 50—53).

Pag. 185, 17—19. Euclid. elementa III 7 (Heiberg I 178—183). Euclid. optica cap. 5 (Heiberg VII 8. 9).

Pag. 186, 21. Euclid. elementa I 33 (Heiberg I 78—81).

Pag. 187, 23. Ptolemaeus Almagest III 3 (Heiberg I 221, 9 sqq.).

Pag. 188, 13. Ptolemaeus Almagest III 4 (Heiberg I 233 sqq.).

Pag. 191, 26. Ptolemaeus Almagest III 4 (Heiberg I 238, 10 sqq.).

Pag. 193, 33. Ptolemaeus Almagest III 4 (Heiberg I 238, 10 sqq.).

Pag. 196, 14. Euclid. elementa III 8 (Heiberg I 182—191).

Pag. 197, 13. Euclid. elementa I 8 (Heiberg I 26—29).

Pag. 205, 14—17 cfr. Plinius, nat. hist. II 77 (pag. 111, 13 sqq.): Ipsum diem alii aliter observavere. Babylonii inter duos Solis exortus, Athenienses inter duos occasus, Umbri a meridie ad meridiem, vulgus omne a luce ad tenebras, sacerdotes Romani et qui diem diffiniere civilem, item Aegyptii et Hipparchus a media nocte in mediam.

Pag. 211, 21—22. Euclid. optica cap. 2 (Heiberg VII 8—9).

Pag. 214, 28. Plinius, nat. hist. II 7 (pag. 78, 29): Neque aliud esse noctem quam terrae umbram. — Plutarch. de facie in orbe Lunae XIX: *Ηγε νύξ ἐστι σκιὰ γῆς*. Macrobius, in somnium Scipionis I 21, 10: Umbra terrae ... fit obscuritas, quae nox vocatur.

Pag. 215, 12. Meton, astronomus Atheniensis, una cum Euctemone anno a. Chr. n. 432 ad compensandos annos Lunares et Solares periodum 19 annorum constituit menses 235 complectentem, inter quos menses 125 pleni triginta dierum et 110 cavi 29 dierum erant. Menses cavos hoc modo destinavit: mensem dierum triginta pro norma habuit, sed sexagesimum quartum quemque diem omisit, ut singuli menses cavi essent, quibus dies sexagesimus quartus incidit. Is „annus Metonicus" sive *ἐννεαδεκαετηρίς* complectebatur 6940 dies sive 19 annos, quibus expletis accretio et diminutio Lunae in eundem mensis diem redeunt. Sed is annus Metonicus quarta diei parte verum anni spatium excedit. Ideo Calippus ex quattuor Metonis periodis unum cyclum 76 annorum sive 27759 dierum constituit (vide pag. 215, 8 sqq.). — Copernicus Metonem 37. olympiade i. e. anno fere 630 florentem inducit, sed ducentis annis postea vixit. Quare editio Varsaviensis recte emendavit: olympiade octogesima septima.

Pag. 216, 8. Euclid. elementa V 15 (Heiberg II 42—45).

Pag. 224, 17. Ptolemaeus Almagest IV 6, 2 (Heiberg I 314. 315).

Pag. 226, 23. Euclid. elementa III 36 (Heiberg I 260—266).

Pag. 232, 13. Ptolemaeus Almagest IV 3 (Heiberg I 278—281) et IV 7 (Heiberg I 324).

Pag. 243, 33. Ptolemaeus Almagest VI 5 (Heiberg I 477).

Pag. 245, 12. Ptolemaeus Almagest IV 6 (Heiberg I 314—315).

Pag. 249, 5. Ptolemaeus Almagest V 12. 13 (Heiberg I 407. 410).

Pag. 253, 7 sqq. cfr. Ptolemaeus Almagest V 14 (Heiberg I 416 sqq.).

Pag. 254, 10. Ptolemaeus Almagest V 14. 15 (Heiberg I 416 sqq. 422 sqq.).

Pag. 254, 36. Euclid. elementa VI 2 (Heiberg II 76—81).

Pag. 255, 12 Ptolemaeus Almagest V 15 (Heiberg I 422 sqq.).

Pag. 255, 25. cfr. Liber Machometi Geber, qui vocatur Albategni cap. 30 sub finem (Menzzer epileg. 47 not. 328).

Pag. 257, 3. cfr. Euclid. optica cap. 5 (Heiberg VII 8. 9).

Pag. 257, 26. cfr. Ptolemaeus Almagest V 14 (Heiberg I 417).

Pag. 275, 22. cfr. *'Αρχ μήδης κύκλου μέτρησις πρότασις γ'* Oxfordiae 1792, 205 et 206 (Menzzer epil. 47 not. 336).

Pag. 275, 27. Ptolemaeus Almagest VI 7 (Heiberg I 513).

Pag. 277, 15—21. Apud Timaeum Platonis. Fieri non potest, ut haec planetarum descriptio e Timaeo hausta sit, in quo 38 D Venus et Mercurius tantum nominantur, et quidem Venus nomine *ἑωσφόρος* cum Copernicus nomine *φωσφόρος* utatur. In libro Epinomis, de cuius autore adhuc lis est, 986—987 omnes quinque planetae quidem nominantur sed Graecis nominibus deorum propriis: *Ἑρμῆς, Κρόνος, Ζεύς, Ἄρης (πάντων δὲ οὗτος ἐρυθρώτατον ἔχει χρῶμα)*. Venus et hoc loco *ἑωσφόρος ἕσπερός τε* appellatur. Neque Timaeus Locrus 96 E 17 A (ed. Friedr. Hermann, Lipsiae 1870) autor esse potest. Re vera hi versus spectant ad Ciceronem, de deorum natura II 20, qui iisdem ac Copernicus nominibus appellativis utitur et eadem fere de spatio et qualitate motuum affert: „Quae Saturni stella dicitur *Φαίνων* que a Graecis nominatur, quae a terra abest plurimum, XXX fere annis cursum suum conficit, in quo cursu multa mirabiliter efficiens tum antecedendo tum retardando, tum vespertinis temporibus delitescendo, tum matutinis rursum se aperiendo ... Infra autem hanc propius a terra Jovis stella fertur, quae *Φαέθων* dicitur, eaque eundem duodecim signorum orbem annis duodecim conficit, easdemque quas Saturni stella efficit varietates. Huic autem proximum inferiorem orbem tenet *Πυρόεις*, quae stella Martis appellatur eaque quattuor et viginti mensibus sex, ut opinor diebus minus, eundem lustrat orbem ... Infra autem Stella Mercuri est (Ea *Στίλβων* appellatur a Graecis) quae anno fere vertenti signiferum lustrat orbem ... Infima est quinque errantium terraeque proxuma stella Veneris, quae *Φωσφόρος* Graece, Lucifer Latine dicitur cum antegreditur Solem, cum subsequitur autem *Ἕσπερος*." — Similes enumerationes praebent Plutarchus, de plac. philos. II 15: *Πλάτων μετὰ τὴν τῶν ἀπλανῶν θέσιν, πρῶτον Φαίνοντα λεγόμενον, τὸν τοῦ Κρόνου · δεύτερον Φαέθοντα, τὸν τοῦ Διός · τρίτον Πυρόεντα, τὸν τοῦ Ἄρεος · τέταρτον Ἑωσφόρον, τὸν τῆς Ἀφροδίτης · πέμπτον Στίλβοντα, τὸν τοῦ Ἑρμοῦ · ἕκτον Ἥλιον · ἕβδομον Σελήνην*, et Martianus Capella, de nupt. Philos. et Merc. VIII 191a: Nam Saturnum Phaenona vocant, Jovemque Phoetonta, Pyroenta Martem, Venerem Phosphoron, Mercurium Stilbonta nominaverunt. Soli vero Lunaeque diversitas gentium innumera vocabula sociavit. — Similiter scribit Apuleius, de mundo II 292 ed. Hildebrand Lipsiae 1842: Hic Phaenonis globus, quem appellamus Saturnium, post quem Phaethontis secundus est, quem Iovem dicimus: et loco tertio Pyrois, quem multi Herculis, plures Martis stellam vocant. Hanc sequitur Stilbon, cui quidam Apollinis, ceteri Mercurii nomen dederunt. Quintus Phosphorus Iunonia immo Veneris stella censetur. Deinde Solis est orbis et ultima omnium Luna, altitudinis aethereae principia disterminans.

Pag. 279, 1. Ptolemaeus Almagest IX 3 (Heiberg II 213 sqq.).

Pag. 292, 31. Apollonius Pergaeus ex Euclidis schola, floruit exeunte tertio a. Chr. n. saeculo Alexandriae et Pergami. Praestans eius opus *Κωνικά* partim ad nos pervenit, cetera plane perierunt, inter ea, quae primus omnium de epicyclis composuit et quae de stationibus et repedationibus planetarum literis mandavit; vide pag. 452.

Pag. 296, 6. Ptolemaeus Almagest XI 5 (Heiberg II 392).

Pag. 297, 28. Ptolemaeus Almagest XI 5 (Heiberg II 394 sqq.).

Pag. 300, 24. cfr. Ptolemaeus Almagest X 7 (Heiberg II 324).

Pag. 303, 11. cfr. Ptolemaeus Almagest XI 6 (Heiberg II 417); vide 298, 6.)

Pag. 309, 4. Ptolemaeus Almagest XI 1 (Heiberg II 360 sqq.).

Pag. 314, 2. Ptolemaeus Almagest XI 3 (Heiberg II 385).
Pag. 318, 26. Ptolemaeus Almagest XI 2 (Heiberg II 385).
Pag. 319, 10. Ptolemaeus Almagest X 7 (Heiberg II 322).
Pag. 324, 21. Ptolemaeus Almagest X 7 (Heiberg II 345).
Pag. 328, 15. Ptolemaeus Almagest X 8 (Heiberg II 351).
Pag. 329, 5. Ptolemaeus Almagest X 1 (Heiberg II 296 sqq.).

Pag. 329, 8. Theon maior, Smyrnaeus, philosophus Platonicus et astronomus secundo p. Chr. n. saeculo Alexandriae observavit. Eius opus *περὶ τῶν κατὰ μαθηματικὴν χρησίμων εἰς τὴν τοῦ Πλάτωνος ἀνάγνωσιν* nobis traditum est: Theonis Smyrnaei philos. platonici Expositio rerum mathematicarum ad legendum Platonem utilium rec. Eduard Hiller, Lipsiae 1878. Huius operis pars astronomica Parisiis 1849 impressa est.

Pag. 331, 10. Ptolemaeus Almagest X 3 (Heiberg II 303).
Pag. 332, 36. Ptolemaeus Almagest X 3 (Heiberg II 305).
Pag. 333, 4. Unum a Timocharj: Ptolemaeus Almagest X 4 (Heiberg II 310 sqq.).
Pag. 339, 1. Ptolemaeus Almagest IX 8 (Heiberg II 269—275).

Pag. 339, 23. Proclus in Euclidis Elementor. Commentarii definitio IV B 61 ed. Friedlein, Leipzig, Teubner 1873, pag. 105, 13—106, 19).

Pag. 341, 6. Ptolemaeus Almagest IX 7 (Heiberg II 263. 264).
Pag. 343, 2. cfr. Ptolemaeus Almagest IX 9 (Heiberg II 275).

Pag. 345, 19. Euclid. elementa XIII 12 (Heiberg IV 286 sqq.); elementa V 15 (Heiberg II 44 sq.)

Pag. 346, 4. Ptolemaeus Philadelphus regnavit 285—247. Vide Ptolemaeus Almagest IX 10 (Heiberg II 288).

Pag. 348, 11. Bernhardus Walther, patricius Norimbergensis, discipulus Regiomontani, huic anno 1471 Norimbergae primam in Germania pergulam observationibus siderum servientem exstruxit, cuius auxilio etiam 15 annis post mortem (1476) magistri observationes instituit.

Pag. 367, 13. Apollonius mathematicus, Pergae in Pamphilia natus, ab 262 ad 190 floruit. Mathematicam disciplinam Alexandriae apud successores Euclidis didicit. Ptolemaeus Almagest XII 1 (Heiberg II 450—464) narrat eum de stationibus et retrogradationibus stellarum errantium scripsisse easque auxilio epicyclorum declarare conatum esse. Eundem de orbe Lunae astronomicas quaestiones instituisse refert Ptolemaeus Chennos in sua nova historia primo post Chr. n. saeculo (Pauly-Wissowa II 151—161).

Pag. 381, 25. Ptolemaeus Almagest XIII 3 (Heiberg II 538 sqq.).
Pag. 382, 25. Ptolemaeus Almagest XIII 3 (Heiberg II 538).
Pag. 386, 6. Ptolemaeus Almagest XIII 4 (Heiberg II 544 sqq.).
Pag. 388, 1. cfr. Ptolemaeus Almagest XIII 3 (Heiberg II 535).
Pag. 390, 6. Ptolemaeus Almagest XIII 4 (Heiberg II 546).
Pag. 392, 35. Ptolemaeus Almagest XIII 4 (Heiberg II 581).

Pag. 403. De Andrea Osiandro eiusque ad lectorem de hypothesibus huius operis praefatione.

Andreas Osiander, proavus celebris theologorum gentis, die 19. Decembris 1498 natus est in oppido Gunzenhausen, ad fluvium Altmühl sito, anno 1520 Norimbergae sacerdotii ordine auctus, duobus annis post concionator novae religionis ibidem in ecclesia sancti Laurentii factus, vir litium amans cum reformatoribus, imperatore, senatu Norimbergensi controversias agebat; anno 1548, quod cum senatu discordabat, Norimberga secessit. Ex Vratislavia Albrechto, duci Borussiae, officia sua sive concionatoris in ecclesia sive professoris in universitate obtulit et anno 1549 ab Albrechto parochus et professor ordinarius universitatis

Königsberg, quae 1544 fundata erat, nominatus est. Ibi die 17. Octobris 1552 supremum diem obiit, cum controversia de iustificatione ab eo in hac urbe mota quindecim annis post eius obitum finiretur. Qui ut erat strenui animi et magnae scientiae etiam astronomicis quaestionibus studuit. Iam aestate 1540, cum Rhetici Narratio prima vix in publicum prodisset, ad Copernicum de hypothesibus epistulam scripserat et quod responso eius Kalendis Juliis 1540 dato non acquiescebat — literae Osiandri et responsum Copernici periise videntur — die 20. Aprilis 1541 iterum hisce verbis Copernicum adiit: „De hypothesibus ego sic sensi semper, non esse articulos fidei, sed fundamenta calculi, ita ut, etiamsi falsae sint, modo motuum φαινόμενα exacte exhibeant, nihil referat; quis enim nos certiores reddet, an Solis inaequalis motus nomine epicycli an nomine eccentricitatis contingat, si Ptolemaei hypotheses sequamur, cum id possit utrumque. Quare plausibile fore videretur, si hac de re in praefatione nonnihil attingeres. Sic enim placidiores redderes peripateticos et theologos, quos contradicturos metuis" (Prowe I 2, 522). Eodem die Rhetico haec scripsit: „Peripatetici et theologi facile placabuntur, si audierint, eiusdem apparentis motus varias esse posse hypotheses, nec eas afferri, quod certo ita sint, sed quod calculum apparentis et compositi motus quam commodissime gubernent, et fieri posse, ut alius quis alias hypotheses excogitet, et imagines hic aptas, ille aptiores, eandem tamen motus apparentiam causantes, ac esse unicuique liberum, imo gratificaturum, si commodiores excogitet; ita a vindicandi severitate ad exquirendi illecebras avocati ac provocati primum aequiores, tum frustra quaerentes pedibus in auctoris sententiam ibunt" (Prowe I 2, 523). Neque quid Copernicus neque quid Rheticus responderit traditum est, sed tantum scimus, utrumque Osiandri condiciones respuisse. Nam Copernicus hypotheses habebat firma et prima principia quae violari aut mutari minime licet, non instrumenta vel adminicula calculi, quae veritate indigere possunt, et, si Osiandro obsecutus esset, totum opus suum in dubium vocasset et fructus studiorum suorum ipse proiecisset. Pluribus locis eam, quam Osiander commendat sententiam, impugnat: „Pleraque admiserunt, quae primis principiis de motus aequitate videntur contravenire" (Epist. Ad Paulum III pag. 5, 5) et: „quod circa eius (astronomiae) principia et assumptiones, quas Graeci hypotheses vocant, plerosque discordes fuisse videamus, qui ea tractaturi aggressi sunt, ac perinde non iisdem rationibus innixos" (Praef. libri I pag. 9, 12). „Principio et hypothesi utemur" (pag. 29, 26); quae ex philosophia naturali . . . necessaria videbantur tanquam principia et hypotheses (pag. 31 sub finem). Osiander igitur, cum a Copernico quam postulaverat de hypothesibus praefationem non accepisset, ipse eam insciis et invitis Copernico et Rhetico composuit et in capite libri praefixit, licet eo consilio, ut libro emptores acquireret et Copernici adversarios placaret. At vero id Osiandro crimini dandum est, quod tecto nomine suam de hypothesibus sententiam in primo operis folio edidit eaque re etiam viros doctos fefellit, ut a Copernico eam praefationem conscriptam esse opinarentur.

Dubium non est, quin Osiander eius praefationis autor sit; iam Ioh. Kepler anno 1609 in exordio Astronomiae Novae contra Petrum Ramum disputans Hierônymum Schreiber, cui Petreius typographus anno 1543 librum Revolutionum dono dederat, testem fidum affert: „Vin'tu vero scire fabulae huius, cui tantopere irasceris, architectum? Andreas Osiander annotatus est in meo exemplari, manu Hieronymi Schreiber Norimbergensis. Hic igitur Andreas, cum editioni Copernici praeesset, praefationem illam, quam tu dicis absurdissimam, ipse (quantum ex eius literis ad Copernicum colligi potest) censuit prudentissimam, posuit in frontispicio libri, Copernico ipso aut iam mortuo aut certe ignaro" (Ioh. Kepler ed. Caspar III 6; Prowe I 2, 532). Idem anno 1601 contra Reimarum Ursum, qui Copernicum putabat praefationis autorem, scripsit: „Iuvabo laborantem Ursum: Fuit eius praefationis autor, si nescis, Andreas Osiander, ut Hieronymi Schreiberi Norimbergensis ... manus in meo exemplari visenda testatur" (Prowe I 2, 531). Praeterea Osiandri nomen adnotatum est praefationi in exemplaribus Ioh. Jacobi Fugger (1515—1575), Michaelis Maestlini, Iohannis

Praetorii, in exemplari Göttingensi. In Basileensi exemplari mentio fit annotationis Maestlini exemplaris, in eo quod fuerat canonici Donneri praefatio deleta est, et Ioh. Praetorius anno 1609 Herwarto ab Hohenburg scripsit, Osiandrum praefationis autorem esse (Zinner, Entstehung pag. 452—454).

Cum ex his annotamentis tot virorum doctorum, qui aut aequales Osiandri erant aut ab eius aetate paulum distabant, apparet ab initio Osiandri prooemium condemnatum fuisse, tum indignatio amicorum de hoc facinore gravissima percipitur ex epistula quam Gisius episcopus Culmensis ad Rheticum die 26. Julii 1543 dedit: „Erepti fratris, viri summi, dolorem lectione libri, qui illum redhibere mihi vivum videbatur, pensare potuissem, verum in primo limine sensi malam fidem, ac ut tu vere appellas, impietatem Petreji, quae indignationem mihi priore moestitia atrociorem refudit. Quis enim non discrucietur ad tantum sub bonae fidei securitate admissum flagitium? Quod tamen haud scio an non tam huic excusori ex aliorum industria pendenti sit tribuendum quam invido cuipiam, qui dolens descendendum sibi esse a pristina professione, si hic liber famam sit consecutus, illius simplicitate in deroganda operi fide forsitan est abusus. Ne tamen impune ferret, qui se concessit alienae fraudi corrumpendum, scripsi ad senatum Norimbergensem docens, quid ad integrandam auctori fidem necessarium mihi videretur. Epistulam ad te mitto cum ipsius exemplo, ut pro re nata diiudicare queas quem in modum sit instituendum negotium" (Prowe II 419—420). Ad compensandam noxam haec Gisius proponit: Priores libri chartae recudendae sunt, affigantur praefatiuncula Rhetici, vita autoris ab eodem eleganter scripta, eiusdem opusculum, quo a Sacrarum Scripturarum dissidentia aptissime telluris motum vindicavit.

Rheticus hanc epistolam Gisii senatui tradidit et Apianus secundum annotamentum in exemplari Ioh. Jacobi Fugger et Maestlini inscriptum docet: G. Joachimus Rheticus, ordinarius Lipsiensis, discipulus Copernici, ob hanc epistolam plurimum rixatus est cum typographo affirmante, eam sibi cum reliquo opere traditam fuisse. Suspicatus tamen est, Osiandrum eam praefixisse operi, quod si certo sciret, affirmabat se ita tracturum hominem, ut suae vocationi attentus, in futurum Astronomos lacerare non amplius praesumeret." Et Maestlin his Apiani verbis addit: „Apianus tamen mihi dixit, Osiandrum sibi aperte fassum esse, se hanc suo (sic!) mente addidisse" (Zinner, Entstehung 453). Rhetici apud senatum Norimbergensem interventio in cassum cessit; nam hic die 29. Augusti 1543 haec decrevit: Domino Tidemanno episcopo Culmensi in Borussia responsum Petrei, quod ad epistolam Gisii ad senatum dedisset, — deletis vel mitigatis locis acerrimis — esse mittendum, et haec esse addenda: In Petreium ratione huius responsi habita animadverti non posse. (Zinner, Entstehung 256). Frustra igitur et Gisius et Rheticus studuerunt de autore famosae huius praefationis dignam poenam exigere et opus Copernici a calumniae vitio repurgare. De nova a Rhetico scribenda praefatione nihil traditum est, priores libri paginae non recusae, neque libelli, quos Gisius optaverat, operi adnexi sunt. Tantum index eorum, quae in editione Norimbergensi corrigenda sunt, castigandae editioni principi saecularis huius operis inservit.

Pag. 404, 26. Theodoricus a Rheden, iuris canonici magister, ex dioecesi Osnabrugensi ortus est. Ab anno fere 1518 Albrechtus a Brandenburg, praeses equitum ordinis Teutonici, operis et officiis eius usus est, qui eum Nicolao a Schönberg commendavit. Postquam Albrechtus ducatum Borussiae obtinuit, ab anno 1525 ad 1537 apud curiam Romanam eius erat legatus et anno 1530 in domo ordinis Teutonici habitabat. Propter sua de Albrechto duce merita ad tempus excommunicationis poenam subiit. A. d. VII Kalendas Maias 1532 in catalogo fraternitatis hospitii Germanici Sanctae Mariae dell'Anima nomen inscripsit. Provisione Pontificis eodem anno canonicatu Varmiensi donatus ad annum 1539 procuratoris huius capituli munera Romae explevit. Ab anno 1540 in Borussia et Varmia versatus etiam cum Copernico convenisse putandus est. Die 15. Junii 1551 episcopus Lubecensis factus anno 1556 e vita decessit.

NOTAE AD EPILEGOMENA

Pag. 406, 23. Volumen 1 huius editionis Nachbericht pag. XV.

Pag. 408, 15. Ernst Zinner, Entstehung und Verbreitung der coppernikanischen Lehre. Erlangen, Komm.-Verlag Max Mencke, 1943, S. 244.

Pag. 408, 20. Zinner, Entstehung usw. S. 243.

Pag. 408, 27. Leopold, Prowe, Nicolaus Coppernicus I, 1. und 2. Teil. Berlin, Weidmannsche Buchhandlung 1883. II, ebenda 1884. 1 2 S. 518.

Pag. 408, 35. Equidem hoc censeo: Rhetico Copernicus promiserat se praefationem novam i. e. epistulam dedicatoriam in principio operis locandam scripturum esse. Eius promissionis ratione habita Rheticus priorem praefationem: Inter multa et varia sive cum autographum Fruenburgi conscriberet sive cum Norimbergae operi imprimendo praeesset, suppressit (vide Volum. 1, pag. XVI).

Pag. 408, 37. Adolf Müller, Der Astronom und Mathematiker G. J. Rheticus, Vierteljahrsschrift für Geschichte und Landeskunde Vorarlbergs. Neue Folge, II. Jahrgang, Heft I und II. 1918. Verlag: Vorarlberger Landesmuseum. Bregenz. Pag. 29.

Pag. 409, 4. Adolf Müller, Nikolaus Copernicus, Der Altmeister der neuen Astronomie. Herder, Freiburg 1898. Pag. 4, Anm. 3.

Pag. 409, 10. Petrus Gassendus, Tychonis Brahei vita, Accessit Nicolai Copernici, Georgii Peurbachii, et Iohannis Regiomontani vita. Editio secunda. Hagae Comitum, Adrianus Vlacq. M.DC.LV. Pag. 319.

Pag. 409, 23. Zinner, Entstehung usw. pag. 454.

Pag. 409, 30. Zinner, Entstehung usw. pag. 253, 448.

Pag. 409, 34. Prowe II 420.

Pag. 409, 37. Zinner, Entstehung usw. pag. 448—455. Fritz Kubach, Nikolaus Kopernikus, München und Berlin, R. Oldenbourg 1943. Pag. 375.

Pag. 410, 25. Loci Graeci a Rhetico in titulis laudati hi sunt:

1. Verba *δεῖ δὲ ἐλευθέριον εἶναι τὸν μέλλοντα φιλοσοφεῖν* decerpta sunt ex *Ἀλκινόου φιλοσόφου εἰς τὰ τοῦ Πλάτωνος δόγματα εἰσαγωγή*, Lutetiae apud Mich. Vascosanum 1532 p. 1, 18, ubi autor agit de animae habitu ad studium philosophiae necessario. W. Schmid, Geschichte der Griech. Litt. 1, 5. Aufl., S. 666, dicit Alcinoum in literarum historia falso tradi pro Albino, philosopho Platonico et magistro Galeni (130—200).

2. Sententia *Ἀγεωμέτρητος οὐδεὶς εἰσίτω* est corrupta laudatio versus, qui supra portam Academiae Platonis inscriptus fuisse traditur. In David Scholiis ad categorias Aristotelis (Edit. Berolinensis vol. IV 26a 10) recte legitur: *Πλάτωνα ἐπιγράψαντα πρὸ τοῦ μουσείου. Μηδεὶς ἀγεωμέτρητος εἰσίτω.* Alia traditio invenitur in commentariis Philoponi (ca. 600) ad Aristotelis de anima (vol. XV pag. 117, 26 edit. Hayduck): *Πυθαγόρειος δὲ ὁ Πλάτων, οὗ καὶ πρὸ τῆς διατριβῆς ἐπεγέγραπτο. Ἀγεωμέτρητος μὴ εἰσίτω.*

3. Tertia forma legitur apud Ioh. Tzetzes (1100—1180), Chiliades VIII 972—975 (edit. Kießling, Leipzig 1826):

Πρὸ τῶν προθύρων τῶν αὐτοῦ γράψας ὑπῆρχε Πλάτων.
Μηδεὶς ἀγεωμέτρητος εἰσίτω μου τὴν στέγην.
Τουτέστιν, ἄδικος μηδεὶς παρεισερχέσθω τῇδε.
Ἰσότης γὰρ καὶ δίκαιόν ἐστι γεωμετρία.

Plato ipse in Republica (VII 525—532) et in Legibus (VII 818—822) postulat, ut studio musicae, arithmeticae, geometriae, astronomiae animi praeparentur ad studium philosophiae (Otto Willmann, Pythagoreische Erziehungsweisheit. Freiburg, Herder 1922, S. 90). Xenocrates, secundus ab eo Academiae praefectus, secundum Diogenem Laertium iuvenes harum disciplinarum ignaros non admisit. Similiter Rheticus opus magistri ab omni initio defendere vult a viris, qui propter minorem in geometria eruditionem impares sunt novae Copernici astronomiae intellegendae. Viros vero mathematica eruditos et vero discendi studio imbutos Copernicus minime timet. Sed iterum atque tertium se munit contra eos, qui sine idonea mathematicae scientia de rebus astronomicis iudicare non verentur: si fortasse erunt *ματαιολόγοι*, qui, cum omnium mathematum ignari sint, tamen de illis iudicium sibi sumant (p. 6, 27.—28). Lactantium, celebrem alioqui scriptorem, sed mathematicum parum (p. 6, 31.—32). Mathemata mathematicis scribuntur (p. 6, 35). Idem Rheticus in titulo dicere vult: Geometriae ignari vetiti sunt intrare. Aliae eius versus expositiones a veritate aberrant. (vide Hertslet, Der Treppenwitz in der Weltgeschichte, 10. Aufl. v. Helmolt, Berlin 1927, S. 82. W. Schmid, Gesch. d. griech. Litt., 5. Aufl., S. 618). Hertslet, qui in hoc libro maxime divulgato Copernicum extremo vitae suae die opus suum integrum vidisse (Prowe II, 420) negare eamque traditionem in fabulis numerare ausus est, Gysii, viri optime informati, testimonio LXIII diebus post mortem magistri conscripto ad absurdum ducitur et ipse inter fabulatores damnatur (Hertslet, pag. 166).

4. Trimeter jambicus *Μωμήσεταί τις θᾶσσον ἢ μιμήσεται*, ut tradit Plutarchus de gloria Atheniensium 2. in imaginibus Apollodori, celeberrimi pictoris Atheniensis (ca. 430 ante Chr.) inscriptus erat. Iam in Elegiis Theognidis (550 vel 490 a. Chr. n.) idem sensus eodem verborum lusu expressus legitur:

Μωμεῦνται δέ με πολλοί, ὁμῶς κακοὶ ἠδὲ καὶ ἐσθλοί.
Μιμεῖσθαι δ' οὐδεὶς τῶν ἀσοφῶν δύναται.

(Edit: Chr. Ziegler, Tübingen 1880, S. 19, Vers 369. 370).

Pag. 410, 37. Zinner, Entstehung usw. pag. 452.

Pag. 411, 16. Zinner, Entstehung usw. pag. 454.

Pag. 411, 35. W. Lange, Das Buch im Wandel der Zeiten. Hamburg 1941/42, pag. 137. Ibidem est photocopia huius tituli.

Pag. 412, 25. Prowe I, 2, 518.

Pag. 413, 1. Aliter Zinner, Entstehung usw. pag. 255.

Pag. 419, 14. Volumen I huius editionis, Nachbericht pag. XVII.

Pag. 419, 24. Hopmann im Vorwort zum Neudruck von Menzzers Übersetzung des Kopernikus. Leipzig, Akademische Verlagsgesellschaft, 1939. Nicolaus Coppernicus aus Thorn über die Kreisbewegungen der Weltkörper. Übersetzt und mit Anmerkungen von C. U. Menzzer. Herausgegeben von dem Coppernicus-Verein für Wissenschaft und Kunst zu Thorn, 1879.

Pag. 426, 17. I. Huizinga, Erasmus. Deutsch von Werner Kaegi. Basel, Benno Schwabe & Co., 1936, S. 13.

Pag 427, 9. Facere cum Infinitivo: Gen. 28, 3: Crescere te faciat; Levit. 1, 15: decurrere faciet sanguinem; Levit. 4, 3: Delinquere faciens populum; Levit. 5, 9: distillare faciet; adde Gen. 33, 13; 41, 43; 47, 6. Exod. 5, 21; 23, 11; 23, 33; 34, 16. Levit. 16, 7; 19, 19; 23, 43. Num. 3, 6. Cant. 8, 13. Jerem. 27, 22. Marc. 1, 17: et faciam vos fieri piscatores hominum; 6, 39; 7, 37. Luc. 9, 14. Act. 3, 12. Praeterea 4 Reg. 21, 8. Eccle. 5, 5. Ezech. 37, 6.

Dare cum Infinitivo: Genes. 19, 33: dederunt patri suo bibere vinum. Genes. 19, 34. 35; 21, 19. Num. 5, 24. Exod. 16, 8. Deut. 5, 29. Iudic. 4, 19. Prov. 25, 21. Sap. 7, 15: mihi dedit Deus dicere ex sententia et praesumere digna. Eccli. 45, 31; 47, 6. Baruch 2, 14. Matth. 13, 11: vobis datum est nosse mysteria regni coelorum. Marc. 4, 11. Luc. 8, 10; et multa alia loca. — Vergilius Aeneis, I 323; IX 360.

Habere cum Infinitivo: Luc. 7, 40: Simon, habeo tibi aliquid dicere. Luc. 12, 50: Baptismo autem habeo baptizari. Luc. 14, 14. Ioh. 4, 32; 8, 26; 16, 12. 2 Ioh. 12. 3 Joh. 13. — In symbolo quod vocatur Athanasiano, quod saeculo quinto in occidente compositum esse et ex saeculo nono in horis diurnis a clericis recitari constat, legimus hoc: Ad cuius adventum omnes homines resurgere habent. Quibus ex causis non erat, quod editores Thorunensis pag. 306, 27 „habet efficere", quod in autographo traditum est, silentio in „debet efficere" mutarent. Ex his formulis habere cum Infinitivo ortum est Futurum linguae Francogallicae: ex donare habeo natum est: donnerai.

INDEX NOMINUM

INDEX SIGNORUM ET STELLARUM

quae extra descriptionem libri II pag. 103—142 canonicam memorantur

INDEX RERUM

secundum libros, capita, tabulas, epilegomena ordinatus

Eorum quae sunt septemtrionalis plagae

Eorum quae media et circa signiferum sunt circulum

Eorum quae australis sunt plagae

Liber tertius

Liber quartus

CORRIGENDA

pag. 194 *ad notam 23 adde* LVIII *Th.*
pag. 233, 14 *pro* LXVI *scribe* XLVI.
pag. 237, 32 *pro* Draconis *scribe* draconis.
pag. 275, 21 *pro* circulus *pone* circulis.
pag. 302, 16—21 *ubique pro* F *legendum est* G.
pag. 331, 28 *ad notam* 28 EGC *Th adde:* recte.

www.ingramcontent.com/pod-product-compliance
Lightning Source LLC
Chambersburg PA
CBHW081437190326
41458CB00020B/6228

* 9 7 8 3 4 8 6 7 7 6 4 8 5 *